Hochspannungsmesstechnik

Hochspannungsmess-technik

Grundlagen – Messgeräte - Messverfahren

2. Auflage

Klaus Schon
vormals Physikalisch-Technische Bundesanstalt
(PTB), Braunschweig und Berlin
Braunschweig, Deutschland

ISBN 978-3-658-33792-6   ISBN 978-3-658-33793-3   (eBook)
https://doi.org/10.1007/978-3-658-33793-3

Die Deutsche Nationalbibliothek verzeichnet diese Publikation in der Deutschen Nationalbibliografie;
detaillierte bibliografische Daten sind im Internet über http://dnb.d-nb.de abrufbar.

Planung/Lektorat: Reinhard Dapper
Springer Vieweg ist ein Imprint der eingetragenen Gesellschaft Springer Fachmedien Wiesbaden GmbH und ist
ein Teil von Springer Nature.
Die Anschrift der Gesellschaft ist: Abraham-Lincoln-Str. 46, 65189 Wiesbaden, Germany

Vorwort zur ersten Auflage

Das vorliegende Buch ist die überarbeitete und erweiterte Fassung meines 2010 erschienenen Buches mit dem Titel „Stoßspannungs- und Stoßstrommesstechnik – Grundlagen, Messgeräte, Messverfahren". Die Neufassung behandelt zusätzlich zur Stoßspannungs- und Stoßstrommesstechnik die grundlegenden aktuellen Messschaltungen und -techniken für hohe Gleich- und Wechselspannungen, die entsprechenden Ströme, Teilentladungen sowie elektrische und dielektrische Messgrößen bei Hochspannung. Die früheren Abschnitte für elektrooptische und magnetooptische Sensoren sind in einem eigenen Kapitel zusammengefasst. In allen Bereichen hat sich durch Einführung der Digitaltechnik und rechnergestützten Messdatenverarbeitung ein bedeutender Wandel bei den Messgeräten und Messverfahren ergeben; eine Entwicklung, die noch längst nicht abgeschlossen ist und für jede Messaufgabe eine Vielfalt detaillierter Lösungsmöglichkeiten ergibt.

Die Hochspannungsmesstechnik wird als wichtiger Baustein für die sichere Übertragung elektrischer Energie auf Hochspannungspotential angesehen. Sie stellt hohe Anforderungen an den im Prüffeld mit den Messungen betrauten Ingenieur und Techniker. Außer bei der elektrischen Energieübertragung treten hohe Spannungen und Ströme auch in anderen Bereichen von Physik und Technik auf, in denen sie für viele Anwendungen genutzt werden. Stichworte hierzu sind Plasmaphysik, Teilchenbeschleuniger, Leistungselektronik, Medizintechnik, Punktschweißtechnik, elektronische Zündanlagen für Verbrennungsmotoren, Elektroimpulswaffen und elektromagnetische Verträglichkeit. Auch in diesen Bereichen kommt der Messtechnik eine besondere Bedeutung zu, entweder um eine Über- oder Unterbeanspruchung des Prüflings zu vermeiden oder um die Qualität der Anwendung zu gewährleisten.

Grundsätzlich ist festzustellen, dass sich im Bereich der Energietechnik das internationale Prüf- und Messwesen, nicht zuletzt aufgrund der globalisierten Marktwirtschaft, immer stärker auswirkt. Dies betrifft zum einen die nationalen und internationalen Prüfvorschriften, die die grundsätzlichen Mess- und Auswerteverfahren festlegen, und zum anderen das weltweite Netz aus Prüf- und Kalibrierlaboratorien, die nach international vereinbarten Regeln akkreditiert sind und deren Prüf- und Messergebnisse gegenseitig anerkannt werden. Die Einführung der digitalen Messtechnik und die in zwei Jahrzehnten enorm verbesserten Eigenschaften von Digitalrecordern und Tischrechnern (PC) erlauben den weitestgehenden Einsatz von Software mit numerischen Rechenverfahren. Dies erleichtert nicht nur die Parameterbestimmung der aufgezeichneten Zeitverläufe, sondern ermöglicht auch die Filterung der Daten von Teilentladungen oder Stoßspannungen und Anwendung der Faltung zur Beurteilung des dynamischen Verhaltens von Spannungsteilern und Stromsensoren.

Zum Verständnis des Inhalts werden beim Leser Grundkenntnisse der allgemeinen Hochspannungstechnik vorausgesetzt. Während in Europa die Messeinrichtungen sowie die Prüf- und Messtechniken auf die maximale Spannungsebene von 400 kV zugeschnitten sind, werden in anderen Teilen der Welt mehr als doppelt so hohe Übertragungsspannungen zur Überbrückung großer Entfernungen zwischen den Energieerzeugern und Verbrauchern benötigt. Aufgrund der enormen wirtschaftlichen Entwicklung im asiatischen Raum sind Spannungen von mehr als 1000 kV für die Drehstromübertragung und 800 kV für die Gleichstromübertragung in der Diskussion. In diesem Zusammenhang wird auch hinterfragt, ob sich die bewährten Messeinrichtungen und Prüftechniken ohne weiteres auf die höheren Spannungen anwenden lassen.

Bei der Danksagung möchte ich an vorderster Stelle Herrn Prof. Dr.-Ing. Dr.-Ing. h. c. Dieter Kind nennen, Professor an der TU Braunschweig und ehemaliger Präsident der Physikalisch-Technischen Bundesanstalt Braunschweig und Berlin (PTB). Er hat meinen beruflichen Werdegang im Hochspannungslaboratorium der PTB stark beeinflusst und gefördert, mich in vielen kleinen und großen Angelegenheiten unterstützt und mich in die internationale Gemeinschaft der Hochspannungsfachleute eingeführt. Mein aufrichtiger Dank gehört den Kollegen in meiner ehemaligen PTB-Arbeitsgruppe und den früheren Fachkollegen aus anderen Instituten und Firmen für ihre wertvolle Unterstützung bei der Ausarbeitung des erweiterten Manuskriptes. Für die Bereitstellung und freundliche Abdruckgenehmigung des Bildmaterials sei den Autoren und Firmen sowie der PTB-Bildstelle herzlich gedankt. Einen besonderen Dank spreche ich den Mitarbeitern des Springer-Verlages aus für die verständnisvolle Bearbeitung des Buchprojektes bis zur Herausgabe.

Braunschweig   Klaus Schon
Januar 2016

Vorwort zur zweiten Auflage

Die Gliederung des Buches in der ersten Auflage hat sich als zweckmäßig erwiesen und wird in der zweiten Auflage beibehalten. Neuere bzw. intensivierte Entwicklungen im Bereich der Hochspannungstechnik machen es sinnvoll, eine aktualisierte Fassung des Teilgebietes, das sich mit der Messtechnik befasst, herauszubringen. Der bereits in der ersten Auflage erkennbare Schwerpunkt von Untersuchungen beim Einsatz hoher Gleichspannungen für die elektrische Energieübertragung hat sich verstärkt, was in Europa insbesondere Deutschland im Zuge der „Energiewende" betrifft. Damit verbunden ist zum einen natürlich die Messtechnik für hohe Gleichspannungen einschließlich der Entwicklung geeigneter Hochspannungsteiler und Maßnahmen zur Rückführung der Messungen auf nationale und internationale Einheiten. Weiterhin betrifft dies auch Untersuchungen hinsichtlich der Eignung der einzusetzenden Isolierstoffe, wobei der Gedanke des Ersatzes klima- und umweltfeindlicher Isolierstoffe, also SF_6 und Öl, immer stärker in den Vordergrund rückt. Eine zentrale Rolle spielt auch die geeignete Messtechnik für Teilentladungen bei Gleichspannungsbeanspruchung der Betriebsmittel. Hierfür ist zunächst ein normungsfähiges Prüfverfahren, vergleichbar mit dem für Wechselspannungen, auszuarbeiten. An allen genannten Themen wird noch intensiv geforscht und können daher in dieser Auflage nicht abschließend behandelt werden. Eine Reihe von Kurzbeiträgen und Zitaten dient als Hilfe bei weiteren Nachforschungen.

Mein herzlicher Dank richtet sich an dieser Stelle an Dr. Johann Meisner, Stephan Passon und weitere Fachkollegen für die Unterstützung bei der Ausarbeitung der zweiten Auflage. Den Mitarbeitern des Springer-Verlages danke ich für die verständnisvolle Bearbeitung des Buchprojektes.

Braunschweig   Klaus Schon
Juni 2021

Inhaltsverzeichnis

Abkürzungsverzeichnis

AC	Wechselstrom
A/D-Wandler	Analog-Digital-Wandler
AkkStelleG	Akkreditierungsstellengesetz
BGO	$Bi_4Ge_3O_{12}$ oder $Bi_{12}GeO_{20}$
BIPM	Bureau International des Poids et Mesures
CCD	Charged couple device
CD-ROM	Compact Disc Read-Only Memory
CD	Kopplungseinheit
CIGRE	Conseil International des Grands Réseaux Électriques
CISPRE	Comité International Spécial des Perturbations Radioélectriques
CMC	Calibration and Measurement Capability
DAKKS	Deutsche Akkreditierungsstelle
DATech	Deutsche Akkreditierungsstelle Technik
D/A-Wandler	Digital-Analog-Wandler
DC	Gleichstrom
DFT	Diskrete Fourier Transform
DIN	Deutsches Institut für Normung
DKD	Deutscher Kalibrierdienst
DKE	Deutsche Elektrotechnische Kommission
DM	Digitales Messgerät
DSP	Digitaler Signalprozessor
EA	European co-operation for Accreditation
EB	Effektive Bitzahl
EMP	Elektromagnetischer Impuls
EMV	Elektromagnetische Verträglichkeit
FFT	Fast Fourier Transform
FOF	Fluoreszierende optische Faser
FPGA	Field Programmable Gate Array

FS	Funkenstrecke
f.s.d	Full-scale deflection
GIL	Gasisolierte Leitung
GIS	Gasisolierte Schaltanlage
GPS	Globales Positionierungssystem
GRIN-Linse	Gradient-Index-Linse
GTEM	Gigahertz Transverse Electromagnetic
GUM	Guide to the Expression of Uncertainty in Measurement
HGÜ	Hochspannungsgleichstromübertragung
IEC	International Electrotechnical Commission
ISH	Internationales Symposium für Hochspannung
ISO	International Organization for Standardization
LD	Laser-Diode
LED	Lumineszenzdiode
LI	Blitzstoßspannung
LIC	Abgeschnittene Blitzstoßspannung
LNO	$LiNbO_3$
LSB	Kleinste Digitalisierungsstufe
LWL	Lichtwellenleiter
MOSFET	Metall-Oxid Halbleiter-Feldeffekttransistor
NEMP	Nuklear erzeugter elektromagnetischer Impuls
O/E-Wandler	Optoelektronischer Wandler
OP	Operationsverstärker
PE	Polyäthylen
PC	Personal computer
PMF	Polarisationserhaltender Lichtwellenleiter
PMT	Photomultiplier-Röhre
Proc.	Proceedings (Vortragsband)
PRPD	Phasenabhängiges TE-Muster
PTB	Physikalisch-Technische Bundesanstalt
QS	Quantisierungsstufe
SI	Schaltstoßspannung
SI-Einheiten	Internationales Einheitensystem
SiPM	Silizium-Photomultiplier
SMD	Surface-mounted device
SWNT	Single-walled carbon nanotube (einschaliges Kohlenstoff-Nanoröhrchen)
TC	Technisches Komitee (der IEC)
TDG	Test Data Generator
TE	Teilentladung
TEA laser	Transversely Excited Atmospheric Laser
TEM	Transversal elektromagnetisch

THG	Oberschwingungsgehalt
3PARD	3-Phase Amplitude Relation Diagram
3PFRD	3-Phase Frequency Relation Diagram
3PTRD	3-Phase Time Relation Diagram
UHV	Ultrahochspannung
UV	Ultraviolettes Licht
UVC	Sehr kurzwelliges ultraviolettes Licht
VIM	Internationales Wörterbuch der Metrologie
WLAN	Funknetzwerk
WTO	Welthandelsorganisation

Einleitung

1

Die Übertragung elektrischer Energie vom Erzeuger zu den Ballungszentren erfolgt vorwiegend über Freileitungen auf hohem Potential, um die Leitungsströme und Übertragungsverluste gering zu halten. In den Ballungszentren selbst wird die Energie weiter verteilt über erdverlegte Hochspannungskabel oder gasisolierte Schaltanlagen (GIS) und Leitungen (GIL). Weltweit üblich ist die Energieübertragung mit dreiphasigen Wechselspannungen, die sich mit Leistungstransformatoren auf die gewünschten Spannungsebenen hinauf und herunter transformieren lassen. Die höchsten Spannungsebenen für die Energieübertragung sind 400 kV in Europa, 750 kV in Nordamerika und 1000 kV in Asien. Die Frequenz der annähend sinusförmigen *Wechselspannung* beträgt 50 Hz in Europa und einer Vielzahl von Ländern gegenüber 60 Hz in Nord- und Mittelamerika sowie in Teilen von Südamerika. Die Deutsche Bahn betreibt ein eigenes Versorgungsnetz mit einphasiger Wechselspannung von 110 kV und einer Frequenz von 16,7 Hz. Weiterhin existiert eine Vielzahl lokaler Versorgungsnetze für regionale Bahnen mit unterschiedlichen Frequenzen. Hohe Wechselspannungen werden auch für andere Bereiche von Physik und Technik benötigt, hauptsächlich in Geräten und Anlagen zur Erzeugung hoher Gleich- und Impulsspannungen.

Die Übertragung elektrischer Energie über Entfernungen von mehr als 700 km erfolgt vorteilhaft bei *Gleichspannung,* da hierbei geringere Übertragungsverluste als bei Wechselspannung auftreten und größere Leistungen übertragbar sind. Die Spannungen bei der *Hochspannungsgleichstromübertragung* (*HGÜ*) betragen in der Regel bis zu 500 kV, während in Asien sogar Anlagen mit maximal 800 kV im Betrieb oder geplant sind. Aber auch kurze Übertragungsstrecken (HGÜ-Kurzkupplungen) zur Verbindung zweier Wechselspannungsnetze mit nicht synchroner Netzfrequenz werden eingesetzt. HGÜ-Anlagen findet man auch bei See- oder Erdkabeln mit einer Länge von bis zu mehreren 100 km. Weiterhin sei auf die in Deutschland nach Abschalten der Kernkraftwerke vorgenommene Energiewende hingewiesen. Hierbei wird die durch Windkraft

© Springer Fachmedien Wiesbaden GmbH, ein Teil von Springer Nature 2021
K. Schon, *Hochspannungsmesstechnik,* https://doi.org/10.1007/978-3-658-33793-3_1

im Norden gewonnene Energie über Gleichstromtrassen in die südlichen Landesteile gebracht. In einer futuristisch anmutenden Planungsstudie werden die technischen, wirtschaftlichen und politischen Voraussetzungen untersucht, um die in Nordafrika mit Photovoltaik-Anlagen aufgefangene Sonnenenergie über HGÜ-Trassen nach Europa zu transportieren. In neueren, realistischeren Studien geht es dagegen um die Möglichkeit, mit der Sonnenenergie vor Ort *grünen Wasserstoff* zu erzeugen, der dann über größere Entfernungen als Energieträger transportiert werden kann.

Hohe Gleichspannungen werden bei einer Vielzahl weiterer Anwendungen eingesetzt, z. B. in Röntgenanlagen, Staubfilteranlagen, Beschichtungs- und Lackieranlagen, bei der Herstellung von Aluminium usw. Mit elektrostatischen Bandgeneratoren nach *van de Graaff* lassen sich besonders hohe und oberschwingungsfreie Gleichspannungen von bis zu 25 MV erzeugen, die jedoch nur mit geringen Stromstärken von einigen Milliampere belastbar sind und daher für die elektrische Energieübertragung nicht in Frage kommen. Sie werden vorwiegend in Beschleunigeranlagen für kernphysikalische Grundlagen-untersuchungen verwendet.

In den Betriebsanlagen zur Übertragung und Verteilung elektrischer Energie bei Hochspannung können *transiente Überspannungen* mit Scheitelwerten von weit mehr als 1 MV entstehen, die damit größer als die maximalen Übertragungsspannungen bei Gleich- und Wechselstrom sind. Ursache der Überspannungen sind direkte oder indirekte *Blitzeinschläge* auf Freileitungen oder in Freiluftschaltanlagen, Kurzschlüsse oder Über-schläge durch Versagen der elektrischen Isolierung, Schaltvorgänge in Umspannwerken und das Ansprechen von Überspannungsableitern. Die transienten Spannungen haben Anstiegszeiten vorwiegend im Bereich von Mikrosekunden bis Millisekunden. Bei Über- oder Durchschlägen und beim Ansprechen von Überspannungsableitern kann der Spannungszusammenbruch sehr schnell erfolgen mit Abfallzeiten unter 1 μs. Extrem kurze Zeiten im Bereich von wenigen 100 ns bis hinunter zu 1 ns treten bei Schalthand-lungen und Überschlägen in gasisolierten Schaltanlagen auf. Auch im Niederspannungs-netz können beim Ein- und Ausschalten elektrischer Geräte transiente Spannungen von mehr als 1 kV auftreten, die die Geräte in ihrer Funktionsweise beeinflussen oder sogar zerstören können.

Die in der Energieversorgung eingesetzten Betriebsmittel sind ebenfalls hohen Gleich- und Wechselströmen ausgesetzt, zum Beispiel bei Kurzschlüssen im Ver-sorgungsnetz. Dabei kann es zur Überlagerung einer Gleichstromkomponente kommen, wodurch der *Kurzschlusswechselstrom* kurzzeitig einen Scheitelwert von 200 kA und mehr erreicht. Transiente Ausgleichsströme können durch direkte oder indirekte Ein-wirkung von Blitzentladungen entstehen mit Scheitelwerten im Bereich von 100 kA und Anstiegszeiten von 1 μs. Erfolgt der Blitzeinschlag in eine Freileitung, breiten sich die Stromimpulse nach beiden Seiten der Leitung aus und verursachen an den Betriebsmitteln am Leitungsende hohe transiente Spannungen, die sich der Betriebs-wechselspannung des Netzes überlagern. Zum Schutz der Betriebsmittel werden daher Überspannungsableiter eingesetzt. Beim Ansprechen der Ableiter können sich auch die an der Betriebswechselspannung liegenden Leitungen entladen. Die Ableiter werden dadurch mit einem annähernd rechteckförmigen Stromimpuls mit einer Zeitdauer im Bereich von 1 ms beansprucht.

Auch in anderen Bereichen von Physik und Technik treten hohe impulsförmige Spannungen und Ströme mit Anstiegszeiten im Mikro- und Nanosekundenbereich auf oder sind für bestimmte Anwendungen von Nutzen, wie die folgenden Beispiele zeigen. In der Plasmaphysik werden damit extrem große Magnetfelder zum kurzzeitigen Einschluss von Plasmen erzeugt. Bei elektrischen Punktschweißungen erreichen die Impulsströme Scheitelwerte von bis zu 200 kA. Elektronische Zündsysteme für Verbrennungsmotoren erzeugen Impulsspannungen mit Scheitelwerten von maximal 30 kV. In der Leistungselektronik treten Impulsspannungen und -ströme von mehreren 10 kV und bis zu 10 kA auf oder werden zur Prüfung benötigt, z. B. für Solarmodule. Elektrizitätszähler werden mit Stoßströmen, die aus einer netzfrequenten Sinushalbschwingung mit Amplituden von mehreren Kiloampere bestehen, geprüft. In der Medizintechnik wird durch Umwandlung in akustische Stoßwellen eine Zertrümmerung von Nieren- und Gallensteinen sowie von Kalkablagerungen in Gelenken erzielt. Die Wirkung von Elektroimpulswaffen beruht auf Spannungsimpulsen, die das Nervensystem des Getroffenen für eine begrenzte Zeit lähmen. Schließlich sei auf die vielfältigen Anwendungen bei Untersuchungen zur elektromagnetischen Verträglichkeit von elektronischen Geräten bis hin zu sehr komplexen Systemen, wie sie z. B. Flugzeuge darstellen, verwiesen.

Die Isolierung der Betriebsmittel wird durch die im Betrieb auftretenden Spannungen und Ströme einer starken Beanspruchung unterzogen, die die Lebensdauer beeinflusst. Die Kenntnis über die elektrischen und dielektrischen Eigenschaften der verwendeten festen, flüssigen und gasförmigen Isolierstoffe ist daher ein wichtiger Teil der Hochspannungstechnik. Wenn bei der Herstellung eines Betriebsmittels Fehler in der Isolierung auftreten, z. B. bedingt durch Gaseinschlüsse, können oberhalb einer bestimmten Einsetzspannung *Teilentladungen* entstehen. Bei längerer Einwirkung der Teilentladungen auf die umgebende Isolierung kann es zu einer allmählichen Schädigung und schließlich zum vollständigen Ausfall des Betriebsmittels kommen.

Die Zuverlässigkeit der elektrischen Energieversorgung ist eine wichtige Voraussetzung für eine florierende Wirtschaft in jedem Land und für das Wohlergehen der Bevölkerung. Jedes Betriebsmittel der elektrischen Energieversorgung wird daher vor seinem Einsatz einer Reihe von Abnahmeprüfungen unterzogen. Damit werden im Prüflabor, gegebenenfalls auch als *Vor-Ort-Prüfung* am Einsatzort des Betriebsmittels, die elektrischen, mechanischen und thermischen Beanspruchungen nachgebildet, die im praktischen Einsatz des Betriebsmittels auftreten können. Hierzu gehören zum einen Prüfungen mit der dem Netzbetrieb entsprechenden Spannungs- oder Stromart, zum anderen Prüfungen mit impulsförmigen Prüfspannungen und Prüfströmen. Letztere werden im deutschsprachigen Raum als *Stoßspannungen* bzw. *Stoßströme* bezeichnet, die den im Betrieb auftretenden transienten Spannungen und Strömen entsprechen. Die Höhe der international genormten Prüfspannungen richtet sich nach der Bemessungsspannung der Betriebsmittel. Mit sehr steil ansteigenden Stoßspannungen lassen sich zwischen platten- oder streifenförmigen Elektrodenanordnungen elektromagnetische Felder zur Verträglichkeitsprüfung elektronischer Geräte und Systeme erzeugen. Auch die Wirkung des bei einer Nuklearexplosion in großer Höhe ausgelösten elektromagnetischen Impulses kann auf diese Weise simuliert werden.

Zusätzlich zu den Spannungsprüfungen werden Betriebsmittel einer Teilentladungsprüfung im Prüflabor unterzogen. Zwar ist das Phänomen der Teilentladungen sehr vielschichtig und noch nicht restlos geklärt, jedoch weiß man auf Grund jahrzehntelanger Erfahrung, dass bei Überschreiten einer für jedes Betriebsmittel individuellen Teilentladungsstärke die Gefahr einer langfristigen Schädigung der Isolierung besteht und das Betriebsmittel vorzeitig ausfällt. Zunehmend findet daher ein *Online-Monitoring* zur permanenten Überwachung der Teilentladungen statt, um rechtzeitig einen möglichen Ausfall des Betriebsmittels zu erkennen. Weiterhin werden die elektrischen und dielektrischen Eigenschaften der Hochspannungsisolierung überprüft. Hierzu gehören Messgrößen wie Isolationswiderstand, Leitfähigkeit, Kapazität und Verlustfaktor des Prüflings.

Bei allen Prüfungen ist eine fundierte Messtechnik erforderlich, sei es, weil eine Über- oder Unterbeanspruchung des Betriebsmittels oder Prüflings vermieden werden soll, oder weil die Qualität einer Anwendung, z. B. bei einer medizinischen Behandlung oder beim elektrischen Punktschweißen, gewährleistet sein muss. Die Messung hoher Spannungen und Ströme, von Teilentladungen und dielektrischen Eigenschaften der Isolierstoffe weist eine lange Tradition auf, wobei zwei entscheidende Veränderungen eingetreten sind. Die seit Jahrzehnten eingesetzten mechanischen Messgeräte und angewandten Messverfahren wurden schon vor einiger Zeit durch die Verfügbarkeit elektronischer Messgeräte weitgehend abgelöst. Die Einführung der digitalen Messtechnik mit numerischer Datenverarbeitung stellt eine weitere entscheidende Zäsur dar und bedeutet das Ende für die meisten analogen Messschaltungen und Messgeräte.

Die bei Prüfungen eingesetzten Messmittel müssen hinsichtlich ihrer Messrichtigkeit überprüft sein. In diesem Zusammenhang stehen Begriffe und Inhalte wie Qualitätssicherung, Kalibrierung, Rückführung der Messgrößen auf die SI-Einheiten, Messunsicherheit, international anerkannte Prüfvorschriften, akkreditierte Prüf- und Kalibrierlaboratorien. Der dafür erforderliche Aufwand führt langfristig zu einer Qualitätssteigerung der hergestellten Geräte und eröffnet weiterhin die Möglichkeit, die Abnahmeprüfung von einer vom Käufer und Hersteller akzeptierten Stelle durchführen zu lassen. Dies ist vor allem im internationalen Warenverkehr vorteilhaft.

Das große Fachgebiet der Hochspannungs- und Energietechnik wird in der Fachliteratur ausgiebig behandelt, vor allem in den aktuellen Konferenzbänden nationaler und internationaler Vortragsveranstaltungen. Insbesondere ist hier das „International Symposium on High Voltage Engineering" (ISH) zu erwähnen. Zusammenfassende Darstellungen des Fachgebietes finden sich in einer Reihe von Fachbüchern, in denen die entsprechende Messtechnik allerdings nur kurz dargestellt wird [1.1–1.5]. Zu einzelnen Themen kann der findige Leser über die bekannten Suchmaschinen auch im Internet mehr oder weniger detaillierte Informationen erhalten. Die Fachbücher [1.6–1.8], die sich speziell mit der Hochspannungsmesstechnik oder mit Teilgebieten befassen, sind bereits mehrere Jahrzehnte alt oder nur als unveränderter Nachdruck älterer Ausgaben vorhanden.

Eine neuere Darstellung eines Teilgebietes der Hochspannungsmesstechnik, die Messung von Stoßspannungen und Stoßströmen, findet sich in [1.9]. Darin wird auch der immer stärker werdende Einfluss international vereinbarter Prüfbestimmungen und Kalibrierverfahren mit Unsicherheitsberechnungen berücksichtigt. In einer erweiterten Fassung wird zusätzlich auch die Messtechnik für hohe Gleich- und Wechselspannungen einschließlich der entsprechenden Ströme, Teilentladungen sowie elektrische und dielektrische Messgrößen behandelt [1.10]. Hierbei sind die heute noch gültigen Grundlagen der Hochspannungsmesstechnik verbunden mit neueren Erkenntnissen, die sich nicht zuletzt auch als Konsequenz der verbesserten gerätetechnischen Ausstattung, Einführung der analog-digitalen Datenumwandlung, numerischen Datenverarbeitung und den geänderten Prüfnormen ergeben haben. Das vorliegende Fachbuch stellt eine überarbeitete und erweiterte Fassung der Erstausgabe von [1.10] dar.

In einem Forschungsprojekt wird die künftige Energieversorgung Europas unter Berücksichtigung des steigenden Bedarfs untersucht [1.11]. Der erwartete höhere Energiebedarf bedingt höhere Übertragungsspannungen, wie sie bereits in anderen Industrieregionen eingesetzt werden, insbesondere verstärkter Einsatz hoher Gleichspannungen. Weiterhin ergeben sich starke Auswirkungen auf die damit zusammenhängenden Fachgebiete Isolierstoffe und Teilentladungen. Insgesamt erfordert dieses Zukunftsprojekt eine erhebliche Anpassung und Ausweitung der Prüf- und Messtechniken in allen Bereichen unter Berücksichtigung umweltfreundlicher Aspekte, z. B. Ersatz für das schädliche Treibhausgas SF_6 in den Betriebsmitteln [1.12–1.16]. Mit dem Projekt sind in größerem Maße auch Auswirkungen auf das Kalibrierwesen und die Rückführung der Messgrößen auf die nationalen Einheiten verbunden. Wichtige Beteiligte an diesem Projekt sind industrielle Partner und Metrologieinstitute in Europa.

Literatur

1.1. Beyer, M., Boeck, W., Möller, K., Zaengl, W.: Hochspannungstechnik Theoretische und praktische Grundlagen für die Anwendung. Springer, Berlin (1986)

1.2. Kind, D., Feser, K.: Hochspannungsversuchstechnik. 5. Aufl. Friedr. Vieweg & Sohn, Braunschweig/Wiesbaden (1995) Englische Ausgabe: Kind, D., Feser, K.: High-Voltage Test Techniques. 2. Aufl. Butterworth Heinemann, Oxford (2001)

1.3. Küchler, A.: Hochspannungstechnik. Grundlagen – Technologie – Anwendungen. Springer-Verlag Berlin Heidelberg, (2017) Englische Ausgabe: Küchler, A.: High voltage engineering. Fundamentals – Technology – Applications. Springer, Heidelberg (2018)

1.4. Kuffel, E., Zaengl, W.S., Kuffel, J.: High voltage engineering – Fundamentals, 2. Aufl. Elsevier Newness, Oxford (2000)

1.5. Hauschild, W., Lemke, E.: High-Voltage test and measuring techniques. Springer, Heidelberg (2019)

1.6. Schwab, A. J.: Hochspannungsmesstechnik. Messgeräte und Messverfahren. Springer Berlin, 2. Aufl. (1981) Englische Ausgabe: Schwab, A.J.: High-voltage measurement techniques. M.I.T Press (1972)

1.7. Aŝner, A.M.: Stoßspannungs-Meßtechnik. Springer, Berlin (1974)

1.8. Hyltén-Cavallius, N.: The measurement of high impulse voltages and currents. In: Claudi, A., Bergman, A., Berlijn, S., Hällström, J. (Hrsg.) A review of seven decades of development. SP, Boras (2004)

1.9. Schon, K.: Stoßspannungs- und Stoßstrommesstechnik. Springer Heidelberg Dordrecht London New York (2010) Englische Ausgabe: Schon, K.: High Impulse Voltage and Current Measurement Techniques. Springer Cham Heidelberg New York Dordrecht London (2013)

1.10. Schon, K.: Hochspannungsmesstechnik. Springer Fachmedien Wiesbaden GmbH (2016) Englische Ausgabe: Schon, K.: High voltage measurement techniques. Springer Nature Switzerland AG (2019)

1.11. Elg, A.-P. et al: Research project EMPIR 19ENG02 future energy. Vortragsband VDE Hochspannungstechnik, Beitrag, 252 (2020)

1.12. Kuschel, M. et al.: Entwicklungsstand, Vor-Ort-Erfahrungen und Ausblick zu SF6-freien Hochspannungsschaltanlagen. VDE-Hochspannungstechnik online, Beitrag, 532 (2020)

1.13. Juhre, C. et al.: Umwelt-, Gesundheits- und Arbeitssicherheitsaspekte sowie Gashandling SF_6-freier gasisolierter Hochspannungsschaltanlagen. VDE-Hochspannungstechnik online, Beitrag, 544 (2020)

1.14. Prucker, U. et al.: Entwicklung von SF_6-freien clean air-messwandlern und power VTs. VDE-Hochspannungstechnik online, Beitrag, 550 (2020)

1.15. Kothe, D. C. et al.: Experimental investigation of dielectric properties of alternative insulation gases for medium voltage switchgear. VDE-Hochspannungstechnik online, Beitrag, 650 (2020)

1.16. Juhre, C. et al.: Feasibility study on the applicability of clean air in gas-insulated DC systems. VDE-Hochspannungstechnik online, Beitrag, 225 (2020)

Hohe Wechselspannungen und -ströme

2

Die Übertragung elektrischer Energie erfolgt in den meisten Ländern überwiegend mit hohen Wechselspannungen, sodass dieser Spannungsart – und damit auch den Wechselströmen – besondere Bedeutung zukommt. Wechselspannungen und -ströme werden durch ihre Amplitude, Frequenz und weitere Parameter gekennzeichnet. Jedes Betriebsmittel für die elektrische Energieversorgung wird vor dem Einsatz auf seine Zuverlässigkeit geprüft, wobei die Prüf- und Messverfahren sowie Anforderungen an die Prüfspannungen und Prüfströme in nationalen und internationalen Prüfvorschriften festgelegt sind. Hohe Wechselspannungen sind auch deshalb wichtig, weil sie zur Erzeugung von Gleich- und Stoßspannungen sowie für zahlreiche Anwendungen in Physik und Technik benötigt werden. Weiterhin werden Wechselspannungen zur Prüfung von Isolierstoffen hinsichtlich ihrer elektrischen und dielektrischen Eigenschaften sowie ihrer Beständigkeit gegenüber Teilentladungen eingesetzt. Das Kapitel stellt die genormten Messgrößen und Messverfahren vor, geht kurz auf die hauptsächlich verwendeten Spannungs- und Stromerzeuger ein und befasst sich ausführlich mit den Messsystemen und Messgeräten einschließlich der Kugelfunkenstrecke. Hierbei wird vor allem auf Messgeräte und Messverfahren in digitaler Ausführung mit rechnergestützter Datenverarbeitung eingegangen.

2.1 Wechselspannungen

Die Prüf- und Messverfahren für Betriebsmittel der elektrischen Energieübertragung einschließlich der Anforderungen an die Prüfspannungen und Prüfströme sind in nationalen und internationalen Prüfvorschriften festgelegt [2.1–2.5]. Alle Spannungsformen werden außer in der Energieversorgung auch für zahlreiche Aufgaben in Physik und Technik eingesetzt. Hohe *Wechselspannungen* haben auch deshalb eine besondere Bedeutung, weil sich mit ihnen *Gleich-* und *Stoßspannungen* erzeugen lassen. Für die

© Springer Fachmedien Wiesbaden GmbH, ein Teil von Springer Nature 2021
K. Schon, *Hochspannungsmesstechnik,* https://doi.org/10.1007/978-3-658-33793-3_2

im Niederspannungsbereich verwendeten Geräte mit Bemessungsspannungen von nicht mehr als 1 kV gelten besondere, von den Hochspannungsprüfvorschriften sinngemäß abgeleitete Prüfvorschriften [2.6].

Die Begriffe und Anforderungen bei der Erzeugung hoher Prüfwechselspannungen sind in IEC 60060-1 [2.1] und die Bestimmungen für die Messung in IEC 60060-2 [2.2] niedergelegt, die in deutschsprachiger Fassung ebenfalls Teil des deutschen Normenwerks sind. Die erzeugte Prüfwechselspannung soll einen annähernd sinusförmigen Verlauf mit einer Frequenz zwischen 45 Hz und 65 Hz aufweisen. Bei Bedarf kommen auch andere Frequenzen infrage, z. B. 16,7 Hz bei der Prüfung von Betriebsmitteln der Deutschen Bahn. Für besondere Prüfungen werden auch andere Frequenzen empfohlen, z. B. 1 Hz oder sogar 0,1 Hz für Vor-Ort-Prüfungen an Kabeln.

Der *Scheitelwert* $\hat{u}$ der Wechselspannung ist definiert als Mittelwert der positiven und negativen Maximalwerte $\hat{u}_+$ bzw. $\hat{u}_-$:

$$\hat{u} = \frac{\hat{u}_+ + \hat{u}_-}{2}. \tag{2.1}$$

Die Differenz zwischen den positiven und negativen Scheitelwerten muss kleiner als 2 % sein. Der Scheitelwert $\hat{u}$, dividiert durch $\sqrt{2}$, ergibt den *Wert der Prüfwechselspannung*, der die Wechselspannung charakterisiert und auf den sich die Anforderungen in den Prüfbestimmungen beziehen (Abb. 2.1):

$$u_{\mathrm{prüf}} = \frac{\hat{u}}{\sqrt{2}} = \frac{\hat{u}_+ + \hat{u}_-}{2\sqrt{2}}. \tag{2.2}$$

Ältere analoge Scheitelspannungsmessgeräte messen häufig nur den Maximalwert einer Polarität. Weichen die Messwerte $\hat{u}_+$ und $\hat{u}_-$ um weniger als 2 % voneinander ab, wird der angezeigte Maximalwert als Scheitelwert $\hat{u}$ nach Gl. (2.1) akzeptiert. Bei einer Prüfdauer von nicht mehr als 1 min darf der Prüfspannungswert nur um ± 1 % vom festgelegten Wert abweichen (± 3 % bei längerer Prüfdauer).

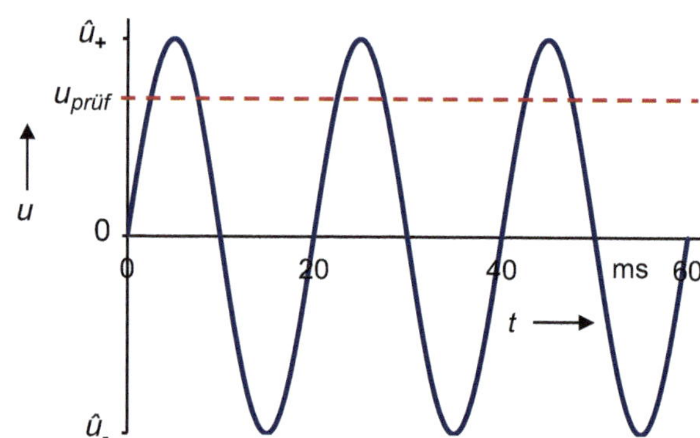

Abb. 2.1 Beispiel einer sinusförmigen Wechselspannung mit dem Scheitelwert $\hat{u} = (\hat{u}_+ + \hat{u}_-)/2$ und dem Wert der Prüfwechselspannung $u_{\mathrm{prüf}} = \hat{u}/\sqrt{2}$

Anmerkung: Die Festlegung des Scheitelwertes, dividiert durch $\sqrt{2}$, als Prüfspannungswert $u_{\text{prüf}}$ beruht darauf, dass der Durchschlag einer Isolierung in der Regel vom Spannungsmaximum abhängt – abgesehen vom Wärmedurchschlag bei Dauerbelastung.

Gelegentlich, z. B. bei der Untersuchung thermischer Effekte, ist als Prüfspannungswert der *Effektivwert* zu bestimmen:

$$u_{\text{eff}} = \sqrt{\frac{1}{T} \int_0^T u^2 \mathrm{d}t} \qquad (2.3)$$

mit T als ganzzahliger Periodendauer der Wechselspannung. Bei reiner Sinusform sind beide Prüfspannungswerte nach Gl. (2.2) und Gl. (2.3) identisch. Die von Transformatoren erzeugten Prüfwechselspannungen sind in der Regel nicht rein sinusförmig, sondern von *Harmonischen* der Netzfrequenz überlagert. Die Spannungsform – und damit das Ergebnis der Spannungsprüfung – wird als akzeptabel betrachtet, wenn der Quotient aus Scheitelwert und Effektivwert gleich $\sqrt{2}$ ist, wobei eine Abweichung innerhalb von $\pm 5\,\%$ toleriert wird.

Der Prüfspannungswert nach Gl. (2.2) oder Gl. (2.3) ist mit einem geeigneten Messsystem mit einer Unsicherheit von nicht mehr als $3\,\%$ zu messen. Weitere Anforderungen betreffen den Frequenzgang. Wird das Messsystem zur Spannungsmessung bei einer einzigen Frequenz f_{nom} eingesetzt, darf sich der Frequenzgang innerhalb von f_{nom} bis $7 f_{\text{nom}}$ nur um $\pm 1\,\%$ ändern. Für einen größeren Frequenzbereich der zu messenden Wechselspannung, z. B. $f_{\text{nom,1}} = 45\,\text{Hz}$ bis $f_{\text{nom,2}} = 65\,\text{Hz}$, muss der Frequenzgang von $45\,\text{Hz}$ bis mindestens $7 \times 65\,\text{Hz} = 455\,\text{Hz}$ innerhalb von $\pm 1\,\%$ konstant sein. Der Verlauf des Frequenzgangs oberhalb von $7 f_{\text{nom}}$ unterliegt weiteren Festlegungen. Die Anforderungen an den Frequenzgang des Messsystems werden als ausreichend betrachtet, um den auf Wechselspannungen bezogenen *THD-Wert* (s. Abschn. 2.2.1) zu bestimmen, ohne das Anforderungen hierfür gestellt sind.

Die *Vor-Ort-Prüfung* mit Wechselspannung dient vor allem dem Nachweis der ordnungsgemäßen Montage eines vollständigen Betriebssystems, dessen Einzelkomponenten bereits im Hochspannungslabor umfassend geprüft wurden [2.3, 2.7]. Bei Vor-Ort-Prüfungen gelten teilweise größere Toleranzen und Messunsicherheiten, die im Vergleich zu Prüfungen im Hochspannungslabor in Tab. 2.1 zusammengefasst sind. Der Frequenzbereich der erzeugten Prüfspannung für Vor-Ort-Prüfungen ist erweitert und reicht von $10\,\text{Hz}$ bis $500\,\text{Hz}$, wobei niedrige Frequenzen, z. B. für Kabelprüfungen, vorteilhaft sind.

IEC 60060 bezieht sich weitgehend auf separate Prüfungen von Betriebsmitteln mit Wechsel-, Gleich- und Stoßspannungen. Betriebsmittel im Praxiseinsatz können jedoch auch einer Beanspruchung durch Überlagerung verschiedener Spannungsformen ausgesetzt sein. Die Prüfung von Betriebsmitteln mit *kombinierten* und *zusammengesetzten Prüfspannungen* einschließlich der Definition von Begriffen ist zwar in IEC

Tab. 2.1 Anforderungen an die Prüfwechselspannung und das Messsystem bei Prüfungen im Hochspannungslabor und bei Vor-Ort-Prüfungen nach IEC 60.060

Wechselspannung		Prüfung im Labor	Vor-Ort-Prüfung
Toleranz:	$\hat{u}/\sqrt{2}$ (Prüfdauer ≤ 1 min)	$\pm 1\,\%$	$\pm 3\,\%$
	$\hat{u}/\sqrt{2}$ (Prüfdauer > 1 min)	$\pm 3\,\%$	$\pm 5\,\%$
	Quotient $\hat{u}/u_{\mathrm{eff}}$	$\sqrt{2} \pm 5\,\%$	$\sqrt{2} \pm 15\,\%$
Messunsicherheit:	Prüfspannungswert $\hat{u}/\sqrt{2}$	$\leq 3\,\%$	$\leq 5\,\%$
	Maßstabsfaktor F	$\leq 1\,\%$	$\leq 2\,\%$

60060-1 [2.1] enthalten, es fehlen aber die entsprechenden Angaben zur Erzeugung und Messung der Prüfspannungen sowie zu den Anforderungen und Grenzwerten. Bei diesen Prüfungen ist die Wechsel- oder Gleichspannung häufig mit einer Blitz- oder Schaltstoßspannung, aber auch eine Wechselspannung mit einer Gleichspannung überlagert. Wenn der Prüfling neben seinem Erdanschluss zwei Hochspannungsanschlüsse besitzt, auf die beide Spannungen einwirken, spricht man von einer kombinierten Prüfspannung. Hat der Prüfling außer seinem Erdanschluss nur einem Hochspannungsanschluss, auf den beide Spannungen einwirken, handelt es sich um eine zusammengesetzte Prüfspannung [2.1, 2.5].

Zwei Beispiele für kombinierte und zusammengesetzte Wechselspannungen mit einer Stoßspannung zeigt Abb. 2.2. In [2.8] wird über Untersuchungen an Metalloxid-Ableitern berichtet, die durch eine zusammengesetzte Prüfspannung, bestehend aus einer Wechsel- und einer variablen Gleichspannung, beansprucht werden. Ziel eines europäischen Forschungsprojektes ist die Ausarbeitung international anerkannter Prüfverfahren und Grenzwerte für kombinierte und zusammengesetzte Prüfspannungen einschließlich der metrologischen Rückführung der Messungen [2.9].

2.2 Wechselströme

In Verbindung mit hohen Wechselspannungen in der elektrischen Energieversorgung treten auch hohe Wechselströme auf. Die Prüfvorschriften hierzu sind formal denen für hohe Wechselspannungen weitgehend angeglichen und wurden 2010 in einer neuen Publikation IEC 62475 – zusammen mit Gleich- und Stoßströmen – herausgegeben [2.4]. Grundlage für die Prüfbestimmungen sind u. a. die in den großen Leistungsprüffeldern angewendeten Prüf- und Messverfahren. Hierzu wurden im Rahmen von Vergleichsmessungen Untersuchungen an zwei Transfernormalen, einem Koaxialshunt und einer Rogowski-Spule, durchgeführt [2.10]. Weitere Vergleichsmessungen mit verschiedenen Hochstrommesswiderständen fanden und finden in Hochleistungsprüffeldern in Europa, Asien, Afrika und den USA statt, insbesondere in Hinblick auf die Rückführbarkeit der Messungen [2.11, 2.12]. Die Anforderungen in IEC 62475 gelten für die im Hochspannungs- und Leistungsbereich verwendeten Prüfströme von mehr als 100 A,

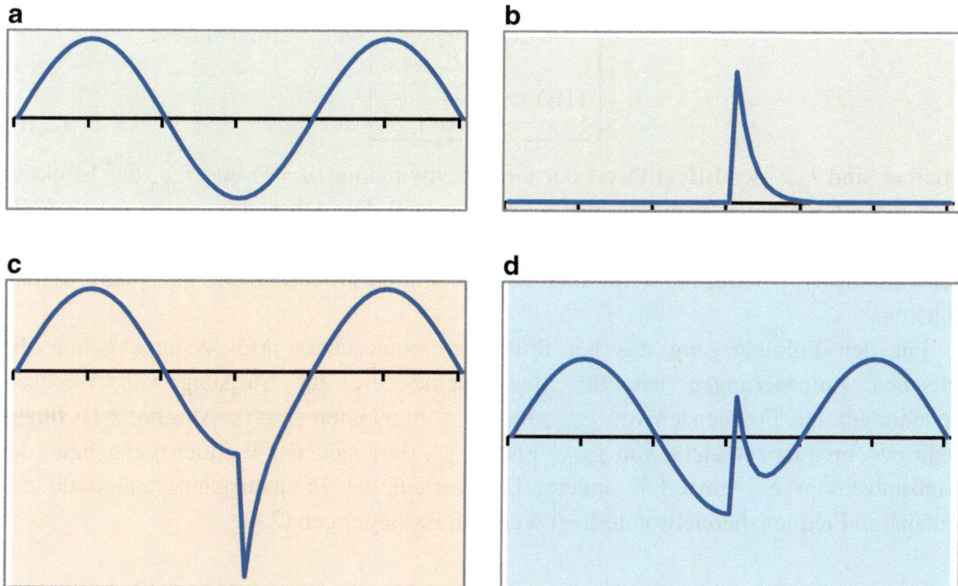

Abb. 2.2 Beispiele für kombinierte und zusammengesetzte Spannungen **a** Wechselspannung **b** Impulsspannung **c** kombinierte Spannung zwischen zwei Hochspannungsanschlüssen **d** zusammengesetzte Spannung zwischen einem Hochspannungsanschluss und Erde

wobei zwischen *stationären Wechselströmen* und *Kurzzeitwechselströmen* unterschieden wird.

2.2.1 Stationärer Wechselstrom

Der stationäre Prüfstrom ist ein Wechselstrom mit annähernd sinusförmigem Zeitverlauf und einer Frequenz, die in der Regel zwischen 45 Hz und 65 Hz liegt, aber auch je nach Betriebseinsatz des Prüflings einen anderen Wert aufweisen kann. Der Wert des Prüfstromes $i(t)$ ist der *wahre Effektivwert*:

$$I_{\text{eff}} = \sqrt{\frac{1}{T} \int_0^T i^2(t)\, \mathrm{d}t}\,, \tag{2.4}$$

der über eine ganzzahlige Anzahl von Perioden ermittelt wird. Die Toleranz bei der Erzeugung des stationären Prüfwechselstromes ist auf $\pm 3\,\%$ festgelegt. Der Unterschied zwischen den positiven und negativen Scheitelwerten soll weniger als 2 % betragen.

Zur genaueren Beurteilung der Sinusform des Prüfstromes wird der *Oberschwingungsgehalt THD* herangezogen:

$$\text{THD} = \frac{\sqrt{\sum_{n=2}^{N} I_{\text{eff, n}}^2}}{I_{\text{eff, 1}}}. \tag{2.5}$$

Hierbei sind $I_{\text{eff,1}}$ der Effektivwert der Grundschwingung ($n=1$) und $I_{\text{eff,n}}$ der Effektivwert der n-ten Oberschwingung mit $n=2$ bis $n=50$. Der Oberschwingungsgehalt THD nach Gl. (2.5) soll grundsätzlich nicht mehr als 5 % des Effektivwertes der Grundschwingung $I_{\text{eff,1}}$ betragen, wenn auch in Einzelfällen größere Werte akzeptiert werden müssen.

Für den Frequenzgang des bei Prüfungen eingesetzten Messsystems gelten die gleichen Anforderungen wie für Messsysteme, die zur Messung von Wechselspannungen mit Frequenzen von $f_{\text{nom,1}}$ bis $f_{\text{nom,2}}$ zugelassen sind (s. Abschn. 2.1). Innerhalb des Frequenzbereichs von $f_{\text{nom,1}}$ bis $7f_{\text{nom,2}}$ darf sich der Frequenzgang bzw. der Maßstabsfaktor nur um ± 1 % ändern. Der Verlauf des Frequenzgangs außerhalb des nutzbaren Frequenzbereichs unterliegt weiteren Festlegungen [2.4].

2.2.2 Kurzzeitwechselstrom

Die Prüfung mit *Kurzzeitwechselströmen* simuliert die Beanspruchung, die Betriebsmittel bei einem Kurzschluss im Versorgungsnetz aushalten müssen. Der *Schaltwinkel* ψ kennzeichnet den Zeitpunkt, zu dem der Kurzschluss beginnt, bezogen auf den Nulldurchgang der Netzspannung. Er bestimmt maßgeblich den Zeitverlauf des Kurzzeitwechselstromes, der nur eine bestimmte Anzahl von Perioden andauert. Im Allgemeinen ergibt sich ein unsymmetrischer Verlauf des Prüfstromes, der durch einen netzfrequenten Wechselstrom mit überlagertem transientem Gleichstromanteil charakterisiert ist (Abb. 2.3a). Im Extremfall erreicht der Scheitelwert $\hat{\imath}$ des Kurzzeitwechselstromes infolge des überlagerten Gleichanteils nahezu die doppelte Amplitude des stationären

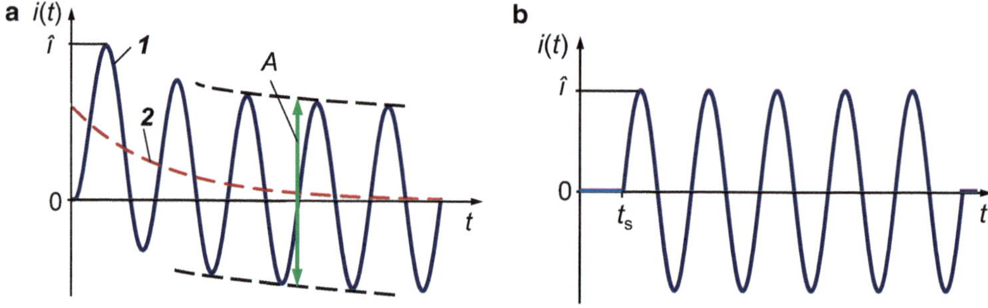

Abb. 2.3 Beispiele für Kurzzeitwechselströme **a** unsymmetrischer Kurzzeitwechselstrom *1* mit transientem Gleichanteil *2* **b** symmetrischer Kurzzeitwechselstrom

Wechselstromes. Die maximale Stromstärke kann dadurch mehrere 100 kA betragen. Nach exponentiellem Abklingen des Gleichstromanteils eilt der Kurzzeitwechselstrom der Spannung um den Phasenwinkel φ nach, der durch den Widerstand und die Induktivität des Kurzschlusskreises gegeben ist. Bei bestimmten Schalt- und Phasenverhältnissen entsteht ein symmetrischer Kurzzeitwechselstrom ohne Gleichanteil (Abb. 2.3b). In Abschn. 8.3 wird der Kurzzeitwechselstrom analytisch betrachtet.

Nach IEC 62475 [2.4] wird der Kurzzeitwechselstrom durch seinen Scheitelwert $\hat{\imath}$ und die *symmetrische Wechselstromkomponente* charakterisiert. Letztere ergibt sich aus der allgemeinen Gleichung für den *wahren Effektivwert*:

$$I_{\mathrm{rms}} = \sqrt{\frac{1}{T} \int_0^T i^2(t)\, \mathrm{d}t} \qquad\qquad (2.6)$$

für den Fall, dass die Gleichkomponente abgeklungen und T eine ganzahlige Periodendauer ist. Weitere Parameter des Prüfstromes sind die Frequenz und Dauer sowie der Impedanzwinkel $\varphi = \arctan(\omega L/R)$. Im informativen Anhang G der Prüfvorschrift werden zusätzliche Messgrößen und Messverfahren angegeben. Hiernach wird die *symmetrische Wechselstromkomponente* graphisch, wie in Abb. 2.3a angedeutet, aus der Differenz A des positiven und negativen Scheitels der Stromschwingung bestimmt und als Effektivwert $A/(2\sqrt{2})$ angegeben. Der *konventionelle Effektivwert* der Wechselstromkomponente ergibt sich ebenfalls graphisch mit dem *Drei-Scheitel-Verfahren* als Differenz aus dem Mittel zweier benachbarter Scheitelwerte und dem Scheitelwert mit entgegen gesetzter Polarität, dividiert durch $2\sqrt{2}$.

Die Toleranzgrenzen bei der Erzeugung von Kurzzeitwechselströmen betragen jeweils $\pm 5\,\%$ für den Scheitelwert $\hat{\imath}$ und die symmetrische Wechselstromkomponente $A/(2\sqrt{2})$. Die erweiterte Messunsicherheit für beide Messgrößen darf $5\,\%$ nicht überschreiten. Die geforderte Bandbreite des Messsystems reicht je nach Prüfling von 0 oder 0,2 Hz bis zu $7 f_{\mathrm{nom}}$, wobei f_{nom} die Grundfrequenz ist.

2.3   Erzeugung hoher Wechselspannungen

Erzeugeranlagen für hohe Wechselspannungen haben teilweise typische Eigenschaften, z. B. der Oberschwingungsgehalt oder das Auftreten von Teilentladungen, die Einfluss auf die Prüfung und Messung haben können. Hohe Wechselspannungen werden vorwiegend mit *Transformatoren* erzeugt, die je nach ihrer Bestimmung eine Gießharz-, Öl- oder SF_6-Isolierung aufweisen. Sie sind entweder einstufig oder zur Erzeugung von Spannungen von mehr als 600 kV in Kaskade geschaltet. Daneben gibt es Resonanzanlagen, auch in *Kaskadenschaltung,* die aufgrund ihrer kleineren Abmessungen bei nicht zu großer benötigter Erregerleistung häufig für *Vor-Ort-Prüfungen* Einsatz finden. Die mit Transformatoren erzeugten Wechselspannungen werden in erster Linie zur

Prüfung von Betriebsmitteln und Bauteilen für die elektrische Energieversorgung, aber natürlich auch zur Kalibrierung der verwendeten Messsysteme eingesetzt. Weitere Einsatzgebiete sind Messungen von dielektrischen Eigenschaften (s. Kap. 11) und Teilentladungen (s. Kap. 12). Die vor allem in Asien eingeführten höchsten Spannungsebenen von bis zu 1000 kV Wechselspannung erfordern entsprechend hohe Prüfspannungen, die nur in wenigen Prüflaboratorien einiger Industrieländer erzeugt werden können. Weiterhin werden mit Wechselspannungen auch Gleich- und Stoßspannungen erzeugt, die außer für die elektrische Energieversorgung in vielen anderen Bereichen von Physik und Technik Einsatz finden.

2.3.1　Bauarten von Prüftransformatoren

Prüftransformatoren zur Erzeugung hoher Wechselspannungen existieren in vielfältiger Ausführung [1.1–1.5]. Abb. 2.4 zeigt zwei konventionelle Bauarten von einstufigen Prüftransformatoren in ölisolierter Ausführung. Bei der *Kesselbauweise* ist der Eisenkern *2* mit der Nieder- und Hochspannungswicklung *3* bzw. *4* in einem ölgefüllten Metallkessel K untergebracht (Abb. 2.4a). Die Hochspannungswicklung ist mit Steuerelektroden *5* zur Feldstärkereduzierung versehen. Die Kesselbauweise erfordert eine recht aufwendige,

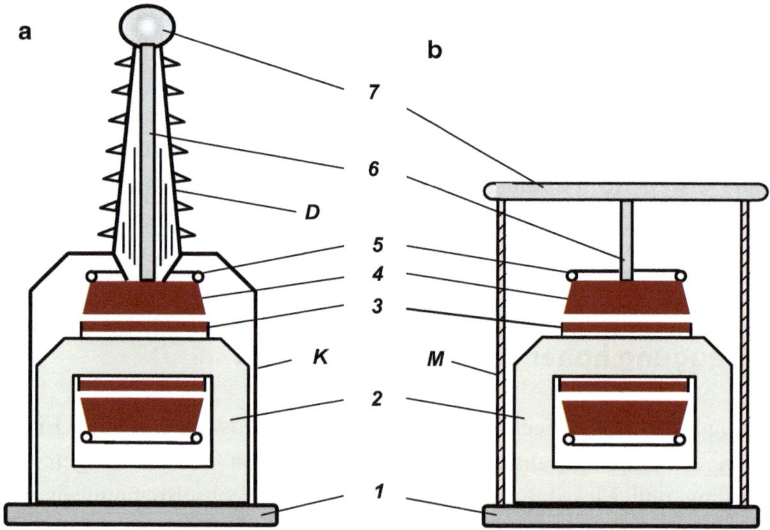

Abb. 2.4　Aufbau von Prüftransformatoren mit Ölisolierung (schematisch) **a** Kesselbauweise **b** Isoliermantelbauweise *1* Fundament *2* Eisenkern *3* Erregerwicklung *4* Hochspannungswicklung *5* Steuerelektroden *6* Hochspannungszuleitung *7* Hochspannungselektrode **D** Hochspannungsdurchführung **K** Metallkessel **M** Isoliermantel

meist feldgesteuerte Durchführung D zur Ausleitung der hohen Wechselspannung über das Metallrohr *6* an die Hochspannungselektrode *7*. Bei großen Prüftransformatoren dieser Bauart ist die Durchführung zur Verringerung der Bauhöhe häufig schräg angebracht.

Der Transformator in *Isoliermantelbauweise* hat ein isolierendes Tragrohr M und kommt daher ohne Durchführung aus (Abb. 2.4b). Transformatoren dieser Bauart haben im Vergleich zur Kesselbauweise den Nachteil, dass die erzeugte Verlustwärme wegen des Isoliermantels schlechter an die Umgebung abgeführt werden kann; sie sind daher in ihrer Leistung begrenzt. Wegen der möglichen Berst- oder Leckgefahr und der beträchtlichen Isolierölfüllung muss der Transformator mit einer entsprechend großen Ölauffangwanne versehen sein.

Kleinere Prüftransformatoren für Wechselspannungen von bis zu 100 kV werden auch mit *Gießharzisolierung* gefertigt. Da diese Transformatoren nach der Herstellung nicht mehr reparabel sind, darf die Isolierung keine Fehlstellen aufweisen, in denen Teilentladungen mit nennenswerter Stärke auftreten und die Lebensdauer beeinträchtigen können. Um die Beanspruchung der Gießharzisolierung zu reduzieren, können die Wicklungen auf beide Schenkel des Eisenkerns verteilt und mit zwei Durchführungen herausgeführt werden. Diese Schaltung findet man z. B. bei Ölprüfgeräten, bei denen eine Erdung der Hochspannungswicklung nicht erforderlich ist. Bei einseitiger Erdung einer Hochspannungswicklung liegen der Eisenkern und das Gehäuse auf Mittenpotenzial und der Transformator muss dann isoliert aufgestellt werden.

Die Einspeisung auf der Primärseite der Prüftransformatoren erfolgt häufig aus dem Versorgungsnetz über Stelltransformatoren, die motorbetrieben oder per Hand eingestellt werden. Die Erregerspannung wird hierbei langsam von null auf die gewünschte Prüfspannung hoch geregelt. Die Erregerspannung kann alternativ von einem Maschinensatz geliefert werden, dann auch mit anderen Frequenzen, z. B. 16,7 Hz für die Prüfung von Geräten für den Bahnverkehr in Deutschland. Auf die verringerte zulässige Prüfspannung des Transformators bei Betrieb mit kleineren Frequenzen ist zu achten! Kleinere Prüftransformatoren lassen sich mit statischen (elektronischen) Spannungserzeugern erregen, wobei die Frequenz in einem weiten Bereich einstellbar ist. Auch bei rein sinusförmiger Primärspannung weist die Hochspannung wegen der nicht linearen Magnetisierungskurve des Transformatorkerns sowohl im Leerlaufbetrieb als auch unter Last Oberschwingungen auf.

Prüftransformatoren im Druckkessel mit SF_6-Isolierung (*gasisolierter Transformator, GIT*) haben relativ kleine Abmessungen, benötigen aber wiederum eine große Durchführung, wenn sie an luftisolierte Anlagen angeschlossen werden. Abb. 2.5 zeigt eine kleine metallgekapselte Ausführung, die direkt an die zu prüfende *gasisolierte Schaltanlage (GIS)* angeflanscht wird. Der Kern und der Fußpunkt der Hochspannungswicklung sind mit dem Kessel auf Erdpotenzial verbunden. Diese Ausführung eignet sich besonders gut für Vor-Ort-Prüfungen von GIS und GIL (*gasisolierte Leitung*) [1.3, 1.5, 2.13].

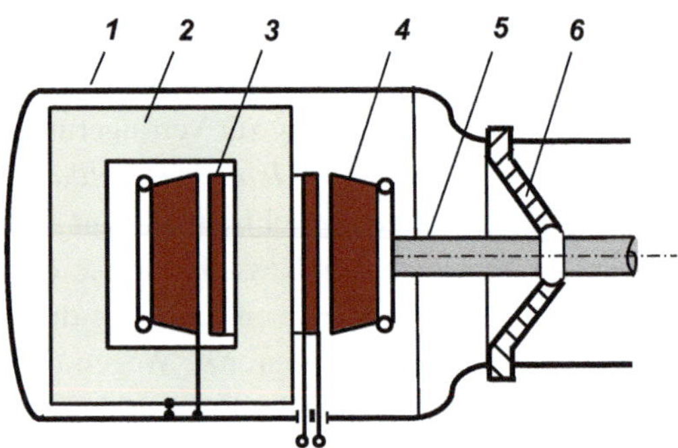

Abb. 2.5 Metallgekapselter Prüftransformator mit SF$_6$-Isolierung für GIS *1* Druckbehälter *2* Eisenkern *3* Erregerwicklung *4* HS-Wicklung *5* Leiter *6* Stützisolator

2.3.2 Kaskadenschaltung von Transformatoren

Prüfwechselspannungen von mehr als 600 kV erzielt man in der Regel mit Transformatoren in *Kaskadenschaltung*. Das Prinzip einer dreistufigen Kaskadenschaltung mit Transformatoren in Kesselbauweise zeigt Abb. 2.6. Die drei Hochspannungswicklungen H sind in Reihe geschaltet, was eine isolierte Aufstellung der zweiten und dritten Transformatorstufe erfordert. Die erste und zweite Stufe haben Kopplungswicklungen K für die Erregerwicklungen E der beiden oberen Stufen. Die Verbindungsleitungen von den Kopplungswicklungen zu den Erregerwicklungen sind jeweils in den Hochspannungszuleitungen der Durchführungen verlegt. Am Ausgang der dritten Stufe steht die maximale Spannung 3U mit der Leistung P zur Verfügung.

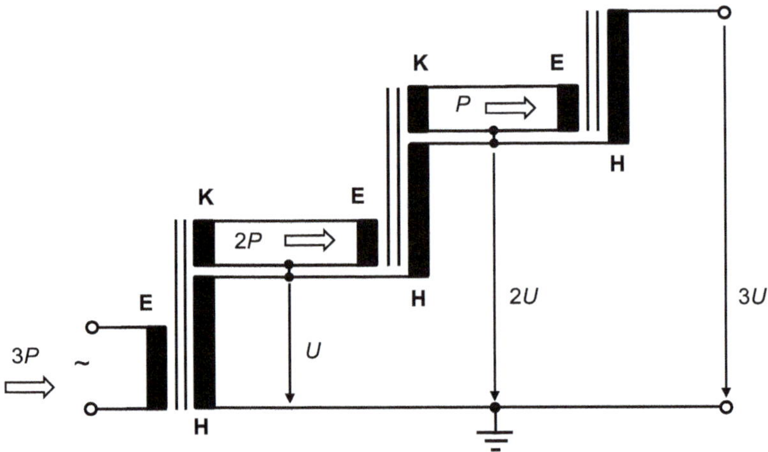

Abb. 2.6 Dreistufige Kaskadenschaltung von Prüftransformatoren **E** Erregerwicklung **K** Kopplungswicklung **H** Hochspannungswicklung

Die zu übertragende Leistung der Erreger- und Kopplungswicklungen beträgt für die mittlere Stufe das Doppelte und für die unterste Stufe das Dreifache der dritten Stufe. Die Wicklungen sind entsprechend der höheren Belastung ausgelegt. Ebenso müssen die Abmessungen von Abschirmungen und Toruselektroden den höheren Spannungen in der zweiten und dritten Stufe angepasst sein. Eine dreistufige Kaskadenschaltung mit vermutlich der weltweit immer noch höchsten Prüfwechselspannung von 3 MV wird in [2.14] vorgestellt.

Zweistufige Kaskadenschaltungen werden häufig so hergestellt, dass auf den Eisenkern in Abb. 2.4a eine zweite Erreger- und Hochspannungswicklung mit Kopplungswicklungen in entsprechender Beschaltung aufgebracht wird. Ein Transformator in Kesselbauweise weist in dieser Kaskadenschaltung zwei Durchführungen auf. In der Regel ist der eine Hochspannungsausgang geerdet und der Eisenkern liegt auf Mittenpotenzial, sodass die Kaskade isoliert aufgestellt sein muss. Eine erdsymmetrische Spannung an den beiden Durchführungen erhält man, wenn der Kern auf Erdpotenzial gelegt und entsprechend beschaltet wird. Kleinere Prüftransformatoren für Spannungen bis etwa 100 kV werden häufig als Gießharztransformator hergestellt (s. Abschn. 2.3.1).

Kaskadenschaltungen lassen sich auch mit Transformatoren in *Isoliermantelbauweise* realisieren. Die einzelnen ölisolierten Stufen sind übereinander angeordnet und benötigen dadurch eine geringe Stellfläche. Eine derartige zweistufige Kaskade mit einer *Bemessungsspannung* von insgesamt 800 kV zeigt Abb. 2.7. Der Druckgaskondensator im Vordergrund dient als Messkondensator einer Scheitelspannungsmesseinrichtung (s. Abschn. 2.5.2.2). Am Fuß der Kaskade ist eine ringförmige Wanne angebracht, mit der bei einem Leck des Isoliermantels das ausfließende Isolieröl aufgefangen und einem unter dem Hallenboden befindlichen Auffangbecken zugeführt werden kann.

2.3.3   Einfaches Ersatzschaltbild

Prüftransformatoren wirken am Hochspannungsausgang kapazitiv, und in Verbindung mit der Kurzschlussimpedanz R_k und L_k und dem meist kapazitiven Prüfling C_p entsteht ein Reihenschwingkreis (Abb. 2.8). Die auf die Sekundärseite entsprechend dem Übersetzungsverhältnis bezogene Primärspannung ist mit U_1' bezeichnet. Die Streukapazität C_T, die sich zu C_p addiert, berücksichtigt die Kapazitäten der Transformatorwicklungen, Schirmelektroden und Hochspannungsverbindungen. Infolge Serienresonanz entsteht eine *Spannungsüberhöhung* am Transformatorausgang und Prüfling. Dies bedeutet, dass der Prüfling mit einer höheren Spannung U_2 belastet wird als die, die sich rechnerisch aus der anliegenden Primärspannung und dem Übersetzungsverhältnis ergeben würde. Die tatsächlich am Prüfling anliegende Spannung muss daher stets mit einem separaten Messsystem auf der Hochspannungsseite erfasst werden. Die Blindleistung durch die kapazitive Last wird auf der Primärseite durch Einschalten von Drosselspulen kompensiert.

Abb. 2.7 Zweistufige 800-kV-Transformatorkaskade in Isoliermantelbauweise (im Hintergrund) mit Druckgaskondensator (rechts) und Spannungswandler (links) im Vordergrund (PTB)

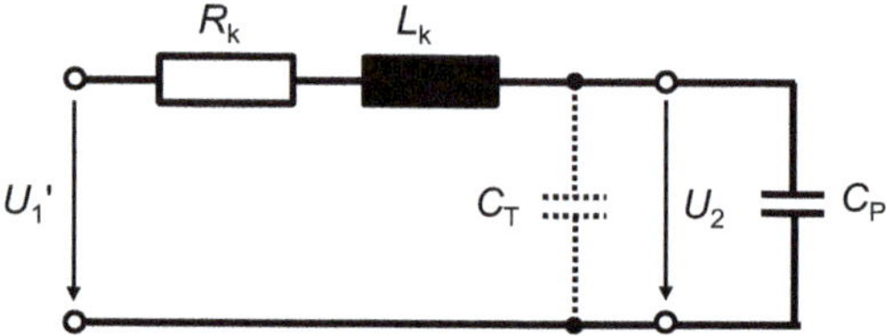

Abb. 2.8 Einfaches Ersatzschaltbild eines Transformators mit der Kurzschlussimpedanz R_k, L_k und Streukapazität C_T bei kapazitiver Belastung durch den Prüfling C_p

2.3.4 Resonanzprüfanlagen

Sinusförmige Prüfspannungen mit geringem Oberschwingungsgehalt und großer Stabilität lassen sich mit *Resonanzprüfanlagen* erzeugen. Eine *Serienresonanzprüfanlage* besteht im Wesentlichen aus der Kapazität des Prüflings in Serie mit der Induktivität einer Hochspannungsdrossel mit kleinem Verlustwiderstand. Die Ersatzschaltung ist vergleichbar mit der in Abb. 2.8, wobei L_k durch die Induktivität der Drossel ersetzt ist. Die Einspeisung erfolgt mit einem Erregertransformator geringer Spannung und Leistung. Infolge Serienresonanz im abgestimmten Prüfkreis entsteht am Prüfling eine deutliche Spannungsüberhöhung. Die Resonanzbedingung wird entweder bei konstanter

Einspeisefrequenz durch eine veränderbare Drossel oder bei konstanter Induktivität durch eine variable Frequenz der Einspeisespannung erzielt, wobei die letztere Betriebsart eine Reihe von Vorteilen aufweist. Durch Serienschaltung mehrerer Drosseln lassen sich Prüfspannungen von 2 MV und mehr erzeugen. Andere Resonanzschaltungen, z. B. die *Parallelresonanzprüfanlage,* werden in [1.4, 1.5, 2.15] diskutiert.

Resonanzprüfanlagen eignen sich wegen ihrer relativ kleinen Abmessungen und ihres geringen Gewichts vor allem für den mobilen Einsatz, insbesondere bei Vor-Ort-Prüfungen an Betriebsmitteln mit großer Kapazität wie z. B. Kabel und GIL [2.16]. Die Frequenz der Prüfspannung ist in einem größeren Bereich wählbar. Wegen der im Resonanzfall großen verfügbaren Blindleistung lassen sich Kabelprüfungen vorteilhaft auch bei Frequenzen um 50 Hz durchführen, während dies mit anderen Spannungsquellen wegen der starken kapazitiven Belastung nur mit wesentlich geringeren Frequenzen möglich ist.

Im Zusammenhang mit Resonanzschaltungen ist auch der *Tesla-Transformator* kurz zu nennen, der allerdings wegen seiner geringen Ausgangsleistung bei Prüfungen im Bereich der elektrischen Energietechnik keine besondere Rolle spielt. Das Prinzip des Tesla-Transformators beruht auf der Resonanz zweier magnetisch lose gekoppelter Spulen, die übereinander ohne Magnetkern gewickelt sind. Die Schwingung wird periodisch angeregt, indem ein Kondensator im Primärkreis aufgeladen und durch Zündung einer Funkenstrecke wieder entladen wird. Mit Tesla-Transformatoren lassen sich Spannungen von bis zu mehreren Megavolt mit einer Frequenz von 10 kHz bis 500 kHz erzeugen [2.17–2.19].

2.4   Erzeugung hoher Wechselströme

Stationäre Prüfwechselströme werden mit Hochstromtransformatoren erzeugt, bei denen die Primärstromstärke mit Hilfe eines vorgeschalteten Stelltransformators feinstufig einstellbar ist. Der Stelltransformator kann entweder aus dem Niederspannungsnetz, von einem Generatorsatz oder mit geringerer Leistung von einem statischen (elektronischen) Generator gespeist werden. Mit den beiden letzten Möglichkeiten lässt sich die Frequenz variabel einstellen. Hochstromerzeuger für mehr als 50 kA Dauerbetrieb sind gegebenenfalls mit einem externen Kühlanschluss versehen. Hohe Stromstärken gehen einher mit starken Magnetfeldern, die zu einer Gefährdung von Menschen und Geräten führen können. Der Prüfaufbau einschließlich der Hin- und Rückleitungen sollte zur Vermeidung elektromagnetischer Beeinflussung von Messgeräten möglichst symmetrisch ausgeführt sein.

Kurzzeitwechselströme lassen sich im Hochleistungsprüffeld mit leistungsstarken Maschinensätzen bis zu den höchsten Stromstärken von mehreren 100 kA erzeugen. Der Kurzzeitstrom ist bei der Prüfung von Leistungsschaltern auf wenige Perioden bzw. Halbschwingungen begrenzt, sodass die maximale Prüfdauer im Bereich von 1 s liegt. Die Vorgänge lassen sich mit dem einfachen Ersatzschaltbild in Abb. 2.9 beschreiben. Der Kurzschlusskreis ist durch den niederohmigen Widerstand R und die Gesamt-

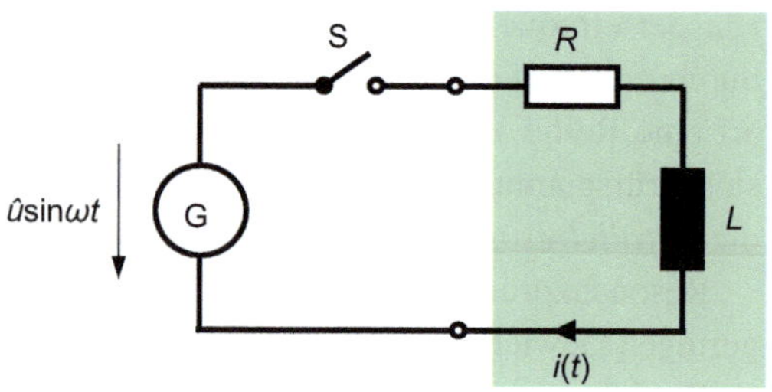

Abb. 2.9 Einfaches Ersatzschaltbild der Prüfanordnung mit Generator G zur Erzeugung von Kurzzeitwechselströmen

induktivität L des Prüflings und der Anschlussleitungen nachgebildet. Zum Schaltzeitpunkt $t = t_0$ wird die Wechselspannung mit dem Augenblickswert $u(t_0) = \hat{u}\sin\psi$ auf den Kurzschlusskreis geschaltet, wobei ψ der Schaltwinkel ist (s. Abschn. 8.3). Unter Annahme einer starren Wechselspannung, die unverändert mit $\hat{u}\sin(\omega t + \psi)$ am Prüfling ansteht, fließt für eine vorgegebene Dauer bzw. Periodenanzahl ein Wechselstrom $i(t)$ nach Gl. (8.34).

Im stationären Betrieb eilt der Kurzzeitwechselstrom der Wechselspannung wegen der induktiven Last um den Phasenwinkel φ nach. Je nach Schaltwinkel ψ ist dem stationären Kurzzeitwechselstrom eine mehr oder weniger große Gleichkomponente überlagert, die exponentiell mit der Zeit abklingt (s. Abb. 2.3a). Der Kurzzeitwechselstrom mit überlagerter Gleichkomponente, durch die der Scheitelwert bis auf den doppelten Wert erhöht wird, stellt eine besonders starke Belastung des Prüflings dar. Kurzzeitwechselströme mit geringeren Stromstärken können auch mit einem statischen Generator erzeugt werden, der von einem Digital-Analog-Wandler mit der gewünschten Kurvenform angesteuert wird.

2.5 Messung hoher Wechselspannungen

Zur Messung hoher Wechselspannungen mit einer Netzfrequenz von 50 Hz oder 60 Hz – in Sonderfällen auch mit einer anderen Frequenz wie z. B. 16,7 Hz für die Deutsche Bahn – bieten sich mehrere Möglichkeiten an. Die Mehrzahl der aktuellen Messeinrichtungen besteht aus einem kapazitiven Spannungsteiler mit einem am Teilerausgang angeschlossenen Messgerät. Anstelle eines Spannungsteilers kann auch ein einzelner Hochspannungskondensator eingesetzt und der durchfließende Wechselstrom zur Spannungsmessung herangezogen werden. Die hierfür verwendeten Messgeräte sind heutzutage überwiegend digital aufgebaut und ermöglichen eine umfassende, rechnergestützte Auswertung aller Parameter einer Wechselspannung. Damit haben sich neue Prüfmöglichkeiten wie die Vor-Ort-Prüfung und Online-Überwachung ergeben, die mit speziellen Spannungserzeugern und Messeinrichtungen am Aufstellungsort des Prüflings vorgenommen werden. Wegen der vor allem im asiatischen Raum existierenden oder geplanten Energieübertragung mit ultrahohen Spannungen von bis zu 1 MV (UHV-Bereich) steigen auch die Anforderungen an die Messtechnik.

Eine direkte Messung der Hochspannung ist mit elektrostatischen Voltmetern oder Kugelfunkenstrecken möglich, die in der Vergangenheit häufiger eingesetzt wurden. Induktive und kapazitive Messwandler finden ebenfalls Verwendung, werden allerdings wegen ihrer kleinen Phasendifferenzen vorzugsweise für Leistungsmessungen im Netz genutzt. Potenzialfreie Strom- und Spannungsmessungen sind mit Messspulen bzw. Feldsensoren möglich, wobei die Messdatenübertragung mit einer faseroptischen Datenübertragungsstrecke oder über Funk zum Empfänger auf Erdpotenzial erfolgt. Fortschritte in der Ausnutzung der Pockels- und Kerr-Effekte haben zu einer Reihe von Anwendungen mit optoelektronischen Sensoren geführt (s. Abschn. 6.1).

2.5.1 Kapazitiver Spannungsteiler

Der *kapazitive Spannungsteiler* teilt die hohe Wechselspannung auf eine maßstäblich verkleinerte Spannung herunter, die dann von einem analogen oder digitalen Messgerät ausgewertet wird. In der Regel werden bei Spannungen von mehr als $300\,\text{kV}$ zwei oder mehr Kondensatorelemente übereinander angeordnet. Diese Hochspannungskondensatoren bestehen überwiegend aus einem Wickel mit Öl-Papier-Isolierung oder gasimprägnierter Kunststofffolie (s. Abschn. 4.3.3.1). Ein ausgezeichnetes Frequenzverhalten zeigen bestimmte keramische Plattenkondensatoren, die daher bevorzugt in Spannungsteilern für höherfrequente Spannungen oder Stoßspannungen zum Einsatz kommen (s. Abschn. 4.3.4.1). *Druckgaskondensatoren* der Bauart nach Schering und Vieweg haben bis in den Megavoltbereich hervorragende Eigenschaften und sind daher als Referenz prädestiniert (s. Abschn. 11.5).

Durch die Serienschaltung mehrerer Kondensatoren im Spannungsteiler reduziert sich die Gesamtkapazität, d. h. bei n gleichen Kondensatoren C_1 beträgt die Gesamtkapazität – ohne Berücksichtigung der Erdkapazitäten – nur C_1/n. Spannungsteiler für Messzwecke weisen in der Regel nur eine relativ kleine Gesamtkapazität von einigen 100 pF auf, weil Kondensatoren mit größerer Kapazität schlechtere Eigenschaften bezüglich Langzeitstabilität, Frequenzverhalten, Temperatur- und Spannungsabhängigkeit haben. Weiterhin stellt eine große Kapazität mitunter eine zu große Belastung der Erzeugeranlage dar.

2.5.1.1 Streukapazitäten und einfache Ersatzschaltbilder

Das Übertragungsverhalten ungeschirmter Spannungsteiler wird allgemein und ausführlich in Abschn. 4.3.1.4 behandelt. Jede Bauart von Spannungsteilern weist Induktivitäten der Bauelemente und Verbindungsleitungen sowie Streukapazitäten zur Erde und zu Elektrodenanordnungen auf, z. B. auch zur eigenen Toruselektrode am Teilerkopf. Bei kapazitiven Spannungsteilern zur Messung von Wechselspannungen mit Netzfrequenz einschließlich der Harmonischen sind hauptsächlich die verteilten *Streukapazitäten* $C_e{}'$ zu berücksichtigen, über die ein Teil des Messstroms zur Erde abfließt und daher nicht vom Messgerät erfasst wird (Abb. 2.10). Näherungsweise werden alle Teilkapazitäten

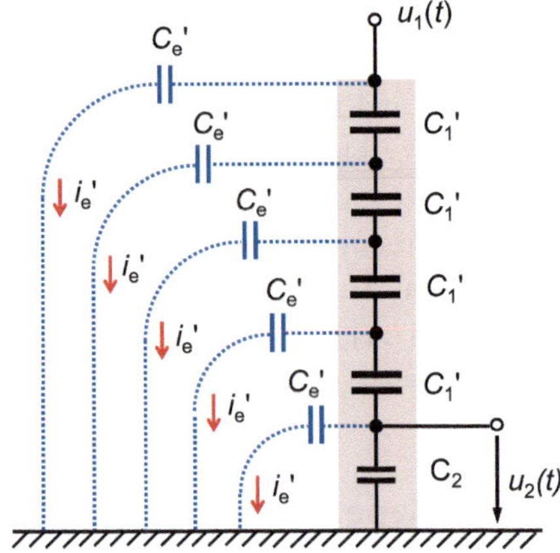

Abb. 2.10 Kapazitiver Spannungsteiler mit verteilten Erdkapazitäten C_e'

C_e' als gleich groß angenommen. Je nach Durchmesser des senkrecht über Erdpotential stehenden Spannungsteilers gilt als Faustformel für die Erdkapazität ein Wert von (15 … 20) pF/m [2.20].

In dem Frequenzbereich, der die Netzfrequenz und deren Harmonische umfasst, ist die Wirkung induktiver und ohmscher Komponenten der Kondensatoren vernachlässigbar. Für den kapazitiven Spannungsteiler lassen sich zwei Ersatzschaltbilder ableiten, die verdeutlichen, dass die effektive Hochspannungskapazität C_1 durch einen Teil der Erdkapazität C_e verkleinert ist. Anders ausgedrückt: das Teilungsverhältnis wird größer und die Ausgangsspannung u_2 kleiner. Im ersten Ersatzschaltbild (Abb. 2.11a) ist im oberen Bereich des Spannungsteilers eine Kapazität $^2/3C_e$ parallel geschaltet. In Abb. 2.11b ist C_1 um $^1/6C_e$ reduziert, sodass für die effektive Kapazität C_{eff} im Hochspanungszweig geschrieben werden kann [1.1, 1.4]:

$$\boxed{C_{\text{eff}} = C_1 - \frac{C_e}{6}}. \tag{2.7}$$

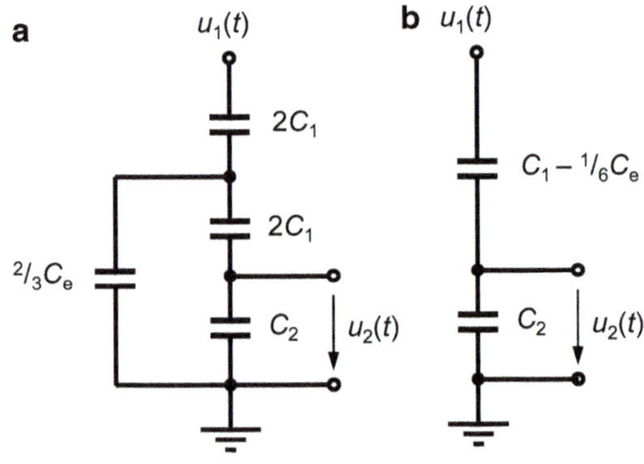

Abb. 2.11 Einfache Ersatzschaltbilder eines kapazitiven Spannungsteilers unter Berücksichtigung der Streukapazität C_e a) mit Parallelkapazität $^2/3C_e$ b) mit reduzierter Kapazität $C_1 - ^1/6C_e$

Beide Ersatzschaltbilder verdeutlichen, dass das Übertragungsverhalten eines kapazitiven Spannungsteilers für Frequenzen bis in den kHz-Bereich als frequenzunabhängig angenommen werden kann. Wegen der Streukapazitäten ist das genaue Teilungsverhältnis u_1/u_2 nicht aus den Einzelwerten der Kapazitäten C_1 und C_2 berechenbar, sondern muss aus Messungen am aufgebauten Spannungsteiler bestimmt werden. Das Teilungsverhältnis von Spannungsteilern wird überwiegend so dimensioniert, dass bei der Bemessungsspannung die maximale Ausgangsspannung $u_2(t)$ im Bereich von 1 kV oder 2 kV liegt. Zur Messung der Ausgangsspannung $u_2(t)$ eignen sich grundsätzlich analoge und digitale Messgeräte. Der Trend zur digitalen Datenerfassung mit Software gestützter Gerätesteuerung und Datenauswertung ist allerdings bereits weitgehend vollzogen. Mit digitalen Messgeräten ist eine vollständige Erfassung der bei Wechselspannungsprüfungen geforderten Messdaten durchführbar, einschließlich der effizienten Dokumentation im Rahmen des Qualitätsmanagements.

2.5.2 Analoge Messgeräteschaltungen

Messgeräte für Wechselspannung in Verbindung mit Hochspannungsteilern waren früher ausschließlich analog aufgebaut. Sie wurden im Laufe der Jahre ständig verbessert und in ihren Messmöglichkeiten erweitert. Seit mehr als zwei Jahrzehnten werden mehr und mehr digitale Schaltungen eingesetzt, sodass analoge Messgeräte und Messverfahren heute Seltenheit besitzen. In diesem Abschnitt werden daher nur einige wenige Grundprinzipien analoger Messschaltungen behandelt.

2.5.2.1 Einfache Scheitelspannungsmesseinrichtung

Abb. 2.12a zeigt das Grundprinzip einer einfachen analogen *Scheitelspannungsmesseinrichtung* für hohe Wechselspannung, die aus einem kapazitiven Spannungsteiler und einem an den Unterkondensator C_2 angeschlossenen Voltmeter besteht [1.4, 2.21]. Über den Gleichrichter G wird der Messkondensator C_m auf den positiven Scheitelwert der an

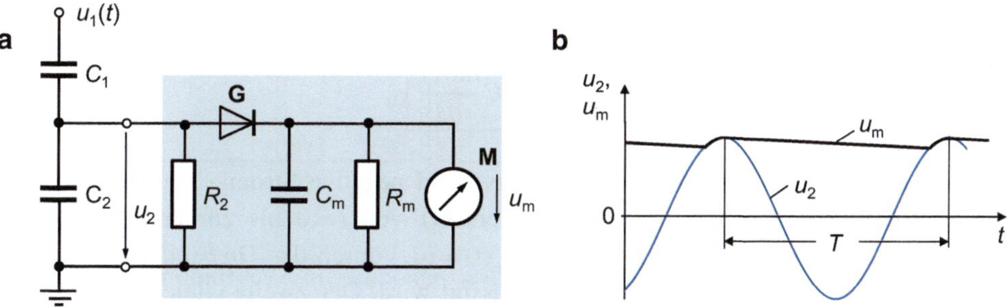

Abb. 2.12 Prinzip eines Scheitelspannungsmessgerätes mit kapazitivem Spannungsteiler a) Grundschaltung des Messgerätes am Teilerausgang b) Eingangsspannung $u_2 \sim u_1$ am Messgerät und angezeigte Messspannung u_m

C_2 liegenden Spannung $u_2(t)$ aufgeladen, wobei der Spannungsabfall an G vernachlässigt wird. Mit abnehmender Sinusspannung u_2 innerhalb einer Periode fällt die Spannung $u_m(t)$ an C_m entsprechend der Zeitkonstante $R_m C_m$ etwas ab. In der nächsten positiven Halbschwingung steigt, wenn u_2 wieder größer als u_m wird, die Spannung an C_m wieder an (Abb. 2.12b). Die Widerstände R_2 und R_m sowie die Kapazität C_m werden so gewählt, dass einerseits das Teilungsverhältnis des Hochspannungsteilers möglichst wenig beeinflusst wird und andererseits kleine Änderungen von $u_2(t)$ und damit der Hochspannung $u_1(t)$ erfasst werden können. Als Anzeigegerät M für die wellige Gleichspannung u_m kommen Drehspulmessinstrumente, elektrostatische Voltmeter oder elektronische Analogschaltungen, gegebenenfalls mit digitaler Anzeige, in Betracht. Die Unterschiede in der Anzeige bei Verwendung von Messgeräten, die entweder den Mittelwert oder den Effektivwert von u_m anzeigen, sind vernachlässigbar, wenn die Anforderungen an die Prüfspannung eingehalten werden.

Die einfache Grundschaltung in Abb. 2.12a verursacht eine Reihe möglicher Messfehler. Wegen der Welligkeit von u_m ist die Anzeige des Messgerätes M stets etwas niedriger als der Scheitelwert (s. Abschn. 2.1) und dadurch auch frequenzabhängig. Während der Durchlassphase des Gleichrichters liegt C_m parallel zu C_2 und vergrößert damit das Teilungsverhältnis. Da die Wechselspannung unsymmetrisch sein kann, muss das Messgerät sowohl den positiven als auch negativen Scheitelwert erfassen können. Verschiedene Schaltungsvarianten wurden in der Vergangenheit entwickelt, die zu einer Verbesserung des Messverhaltens und Reduzierung von Fehlereinflüssen führten [1.6]. Dadurch kann die von den Prüfvorschriften für das vollständige Messsystem geforderte Messunsicherheit eingehalten werden. Zusammenfassend kann man jedoch sagen, dass das analoge Scheitelspannungsmessgerät für den Frequenzbereich 16,7 Hz bis 300 Hz eine lange Tradition hat, aber zunehmend durch digitale Messgeräte ersetzt wird.

2.5.2.2 Messeinrichtung nach Chubb und Fortescue

Die Scheitelspannungsmesseinrichtung nach *Chubb* und *Fortescue* ist verblüffend einfach und sinnvoll aufgebaut [1.4, 2.22]. Die an den Hochspannungskondensator C angelegte Wechselspannung $u(t)$ erzeugt den der Ableitung von $u(t)$ proportionalen Ladewechselstrom (Abb. 2.13):

$$\boxed{i_c(t) = C\frac{du(t)}{dt}}, \qquad (2.8)$$

der von den beiden Gleichrichtern in positive und negative Stromkomponente geteilt wird. In der Durchlasszeit des Gleichrichters G1 von $t=0$ bis zur halben Wechselspannungsperiode $t=T/2$ fließt der Strom $i_m(t)=i_c(t)$ durch das *Drehspulinstrument* M, wobei der Spannungsabfall an G1 vernachlässigt wird. Der zweite Gleichrichter G2 im Parallelzweig übernimmt den Ladestrom in der negativen Halbschwingung der Wechselspannung. Gleichrichter G1 sperrt in dieser Zeit, sodass $i_m(t)=0$ wird.

Abb. 2.13 Scheitelwertmessung
nach Chubb und Fortescue
(Grundprinzip) C
Hochspannungskondensator
G1, G2 Gleichrichter M
Drehspulinstrument

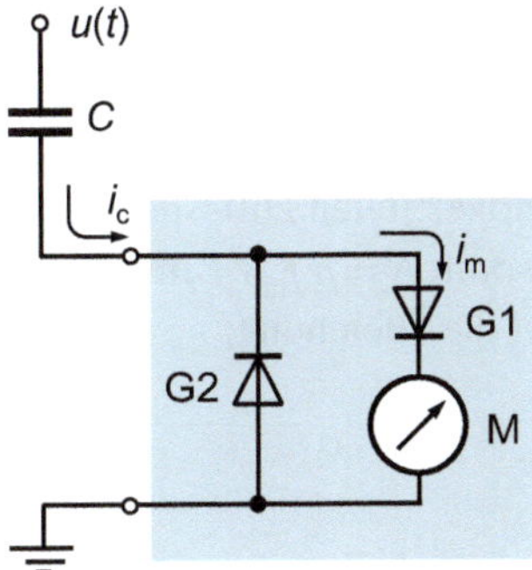

Das Drehspulinstrument zeigt aufgrund seiner Bauart den arithmetischen Mittelwert $\overline{I}_\mathrm{m}$ des Wechselstromes $i_\mathrm{m}(t)$ an. Für $\overline{I}_\mathrm{m}$ kann unter Annahme vereinfachender Voraussetzungen folgende Gleichung aufgestellt werden:

$$\overline{I}_\mathrm{m} = \frac{1}{T} \int\limits_0^{T/2} i_\mathrm{c}(t)\mathrm{d}t = \frac{C}{T} \int\limits_{-\hat{u}}^{+\hat{u}} \mathrm{d}u = 2f\,C\,\hat{u}\,, \tag{2.9}$$

wobei T die Periodendauer und f die Frequenz der Wechselspannung ist. Hieraus folgt unmittelbar für den Scheitelwert der Wechselspannung:

$$\hat{u} = \frac{\overline{I}_\mathrm{m}}{2f\,C}\,. \tag{2.10}$$

Gl. (2.10) gilt für beliebige Wechselspannungen, die keinen Sattelpunkt im Zeitverlauf aufweisen. Infolge der differenzierenden Wirkung des Hochspannungskondensators C würde durch einen Sattelpunkt wegen $\mathrm{d}u/\mathrm{d}t = 0$ ein zusätzlicher Nulldurchgang im Stromverlauf $i_\mathrm{m}(t)$ auftreten und das Drehspulinstrument einen falschen Mittelwert anzeigen. In der Prüfpraxis tritt ein Sattelpunkt bei einer normgerechten Prüfwechselspannung gewöhnlich nicht auf.

Die Schaltung nach Chubb und Fortescue ermöglicht grundsätzlich eine genaue Messung des Scheitelwertes von Wechselspannungen. Als Hochspannungskondensator C eignet sich besonders ein *Druckgaskondensator nach Schering und Vieweg*, der bekanntlich sehr gute Eigenschaften aufweist (s. Abschn. 11.5). Ein Druckgaskondensator kann zwar auch in der Schaltung nach Abb. 2.12a verwendet werden, jedoch nur in Verbindung mit einem Unterspannungskondensator, der wiederum einen zusätzlichen Beitrag zur Messunsicherheit liefert.

In einer verbesserten Schaltung ist an Stelle des Drehspulinstrumentes M ein Messwiderstand R_m geschaltet, an dem der gleichgerichtete Messstrom i_m eine proportionale Spannung u_m hervorruft [2.23]. Die Bildung des arithmetischen Mittelwertes wird hier von einem Spannungs-Frequenzwandler mit der Wandlerkonstante A ausgeführt, der u_m in eine Pulsfolge mit der mittleren Impulsrate f_m umwandelt. Die Impulse werden einem Zähler über eine Torschaltung zugeführt, die von einer von der Hochspannung abgeleiteten Hilfsspannung mit der Frequenz f für p Perioden geöffnet wird. Es gelangen somit $N = p\,f_\mathrm{m}\,/\,f$ Impulse auf den Zähler. Mit Gl. (2.10) ergibt sich für den Scheitelwert $\hat{u}$ die Gleichung:

$$\boxed{\hat{u} = \frac{N}{2p\,A\,R_\mathrm{m}\,C} = k \cdot N}.$$

(2.11)

Demnach ist der Scheitelwert $\hat{u}$ proportional zur Anzahl N der von der Torschaltung durchgelassenen Impulse und kann direkt am Zähler nach Multiplikation mit dem Faktor k abgelesen werden. Für die verbesserte Schaltung wird ein „*Gesamtfehler*" von $6 \cdot 10^{-4}$ angegeben (gegenüber $3{,}4 \cdot 10^{-3}$ für die einfache Schaltung in Abb. 2.13). Besonders vorteilhaft ist die rationelle Durchführung von Messungen und Kalibrierungen, die von einer Einzelperson durchgeführt werden kann.

Anmerkung: Der in [2.23] angegebene „Gesamtfehler", ein früher häufig gebrauchter Begriff, wurde durch einfache Addition der Fehleranteile der einzelnen Komponenten der Messeinrichtung bestimmt.

Abb. 2.14 zeigt eine Weiterentwicklung der Scheitelspannungsmesseinrichtung nach Chubb und Fortescue, in der ein Rechner die Steuerung der einzelnen Schaltungskomponenten übernimmt [2.24]. Der Kondensatorstrom i_c, der von der Hochspannung $u(t)$ gemäß Gl. (2.8) erzeugt wird, gelangt über den Überspannungsschutz *1* auf den Eingang eines Operationsverstärkers *2* mit dem Messwiderstand R_m im Rückkopplungszweig. Am Ausgang von *2* entsteht eine zu i_c proportionale Wechselspannung u_c, die nach Zweiweggleichrichtung in *3* in eine pulsierende Gleichspannung übergeht. Der nachfolgende Spannungs-Frequenz-Wandler *4* wandelt u_c in eine Pulsfolge mit der mittleren Impulsrate f_m um. Eine von u_c abgeleitete Hilfsspannung mit der Frequenz f öffnet die Torschaltung *5* für p Perioden, sodass N Impulse auf den Zähler *6* gelangen. Die Anzeige von *6* ist gemäß Gl. (2.11) wiederum dem Scheitelwert proportional. Das Messgerät erlaubt die Messung und Anzeige des positiven, negativen und mittleren Scheitelwertes. Fehlmessungen durch Sattel- oder Wendepunkte der Hochspannung werden angezeigt.

Ein besonderer Vorteil der Schaltung in Abb. 2.14 liegt darin, dass der Eingang des Strom-Spannungs-Wandlers *2* schaltungstechnisch auf *virtuellem Nullpotenzial* liegt. Der Überspannungsschutz *1* und das koaxiale Verbindungskabel zum Hochspannungskondensator C liegen somit ebenfalls auf Nullpotenzial, sodass keine Ableitströme vom Koaxialkabel zur Erde fließen und die Messung verfälschen können. Weiterhin haben unterschiedliche Längen des Koaxialkabels keinen Einfluss auf das Messergebnis und kleine Wechselspannungen $u(t)$ bis hinunter zu 1 kV lassen sich mit der gleichen

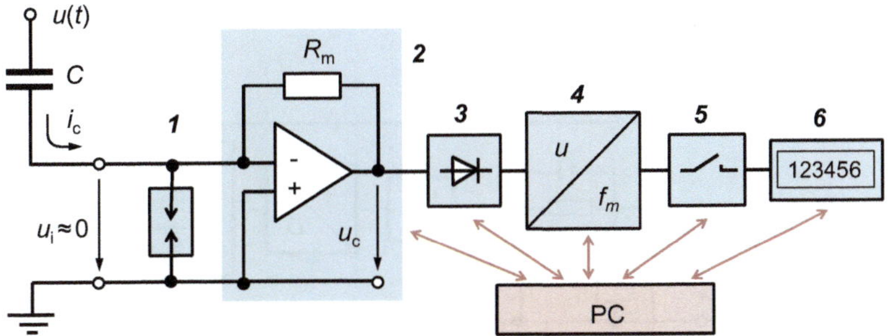

Abb. 2.14 Variante der Messschaltung nach Chubb und Fortescue mit Rechnersteuerung *1* Überspannungsschutz *2* Strom-Spannungswandler mit Messwiderstand R_m *3* Zweiweggleichrichter *4* Spannungs-Frequenz-Wandler *5* Torschaltung *6* Impulszähler

geringen Unsicherheit messen wie große Spannungen. Wird im Hochspannungszweig der Kondensator C durch einen Widerstand ersetzt, können auch Gleichspannungen erfasst werden. Mit dem verbesserten Spannungs-Frequenzwandler ergibt sich für das Messgerät bei sorgfältiger Abschätzung aller Fehlereinflüsse eine Messunsicherheit von $6 \cdot 10^{-5}$ für den Scheitelwert von Wechselspannungen und $2 \cdot 10^{-5}$ für den arithmetischen Mittelwert von Gleichspannungen. Die Messeinrichtung eignet sich daher besonders zur automatisierten genauen Kalibrierung anderer Wechsel- und Gleichspannungsmesseinrichtungen.

2.5.3 Digitale Messgeräteschaltungen

Eine umfassende, rationelle Auswertung von Wechselspannungen ist erst durch die digitale Aufzeichnung und Auswertung der aufgezeichneten Messdaten mit Software möglich. In der Mehrzahl der Einsatzmöglichkeiten wird das digitale Messgerät in Verbindung mit einem kapazitiven Spannungsteiler eingesetzt, dessen Teilungsverhältnis in das Messgerät eingegeben wird. Oft ist das Messgerät so konstruiert, dass es auch mit den entsprechenden Spannungsteilern für Gleichspannungs- und sogar Stoßspannungsmessungen geeignet ist. Abb. 2.15 zeigt den grundsätzlichen Aufbau eines digitalen Messgerätes für hohe Wechselspannungen. Die Ausgangsspannung $u_2(t)$ des kapazitiven Spannungsteilers wird zunächst durch einen internen Abschwächer in der Amplitude reduziert und anschließend über einen Impedanzwandler und programmierbaren Verstärker auf einen *Analog–Digital-Wandler* (*A/D-Wandler*) mit einer Auflösung von mindestens 8 Bit gegeben. Der digitale Datensatz wird zwischengespeichert und von einem internen Mikroprozessor oder externem PC ausgewertet. Die Ergebniswerte und der zeitliche Verlauf der Wechselspannung werden auf einem Display angezeigt. Die gesamte Elektronik ist auf der Eingangsseite des Messgerätes durch einen Überspannungsableiter geschützt und in einem Schirmgehäuse untergebracht.

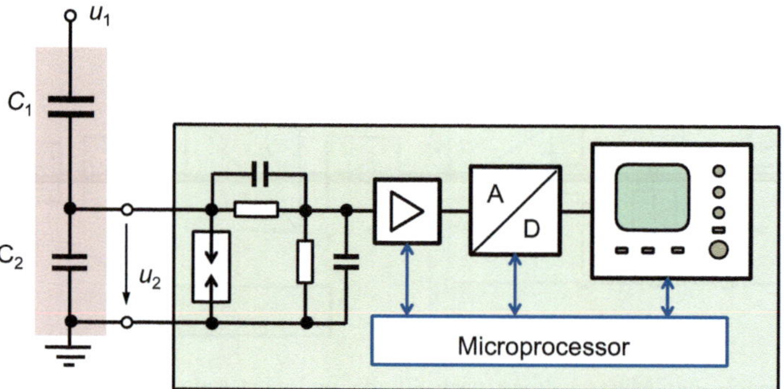

Abb. 2.15 Kapazitiver Spannungsteiler mit digitalem Messgerät für Wechselspannung

Das digitale Messgerät in der Ausführung in Abb. 2.15 ist mehr als ein übliches Scheitelwertmessgerät. Zur Anzeige kommen neben den positiven und negativen Scheitelwerten und dem Wert der Prüfwechselspannung auch der Effektivwert, die Welligkeit und der THD-Wert. Zusätzlich erscheint auf einem Monitor der Kurvenverlauf der Wechselspannung. Die Messschaltung mit A/D-Wandler und digitaler Datenverarbeitung hat auch den Vorteil, dass bei einem Durch- oder Überschlag die unmittelbar davor am Prüfling anliegende Spannung angezeigt wird.

An Stelle eines kapazitiven Spannungsteilers kann auch ein einzelner Hochspannungskondensator mit der entsprechenden digitalen Messchaltung eingesetzt werden. Eine ausgefeilte Variante einer digitalen Messanordnung für Wechselspannung zeigt Abb. 2.16. Die Baugruppen auf der Niederspannungsseite sind als Einsteckkarten in einem Industrierechner untergebracht [2.25]. Die Eingangsseite der Messschaltung

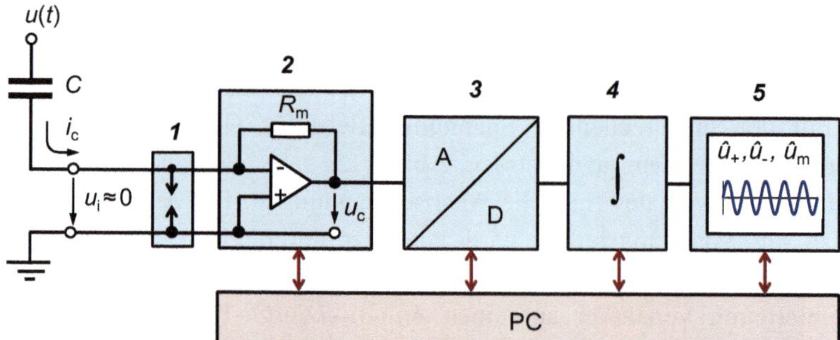

Abb. 2.16 Schaltungsprinzip eines digitalen Wechselspannungsmessgerätes mit Druckgaskondensator C, A/D-Wandler und numerischer Integration *1* Überspannungsschutz *2* Strom-Spannungswandler mit Messwiderstand R_m *3* A/D-Wandler *4* Software für numerische Integration *5* Auswertung und Display

ist vergleichbar mit der in Abb. 2.14 gezeigten Schaltung, d. h. der Ladestrom $i_\mathrm{c}(t)$ des Kondensators C wird mit dem *I/U*-Wandler *2* in eine proportionale Wechselspannung $u_\mathrm{c}(t)$ umgewandelt. Im nächsten Schritt wandelt ein hochauflösender A/D-Wandler *3* (24 Bit, 1 MS/s) die Spannung u_c in einen digitalen Datensatz um. Die gesuchte Hochspannung $u(t)$ ergibt sich formal nach Integration von Gl. (2.8) und Umstellung zu:

$$u(t) = \frac{1}{R_\mathrm{m}C} \int u_\mathrm{c}(t)\,\mathrm{d}t \,.$$

(2.12)

Die Integration in Gl. (2.12) erfolgt numerisch mit Software in *4*. Man erhält den entsprechenden Datensatz für $u(t)$, der als Kurvenzug auf dem Monitor des Rechners wiedergegeben wird. Neben den Scheitelwerten $\hat{u}_+$, $\hat{u}_-$ und $\hat{u}_\mathrm{m} = (\hat{u}_+ + \hat{u}_-)/2$ lassen sich weitere Messgrößen wie der THD-Wert berechnen oder Rechenoperationen mit der FFT durchführen.

Durch Einsatz hochwertiger, genau ausgemessener Bauelemente und Anwendung präziser Kalibriertechniken wird eine Messunsicherheit von $2 \cdot 10^{-5}$ für das Scheitelspannungsmessgerät bzw. $5 \cdot 10^{-5}$ unter Einbeziehung des Druckgaskondensators C bis 800 kV erreicht. Das Messgerät eignet sich auch für Vor-Ort-Kalibrierungen, wobei ein am Ort vorhandener Druckgaskondensator nach Einmessen der Kapazität mit einer Niederspannungsmessbrücke eingesetzt wird. Die Messschaltung mit Hochspannungskondensator in Abb. 2.16 ist weiterhin zur Messung der Welligkeit von Gleichspannungen geeignet [3.14].

2.5.4   Elektrostatische Voltmeter

Beim *elektrostatischen Voltmeter* wird die Kraft im elektrischen Feld zwischen zwei plattenförmigen Elektroden ausgenutzt. In der bekanntesten Ausführung nach *Starke und Schröder* befindet sich ein kleines mit einem Spiegel versehenes Metallplättchen isoliert in einer der Elektrodenplatten und wird vom elektrischen Feld ausgelenkt. Die quadratisch mit der angelegten Spannung ansteigende Auslenkung wird von einem Lichtstrahl, der auf den Spiegel gerichtet ist, auf einer Skala angezeigt. Das elektrostatische Voltmeter nach *Starke und Schröder* wurde für Spannungen bis 500 kV gebaut und kam früher häufiger zum Einsatz [1.4, 1.6]. Entsprechend seinem Funktionsprinzip ist es für Effektivwertmessungen sowohl von Gleich- als auch Wechselspannungen geeignet. Grundsätzlicher Nachteil ist die quadratische Teilung der Messskala, sodass nur für den oberen Spannungsbereich eine befriedigende Messempfindlichkeit vorliegt. Ein großer Vorteil des elektrostatischen Voltmeters ist die praktisch leistungslose Messung bis in den MHz-Bereich, sodass es für besondere Messaufgaben durchaus noch Anwendung findet.

2.5.5 Induktive Spannungswandler

Der induktive Spannungswandler transformiert eine hohe Wechselspannung mit hoher Genauigkeit in eine kleine Sekundärspannung. Er wird ebenso wie der induktive Stromwandler bevorzugt im Versorgungsnetz, seltener im Hochspannungsprüffeld eingesetzt. *Induktive Spannungswandler* dienen zum einen der genauen Spannungsmessung, zum anderen dem Netzschutz, um bei Störungen die Netzabschaltung einzuleiten. In Verbindung mit Stromwandlern werden sie zur Leistungsmessung im Rahmen des gesetzlichen Messwesens verwendet [2.26]. Spannungswandler haben galvanisch getrennte *Primär-* und *Sekundärspannungswicklungen* (Hoch- und Niederspannungswicklungen), die um einen gemeinsamen Eisenkern gewickelt und dadurch magnetisch gekoppelt sind. Spannungswandler für den Einsatz in Innenräumen und für Spannungen von bis zu 100 kV sind häufig als Trockentransformator mit Gießharzisolierung ausgeführt. Für höhere Spannungen sind Wandler mit Öl- und Papierisolierung in Kesselbauweise mit Porzellandurchführung im Einsatz. Spannungswandler für den direkten Einsatz in GIS haben SF_6- und Folienisolierung.

Induktive Spannungswandler sind näherungsweise mit Prüftransformatoren in Kesselbauweise vergleichbar, im Unterschied dazu erfolgt aber die Erregung primärseitig von der zu messenden Wechselspannung u_1 bei geringer Leistungsaufnahme (Abb. 2.17a). Beim Einsatz im Netz werden Spannungswandler bei annähernd konstanter Betriebsspannung im Bereich der linearen Magnetisierungskennlinie betrieben. Auf der Sekundärseite ist das Messgerät, z. B. ein Effektivwertmesser oder eine elektronische Messschaltung, angeschlossen. Die höchste Betriebsspannung eines Spannungswandlers wird als Effektivwert der Leiter-Leiter-Spannung U angegeben; für den Einsatz zur Messung der Leiter-Erde-Spannung gilt als Bemessungsspannung der Wert $U/\sqrt{3}$.

Induktive Spannungswandler werden vorwiegend mit Porzellanisolatoren im Freiluftfeld für den Mittelspannungsbereich eingesetzt, in Sonderbauformen auch bis zur Spannungsebene 800 kV. Die sekundären Bemessungsspannungen sind genormt, z. B. 100 V oder $100/\sqrt{3}$ V. Das Spannungsverhältnis u_1/u_2 im Leerlauf ist annähernd gleich dem *Windungsverhältnis* N_1/N_2 von *Primär-* und *Sekundärwicklung*. Für die Sekundärspannung u_2 gilt daher die Näherungsgleichung:

$$\boxed{u_2 \approx \frac{N_2}{N_1} u_1}. \tag{2.13}$$

Abweichungen zu Gl. (2.13) entstehen durch Spannungsabfälle an den Widerständen und Induktivitäten beider Wicklungen. Spannungswandler werden hinsichtlich ihres Messverhaltens durch zwei Messgrößen charakterisiert, die nur für die Grundschwingung mit Netzfrequenz definiert sind: zum einen durch die *Messabweichung* $\varepsilon = (KU_2 - U_1)/U_1$ mit der Bemessungsübersetzung K, und zum andern durch den *Fehlwinkel* δ zwischen den Grundschwingungen von u_2 und u_1. Der Fehlwinkel ist positiv, wenn die Sekundärspannung u_2 der Primärspannung u_1 vorauseilt.

Vorteile induktiver Spannungswandler sind die Potenzialfreiheit der Sekundär-spannung, recht hohe Messgenauigkeit, Unempfindlichkeit gegenüber elektro-magnetischen Störungen und Langzeitbeständigkeit. Die geringe Phasendifferenz zwischen der Primär- und Sekundärspannung ist Voraussetzung für genaue Leistungs-messungen in Verbindung mit einem Stromwandler. Die Amplituden- und Phasenfehler bleiben niedrig bis in den kHz-Bereich [2.27]. Im gesetzlichen Messwesen werden sehr genau ausgeführte Spannungswandler als *Normalwandler* in Verbindung mit *Wandler-messeinrichtungen* zur Kalibrierung von Spannungswandlern durch Vergleichsmessung eingesetzt.

2.5.6 Kapazitive Spannungswandler

Mit steigender Spannung wächst der Aufwand beim Bau induktiver Spannungs-wandler überproportional an. Oberhalb von 220 kV werden daher bevorzugt *kapazitive Spannungswandler* bis zu Spannungen von mehr als 1 MV eingesetzt [2.28, 2.29]. Die Wechselspannung wird hierbei zunächst mit einem kapazitiven Spannungsteiler auf Werte zwischen 10 kV und 30 kV und weiter mit einem induktiven Wandler auf die genormte Sekundärspannung heruntergeteilt (Abb. 2.17b). Die Hochspannungskapazi-tät C_1 liegt im Bereich von 1000 pF bis über 10.000 pF. Die Induktivität L bildet mit der resultierenden Kapazität einen Resonanzkreis für die Netzfrequenz, wodurch die Belastung des kapazitiven Spannungsteilers durch den angeschlossenen Sekundärkreis minimal ist. Damit gilt für die Sekundärspannung:

$$\boxed{u_2 \approx \frac{C_1}{C_1 + C_2} u_1}. \tag{2.14}$$

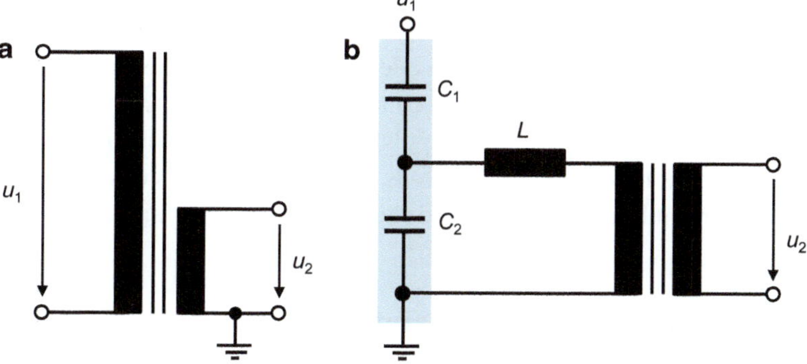

Abb. 2.17 Ausführungen von konventionellen Spannungswandlern **a** induktiver Spannungswandler **b** kapazitiver Spannungswandler

Die Resonanzschaltung ermöglicht den rückwirkungsfreien Anschluss eines Effektivwertmessgerätes direkt am Wandlerausgang. Amplituden- und Phasenfehler sind daher nur beim Betrieb mit Resonanzfrequenz niedrig.

Der kapazitive Wandler ist einer Reihe von Störeinflüssen ausgesetzt, die beim rein induktiven Wandler nicht auftreten. Dazu gehören z. B. Kriechströme, Temperaturänderungen und Streukapazitäten, sodass der kapazitive Wandler nicht die höchste Klassengenauigkeit und Langzeitbeständigkeit eines induktiven Wandlers erreicht. In [2.30] wird über den Einfluss der Streukapazität des kapazitiven Spannungsteilers für verschiedene Anordnungen und Einflussparameter berichtet, wobei auch einige Messungen die umfangreichen Berechnungen ergänzen. Am Beispiel eines 765-kV-Wandlers mit einem 6 m großen kapazitiven Spannungsteiler ergibt sich ein immer kleinerer Einfluss der Streukapazität auf das Teilungsverhältnis, je größer die Hochspannungskapazität C_1 ist. Während für $C_1 = 1500$ pF je nach Aufstellung des Spannungsteilers die Messabweichung $\varepsilon = (2...3)$ % beträgt, ist $\varepsilon \leq 0{,}5$ % für $C_1 = 6000$ pF.

Die Messabweichung lässt sich im Herstellerlabor für eine bestimmte Aufstellung des Spannungsteilers, z. B. direkt auf dem Erdboden, durch eine Kalibrierung ermitteln und rechnerisch eliminieren. Im Umspannwerk wird der Spannungsteiler jedoch in der Regel erhöht aufgestellt, wodurch sich die Streukapazität ändert. Bei einer Aufstellungshöhe $H = 6$ m ergeben die Berechnungen nur geringfügig kleinere ε-Werte gegenüber der Aufstellung bei $H = 0$. Die Differenz beträgt für $C_1 \geq 2500$ pF nur $\Delta\varepsilon \leq 0{,}18$ % und ist damit häufig vernachlässigbar.

Kapazitive Messwandler im Netz sind, ebenso wie induktive Messwandler, Überspannungen durch Blitzeinschläge oder Schaltvorgängen ausgesetzt. Die Überspannungen wirken sich auch auf der Niederspannungsseite aus, sodass die dort eingesetzten Messgeräte besonders beansprucht werden. Entsprechend der Prüfvorschrift für Messwandler (IEC 61869-1) wird die Höhe der übertragenen Spannung mit einer Impulsspannung 0,5/50 geprüft, wobei eine Impulsamplitude von nur 1 kV ausreicht. Untersuchungen an mehreren kapazitiven und induktiven Messwandlern, die mit verschiedenen Hochspannungsimpulsen von bis zu 250 kV beaufschlagt werden, führen zu folgenden Erkenntnissen. Kleine Impulsspannungen führen zu einer Überschätzung der Wirkung auf der Sekundärseite um den Faktor zwei oder mehr, da die kleine Ausgangsspannung in der Größenordnung von 1 mV messtechnisch nur mit geringer Genauigkeit erfasst werden kann. Weiterhin wird zur Prüfung die Impulsform 0,84/50 empfohlen, die in der Hochspannungsprüftechnik nach IEC 60060 bereits als genormte Blitzstoßspannung 1,2/50 mit der kürzesten Stirnzeit bestens bekannt und rückführbar messbar ist [2.31].

2.5.7 Elektronische Spannungswandler

Konventionell aufgebaute induktive Spannungswandler weisen relativ hohe sekundäre Bemessungsspannungen von meist 100 V oder 110 V auf, die in dieser Höhe den Anschluss der traditionellen analogen Messgeräte ermöglicht. Bereits seit langem ist man bemüht, elektronische Spannungswandler mit Ausgangsspannungen von wenigen Volt und mit Software für die Datenauswertung einzuführen. Verschiedene Verfahren sind bekannt, erprobt und teilweise auch bereits genormt. Als Beispiel zeigt Abb. 2.18 die Ausführung eines elektronischen Messwandlers für Spannungen und Ströme [2.32]. Die Primärspannung wird hierbei mit einem ohmsch-kapazitiven Spannungsteiler gemessen, wobei jedoch der Spannungsabgriff auf der Hochspannungsseite erfolgt und die kleine Sekundärspannung u_2 dem *Messumformer* S. 1 zugeführt wird. Der Sekundärstrom i_2 einer Ringspule mit Magnetkern wird in eine Bürdenspannung umgewandelt und ebenfalls in den Messumformer S. 1 eingegeben. Beide Spannungen werden im Messumformer S. 1 digitalisiert, in Lichtpulse umgewandelt und gelangen über Lichtwellenleiter zum Messumformer S. 2 auf Erdpotenzial. Dort werden sie wieder in analoge Spannungen von einigen Volt proportional zu u_2 und i_2 umgewandelt werden.

Ein Teilproblem stellt hierbei die Prüfbarkeit der elektronischen Messwandler dar, was Voraussetzung für die Zulassung im Bereich des gesetzlich geregelten Messwesens ist. Die seit Jahrzehnten bewährten Messverfahren unter Einsatz genauer Wandlermesseinrichtungen für Sekundärspannungen im Bereich von 100 V sind nicht geeignet, die

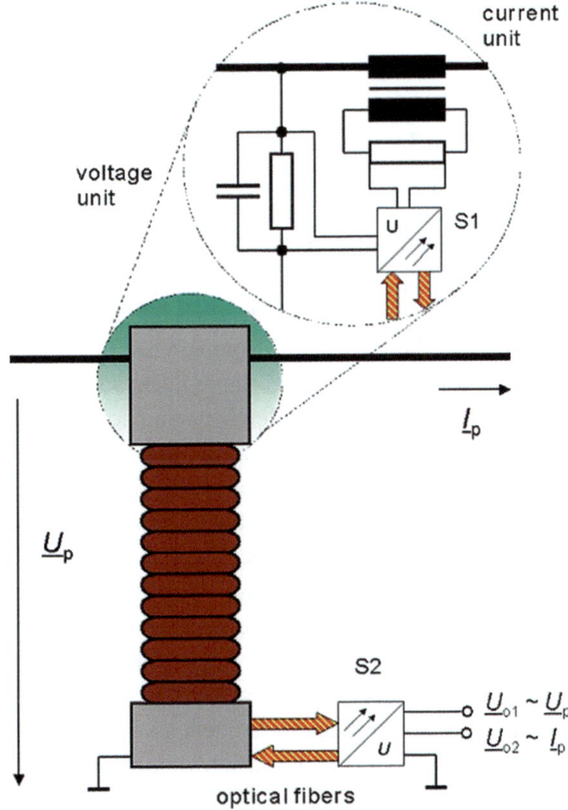

Abb. 2.18 Beispiel eines elektronischen Strom- und Spannungswandlers mit Übertragung der Messdaten über Lichtwellenleiter [2.32, Abb. 1]

deutlich niedrigeren Spannungen von elektronischen Messwandlern zu verarbeiten. Für die Kalibrierung elektronischer Messwandler wurde daher eine neue digitale *Doppelspannungsquelle* mit hochauflösenden D/A-Wandlern entwickelt (s. Abb. 11.8). Damit werden zunächst die beiden Messumformer S. 1 und S. 2 allein (s. Abb. 2.18) sowie eine kommerzielle Wandlermesseinrichtung in den erforderlichen Messbereichen kalibriert. Mit der digitalen Doppelspannungsquelle lassen sich auch die unterschiedlich langen Laufzeiten der Strom- und Spannungssignale in den Lichtwellenleitern bestimmen. Anschließend erfolgt die Kalibrierung des kompletten elektronischen Messwandlers durch Vergleich mit Normalstrom- und Normalspannungswandlern und der Wandlermesseinrichtung [2.32].

In [2.33] wird über umfangreiche Untersuchungen an konventionellen und elektronischen Energiemesssystemen in einem dreiphasigen 135-kV-Netz mit dem Bemessungsstrom 1500 A berichtet. Das konventionelle Messsystem besteht aus kapazitiven Spannungswandlern der Klasse 0,2, induktiven Stromwandlern der Klasse 0,2 S und einem dreiphasigen Energiemessgerät der Klasse 2 S. Im elektronischen Messsystem werden kapazitive Spannungsteiler und Ringkernwandler auf Hochspannungspotenzial mit konstanter Bürde eingesetzt. Deren Ausgangsspannungen werden mit A/D-Wandlern digitalisiert, über Lichtwellenleiter zum Interface auf Erdpotenzial geführt und mit dem PC ausgewertet. Über Lichtwellenleiter erfolgt auch die Versorgung der A/D-Wandler mit der erforderlichen Leistung. Die Feldmessungen über einen Zeitraum von einem Monat zeigen, dass das elektronische und das konventionelle Energiemesssystem nur Abweichungen der gemessenen Leistung von bis zu 0,11 % aufweisen. In weiteren Untersuchungen soll das Langzeit- und Temperaturverhalten beobachtet werden.

2.5.8 Kugelfunkenstrecke

Die *Kugelfunkenstrecke* nach IEC 60052 [2.5] wird als *Messfunkenstrecke* für den Scheitelwert hoher Wechselspannungen eingesetzt. Grundsätzlich sind Kugelfunkenstrecken außer für Wechselspannungen auch für Stoßspannungen und – mit größerer Messunsicherheit – für Gleichspannungen geeignet. Kugelfunkenstrecken gibt es in vertikaler und horizontaler Anordnung, wobei eine der Kugeln geerdet ist (Abb. 2.19). Die Kugeln bestehen aus Metall, häufig Kupfer oder Stahl, und an die Oberflächengüte im Bereich der Durchschlagspunkte werden besondere Anforderungen gestellt. Der Kugeldurchmesser D reicht von 2 cm bis zu 2 m, die *Schlagweite S* von 0,05 cm bis 150 cm für Spannungen bis in den 2-MV-Bereich. Außer den vom Kugeldurchmesser abhängenden Mindestabständen A und B zur Erde und zu benachbarten Objekten sind weitere Anforderungen an die Geometrie der Kugelhalterung zu beachten, die für jeden Kugeldurchmesser D festgelegt sind. Der Vorwiderstand R_v soll zwischen 0,1 MΩ und 1 MΩ liegen, um die Kugeloberflächen vor Beschädigung durch zu hohe Stromstärken zu bewahren und höherfrequente Schwingungen zu dämpfen.

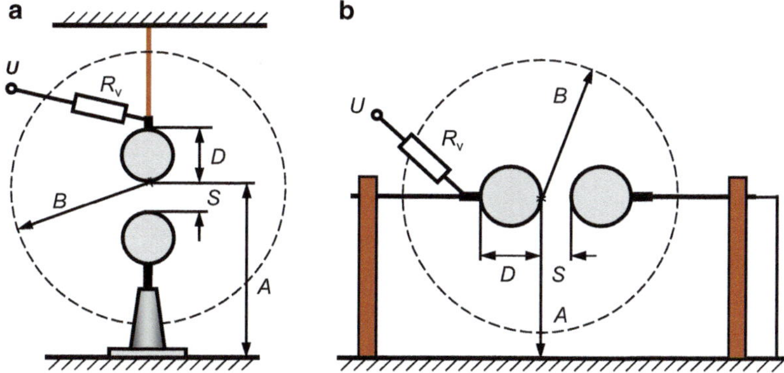

Abb. 2.19 Standard-Messfunkenstrecke mit Kugeln nach IEC 60052 **a** vertikale Anordnung der Kugeln **b** horizontale Anordnung der Kugeln

Voraussetzung für das reproduzierbare Zünden einer Messfunkenstrecke sind eine ausreichend hohe Spannung und das Vorhandensein von mindestens einem freien Elektron im Feldraum. Eine zusätzliche *Ionisierungsquelle* für die Messfunkenstrecke ist häufig erforderlich, vor allem bei kleinen Schlagweiten S. Diese kann eine Quarz-Quecksilberdampflampe sein, die ein Strahlungsspektrum im Wellenbereich UVC erzeugt. Die weichere Strahlung in den Bereichen UVA und UVB hat sich hierfür als nicht ausreichend erwiesen. Auch eine Anordnung mit Koronaentladungen ist als Elektronenquelle einsetzbar. Die früher verwendeten ionisierenden Präparate („α-Strahler") sollen wegen der potenziellen Strahlengefährdung der Mitarbeiter nicht oder nur unter besonderen Sicherheitsvorkehrungen zur Ionisierung von Funkenstrecken eingesetzt werden.

Beim Einsatz der Kugelfunkenstrecke wird die Wechselspannung zunächst auf einen Wert knapp unterhalb der erwarteten Durchschlagspannung eingestellt, die sich aus den in [2.5] angegebenen Werten für den Kugeldurchmesser D und der Schlagweite S ergibt. Die Wechselspannung wird langsam bis zum Durchschlag erhöht und der dann angezeigte Wert des verwendeten Messsystems, z. B. die Primärspannung des Transformators, notiert. Im Abstand von mindestens 30 s wird die Prozedur wiederholt, bis insgesamt $n \geq 10$ aufeinander folgende Messwerte vorliegen. Beträgt deren Standardabweichung $s \leq 1\,\%$, ist das Mittel der abgelesenen Einzelwerte, bezogen auf *atmosphärische Normalbedingungen,* gleich der Durchschlagspannung U_{do}, die für D und S tabellarisch in [2.5] angegeben ist. Die graphische Darstellung in Abb. 2.20 für Wechselspannungen verdeutlicht, dass für jeden Kugeldurchmesser zunächst ein annähernd linearer Zusammenhang zwischen der Durchschlagspannung U_{do} und Schlagweite S besteht, der aber mit steigender Spannung verloren geht.

Die Standardabweichung s der zehn Durchschlagswerte ist ein wichtiger Parameter für die Akzeptanz der Messwerte. Ist die Forderung $s \leq 1\,\%$ nicht erfüllt, kann die Ursache in der unzureichenden Anzahl freier Elektronen oder einer ungenauen Ablesung der

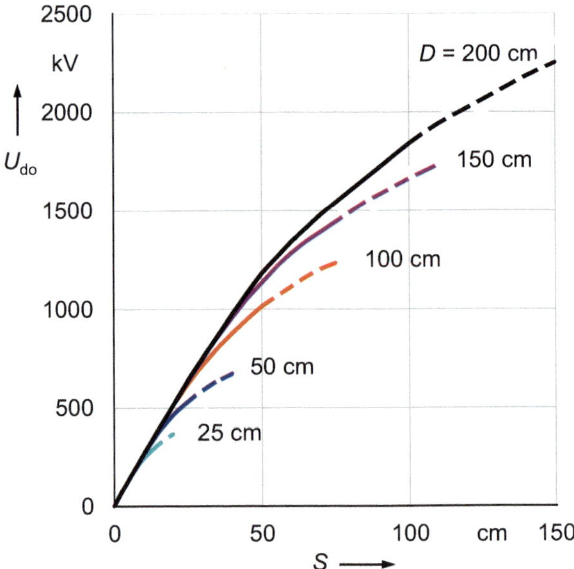

Abb. 2.20 Durchschlagspannung U_{do} von Kugelfunkenstrecken, gültig für Wechselspannung und atmosphärische Normalbedingungen (Temperatur $T_0 = 20\,°C$, Luftdruck $p_0 = 101{,}3$ kPa, absolute Luftfeuchte $h_0 = 8{,}5$ g/m^3)

Durchschlagspannungen liegen. Auch Staubteilchen und andere Partikel in der Luft, z. B. Insekten und hochgewirbelte kleinere Pflanzenteilchen im Freiluftprüffeld, verursachen Frühdurchschläge und damit Fehlmessungen [2.34]. Die bereits vor langer Zeit als Ergebnis internationaler Vergleichsmessungen festgelegten Durchschlagspannungen und Messverfahren wurden durch neuere Untersuchungen weitgehend bestätigt und ergänzt [2.35, 2.36]. Die Unsicherheit der Durchschlagswerte bei atmosphärischen Normalbedingungen für Schlagweiten $S \leq 0{,}5D$ wird mit 3 % (Vertrauensbereich $p \geq 95\,\%$) angegeben. Die Kugelfunkenstrecke erfüllt damit die Anforderung an ein *anerkanntes Messsystem* nach IEC 60060. Für Schlagweiten $S > 0{,}5D$ ist mit größeren Unsicherheiten zu rechnen, angedeutet durch den gestrichelten Verlauf von U_{do} in Abb. 2.20.

Die in IEC 60052 tabellarisch angegebenen Durchschlagspannungen U_{do} sind auf atmosphärische Normalbedingungen (Temperatur $T_0 = 20\,°C$, Luftdruck $p_0 = 101{,}3$ kPa $= 1013$ mbar) bezogen. Bei abweichenden Umgebungsbedingungen sind die Tabellenwerte U_{do} durch Multiplikation mit einem Korrekturfaktor δ in die gemessene Durchschlagspannung U_d umzurechnen:

$$\boxed{U_d = \delta \cdot U_{d_0}}. \tag{2.15}$$

Der Korrekturfaktor δ für die relative Luftdichte berücksichtigt die Abweichungen des Luftdrucks p und der Temperatur T von den entsprechenden Normalwerten:

$$\boxed{\delta = \frac{p}{p_0}\frac{273\ \mathrm{K} + T_0}{273\ \mathrm{K} + T}}. \tag{2.16}$$

Weiterhin gelten die Tabellenwerte für die Durchschlagspannung U_{do} im Bereich der absoluten Luftfeuchte h von (5 ... 12) g/m^3 mit dem Bezugswert $h_0 = 8{,}5$ g/m^3. Bei von h_0 abweichender Luftfeuchte wird U_{do} mit dem Korrekturfaktor k multipliziert:

$$\boxed{k = 1 + 0{,}002 \left(\frac{h}{\delta} - 8{,}5 \right)} \qquad \text{mit } h \text{ in g/m}^3. \qquad (2.17)$$

In den Industrieländern werden Kugelfunkenstrecken nur noch selten für Spannungsmessungen verwendet. Gründe hierfür sind die starke elektromagnetische Beeinflussung der im Prüflabor vermehrt eingesetzten elektronischen Geräte, der hohe Aufwand zum ordnungsgemäßen Betrieb der Messfunkenstrecke und die fehlende Möglichkeit, den Oberschwingungsgehalt der Wechselspannung zu messen. Kugelfunkenstrecken werden jedoch nach wie vor zur Überprüfung des Maßstabsfaktors und zum Linearitätsnachweis von Spannungsteilern eingesetzt (s. Abschn. 10.3.5). Da die Linearitätsprüfung mit der Kugelfunkenstrecke nur als Relativmessung innerhalb kurzer Zeit durchgeführt wird, bleiben die atmosphärischen Bedingungen während der Versuchszeit annähernd konstant und eine Korrektur der Durchschlagswerte erübrigt sich. Bei entsprechendem Aufwand und sorgfältiger Versuchsdurchführung lässt sich die Linearität eines Spannungsteilers innerhalb von ± 1 % nachweisen.

2.6 Messung hoher Wechselströme

Unter Wechselströmen in der elektrischen Energieversorgung versteht man hauptsächlich annähernd sinusförmige Ströme mit einer Frequenz von 50 Hz in Europa und 60 Hz in den USA und anderen Ländern. Der Schienenverkehr wird in Deutschland vorwiegend mit 16,7 Hz, aber auch mit anderen Frequenzen betrieben. Bei der Messung von Oberschwingungen, Kurzschlussströmen und transienten Störungen auf Freileitungen sind auch höhere Frequenzanteile oder bei Kurzschlussströmen eine Gleichkomponente zu berücksichtigen. Für die verschiedenen Messaufgaben sind unterschiedliche Messsysteme im Einsatz. Zur Messung von Wechselströmen mit maximalen Stromstärken von bis zu 10 kA sind auch die für Gleichstrommessungen verwendeten Hall-Sensoren (s. Abschn. 3.5.2), Gleichstromwandler (s. Abschn. 3.5.3) und magnetooptische Sensoren (s. Abschn. 6.2) geeignet. Grundsätzlich ist zu unterscheiden, ob die Messstelle auf Hochspannungs- oder Erdpotenzial liegt.

2.6.1 Messwiderstände

Hohe Wechselströme mit Stromstärken von bis zu 200 kA werden im Leistungsprüffeld gewöhnlich mit Widerständen gemessen. Der Einsatz niederohmiger Messwiderstände zur Messung hoher Wechselströme hat Vor- und Nachteile. Vorteilhaft ist, dass sie sowohl die Gleichkomponente, z. B. von Kurzzeitwechselströmen, als auch höhere Harmonische des Wechselstromes mit Netzfrequenz messen können. Grundsätzlicher Nachteil ist ihre Temperaturerwärmung bei hohen Stromstärken, die zu einer Widerstandsänderung führt. Die Eigenschaften von niederohmigen Messwiderständen und Berücksichtigung der elektromagnetisch erzeugten Störungen bei der Messung von Stoßspannungen werden in Abschn. 5.3.1 behandelt. Induktionsarme koaxiale Rohrwiderstände, die in erster Linie für Stoßströme konzipiert sind, lassen sich auch zur Messung von Wechselströmen vorteilhaft einsetzen. Allerdings ist auf die gegenüber Stoßströmen weit geringere Belastbarkeit bei Wechselströmen zu achten.

Eine einfache Messschaltung mit einem Wechselstromwiderstand zeigt Abb. 2.21. Der Widerstand ist häufig geerdet, kann aber auch zusammen mit einer optischen Datenübertragungsstrecke potenzialfrei für Strommessungen im Hochspannungsnetz eingesetzt werden. Die Ausgangsspannung $u_m = i R_m$ des Messwiderstandes wird in der Regel mit einem Digitalrecorder zur weiteren Auswertung aufgezeichnet. Internationale Vergleichsmessungen mit den großen Leistungsprüffeldern zeigen die erreichbaren Messunsicherheiten für die verschiedenen Formen von Wechselströmen [2.10, 2.12].

2.6.2 Induktive Stromwandler

Der *induktive Stromwandler* mit Magnetkern, der im Prinzip einem sekundärseitig kurzgeschlossenen Spannungswandler ähnelt, transformiert große Primärströme auf kleine messbare Sekundärströme entsprechend dem Quotienten der Windungszahlen N_1 und N_2 herunter. Die Grundgleichung für den Sekundärstrom i_2 ergibt sich aus der Bedingung für gleiche Durchflutung des Magnetkerns zu:

$$i_2 \approx \frac{N_1}{N_2} i_1. \tag{2.18}$$

In der Energiemesstechnik sind induktive Stromwandler für Wechselströme mit Netzfrequenz und deren Harmonische ausgelegt. Die Stromstärken werden in der Regel als Effektivwerte angegeben. Genormte Werte auf der Sekundärseite sind 1 A und 5 A. Induktive Wandler für hohe Stromstärken werden häufig als Durchsteckwandler gebaut, d. h. der primäre Stromleiter wird durch den magnetischen Ringkern gesteckt und die primäre Windungszahl ist $N_1 = 1$. Häufig ist der Stromwandler mit zwei oder mehr Kernen

Abb. 2.21 Einfache Schaltung mit Messwiderstand für Strommessungen

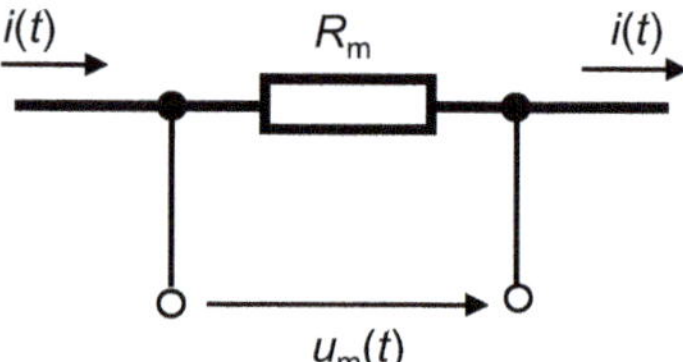

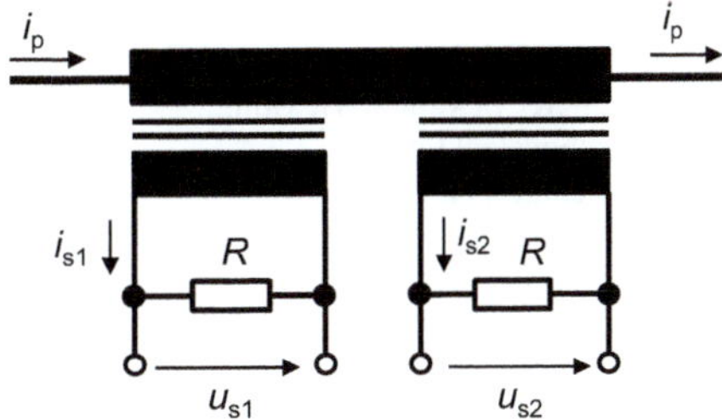

Abb. 2.22 Induktiver Stromwandler mit zwei Sekundärwicklungen

mit eigenen Sekundärwicklungen versehen (Abb. 2.22). Zur Vermeidung unzulässig hoher Ausgangsspannungen sind Stromwandler auf der Sekundärseite praktisch im Kurzschluss zu betreiben.

Induktive Stromwandler mit Porzellanisolator werden wie induktive Spannungswandler seit Jahrzehnten im Versorgungsnetz auf Hochspannungspotenzial für Strom- und Leistungsmessungen und für Schutzzwecke eingesetzt. Bei entsprechend qualitativer Ausführung besteht zwischen den Primär- und Sekundärströmen nur ein kleiner Strom- und Winkelfehler, der durch Vergleich mit einem hochgenauen *Normalstromwandler* auf Erdpotenzial mit einer Wandlermesseinrichtung bestimmt wird [2.26].

2.6.3 Messspulen mit elektronischer Datenübertragung

Die grundlegende Wirkungsweise von Messspulen mit Magnetkern, die als *Ringkernwandler* bezeichnet werden, und von *Rogowski-Spulen* (ohne Magnetkern) wird ausführlich in Abschn. 5.3.2 im Zusammenhang mit der Stoßstrommesstechnik behandelt. Zwischen den beiden Messspulen besteht ein grundlegender Unterschied. Während der Ringkernwandler auf der Sekundärseite mit einem niederohmigen Widerstand *(Bürde)* belastet wird und eine stromproportionale Spannung liefert, induziert die Rogowski-Spule im Leerlauf eine der Ableitung des Stromes proportionale Ausgangsspannung, die integriert werden muss. Teilweise erfolgt die Integration mit einem passiven RC-Glied bereits in der Rogowski-Spule selbst, und die Ausgangsspannung ist dann dem Strom direkt proportional. Ringkernwandler und Rogowski-Spulen sind auch in zangenförmiger oder klappbarer Ausführung erhältlich und lassen sich dadurch leicht um den Stromleiter anbringen. Beide Ausführungen von Messspulen, insbesondere die eisenlosen Rogowski-Spulen, werden in Verbindung mit einer optischen Datenübertragungsstrecke zunehmend für potenzialfreie Strommessungen im Hochspannungsnetz eingesetzt.

2.6.4 Rogowski-Spulen für Wechselstrommessungen

Zur Messung eines Stromes wird der Primärstromleiter zentrisch durch die Rogowski-Spule gesteckt, sodass die primäre Windungszahl $N_1 = 1$ beträgt (Abb. 2.23). Für einen

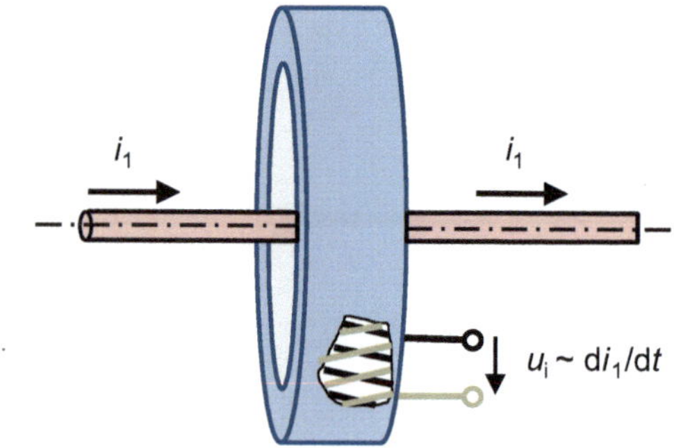

Abb. 2.23 Rogowski-Spule mit kreuzförmig angeordneter Sekundärwicklung und durchgestecktem Primärstromleiter

sinusförmigen Strom $i_1 = \hat{\imath}_1 \sin\omega t$ liegt am Ausgang der Sekundärwicklung die induzierte Spannung:

$$u_\mathrm{i} = M\mathrm{d}i_1/\mathrm{d}t = \omega M \hat{\imath}_1 \sin(\omega t + \pi/2). \tag{2.19}$$

an, woraus sich der Effektivwert $\hat{\imath}/\sqrt{2}$ des Stromes ergibt. Für die *Gegeninduktivität M* der Messspule mit N_2 Windungen gilt $M = \mu_0 N_2 \, A/l_\mathrm{m}$ (s. Abschn. 5.3.2.1), wobei A den Querschnitt des eisenlosen Spulenträgers ($\mu_\mathrm{r} = 1$) und l_m die mittlere Feldlinienlänge in der Toroidspule bezeichnen. Die bei Netzfrequenz induzierte Ausgangsspannung ist im Vergleich zum Ringkernwandler kleiner und nur hochohmig belastbar.

Im Allgemeinen ist der Wechselstrom i im Übertragungsnetz nicht rein sinusförmig, sodass Gl. (2.19) nicht mehr gilt. Der Strom i_1 und damit $\hat{\imath}/\sqrt{2}$ ist dann durch Integration der Ausgangsspannung u_i und Division durch M zu bestimmen. Die Integration wird mit passiven oder elektronischen Schaltungen oder durch Anwendung eines numerischen Rechenalgorithmus erzielt (s. Abschn. 5.3.2.5.2). Eine andere Möglichkeit zur Ermittlung des Primärstromes i_1 bietet die *Fourier-Analyse* der Ausgangsspannung, mit der außer der Grundschwingung die Harmonischen größenmäßig bestimmt und phasenrichtig berücksichtigt werden.

Eine Reihe von Veröffentlichungen befasst sich mit dem grundsätzlichen Verhalten von Rogowski-Spulen bei der Messung von Wechselströmen. Untersuchungsergebnisse zur Linearität von zehn verschiedenen Rogowski-Spulen bei netzfrequentem Wechselstrom finden sich in [2.37]. Wegen der unterschiedlichen Bauarten und maximalen Stromstärken wird hier auf eine zusammenfassende Bewertung der Linearität verzichtet. Voraussetzung für eine geringe Nichtlinearität ist eine möglichst regelmäßige Aufbringung der Windungen auf einen festen Spulenkern. Als Beispiel zeigt Abb. 5.30a eine relativ große Rogowski-Spule mit zwei Kernhälften, auf denen zwei hintereinander geschaltete Wicklungen aufgebracht sind. Aufgrund der sorgfältigen Ausführung weist die Spule bis zur maximal eingesetzten Stromstärke von 22,7 kA eine relative Linearitätsabweichung von nur $\pm 25 \cdot 10^{-6}$ auf, die als ausreichend für viele Anwendungen angesehen wird. Ein weiterer Vorteil dieser Rogowski-Spule ist, dass sie sich leicht öffnen und um den Stromleiter legen lässt.

Das Frequenzverhalten von zwei Rogowski-Spulen mit unterschiedlicher Ausführung der Wicklungen wird in [2.38] theoretisch und experimentell untersucht. In der einen Ausführung sind die Windungen gleichförmig auf dem Spulenkörper aufgebracht und deren Ende wird im Innern des Spulenkörpers zum Wicklungsanfang zurückgeführt. Die andere Ausführung mit einer Kreuzwicklung auf dem Spulenkörper erweist sich als vorteilhafter, da externe Magnetfelder weitgehend ohne Einfluss auf das Messergebnis sind. Die Untersuchungen befassen sich mit der Gegeninduktivität, dem Frequenzverhalten und der Phasenverschiebung der Ein- und Ausgangsgrößen der beiden Rogowski-Spulen.

In [2.39] wird über die Eignung eines Messsystems mit Rogowski-Spule und Digitalvoltmeter als Normal zur Vor-Ort-Kalibrierung induktiver Stromwandler berichtet. Während der Messungen war der untersuchte Wandler vom 400-kV-Netz getrennt und der Strom wurde von einem separaten Stromgenerator auf Erdpotential erzeugt. Die Messrichtigkeit und das Langzeitverhalten der Rogowski-Spule wurden durch Vergleichsmessungen mit einem Messwiderstand überwacht. Langjährige Untersuchungen an der Rogowski-Spule mit Messungen bis 6 kA bestätigen eine relative Messunsicherheit von 0,02 % für den Stromfehler und 0,2′ bis 0,7′ für den Winkelfehler [2.40].

Je nach Bauart der Rogowski-Spule können auch äußere magnetische Störfelder, z. B. hervorgerufen durch andere Stromleiter, die Messung beeinflussen. Der Beitrag in [2.41] befasst sich mit einer Rogowski-Spule, die durch verschiedene Maßnahmen gegen den Einfluss elektrischer und magnetischer Störfelder geschirmt ist (Abb. 2.24). Durch Vergleich mit einem Widerstand als Referenz werden die Gegeninduktivität,

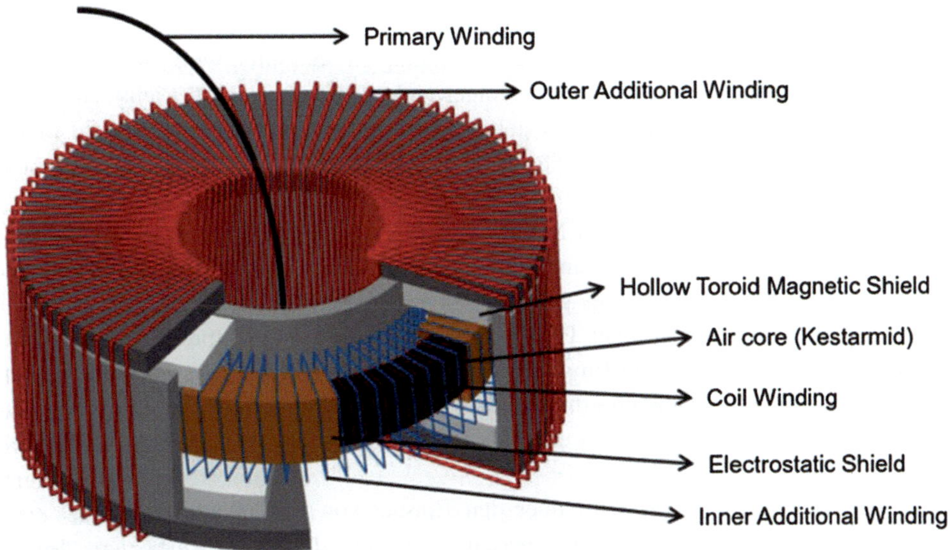

Abb. 2.24 Schnittbild der Rogowski-Spule mit elektrischer und magnetischer Schirmung [2.42, Abb. 1]

Temperatur- und Stromstärkeabhängigkeit bis 600 A bei 60 Hz sowie die Lageabhängigkeit des Primärleiters durch die Spulenöffnung bestimmt. Verschiedene Vor-Ort-Messungen mit induktiven Messwandlern beweisen die Eignung der Rogowski-Spule mit analoger Integrationsschaltung für genaue Messungen der Messabweichung ε und des Fehlwinkels δ bei Netzfrequenz. Die Messunsicherheiten betragen 100 µH/H und 100 µrad.

2.6.5 Strommesssung auf Hochspannungspotenzial

Konventionelle induktive Stromwandler mit Ölisolierung werden seit Jahrzehnten zur sicheren und genauen Strommessung in Hochspannungsnetzen verwendet. Die Kosten dieser Messwandler sind allerdings hoch und nehmen überproportional mit der Netzspannung zu, ebenso ihre Abmessungen und die benötigte Ölmenge. Aus ökologischer Sicht stellt die Ölfüllung wegen eines möglichen Lecks ein steigendes Umweltproblem dar. Ziel mehrerer Untersuchungen ist daher, den konventionellen Stromwandler im Hochspannungsnetz durch einen ölfreien Wandler in Verbindung mit einer potenzialfreien Datenübertragung zu ersetzen. Der Wandler kann hierbei ein Ringkernwandler mit magnetischem Kern oder eine eisenlose Rogowski-Spule sein. Die Umwandlung des Messsignals auf Hochspannungspotenzial, die Datenübertragung auf Erdpotenzial und Rückumwandlung in ein stromproportionales analoges oder digitales Messsignal sind Gegenstand umfangreicher Untersuchungen mithilfe recht unterschiedlicher Techniken.

Zwei Ausführungsvarianten mit einem Ringkernwandler auf Hochspannungspotenzial sind bereits im Zusammenhang mit elektronischen Wandlern in Abschn. 2.5.7 kurz beschrieben. Die dem Strom proportionale Spannung an der Bürde wird mit einem A/D-Wandler digitalisiert und in Lichtpulse umgewandelt, die über einen Lichtwellenleiter zum Messumformer auf Erdpotenzial gelangen (s. Abb. 2.18). Dort werden die Lichtpulse wieder in eine analoge, dem Strom proportionale Spannung für die weitere Auswertung umgewandelt [2.32, 2.33].

Bei dem in [2.42] vorgestellten Messsystem erfolgt die Strommessung mit *Zangenstromwandlern*, die in kurzer Zeit und ohne Spannungsunterbrechung um die Stromleiter eines dreiphasigen 13,8-kV-Netzes gelegt werden können. Die Ausgangsspannungen der Stromwandler werden nach einer Pulsfrequenzmodulation in Lichtpulse umgewandelt, die über Lichtwellenleiter zum Empfänger auf Erdpotenzial gelangen, wo sie wieder in stromproportionale Spannungen umgewandelt und gemessen werden. Die Elektronik auf Hochspannungspotenzial wird von einer Batterie mit einer Betriebsdauer von 10 Tagen versorgt.

In dem Beitrag in [2.43] wird über den Einsatz von Stromwandlern mit je zwei Wicklungen auf zwei Magnetkernen berichtet, die um die Leiter eines dreiphasigen Hochspannungsnetzes geklappt werden können. Die Stromwandler mit nachgeschalteter Elektronik arbeiten nach dem in Abschn. 3.5.3 beschriebenen Nullfluss-Prinzip und werden als genaue Referenzwandler für Vergleichsmessungen eingesetzt. Die

Messgrößen der Hauptwicklungen werden mit A/D-Wandlern digitalisiert und drahtlos über Funk (*Bluetooth*-Verbindung) auf Erdpotenzial zur weiteren Auswertung mit dem PC übertragen. Die zweiten Spulenwicklungen dienen der Energieversorgung der Elektronikbauteile auf der Hochspannungsseite. Die Messdatenerfassung erfolgt in Verbindung mit einer GPS-basierten zeitlichen Zuordnung von Spannung und Strom. Dadurch kann die Phasenverschiebung zwischen den Messgrößen des Referenzwandlers und des an anderer Stelle positionierten Messwandlers als Prüfling berücksichtigt werden. Das dreiphasige Messsystem, das in die unter Spannung stehenden Freileitungen eingesetzt werden kann, ist zur schnellen Überprüfung von konventionellen Stromwandlern und zum Monitoring der Ströme in Mittel- und Hochspannungsnetzen bis 765 kV vorgesehen. Die Ergebnisse ausführlicher Untersuchungen im Labor und in einem 136-kV-Netz werden als gut bezeichnet.

Ein optoelektronisches Datenübertragungssystem mit Rogowski-Spule zum Einsatz im Hochspannungsnetz wird in [2.44] beschrieben. Die Ausgangsspannung der Rogowski-Spule wird zunächst integriert, dann nach Pulsfrequenzmodulation in rechteckförmige Spannungspulse und weiter in Lichtpulse umgewandelt. Über einen Lichtwellenleiter gelangen die Lichtimpulse zum Empfänger auf Erdpotenzial, werden dort demoduliert und als stromproportionale Analogspannung auf die zur Auswertung erforderliche Spannungshöhe verstärkt. Im Bereich zwischen 3 A und 2500 A liegt der Stromfehler innerhalb von $\pm0{,}3\,\%$ und der Winkelfehler ist kleiner als 20′. Die obere Grenzfrequenz des Messsystems wird mit 1,2 MHz angegeben, sodass auch höhere Harmonische des Wechselstromes, Stoßströme und andere transiente Ströme erfasst werden können. Die Energieversorgung der Elektronik auf Hochspannungspotenzial wird über eine zweite Rogowski-Spule von der Freileitung abgezweigt.

In [2.45] wird ebenfalls über ein Messsystem mit Rogowski-Spule berichtet. Die aus zwei Hälften bestehende Rogowski-Spule von sehr präziser Bauart lässt sich einfach um den Stromleiter klappen. Nach elektronischer Integration der Ausgangsspannung und Digitalisierung mit einem 16-Bit-A/D-Wandler gelangen die Messdaten über eine optische Übertragungsstrecke zum Messumformer auf Erdpotenzial, wo sie wieder in eine analoge, dem Strom proportionale Spannung umgewandelt werden. Zusätzlich besteht eine zweite optische Übertragungsstrecke mit leistungsstarken Laserdioden zur Stromversorgung der Elektronik auf Hochspannungspotenzial von bis zu einigen 100 mW. Das Messsystem ist zur Online-Überwachung von Freileitungen und Überprüfung der Richtigkeit anderer Stromwandler im Netz mit einer Klassengenauigkeit von 0,3 nach ANSI/IEEE vorgesehen.

Literatur

2.1. IEC 60060-1: High-voltage test techniques – Part 1: General definitions and test requirements (2010) Deutsche Fassung: DIN EN 60060-1 (VDE 0432-1): Hochspannungs-Prüftechnik – Teil 1: Allgemeine Begriffe und Prüfbedingungen (2011)

2.2.   IEC 60060-2: High-voltage test techniques – Part 2: Measuring systems (2010) Deutsche Fassung: DIN EN 60060-2 (VDE 0432-2): Hochspannungs-Prüftechnik – Teil 2: Mess-systeme (2011)

2.3.   IEC 60060-3: High-voltage test techniques – Part 3: Definitions and requirements for on-site testing (2006) Deutsche Fassung: DIN EN 60060-3 (VDE 0432-3): Hochspannungs-Prüftechnik – Teil 3: Begriffe und Anforderungen für Vor-Ort-Prüfungen (2006)

2.4.   IEC 62475: High current test techniques – Definitions and requirements for test currents and measuring systems (2010) Deutsche Fassung: DIN EN 62475 VDE 0432-2: Hochstrom-Prüftechnik – Begriffe und Anforderungen für Hochstrom-Messungen (2011)

2.5.   IEC 60052: Voltage measurement by means of standard air gaps (2002) Deutsche Fassung: DIN EN 60052 VDE 0432-9: Spannungsmessungen mit Standard-Luftfunkenstrecken (2003)

2.6.   IEC 61180: High-voltage test techniques for low-voltage equipment – Definitions, test and procedure requirements , test equipment (2016) Deutsche Fassung: DIN EN 61180 VDE 0432-10: Hochspannungs-Prüftechnik für Niederspannungsgeräte. Begriffe und Prüf-bedingungen, Prüfgeräte (2017)

2.7.   Hauschild, W.: Der künftige IEC-Standard IEC 60060-3 „Hochspannungsprüfungen vor Ort" und seine Bedeutung für die off-line Diagnostik. ETG-Fachtagung „Diagnostik elektrischer Betriebsmittel", Köln ETG-FB 97, 35, VDE Verlag Berlin Offenbach (2004)

2.8.   Hippler, C.: Impact of superimposed direct and 50 Hz alternating high voltage stress on current and voltage distribution along surge arresters. Proc. 20. ISH Buenos Aires, Beitrag 392 (2017)

2.9.   Meisner, J. et al.: Support for standardisation of high voltage testing with composite and combined wave shapes. VDE Hochspannungstechnik (online), Beitrag S. 354 (2020)

2.10. Weck, K.-H. et al.: European intercomparison of high-current measuring systems of high-power laboratories to establish traceability. ERA Conference Proceedings "Measurement and Calibration in High Voltage Testing" London, 1.1.1 -1.1.13 (1998)

2.11. Lathouwers, A. et al.: Traceability of very high current measurements : the STL procedure for high power laboratories. Proc. 14. ISH Beijing, Beitrag J-23 (2005)

2.12. Second round of comparison tests for high-current shunts in high-power laboratories in Asia and North America with an STL reference shunt. Proc. 21. ISH Budapest, Beitrag 705 (2019)

2.13. Takahashi, E., et al.: Development of large-capacity gas-insulated transformer. IEEE Trans. PD **11**, 895–902 (1996)

2.14. Dietrich, M., Frank, H., Schrader, W., Spiegelberg, J.: A 3 MV A.C. voltage testing system for research work on UHV transmission. Proc. 5. ISH Braunschweig, Beitrag 62.11 (1987)

2.15. Ward, B. H., Reynolds, P. H., Holst, D. B.: A comparative analysis of resonant power supply design techniques for high voltage testing. Proc. 5. ISH Braunschweig, Beitrag 62.03 (1987)

2.16. Hauschild, W., Schierig, S., Coors, P.: Resonant test systems for HV testing of super-long cables and gas-insulated transmission lines. Proc. 14. ISH Beijing, Beitrag J-02 (2005)

2.17. Heise, W.: Tesla-Transformatoren. ETZ-A **85**, 1–8 (1964)

2.18. Damstra. G. C., Pettinga, J. A. J.: A six pulse kV Tesla transformer. Proc. 5. ISH Braun-schweig, Beitrag 62.13 (1987)

2.19. Samagpong, T., Parinyakupt, U.: The design and construction of the Tesla transformer using a DC high voltage switching power supply as the primary source. Proc. 15. ISH Ljubljana (2007), Beitrag T10–525

2.20. Lührmann, H.: Fremdfeldbeeinflussung kapazitiver Spannungsteiler. ETZ-A **91**, 332–335 (1970)

2.21. Davis, R., Bowdler, G.W., Standring, W.G.: The measurement of high voltages with special reference to the measurement of peak voltages. IEE **68**, 1222 (1930)

2.22. Chubb, L.W., Fortescue, C.: Calibration of the sphere gap voltmeter. Trans AIEE **32**, 739–748 (1913)

2.23. Boeck, W.: Eine Scheitelspannungs-Messeinrichtung erhöhter Messgenauigkeit mit digitaler Anzeige. ETZ-A **84**, 883–885 (1963)

2.24. Marx, R., Zirpel, R.: Präzisions-Messeinrichtung zur Messung hoher Wechsel- und Gleichspannungen. PTB-Mitt. **100**, 119–123 (1990)

2.25. Schmidt, M., Meisner, J., Lucas, W.: Improvement and upgrading of the PTB standard measurement system for high alternating voltages. Proc. 17. ISH Hannover, Beitrag C-038 (2011)

2.26. Zinn, E.: Messwandler. PTB Prüfregeln Band 12, Limbach Verlag Braunschweig, (1977)

2.27. Kunde, K., Däumling, H., Huth, R., Schlierf, H.-W., Schmid, J.: Frequency response of instrument transformers in the kHz range. etz **6**, 122–125 (2012)

2.28. Kahnt, H.: Kapazitive Spannungswandler. ETZ-B **11**, 476–479 (1959)

2.29. Gertsch, G. A., Schlicht, D.: Zur Genauigkeit der Messung von Höchstspannungen mittels kapazitiver Wandler. Proc. ISH Zürich, 205–21089 (1975)

2.30. Mercure, H. P. et al.: Effect of stray capacitance on the accuracy of capacitive voltage transformers. Proc. 10. ISH Québec, Beitrag 3531 (1997)

2.31. Elg, A. P. et al.: Traceable measurement of transmitted overvoltages in instrument transformers. Proc. 21. ISH Budapest, Beitrag 1084 (2019)

2.32. Latzel, H.-G., Roeissle, G., Moser, H., Ramm, G.: Calibration scheme for electronic voltage and current transformers. Proc. 13. ISH Delft, Beitrag 067 (2003)

2.33. Juvic, J. I., Nilsson, M., Maalo, A.: On site, long term comparison between instrument transformers with digital output and a conventional measuring system. 19. ISH Pilsen, Beitrag 7-6 (2015)

2.34. Peier, D.-W., Groschopp, H.: Wechselspannungsmessungen mit Kugelfunkenstrecken auf Freiluftversuchsfeldern. PTB-Mitt. **87**, 396–398 (1977)

2.35. Gockenbach, E.: Measurement of standard switching impulse voltages by means of sphere-gaps (one gap earthed). ELECTRA No **136**, 91–95 (1991)

2.36. Marinescu, A., Dumbrava, I.: A high voltage calibration method using the measuring spark gap. Proc. 11. ISH London, Beitrag 1.222.S. 4 (1999)

2.37. Djokíc, B.V., Ramboz, J.D., Destefan, D.E.: To what extent can the current amplitude linearity of Rogowski coils be verified. IEEE Trans. IM **60**, 2409–2414 (2011)

2.38. Prochaska, R. et al.: Rogowski coil parameters verification in wide frequency range. Proc. 16. ISH Johannesburg, Beitrag B-29 (2009)

2.39. Suomalainen, E.-P., Hällström, J.: Onsite calibration of a current transformer using a Rogowski coil. IEEE Trans. IM **58**, 1054–1058 (2009)

2.40. Havunen, J., Suomalainen, E.-P., Hällström, J.: High AC current calibration system based on Rogowski coil. Proc. 19. ISH Pilsen, Beitrag 144 (2015)

2.41. Hällström, J., Ayhan, B., Suomalainen, E.-P., Valero, A.: Improvement of Rogowski coil immunity against unwanted magnetic coupling effects. Proc. 20. ISH Buenos Aires, Beitrag 561 (2017)

2.42. Werneck, M.M., Abrantes, A.C.S.: Fiber-optic-based current and voltage measuring system for high-voltage distribution lines. IEEE Trans. PWDR **19**, 947–951 (2004)

2.43. Doig, P., Gunn, C., Durante, L., Burns, C., Cochrane, M.: Reclassification of relay-class current transformers for revenue metering applications. Proc. IEEE T&D PES Conference (2005)

2.44. Fang, Z., et. al.: Development of an opto-electrical system for application to high voltage measurement. Proc. 13. ISH Delft, Beitrag 021 (2003)
2.45. Andersson, A., Destefan, D., Ramboz, J. D., Weiss, S.: Precision EHV current probe and comparator for field CT/OCT verification and line monitoring. Proc. 3. EPRI Optical Sensor Systems Workshop Pittsburgh, 1–7 (2001)

Hohe Gleichspannungen und –ströme 3

Hohe Gleichspannungen und -ströme erlangen in der Energieübertragungstechnik wegen der weltweit steigenden Anzahl von *HGÜ-Anlagen* immer größere Bedeutung. Auch zur Erzeugung von Stoßspannungen sind Gleichspannungen erforderlich. Zahlreiche weitere Einsatzgebiete findet man in Physik und Technik. Die grundlegenden Anforderungen an Prüf- und Messverfahren für Betriebsmittel der elektrischen Energieversorgung sind in nationalen und internationalen Prüfvorschriften festgelegt. Die Einführung der digitalen Messtechnik mit rechnergestützter Datenauswertung hat den Umfang, die Qualität und Genauigkeit der Messungen weitgehend verbessert. Damit ist das Ende der meisten bisher genutzten analogen Messschaltungen und Messgeräte abzusehen, obgleich analoge Messverfahren und Messeinrichtungen einschließlich der Stabfunkenstrecke noch im Einsatz sind. In dem Kapitel werden die genormten Messgrößen von Gleichspannungen und -strömen vorgestellt, einige ausgewählte Erzeugeranlagen kurz beschrieben und die vorwiegend eingesetzten Messverfahren und Messschaltungen behandelt.

3.1 Gleichspannungen

Die Prüf- und Messverfahren für Betriebsmittel der elektrischen Energieübertragung mit hohen *Gleichspannungen* sind in den bereits in Kap. 2 zitierten Prüfvorschriften festgelegt [2.1–2.5]. Der zunehmende Trend zu *HGÜ-Anlagen* mit immer höheren Übertragungsspannungen von bis zu ± 800 kV mit steigender Tendenz stellt eine besondere technische Herausforderung dar und wird in den zuständigen internationalen Fachgremien verstärkt diskutiert. Für Prüf- und Entwicklungsaufgaben sind *Kaskadenschaltungen* im Einsatz, die Gleichspannungen von bis zu 3 MV erzeugen. Hohe Gleichspannungen werden auch für weitere Aufgaben in Physik und Technik benötigt, z. B. bei Teilchenbeschleunigern, Röntgengeräten, Elektrofiltern, Beschichtungsanlagen

© Springer Fachmedien Wiesbaden GmbH, ein Teil von Springer Nature 2021
K. Schon, *Hochspannungsmesstechnik,* https://doi.org/10.1007/978-3-658-33793-3_3

und bei der Aluminiumherstellung. Für Geräte mit einer Bemessungsgleichspannung von nicht mehr als 1,5 kV gelten besondere, von den Hochspannungsprüfvorschriften sinngemäß abgeleitete Prüfvorschriften [2.6].

Hohe Gleichspannungen werden in der Regel durch Gleichrichtung einer netzfrequenten Wechselspannung erzeugt. Ein einfaches Beispiel zeigt den Spannungsverlauf $u(t)$ bei der Einweggleichrichtung (Abb. 3.1). Als *Wert der Prüfspannung* ist der *arithmetische Mittelwert*:

$$u_{\mathrm{prüf}} = \overline{U} = \frac{1}{T} \int_0^T u(t)\, \mathrm{d}t \tag{3.1}$$

festgelegt, wobei T die Dauer der Messung bedeutet.

Die Anforderungen an die Prüfspannung sind in IEC 60060-1 [2.1] und die an das Messsystem in IEC 60060-2 [2.2] enthalten. Je nach Art der Gleichrichterschaltung und Belastung durch den Prüfling weist die erzeugte Gleichspannung eine mehr oder weniger große *Welligkeit* auf. Der *Wert der Welligkeit* δu ist definiert als die halbe Differenz zwischen den positiven und negativen Maximalabweichungen vom arithmetischen Mittelwert $\overline{U}$ (Abb. 3.1):

$$\delta u = \frac{u_{\mathrm{max}} - u_{\mathrm{min}}}{2}. \tag{3.2}$$

Der Quotient $\delta u/\overline{U}$ wird als *Welligkeitsfaktor* bezeichnet. Er darf bei Spannungsprüfungen nicht mehr als 3 % betragen, wenn vom Technischen Komitee für das Betriebsmittel nicht anders festgelegt. Bei höheren Ansprüchen an die Welligkeit wird die Gleichspannung durch Gleichrichten einer Wechselspannung mit höherer Frequenz erzeugt.

Die *Toleranz* für den Wert der erzeugten Prüfspannung beträgt ±3 %. Eine Gleichspannung darf nicht sofort in voller Höhe an den Prüfling angelegt, sondern soll von einem

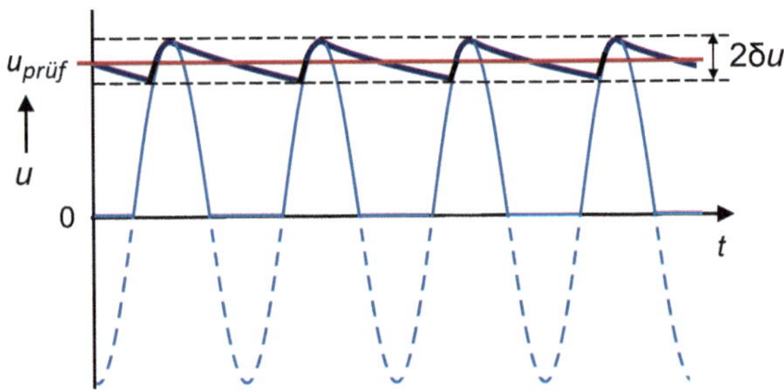

Abb. 3.1 Wellige Gleichspannung nach Gleichrichtung und Glättung einer Wechselspannung $u_{prüf} = \overline{U}$ arithmetischer Mittelwert δu Wert der Welligkeit

Anfangswert bis zum Höchstwert langsam gesteigert werden. Eine Spannungssteigerung von 2 % der Prüfspannung $\bar{U}$ je Sekunde oberhalb von 0,75 $\bar{U}$ wird im Allgemeinen als angemessen betrachtet, um einerseits unzulässig hohe kapazitive Überspannungen und andererseits eine zu lange Beanspruchung des Prüflings zu vermeiden. Beträgt die Dauer der angelegten Prüfspannung bis zu 1 min, darf sich der Prüfspannungswert nur innerhalb von ±1 % ändern (±3 % bei Prüfzeiten länger als 1 min). Nach bestandener Stehspannungsprüfung ist die Gleichspannung durch kontrolliertes Entladen der Prüfkreis- und Prüflingskapazitäten über einen Widerstand auf null abzusenken, um eine Gefährdung der Mitarbeiter durch Restspannungen zu vermeiden.

Die *erweiterte Messunsicherheit* (s. Abschn. 13.1.6) für den Prüfspannungswert, also für den arithmetischen Mittelwert $\bar{U}$, soll nicht mehr als 3 % ($k = 2$) betragen. Zur Messung von Spannungsänderungen im Bereich von 1 % je Sekunde darf die Zeitkonstante des Messsystems nicht größer als 0,25 s sein. Die Amplitude der Welligkeit ist mit einer Messunsicherheit von maximal 1 % des arithmetischen Mittelwertes $\bar{U}$ oder von maximal 10 % der Welligkeitsamplitude zu bestimmen, je nachdem welcher Wert größer ist. Das Messsystem für die Welligkeit mit der Grundfrequenz f_0 muss einen Frequenzgang von $0,5f_0$ bis $7f_0$ innerhalb von 3 dB aufweisen.

Bei *Vor-Ort-Prüfungen* mit Gleichspannung nach IEC 60060-3 [2.3] gelten teilweise größere Toleranzen und Messunsicherheiten, die im Vergleich zu Prüfungen im Hochspannungsprüffeld in Tab. 3.1 zusammengefasst sind.

IEC 60060-1 [2.1] enthält auch einen Hinweis auf weitere Formen von Prüfspannungen. Dies betrifft Prüfungen mit *kombinierten* oder *zusammengesetzten Prüfspannungen*, wobei die Gleichspannung – ebenso wie die Wechselspannung (s. Abb. 2.2) – von einer Stoßspannung überlagert ist. Diese *Prüfspannungen* stellen eine besonders hohe Beanspruchung der Betriebsmittel für HGÜ-Anlagen dar, die mit steigender Übertragungsspannung weiter zunimmt. Die technischen Anforderungen und Problemlösungen bei der Erzeugung zusammengesetzter Prüfspannungen mit überlagerter Blitz- oder Schaltstoßspannung werden am Beispiel der Kabelprüfung nach IEC 62895 in [3.1] behandelt.

Tab. 3.1 Anforderungen an die Prüfgleichspannung und das Messsystem bei Prüfungen im Hochspannungsprüffeld und bei Vor-Ort-Prüfungen

Gleichspannung		Prüfung im Prüffeld	Vor-Ort-Prüfung
Toleranz:	$\bar{U}$ (Prüfdauer ≤ 1 min)	±1 %	±3 %
	$\bar{U}$ (Prüfdauer > 1 min)	±3 %	±5 %
	Welligkeitsfaktor	≤ 3 %	≤ 3 %
Messunsicherheit: $\bar{U}$		≤ 3 %	≤ 5 %
	Welligkeit	≤ 10 % der Welligkeit bzw. ≤ 1 % von $\bar{U}$	≤ 10 % der Welligkeit

3.2　Gleichströme

Bei der Prüfung von Betriebsmitteln der elektrischen Energieübertragung mit Gleichstrom wird zwischen stationären Gleichströmen und Kurzzeitgleichströmen unterschieden. Die Prüfvorschriften hierzu sind formal denen für hohe Gleichspannungen
angeglichen und 2010 zusammen mit den anderen Stromarten in IEC 62475 [2.4]
erschienen. Grundlage für die Normung waren die Erfahrungen über die in den großen
internationalen Leistungsprüffeldern angewandten Prüfverfahren. Die Anforderungen
gelten für die Prüfung von Geräten im Hoch- und Niederspannungsbereich mit Strömen
von im Allgemeinen mehr als 100 A.

3.2.1　Stationärer Gleichstrom

Der *stationäre Gleichstrom* ist von der Definition her zeitlich nicht festgelegt oder
begrenzt. In Analogie zur Gleichspannung ist der Wert des stationären Prüfgleichstromes
definiert als *arithmetischer Mittelwert*:

$$\boxed{i_{\text{prüf}} = \overline{I} = \frac{1}{T} \int_{0}^{T} i(t)\,\mathrm{d}t}, \tag{3.3}$$

wobei T die Dauer der Messung bedeutet. Entsprechend gilt für die *Welligkeit*:

$$\boxed{\delta i = \frac{i_{\max} - i_{\min}}{2}}, \tag{3.4}$$

die in der Regel größer als die Welligkeit einer Gleichspannung ist. An die Erzeugung
und Messung von Gleichströmen gelten folgende Anforderungen und Grenzwerte:

- $\pm 3\,\%$ Toleranz für den Wert des erzeugten Prüfgleichstromes
- $7\,\%$ Grenzwert für den Welligkeitsfaktor $\delta i / \overline{I}$
- $3\,\%$ Messunsicherheit für den arithmetischen Mittelwert
- $10\,\%$ Messunsicherheit für die Welligkeit, bezogen auf deren Amplitude
  (oder 1%, bezogen auf den Prüfstromwert, wenn dieser Wert größer ist).

Die Anforderungen an die Messunsicherheit der Welligkeit mit der Grundfrequenz f_0
werden in der Regel erfüllt, wenn das dafür eingesetzte Messsystem eine obere Grenz-
frequenz $(-3\,\mathrm{dB})$ von mehr als $10 f_0$ und eine untere Grenzfrequenz $(-3\,\mathrm{dB})$ unter $0{,}1 f_0$
aufweist.

3.2.2 Kurzzeitgleichstrom

Der *Kurzzeitgleichstrom* ist ein Gleichstrom mit zeitlich begrenzter Dauer, z. B. weniger als 1 s. Er wird bei Kurzschlussprüfungen eingesetzt. Ein Beispiel für den Verlauf eines Kurzzeitgleichstromes zeigt Abb. 3.2. Der Strom steigt exponentiell mit der Zeitkonstante $\tau = L/R$ an, die durch die Induktivität L und den Widerstand R des Prüfkreises gegeben ist. Der Stromanstieg kann aber auch sehr steil sein, sodass es infolge der Kreisinduktivität zu einem anfänglichen Überschwingen kommt. Nach einer bestimmten Zeit erreicht der Strom seinen stationären Bereich, bevor er anschließend mehr oder weniger steil abfällt. Der Abfall des Prüfstromes erfolgt in relativ kurzer Zeit, sodass bei hohen Stromstärken die elektronischen Messgeräte im Leistungsprüffeld einer starken elektromagnetischen Beanspruchung ausgesetzt sind.

Kurzzeitgleichströme werden durch zwei Stromwerte und die Stromdauer gekennzeichnet. Der Maximalwert des Stromes wird als *Scheitelwert* $\hat{\imath}_{ss}$ bezeichnet. Der *stationäre Gleichstrom* $\bar{I}_{ss}$ ist definiert als arithmetischer Mittelwert des Stromes im stationären Bereich, wobei die abgebildeten Beispiele in IEC 62475 [2.4] einen Zeitabschnitt von $\Delta t = 20$ ms kurz vor Abfall des Stromes für die Mittelwertbildung anzeigen. Die Dauer des Prüfstromes ist durch die Zeitdauer T_s gekennzeichnet, innerhalb derer der Strom größer als $0{,}1\hat{\imath}_{ss}$ ist.

Bei der Erzeugung des Prüfstromes sind folgende Toleranzen festgelegt:

- $\pm 5\ \%$ für den Scheitelwert $\hat{\imath}_{ss}$
- $\pm 5\ \%$ für den stationären Gleichstrom $\bar{I}_{ss}$
- 0 bis 25 s für die Zeitkonstante τ des Stromanstiegs.

Die Dauer T_s wird vom Komitee, das für den Prüfling zuständig ist, in der jeweiligen Prüfvorschrift angegeben. T_s kann zum Beispiel 0,1 s bis 1 s betragen.

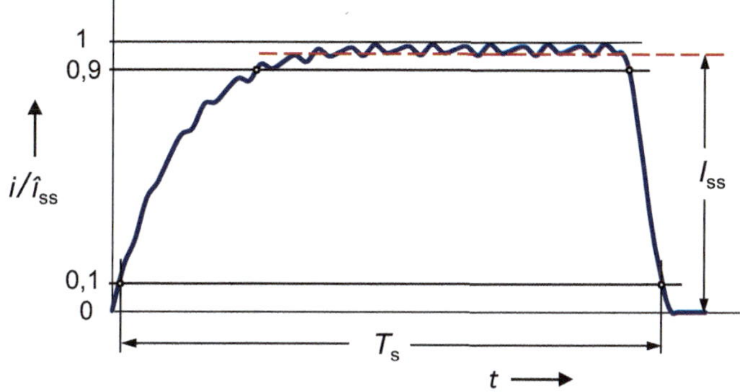

Abb. 3.2 Beispiel für einen Kurzzeitgleichstrom $\hat{\imath}_{ss}$: Scheitelwert $\bar{I}_{ss}$: arithmetischer Mittelwert T_s: Zeitdauer

Die erweiterte Messunsicherheit für den Scheitelwert $\hat{\imath}_{ss}$ und den stationären Gleichstrom $\bar{I}_{ss}$ darf nicht größer als 5 % sein. Das Messsystem muss einen Frequenzgang von 0 bis mindestens 1 kHz (-3 dB obere Grenzfrequenz) aufweisen.

3.3   Erzeugung hoher Gleichspannungen und -ströme

Einige häufig eingesetzten Erzeugeranlagen für hohe Gleichspannungen werden in diesem Kapitel kurz behandelt, da deren typische Eigenschaften wie z. B. die Welligkeit oder das Auftreten von Teilentladungen Einfluss auf die Prüfung und Messung haben können. Hohe Gleichspannungen werden vorwiegend durch Gleichrichtung einer Wechselspannung erzeugt, entweder in einer einstufigen Anlage oder zur Erzielung ultrahoher Spannungen in Vervielfachungsschaltungen. Die durch Gleichrichterschaltungen erzeugten Gleichspannungen werden in erster Linie zur Prüfung von Betriebsmitteln und Bauteilen für die elektrische Energieversorgung, aber natürlich auch zur Kalibrierung der verwendeten Messsysteme eingesetzt. Das Verhalten von Isolierstoffen und das Auftreten von Teilentladungen bei Gleichspanungsbeanspruchung haben durch vermehrten Einsatz von HGÜ-Anlagen zunehmendes Interesse gefunden. Die vor allem in Asien eingeführten höchsten Spannungsebenen von bis zu 800 kV Gleichspannung erfordern entsprechend hohe Prüfspannungen, die nur in großen Prüflaboratorien in einigen wenigen Industrieländern erzeugt werden können. Gleichspannungserzeuger sind auch in anderen Bereichen von Physik und Technik im Einsatz. Besonders hohe Gleichspannungen von bis zu mehreren Megavolt lassen sich durch Ladungstrennung mit Bandgeneratoren erzeugen.

3.3.1   Gleichrichterschaltungen

Hohe Gleichspannungen zur Prüfung von Betriebsmitteln der Energieversorgung werden in der Regel durch Gleichrichtung von Wechselspannungen erzeugt. In der einfachen *Einweg-Gleichrichterschaltung* nach Abb. 3.3 lädt der Gleichrichter G in der positiven Halbschwingung der Ausgangsspannung des Transformators den Glättungskondensator

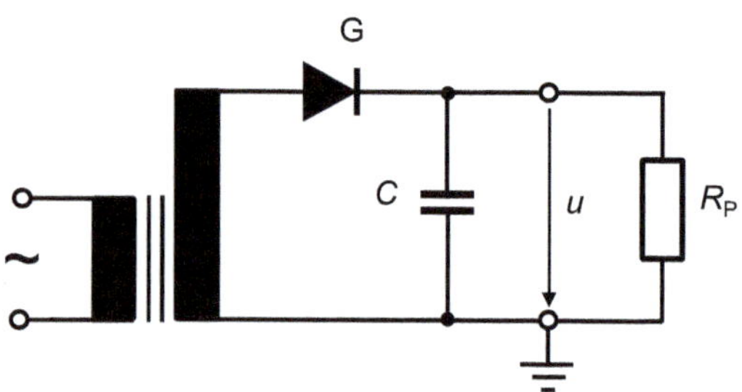

Abb. 3.3 Einweg-Gleichrichterschaltung R_P: Widerstand des Prüflings

C auf den Scheitelwert der Wechselspannung auf [1.4]. Anschließend sinkt die Gleichspannung infolge der Belastung durch den Widerstand R_P des Prüflings um $2\delta u$ ab, bis der Gleichrichter G wieder Strom zur Nachladung von C durchlässt. Es entsteht eine pulsierende Gleichspannung $u(t)$ mit dem Mittelwert $\bar{U}$ und der Welligkeit δu (s. Abb. 3.1). Der Maximalwert der Gleichspannung bei der Einweg-Gleichrichtung ist gleich dem einfachen Scheitelwert der Wechselspannung.

Eine annähernd doppelt so hohe Gleichspannung erreicht man mit zwei Gleichrichtern in der *Greinacher-Verdopplungsschaltung* (Abb. 3.4). Der Gleichrichter G_1 bewirkt, dass sich der Kondensator C_1 auf eine dem Scheitelwert der Wechselspannung entsprechende Gleichspannung auflädt, um die die Wechselspannung schwingt. Am Eingang von G_2 liegt daher eine Mischspannung mit dem doppelten Scheitelwert, die den Kondensator C_2 auf diesen Wert auflädt. Je nach Belastung durch den Prüflingswiderstand R_P sinkt die Kondensatorspannung anschließend wieder mehr oder weniger ab, bis die nächste Aufladung einsetzt. Am Ausgang der Schaltung erscheint die Gleichspannung $u \approx 2\bar{U}$ mit der Welligkeit δu, deren Grundfrequenz doppelt so groß ist wie die bei der Einweggleichrichtung.

Als Gleichrichter werden Halbleiter, vorwiegend aus Silizium, früher auch Selen, verwendet, die in entsprechend großer Stückzahl in Reihe geschaltet sind. Sie haben die früher verwendeten Hochvakuumventile mit Glühkathode nahezu vollständig verdrängt. Die Reihenschaltung einer Vielzahl von Halbleitergleichrichtern erfordert eine Potentialsteuerung durch parallel geschaltete Kondensatoren.

Wie bei Wechselspannung erzielt man durch Kaskadierung der Grundschaltung eine mehrfach höhere Gleichspannung. Als Beispiel zeigt Abb. 3.5 das Prinzip der (unsymmetrischen) *Greinacher-Kaskadenschaltung* mit $n = 3$ Stufen. Die Gleichspannung am Ausgang der Kaskade beträgt im Leerlauf das n-Fache des Scheitelwertes der Wechselspannung, die eingangsseitig angelegt ist. Die beiden oberen Kondensatoren C_1, die sogenannten *Schubkondensatoren,* werden jeweils auf den doppelten, der unterste Kondensator auf den einfachen Scheitelwert der Wechselspannung aufgeladen. Mit der doppelten Kapazität $2C_1$ erhält der unterste Kondensator die gleiche Ladung wie die beiden darüber liegenden Kondensatoren. Mit C_2 werden die Glättungskondensatoren bezeichnet. Bei entsprechend großer Stufenzahl n erreicht man Gleichspannungen von mehreren Megavolt; die Ausgangsstromstärke beträgt einige 10 mA.

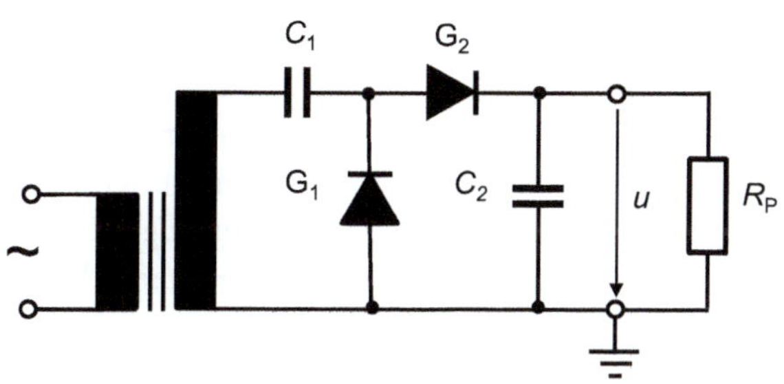

Abb. 3.4 Greinacher-Verdopplungsschaltung

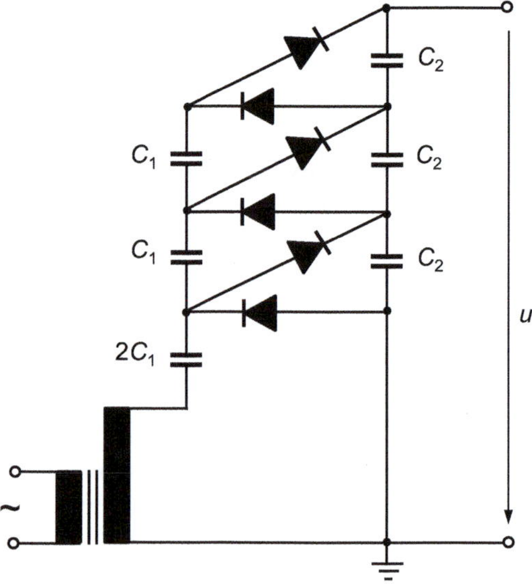

Abb. 3.5 Greinacher-Kaskadenschaltung zur Erzeugung hoher Gleichspannungen (Prinzip mit $n = 3$ Stufen)

Die Gleichrichtung einer 50-Hz-Wechselspannung in Verbindung mit einem Glättungskondensator ist in der Regel mit einer ausgeprägten Welligkeit der Gleichspannung unter Last verbunden. Zur Reduzierung der Welligkeit werden elektronisch erzeugte Wechselspannungen höherer Frequenz auf einen HF-Transformator mit Ferritkern gegeben und dann gleichgerichtet. Die bisher behandelten Gleichrichteranlagen sind üblicherweise in offener Bauweise konzipiert und daher den Umgebungsbedingungen ausgesetzt. Dagegen zeigt Abb. 3.6 eine metallgekapselte SF_6-isolierte 300-kV-Gleichspannungsanlage (Kessel hinten links), dessen Ausgangsspannung über einen hochstabilen SF_6-isolierten Spannungsteiler (mittlerer großer Kessel in Abb. 3.6) sehr genau geregelt wird. Im fahrbaren Untergestell befindet sich die elektronische Regeleinheit, die von einem PC im Steuerraum bedient wird. Im kleineren, ebenfalls mit SF_6 gefüllten Kessel auf der rechten Seite von Abb. 3.6 ist ein hochpräziser 100-kV-Spannungsteiler untergebracht (s. Abschn. 3.4.5). Die erzeugte Gleichspannung ist hochstabil und weist eine äußerst geringe Welligkeit auf, sodass sich die Anlage besonders gut zur Kalibrierung von Messeinrichtungen eignet. Ganz links im Bild steht ein älterer 300-kV-Referenzspannungsteiler in ölisolierter Ausführung.

Über die Errichtung einer stabilen und oberwellenarmen Gleichspannungsversorgung für höhere Spannungen wird in [3.2] berichtet. Die elektronisch mithilfe eines Resonanzkreises und zweier MOSFETs erzeugte Wechselspannung mit einer Frequenz von 10 kHz wird auf einen HF-Transformator mit Ferritkern gegeben und in einer Kaskadenschaltung gleichgerichtet. Mit der Anlage wird eine Gleichspannung von bis zu 700 kV mit einem Rippelfaktor von $7 \cdot 10^{-4}$ erzeugt. Ziel zukünftiger Arbeiten ist die Erzeugung noch höherer Gleichspannungen mit weiter reduzierter Welligkeit.

Abb. 3.6 SF_6-isolierte 300-kV-Gleichspannungserzeugeranlage (linker Kessel hinten) mit angeschlossenem 300-kV-Spannungsteiler (großer Kessel in Bildmitte), einem separaten SF_6-isolierten 100-kV-Spannungsteiler höchster Genauigkeit (rechts) und einem älteren 300-kV-Referenzspannungsteiler in ölisolierter Bauweise (links) (PTB)

Gleichströme werden durch Gleichrichtung von Wechselströmen erzeugt, wobei der Wechselanteil durch Glättungskondensatoren oder Glättungsdrosseln reduziert werden kann. Mit mechanisch angetriebenen Gleichstromgeneratoren lassen sich besonders hohe Gleichströme erzeugen. In [3.3] wird eine modulare Anlage zur Einspeisung eines Gleichstromes von bis zu 5000 A in Komponenten einer HGÜ-Anlage bei einer Spannung von 660 kV beschrieben.

3.3.2   Elektrostatische Generatoren

Mit elektrostatischen Generatoren lassen sich ultrahohe Gleichspannungen von mehreren Megavolt erzeugen. Sie weisen praktisch keine Welligkeit auf, sind aber nur mit geringer Stromstärke von weniger als 1 mA belastbar. Bekanntestes Beispiel eines elektrostatischen Generators ist der *Bandgenerator* nach *van de Graaff*, der vorwiegend in

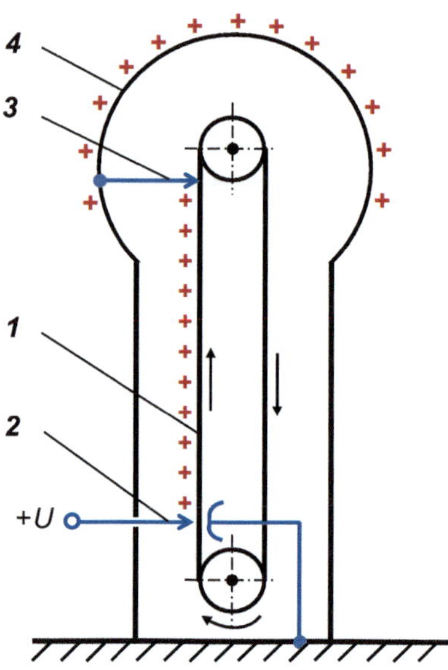

Abb. 3.7 Prinzip eines Bandgenerators nach van de Graaff zur Erzeugung ultrahoher Gleichspannungen *1* umlaufendes isolierendes Band *2* Sprühelektrode zum Aufbringen der Ladung *3* Gegenelektrode zum Abstreifen der Ladung *4* Hochspannungselektrode

kernphysikalischen Forschungslaboratorien Einsatz findet. Auf ein über zwei Antriebs-rollen laufendes isolierendes Band *1* werden von einer Sprühelektrode *2* elektrische Ladungen aufgebracht, die mit dem Band zur oberen Gegenelektrode *3* transportiert, dort abgestreift und auf die große Hohlkugel *4* geführt werden (Abb. 3.7). Das entladene Band läuft dann wieder zur unteren Rolle am Generatorfuß zurück und wird dort erneut aufgeladen. Durch weitere Umläufe des Bandes wird die kugelförmige Hochspannungs-elektrode immer weiter aufgeladen, bis sich ein Gleichgewicht mit der an die Umgebung abgegebenen Ladung einstellt. Ein in einem Drucktank aufgebauter, mit SF_6 isolierter Van-de-Graaff-Generator erzeugt Spannungen von bis zu 25 MV [1.4].

3.4   Messung hoher Gleichspannungen

Die Mehrzahl der Messsysteme für hohe Gleichspannungen besteht aus einem hochohmigen Spannungsteiler, der am Ausgang eine maßstäblich verkleinerte Spannung für das Messgerät bereitstellt. Alternativ kann ein Hochspannungswiderstand ein-gesetzt und der darüber fließende Gleichstrom zur Spannungsmessung herangezogen werden. Die aktuell eingesetzten Messgeräte sind überwiegend digital aufgebaut und ermöglichen mit der entsprechenden Software eine umfassende, rechnergestützte Aus-wertung aller Parameter. Wichtiger Parameter eines Hochspannungsmesssystems ist der Maßstabsfaktor, mit dem der auf der Niederspannungsseite gemessene Wert multipliziert werden muss, um den Wert der Hochspannung zu erhalten. Der meist bei niedriger Spannung ermittelte Maßstabfaktor eines Spannungsteilers ist dann durch einen Lineari-tätstest bis zur Einsatzspannung zu überprüfen (s. Abschn. 10.3.1.4).

Eine direkte Messung der Hochspannung ist mit *elektrostatischen Voltmetern* oder *Stabfunkenstrecken* möglich, die den Effektivwert bzw. Scheitelwert messen. Der Unterschied zum arithmetischen Mittelwert ist wegen des auf 3 % begrenzten Welligkeitsfaktors meist vernachlässigbar. Ein weiteres Messprinzip findet man bei der sogenannten Feldmühle und dem Rotationsvoltmeter, in denen das elektrische Gleichfeld durch Drehung oder Rotation einer Blende bzw. Elektrode in eine Wechselspannung umgewandelt wird. Das Prinzip elektrooptischer Sensoren, die den Pockels- oder Kerreffekt ausnutzen, wird in Abschn. 6.1 behandelt.

Gleichspannungen und -ströme haben aus metrologischer Sicht eine besondere Bedeutung, da die Maßeinheiten „Ampere" und „Volt" zu den Basiseinheiten bzw. abgeleiteten Einheiten im *SI-Einheitensystem* gehören. Sie werden in den nationalen *Metrologieinstituten (NMI)* mit höchster Genauigkeit realisiert, zumeist bei niedrigen Spannungen und Strömen, aber in zunehmendem Maße auch bei Hochspannung.

Beim Arbeiten mit hohen Gleichspannungen und -strömen sind besondere Vorsichtsmaßnahmen zu beachten. Zur Vermeidung gefährlich hoher Aufladungen von Personen und Objekten durch *Influenz* muss der Prüfraum durch ein geerdetes Schutzgitter vom Mess- und Beobachtungsraum abgetrennt sein. Nach Abschalten der Gleichspannung ist der Prüfkreis über Erdungsstangen mit Schutzwiderstand zu entladen.

3.4.1 Messanordnung mit ohmschem Spannungsteiler

Der ohmsche Spannungsteiler mit digitalem Messgerät DM am Unterwiderstand ist die am häufigsten angewandte Schaltung zur Messung hoher Gleichspannungen (Abb. 3.8). Am Kopf des Spannungsteilers, ggf. auch am Fuß, ist in der Regel eine *Toruselektrode* zur *Feldsteuerung* angebracht. Der Oberwiderstand R_1 ist hochohmig aufgebaut, soll aber eine Stromstärke von mindestens 0,5 mA bei der Bemessungsspannung ermöglichen. Er wird oft als Reihenschaltung von mehreren Einzelwiderständen ausgeführt, wobei die Widerstandskette in Form einer Helix angeordnet sein kann. Die Befestigung

Abb. 3.8 Ohmscher Spannungsteiler mit digitalem Messgerät zur Gleichspannungsmessung (Prinzip)

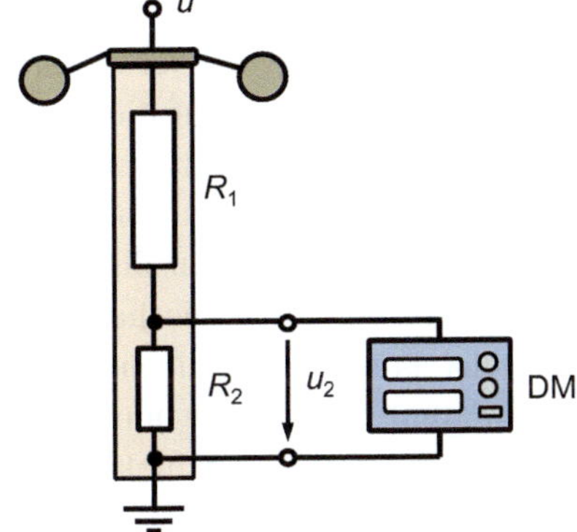

der Widerstände an der tragenden Konstruktion muss hochisolierend sein, um *Kriech-ströme* so gering wie möglich zu halten. Der Oberwiderstand R_1 ist in einem mit Luft oder Isolieröl gefüllten Isolierrohr untergebracht, wobei das Isoliermedium häufig zur besseren Wärmeabgabe umgewälzt wird. Bei höheren Genauigkeitsansprüchen wird die Temperatur des Isoliermediums auf einen konstanten Wert geregelt. Der Unterwiderstand R_2 besteht aus parallel geschalteten Einzelwiderständen, die häufig separat von R_1 in einer Metallbox am Fuß des Spannungsteilers untergebracht sind. Dies ermöglicht einen leichten Tausch von R_2 mit einem anderen Wert, um das Teilungsverhältnis zu verändern.

Einzelwiderstände von R_1 und R_2 können Draht-, Metallfilm-, Kohleschicht- oder Massewiderstände sein. Hochohmige Metallfilm- und Kohleschichtwiderstände sind in gewendelter Ausführung erhältlich, d. h. in die auf dem Isolierkörper aufgebrachte Widerstandsschicht ist eine umlaufende isolierende Nut eingearbeitet. Dadurch erhöht sich der Wert von R_2, aber auch die Gefahr eines Überschlags zwischen benachbarten Widerstandsbahnen bei Auftreten von transienten Überspannungen. Ein oder mehrere Widerstände können mit einer zylindrischen Metallhülle als Schutz gegenüber äußeren Einflüssen umgeben sein, wodurch auch eine Verringerung der lokalen Feldstärke erzielt wird *(Park-Widerstand)* [1.4, 3.4–3.6]. Die einzelnen Widerstände werden vor dem Einbau bei einer Temperatur von über 100 °C für mehrere Stunden gealtert. Die Temperaturkoeffizienten von R_1 und R_2 sollten möglichst gleich sein.

Eine Alternative zu Einzelwiderständen bietet der sogenannte *Schniewind-Widerstand*, der aus einem *mäanderförmig* angeordneten Widerstandsdraht mit nahezu beliebiger Länge und Breite besteht. Der mäanderförmige Draht ist mit Textilfäden zu einem Widerstandsband verwoben und erreicht dadurch eine gewisse mechanische Festigkeit. Das Widerstandsband wird aufgrund seiner geringen Induktivität auch für Stoßspannungsteiler und Dämpfungswiderstände eingesetzt [4.76, 4.77]. Zur Herstellung hochohmiger Widerstände wird das Widerstandsband um ein Tragrohr gewickelt und mit Epoxidharz zu einer stabilen, stapelbaren Einheit vergossen. Das vergossene Widerstandsband weist allerdings eine schlechtere Wärmeabgabe auf.

Das digitale Messgerät DM am Ausgang des Spannungsteilers in Abb. 3.8 ersetzt die früher eingesetzten analogen Messgeräte wie das Drehspulmessinstrument oder elektrostatische Messinstrument, ebenso wie die anschließend aufgekommenen analogen Elektronikschaltungen. Der Ausdruck „digital" bezieht sich hier auf das gesamte Messprinzip und nicht nur auf die Anzeige. Hierbei wird die Teilerausgangsspannung u_2 mit einem A/D-Wandler digitalisiert und gespeichert. Der Datensatz wird dann per Software hinsichtlich des arithmetischen Mittelwertes, der Welligkeit und anderer Parameter ausgewertet. Eine der ersten digitalen Messschaltungen für den Hochspannungseinsatz ist in [3.7] beschrieben. Die heute eingesetzten Messsysteme mit hochauflösendem A/D-Wandler ermöglichen einen vollautomatisierten Messablauf und die rechnergestützte Auswertung der Messdaten mit hoher Genauigkeit.

Der arithmetische Mittelwert $\bar{U}$ der Hochspannung in der Schaltung von Abb. 3.8 ergibt sich formal zu:

$$\boxed{\overline{U} = \overline{U}_2 \left(1 + \frac{R_1}{R_2}\right)},$$

$$(3.5)$$

wobei der Ausdruck in der Klammer das *Teilungsverhältnis* darstellt. Zur Bestimmung des Teilungsverhältnisses gibt es verschiedene Verfahren. Die Entwicklung hochauflösender Digitalvoltmeter und genauer Kalibriergeneratoren ermöglicht inzwischen die direkte und häufig ausreichend genaue Messung des Teilungsverhältnisses mit Kalibrierspannungen von bis zu 1000 V. Früher wurden die hochohmigen Serienwiderstände bei Niederspannung einzeln ausgemessen, aufsummiert und damit das Teilungsverhältnis berechnet, allerdings mit begrenzter Genauigkeit.

Die Anforderungen an die Messunsicherheit bei normgerechter Prüfung von Betriebsmitteln der elektrischen Energieversorgung sind in Tab. 3.1 zusammengestellt. Bei einer Vielzahl von Messaufgaben in der Elektrotechnik und Physik werden weit geringere Messunsicherheiten benötigt, die nur mit besonderen Messprinzipien und Techniken erreichbar sind. Bei dem in Abb. 3.6 (linke Bildseite) gezeigten ölisolierten 300-kV-Präzisionsspannungsteiler sind 300 Drahtwiderstände von je 2 MΩ in einer Helix mit 50 Windungen angeordnet [3.8]. Die Helix ist jedoch nicht gleichmäßig ausgeführt, sondern der Abstand benachbarter Windungen ist im oberen Bereich des Spannungsteilers kleiner als im unteren (s. Abb. 3.6). Das bedeutet, dass der Spannungsabfall längs der vom Strom durchflossenen Widerstandshelix im oberen Bereich des Spannungsteilers größer ist als im unteren. Durch diese *feldkonforme Anordnung* wird die Potenzialverteilung längs der Achse der Widerstandshelix der elektrostatischen Feldverteilung angeglichen, die durch die Form der Hochspannungselektrode vorgegeben ist. Damit verbunden ist die Annahme, dass Leckströme senkrecht zur Helixachse weitgehend unterbunden werden. Weiterhin wird die Bandbreite des Gleichspannungsteilers verbessert, sodass überlagerte Wechselspannungen, also auch die Welligkeit, messbar sind.

Anmerkung Das Prinzip der feldkonformen Anordnung der Widerstände findet sich wieder beim feldkonformen Stoßspannungsteiler mit dem Ziel, das Übertragungsverhalten zu verbessern (s. Abschn. 4.3.2.4).

Weiterhin wird für den 300-kV-Präzisionsspannungsteiler in [3.8] das Teilungsverhältnis nach dem *Hamon-Prinzip* bestimmt [3.9]. Hierzu werden die 300 Hochspannungswiderstände zu je 2 MΩ in mehrere Gruppen zusammengefasst und durch Parallel- und Serienschaltungen bei Niederspannung ausgemessen. Dadurch ergeben sich Widerstandsgruppen mit deutlich reduziertem und dadurch genauer messbarem Widerstand im Vergleich zum Gesamtwiderstand des Spannungsteilers. Der Spannungsteiler weist besondere Vorrichtungen auf, um diese Schaltungen durch von oben in den Spannungsteiler einsteckbare Metallstangen zu erzielen. Unter Berücksichtigung aller Unsicherheitsbeiträge ergibt sich die relative Messunsicherheit des 300-kV-Spannungsteilers zu $28 \cdot 10^{-6}$ ($k = 2$), wobei der überwiegende Unsicherheitsbeitrag von $20 \cdot 10^{-6}$ der damals verfügbaren Messeinrichtung auf der Niederspannungsseite geschuldet ist.

In [3.10] wird eine Variante des Hamon-Prinzips zur genauen Bestimmung des Hochspannungswiderstandes eines 100-kV-Spannungsteilers eingesetzt. Hierzu werden die $n = 100$ Hochspannungswiderstände á 2 MΩ zu einer Parallelschaltung R_{p} verbunden, die mit dem Unterwiderstand den Zweig einer Wheatstone-Brücke darstellt. Der andere Zweig wird von einem Kelvin-Varley-Spannungsteiler gebildet. Nach Abgleich der Brückenschaltung ergibt sich der Hochspannungswiderstand in Serienschaltung zu:

$$R_{\mathrm{S}} = n^2 \cdot R_{\mathrm{p}}. \tag{3.6}$$

Die Berücksichtigung aller Unsicherheitsbeiträge liefert für den 100-kV-Spannungsteiler eine relative Unsicherheit von $5 \cdot 10^{-6}$ (1σ-Wert), mit der andere Spannungsteiler kalibriert werden können.

Bei dem in [3.11] beschriebenen Prototyp eines 100-kV-Spannungsteilers sind die $n = 99$ Hochspannungswiderstände á 10 MΩ mit Federkontakten versehen, die mit Hilfe von zwei vergoldeten Stangen parallel geschaltet werden können. Diese Parallelschaltung bildet mit dem Niederspannungswiderstand R_{LV} den linken Zweig einer Wheatstone-Brücke, während als rechter Brückenzweig ein Hilfsteiler über den Schalter S angeschlossen ist (Abb. 3.9). Beide Spannungsteiler sind so dimensioniert, dass sie jeweils ein Teilungsverhältnis von annähernd 1:2 aufweisen. Zunächst wird der Hilfsteiler durch wiederholtes Tauschen seiner Widerstände auf der Ober- und Unterspannungsseite und Abgleich mit P_2 auf das exakte Teilungsverhältnis 1:2 eingestellt. Anschließend erfolgt dessen Übertragung auf den linken Brückenzweig, indem die Brücke mit P_1 auf $U_{\mathrm{B}} = 0$ abgeglichen wird.

Nach dem Hamon-Prinzip ergibt sich somit der Maßstabsfaktor des Hochspannungsteilers in Serienschaltung der n Widerstände zu

$$F = n^2 + 1. \tag{3.7}$$

Wegen der geringen Toleranzabweichungen der Hochspannungswiderstände ist ein entsprechender Einfluss auf F vernachlässigbar. Für den Maßstabsfaktor wird eine relative

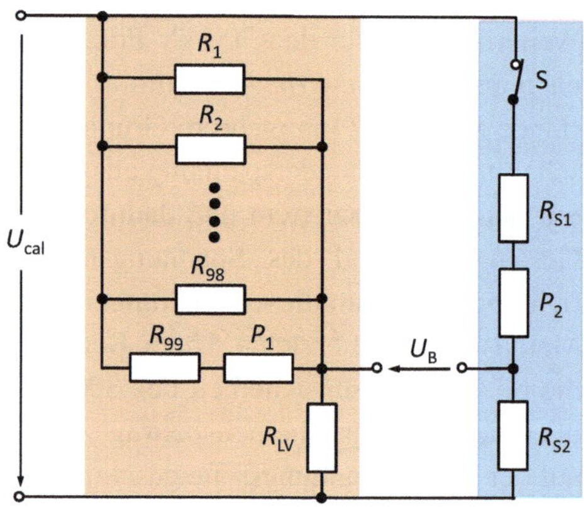

Abb. 3.9 Bestimmung des Maßstabsfaktors eines Spannungsteilers (links) mit parallel geschalteten Hochspannungswiderständen durch Vergleich mit einem Hilfsteiler (rechts) in einer Wheatstone-Messbrücke

Unsicherheit von $3,4 \cdot 10^{-6}$ ($k=2$) angegeben, allerdings ohne Berücksichtigung seiner Spannungsabhängigkeit von $6,2 \cdot 10^{-6}$ im Bereich bis 100 kV. Ziel weiterer Untersuchungen ist, das Messverfahren zu verbessern und auf Spannungsteiler für höhere Spannungen anzuwenden.

Die HGÜ-Übertragung elektrischer Energie verlangt zunehmend Hochspannungsmesseinrichtungen, die bei 1 MV und mehr einsetzbar sind. Die erfolgreiche Eignungsprüfung zweier voneinander unabhängiger Messsysteme für positive und negative Gleichspannungen von bis zu ± 1200 kV ist Thema einer Veröffentlichung in [3.12]. Regelmäßige Kontrollmessungen sind wichtig für den sicheren Einsatz von Spannungsteilern über längere Betriebszeit. Zur Überprüfung der Langzeitstabilität werden in [3.13] zwei verschieden aufgebaute 1000-kV-Spannungsteiler, darunter ein transportabler, rekalibriert und miteinander verglichen. Für beide Spannungsteiler ergibt sich, auch aufgrund ihrer guten Langzeitkonstanz, eine erweiterte Messunsicherheit von nur $20 \cdot 10^{-6}$.

Im Rahmen eines europäischen Gemeinschaftsprojektes wird in verschiedenen NMIs ein modularer Spannungsteiler bis 1000 kV eingemessen, der als transportabler Referenzteiler zur vor-Ort-Kalibrierung anderer Spannungsteiler und für die Rückverfolgbarkeit auf die nationalen Normale dienen soll [3.14]. Entsprechend den Planungsvorbereitungen besteht der Hochspannungsteil aus fünf SF_6-isolierten Stufen zu je 200 kV, wobei jede Stufe aus vier Modulen à 50 kV zusammengesetzt ist. Der eigentliche Referenzteiler wird von kapazitiven Spannungsteilern zur Schirmung und Potenzialsteuerung umgeben. Mit Hilfe von Feldberechnungen für den insgesamt 8 m hohen Spannungsteiler wird die Abstufung der Kapazitäten im Schirmteiler bestimmt, damit die Feldverteilung in unmittelbarer Nähe des Referenzteilers möglichst linear mit der Teilerhöhe verläuft und damit dem Strömungsfeld gleicht. Für den 1-MV-Spannungsteiler ist eine relative Messunsicherheit von weniger als $1 \cdot 10^{-4}$ avisiert. Der Referenzteiler weist eine Bandbreite von einigen 10 kHz auf und ist daher auch zur Messung der Welligkeit von Gleichspannungen geeignet.

Die optimale Konstruktion eines modular und breitbandig aufgebauten Spannungsteilers bis 1,6 MV ist Thema eines Beitrags in [3.15]. Der für metrologische Zwecke entwickelte Spannungsteiler besteht aus vier Stufen à 400 kV, wobei die Messwiderstände jeder Stufe in Form einer Helix mit parallel geschalteten Kondensatoren angeordnet sind. Dadurch können außer Gleichspannungen auch Wechselspannungen und transiente Spannungen vor Ort gemessen werden. Eine ohmsch-kapazitive Schirmanordnung in Antiparallelschaltung zur Reduzierung des induktiven Anteils umgibt den Messteiler. Die sorgfältige Auswahl und Anordnung der eingesetzten Widerstände und Kondensatoren lassen gute Messergebnisse erwarten. Als Isoliergas wird ein Gas ausgewählt, das nicht wie SF_6 zum Treibhauseffekt beiträgt. Weitere Beiträge befassen sich mit verschiedenen Verfahren zur Konstruktion und Kalibrierung von Messsystemen zur hochgenauen Messung und Rückverfolgbarkeit hoher Gleichspannungen [3.16, 3.17].

Ein grundsätzliches Problem von Gleichspannungsteilern mit Bemessungsspannungen im 1-MV-Bereich sind *Leckströme*, die über die zahlreichen Halterungen der Einzelwiderstände zur Erde abfließen und damit der Messung am Unterwiderstand verloren gehen.

Zwar werden die Leckströme bei einer Kalibrierung des Spannungsteilers miterfasst, jedoch ist damit zu rechnen, dass sich die Leckströme bei abweichenden Spannungs- und Temperaturbedingungen nichtlinear verhalten. Dieses Verhalten beeinflusst den Maßstabsfaktor und beeinträchtigt die Genauigkeit der Spannungsmessung. Der gesamte Leckstrom lässt sich als Differenz des am Kopf des Spannungsteilers einfließenden und am Fuß austretenden Stromes bestimmen. In [3.18] werden hierzu am oberen und unteren Ende eines 1,4-GΩ-Spannungsteilers für 1 MV je ein Messwiderstand mit 15 kΩ angebracht und deren Spannungen mit Digitalvoltmetern (DVM) gemessen, wobei das DVM auf Hochspannungspotential über Batterien versorgt wird. Beide DVM und ein PC sind über ein *Funknetzwerk* (WLAN) miteinander verbunden, was simultane Messungen an beiden Messstellen und Datenübertragung zum PC ermöglicht. Durch die Simultan- messungen kann der Einfluss der Welligkeit der Gleichspannung (1,2 % bei 800 kV) weitgehend ausgeschlossen werden. Die Untersuchungen ergeben einen mit steigender Spannung überproportional zunehmenden mittleren negativen Messfehler von bis zu $-65 \cdot 10^{-6}$ bei 1 MV.

3.4.2 Messanordnung mit Vorwiderstand

Abb. 3.10 zeigt drei Prinzipschaltungen zur Messung hoher Gleichspannungen, in denen ein Vorwiderstand mit Messgerät eingesetzt wird. In der Regel besteht der hochohmige Vorwiderstand aus mehreren Einzelwiderständen in Serie. In der historischen Schaltung von Abb. 3.10a liegt in Reihe mit dem Hochspannungswiderstand R_1 ein *Drehspulmessinstrument* M, das aufgrund seiner Funktionsweise den arithmetischen Mittelwert $\bar{I}$ des durch R_1 fließenden Stromes i anzeigt. Unter Vernachlässigung des Spannungsabfalls an der Spulenwicklung von M erhält man den arithmetischen Mittel- wert der Gleichspannung zu:

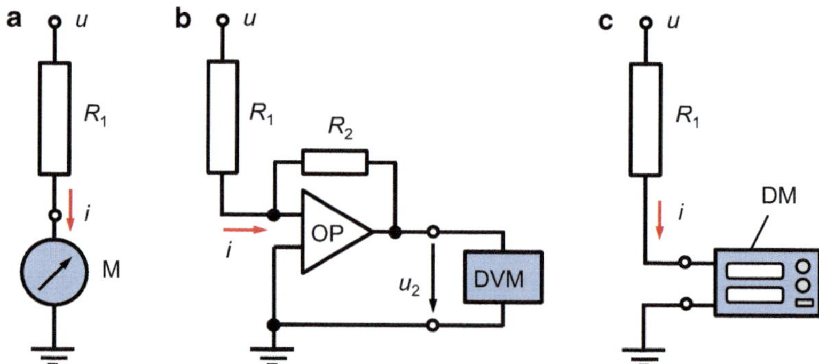

Abb. 3.10 Schaltungen zur Messung des arithmetischen Mittelwertes hoher Gleichspannungen mit Vorwiderstand und: **a** Drehspulmessinstrument M **b** Operationsverstärker OP und Digitalvoltmeter DVM **c** digitale Messeinrichtung DM mit A/D-Wandler

$$\boxed{\overline{U} = \overline{I}\,R_1}\,.\tag{3.8}$$

Anstelle des Drehspulmessinstrumentes wird in Abb. 3.10b eine elektronische Schaltung mit rückgekoppeltem *Operationsverstärker* OP und Digitalvoltmeter DVM eingesetzt. Der arithmetische Mittelwert der Hochspannung ist:

$$\boxed{\overline{U} = \frac{R_1}{R_2}\,\overline{U}_2}\,.\tag{3.9}$$

In [3.19] wird ein derartiges Gleichspannungsmesssystem für 300 kV mit Vorwiderstand und elektronischer Stromkompensationsschaltung beschrieben. Die Messung des hochohmigen Vorwiderstandes von 2 GΩ führt zu vergleichbaren Problemen wie beim Hochspannungsteiler. Die $n = 910$ Einzelwiderstände à 2 MΩ werden daher mit Hilfe vergoldeter Stangen entsprechend dem Hamon-Prinzip parallel geschaltet, und mit dem gemessenen Parallelwiderstand R_P ergibt sich der Serienwiderstand R_S aus Gl. (3.6). Die Messunsicherheit wird mit weniger als 0,1 % angegeben.

Neben dem arithmetischen Mittelwert lassen sich in der Schaltung von Abb. 3.10b auch weitere Messgrößen erfassen, z. B. die Welligkeit, sofern der Hochspannungswiderstand R_1 das dafür erforderliche Übertragungsverhalten aufweist. Die Schaltung hat weiterhin den Vorteil, dass der Eingang des Operationsverstärkers OP wegen der hohen Verstärkung praktisch auf *virtuellem Nullpotenzial* liegt, d. h. am OP tritt keine Spannung auf, die die Messung verfälschen könnte. Anstelle des Drehspulmessinstrumentes in Abb. 3.10a oder analogen Schaltkreises in Abb. 3.10b werden heute – wie auch bei Wechselspannungsmessungen – weitgehend digitale Messgeräte mit A/D-Wandler eingesetzt (Abb. 3.10c).

Der Vorwiderstand R_1 muss wie beim Spannungsteiler hochohmig sein, um dessen Selbsterwärmung zu begrenzen und die Hochspannungsquelle nicht zu sehr zu belasten. Dadurch verstärkt sich jedoch der Einfluss von Isolationsströmen, die über die Halterungen des häufig aus vielen Einzelwiderständen bestehenden Vorwiderstandes am Messinstrument M vorbei zur Erde abfließen und dadurch nicht zur Anzeige beitragen. Der Strom durch den Widerstand soll daher 0,5 mA nicht unterschreiten. Die gleichen beim Spannungsteiler (s. Abschn. 3.4.1) genannten Widerstandsarten einschließlich Schniewind-Widerstand kommen auch beim Vorwiderstand zum Einsatz. Zum Schutz des Mitarbeiters und Messgerätes ist ein Überspannungsableiter (nicht eingezeichnet) parallel zum Messgerät unerlässlich.

3.4.3 Temperaturverhalten

Die Einzelwiderstände eines Spannungsteilers oder Vorwiderstandes weisen einen von der Bauart abhängigen *Temperaturkoeffizienten* (TK) auf. Bei einer Temperaturerhöhung ändert sich dementsprechend der Gesamtwiderstand R_1 und damit das Teilungsverhältnis, sodass die Spannung fehlerhaft angezeigt wird. Das gleiche gilt auch für den Schniewind-Widerstand (s. Abschn. 3.4.1). Durch Auswahl eines geeigneten Unterwiderstandes R_2 lässt sich zumindest teilweise eine Kompensation des Temperatureffektes erzielen. Die Temperaturerhöhung eines Widerstandsteilers kann auf zwei Ursachen beruhen. Im einfachen Fall ändert sich die Umgebungstemperatur gleichmäßig längs des Spannungsteilers, und bei annähernd gleichen TK-Werten von R_1 und R_2 sind das Teilungsverhältnis und die Spannungsanzeige des Messgerätes temperaturunabhängig. Die andere Ursache für die Temperaturerhöhung ist die *Selbsterwärmung* von R_1, ausgedrückt durch die Joulesche Wärme Q:

$$\boxed{Q = P\Delta t = \frac{U^2}{R_1}\Delta t}\,, \tag{3.10}$$

wobei P die in der Zeiteinheit Δt umgesetzte elektrische Leistung darstellt.

Die Hochspannungswiderstände sind üblicherweise in einem mit Luft oder Transformatoröl gefüllten Isolierzylinder untergebracht, der oben und unten durch die Elektroden begrenzt wird. Die *Joulesche Wärme* steigt nach oben und ruft am Teilerkopf eine deutliche Temperaturerhöhung hervor. Gleichzeitig wird Wärme durch *Wärmeleitung* und *Konvektion* an die Umgebung abgegeben, sodass sich nach einiger Zeit ein stabiler Temperaturgradient im Spannungsteiler einstellt. Der obere Teil von R_1 und der Unterwiderstand R_2 befinden sich daher auf unterschiedlichen Temperaturen, was eine Änderung des Teilungsverhältnisses bewirkt. Eine annähernd gleiche Temperatur im Spannungsteiler stellt sich ein, wenn die Luft oder das Isolieröl umgewälzt wird.

Wie sich die Temperaturverteilung auf das Teilungsverhältnis auswirkt, hängt auch von der Bauart der eingesetzten Widerstände ab. Bei Schicht- und Filmwiderständen ist die Widerstandsschicht nur durch eine dünne Schutzlackierung vom direkten Kontakt mit der Luft bzw. dem Isolieröl getrennt, sodass die Wärme der Widerstände daher gut an das Isoliermedium abgegeben werden kann. Hochohmige Drahtwiderstände haben dagegen eine relativ dicke Ummantelung, die den Wärmeübergang behindert. Die Innentemperatur des Widerstandsdrahtes ist daher nicht unbedingt gleich der Außentemperatur, die der Messung im Allgemeinen nur zugänglich ist.

Die Temperaturverteilung in einem Spannungsteiler lässt sich näherungsweise mithilfe der klassischen Gesetze für Wärmeerzeugung und Wärmetransfer durch Leitung und Konvektion berechnen [3.20]. Als Beispiel zeigt Abb. 3.11 die Temperaturerhöhung $\Delta\vartheta(U)$ im Innern des obersten und untersten Widerstandes des in [3.8] vorgestellten 300-kV-Spannungsteilers mit 300 Drahtwiderständen à 2 MΩ, und zwar für drei verschiedene Isoliermedien bei einer Umgebungstemperatur von 20 °C [3.21]. Erwartungsgemäß ist der Anstieg der Innentemperatur am größten, wenn Luft das Isoliermedium ist. Die Rechnung ergibt für den obersten Drahtwiderstand eine Temperaturerhöhung $\Delta\vartheta \approx 48\ \mathrm{K}$ (Abb. 3.11b, Kurve *1*) und für den untersten $\Delta\vartheta \approx 41\ \mathrm{K}$ (Abb. 3.11c, Kurve *1*) bei 300 kV. Sind die Widerstände von Isolieröl umgeben,

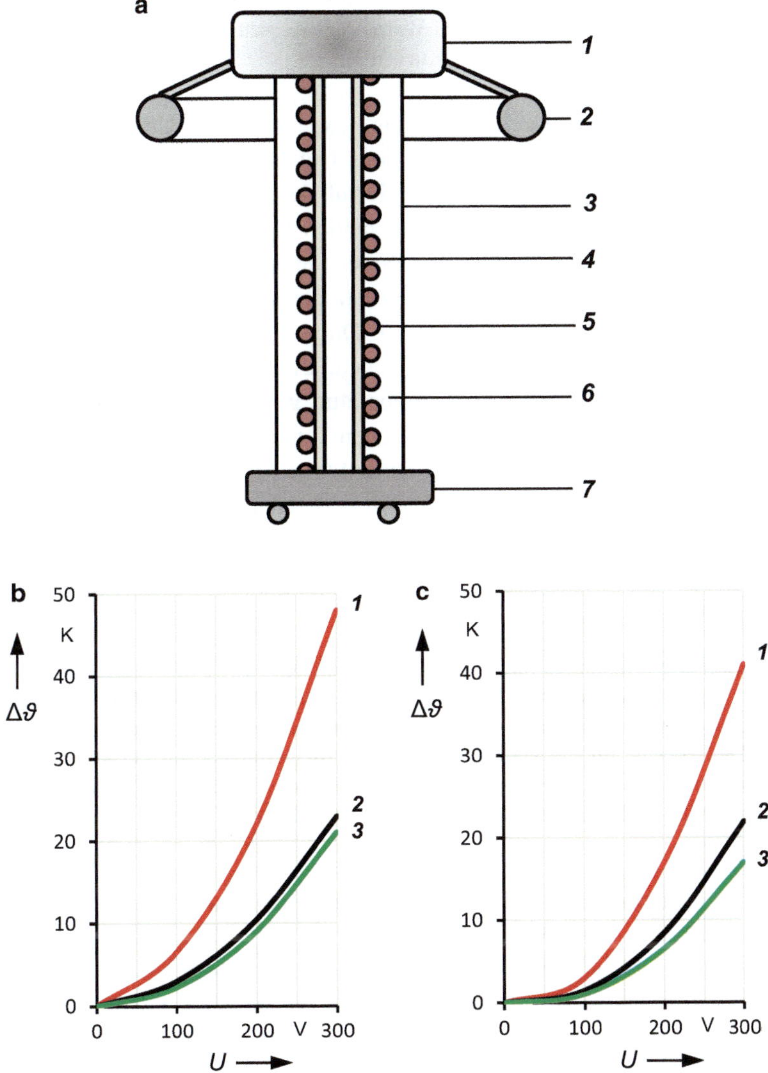

Abb. 3.11 Selbsterwärmung am Beispiel eines 300-kV-Gleichspannungsteilers **a** Aufbau des Spannungsteilers (Prinzip) *1* Hochspannungselektrode *2* Toruselektrode *3* Isolierrohr *4* Isolierstützen *5* Drahtwiderstände *6* Luft oder Trafoöl *7* Fahrgestell **b** Temperaturerhöhung $\Delta\vartheta$ (*U*) des obersten Widerstandes (Berechnung) *1* Widerstände in Luft *2* Widerstände in Trafoöl *3* Widerstände in Trafoöl mit Umwälzung **c** Temperaturerhöhung $\Delta\vartheta$ (*U*) des untersten Widerstandes (Berechnung) *1, 2, 3* wie b)

verbessert sich die Wärmeabgabe an die Umgebung und die Temperaturerhöhung $\Delta\vartheta$ fällt nur rund halb so groß aus wie beim Betrieb in Luft (Kurven *2*). Die Umwälzung des Isolieröls bewirkt offenbar nur eine geringe weitere Reduzierung der Widerstandstemperaturen (Kurven *3*).

Anmerkung: Der Spannungsteiler mit Luftisolierung ist nur bis etwa 200 kV einsetzbar. Die für höhere Spannungen berechneten Werte $\Delta\vartheta$ (Kurven *1*) dienen daher nur zum Vergleich mit den Werten für Ölisolierung (Kurven *2*).

Die Berechnungen wurden durch aufwendige experimentelle Untersuchungen ergänzt. Hierzu wurde die Widerstandshelix aus dem Gehäuse des Spannungsteilers herausgezogen und dafür am Teilerkopf und Teilerfuß je ein gleichartiger Drahtwiderstand als „Dummy" eingesetzt. Das Gehäuse der beiden Dummies wurde angebohrt, sodass je ein Temperaturfühler direkt bis an den Widerstandsdraht geführt werden konnte. Die Versuchsbedingungen waren denen beim Einsatz des kompletten Spannungsteilers weitgehend angepasst, d. h. der Strom durch die Dummies hatte dieselbe Stromstärke und das Isoliermedium wurde durch Heizbandagen, die um das Teilergehäuse gewickelt waren, auf die spannungsabhängige Temperatur gebracht. Als Ergebnis der Untersuchungen ist festzuhalten, dass die gemessenen Temperaturerhöhungen weitgehend mit den Rechenwerten übereinstimmen. An dieser Stelle sei nochmals darauf hingewiesen, dass die Innentemperatur eines stromdurchflossenen Drahtwiderstandes von der Temperatur des umgebenden Isoliermediums abweichen kann. So liegt die bei 200 kV gemessene Drahttemperatur des oberen Widerstandes um etwa 10 K höher als die der umgebenden Luft.

Anmerkung: Die Messungen mit Luftisolierung konnten nur deshalb durchgeführt werden, weil der ölgefüllte Spannungsteiler nach längerem Einsatz ein verändertes Teilungsverhältnis aufwies, woraufhin das Isolieröl abgelassen und die Drahtwiderstände ausgebaut wurden. Die Ursache für die Veränderung waren Ablagerungen von Zersetzungsprodukten des Transformatoröls auf der Oberfläche der Widerstände. Nach sorgfältiger Säuberung der Oberflächen aller Widerstände stellte sich das ursprüngliche Teilungsverhältnis exakt wieder ein.

Die Auswirkungen der Selbsterwärmung der Widerstände auf das Teilungsverhältnis X sind für verschiedene Betriebsbedingungen in Abb. 3.12 zusammenfassend dargestellt. Die Berechnungen erfolgten für recht kleine Temperaturkoeffizienten α_1 für R_1 und α_2 für R_2, wie sie für ausgesuchte Drahtwiderstände typisch sind. Spannungsteiler für den normalen Prüfeinsatz besitzen in der Regel Widerstände mit höheren TK-Werten, sodass mit größeren Änderungen des Teilungsverhältnisses zu rechnen ist. Als Ergebnis ist festzuhalten, dass die durch Selbsterwärmung verursachte relative Änderung $\Delta X/X$ des Teilungsverhältnisses:

- besonders groß ist in ruhender Luft, und zwar für $\alpha_1 = \alpha_2$ wie auch $\alpha_1 \neq \alpha_2$,
- durch Wahl eines geeigneten TK-Wertes α_2 von R_2 reduziert werden kann, und
- nur für $\alpha_1 = \alpha_2$ und Ölumwälzung annähernd spannungsunabhängig bleibt.

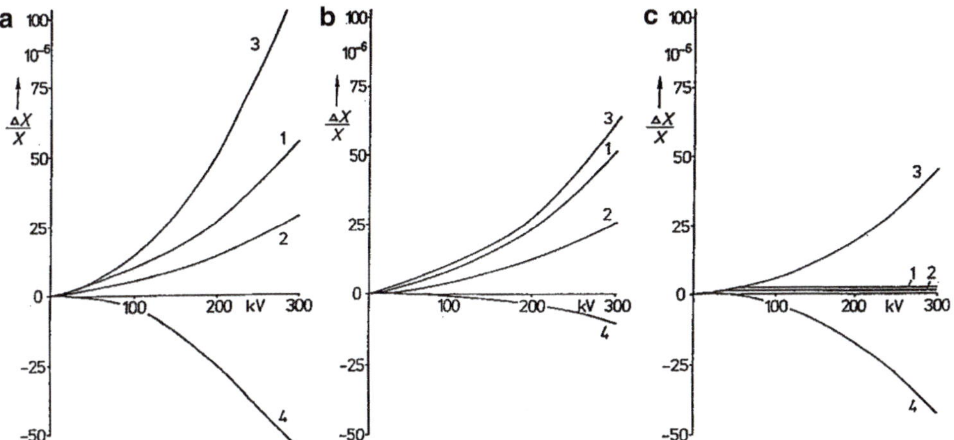

Abb. 3.12 Relative Änderung $\Delta X/X$ des Teilungsverhältnisses infolge Selbsterwärmung, berechnet für verschiedene Temperaturkoeffizienten α_1 und α_2 der Drahtwiderstände in: **a** Luft **b** Isolieröl **c** Isolieröl mit Umwälzung *1* $\alpha_1/\alpha_2 = 10/10 \cdot 10^{-6}\,\mathrm{K}^{-1}$ *2* $\alpha_1/\alpha_2 = 5/5 \cdot 10^{-6}\,\mathrm{K}^{-1}$ *3* $\alpha_1/\alpha_2 = 6/4 \cdot 10^{-6}\,\mathrm{K}^{-1}$ *4* $\alpha_1/\alpha_2 = 4/6 \cdot 10^{-6}\,\mathrm{K}^{-1}$

3.4.4 Übertragungsverhalten, Messung der Welligkeit

Wegen der hochohmigen Ausführung und großen Abmessungen eines Gleichspannungsteilers oder Vorwiderstandes ist dessen Bandbreite begrenzt. Die Welligkeit einer Gleichspannung kann dann oft nicht richtig gemessen werden. Hauptursache dafür sind die verteilten *Streukapazitäten* $C_e{'}$ des Spannungsteilers zur Erde, über die der wellige Anteil der Gleichspannung abgeleitet wird (Abb. 3.13a). Je nach den Abmessungen des Spannungsteilers rechnet man mit Streukapazitäten in der Größenordnung von (15 … 20) pF/m. Die Parallelkapazitäten $C_{p1}{'}$ im Ersatzschaltbild werden durch die Widerstandsart, Ganghöhe der *Widerstandshelix* und Form der Zwischenelektroden der einzelnen Stufen des Spannungsteilers bestimmt. Induktivitäten der hochohmigen Widerstände und Zuleitungen brauchen hierbei nicht berücksichtigt zu werden. Sind die Parallelkapazitäten $C_{p1}{'}$ und C_{p2} vernachlässigbar, kann ein vereinfachtes Ersatzschaltbild des hochohmigen Gleichspannungsteilers angesetzt werden. Hierbei ist eine Kapazität $^2/3 C_e$ parallel zu $(R_1/2 + R_2)$ geschaltet (Abb. 3.13b). Eine ausführliche Betrachtung der theoretischen Grundlagen zum Übertragungsverhalten von Spannungsteilern als Kettenleiter wird in Abschn. 4.3.2.2 gegeben. Infolge der Streukapazitäten können beim plötzlichen Abschalten oder Ausfall der Gleichspannung hohe transiente Spannungen auftreten, die zu einer Beschädigung oder Zerstörung der Widerstände insbesondere am Teilerkopf führen.

Zur Verbesserung des Übertragungsverhaltens werden den einzelnen Stufen $R_1{'}$ und R_2 des Widerstandsteilers Kondensatoren $C_1{'}$ und C_2 parallel geschaltet (Abb. 3.14a).

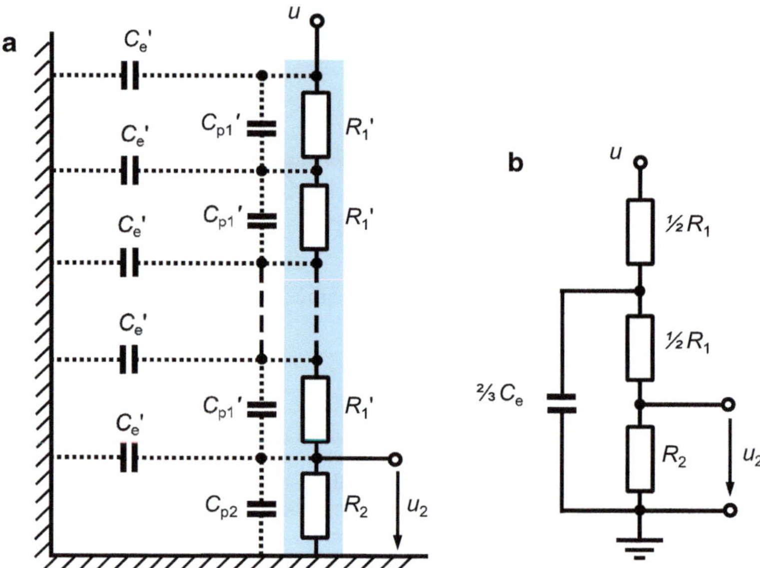

Abb. 3.13 Ersatzschaltbilder eines hochohmigen Gleichspannungsteilers **a** mit verteilten Erdkapazitäten C_e' und Parallelkapazitäten C_{p1}' und C_{p2} **b** vereinfachtes Ersatzschaltbild für vernachlässigbare Parallelkapazitäten C_{p1}' und C_{p2}

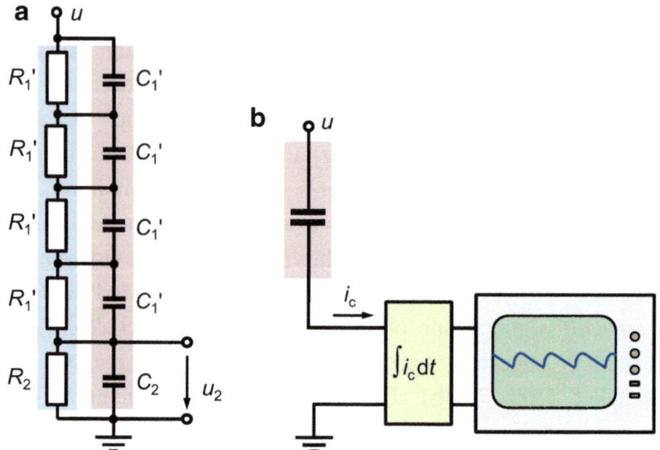

Abb. 3.14 Prinzipschaltungen zur Messung der Welligkeit einer Gleichspannung **a** ohmsch-kapazitiv gemischter Spannungsteiler **b** Kondensatorschaltung mit Integrierglied und Digitalrecorder

Für die Zeitkonstanten der Ober- und Unterspannungsteile gilt hierbei die Forderung $R_1 C_1 = R_2 C_2$. Die parallel geschaltete Kondensatorkette dieses *ohmsch-kapazitiv gemischten Spannungsteilers* verringert die Wirkung der Erdkapazitäten und damit die

Gefahr, dass transiente Überspannungen die Widerstände zerstören. Ein noch besseres Übertragungsverhalten wird erzielt, wenn die Kondensatoren in Reihe mit Dämpfungswiderständen geschaltet werden. Dadurch entsteht ein *gedämpft kapazitiver Spannungsteiler,* der auch als *Universalteiler* für Stoßspannungsmessungen eingesetzt werden kann (s. Abschn. 4.3.4). Zunehmende Bedeutung gewinnt der Universalteiler bei der Prüfung von Betriebsmitteln für HGÜ-Anlagen mit kombinierten oder zusammengesetzten Prüfspannungen (s. Abschn. 2.1).

Gleichspannungsteiler im MV-Bereich haben einen großen Maßstabsfaktor. Sind den Widerständen zur Verbesserung des Frequenzverhaltens, z. B. um die Welligkeit der Gleichspannung messen zu können, Kondensatoren parallel geschaltet, gilt für diese der gleiche Maßstabsfaktor. Dies erfordert eine entsprechend große Kapazität auf der Niederspannungsseite. Für einen mehrstufigen 1-MV-Referenzspannungsteiler sind der ohmsche und der voluminöse kapazitive Niederspannungsteil koaxial und äußerst induktionsarm aufgebaut. Bei einer Kapazität von 50 µF auf der Niederspannungsseite beträgt die Induktivität insgesamt 3,5 nH. Durch die Optimierung ergibt sich die Bandbreite des 1-MV-Referenzteilers zu 380 kHz [3.22].

Hohe Gleichspannungen weisen in der Regel eine von der Belastung abhängige Welligkeit auf. Diese Welligkeit ist häufig aus verschiedenen Gründen unerwünscht und darf bei Spannungsprüfungen nach IEC 60060 nicht mehr als 3 % des arithmetischen Mittelwertes betragen. Der *ohmsch-kapazitiv gemischte Spannungsteiler* in Abb. 3.14a bietet die Möglichkeit, neben der Gleichspannung gleichzeitig auch deren Welligkeit zu messen. Die Welligkeit allein lässt sich natürlich auch mit Hilfe eines separaten kapazitiven Spannungsteilers erfassen.

Ein anderes Messprinzip zeigt Abb. 3.14b, in der der Wechselanteil der Gleichspannung als kapazitiver Strom i_c über einen Hochspannungskondensator ausgekoppelt wird. Für die anschließende Auswertung muss i_c zunächst integriert werden, um eine der Welligkeit entsprechende Spannung zu erhalten, die dann vom Digitalrecorder aufgezeichnet wird. Die Welligkeit wird hinsichtlich ihrer Amplitude und Frequenz f_0 ausgewertet, wobei die 3-dB-Bandbreite des Messsystems mindestens von $0,1f_0$ bis $10f_0$ reichen soll (s. Abschn. 3.1).

Die Erzeugung und Messung der Welligkeit auf Hochspannungspotential ist Thema eines Beitrags in [3.23]. Zum Nachweis, dass ein Spannungsteiler die Welligkeit einer hohen Gleichspannung richtig messen kann, wird eine Anordnung zur Erzeugung definierter Welligkeiten aufgebaut. Hierzu wird eine Sinus- oder andere Wechselspannung von bis zu 10 V mithilfe eines batteriebetriebenen Funktionsgenerators auf Hochspannungspotential erzeugt und der Gleichspannung überlagert. Als Referenz zur Messung der Gleichspannung dient ein genauer Spannungsteiler mit Digitalvoltmeter. Die überlagerte Welligkeit wird über einen Hochspannungskondensator als Ladestrom ausgekoppelt (s. Abb. 3.14b) und mit Hilfe einer Schaltung aus zwei speziellen Operationsverstärkern mit unterschiedlichen Eingangsfiltern in eine Wechselspannung umgewandelt. Dadurch wird der Frequenzbereich in zwei Kanäle von 0 bis 1 und 1 kHz bis 100 kHz unterteilt. Da die Eingänge der Operationsverstärker praktisch auf virtuellem Nullpunkt liegen, ist auch bei längerem Verbindungskabel zum Hochspannungskondensator die Kabelkapazität praktisch wirkungslos, sodass keine Ableitströme zur Erde abfließen können (s. Abb. 2.15). Beide Frequenzkanäle sind mit A/D-Wandlern verbunden, die die Daten zur weiteren numerischen Auswertung zur Verfügung stellen. Die bei 100 kV durchgeführten Messungen des Welligkeitsfaktors ergeben eine Unsicherheit von weniger als $1 \cdot 10^{-4}$ für Frequenzen bis 10 kHz und von $5 \cdot 10^{-3}$ für den Frequenzbereich 10 kHz bis 100 kHz.

3.4.5 Gleichspannungsteiler höchster Genauigkeit

Für besondere Messaufgaben, z. B. zur Überprüfung von Teilchenbeschleunigern und Röntgengeräten oder zum Nachweis bestimmter Elementarteilchen wie im *Tritium Neutrino Experiment* werden hochstabile Gleichspannungsteiler mit einer relativen Unsicherheit von wenigen $1 \cdot 10^{-6}$ benötigt. Diese hohen Anforderungen lassen sich nur durch eine ausgefeilte Konstruktion und besondere Maßnahmen bei der Auswahl der Widerstände, Temperaturstabilisierung und Schirmung erfüllen [3.24]. Als Beispiel werden in [3.25] die Konstruktion und die Eigenschaften eines hochgenauen 100-kV-Spannungsteilers beschrieben, der in einem mit SF_6 gefüllten Druckgaskessel untergebracht ist (Abb. 3.15a). Der Spannungsteiler ist zur Potentialsteuerung von fünf kupfernen Ringelektroden umgeben, die an einen ohmsch-kapazitiv gemischten Hilfsteiler angeschlossen sind (Abb. 3.15b). Der Gesamtwiderstand von 1 GΩ setzt sich zusammen aus 100 Drahtwiderständen à 10 MΩ, die in Form einer in fünf Abschnitten aufgebauten Helix mit gleicher Ganghöhe angeordnet sind (Abb. 3.15c). Die Teilungsverhältnisse betragen 100:1 für Kalibrierungen und – mit einem zusätzlichen Unterwiderstand – 10000:1 für Hochspannungsmessungen. Die eingesetzten 10-MΩ-Widerstände wurden aus einer Charge von 500 Stück nach sorgfältigen Einzelmessungen hinsichtlich Spannungsabhängigkeit, Temperaturverhalten und Selbsterwärmung ausgesucht. Sie sind paarweise in Serie geschaltet, sodass das resultierende Einlaufverhalten eines jeden Widerstandspaares praktisch gleich null ist.

Die Innentemperatur des Druckbehälters wird mithilfe eines im Untergestell untergebrachten *Peltier-Elements,* das sowohl heizen als auch kühlen kann, und eines Ventilators auf 26 °C konstant gehalten. Die Messung der Teilerausgangsspannung erfolgt mit einem Digitalvoltmeter oder einem Nullinstrument in Verbindung mit einer Referenzspannungsquelle. Die Einstellung der Spannungsquelle, Messung und Auswertung der Messdaten erfolgen programmgesteuert.

Eingehende Untersuchungen am kompletten Spannungsteiler, darunter auch Linearitätsmessungen im Vergleich zu einem 300-kV-Spannungsteiler (s. Abb. 3.6, Mitte), und unter Berücksichtigung der möglichen Einflussgrößen ergaben für das Teilungsverhältnis eine erweiterte relative Unsicherheit von $2 \cdot 10^{-6}$. Die außerordentliche Konstanz des *Maßstabsfaktors* $\Delta M/M$ nach Einschalten der Hochspannung verdeutlicht Abb. 3.16,

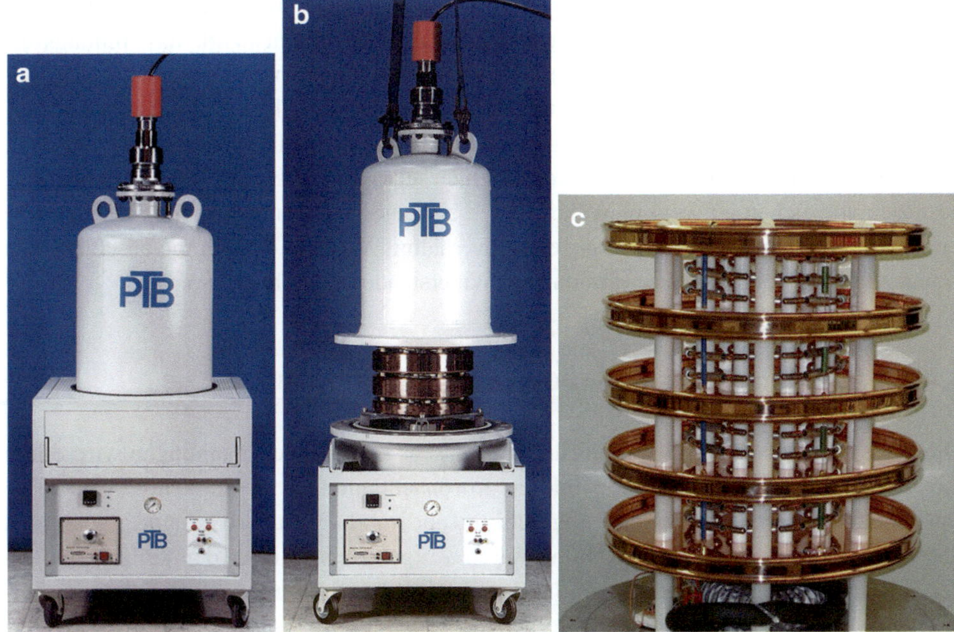

Abb. 3.15 100-kV-Gleichspannungsteiler höchster Genauigkeit (PTB) **a** Außenansicht des SF_6-isolierten Spannungsteilers im Druckkessel mit Untergestell **b** Blick auf die Cu-Steuerelektroden zur Potentialsteuerung der Widerstände **c** Anordnung der Widerstände in einer 5-stufigen Helix (Steuerelektroden demontiert)

Abb. 3.16 Zeitliche Änderung des Teilungsverhältnisses $\Delta M/M$ nach Hochfahren der Gleichspannung auf 20, 60 und 100 kV [3.24]

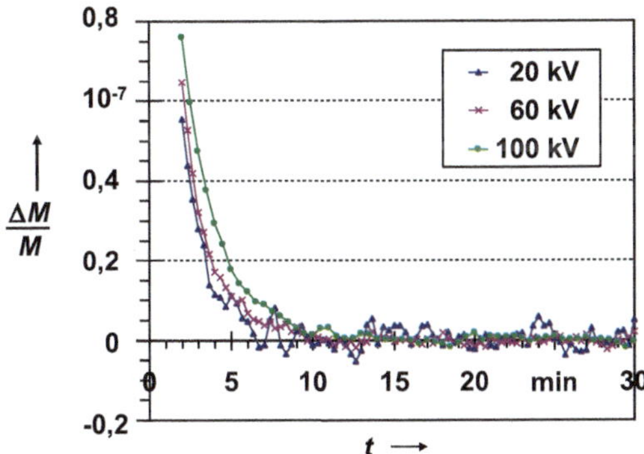

wobei die ersten 2 min für die Vorbereitung der Messung und das Hochfahren der Gleichspannung erforderlich sind.

Vergleichsmessungen zwischen dem PTB-Normalteiler und einem im NML Australien entwickelten 150-kV-Normalteiler zeigen eine ausgezeichnete Übereinstimmung für

Gleichspannungen bis 100 kV innerhalb von $\pm 2 \cdot 10^{-6}$ [3.26]. Allerdings verringert sich beim NML-Teiler, wenn die Hochspannung stufig erhöht wird, das Teilungsverhältnis zunächst sprunghaft um bis zu $10 \cdot 10^{-6}$ und strebt anschließend innerhalb der folgenden 30 min langsam wieder seinem Ausgangswert zu. Als Verursacher dieses Verhaltens gelten die im NML-Spannungsteiler eingesetzten Metalloxid-Schichtwiderstände, deren Spannungs- und Temperaturkoeffizienten etwa gleiche Größe, aber entgegengesetztes Vorzeichen aufweisen. Während sich bei einer Spannungsänderung der negative Spannungskoeffizient sofort auf das Teilungsverhältnis auswirkt, erfolgt die anschließende Kompensation infolge Selbsterwärmung der Widerstände nur recht langsam.

3.4.6 Addition von Teilspannungen

Die Messgenauigkeit von Spannungsteilern für sehr hohe Gleichspannungen wird durch Isolationsströme und Leckströme infolge Koronaentladungen beeinträchtigt. Da diese Spannungsteiler im Allgemeinen ungeschirmt und modular aufgebaut sind, bietet sich die Möglichkeit, die Gesamtspannung durch zeitgenaue Addition der Teilspannungen der einzelnen Stufen zu bestimmen [3.27]. Das Messprinzip wird am Beispiel eines dreistufigen Messsystems beschrieben, wobei jede Teilerstufe *1* aus einem Ober- und Unterwiderstand besteht (Abb. 3.17). Bei jeder Stufe wird die Spannung am Unterwiderstand mit einem Spannnungs-Frequenzwandler *2* in eine Impulsfolge umgewandelt, die über eine optische Übertragungsstrecke mit Sender *3*, Lichtwellenleiter und Empfänger *4* einem *Parallel-Serien-Wandler 5* auf Niederspannungspotential zugeführt wird. Die

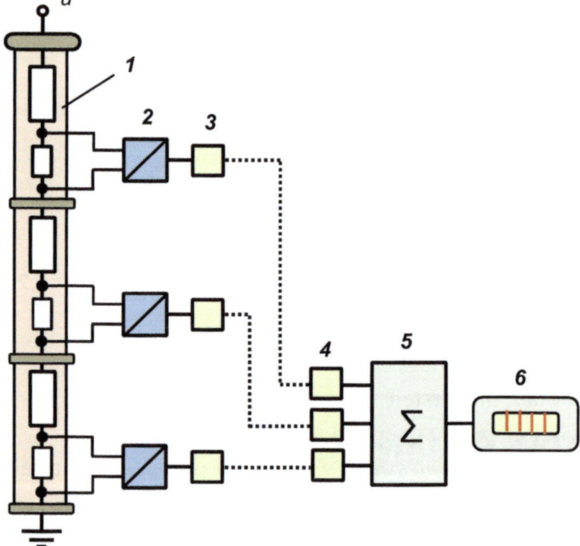

Abb. 3.17 Addition von Teilspannungen *1* Teilerstufe mit Ober- und Unterwiderstand *2* Spannungs-Frequenz-Wandler *3–4* optoelektronische Übertragungsstrecke *5* Summierglied für Impulse *6* Impulszähler mit Spannungsanzeige

Summe der von den drei Stufen kommenden Impulse wird dann mit einem Impulszähler *6* erfasst und als Gesamtspannung angezeigt.

Ein Versuchsmodell dieses Messprinzips wurde eingehend bei Gleichspannung bis 250 kV unter verschiedenen Bedingungen erprobt. Die Summe der Teilspannungen als Gesamtspannung zeigte eine ausgezeichnete Linearität. Selbst bei Einwirkung von Korona, die mithilfe kleiner Metallspitzen auf den Zwischenelektroden künstlich erzeugt wurde und so Leckströme zur Erde und zur Hochspannungselektrode verursachte, blieb die Spannungsanzeige völlig unbeeinflusst. Dagegen zeigte ein Messsystem mit konventionellem Gleichspannungsteiler eine mit der Spannung zunehmende Abweichung vom richtigen Wert an. Als weitere Vorteile des Messprinzips werden geringere Kosten wegen der kleineren Hochspannungselektrode und die Möglichkeit genannt, die Stufenzahl des Spannungsteilers je nach Bedarf erhöhen zu können.

3.4.7 Fixpunkte der Hochspannungsskale

Allgemeine Forderung einer jeden Messung ist, dass die Messgrößen auf die Einheiten im SI-System *rückführbar* sind (s. Abschn. 10.1). Die Einheit „Spannung" ist mit Hilfe des *Josephson-Effekts* mit höchstmöglicher Genauigkeit realisiert, allerdings nur bei Niederspannung [3.28]. Die Rückführung einer Spannung von mehreren 100 kV oder gar 1 MV auf diese kleine Spannungseinheit mithilfe eines Spannungsteilers bedeutet einen Verlust an Genauigkeit, der zwar für normgerechte Prüfungen an den Betriebsmitteln der Energieversorgung, nicht aber für besondere Messaufgaben tragbar ist. Um mögliche Messabweichungen von Hochspannungsteilern zu erkennen, werden von Zeit zu Zeit multi- oder bilaterale Vergleichsmessungen mit Transfernormalen durchgeführt. Die Qualität dieser Transfernormale und Vergleichsmessungen ist zwar im Verlauf von Jahrzehnten gestiegen, aber aus mehreren Gründen ist die Genauigkeit und damit die Aussagekraft doch begrenzt.

Ein Beispiel für ein sog. *absolutes Messnormal* ist die Kugelfunkenstrecke, mit der Hochspannungsmessungen auf die SI-Einheit „Länge" (Schlagweite, Kugeldurchmesser) rückgeführt werden. Der Einfluss von Störgrößen ermöglicht jedoch nur eine Messunsicherheit im Prozentbereich. In der Vergangenheit wurden in einigen Metrologieinstituten sog. *Spannungswaagen* aufgebaut, mit denen die Kraftwirkung zweier an Spannung liegenden Elektroden durch Gewichte kompensiert wurde, d. h. die Spannung von einigen 10 kV wurde auf die SI-Basiseinheit „Kilogramm" mit einer relativen Unsicherheit von etwa $10 \cdot 10^{-6}$ rückgeführt.

Eine weitere Untersuchung befasste sich mit der Realisierung von *Fixpunkten der Spannungsskale* im Hochspannungsbereich, vergleichbar mit Fixpunkten der Temperaturskale bei schmelzendem Eis oder verdampfendem Wasser. Mithilfe der Maxwellschen Gleichungen lässt sich die Bahn beschleunigter Elektronen unter dem Einfluss eines Hochfrequenzfeldes berechnen. Danach erfahren die Elektronen zwar eine Auslenkung aus ihrer ursprünglichen Bahn, aber für bestimmte, berechenbare Werte

U_i der Beschleunigungsspannung können sie das räumlich begrenzte Hochfrequenzfeld in derselben Laufrichtung wie beim Eintritt wieder verlassen [3.29, 3.30]. In der Bestimmungsgleichung für U_i sind zwei Frequenzen des Hochfrequenzfeldes und der Quotient e/m_0 (Elementarladung e, Ruhemasse m_0) enthalten. Da Frequenzen grundsätzlich sehr genau messbar sind, wurde für die Bestimmung dieser *Spannungsfixpunkte* U_i eine relative Messunsicherheit von $5 \cdot 10^{-7}$ als durchaus erreichbar angesehen.

Zur experimentellen Überprüfung der Theorie dient die in Abb. 3.18a skizzierte Versuchseinrichtung [3.30, 3.31]. Die aus der Elektronenquelle *1* austretenden Elektronen werden von einer regelbaren Gleichspannung U in z-Richtung beschleunigt und gelangen durch eine Blende in den supraleitenden Rechteck-Hohlraumresonator *2* aus Niobium. In dem vom Mikrowellengenerator G erzeugten Hochfrequenzfeld einer $H_{1,0,p}$-Mode werden die Elektronen im Resonator aus ihrer Eintrittsbahn abgelenkt und treffen im Allgemeinen auf die Innenwand des Resonators. Wenn die Elektronen *3* jedoch von einer der berechenbaren Spannungen U_i beschleunigt werden, können sie gemäß der Theorie den Resonator durch eine zweite Blende auf der gegenüber liegenden Stirnseite wieder in z-Richtung verlassen. Sie werden vom Faraday-Cup *4* aufgefangen und als Strom I_e angezeigt. Abb. 3.18b zeigt schematisch einen typischen Verlauf von I_e über der Beschleunigungsspannung U. Das Maximum von I_e markiert einen der Spannungsfixpunkte.

Der Hohlraumresonator funktioniert somit als *Geschwindigkeitsfilter* für Elektronen, und zwar unabhängig von der Phase, also dem Zeitpunkt ihres Eintritts in den Resonator. Als Ergebnis der experimentellen Untersuchungen wurden im Spannungsbereich zwischen 40 und 130 kV mehrere Maxima des Stromes I_e und damit mehrere Spannungsfixpunkte

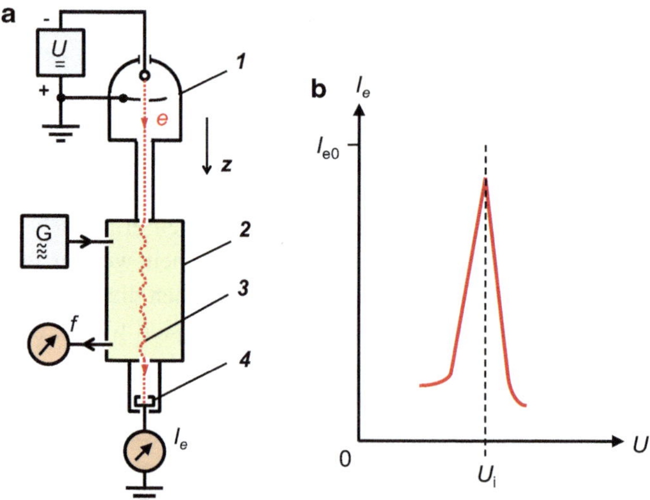

Abb. 3.18 Darstellung von Fixpunkten der Spannungsskale bei Hochspannung (schematisch) **a** Versuchseinrichtung mit simulierter Flugbahn der Elektronen *1* Elektronenquelle*2* supraleitender Hohlraumresonator *3* Elektronenbahn *4* F-Cup **b** Verlauf des Detektorstroms I_e, dessen Maximum einen der Spannungsfixpunkte U_i markiert

U_i nachgewiesen. Die Reproduzierbarkeit der Spannungsfixpunkte betrug $1 \cdot 10^{-4}$, was durch verschiedene Maßnahmen als noch durchaus verbesserungsfähig angesehen wurde. Allerdings lagen die experimentell ermittelten Fixpunkte um etwa 10 % neben den mit der Theorie berechneten Fixpunkten U_i. Die Ursache dieser großen Abweichung ließ sich in dem vorgegebenen Zeitrahmen leider nicht feststellen [3.32, 3.33].

3.4.8 Rotationsvoltmeter

Das *Rotationsvoltmeter* gehört zur Gruppe der Feld- und Spannungsmesser nach dem Generatorprinzip. Ursprünglich wurden diese Geräte in handlicher Ausführung zur Messung elektrostatischer Felder, u. a. auch in der Atmosphäre, unter der Bezeichnung „*Feldmühle*" eingesetzt. Das Messprinzip besteht darin, dass eine Elektrode durch Influenz aufgeladen und von einer zweiten, rotierenden Elektrode teilweise abgedeckt wird, sodass die aufgefangene Ladung periodisch zwischen einem Minimal- und Maximalwert wechselt. Die Ladungsänderungen verursachen einen dielektrischen Verschiebungsstrom, der an einem Widerstand eine Wechselspannung erzeugt und so gemessen werden kann. Die Elektroden sind häufig plattenförmig ausgeführt und mit sektorförmigen Aussparungen versehen, aber auch andere Elektrodenanordnungen kommen infrage.

Bei dem in Abb. 3.19 gezeigten Rotationsvoltmeter mit zylindrischen Elektroden wird die Hochspannung direkt an die äußere Zylinderelektrode *1* angelegt. Dazu exzentrisch ist die Niederspannungselektrode angeordnet, die aus den beiden Zylinderhälften *2* und *3* sowie den geerdeten Endstücken oben und unten besteht [3.34]. Die beiden Zylinderhälften sind über ein Wechselstrommessgerät mit dem Innenwiderstand R_i und einen gleichgroßen Widerstand $R = R_i$ miteinander verbunden, wobei die Mittenanzapfung der Verbindungsleitung geerdet ist. Da R_i sehr klein ist, liegen auch die beiden Zylinderhälften *2* und *3* praktisch auf Erdpotential. Die gesamte Niederspannungselektrode rotiert, angetrieben von einem Motor, um ihre eigene Achse, wodurch sich die Teilkapazitäten der beiden Zylinderhälften zur umgebenden Hochspannungselektrode periodisch ändern. In der Darstellung in Abb. 3.19 weist die Kapazität C_{12} der Zylinderhälfte *2* gerade ihren Maximalwert, die Kapazität C_{13} der Zylinderhälfte *3* ihren Minimalwert auf. Nach einer halben Drehung in der Umlaufzeit $T/2$ haben die beiden Zylinderhälften ihre Positionen und Kapazitätswerte getauscht. Die dabei von der einen zur anderen Teilelektrode transportierte Ladung ΔQ ist:

$$\Delta Q = U C_{\max} - U C_{\min} = (C_{12} - C_{13})\, U = \Delta C\, U. \tag{3.11}$$

Die Rotation der Zylinderhälften mit der Frequenz $f_r = 1/T$ verursacht eine periodische Ladungsänderung und damit einen messbaren Wechselstrom i:

$$\boxed{\; i = \frac{\Delta Q}{T/2} = 2\Delta C\, U f_r \;}, \tag{3.12}$$

woraus sich die Gleichspannung U bestimmen lässt.

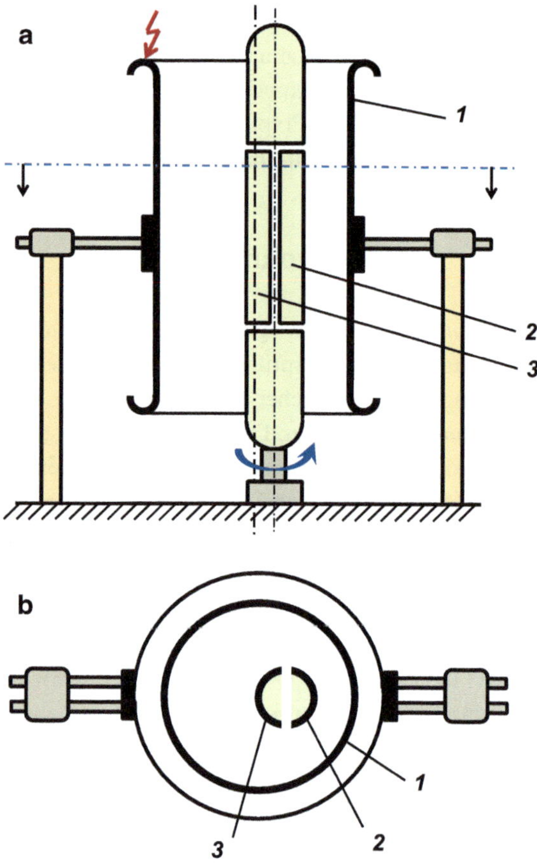

Abb. 3.19 Aufbau des Rotationsvoltmeters mit zylindrischen Elektroden (Prinzip) **a** Hochspannungslektrode *1* und Niederspannungselektroden *2* und *3* **b** Horizontaler Schnitt durch die Hoch- und Niederspannungselektroden

Ein Vorteil des Rotationsvoltmeters ist, dass sich die beiden Zylinderhälften der Niederspannungselektrode im nahezu homogenen Feld bewegen und von äußeren Störeinflüssen weitgehend abgeschirmt sind. Die Kapazitäten C_{12} und C_{13} der Halbzylinder lassen sich durch Feldberechnung bestimmen und so auf die SI-Einheit „Länge" zurückführen. Alternativ können die Kapazitäten auch gemessen werden, ebenso wie die Rotationsfrequenz f_r. Vorteilhaft ist ebenfalls die leistungslose Messung ohne Belastung der Spannungsquelle. Zwei Prototypen des Rotationsvoltmeters für 30 und 200 kV wurden aufgebaut und erprobt. Die erreichbare Messunsicherheit wurde mit besser als 1 % angegeben, ein Wert, der sich durch einige vorgeschlagene Verbesserungen im Aufbau und bei kleineren Abmessungen mit SF_6-Isolierung deutlich reduzieren ließe.

3.4.9 Stab-Stab-Funkenstrecke

Während für die Messung des Scheitelwertes von Wechsel- und Stoßspannungen die Kugel-Kugel-Funkenstrecke vorgesehen ist (s. Abschn. 2.5.8), stellt für Gleichspannungsmessungen oberhalb von 135 kV die *Stab-Stab-Funkenstrecke* nach IEC 60052 die bessere, weil genauere Alternative dar [2.5, 3.35]. Die beiden stabförmigen Elektroden aus Stahl oder Messung können senkrecht oder waagerecht angeordnet sein (Abb. 3.20). Zwischen der Spitze der Hochspannungselektrode und geerdeten Teilen oder Wänden, ausgenommen die geerdete Grundfläche, ist ein Mindestabstand von 5 m einzuhalten. Für die Stäbe ist ein rechteckiger Querschnitt mit Seitenlängen von 15 mm bis 25 mm vorgeschrieben. Die Stabenden sind rechtwinklig und scharf abgeschnitten, was Voraussetzung für reproduzierbare, den Durchschlag einleitende *Streamer-Entladungen* ist. Die Reproduzierbarkeit der Streamer-Entladungen ist allerdings für Schlagweiten unter 250 mm nicht gegeben, sodass die Stab-Stab-Funkenstrecke erst für $d \geq 250$ mm als anerkanntes Messsystem einsetzbar ist.

Bei der Durchführung der Messungen wird die positive oder negative Gleichspannung von 75 % der zu erwartenden Durchschlagspannung in etwa 1 min bis zum Durchschlag erhöht und die vom verwendeten Messsystem angezeigte Durchschlagspannung, ggf. die Regelspannung des Gleichspannungserzeugers, notiert. Die Messungen werden wiederholt, bis insgesamt $n = 10$ aufeinander folgende Messwerte vorliegen. Das Mittel der 10 Einzelwerte ergibt die Durchschlagspannung U.

Die Bezugswerte für die Durchschlagspannung unter atmosphärischen Normalbedingungen (Temperatur $T_0 = 20$ °C und Luftdruck $p_0 = 1013$ mbar $= 101{,}3$ kPa) sind durch die Zahlenwertgleichung:

$$\boxed{U_0 = 2 + 0{,}534\,d}\,. \tag{3.13}$$

festgelegt. Gl. (3.13) gilt für den Maximalwert positiver und negativer Gleichspannungen, für vertikale und horizontale Funkenstrecken mit Schlagweiten d zwischen

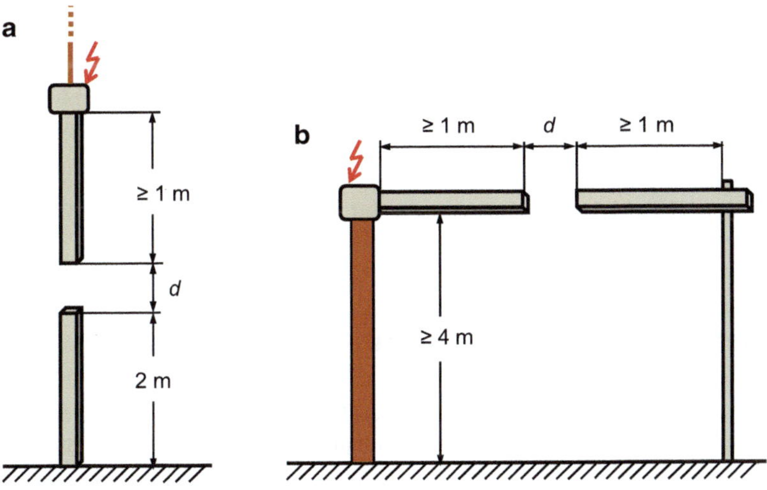

Abb. 3.20 Stab-Stab-Funkenstrecke für Gleichspannungsmessungen (250 mm $\leq d \leq$ 2500 mm) **a** vertikale Anordnung **b** horizontale Anordnung

250 mm und 2500 mm sowie für einen Feuchtebereich h/δ, der zwischen $(1 \ldots 13)$ g/m^3 liegt, wobei h die *absolute Feuchte* in g/m^3 und δ die *Luftdichte* gemäß:

$$\delta = \frac{p}{p_0} \frac{273\ \text{K} + T_0}{273\ \text{K} + T}$$

bezeichnen (s. Gl. 2.16). Unter diesen Voraussetzungen gilt für U_0 eine Messunsicherheit von 3 % bei einem Vertrauensbereich von mindestens 95 %.

Bei Abweichungen von den atmosphärischen Normalbedingungen ist die gemessene Durchschlagspannung U durch Division mit den Korrekturfaktoren δ und k auf den Wert U_0 bei Normalbedingungen umzurechnen:

$$U_0 = \frac{U}{\delta \cdot k}. \tag{3.14}$$

Für den Faktor k gilt die Zahlenwertgleichung:

$$k = 1 + 0{,}014 \left(\frac{h}{\delta} - 11 \right) \qquad \text{mit } h/\delta \text{ in g/m}^3. \tag{3.15}$$

Der Einfluss der Luftfeuchte h wirkt sich somit auf die Durchschlagspannung der Stab-Stab-Funkenstrecke stärker aus als bei der Kugelfunkenstrecke (s. Abschn. 2.5.8). Die angegebenen Gleichungen für U_0 und k gelten für den untersuchten Bereich der Luftfeuchtewerte h/δ von $(1 \ldots 13)$ g/m^3.

Mehrere Untersuchungen haben sich auch mit Stab-Stab-Funkenstrecken mit runden Stäben und abgerundeten Spitzen befasst [3.35–3.37]. Die Durchschlagspannungen für positive und negative Gleichspannungen sind allerdings verschieden und erfordern separate Bestimmungsgleichungen für die jeweilige Polarität. Weiterhin ist die Streuung der Durchschlagspannung bei Rundstäben größer als die bei Rechteckstäben.

Anmerkung: Zur Messung von positiven und negativen Gleichspannungen darf auch die Kugelfunkenstrecke nach IEC 60052 eingesetzt werden. Es gelten bis 2 MV dieselben Durchschlagswerte wie für Wechselspannungen und negative Stoßspannungen. In der IEC-Ausgabe von 2002 [2.5] fehlt eine Angabe zur Unsicherheit, während in früheren IEC-Ausgaben eine Messunsicherheit von 5 % angegeben war.

3.5 Messung hoher Gleichströme

Zur Strommessung werden traditionell niederohmige Messwiderstände eingesetzt, aber auch Hall-Stromsensoren und Gleichstromwandler. Fortschritte bei der technischen Anwendung des Faraday-Effektes haben zum praktischen Einsatz magnetooptischer Stromsensoren geführt, z. B. zur Strommessung bei der Aluminiumherstellung (s. Abschn. 6.2). Mit Ausnahme der von Batterien und Akkumulatoren gelieferten

Gleichströme sind die technisch erzeugten Prüfgleichströme mit einer mehr oder weniger großen Welligkeit behaftet. Ein Messsystem für Gleichstrom sollte daher auch zur Messung dieser höherfrequenten Stromanteile ausgelegt sein, oder die Welligkeit wird mit einem separaten Messsystem erfasst. Die Anforderungen an die Messunsicherheit bei normgerechten Prüfungen sind in Abschn. 3.2 angegeben. Strommessungen auf Hochspannungspotential, z. B. bei Freileitungen, erfordern ein potenzialfreies Messsystem, was durch die optischen Übertragungsmöglichkeiten mit LWL kein grundsätzliches Problem mehr darstellt.

3.5.1 Niederohmige Messwiderstände

Das konventionelle Messprinzip für hohe Gleichströme zeigt Abb. 3.21. Der Strom i fließt durch den niederohmigen Messwiderstand R_m und erzeugt die Spannung u_m, die über ein Koaxialkabel dem Messgerät M zugeführt und von ihm angezeigt wird. In der Regel wird zur Messung stationärer Gleichströme ein Digitalvoltmeter und von Kurzzeitgleichströmen ein Digitalrecorder als Messgerät eingesetzt. Zur Messung sehr großer Gleichströme beträgt R_m weniger als 50 µΩ, um die Spannung u_m und die Wärmebelastung zu begrenzen.

Sehr niederohmige Widerstände bestehen aus einer Parallelschaltung von Metallelementen wie Bändern oder Stäben mit geringer Leitfähigkeit, vorzugsweise aus Manganin mit geringem Temperaturkoeffizienten. Der Messabgriff ist häufig separat herausgeführt. Zur Messung von Gleichströmen, insbesondere von Kurzzeitgleichströmen, werden auch *koaxiale Rohrwiderstände* eingesetzt, die in der Regel im Prüflabor für Wechsel- und Stoßstrommessungen sowieso vorhanden sind. (s. Abschn. 5.3.1.4). Für die Spannung am Widerstand gilt $u_m = iR_m$, wenn der Eingangswiderstand des Messgerätes $R_e \gg R_m$ ist. Bei Messungen gemäß IEC 62475 [2.4] soll das Messgerät den arithmetischen Mittelwert als Wert des Prüfstromes sowie die Welligkeit anzeigen, bei Kurzzeitgleichströmen zusätzlich deren Dauer und Anstiegszeit. Beim schnellen Abfall des Kurzzeitgleichstromes tritt eine starke Beanspruchung des Prüflings auf, ggf. verbunden mit einer elektromagnetischen Beeinflussung des Messsystems. Eine doppelte Schirmung des Messsystems wie bei der Messung von Stoßströmen ist vorteilhaft (s. Abschn. 5.3.1.1).

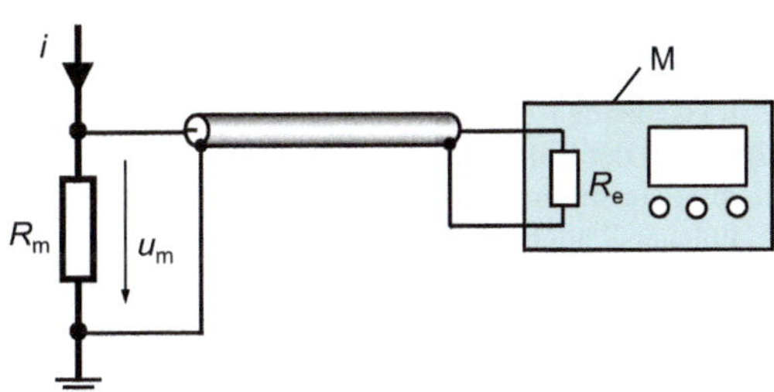

Abb. 3.21 Messung eines Gleichstromes i mit niederohmigem Messwiderstand R_m M: Digitalvoltmeter oder Digitalrecorder

In [3.38] wird über ein potenzialfreies hybridoptisches Messsystem mit einem Manganinwiderstand berichtet, der in einem 220-kV-Gleichspannungsnetz zur Strommessung eingesetzt wird. Die dem Gleichstrom überlagerten Schwingungen werden separat mit einer Rogowski-Spule erfasst. Die Spannungen am Widerstand und an der Rogowski-Spule werden digitalisiert und optisch über zwei LWL-Verbindungen zu den Messgeräten auf Erdpotenzial geleitet. Die Temperaturabhängigkeit des Messwiderstandes wird rechnerisch korrigiert. Die Energieversorgung der Optokoppler auf Hochspannungspotenzial von rund 1 W erfolgt mit einem Laser und einer dritten LWL-Verbindung.

3.5.2 Hall-Stromsensoren

Stromsensoren dieser Art nutzen den *Hall-Effekt* aus, der durch bewegte Ladungsträger in einem Magnetfeld aufgrund der *Lorentz-Kraft* hervorgerufen wird. Befindet sich ein leitendes oder halbleitendes Plättchen der Dicke d in einem dazu senkrechten Magnetfeld mit der Induktion B und wird von einem Steuerstrom I_s durchflossen, werden die Elektronen senkrecht zur ursprünglichen Stromrichtung und senkrecht zum Magnetfeld ausgelenkt (Abb. 3.22). Infolge der Ladungsverschiebung im Plättchens wird die Hall-Spannung u_H erzeugt:

$$\boxed{u_\mathrm{H} = R_\mathrm{H}\frac{I_\mathrm{s}B}{d} \sim B}. \tag{3.16}$$

Der *Hall-Koeffizient* R_H ist umgekehrt proportional zur Ladungsträgerkonzentration n_e im Plättchenmaterial und zur Elementarladung e_0. Für metallische Leiter mit hoher Ladungsträgerkonzentration ist R_H und damit u_H relativ klein. Erst der Einsatz von Halbleitern mit um Größenordnungen kleineren Ladungsträgerkonzentrationen und damit höheren Werten von R_H hat zu einer breiten Anwendung des Hall-Effekts geführt. Durch Aufdampfen sehr dünner Halbleiterschichten auf ein Trägermaterial wird die wirksame Plättchendicke d klein gehalten. Der Hall-Effekt tritt außer bei magnetischen Gleich- auch bei Wechselfeldern auf.

Das Grundprinzip eines Hall-Stromsensors wird an Hand von Abb. 3.23 erläutert. Der durch die Öffnung des Magnetkerns geführte Stromleiter erzeugt im Kern ein

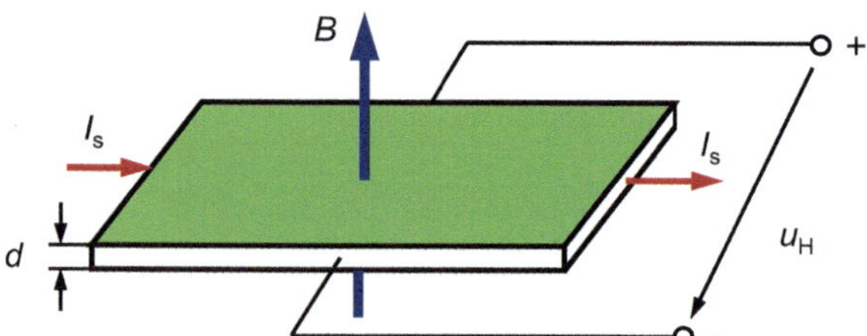

Abb. 3.22 Prinzip des Hall-Effekts, der den Zusammenhang zwischen der Hall-Spannung u_H, dem Steuerstrom I_s durch ein Halbleiter-Plättchen und dem Magnetfeld B kennzeichnet

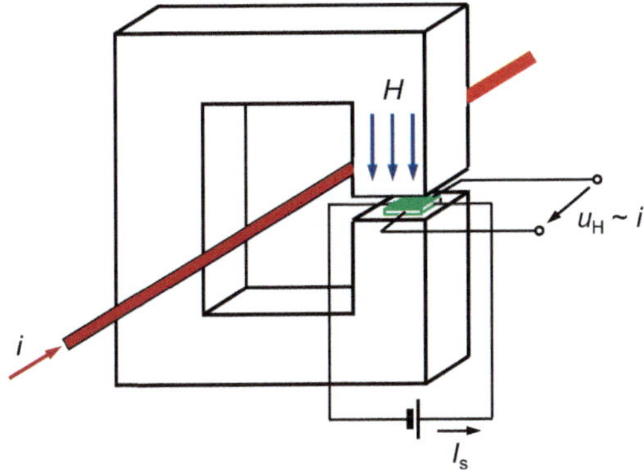

Abb 3.23 Prinzip eines einfachen Hall-Sensors mit Halbleiter-Plättchen im Luftspalt eines Magnetkerns

Magnetfeld mit der Induktion B_Fe. Der Kern ist mit einem Luftspalt δ versehen, in dem das Hall-Plättchen eingebracht ist und von den magnetischen Feldlinien H_Luft durchsetzt wird. Wegen der Kontinuität der Induktion im Magnetkern und im Luftspalt gilt:

$$B_\mathrm{Fe} = \mu_\mathrm{r}\mu_0 H_\mathrm{Fe} = B_\mathrm{Luft} = \mu_0 H_\mathrm{Luft}\,. \tag{3.17}$$

Der Zusammenhang zwischen dem Strom i und der magnetischen Feldstärke H ist durch das Durchflutungsgesetz nach Gl. (5.16) gegeben. Das Linienintegral der magnetischen Feldstärke erstreckt sich über den Magnetkern der Länge l_Fe und den Luftspalt mit $l_\mathrm{Luft} = \delta$ und lautet in vereinfachter Fassung:

$$i = \oint H\,\mathrm{d}s = H_\mathrm{Fe}l_\mathrm{Fe} + H_\mathrm{Luft}\delta\,. \tag{3.18}$$

Aus den Gl. (3.17) und (3.18) ergibt sich bei Verwendung eines hochpermeablen Magnetkerns für die Induktion im Luftspalt:

$$B_\delta = B_\mathrm{Luft} = \frac{\mu_0 i}{\dfrac{l_\mathrm{Fe}}{\mu_\mathrm{r}} + \delta} \approx \frac{\mu_0}{\delta}i\,. \tag{3.19}$$

Nach Einsetzen von Gl. (3.19) in Gl. (3.16) folgt für die Hall-Spannung:

$$u_\mathrm{H} = R_\mathrm{H}\frac{I_\mathrm{S}}{d}\frac{\mu_0}{\delta}i = K_\mathrm{H}i\,. \tag{3.20}$$

Unter den genannten Voraussetzungen ist die rückwirkungsfrei abgegriffene Hall-Spannung u_H der Induktion B und damit dem zu messenden Strom i proportional.

Die einfache passive Sensorschaltung hat den Nachteil, dass wegen der Nichtlinearität des Magnetkerns und des Hall-Sensors die Messgenauigkeit unbefriedigend ist.

Verbesserung bringt eine auf dem Magnetkern angebrachte und vom *Kompensations-strom* i_k durchflossene Kompensationswicklung N_k, mit der die Induktion im Kern zu null gemacht wird *(Nullfluss-Prinzip)*. Der Kompensationsstrom i_k wird von der Hall-Spannung abgeleitet und über einen Operationsverstärker OP durch die Kompensations-wicklung N_k geschickt (Abb. 3.24). Eine dem Kompensationsstrom und damit auch dem Messstrom proportionale Spannung u_m lässt sich am Messwiderstand R_m abgreifen [3.39–3.41].

Je nach Ausführung lassen sich Hall-Stromsensoren zur Messung von Gleich-, Wechsel- und Stoßströmen mit Scheitelwerten von bis zu 30 kA einsetzen. In der Aus-führung ohne Kompensationswicklung (s. Abb. 3.23) liegt die erreichbare Bandbreite zwischen 1 und 10 kHz. Höhere Bandbreiten von einigen 100 kHz werden von Hall-Sensoren mit Kompensationswicklung erzielt, wobei in dieser Ausführung der Sensor

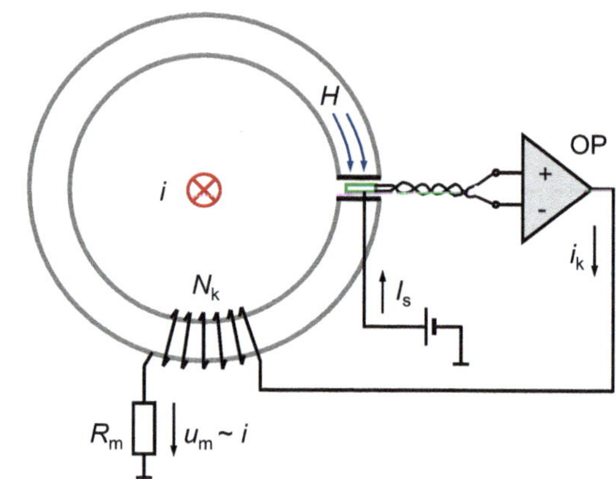

Abb. 3.24 Hall-Stromsensor im Luftspalt eines Magnetkerns mit Kompensationswicklung N_k (Nullfluss-Prinzip)

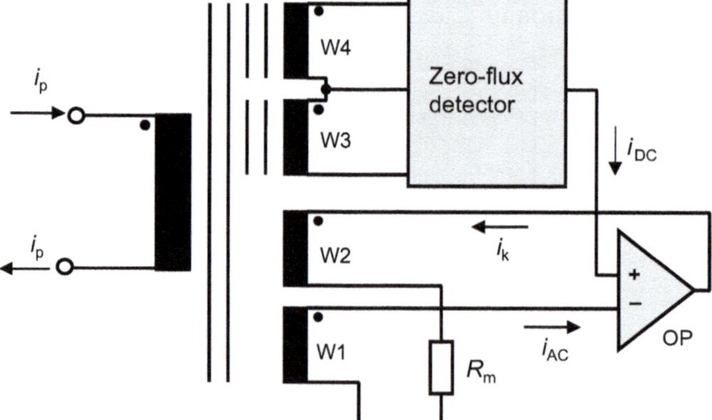

Abb. 3.25 Prinzipschaltbild eines Gleichstromwandlers mit Nullflussdetektor. Der Kompensations-strom i_k erzeugt am Messwiderstand R_m eine dem Primärstrom i_p proportionale Spannung

oberhalb von 1 kHz als Stromwandler arbeitet. Durch das Nullfluss-Prinzip sind Mess-unsicherheiten von weniger als 1 % erreichbar. Hall-Sensoren sind ebenfalls in hand-lichen Zangenstromwandlern eingebaut, die sich bequem öffnen und um den Stromleiter legen lassen. Weiterhin findet der Hall-Effekt auch Anwendung in Sensoren, mit denen Magnetfelder gemessen werden.

3.5.3 Gleichstromwandler

Mit *Gleichstromwandlern* können sowohl Gleichströme als auch Wechsel- und Impuls-ströme gemessen werden. Der Gleichstromwandler arbeitet nach dem *Nullfluss-Prinzip* als kompensierter Stromwandler [3.40, 3.41]. Er besteht aus drei Magnetkernen, einer gemeinsamen Sekundärwicklung, verschiedenen Hilfswicklungen und einem Elektronik-modul mit *Nullflussdetektor* (Abb. 3.25). Zur Messung hoher Ströme wird der Wandler in der Regel als Ringkernwandler eingesetzt, durch dessen Öffnung der Primärleiter (in Abb. 3.25 als Wicklung dargestellt) geführt wird. Durch den Primärstrom i_p wird in den drei Magnetkernen ein Magnetfeld erzeugt, das mithilfe des Kompensationsstromes i_k in der Wicklung W2 kompensiert wird. Hierzu werden den beiden Eingängen des Operationsverstärkers OP die Wechsel- und Gleichstromanteile des Messsignals getrennt zugeführt. Während der Wechselstromanteil i_AC transformatorisch in der Hilfswicklung W1 erzeugt wird, entsteht der Gleichstromanteil i_DC einschließlich der niederfrequenten Stromanteile mit Hilfe des Elektronikmoduls.

Ein Oszillator treibt zunächst über die symmetrischen Hilfswicklungen W3 und W4 die beiden anderen Magnetkerne in entgegen gesetzter Flussrichtung in die Sättigung, wodurch der resultierende Fluss im Hauptkern gleich null wird. Enthält nun der Primär-strom einen DC-Anteil, erzeugt dieser einen entsprechenden Fluss in den beiden Kernen, der dazu führt, dass sich die Kerne nicht mehr im gleichen Sättigungszustand befinden. Die Ströme durch W3 und W4 sind dann nicht mehr identisch und ihre Differenz ist proportional zum DC-Strom des Primärleiters. Der dem DC-Anteil proportionale Strom wird dem positiven Eingang des Operationsverstärkers OP zugeführt. Der resultierende Kompensationsstrom i_k mit den DC- und AC-Anteilen ist daher ein maßstabsgetreues, galvanisch getrenntes Abbild des Primärstromes. Die hierzu proportionale Spannung am Messwiderstand R_m lässt sich mit einem Digitalrecorder aufzeichnen und auswerten.

Die Auflösung des Gleichstrommesswandlers mit Elektronikmodul nach Abb. 3.24 ist durch das Nullfluss-Prinzip sehr hoch und ermöglicht Strommessungen mit einer relativen Messunsicherheit im Bereich von einigen 10^{-6}. Je nach Ausführung des Gleichstrommesswandlers sind Bandbreiten von bis zu 500 kHz bei Stromstärken von maximal 5 kA und von bis zu 10 kHz bei maximal 25 kA erreichbar. Aufgrund der geringen Messunsicherheit eignet sich der Gleichstrommesswandler besonders gut zur genauen Kalibrierung anderer Strommesssysteme bis zu den genannten Stromstärken und Frequenzen.

Literatur

3.1. Voß, A., Gamlin, M.: Superimposed impulse voltage testing on extrudes DC-cables according to IEC CDV 62895. Proc. 20. ISH Buenos Aires, Beitrag 195 (2017)

3.2. Schilling, F., et al.: High frequency high voltage power supplies. Proc. 21. ISH Budapest, Beitrag 904 (2019)

3.3. Hallas, M., Wietoska, T., Hinrichsen, V.: Construction of a DC current injection generator for HVDC long-term tests up to 5000 A DC at 660 kV potential. Proc. 21. ISH Budapest, Beitrag 908 (2019)

3.4. Park, J.H.: Special shielded resistor for high-voltage DC measurements. J. Res. NBS **66** C, 19–24 (1962)

3.5. Rungis, J., Brown, D.E.: Modular DC resistance divider for 500 kV. AJEEE Australia (1985)

3.6. Jiang, G., Li, Y., Deng, H.: A 600 kV DC resistive divider with relative high accuracy. Proc. 5. ISH Braunschweig, Beitrag 73.04 (1987)

3.7. Strauss, W.: Ein Gleichspannungsmessgerät speziell für die Hochspannungstechnik. etz Archiv **1**, 255–257 (1979)

3.8. Peier, D., Graetsch, V.: A 300 kV DC measuring device with high accuracy. Proc. 3. ISH Mailand, Beitrag 43.08 (1979)

3.9. Hamon, B.V.: A 1–100 Ω build-up resistor for the calibration of standard resistors. J. Sc. Instrum. **31**, 450–453 (1954)

3.10. D'Emilio, S., et al.: Calibration of DC voltage dividers up to 100 kV. IEEE Trans. IM **34**, 224–227 (1985)

3.11. Passon, S., Rühmann, N., Schiling, F., Meisner, J., Kurrat, M.: Self calibrating high voltage divider. Proc. 21. ISH Budapest, Beitrag 901 (2019)

3.12. Nirgude, P.M., et al.: Performance tests of a ±1200 kV DC voltage measuring system at CPRI. Proc. 21. ISH Pilsen, Beitrag 392 (2015)

3.13. Elg, A.-P., Bergman, A., Hällström, J.: Long term stability of two 1000 kV voltage dividers. Proc. 21. ISH Pilsen, Beitrag 356 (2015)

3.14. Hällström, J., et al.: Performance of a modular wideband HVDC reference divider for voltages up to 1000 kV. IEEE Trans. IM **64**, 1390–1397 (2015)

3.15. Passon, S., et al.: Modular wideband high-voltage divider for metrological purposes. Proc. 20. ISH Buenos Aires, Beitrag 414 (2017)

3.16. Meisner, J., et al.: Comparison of four different ppm-level methods for traceability of HVDC measuring systems. Proc. 21. ISH Budapest, Beitrag 731 (2019)

3.17. Rest, O., Winzen, D., Hannen, V., Weinheimer, C.: Absolute calibration of a ppm-precise HV divider for the electron cooler of the ion storage ring CRYRING@ESR. Proc. 21. ISH Budapest, Beitrag 1002 (2019)

3.18. Li, Y., Ediriweera, M., Emms, F.: A digital system for measuring leakage current in DC voltage dividers with rated voltages up to 1000 kV. CIGRE SC D1 Colloquium Budapest (2009)

3.19. Berril, J., et al.: A high precision 300 kV D.C. measuring system. Proc. 3. ISH Mailand, Beitrag 43.03, (1979)

3.20. Holman, J.P.: Heat transfer, 5. Aufl. McGraw-Hill Book Company, New York (1981)

3.21. Wu, S.L., Schon, K.: Investigation into the self-heating effect of HV DC dividers. Proc. 5. ISH Braunschweig, Beitrag 73.05 (1987)

3.22. Elg, A.-P., et al.: Optimization of the frequency response of a 1000 kV shielded HVDC reference divider. Proc. 18. ISH Seoul, Beitrag PH-17 (2013)

3.23. Meisner, J., Schmidt, M., Lucas, W., Mohns, E.: Generation and measurement of AC ripple at high direct voltage. Proc. 17. ISH Hannover, Beitrag D-010 (2011)

3.24. Thümmler, T., Marx, R., Weinheimer, C.: Precision high voltage divider for the KATRIN experiment. New J. Phys. **11**, 1–20 (2009)

3.25. Marx, R.: New concept of PTB's standard divider for direct voltages of up to 100 kV. IEEE Trans. IM **50**, 426–429 (2001)

3.26. Marx, R., Li, Y., Rungis, J.: Comparison of two ultra-precision DC high voltage dividers developed at PTB and NML. Proc. 13. ISH Delft, Beitrag 362 (2003)

3.27. Kind, D., Lührmann, H., Weniger, M.: Messung hoher Spannungen durch Überlagerung von Teilspannungen. Bull. ASE/UCS **65**, 224–228 (1974)

3.28. Kind, D.: Accurate measurements over wide parameter ranges. IEEE Trans. DEI **3**, 473–481 (1996)

3.29. Schulz, B.: Absolute Messung hoher Spannungen durch Laufzeitmessungen an beschleunigten Elektronen in einem Hohlraumresonator. Diss. TU Braunschweig (1982)

3.30. Peier, D., Schulz, B.: Absolute determination of high DC voltages by means of frequency measurement. Metrologia **19**, 9–13 (1983)

3.31. Lucas, W., Schon, K., Hinken, J.H.: A superconducting electron speed filter for establishing high DC voltages. IEEE Trans. Vol. IM-34, 227–231 (1985)

3.32. Lucas, W.: Untersuchungen zur Eignung supraleitender Hohlraumresonatoren als Geschwindigkeitsfilter für durch Hochspannung beschleunigte Elektronen. Diss. TU Braunschweig (1990)

3.33. Lucas, W., Kind, D.: Investigation into the deflection of relativistic electrons inside a superconducting cavity resonator for measuring high voltages. IEEE Trans. Vol. IM **40**, 288–290 (1991)

3.34. Claußnitzer, W.: A generating voltmeter with calculable voltage-current ratio for precise high-voltage measurements. IEEE Trans. Vol. IM **17**, 252–1968 (1968)

3.35. Feser, K., Hughes, R.C.: Measurement of direct voltage by rod-rod gap. ELECTRA **117**, 23–34 (1988)

3.36. Peschke, E.: Der Durch- und Überschlag bei hoher Gleichspannung in Luft. Diss. TH München (1968)

3.37. Gobbo, R., Pesavento, G.: Rod-rod gaps under DC voltage. Proc. 12. ISH Bangalore, Beitrag 7–25 (2001)

3.38. Zhao, Q., Zhang, G, Luo, C.: A hybrid-optical direct current transformer. Proc. 14. ISH Beijing, Beitrag J-47 (2005)

3.39. Kuhrt, F., Maaz, K.: Messung hoher Gleichströme mit Hallgeneratoren. ETZ-A **77**, 487–490 (1956)

3.40. Engelade, T., Neergard, A., Bezolt, H.: Breitbandige Präzisionswandler für Messungen an Umrichtersystemen. Antriebstechnik **42**, 64–71 (2003)

3.41. LEM-Fachinformation: Galvanisch getrennte Strom- und Spannungswandler. Eigenschaften – Anwendungen – Dimensionierung. Druckschrift CH 24101, 3. Aufl. (2006)

Stoßspannungen

4

Mit Stoßspannungen bezeichnet man im deutschsprachigen Raum hohe impulsförmige Prüfspannungen, die bei der Prüfung von Betriebsmitteln der elektrischen Energieübertragung wie z. B. Transformatoren, Schaltanlagen, Überspannungsableiter oder Kabel vor ihrem Einsatz verwendet werden. Damit wird die kurzzeitige Spannungsbeanspruchung mit Scheitelwerten von teilweise mehr als 1 MV simuliert, die durch Blitzeinschläge, Kurzschlüsse oder Schalthandlungen im Versorgungsnetz auftreten können. Das Kapitel beschreibt die verschiedenen Impulsformen, stellt die international genormten Messgrößen und Messverfahren vor und geht kurz auf einige Generatorschaltungen zur Erzeugung von Stoßspannungen ein. Die verschiedenen zur Messung von Stoßspannungen geeigneten Messsysteme mit Spannungsteiler und Digitalrecorder werden ausführlich in Theorie und Praxis behandelt. Die rechnergesteuerte Datenerfassung ermöglicht eine automatisierte Datenerfassung und -auswertung, Einsatz von Filterverfahren bei Stoßspannungen mit überlagerter Schwingung, Vor-Ort- und Online-Messungen sowie die Bestimmung der Transfereigenschaften von Spannungsteilern aus deren Sprungantwort. Weitere Messmöglichkeiten bieten kapazitive Feldsonden in vielfältiger Ausführung und die Kugelfunkenstrecke. Elektrooptische Sensoren, die den Pockels- oder Kerreffekt ausnutzen, werden in Abschn. 6.1 behandelt.

4.1 Definitionen und Parameter von Stoßspannungen

Die in der Hochspannungsprüftechnik eingesetzten *Stoßspannungen* werden nach IEC 60060 durch drei oder mehr Parameter gekennzeichnet, deren Definitionen sich teilweise von denen unterscheiden, die für Impulse im Niederspannungsbereich gebräuchlich sind [2.1–2.3]. Gründe hierfür liegen in den Unzulänglichkeiten bei der Erzeugung und Messung hoher Impulsspannungen, aber auch in der besonderen Beanspruchung der Hochspannungsisolierung durch Stoßspannungen mit überlagerter Scheitelschwingung.

© Springer Fachmedien Wiesbaden GmbH, ein Teil von Springer Nature 2021 87
K. Schon, *Hochspannungsmesstechnik,* https://doi.org/10.1007/978-3-658-33793-3_4

In der Regel werden Stoßspannungen über einen breitbandigen Spannungsteiler mit einem Digitalrecorder aufgezeichnet, gespeichert und hinsichtlich der Parameter per Software ausgewertet. Weiterhin lassen sich mit der rechnergestützten Datenauswertung auch das genormte Filterungsverfahren zur Auswertung von Blitzstoßspannungen mit überlagerter Scheitelschwingung oder die Faltungsrechnung zum Nachweis der dynamischen Eignung eines Messsystems ausführen. Die analytische Darstellung verschiedener Stoßspannungen hinsichtlich ihrer Zeitverläufe und Spektren erfolgt in Kap. 8. Für die im Niederspannungsbereich eingesetzten Geräte mit einer Bemessungsspannung von nicht mehr als 1 kV gelten besondere Prüfvorschriften, die von den Hochspannungsprüfvorschriften sinngemäß abgeleitet sind [2.6].

4.1.1 Blitzstoßspannungen

Mit *Blitzstoßspannungen* wird die Spannungsfestigkeit von Betriebsmitteln gegenüber äußeren Überspannungen, die infolge Blitzeinwirkung im Versorgungsnetz auftreten können, geprüft. Hierbei unterscheidet man zwischen *vollen* und *abgeschnittenen Blitzstoßspannungen*. Eine genormte *volle Blitzstoßspannung* mit aperiodischem Verlauf steigt innerhalb weniger Mikrosekunden auf ihren Scheitelwert $\hat{u}$ an und fällt anschließend langsam wieder auf null zurück (Abb. 4.1a). Der ansteigende Teil der Stoßspannung wird als *Stirn*, das Maximum als *Scheitel* und der abfallende Teil als *Rücken* bezeichnet. Der Zeitverlauf lässt sich näherungsweise durch Überlagerung zweier Exponentialfunktionen mit unterschiedlichen Zeitkonstanten darstellen (s. Abschn. 8.1).

Die *Abschneidung* einer Blitzstoßspannung erfolgt im Prüffeld mit einer *Abschneidefunkenstrecke*, wobei zwischen der *Abschneidung im Rücken* (Abb. 4.1b), *Abschneidung im Scheitel* und *Abschneidung in der Stirn* (Abb. 4.1c) unterschieden wird. Die *genormte abgeschnittene Blitzstoßspannung* weist eine *Abschneidezeit* von 2 µs (Abschneidung im Scheitel) bis 5 µs (Abschneidung im Rücken) auf (Abb. 4.1b). Der Spannungsabfall im Rücken soll deutlich schneller als der Spannungsanstieg in der Stirn erfolgen. Der Prüfling wird durch den schnellen Spannungszusammenbruch einer besonders starken Beanspruchung ausgesetzt.

In der Stirn abgeschnittene Blitzstoßspannungen weisen Abschneidezeiten zwischen 2 µs bis hinunter zu 0,5 µs auf (Abb. 4.1c). Bei kurzer Abschneidezeit ist der Zeitverlauf in der Stirn zwischen $0{,}3\hat{u}$ und dem Abschneidezeitpunkt annähernd linear. Liegen die Abweichungen vom linearen Verlauf innerhalb von $\pm 5\,\%$ der Stirnzeit, spricht man von einer *Keilstoßspannung* mit der *virtuellen Steilheit*:

$$S = \frac{\hat{u}}{T_\mathrm{c}}. \tag{4.1}$$

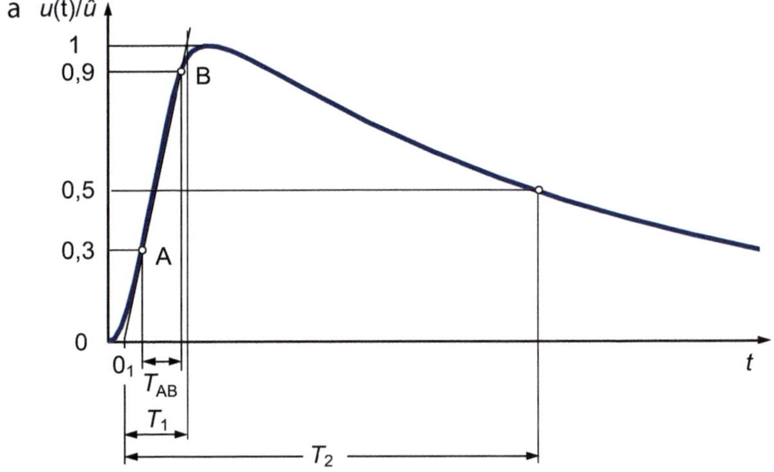

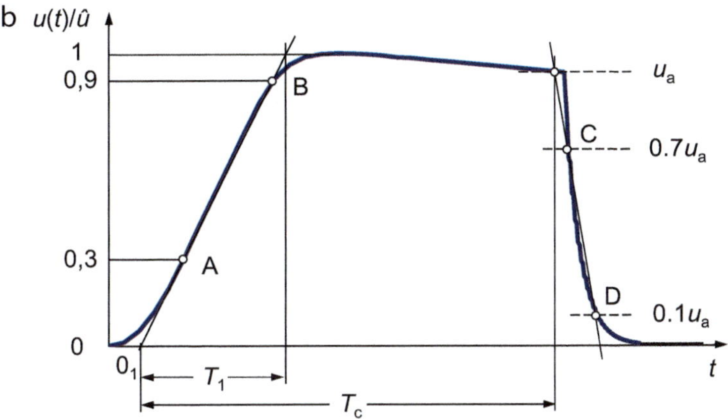

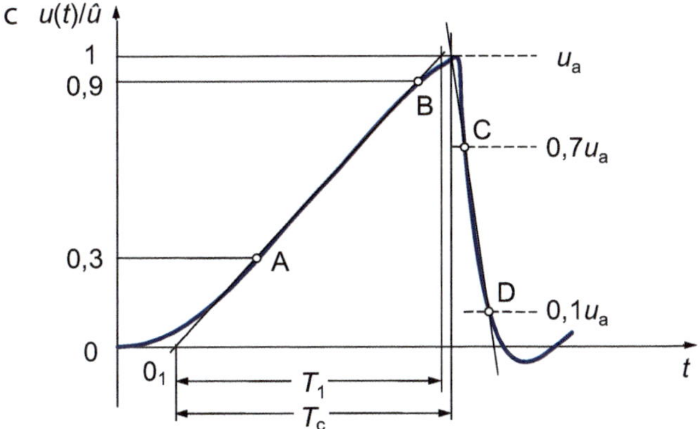

Abb. 4.1 Beispiele für Blitzstoßspannungen mit aperiodischem Zeitverlauf nach IEC 60060 [8] **a** volle Blitzstoßspannung **b** im Rücken abgeschnittene Blitzstoßspannung **c** in der Stirn abgeschnittene Blitzstoßspannung bzw. Keilstoßspannung

Die verschiedenen Blitzstoßspannungen werden in den Prüfvorschriften durch folgende Zeitparameter gekennzeichnet:

- *Stirnzeit T_1* und *Rückenhalbwertzeit T_2* für volle Blitzstoßspannungen,
- *Stirnzeit T_1* und *Abschneidezeit T_c* für genormte abgeschnittene Stoßspannungen ($2\,\mu s \leq T \leq 5\,\mu s$),
- *Abschneidezeit T_c* für in der Stirn abgeschnittene Stoßspannungen ($T_c < 2\,\mu s$),
- *Stirnzeit T_1* und *virtuelle Steilheit S* für Keilstoßspannungen.

Anfangspunkt bei der Bestimmung der Zeitparameter ist der *virtuelle Nullpunkt* O_1. Er ist festgelegt als der Zeitpunkt, der dem Punkt A der Stoßspannung bei $0{,}3\hat{u}$ um die Zeit $0{,}3T_1$ vorangeht (Abb. 4.1a, b, c). Grafisch erhält man O_1 als Schnittpunkt der Stirngeraden durch die Punkte A und B mit der Nulllinie. Die Definition des virtuellen Nullpunktes O_1 ist erforderlich, da der Nullpunkt O der aufgezeichneten Zeitverläufe wegen überlagerter Störspannungen und begrenzter Bandbreite des Messsystems häufig nicht erkennbar ist.

Die Impulsparameter sind für idealisierte, glatte Zeitverläufe der Stoßspannungen entsprechend Abb. 4.1 angegeben. Hierfür ist der Scheitelwert $\hat{u}$ als *Wert der Prüfspannung* definiert. In der Prüfpraxis kann jedoch die Blitzstoßspannung im Scheitel von einer Schwingung oder Teilschwingung überlagert sein. Je nach Frequenz der Schwingung oder der Zeitdauer des Überschwingens wird die Isolation der Betriebsmittel unterschiedlich stark beansprucht. Der Wert der Prüfspannung wird dann definitionsgemäß für einen fiktiven Verlauf der Prüfspannung bestimmt, der sich mit einem besonderen Ausweverfahren aus den aufgezeichneten Daten der schwingenden Blitzstoßspannung ergibt (s. Abschn. 4.1.1.2).

Die *Stirnzeit T_1* ist die Zeit zwischen dem virtuellen Nullpunkt O_1 und dem Schnittpunkt der Stirngeraden durch A und B mit der Scheitellinie (Abb. 4.1):

$$\boxed{T_1 = \frac{1}{0{,}6}T_{AB}},$$ (4.2)

wobei T_{AB} das Zeitintervall zwischen den Punkten A bei $0{,}3\hat{u}$ und B bei $0{,}9\hat{u}$ in der Stirn der Stoßspannung ist. Für Blitzstoßspannungen ist $T_1 < 20\,\mu s$ definiert, anderenfalls liegt eine *Schaltstoßspannung* vor (s. Abschn. 4.1.2). Die *Rückenhalbwertzeit T_2* ist die Zeit zwischen dem virtuellen Nullpunkt O_1 und dem Punkt bei $0{,}5\hat{u}$ im Rücken einer vollen Blitzstoßspannung (Abb. 4.1a).

Die *Abschneidezeit T_c* ist die Zeit zwischen dem virtuellen Nullpunkt O_1 und dem *virtuellen Abschneidezeitpunkt,* der sich als Schnittpunkt der Geraden durch die Punkte C bei $0{,}7u_a$ und D bei $0{,}1u_a$ mit der Horizontalen in Höhe von u_a ergibt (s. Abb. 4.1a). Für eine im Rücken oder im Scheitel abgeschnittene Stoßspannung ist u_a durch den Schnittpunkt der Geraden durch C und D mit der Stoßspannung festgelegt (s. Abb. 4.1b). Bei einer in der Stirn abgeschnittenen Stoßspannung ist u_a gleich dem Scheitelwert $\hat{u}$ (s.

Abb. 4.1c). Die Festlegung auf den virtuellen Abschneidezeitpunkt berücksichtigt, dass der Beginn der Abschneidung nicht immer eindeutig aus dem aufgezeichneten Zeitverlauf ersichtlich ist. Ursache hierfür sind die endliche Dauer der Abschneidung und eine begrenzte Bandbreite des Messsystems, die zu einem abgerundeten Verlauf der aufgezeichneten Stoßspannung im Abschneidebereich führen [4.1]. Weiterhin können sich elektromagnetisch eingekoppelte Störungen, die beim Zünden der Abschneidefunkenstrecke entstehen, im Bereich des Scheitels überlagern. Der virtuelle Abschneidezeitpunkt kann dadurch vor oder nach dem augenscheinlichen Abschneidepunkt liegen. Die Zeitdauer des Spannungszusammenbruchs ist als $T_{CD}/0{,}6$ definiert, wobei T_{CD} die Zeit zwischen den Punkten C und D ist.

Zur Kennzeichnung einer vollen Blitzstoßspannung werden die Zahlenwerte für die Stirn- und Rückenhalbwertzeit in Mikrosekunden als Kurzzeichen angefügt. Die genormte volle Blitzstoßspannung 1,2/50 hat dementsprechend eine Stirnzeit $T_1 = 1{,}2\,\mu s$ und eine Rückenhalbwertzeit $T_2 = 50\,\mu s$. Bei der Erzeugung der Stoßspannungen sind die in Abschn. 4.1.1.1 angegebenen Toleranzen für den Scheitelwert und die Zeitparameter einzuhalten.

4.1.1.1 Toleranzen und Messunsicherheiten bei Prüfungen

Bei der Erzeugung genormter Blitzstoßspannungen für Prüfungen sind Abweichungen von den in den Prüfnormen festgelegten Werten der Impulsparameter zulässig. Die *Toleranzen* für die Parameter der Blitzstoßspannung betragen [2.1]:

- $\pm 3\,\%$ für den Wert der Prüfspannung,
- $\pm 30\,\%$ für die Stirnzeit T_1 und
- $\pm 20\,\%$ für die Rückenhalbwertzeit T_2.

Der Grund für die großen Toleranzen der Zeitparameter liegt in der unterschiedlich starken Rückwirkung der Prüflinge auf die Generatorschaltung, wodurch die Kurvenform und damit die Parameter der erzeugten Blitzstoßspannung mehr oder weniger stark beeinflusst werden. Die Elemente des Stoßspannungsgenerators, mit denen die Kurvenform eingestellt wird, brauchen daher bei geringfügig veränderter Last durch den Prüfling nicht jedes Mal neu angepasst zu werden. Für die Abschneidezeit T_c sind keine Toleranzen festgelegt.

Bei der normgerechten Stoßspannungsprüfung eines Betriebsmittels sollen der Wert der Prüfspannung und die Zeitparameter innerhalb festgelegter Grenzwerte der *erweiterten Messunsicherheit* ($k = 2$) ermittelt werden. Die Messunsicherheit setzt sich zusammen aus der Unsicherheit des anerkannten Messsystems und gegebenenfalls weiteren Unsicherheitsbeiträgen während der Stoßspannungsprüfung (s. Kap. 13). Die zulässigen Messunsicherheiten von anerkannten Messsystemen betragen [2.2]:

- 3 % für den Prüfspannungswert von vollen und abgeschnittenen Blitzstoßspannungen mit Abschneidezeiten $T_c \geq 2\,\mu s$,

- 5 % für den Prüfspannungswert von in der Stirn abgeschnittenen Blitzstoßspannungen mit Abschneidezeiten $0{,}5\ \mu s \le T_\mathrm{c} < 2\ \mu s$ und
- 10 % für die Zeitparameter.

Die Anforderungen an Referenzmesssysteme sind in Abschn. 4.3.4.6 zusammengestellt.

Anmerkung: Messunsicherheiten werden grundsätzlich ohne Vorzeichen angegeben.

4.1.1.2 Blitzstoßspannung mit überlagerter Schwingung

Die im Prüfkreis auftretenden Blitzstoßspannungen können Schwingungen im Scheitel und in der Stirn aufweisen. Ursache dieser überlagerten Schwingungen sind Induktivitäten und Kapazitäten des Stoßspannungsgenerators sowie des Prüf- und Messkreises einschließlich der Hochspannungszuleitungen, eine nicht optimale Reihenfolge bei der Zündung der Generatorfunkenstrecken oder Reflexionsvorgänge im Prüfkreis. Um die Schwingungen richtig erfassen zu können, muss das Messsystem eine ausreichend große Bandbreite aufweisen (mindestens 10 MHz bei Stirnschwingungen und 5 MHz bei Scheitelschwingungen).

Schwingungen im Prüfkreis müssen klar unterschieden werden von denen, die durch Eigenresonanz des Stoßspannungsteilers bei ungünstiger Konstruktion entstehen können. Treten im Prüfkreis Schwingungen mit der Eigenresonanz des Spannungsteilers auf, werden diese am Ausgang des Spannungsteilers mit verstärkter Amplitude wiedergegeben. Der Spannungsteiler ist dadurch ungeeignet zur Messung der schwingenden Prüfspannung. *Schwingungen im Scheitel* von Blitzstoßspannungen erfordern nach IEC 60060-1 [2.1] ein besonderes Auswerteverfahren zur Ermittlung des Prüfspannungswertes, der für die Beanspruchung der Isolierung eines Betriebsmittels maßgebend ist.

4.1.1.2.1 Frühere Bewertung einer Scheitelschwingung

Seit längerem ist bekannt, dass die Beanspruchung der Isolierung in Betriebsmitteln von der Frequenz der überlagerten Scheitelschwingung bzw. von der Dauer des Überschwingens abhängt. Danach beansprucht eine Stoßspannung mit hochfrequenter Scheitelschwingung die Isolierung nicht so stark wie eine Stoßspannung mit niederfrequenter Scheitelschwingung und gleichem Extremwert. In älteren Prüfnormen war daher der Extremwert einer Blitzstoßspannung mit überlagerter Schwingung der Frequenz $f < 500$ kHz als Wert der Prüfspannung festgelegt, während für $f \ge 500$ kHz der Scheitelwert $\hat{u}$ der *mittleren Kurve 2* durch die Scheitelschwingung *1* als Prüfspannungswert definiert war (Abb. 4.2a). Anders ausgedrückt bedeutete dies, dass zur Bestimmung des Prüfspannungswertes die Amplitude der Scheitelschwingung mit einem Faktor $k = 1$ (für $f < 500$ kHz) oder $k = 0$ (für $f \ge 500$ kHz) multipliziert wurde (Abb. 4.2b). Diese Auswertung galt für ein Überschwingen mit $\beta \le 5$ %.

Diese Auswertung war auch aus messtechnischer Sicht unbefriedigend, da sich die Frequenz der Scheitelschwingung im kritischen Bereich um 500 kHz nicht genau ermitteln ließ. Eine eindeutige Entscheidung, welches Auswerteverfahren zur Anwendung

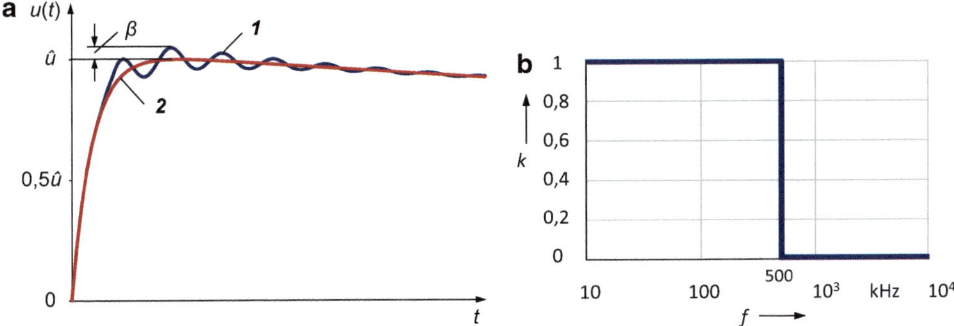

Abb. 4.2 Frühere Auswertung einer Blitzstoßspannung mit überlagerter Scheitelschwingung der Frequenz $f \geq 500$ kHz **a** schwingende Blitzstoßspannung *1* und mittlere Kurve *2* mit Scheitelwert û **b** Verlauf des k-Faktors über der Frequenz der Scheitelschwingung

kommen sollte, war somit nicht möglich. Zudem war der Verlauf der mittleren Kurve, die durch die Scheitelschwingung zu legen war, nicht eindeutig definiert, sondern vom optischen Eindruck des Betrachters abhängig.

4.1.1.2.2 Beanspruchung der Isolierung durch überlagerte Scheitelschwingung

Eingehende Untersuchungen in mehreren Hochspannungsprüffeldern über die Durchschlagfestigkeit von gasförmigen, flüssigen und festen Isolieranordnungen bei Blitzstoßspannung mit überlagerter Scheitelschwingung bestätigen grundsätzlich die frequenzabhängige Beanspruchung der Isolierung, jedoch in einer modifizierten Form [4.2]. Bei der Durchführung der umfangreichen Versuchsserien wurden jeweils für gleichartige Probekörper die Durchschlagswerte bei Stoßspannungsbeanspruchung sowohl mit als auch ohne Scheitelschwingung ermittelt. Hierbei wurden die Amplitude, Frequenz und Phasenverschiebung der überlagerten Schwingung in weiten Grenzen variiert. Die Scheitelwerte der Stoßspannungen lagen im Bereich von weniger als 200 kV.

Das Beispiel in Abb. 4.3 zeigt schematisch die Spannungsverläufe kurz vor dem Durchschlag des Probekörpers. Hierbei ist Kurve *1* die gedämpft schwingende Stoßspannung, die experimentell durch Überlagerung der glatten Stoßspannung *2* und der Schwingung *3* erzeugt wurde. Kurve *4* ist die *äquivalente glatte Stoßspannung*, die ebenfalls zum Durchschlag des vergleichbaren Probekörpers führte wie die schwingende Stoßspannung *1*. Der Scheitelwert der glatten Stoßspannung *4* stellt somit den Wert der Prüfspannung dar, mit dem der Probekörper beim Durchschlag beansprucht wurde.

Die Ergebnisse der Durchschlagversuche sind für alle untersuchten Isolierungen, Probekörper und Versuchsparameter in einem Diagramm zusammengefasst, das die experimentell ermittelten Werte des k-Faktors über der Frequenz f der Scheitelschwingung zeigt (Abb. 4.4). Trotz der Streuung der Werte für die verschiedenen Isolierstoffe ist deutlich

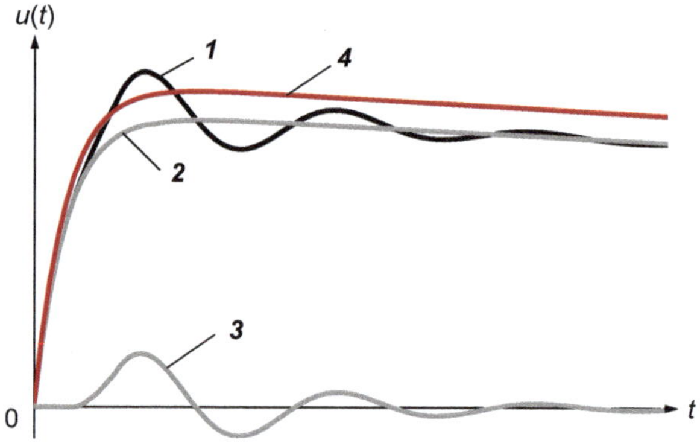

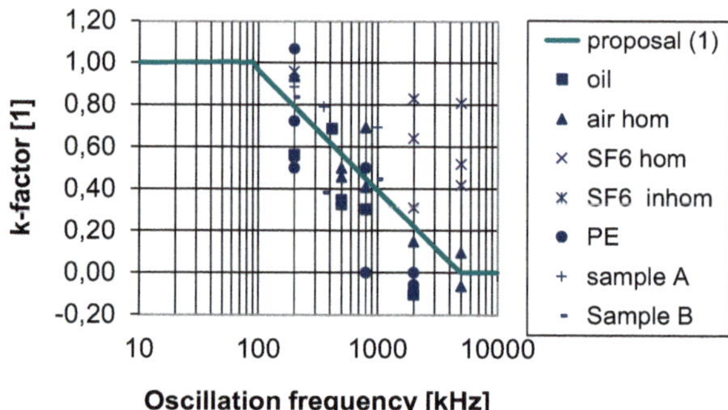

Abb. 4.3 Schwingende Blitzstoßspannung *1* und äquivalente glatte Stoßspannung *4,* die beide nach [4.2] zum Durchschlag des Probekörpers führen. Die schwingende Stoßspannung *1* wird experimentell durch Überlagerung der glatten Stoßspannung *2* mit der Schwingung *3* erzeugt

Abb. 4.4 Experimentell ermittelte *k*-Faktoren, die die Beanspruchung fester, flüssiger und gasförmiger Isolierungen in Abhängigkeit von der Frequenz der Scheitelschwingung kennzeichnen [4.2, Fig. 127]

erkennbar, dass der *k*-Faktor – und damit der Einfluss der Scheitelschwingung auf den Durchschlag – oberhalb von 100 kHz stetig abnimmt und für $f \geq 5$ MHz annähernd null wird. Die in der halblogarithmischen Darstellung eingezeichnete, mit dem Logarithmus der Frequenz abfallende Gerade durch die empirisch gewonnenen Werte kennzeichnet den grundsätzlichen Verlauf des *k*-Faktors. Anstelle des früher angenommenen abrupten Wechsels der Bewertung von Scheitelschwingungen bei 500 kHz hat sich somit ein gleitender Übergang im Frequenzbereich von 100 kHz bis 5 MHz als richtig erwiesen.

4.1.1.2.3 Genormte Prüfspannungsfunktion *k*(*f*)

Weitere Untersuchungen haben sich mit der Ausarbeitung eines Verfahrens befasst mit dem Ziel, die experimentell gewonnenen Ergebnisse über den Frequenzeinfluss von überlagerten Scheitelschwingungen in die Prüfvorschriften einzubringen [4.3–4.8]. Hierbei ging man davon aus, dass die in [4.2] für den Durchschlag erzielten Ergebnisse auch auf Prüfspannungen allgemein übertragbar sind, also ohne dass es zum Durchschlag kommt. Eine gute Approximation des grundsätzlichen Verlaufs der experimentell ermittelten *k*-Faktoren über der Frequenz *f* der Scheitelschwingung ist – neben dem einfachen, geradlinigen Kurvenzug in Abb. 4.4 – durch die Zahlenwertgleichung:

$$k(f) = \frac{1}{1 + 2{,}2f^2}$$

$$(4.3)$$

mit f in Megahertz gegeben (Kurve *2* in Abb. 4.5). Diese in IEC 60060–1 [2.1] als *Prüfspannungsfunktion* $k(f)$ bezeichnete Funktion mit dem Vorzug der Stetigkeit ersetzt seit 2010 die frühere, mehrere Jahrzehnte lang gültige Bewertung von Scheitelschwingungen mit dem k-Faktor (Kurve *1* in Abb. 4.5).

Die Prüfspannungsfunktion $k(f)$ ist Grundlage eines genormten Filterungsverfahrens zur Berechnung des Prüfspannungswertes, mit dem das Betriebsmittel durch eine Stoßspannung mit überlagerter Scheitelschwingung tatsächlich beansprucht wird [2.1]. Das Verfahren wird an Hand von Abb. 4.6 kurz beschrieben. Ausgangspunkt der Auswertung ist der aufgezeichnete Datensatz der schwingenden Stoßspannung *1* mit dem Extremwert U_e. An den Kurvenverlauf *1* wird die nach Gl. (8.8) berechnete doppelexponentielle Stoßspannung als mittlere *Basiskurve 2* mit dem Scheitelwert U_b

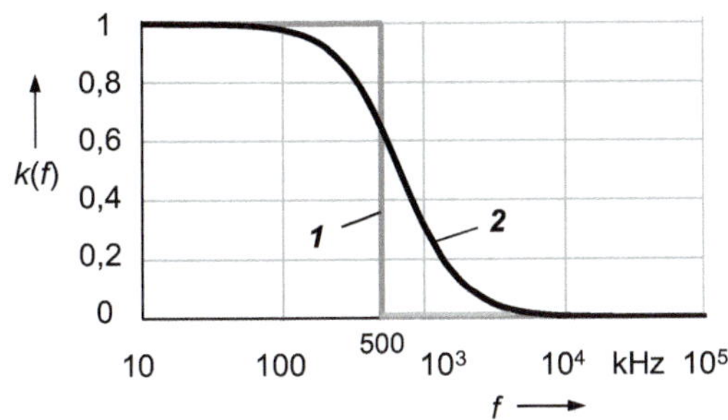

Abb. 4.5 Prüfspannungsfunktion $k(f)$ zur Bewertung der Scheitelschwingung einer Blitzstoßspannung *1* Verlauf des k-Faktors nach alter IEC-Definition *2* Prüfspannungsfunktion $k(f)$ nach Gl. 4.3

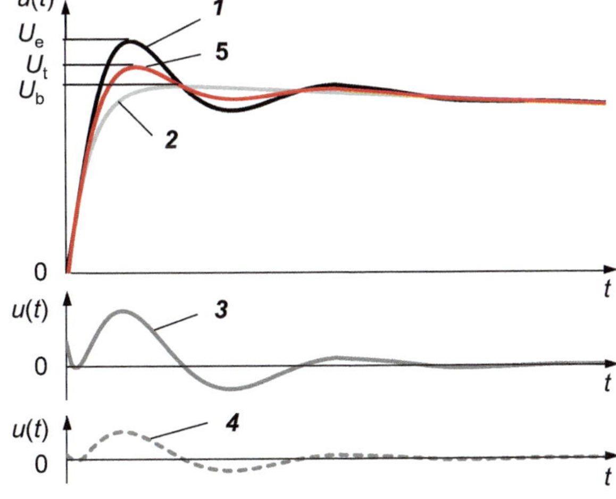

Abb. 4.6 Bestimmung der Prüfspannung mit dem genormten Filterungsverfahren (Beispiel) *1* aufgezeichnete Stoßspannung mit Scheitelschwingung *2* berechnete Basiskurve *3* Restkurve *4* gefilterte Restkurve *5* Prüfspannungskurve

angepasst. Deren Differenz ergibt die *Restkurve 3* mit der Amplitude $\beta = U_e - U_b$. Die Restkurve wird mit der Prüfspannungsfunktion $k(f)$ nach Gl. (4.3) gefiltert, wodurch die *gefilterte Restkurve 4* mit einer von $k(f)$ bestimmten Amplitude entsteht. Die gefilterte Restkurve *4* wird schließlich der Basiskurve *2* additiv überlagert. Als Ergebnis erhält man die Prüfspannungskurve *5,* deren Maximalwert U_t gleich dem gesuchten Wert der Prüfspannung ist.

Für den Wert U_t der Prüfspannung *5* lässt sich mit $k(f)$ nach Gl. 4.3 folgende Gleichung aufstellen:

$$U_t = U_b + k(f) \cdot (U_e - U_b).$$

(4.4)

Der von der Schwingungsfrequenz abhängende Wert der Prüfspannungsfunktion $k(f)$ ist demnach maßgebend dafür, wie stark das Überschwingen $\beta = U_e - U_b$ in die Bestimmung des Prüfspannungswertes U_t eingeht. Die Anwendung des Filterungsverfahrens ist auf ein relatives Überschwingen von 10 % begrenzt.

Anmerkung: Beim Vergleich der schwingenden Prüfspannungskurve *5* in Abb. 4.6 mit der äquivalenten glatten Stoßspannung *4* in Abb. 4.3 fällt der unterschiedliche Verlauf der beiden Spannungen auf, die für die Belastung des Prüfobjektes als maßgeblich erachtet werden. In der zuständigen IEC-Arbeitsgruppe wurde durchaus diskutiert, ob der glatte oder der schwingende Verlauf der Prüfspannung zum Verständnis der Vorgänge besser geeignet ist. Die Entscheidung fiel schließlich zugunsten des beschriebenen Filterungsverfahrens mit schwingendem Prüfspannungsverlauf aus. Der Wert der Prüfspannung U_t bleibt hiervon unbeeinflusst, da er für die glatte wie auch für die schwingende Prüfspannung identisch ist.

Die Zeitparameter werden ebenfalls aus der mit dem Filterungsverfahren gewonnenen Prüfspannungskurve *5* in Abb. 4.6 ermittelt. Bei einer schwingenden, im Rücken abgeschnittenen Stoßspannung wird die Filterung für die entsprechende volle Stoßspannung bei reduziertem Spannungspegel durchgeführt. Das Ergebnis wird anschließend auf die abgeschnittene Kurvenform im entsprechenden Spannungs- und Zeitformat übertragen. Eine in der Stirn abgeschnittene Stoßspannung ist grundsätzlich als Prüfspannung definiert.

Als Alternative zu dem umfassenden Filterungsverfahren wird in [2.1] auch ein *manuelles Auswerteverfahren* bei grafisch vorliegenden Stoßspannungsverläufen beschrieben. Durch die aufgezeichnete schwingende Stoßspannung *1* wird zunächst grafisch die Basiskurve *2* mit dem Scheitelwert U_b als mittlere Kurve gelegt (Abb. 4.7). Die Differenz zwischen den beiden Kurven *1* und *2* ist gleich der überlagerten Schwingung *3*. Aus der Dauer t_d der Halbschwingung von Kurve *3* ergibt sich die Schwingungsfrequenz $f = 1/(2t_d)$, mit der der Faktor $k(f)$ nach Gl. (4.3) und damit der Prüfspannungswert U_t nach Gl. (4.4) berechnet werden kann. Die maßstabsgetreu auf den Scheitelwert U_t vergrößerte Basiskurve ergibt dann die glatte Prüfspannung *4,* von der auch die Zeitparameter berechnet werden. Da das manuelle Verfahren wie auch das Filterungsverfahren die Prüfspannungsfunktion $k(f)$ verwenden, sind die Scheitelwerte U_t in Abb. 4.7 und Abb. 4.6 einander gleich. Aufgrund der unterschiedlichen Kurvenformen ist allerdings mit Unterschieden bei den entsprechenden Zeitparametern zu rechnen.

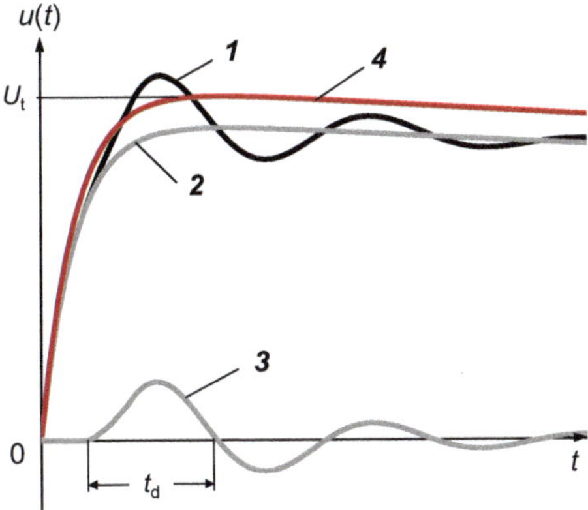

Abb. 4.7 Beispiel für die Anwendung des manuellen Auswerteverfahrens *1* aufgezeichnete Stoßspannung mit Scheitelschwingung *2* angepasste Basiskurve *3* Restkurve *4* Prüfspannungskurve

Anmerkung: Die mit dem manuellen Auswerteverfahren erhaltene glatte Stoßspannung ist von der Kurvenform her vergleichbar mit der experimentell gewonnenen äquivalenten glatten Stoßspannung *4* in Abb. 4.3.

Mit dem Filterungsverfahren, ebenso wie mit dem manuellen Auswerteverfahren, werden auch das im Recorder erzeugte Digitalisierungsrauschen (s. Abschn. 7.2.7) und die Stirnschwingungen eliminiert, mit dem Filterungsverfahren allerdings nur dann, wenn die Schwingungsfrequenz oberhalb von 10 MHz liegt. Die experimentelle Ermittlung der k-Faktoren (s. Abb. 4.4) wie auch deren näherungsweise Darstellung durch die Prüfspannungsfunktion $k(f)$ nach Gl. (4.4) sind mit Unsicherheiten behaftet. Zur Begrenzung des daraus resultierenden Unsicherheitsbeitrages (s. Anhang B.2.2) bei der Bestimmung des Prüfspannungswertes und der Zeitparameter ist die Anwendung beider Auswerteverfahren auf ein relatives Überschwingen $\beta = (U_e - U_b)/U_e$ von maximal 10 % begrenzt.

Die bei Spannungen mit weniger als 200 kV gewonnenen Ergebnisse in [4.2] werfen die Frage auf, ob die Prüfspannungsfunktion $k(f)$ ohne weiteres auch im UHV-Bereich, also bei weit höheren Stoßspannungen, gültig ist. Hierzu wurden vergleichbare Untersuchungen mit glatten und schwingenden Blitzstoßspannungen an Isolieranordnungen mit SF_6 und Öl bei rund 1 MV sowie mit Luft bei 1,8 MV und 2,4 MV durchgeführt [4.9]. Die Ergebnisse lassen sich wiederum zusammenfassend als Verlauf des k-Faktors über der Frequenz f der überlagerten Schwingung darstellen. Der Vergleich mit der genormten Prüfspannungsfunktion $k(f)$ in Abb. 4.5 (Kurve 2) zeigt, dass bei gleicher Frequenz die neuen k-Faktorwerte für die UHV-Prüflinge mit SF_6 geringfügig kleiner, mit Öl deutlich kleiner und mit Luft weniger als halb so groß sind. Für UHV-Isolieranordnungen mit SF_6 und Öl schlagen die Autoren eine geänderte Funktion $k(f) = 1/(1 + 7,5 \cdot f^2)$ vor. Die Ergebnisse für Luftisolierungen bleiben wegen der geringeren Bedeutung von Blitzstoßspannungen im UHV-Bereich unberücksichtigt.

Ein weiterer Beitrag befasst sich mit der Auswirkung von sehr langen Koaxialkabeln auf das Überschwingen, die Prüfspannungsfunktion $k(f)$ und die Zeitparameter

[4.10]. Berechnungen mithilfe des Faltungsintegrals zeigen am Beispiel einer vollen Stoßspannung 0,84/60, dass der Scheitel am Kabelende infolge Dämpfung etwas niedriger ausfällt. Wird das Filterungsverfahren angewendet, wirkt sich die reduzierte Spannung im Scheitelbereich wie ein negatives Überschwingen aus. Als Folge entsteht ein großer Fehler bei der Auswertung der Stirnzeit T_1, der mit der Kabellänge ansteigt. Zur Verringerung des Fehlers wird ein geändertes Auswerteverfahren vorgeschlagen. Andererseits lässt sich der Einfluss eines langen Koaxialkabels völlig ausschließen, wenn der Digitalrecorder zur Aufzeichnung der Stoßspannung direkt am Ausgang des Spannungsteilers in einem geschirmten Gehäuse installiert wird. Die Datenübertragung erfolgt dann störungsfrei über eine LAN-Verbindung zum Rechner im Mess- und Beobachtungsraum zur weiteren Auswertung.

4.1.1.2.4 Schwingungen in der Stirn

Schwingungen in der Stirn einer Blitzstoßspannung beeinflussen die Ermittlung des virtuellen Nullpunktes O_1 und damit auch der Zeitparameter. Mit den beiden o. a. Auswerteverfahren für Scheitelschwingungen mit $k(f)$ nach Gl. (4.4) lassen sich auch Stirnschwingungen ganz oder teilweise eliminieren [4.6]. Zur Beseitigung von Stirnschwingungen existieren weitere Rechenverfahren, u. a. die digitale Filterung der aufgezeichneten Daten, Beschneidung des Fourier-Spektrums der schwingenden Blitzstoßspannung oder abschnittsweise Anpassung durch Exponentialglieder, Parabeln oder Geraden [4.11–4.13]. Als Ergebnis erhält man wie bei der früher üblichen grafischen Auswertung eine durch die Stirnschwingung verlaufende mittlere Kurve, deren Punkte bei $0{,}3\hat{u}$ und $0{,}9\hat{u}$ zur Ermittlung von O_1 und T_1 herangezogen werden (Abb. 4.8). Stirnschwingungen finden sich vorwiegend im Anfangsverlauf einer Stoßspannung und beeinflussen dann nur die Bestimmung des Punktes A bei $0{,}3\hat{u}$. Wenn wie in dem Beispiel in Abb. 4.8 die Auswertung der Stirn bei $0{,}3\hat{u}$ mehrdeutig ist, wird als einfache Näherungslösung vorgeschlagen, den mittleren der drei Schnittpunkte zu nehmen, d. h. die Berechnung der vollständigen mittleren Kurve erübrigt sich dann [4.14].

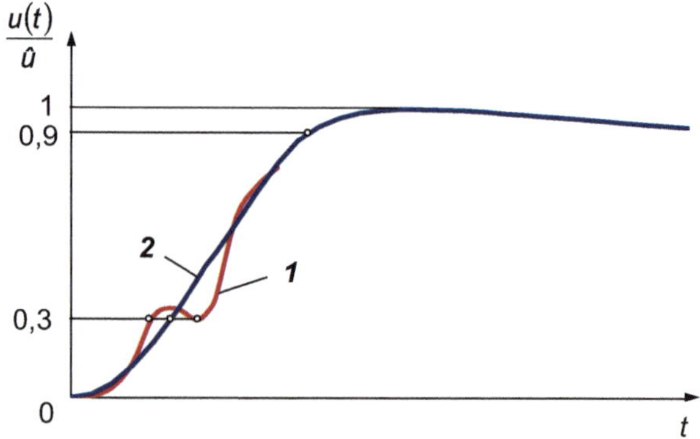

Abb. 4.8 Auswertung einer Blitzstoßspannung mit Schwingung in der Stirn (Beispiel) *1* gemessener Originalverlauf mit drei Schnittpunkten bei $0{,}3\hat{u}$ *2* mittlere Kurve durch die Stirnschwingung

Untersuchungen an synthetischen Kurvenverläufen mit und ohne Stirnschwingung zeigen, dass jedes Glättungsverfahren den Impulsverlauf mehr oder weniger verfälscht. Die Stirnzeit einer geglätteten Stoßspannung ist daher nicht identisch mit der des Originalverlaufs ohne Stirnschwingung. Mitentscheidend für die Qualität der Glättung ist der Frequenzabstand in den Spektren der Stirnschwingung und der Stoßspannung. Eine hochfrequente Schwingung lässt sich besser durch Filterung entfernen als eine Schwingung, deren Frequenz im charakteristischen Frequenzbereich der Stoßspannung liegt. Bei einer in der Stirn abgeschnittenen Stoßspannung kann sich die überlagerte Stirnschwingung bis zum Scheitel erstrecken. Im Bereich des Scheitels einer abgeschnittenen Stoßspannung sollte nur behutsam geglättet werden, um eine Verfälschung des Scheitelwertes zu vermeiden.

4.1.2 Schaltstoßspannungen

Bei der Prüfung mit genormten *Schaltstoßspannungen* wird die Beanspruchung des Betriebsmittels durch innere Überspannungen infolge von Schalthandlungen im Netz nachgebildet. Der idealisierte Verlauf einer *aperiodischen Schaltstoßspannung* ist wie der einer vollen Blitzstoßspannung durch Überlagerung von zwei Exponentialfunktionen festgelegt, wobei die Zeitkonstanten jedoch wesentlich größer sind (s. Abschn. 8.1.3). Schaltstoßspannungen werden neben dem Scheitelwert als Prüfspannungswert durch zwei Zeitparameter gekennzeichnet, die im Gegensatz zu Blitzstoßspannungen auf den augenscheinlichen Nullpunkt O des Zeitverlaufs bezogen sind (Abb. 4.9). Die durchaus vorhandene Abweichung im Anfangsverlauf von Schaltstoßspannungen ist

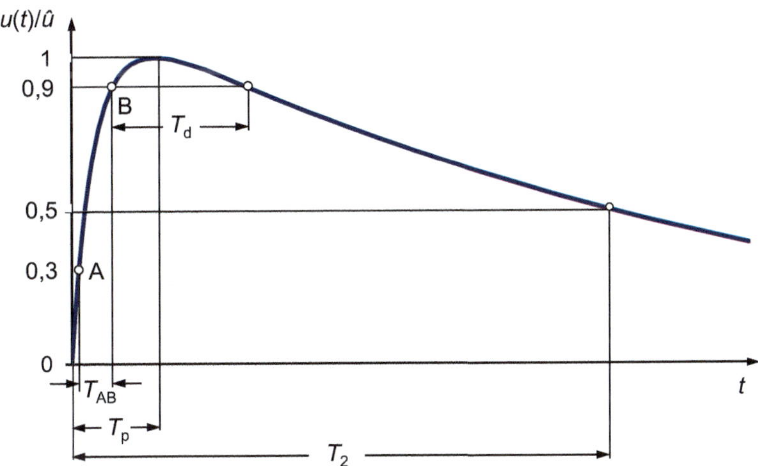

Abb. 4.9 Schaltstoßspannung und deren Impulsparameter (aperiodischer Verlauf)

wegen der größeren Werte der Zeitparameter vernachlässigbar. Die *Scheitelzeit* T_p ist als Zeit zwischen dem Nullpunkt O und dem Zeitpunkt des Scheitels definiert, die Rückenhalbwertzeit T_2 als Zeit zwischen O und dem Punkt bei $0{,}5\hat{u}$ im Rücken der Schaltstoßspannung.

Zusätzlich zu T_p und T_2 sind weitere Zeitparameter definiert. Die *Zeitdauer* T_d ist festgelegt als die Zeit, während der die Spannung größer als $0{,}9\hat{u}$ ist. Schaltstoßspannungen können im Rücken unter die Nulllinie durchschwingen. In besonderen Fällen kann es daher erforderlich sein, die Zeit T_z zwischen dem Nullpunkt O und dem ersten Nulldurchgang im Rücken der Schaltstoßspannung anzugeben. Weiterhin ist für Schaltstoßspannungen neben der Scheitelzeit auch die Stirnzeit T_1 nach Gl. (4.2) definiert. Sie dient als Kriterium für die Unterscheidung von Blitz- und Schaltstoßspannungen. Schaltstoßspannungen weisen eine Stirnzeit von mindestens 20 µs auf.

Schaltstoßspannungen werden durch die Zahlenwerte der Zeitparameter T_p und T_2 gekennzeichnet. Die genormte Schaltstoßspannung 250/2500 hat eine Scheitelzeit $T_\mathrm{p} = 250$ µs (Toleranz: $\pm 20\,\%$) und eine Rückenhalbwertzeit $T_2 = 2500$ µs (Toleranz: $\pm 60\,\%$). Die großen Toleranzen erlauben wiederum die Prüfung unterschiedlicher Betriebsmittel, ohne dass jedes Mal die Elemente des Stoßspannungsgenerators an die veränderte Last angepasst werden müssen.

Die zulässigen Messunsicherheiten stimmen mit denen für Blitzstoßspannungen überein und betragen

- $3\,\%$ für den Prüfspannungswert (Scheitelwert) und
- $10\,\%$ für die Zeitparameter.

Die Messunsicherheit setzt sich zusammen aus der Unsicherheit des anerkannten Messsystems und gegebenenfalls weiterer Unsicherheitsbeiträgen während der Stoßspannungsprüfung (s. Abschn. 13.1.4).

4.1.2.1 Bestimmung der Scheitelzeit

Die Scheitelzeit T_p scheint aufgrund ihrer Definition eine einfach zu ermittelnde Messgröße zu sein. Bei der automatisierten Datenauswertung können jedoch bereits kleine Digitalisierungsfehler des Recorders oder überlagerte Störungen im zeitlich ausgedehnten Scheitelbereich zu falschen Werten der Scheitelzeit führen. Die in den Prüfvorschriften festgelegte Messunsicherheit für T_p wird dann nicht eingehalten. Da die Scheitelzeit wegen ihrer Bedeutung in der Prüfpraxis weiterhin als Zeitparameter beibehalten werden soll, erfolgt deren Bestimmung nicht direkt, sondern aus dem Zeitintervall T_AB zwischen $0{,}3\hat{u}$ und $0{,}9\hat{u}$, multipliziert mit dem Faktor K:

$$\boxed{T_\mathrm{p} = K \cdot T_\mathrm{AB}}\,. \tag{4.5}$$

Für die Schaltstoßspannung 250/2500 mit doppelexponentiellem Zeitverlauf nach Gl. (8.8) liefert die Rechnung $T_\mathrm{AB} = 99{,}1$ µs und damit $K = 2{,}523$. Für andere Werte von T_{p} und T_2 innerhalb der zulässigen Toleranzen der genormten Schaltstoßspannung 250/2500 lässt sich K näherungsweise nach folgender Zahlenwertgleichung berechnen [2.1]:

$$K = 2{,}42 - 3{,}08 \cdot 10^{-3} T_{\mathrm{AB}} + 1{,}51 \cdot 10^{-4} T_2, \qquad (4.6)$$

wobei für T_{AB} und T_2 die gemessenen Werte in Mikrosekunden einzusetzen sind. Der Fehler bei der Berechnung von T_{p} mit K nach Gl. (4.6) liegt innerhalb von $\pm 1{,}5\,\%$, was in der Regel bei Prüfungen vernachlässigbar sein dürfte. Für andere Schaltstoßspannungen gilt Gl. (4.6) nicht. Den Faktor $K = T_{\mathrm{p}}/T_{\mathrm{AB}}$ erhält man dann aus dem mit Gl. (8.8) berechneten Verlauf einer Schaltstoßspannung, die dieselbe Zeit T_{AB} wie der gemessene Verlauf aufweist. Bei Vor-Ort-Prüfungen mit Schaltstoßspannungen ist einheitlich $K = 2{,}4$ festgelegt (s. Abschn. 4.1.3).

4.1.3 Schwingende Stoßspannungen bei Vor-Ort-Prüfungen

Stoßspannungsprüfungen an Betriebsmitteln der elektrischen Energieversorgung werden nicht nur im Hochspannungslabor, sondern immer öfter direkt am Einsatzort des Betriebsmittels durchgeführt [2.3, 2.7]. Dadurch lässt sich der ordnungsgemäße Aufbau, die fehlerfreie Inbetriebnahme, der einwandfreie Betrieb nach einer Reparatur oder das Langzeitverhalten überprüfen. Für diese *Vor-Ort-Prüfungen* gelten häufig erschwerte Umgebungsbedingungen und andere als die im Prüflabor stationär vorhandenen Erzeugeranlagen und Messeinrichtungen werden benötigt. Neben den aperiodischen Blitz- und Schaltstoßspannungen nach Abb. 4.1a und Abb. 4.9 können auch *schwingende Blitz- und Schaltstoßspannungen* verwendet werden. Durch die überlagerte gedämpfte Schwingung lässt sich nahezu eine Verdoppelung des Scheitelwertes einer glatten Stoßspannung erreichen, sodass der für die Vor-Ort-Prüfung erforderliche transportable Generator entsprechend kleiner ausfallen kann. Als Beispiel zeigt Abb. 4.10 eine schwingende Schaltstoßspannung (Kurve *1*) und ihre obere Einhüllende (Kurve *2*).

Die Bestimmung des Nullpunktes und der Stirnzeit von schwingenden Blitz- oder Schaltstoßspannungen erfolgt in gleicher Weise wie für die entsprechenden aperiodischen Stoßspannungen, d. h. für Blitzstoßspannungen ist der virtuelle Nullpunkt O_1 und für Schaltstoßspannungen der augenscheinliche Nullpunkt O maßgebend. Die Rückenhalbwertzeit T_2 ist definiert als Zeitabschnitt zwischen O_1 bzw. O und dem Zeitpunkt, bei dem die obere Einhüllende der schwingenden Stoßspannung auf 50 % des Maximalwertes abgefallen ist (Abb. 4.10). Die Scheitelzeit T_{p} einer schwingenden Schaltstoßspannung ergibt sich aus der Zeit T_{AB} (s. Abb. 4.9) entsprechend Gl. (4.5) mit einem einheitlich festgelegten Wert $K = 2{,}4$.

Wegen der erschwerten Bedingungen bei Vor-Ort-Prüfungen gelten für die erzeugten schwingenden Stoßspannungen größere Toleranzen und teilweise auch größere Messunsicherheiten als für die im Hochspannungsprüffeld erzeugten Prüfspannungen. Die Toleranzgrenzen für den Prüfspannungswert von schwingenden Stoßspannungen

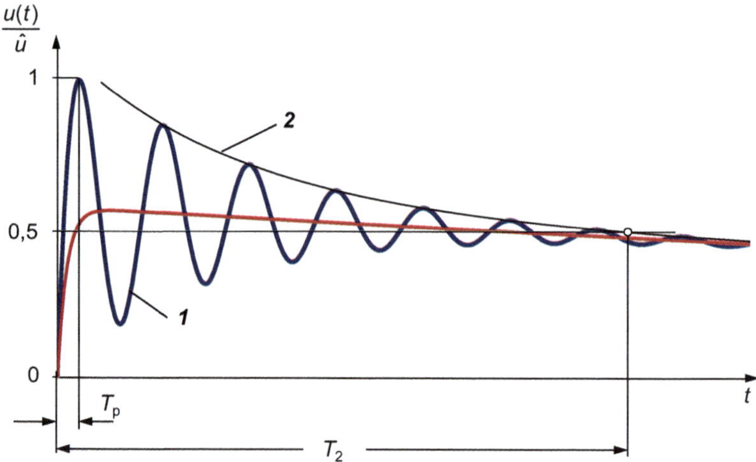

Abb. 4.10 Beispiel für eine schwingende Schaltstoßspannung *1* mit der oberen Einhüllenden *2*, die für die Bestimmung der Rückenhalbwertzeit T_2 maßgebend ist

betragen $\pm 5\,\%$. Für Blitzstoßspannungen liegen die zulässigen Stirnzeiten zwischen 0,8 µs und 20 µs, Rückenhalbwertzeiten zwischen 40 µs und 100 µs und Schwingungsfrequenzen zwischen 15 kHz und 400 kHz. Schaltstoßspannungen sind durch Scheitelzeiten zwischen 20 µs und 400 µs, Rückenhalbwertzeiten zwischen 1000 µs und 4000 µs und Schwingungsfrequenzen zwischen 1 kHz und 15 kHz festgelegt. Die zulässigen Messunsicherheiten bei Vor-Ort-Prüfungen betragen 5 % für den Wert der Prüfspannung, 10 % für die Zeitparameter und 10 % für die Schwingungsfrequenz.

4.1.4 Steilstoßspannung

Sehr steil ansteigende Spannungen entstehen beispielsweise beim Trennerschalten in SF_6-Anlagen. Steilstoßspannungen treten auch bei der Isolationsprüfung von Ableitern auf. Die Normung der bei Prüfungen eingesetzten *Steilstoßspannungen* ist nicht einheitlich, sondern den für die einzelnen Betriebsmittel zuständigen Komitees überlassen. Steilstoßspannungen lassen sich mit einem Stoßspannungsgenerator in Verbindung mit einer Funkenstrecke oder einem explodierenden Draht und einem *Nachkreis* erzeugen (s. Abschn. 4.2.4). Bei entsprechender Ausführung der Schaltung werden *Steilheiten* von bis zu 100 kV/ns erzielt, was z. B. einer Anstiegszeit von 5 ns bei 500 kV entspricht. Abb. 4.11 zeigt schematisch die Ausgangsspannung u_1 eines Stoßspannungsgenerators und die am Ausgang des Nachkreises entstehende Steilstoßspannung u_2 [1.2].

Bei optimaler Abstimmung zwischen den Elementen des Stoßspannungsgenerators, Schaltelementes und Nachkreises setzt u_2 im Zeitpunkt des Scheitels von u_1 ein. Der

Abb. 4.11 Steilstoßspannung u_2 am Ausgang des Nachkreises zu einem Stoßspannungsgenerator mit der Ausgangsspannung u_1

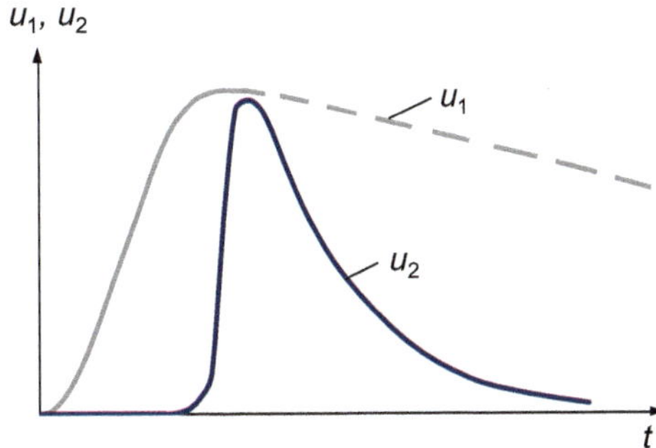

Verlauf im Rücken hängt vom Schaltungsaufbau des Nachkreises und vom Prüfling einschließlich des Spannungsteilers ab. Eine annähernd rechteckförmige Steilstoßspannung entsteht, wenn am Ausgang des Nachkreises eine Funkenstrecke liegt und kurz hinter dem Scheitel von u_2 zündet. Durch die Induktivität der Schaltungselemente im Prüfkreis und infolge von Reflexionsvorgängen können sich der Steilstoßspannung hochfrequente Oszillationen überlagern.

4.2 Erzeugung von Stoßspannungen

Das Grundprinzip der überwiegend eingesetzten Generatorschaltungen zur Erzeugung von Stoßspannungen besteht darin, dass ein Speicherkondensator relativ langsam aufgeladen und bei einem voreingestellten Spannungswert über einen Hochspannungsschalter schnell auf ein RC-Netzwerk und den Prüfling entladen wird. Mit dem Netzwerk wird die Kurvenform der erzeugten Blitz- und Schaltstoßspannungen bestimmt, die allerdings von dem angeschlossenen Prüfling gleichfalls beeinflusst wird. Mit einer Abscheidefunkenstrecke lassen sich weitere Impulsformen wie abgeschnittene Blitz- oder Steilstoßspannungen erzeugen. Bei Vor-Ort-Prüfungen kommen bevorzugt Spannungserzeuger für schwingende Stoßspannungen zum Einsatz. Die Bauelemente der Generatoren sind möglichst induktivitätsarm und für eine hohe Impulsbelastung ausgelegt. Neben den Generatorschaltungen mit kapazitivem Speicher kommen auch andere Möglichkeiten in Betracht, z. B. Transformatoren zur Erzeugung von Schaltstoßspannungen [1.2, 1.4].

4.2.1 Generatoren für Blitz- und Schaltstoßspannungen

Zur Erzeugung von Blitz- und Schaltstoßspannungen dienen hauptsächlich zwei Grundschaltungen [1.2]. Beiden Schaltungen gemeinsam ist der *Stoßkondensator* C_s, der von einem gleichgerichteten Wechselstrom über den Ladewiderstand R_L relativ langsam auf die Spannung U_0 aufgeladen wird (Abb. 4.12a und b). Erreicht U_0 die Zündspannung der Kugelfunkenstrecke FS, schaltet diese durch und C_s entlädt sich in kurzer Zeit über den Entladekreis, der durch den *Belastungskondensator* C_b, Dämpfungswiderstand R_d und Entladewiderstand R_e gebildet wird. An C_b kann die Stoßspannung $u(t)$ abgegriffen und dem Prüfling zugeführt werden.

Die Zündspannung, bei der die Kugelfunkenstrecke durchschaltet, wird durch den Abstand der beiden Kugeln eingestellt. Dadurch ist auch der Scheitelwert der erzeugten Stoßspannung $u(t)$ vorgegeben. Nach Entladung des Stoßkondensators C_s und Belastungskondensators C_b erlischt der Zündfunke, die Schaltfunkenstrecke FS öffnet und C_s kann wieder von der Gleichspannungsquelle über R_L aufgeladen werden. Die Höhe der Gleichspannung U_0 bzw. die Ladestromstärke bestimmt die Zündhäufigkeit der Schaltfunkenstrecke und damit die Impulsrate. Bei kleinen Stoßgeneratoren bis 10 kV sind anstelle der Schaltfunkenstrecke bevorzugt elektronische Schalter im Einsatz.

Die beiden Schaltungen in Abb. 4.12 unterscheiden sich voneinander durch die Lage des Entladewiderstandes R_e, der in Schaltung A hinter und in Schaltung B vor dem Dämpfungswiderstand R_d angeordnet ist. Während R_d hauptsächlich für die Aufladung von C_b und damit für die Stirnzeit T_1 der Stoßspannung entscheidend ist, wirkt sich R_e auf die Entladung von C_b und damit auf die Rückenhalbwertzeit T_2 aus. Aus den Grundschaltungen lassen sich die Gleichungen für den doppelexponentiellen Spannungsverlauf ableiten, mit denen die Kurvenform der erzeugten Blitz- oder Schaltstoßspannung berechnet wird (s. Abschn. 8.1).

Die unvermeidlichen Streukapazitäten und Induktivitäten der Schaltungselemente und Hochspannungszuleitungen sind in Abb. 4.12 nicht eingezeichnet. Sie lassen sich im erweiterten Ersatzschaltbild näherungsweise berücksichtigen (s. Abschn. 4.2.1.3). Die

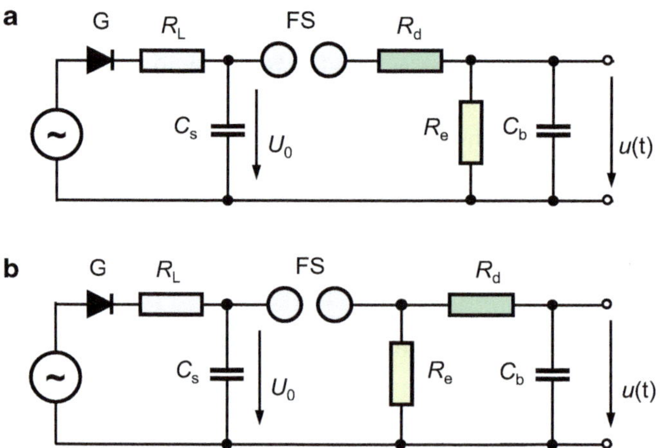

Abb. 4.12 Einstufige Grundschaltungen zur Erzeugung von Stoßspannungen **a** Grundschaltung A **b** Grundschaltung B

Impedanz des Prüflings wirkt ebenfalls auf den Schaltkreis zurück und beeinflusst mehr oder weniger die Kurvenform der erzeugten Stoßspannung.

Die maximal im Stoßkondensator C_s gespeicherte *Energie:*

$$W = \frac{1}{2} C_s U_0^2 \qquad (4.7)$$

kennzeichnet die Leistungsfähigkeit des Stoßspannungsgenerators. Der *Ausnutzungsgrad* η ist als Quotient aus dem Scheitelwert $\hat{u}$ der erzeugten Stoßspannung und der Ladespannung U_0 definiert:

$$\eta = \frac{\hat{u}}{U_0} = f\left(\frac{C_s}{C_b}\right). \qquad (4.8)$$

Zur Erzielung eines großen Ausnutzungsgrades und damit großen Scheitelwertes muss $C_s >> C_b$ sein. In der Schaltung B nach Abb. 4.12b mit $C_s = 5C_b$ ergibt sich z. B. $H \approx 0{,}8$ für eine Blitzstoßspannung 1,2/50. Der Ausnutzungsgrad von Schaltung B ist grundsätzlich größer als der von Schaltung A und für Blitzstoßspannungen größer als für Schaltstoßspannungen. Angaben zum Ausnutzungsgrad einer Stoßspannungsanlage werden als Diagramme vom Hersteller mitgeliefert.

4.2.1.1 Vervielfachungsschaltung

Die einstufigen Grundschaltungen nach Abb. 4.12 werden für Stoßspannungen bis maximal 300 kV realisiert. Mit der von E. Marx patentierten *Vervielfachungsschaltung* lassen sich relativ kompakte Generatoren für Blitz- und Schaltstoßspannungen – im englischsprachigen Raum auch als *Marx-Generatoren* bezeichnet – mit Scheitelwerten von bis zu mehreren Megavolt aufbauen [1.1]. Abb. 4.13 zeigt das Prinzip eines mehrstufigen Stoßspannungsgenerators, der aus n gleichen Stufen der Grundschaltung B aufgebaut ist. Das Prinzip der Vervielfachungsschaltung besteht darin, dass die einzelnen Stoßkondensatoren $C_s{}'$ jeder Stufe zunächst langsam über die Wechselspannungsquelle und die Gleichrichterschaltung G auf die Gleichspannung $U_0{}'$ aufgeladen und beim Zünden der Schaltfunkenstrecken schlagartig in Reihe geschaltet werden, sodass sich die einzelnen Stufenspannungen addieren zur Summenladespannung $nU_0{}'$. Der äußere Belastungskondensator C_b wird dann über die Reihenschaltung aller Dämpfungswiderstände $R_d{}'$ aufgeladen und über alle $R_e{}'$ und $R_d{}'$ wieder entladen. Im Vergleich zu der Grundschaltung nach Abb. 4.12b gilt $R_e = nR_e{}'$, $R_d = nR_d{}'$ und $C_s = C_s{}'/n$.

Im Einsatzbetrieb ist der Prüfling dem Belastungskondensator C_b parallel geschaltet. Der Einfluss unterschiedlicher Prüflingskapazitäten auf den Zeitverlauf der Stoßspannung wird klein gehalten, wenn der Generator mit einem möglichst großen C_b betrieben wird. Bei modularem Aufbau des Generators lassen sich einzelne Generatorstufen auch parallel schalten, was zwar zu einer reduzierten Stoßspannung aber besseren Anpassung an erhöhte Prüflingslasten führt.

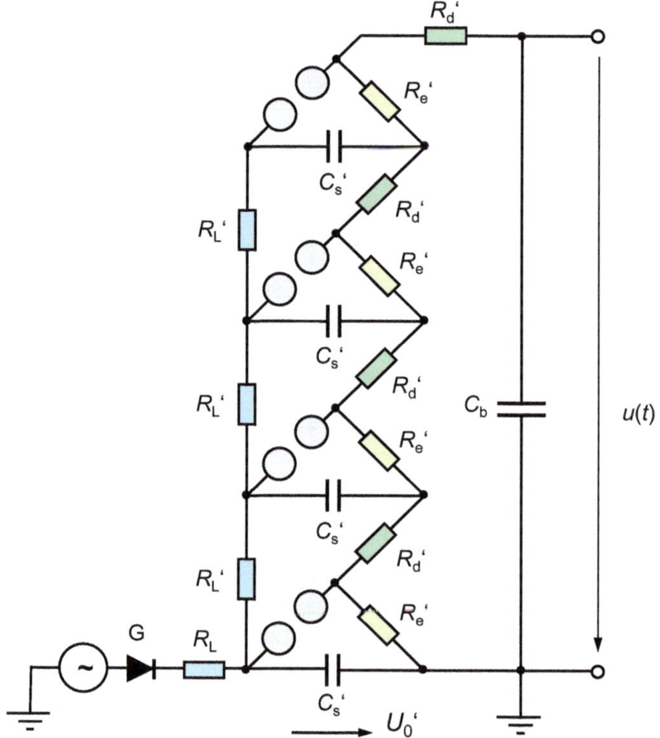

Abb. 4.13 Vervielfachungsschaltung von Grundschaltung B nach E. Marx zur Erzeugung von Stoßspannungen im Megavolt-Bereich

Andere Vervielfachungsschaltungen mit einer Modifikation oder Kombination beider Grundschaltungen sind ebenfalls im Einsatz. Stoßspannungsgeneratoren werden in der Regel mit austauschbaren Sätzen für die Widerstände und Kondensatoren zur Erzeugung von Blitz- und Schaltstoßspannungen geliefert. Beim Ladevorgang können äußere Entladungen auftreten, die sich – sofern erforderlich – durch verschiedene konstruktive Maßnahmen unterdrücken lassen. Abb. 4.14 zeigt zwei unterschiedliche Ausführungen von Stoßspannungsgeneratoren mit einer Summenladespannung von 3,2 MV bzw. 3 MV. Die einzelnen Generatorstufen sind deutlich erkennbar. Während Stoßspannungsgeneratoren in der Regel aus rechteckförmig aufgebauten Einzelstufen mit metallischem Rahmen bestehen (Abb. 4.14a), haben die Einzelstufen des Generators in Abb. 4.14b eine dreieckförmige Grundfläche mit isolierenden Seitenplatten [4.15]. Die Bestrebungen zu immer höheren Übertragungsspannungen, vor allem im asiatischen Raum, haben zur Entwicklung von Stoßgeneratoren mit weit höheren Bemessungsspannungen geführt. In [4.16] wird ein 24-stufiger Stoßspannungsgenerator mit einer Summenladespannung von 7,2 MV für das Freiluftprüffeld vorgestellt.

Abb. 4.14 Zwei Ausführungen von Stoßspannungsgeneratoren **a** Summenladespannung 3,2 MV, 320 kJ (HIGHVOLT Prüftechnik Dresden GmbH) **b** Summenladespannung 3 MV, 300 kJ (Haefely Test AG)

4.2.1.2 Betrieb des Stoßspannungsgenerators

Wichtige Voraussetzung für das einwandfreie Funktionieren der Vervielfachungsschaltung ist das sichere und zeitlich abgestufte Zünden der übereinander angeordneten Funkenstrecken. Hierzu wird die unterste Funkenstrecke mit einer geringfügig reduzierten Schlagweite betrieben, sodass sie etwas eher als die anderen Funkenstrecken durchzündet. Dies kann auch durch eine getriggerte Hilfsentladung erreicht werden. Beim Durchzünden der untersten Funkenstrecke liegt an der darüber liegenden Funkenstrecke kurzzeitig die doppelte Spannung an, die zum schnellen Durchzünden führt. Entsprechend werden die anderen Funkenstrecken gezündet. Weiterhin ist wichtig, dass durch Fotoemission beim Zünden einer Funkenstrecke ausreichend viele Anfangselektronen zum raschen Zünden der darüber liegenden Funkenstrecke erzeugt werden. Ein nicht optimales Zünden der einzelnen Generatorstufen verursacht bei kleiner Belastungskapazität C_b eine gedämpfte Schwingung in der Stirn der Stoßspannung mit einer Frequenz oberhalb von 1 MHz.

Mit steigender Stufenzahl eines Stoßspannungsgenerators ist bei kleinen Ladespannungen, d. h. bei weniger als 20 % der Summenladespannung, ein sicheres Durchzünden der Funkenstrecken nicht immer gewährleistet. Abhilfe bringt die gesteuerte Triggerung aller Funkenstrecken, die entweder elektrisch oder optisch mit potenzialfreien Laserquellen in besonders ausgeführten Generatoren erzielt wird. Stoßspannungsgeneratoren mit getriggerten Funkenstrecken sind erforderlich bei kombinierten Wechsel- und Stoßspannungsprüfungen, wobei die Stoßspannung bei definierter Phasenlage der Wechselspannung ausgelöst wird. Die Reproduzierbarkeit der Stoßspannung hängt auch ganz wesentlich von der Stabilität der Ladegleichspannung ab [4.17]. Beim Zünden der Funkenstrecken entstehen elektromagnetische Felder, die auf die Messeinrichtung einwirken und das Messergebnis beeinflussen können. Die Störeinflüsse lassen sich durch Schirmung der Messeinrichtung nur bedingt unterbinden (s. Abschn. 4.3.1.7 und 5.3.1.1).

Die Polarität der erzeugten Stoßspannung wird durch einfaches Umpolen des Gleichrichters G in Abb. 4.13 gewechselt. Nach einem Spannungsstoß oder bei Abbruch des Ladevorgangs können gefährlich hohe Restladungen auf den Kondensatoren verbleiben. Es genügt dann nicht, nur die Kondensatoren der untersten Stufen kurzzeitig zu erden, da diese sich anschließend wieder aufladen. Bei neueren Bauarten von Stoßspannungsgeneratoren werden nach dem Abschalten die Restladungen aller Kondensatoren automatisch über ein umlaufendes Metallband zur Erde abgeleitet. Die Stoßhäufigkeit eines Generators bei maximaler Ladespannung wird vom Hersteller auf ein oder zwei Stöße je Minute begrenzt, um die eingesetzten Bauelemente thermisch nicht zu überlasten.

Der Belastungskondensator C_b in der Generatorschaltung für Blitzstoßspannungen nach Abb. 4.13 – ebenso wie der Entladewiderstand R_e in Schaltung A – wird gelegentlich mit einem Niederspannungteil versehen und dann als kapazitiver bzw. ohmscher Stoßspannungsteiler eingesetzt. Damit lässt sich zwar die Generatorausgangsspannung, jedoch nicht die am Prüfling liegende Blitzstoßspannung messen. Hierfür ist die Reihenfolge Generator – Prüfling – Messteiler festgelegt (s. Abschn. 4.3.1.1). Auch ist das dynamische Verhalten des mit C_b gebildeten Spannungsteilers in der Regel ungenügend, da die erforderlichen Kapazitäten im Hoch- und Niederspannungteil nur mit Kondensatoren realisiert werden können, die große Induktivitäten aufweisen.

An Hand eines einfachen Ersatzschaltbildes für den Stoßspannungsgenerator wird in Abschn. 8.1 die Gleichung für die doppelexponentielle Stoßspannung abgeleitet. Die tatsächlich von den Generatoren erzeugten Stoßspannungen weichen jedoch mehr oder weniger stark vom berechneten Verlauf ab. Ursache ist der Einfluss der Prüflingslast und der Generatorelemente einschließlich Streukapazitäten und Induktivitäten auf die Kurvenform der Stoßspannung. Dadurch weist die erzeugte Stoßspannung im Bereich des Scheitels häufig ein unerwünschtes Überschwingen auf (s. Abschn. 4.2.1.3).

Die Beeinflussung der Impulsform kann mit unterschiedlichen Verfahren und Software zur Berechnung linearer Schaltkreise theoretisch untersucht werden. Ein Ziel ist, die Generatorschaltung zu optimieren und die Parameter der Stoßspannung innerhalb der zulässigen Toleranzen einzuhalten [4.18–4.22]. An Hand eines detaillierten Ersatzschaltbildes des Stoßspannungsgenerators lässt sich nach Eingabe der Werte für die Generatorelemente, Prüflingslasten, Streukapazitäten, Induktivitäten usw. der reale Verlauf der Stoßspannung berechnen [4.23]. Der umgekehrte Weg, für vorgegebene Werte der Zeitparameter T_1 und T_2 die Schaltungselemente des Stoßspannungsgenerators zu berechnen, wird in [4.24] beschritten. Eine weitere Variante besteht darin, nach Eingabe der Werte für T_1 und T_2 die entsprechende Stoßspannung zu berechnen und den Kurvenverlauf mithilfe eines D/A-Wandlers als analoge Spannung zu erzeugen [4.25].

Hohe Impulsspannungen in der Art von Schaltstoßspannungen lassen sich auch mit Prüftransformatoren erzeugen, die mit einem Spannungssprung erregt werden [4.26, 4.27]. In dem einen Verfahren wird die Ladung eines Kondensators, in dem anderen Verfahren die gleichgerichtete Netzwechselspannung im Scheitel auf die Niederspannungswicklung geschaltet. Die auf der Hochspannungsseite des Transformators entstehende Schaltstoßspannung weist je nach Beschaltung auf der Niederspannungsseite und Last einen anderen als den genormten Zeitverlauf auf, insbesondere sind die Scheitel- und Rückenhalbwertzeiten länger.

4.2.1.3 Überschwingen der erzeugten Stoßspannung

Die großen Abmessungen eines Stoßspannungsgenerators beinhalten unvermeidliche Induktivitäten L_S und Streukapazitäten C_e, die zusammen mit der Kapazität C_P des angeschlossenen Prüflings den Verlauf der erzeugten Stoßspannungen, insbesondere den von Blitzstoßspannungen, beeinflussen. Abb. 4.15 zeigt ein einfaches Ersatzschaltbild der Generatorschaltung B mit der zusätzlichen Induktivität L_S und der resultierenden Kapazität $C_b^* = C_b + C_e + C_P$. Mit zunehmender Größe des Generators, Prüflings und Spannungsteilers sowie Länge der Hochspannungszuleitungen wird auch L_S größer. Typische Werte für L_S liegen zwischen 20 µH und 150 µH. Wegen der Induktivität erzeugt der Generator eine Blitzstoßspannung, die im Bereich des Scheitels von einer gedämpft abklingenden Schwingung überlagert ist (s. Abschn. 4.1.1.2). Insbesondere bei kurzen Stirnzeiten ist mit einem deutlichen Überschwingen im Scheitel zu rechnen, da sich wegen des verringerten Dämpfungswiderstandes R_d die Induktivitäten im Prüfkreis stärker auswirken. Ein besonders großes Überschwingen in der Größenordnung von $\beta = 20\ \%$ und mehr tritt bei der Prüfung von Transformatoren auf.

In Modellrechnungen wird der Einfluss von R_d, L_S und C_b^* auf das Überschwingen β und die Stirnzeit T_1 ausführlich untersucht und grafisch dargestellt [4.28]. Grundsätzlich nimmt β mit steigender Induktivität L_S zu, was mit größeren Werten von R_d und C_b^* zumindest teilweise kompensiert werden kann. Andererseits wächst die Stirnzeit T_1 mit zunehmendem R_d und nimmt mit größer werdendem C_b^* ab. Es gibt daher kritische Werte R_d, L_S und C_b^*, für die zwar der vormals zulässige IEC-Grenzwert $\beta \leq 5\ \%$ eingehalten wird, aber T_1 oberhalb der zulässigen IEC-Toleranzgrenze von 1,56 µs liegt.

Abb. 4.15 Einfaches Ersatzschaltbild eines Stoßspannungsgenerators mit Streuinduktivität L_S und Kapazität $C_b^* = C_b + C_e + C_P$

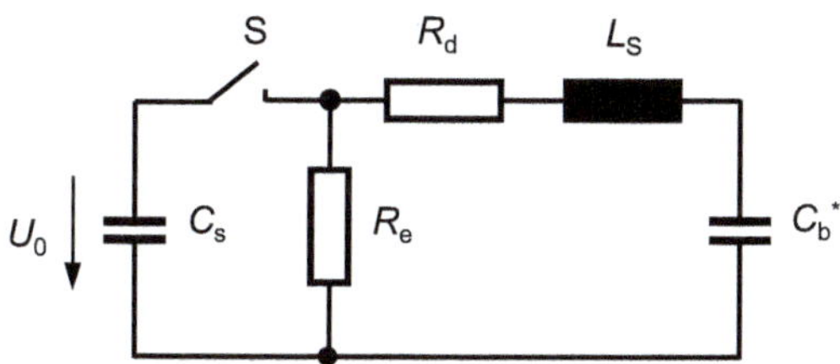

Eine vergleichbare Studie für die Generatorschaltung A mit Induktivität L_S findet man in [4.29].

Die Induktivität eines Stoßspannungsgenerators lässt sich in einer einfachen Schaltung näherungsweise bestimmen. Hierzu wird der Prüfkreis am Generatorausgang durch einen senkrechten Draht ersetzt und der Generator mit kurzgeschlossenen Funkenstrecken und Frontwiderständen zum Schwingen angeregt. Aus der Schwingungskreisfrequenz ω und der Summe der Stoßkondensatoren C_0 berechnet sich die Gesamtinduktivität der gesamten Schaltung zu $L = 1/\omega^2 C$. Nach Abzug der Induktivität der senkrechten Leitung, etwa 1 μH/m, erhält man die Induktivität des Generators [4.30].

Ein Überschwingen β der Blitzstoßspannung im Scheitel bedeutet entsprechend Abschn. 4.1.1.2 eine erhöhte Beanspruchung des Prüflings. Dies wird zwar bei der Datenauswertung der aufgezeichneten Stoßspannung mit der frequenzabhängigen Prüfspannungsfunktion $k(f)$ berücksichtigt (s. Abschn. 4.1.1.2.3), jedoch ist es grundsätzlich besser, das Überschwingen durch geeignete Schaltungsmaßnahmen von vornherein zu unterbinden oder zumindest auf zulässige Werte zu begrenzen, sonst darf das Filterverfahren gar nicht angewendet werden. Eine einfache Maßnahme zur Reduzierung der Schwingung stellt die Vergrößerung des Dämpfungswiderstandes R_d dar, jedoch wird dadurch die Stirnzeit T_1 der erzeugten Stoßspannung länger und liegt dann möglicherweise außerhalb der zulässigen Toleranz. Außerdem stellt die Messung des Überschwingens höhere Anforderungen an das dynamische Verhalten des Messsystems. Bei zu geringer Bandbreite wird das Überschwingen nicht richtig aufgezeichnet, sodass der Wert der Prüfspannung zu gering gemessen wird.

Eine wirksame Reduzierung des Überschwingens bewirkt die *serielle Kompensationsschaltung* mit R_C, L_C und C_C, die erstmals in [4.31] vorgeschlagen und erfolgreich zur Reduzierung eines starken Überschwingens in der Prüfpraxis eingesetzt wurde (Abb. 4.16). Eine Verringerung des Überschwingens erzielt man ebenfalls mit der *parallelen Kompensationsschaltung*, bei der R_C, L_C und C_C in Serie parallel zum Belastungskondensator C_b geschaltet sind [4.32, 4.33]. Modellrechnungen und Messungen zeigen, dass mit beiden Kompensationsschaltungen selbst ein großes Überschwingen auf den vormals zulässigen Wert $\beta \leq 5\,\%$ reduziert werden kann. Hierbei ist

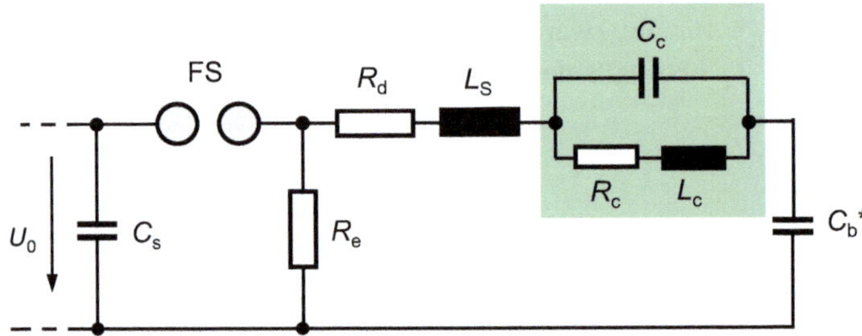

Abb. 4.16 Stoßspannungsgenerator in Schaltung A mit serieller Kompensationsschaltung R_C, L_C und C_C zur Reduzierung des Überschwingens von Blitzstoßspannungen

jedoch mit einer Beeinflussung der Stirnzeit T_1 zu rechnen, die dann möglicherweise außerhalb des zulässigen IEC-Toleranzbereichs liegt. Bei der Interpretation der Ergebnisse wird in [4.32] eine Reihe von Vorteilen für die Serienschaltung herausgestellt, während nach [4.33] beide Kompensationsschaltungen gleichwertig sind. Die Ausführung von Kompensationsschaltungen für unterschiedliche Prüflinge im UHV-Bereich ist allerdings zeit- und kostenaufwendig, sodass nach anderen Wegen zur Reduzierung des Überschwingens gesucht wird.

Die verstärkte Hinwendung zu deutlich höheren Übertragungsspannungen, insbesondere im asiatischen Raum, ist in der Fassung von IEC 60060 (2010) nicht berücksichtigt. Im Hinblick auf zukünftige Prüfbestimmungen wird deshalb in den zuständigen Arbeitskreisen intensiv über die Festlegung erweiterter Grenzwerte für das Überschwingen β und die Stirnzeit T_1 diskutiert. Die Auswertung umfangreicher experimenteller Untersuchungen zum Durchschlag von Prüfanordnungen mit SF_6-, Luft- und Ölisolierungen bei Stoßspannung zeigt, dass die 50-%-Durchschlagspannung nur geringfügig von der Stirnzeit im Bereich $1,2\ \mu s \leq T_1 \leq 4,8\ \mu s$ beeinflusst wird [4.34]. Für den UHV-Bereich könnte somit ein größerer als der bisher für die Stirnzeit T_1 festgelegte Grenzwert von 1,56 µs zugelassen werden. Der Vorteil hierbei ist, dass sich ein großes Überschwingen β im Scheitel durch einfaches Erhöhen des Dämpfungswiderstandes R_d auf den zulässigen Wert reduzieren lässt, solange die Stirnzeit unter 4,8 µs bleibt. Eine aufwendige Kompensationsschaltung wäre dann entbehrlich.

4.2.1.4 Rückenhalbwertzeit bei kleiner induktiver Last

Bei der Stoßspannungsprüfung von Prüflingen mit einer Induktivität L_b von weniger als 40 mH, z. B. Drosseln und Niederspannungswicklungen von Leistungstransformatoren, ergibt sich für die Rückenhalbwertzeit ein Wert, der deutlich unter der zulässigen unteren Toleranzgrenze von 40 µs liegt. Außerdem ist der Rücken der Blitzstoßspannung von einer Schwingung überlagert, sodass ein Durchschwingen unter null auftreten kann. Im einfachen Ersatzschaltbild des Generators (s. Abb. 4.15) liegt die Induktivität L_b des Prüflings parallel zur resultierenden Kapazität $C_b{}^*$. Für verschiedene Varianten der Ersatzschaltung mit und ohne Streuinduktivität L_S werden in [4.35] die Lösungen der Differentialgleichungen höherer Ordnung abgeleitet und Diagramme zur Dimensionierung der Generatorschaltung angegeben, um Blitz- und Schaltstoßspannungen innerhalb der zulässigen Toleranzen erzeugen zu können.

Die Verkürzung der Rückenhalbwertzeit von Blitzstoßspannungen lässt sich nach [4.36, 4.37] weitgehend kompensieren, indem in Abb. 4.15 eine Induktivität L_p parallel zum Dämpfungswiderstand R_d geschaltet wird. Eine sehr kleine Prüflingsinduktivität $L_b < 4$ mH erfordert zusätzlich zur Induktivität L_p einen Widerstand $R_p = R_d L_b / L_p$ parallel zum Belastungskondensator $C_b{}^*$ [4.37]. Eine ausführliche theoretische und experimentelle Behandlung beider Schaltungsvarianten für Transformatorprüfungen findet man in [4.38]. Ein weiterer Beitrag befasst sich mit der Reduzierung von Schwingungen im Scheitel von Blitzstoßspannungen mit Hilfe der in Abb. 4.16 gezeigten Kompensationsschaltung [4.39].

4.2.2 Erzeugung von schwingenden Stoßspannungen

Schwingende Blitz- und Schaltstoßspannungen (s. Abb. 4.10) werden in der Regel mit Stoßspannungsgeneratoren erzeugt, bei denen der Dämpfungswiderstand R_d in der Grundschaltung nach Abb. 4.12b durch eine Induktivität L_S ersetzt ist. Die schwingende Stoßspannung wird durch Triggerung der Funkenstrecke FS des Stoßspannungsgenerators ausgelöst. Die Eigenfrequenz f_0 der erzeugten Schwingung berechnet sich zu [1.5]:

$$f_0 = \frac{1}{2\pi\sqrt{L_S \frac{C_s C_b^*}{C_s + C_b^*}}}, \tag{4.9}$$

wobei L_S die Streuinduktivität der Generatorschaltung einschließt und $C_b^* = C_b + C_e + C_p$ die resultierende Kapazität aus Belastungskondensator, Erdkapazität und Prüfling ist. Die Dämpfung der schwingenden Stoßspannung wird durch den Entladewiderstand R_e und den ohmschen Verlusten der Generatorschaltung bestimmt.

Anforderungen an schwingende Stoßspannungen sind in IEC 60060-3 [2.3] festgelegt. Die Schwingungsfrequenzen liegen zwischen 15 kHz und 400 kHz bei Blitzstoßspannungen und 1 kHz bis 15 kHz bei Schaltstoßspannungen. Durch die überlagerte Schwingung ergeben sich erhöhte Werte für den auf den Scheitelwert bezogenen Ausnutzungsgrad η, der 1,7...1,8 bei Blitzstoßspannungen und 1,3...1,4 bei Schaltstoßspannungen beträgt. Schwingende Stoßspannungen werden daher bevorzugt für Vor-Ort-Prüfungen eingesetzt. Die eingesetzten mobilen Generatoren sind deutlich kleiner als die konventionellen Anlagen zur Erzeugung aperiodischer Stoßspannungen. Schwingende Schaltstoßspannungen können bei entsprechender Beschaltung auf der Primärseite auch mit Prüftransformatoren erzeugt werden [1.5, 4.40].

4.2.3 Erzeugung von abgeschnittenen Stoßspannungen

Abgeschnittene Stoßspannungen lassen sich mit Hilfe einer *Kugelfunkenstrecke*, die parallel zum Belastungskondensator C_b des Stoßspannungsgenerators angeschlossen ist, erzeugen. Für ein reproduzierbares Abschneiden im Rücken von Stoßspannungen ist eine getriggerte Funkenstrecke erforderlich. In der Stirn abgeschnittene Stoßspannungen können ohne Triggerung erzeugt werden, wenn die Kugelfunkenstrecke mit UVC-Licht bestrahlt ist. Durch die UVC-Bestrahlung der Durchschlagstrecke entstehen ausreichend viele Anfangselektronen zum Zünden der Funkenstrecke, wodurch die Reproduzierbarkeit der Abschneidung verbessert wird. Die so erzielte Reproduzierbarkeit dürfte für die meisten Anwendungen, unter anderem auch zur Kalibrierung der Messsysteme mit abgeschnittenen Stoßspannungen, ausreichend sein. Zur Erzielung unterschiedlicher Steilheiten der Stoßspannung mit gleichem Scheitelwert muss der Abstand der Kugelfunkenstrecke nachgestellt werden. Die atmosphärischen Umgebungsbedingungen beeinflussen ebenfalls das Zündverhalten der Funkenstrecke und damit den Scheitelwert (s. Abschn. 4.3.6).

Zur Erzeugung abgeschnittener Stoßspannungen von mehr als 600 kV wird in [4.41] der Einsatz einer Mehrfachfunkenstrecke vorgestellt. Sie besteht aus n Kugelfunkenstrecken, die übereinander angeordnet sind und mit Hilfe eines parallel geschalteten n-stufigen Spannungsteilers aus Widerständen oder Kondensatoren die gleiche Potenzialdifferenz erhalten. Die Zündung der Mehrfachfunkenstrecke wird eingeleitet durch Triggerung der untersten zwei oder drei Funkenstrecken. Beim Durchzünden entstehen Überspannungen im Spannungsteiler, wodurch die oberen Funkenstrecken ebenfalls sicher durchzünden. Die Triggerung kann elektronisch oder mit Laserimpulsen erfolgen. Zur Erzielung eines sehr schnellen Spannungszusammenbruchs werden gasgefüllte Kugelfunkenstrecken oder Mehrfach-Plattenfunkenstrecken verwendet.

4.2.4 Erzeugung von Steilstoßspannungen

Selbst mit konventionellen Stoßspannungsgeneratoren in niederinduktiver Ausführung lassen sich Stoßspannungen nur mit einer Steilheit von maximal 2,5 kV/ns erzeugen. Größere Steilheiten sind wegen der unvermeidlichen Eigeninduktivitäten der Generatorelemente von mehr als 1 µH je Stufe und der Zuleitungen nicht direkt zu erzielen. Zur Erzeugung von *Steilstoßspannungen* mit deutlich größeren Steilheiten wird in [4.42] der 1-MV-Stoßspannungsgenerator *1* in Verbindung mit einem *Nachkreis 2* betrieben (Abb. 4.17). Der Stoßkondensator C_1 mit einer Kapazität von (1…2) nF liegt in Reihe mit einem Teil des Dämpfungswiderstandes R_1. Für C_1 werden HF-Keramikkondensatoren und für $R_1{'}$ und R_1 Massewiderstände in Serienparallelschaltung eingesetzt, um die Eigeninduktivität L_S des Nachkreises auf (2…3) µH zu begrenzen.

Der Nachkreis ist so dimensioniert, dass im Scheitel der Blitzstoßspannung u_1 die schnelle Mehrfach-Plattenfunkenstrecke FS durchzündet und den kapazitiven Prüfling $C_2 = (0,1…0,2)C_1$ rasch auflädt. Die Ausgangsspannung u_2 steigt dadurch innerhalb von

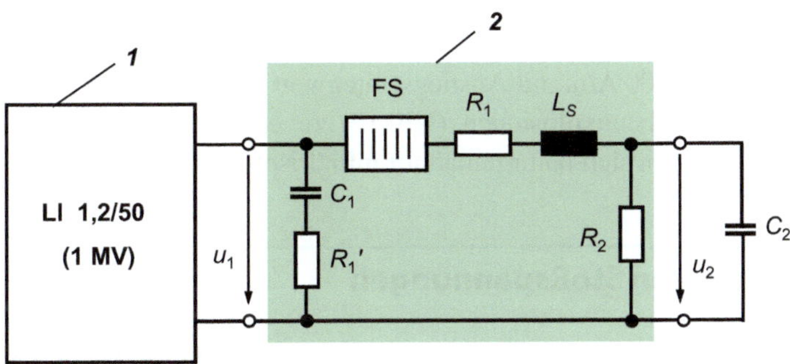

Abb. 4.17 Erzeugung von Steilstoßspannungen mit einem Stoßspannungsgenerator *1* und dem Nachkreis *2* mit Mehrfachplattenfunkenstrecke FS

20 ns bis auf maximal 700 kV an und nimmt anschließend je nach Dämpfungswiderstand R_2 mehr oder weniger schnell wieder ab (s. Abb. 4.11). Mit einer zusätzlich am Ausgang des Nachkreises angeschlossenen Abschneidefunkenstrecke lässt sich die Steilstoßspannung im Rücken abschneiden, sodass ein annähernd rechteckförmiger Zeitverlauf entsteht.

Nicht nur in der Hochspannungs-Prüfpraxis, sondern in vielen Bereichen der Physik und auch im Militärbereich sind verschiedene Varianten der Prinzipschaltung nach Abb. 4.17 zu erkennen. Einen Überblick über die Prüf- und Messtechnik bei Steilstoßspannungen findet man in [4.43]. Bei sorgfältigem, meist koaxialem Aufbau lassen sich Scheitelwerte bis 1 MV, Anstiegszeiten bis hinunter zu einigen Nanosekunden und Steilheiten in der Größenordnung von 100 kV/ns erzielen [4.44–4.49]. Mit einem Nachkreis in metallgekapselter Ausführung lassen sich auch SF_6-isolierte Prüflinge mit sehr steilen Impulsspannungen prüfen [1.5].

Steilstoßspannungen können ebenfalls mit explodierenden Drähten als Schalter erzeugt werden [4.50, 4.51]. Zur Erzeugung großer Steilstoßspannungen liegt der Kupferdraht am Ausgang eines Stoßspannungsgenerators und wird durch eine Blitzstoßspannung explosionsartig zum Schmelzen gebracht. In Verbindung mit den Kreisinduktivitäten und -kapazitäten entsteht eine Steilstoßspannung, deren Scheitelwert und Zeitparameter durch die Länge und den Durchmesser des Drahtes bestimmt sind. Der Scheitelwert der durch die Drahtexplosion erzeugten Steilstoßspannung kann dabei ein Mehrfaches der Summenladespannung des Generators betragen. Die maximal erreichbare Spannungssteilheit beträgt 10 kV/ns. Die Anordnung mit dem explodierenden Draht wird auch dazu benutzt, einen Stoßstrom mit steilem Anstieg in einen Prüfling zu kommutieren, der parallel zum Draht und dem Stoßspannungsgenerator liegt.

In Prüfanordnungen zum Nachweis der elektromagnetischen Verträglichkeit elektronischer Geräte oder zur Untersuchung der Abschirmwirkung von Elektronikschaltschränken ist an den Nachkreis in Abb. 4.17 ein horizontaler Streifenleiter angeschlossen, sodass zwischen dem Streifenleiter und der Erde ein pulsförmiges elektromagnetisches (EMP-) Feld entsteht. Die Streifenleiteranordnung kann je nach Einsatz große Dimensionen aufweisen, sodass sich ganze Baugruppen bis hin zum Verteilerschrank der Energieversorgung oder Kraftfahrzeug prüfen lassen. Mit der in [4.52] beschriebenen EMP-Prüfanlage lassen sich elektrische und magnetische Feldstärken von bis zu 200 kV/m bzw. 500 A/m mit Anstiegszeiten von 5 ns erzielen. Vergleichbare Werte sind bei nuklearen Höhenexplosionen (NEMP) zu erwarten. Die größten EMP-Prüfanlagen dieser Art finden sich naturgemäß im militärischen Bereich.

4.3 Messung von Stoßspannungen

Zur konventionellen Messung von Stoßspannungen im Prüffeld werden vorwiegend Messsysteme mit *Stoßspannungsteiler* verwendet. Aufgabe des Spannungsteilers ist, an seinen Ausgangsklemmen ein maßstabsgetreu verkleinertes Abbild der Stoßspannung bereitzustellen, das vom Messgerät erfasst und ausgewertet werden kann. Als Messgerät auf der Niederspannungsseite werden überwiegend *Digitalrecorder* (s. Kap. 7) mit rechnergestützter Datenauswertung der aufgezeichneten Stoßspannungsverläufe eingesetzt. Zur Spannungsmessung sind gelegentlich auch *Kugelfunkenstrecken* im Einsatz, deren Durchschlagspannungen in Abhängigkeit vom Kugeldurchmesser und -abstand bis in den 2-MV-Bereich genormt sind. Sie werden hauptsächlich zum Linearitätsnachweis eines Stoßspannungsteilers verwendet.

Die Tendenz zu immer höheren Übertragungsspannungen, vor allem im außereuropäischen Bereich, bereitet zunehmend Schwierigkeiten bei der Entwicklung von Stoßspannungsteilern mit entsprechend hohen Bemessungsspannungen. Eine andere Messmöglichkeit bieten *kapazitive Feldsonden,* die frei angeordnet oder ortsfest eingebaut sind und das elektrische Feld der Prüfspannung erfassen. Die auf elektrooptischen Effekten beruhenden *Pockels-* und *Kerr-Zellen,* die die Wirkung des elektrischen Feldes auf die optischen Eigenschaften von Kristallen und anderen Stoffen ausnutzen, werden in Abschn. 6.1 behandelt.

4.3.1 Messsysteme mit Stoßspannungsteiler

Messsysteme mit ohmschen, kapazitiven oder ohmsch-kapazitiven Spannungsteilern werden für Stoßspannungsmessungen bis zu mehreren Megavolt eingesetzt. Für Sonderaufgaben sind auch Spannungsteiler mit wässrigen Lösungen im Einsatz. Die einzelnen Komponenten und allgemeinen Eigenschaften eines Stoßspannungsmesssystems werden in diesem Abschnitt behandelt. Wichtige Eigenschaften eines Stoßspannungsteilers sind die Linearität bis zur maximalen Einsatzspannung und die dynamischen Eigenschaften. Auf die Bedeutung der *Sprungantwort,* mit der das Übertragungsverhalten eines Spannungsteilers für schnellveränderliche Impulsspannungen berechnet werden kann, wird eingegangen. Stoßspannungsteiler einschließlich der Streukapazitäten zur Erde lassen sich im *Kettenleiterersatzschaltbild* darstellen und hinsichtlich der Sprungantwort berechnen. Besondere Bedeutung kommt den genauen *Referenzmesssystemen* zu, mit denen die in der Prüfpraxis eingesetzten anerkannten Messsysteme kalibriert werden. Einige Beispiele für den Aufbau und die Eigenschaften von Stoßspannungsteilern zur Messung schnellveränderlicher Impulsspannungen, darunter ohmsche, gedämpft kapazitive und Flüssigkeitsteiler, sind in [4.53] zusammengestellt.

4.3.1.1 Grundsätzliche Anordnung des Prüf- und Messkreises

Der grundsätzliche Aufbau eines Stoßspannungsprüfkreises besteht aus dem Stoßspannungsgenerator *1* mit Belastungskondensator C_b, Prüfling *2,* Messsystem *3* mit Dämpfungswiderstand R_d, Messgerät M und den unvermeidlichen Hochspannungszuleitungen (Abb. 4.18). Das Messsystem *3* mit seiner Hochspannungszuleitung ist so angeordnet, dass es die am Prüfling *2* anliegende Stoßspannung misst. Gelegentlich wird der Belastungskondensator C_b mit einem Niederspannungskondensator ergänzt und

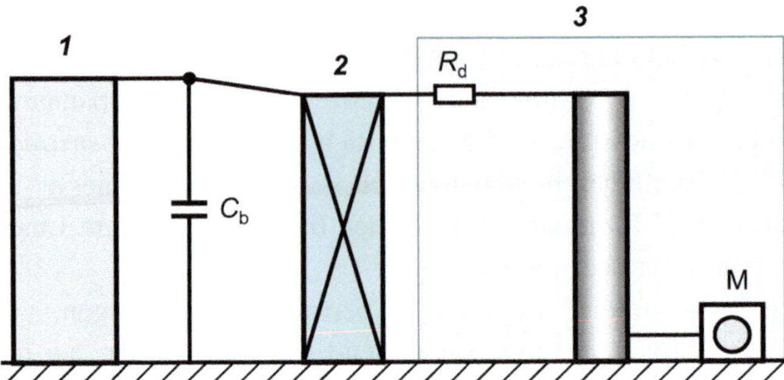

Abb. 4.18 Stoßspannungsprüf- und -messkreis (schematisch) *1* Generator *2* Prüfling *3* Messsystem

als Messteiler mit einem Messgerät verwendet. Das separate Messsystem *3* ist damit scheinbar entbehrlich. In dieser Anordnung ist jedoch der Messteiler zwischen Generator *1* und Prüfling *2* positioniert und eine in dieser Position gemessene Blitzstoßspannung kann von der am Prüfling anliegenden Prüfspannung abweichen. Außerdem zeigt der Belastungskondensator meist ein unbefriedigendes Übertragungsverhalten. Die Messschaltung mit C_b im Spannungsteiler ist daher zur Messung von Blitzstoßspannungen nicht konform mit den Prüfbestimmungen [2.2]. Diese Einschränkung gilt nicht für die Messung von Schaltstoßspannungen.

4.3.1.2 Komponenten eines Stoßspannungsmesssystems

Das vollständige *Stoßspannungsmesssystem* besteht aus mehreren Komponenten (Abb. 4.19). Der konventionelle Stoßspannungsteiler *1* weist in der Regel einen ungeschirmten *Hochspannungsteil* und einen geschirmten *Niederspannungsteil* auf. Als Bauelemente werden Widerstände oder Kondensatoren oder eine Kombination davon verwendet, die in Reihen- oder Parallelschaltung angeordnet sind. Am Teilerkopf sind eine oder mehrere *Toruselektroden 2* zur Feldsteuerung angebracht. Feldberechnungen zeigen, dass das elektrische Feld am Teilerkopf ein Maximum aufweist. Durch kapazitive Kopplung der Toruselektrode(n) wird das elektrische Feld in der Umgebung des Teilerkopfes vergleichmäßigt und der Einfluss der Hochspannungszuleitung *3* verringert. Die Zuleitung *3* besteht im einfachsten Fall aus einem Metalldraht oder, zur Verringerung der Leitungsinduktivität, aus einem leitenden Rohr, Band oder Schlauch. Die Länge der Zuleitung entspricht annähernd der Teilerhöhe. Der externe *Dämpfungswiderstand 4* dämpft Oszillationen im Signalverlauf, die zum einen durch Reflexionen von Wanderwellen auf der Hochspannungszuleitung und zum anderen durch schwingungsfähige LC-Komponenten des Messkreises verursacht werden [4.54–4.57].

Zur Vermeidung von Überschlägen soll der Stoßspannungsteiler einschließlich Kopfelektrode, Hochspannungszuleitung und Dämpfungswiderstand einen Abstand zu Wänden und benachbarten Objekten aufweisen, der mindestens seiner Bauhöhe entspricht. Richtwerte hierfür sind 3 m bei 1 MV Blitzstoßspannung und 5 m bei 1 MV

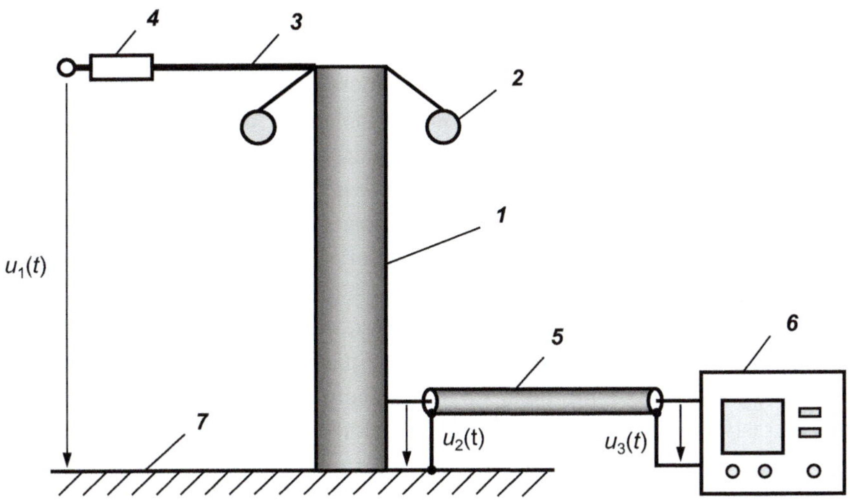

Abb. 4.19 Komponenten eines Stoßspannungsmesssystems (ohne Kabelabschlusswiderstand) *1* Spannungsteiler *2* Toruselektrode *3* Hochspannungszuleitung *4* Dämpfungswiderstand *5* Koaxiales Messkabel *6* Digitalrecorder *7* Erdrückleiter zum Stoßgenerator

Schaltstoßspannung. Bei diesen Mindestabständen kann allerdings durch den *Näheeffekt* bereits eine Beeinflussung der Messung eintreten (s. Abschn. 10.3.10).

Wird an den Spannungsteiler die Stoßspannung $u_1(t)$ angelegt, entsteht am Ausgang des Teilers die maßstäblich verkleinerte Spannung $u_2(t)$, die über das Messkabel 5 dem Messgerät 6 als Eingangsspannung $u_3(t)$ zur Auswertung zugeführt wird. Zur wellenmäßigen Anpassung wird am Anfang oder Ende des meist längeren koaxialen Messkabels 5 ein Widerstand gleich dem Kabelwellenwiderstand angeordnet. Dadurch können die bei schnellveränderlichen Messsignalen auftretenden Reflexionsvorgänge unterbunden werden. Der Spannungsteiler ist auf dem niederinduktiven Erdflächenleiter 7 in der Prüfhalle zusammen mit dem Prüfling und dem Stoßgenerator aufgebaut. Das geschirmte Messgerät 6 befindet sich üblicherweise in einem gesonderten Mess- und Beobachtungsraum, der dem Bedienpersonal den Blick in die Prüfhalle ermöglicht. Die Spannungen $u_2(t)$ und $u_3(t)$ sollen ein maßstabsgetreues Abbild der Stoßspannung $u_1(t)$ sein. Abweichungen hiervon werden durch die Qualität der Messeinrichtung bestimmt und sind durch Grenzwerte in den Prüfnormen festgelegt.

Die Bauelemente (Widerstände, Kondensatoren) des Hochspannungsteils sind in einem Isolierzylinder aus Hartpapier, Plexiglas oder glasfaserverstärktem Kunststoff untergebracht, der damit sowohl für die mechanische Stabilität als auch für die elektrische Festigkeit maßgebend ist. Zur Verbesserung der Überschlagfestigkeit im Innern und der Wärmeabfuhr nach außen bei Dauerbelastung sind Stoßspannungsteiler mitunter mit Isoliergas unter erhöhtem Druck oder mit Isolieröl gefüllt. Stoßspannungsteiler für höhere Spannungen sind in der Regel modular aufgebaut mit mehreren gleichen, übereinander montierten Einheiten von je 1 m bis 2 m Bauhöhe. Die minimale Gesamthöhe ist durch die Überschlagspannung des Isolierzylinders bestimmt.

Bei einigen Spannungsteilern ist eine Toruselektrode außer am Teilerkopf auch am Teilerfuß vorhanden. Beide Toruselektroden können so dimensioniert sein, dass sie wie ein äußerer Überspannungsableiter wirken und bei Überschreiten der Bemessungsspannung den Überschlag einleiten. Dadurch wird zwar der Spannungsteiler selbst geschützt, aber nicht der am Anfang der Hochspannungszuleitung angeordnete externe Dämpfungswiderstand *4,* über den der gesamte Kurzschlussstrom fließen würde.

Für besondere Messaufgaben werden kleinere Stoßspannungsteiler mit Bemessungsspannungen von bis zu einigen 100 kV eingesetzt, die zwecks vollständiger Schirmung in einem Metallgehäuse untergebracht. Größere Spannungsteiler sind in der Regel nicht vollkommen geschirmt. Wird dennoch von einem *geschirmten Stoßspannungsteiler* gesprochen, ist damit meistens ein Spannungsteiler mit großen Toruselektroden am Teilerkopf und Teilerfuß gemeint. Deren Schirmwirkung ist jedoch begrenzt, insbesondere gegen hochfrequente Störungen, wie sie z. B. beim Zünden von Funkenstrecken entstehen.

4.3.1.2.1 Hochspannungszuleitung

Die annähernd horizontal angeordnete Hochspannungszuleitung verbindet den Spannungsteiler mit dem Prüfling. Diese Zuleitung und die in der Regel ebenfalls vorhandene Kopfelektrode des Spannungsteilers tragen zur Erdkapazität bei. Ein dünner Draht mit dem Durchmesser d und der Länge l, der in großer Höhe h horizontal über Erdpotential verläuft, hat unter der Voraussetzung $(4h)^2 >> l^2$ die Erdkapazität [9.2]:

$$\boxed{C_{e,h} = \frac{2\pi\varepsilon_0 l}{\ln\left(\frac{2l}{d}\right)}} \qquad (4.10)$$

Die Erdkapazität $C_{e,h}$ einer langen Zuleitung ist demnach nicht von der Höhe h und nur geringfügig vom Durchmesser d des Drahtes bzw. Rohres mit $d < l$ abhängig. Für eine rohrförmige Zuleitung mit der Länge $l = 1$ m und einem Durchmesser $d = 2$ cm ergibt sich nach Gl. (4.10) eine Erdkapazität von 12 pF. Da Gl. (4.10) gleichfalls für gebogene Drähte und Rohre mit nicht zu kleinem Biegeradius gilt, lässt sich damit auch die Erdkapazität von Toruselektroden abschätzen. Hochspannungszuleitung und Toruselektrode weisen außerdem Streukapazitäten zum Spannungsteiler auf. Dieser Einfluss der Toruselektrode wird direkt zur Feldsteuerung ausgenutzt, um die hohe Feldstärke am Teilerkopf zu verringern.

In einer der Messschaltungen für die Sprungantwort von Spannungsteilern gibt es außer der horizontalen auch eine vertikale Zuleitung (s. Abb. 9.16b). Die Erdkapazität C_e der vertikalen Zuleitung, deren unteres Ende sich nur wenig über dem Erdboden befindet, ist näherungsweise durch Gl. (4.16) bestimmt. Die Kapazitäten der horizontalen und vertikalen Zuleitungen sind demnach nicht sehr verschieden.

Weiterhin hat die horizontale Hochspannungszuleitung eine Induktivität [9.2]:

$$L_h = \frac{\mu_0 l}{2\pi} \ln \frac{4h}{d}.$$

(4.11)

Eine Zuleitung mit $d = 2$ cm Durchmesser, die sich in $h = 1{,}5$ m Höhe über dem Erdboden befindet, hat demnach eine auf die Länge bezogene Induktivität $L_h = 1{,}14$ µH/m.

Für eine unendlich lange horizontale Hochspannungszuleitung mit dem Durchmesser d in cm und der Höhe h in m über einer geerdeten Fläche ist der *Wellenwiderstand* bestimmt durch:

$$Z = \sqrt{\frac{L'}{C'}} = \frac{1}{2\pi} \sqrt{\frac{\mu_0}{\varepsilon_0}} \ln \frac{4h}{d} \approx 60 \ln \frac{4h}{d} \quad \Omega,$$

(4.12)

wobei L' und C' die auf die Länge bezogene Induktivität bzw. Erdkapazität der Zuleitung sind. Demnach steigt der Wellenwiderstand nur geringfügig mit der Höhe h der horizontalen Zuleitung, also mit der Größe des Spannungsteilers, an.

4.3.1.2.2 Dämpfungswiderstand

Der externe Dämpfungswiderstand R_d am Anfang der Hochspannungszuleitung (s. Abb. 4.19) hat, wie bereits angegeben, zwei Aufgaben: Vermeidung der hochfrequenten Wanderwellenvorgänge auf der Zuleitung infolge von Reflexionen sowie Dämpfung der Schwingungen, die durch Induktivitäten und Kapazitäten im Hochspannungskreis entstehen. Der Einfluss von Dämpfungswiderständen auf den Zeitverlauf der Sprungantwort verschiedener Stoßspannungsteiler wird in [4.58] gezeigt. Ein optimierter Wert für den reflexionsfreien Leitungsabschluss lässt sich aus dem Wellenwiderstand der idealisierten Hochspannungszuleitung abschätzen. Für eine unendlich lange Leitung mit $h = 1{,}5$ m und $d = 2$ cm berechnet sich der Wellenwiderstand zu $Z = 342\ \Omega$. Von den Abmessungen her entspräche dies der horizontalen Hochspannungszuleitung eines 500-kV-Stoßspannungsteilers.

4.3.1.2.3 Messkabel und Wellenabschluss

Als *Messkabel 5* vom Teilerausgang zum Messgerät werden einfach oder doppelt geschirmte Koaxialkabel verwendet (s. Abb. 4.19). Bei schnellveränderlichen Messsignalen wie z. B. Sprungantworten, abgeschnittene Stoßspannungen und Steilstoßspannungen ist der Wellenwiderstand des Koaxialkabels gegeben durch:

$$Z = \sqrt{\frac{L}{C}},$$

(4.13)

wobei L die Induktivität und C die Kapazität des Koaxialkabels sind. Übliche Werte für Z sind 50 Ω, 60 Ω und 75 Ω. Zur Vermeidung von Reflexionserscheinungen bei hochfrequenten Signalen wird das Koaxialkabel an mindestens einem Ende durch einen Widerstand $R = Z$ abgeschlossen. Fehlt der Abschlusswiderstand, wird das Messsignal am hochohmigen Messgeräteeingang ganz oder teilweise reflektiert und läuft zum Kabelanfang zurück. Hier kommt es bei Fehlanpassung wiederum zu einer Reflexion. Insgesamt bildet sich dadurch längs des verlustbehafteten Kabels eine hin und her laufende *Wanderwelle* aus, die sich dem Messsignal als gedämpft abklingende Schwingung überlagert.

Die Ausbreitungsgeschwindigkeit einer Wanderwelle im Koaxialkabel beträgt:

$$c = \frac{c_0}{\sqrt{\varepsilon_r}}, \tag{4.14}$$

wobei c_0 die Lichtgeschwindigkeit im Vakuum und ε_r die Permittivität des Kabeldielektrikums sind. Für Isolierungen aus Polyäthylen ($\varepsilon_r = 2{,}25$) oder Teflon ($\varepsilon_r = 2$) beträgt die Signallaufzeit τ im Kabel annähernd 5 ns/m. Für ein 10 m langes Koaxialkabel ergibt sich aus der doppelten Laufzeit 2τ der hin- und herlaufenden Wanderwelle eine Schwingungsdauer von 100 ns. Diese Zeit ist kurz im Vergleich zur Stirnzeit einer vollen Blitzstoßspannung. Auch bei nicht angepasstem Kabelabschluss wird daher die Wanderwellenschwingung, die wegen der Kabelverluste gedämpft abklingt, die Auswertung einer vollen Blitzstoßspannung kaum beeinflussen. In der Regel wird jedoch auf einen Abschlusswiderstand nicht verzichtet, um gegebenenfalls hochfrequente Schwingungen oder steile Spannungsänderungen richtig erfassen zu können. Verlustarme Koaxialkabel, deren Innenleiter durch eine isolierende Wendel gestützt wird, haben ein Dielektrikum aus Luft oder Isoliergas. Wegen $\varepsilon_r \approx 1$ beträgt die Kabellaufzeit nur 3,3 ns/m.

In großen Prüffeldern kann das Messkabel eine Länge von 50 m und mehr erreichen. Bei größeren Längen ist auf die Qualität des Kabels zu achten. Ein längeres Koaxialkabel minderer Qualität hat einen ohmschen Widerstand, der in Verbindung mit einem niederohmigen Eingangswiderstand des Messgerätes einen nicht zu vernachlässigenden Spannungsabfall längs des Kabels verursacht. Die Eingangsspannung u_3 am Messgerät ist dann um 1 % bis 2 % kleiner als die Teilerausgangsspannung u_2 (s. Abb. 4.19).

Die Kapazität von Koaxialkabeln mit Bemessungsspannungen von einigen Kilovolt liegt bei 60 pF/m bis 100 pF/m. Die Kabelkapazität liegt dem Niederspannungsteil des Teilers parallel und stellt bei großer Kabellänge eine deutliche Belastung des Teilerausgangs dar. Je nach Ausführung des Spannungsteilers werden dadurch der *Maßstabsfaktor* des Messsystems und die Kurvenform der am Recorder anliegenden Messspannung beeinflusst. Aus diesem Grund ist das Messsystem bei Prüfungen und Kalibrierungen stets mit demselben oder einem in Länge und Ausführung vergleichbaren Messkabel einzusetzen.

4.3.1.2.4 Messgerät

Als Messgerät *6* in Abb. 4.19 werden vorzugsweise *Digitalrecorder* mit einer Amplitudenauflösung von 8 Bit bis 16 Bit verwendet (s. Kap. 7). Sie ermöglichen eine weitgehend automatisierte Datenerfassung, Digitalisierung und rechnergestützte Auswertung des Messsignals am Teilerausgang. Zur Vermeidung von Erdschleifen ist das Messgerät nicht direkt, sondern über den Schirm des Messkabels am Fuß des Spannungsteilers geerdet (s. Abb. 4.19). Digitalrecorder unterliegen einer eingehenden Kalibrierung in allen Eingangsbereichen. Gelegentlich sind noch analoge Stoßoszilloskope im Einsatz, die jedoch ohne Zusatzgeräte nur eine manuelle Auswertung der aufgezeichneten Zeitverläufe mit unzureichender Genauigkeit erlauben. Wenn nur der Prüfspannungswert gemessen werden soll, können analoge oder digitale Stoßvoltmeter eingesetzt werden. Die normgerechte Kurvenform der Stoßspannung ist dann hinsichtlich der Zeitparameter und Oszillationen zusätzlich mit einem Oszilloskop zu kontrollieren.

4.3.1.3 Maßstabsfaktor

Die aufgezeichnete Ausgangsspannung des Messsystems soll ein maßstabsgetreues Abbild der an den Prüfling angelegten Stoßspannung sein. Unter der Annahme, dass das Messsystem linear ist und die Stoßspannung im Scheitel keine überlagerte Schwingung aufweist, ergibt sich der *Maßstabsfaktor F* des Gesamtmesssystems zu:

$$F = \frac{\hat{u}_1}{\hat{u}_3} \approx \frac{\hat{u}_1}{\hat{u}_2}, \tag{4.15}$$

wobei $\hat{u}_1$, $\hat{u}_2$ und $\hat{u}_3$ die Scheitelwerte der angelegten Stoßspannung, der am Teilerausgang anliegenden Spannung und der vom Messsystem angezeigten Spannung sind (s. Abb. 4.19). Allgemein ausgedrückt: der angezeigte Scheitelwert $\hat{u}_3$ muss mit dem Maßstabsfaktor F multipliziert werden, um auf den gesuchten Scheitelwert $\hat{u}_1$ der Prüfspannung zu kommen.

Der Maßstabsfaktor soll bevorzugt durch eine *Vergleichsmessung* bei Stoßspannung mit einem genauen *Referenzmesssystem* bestimmt werden (s. Abschn. 10.3.1). Er ist in der Regel ein Zahlenwert ohne Einheit, der mit einer Messunsicherheit angegeben wird. Die Messpraxis zeigt, dass der Maßstabsfaktor keine Konstante ist, sondern von einer Reihe von Einflussgrößen abhängt. Hierzu zählen die Höhe und die Zeitparameter der Stoßspannung, die Umgebungstemperatur, der Abstand zu benachbarten Gegenständen usw. Jede Einflussgröße trägt mit ihrer durch Kalibrierung ermittelten Messunsicherheit zur *beigeordneten Messunsicherheit* des vollständigen Messsystems bei. Für die vorgesehene Messaufgabe sind Grenzwerte der Messunsicherheit festgelegt [2.2]. Die Gültigkeit des Maßstabsfaktors ist gelegentlich auf einen bestimmten Bereich der Stoßspannungsform begrenzt, z. B. hinsichtlich der Stirn- oder Abschneidezeiten. Ein Messsystem mit einem Universalteiler für alle Spannungsformen kann unterschiedliche Maßstabsfaktoren für Gleich-, Wechsel-, Blitz- und Schaltstoßspannungen aufweisen.

Für die einzelnen Komponenten eines Messsystems (Spannungsteiler, Digitalrecorder, Vorteiler usw.) lassen sich individuelle Maßstabsfaktoren angeben. Teilweise sind hierfür auch andere Bezeichnungen wie Teilungsverhältnis, Übersetzungsverhältnis oder Verstärkungsfaktor üblich. Das Produkt der Maßstabsfaktoren der Einzelkomponenten ergibt den Maßstabsfaktor des vollständigen Messsystems. Die Kalibrierung der einzelnen Komponenten unter vergleichbaren Einsatzbedingungen wie im Gesamtsystem ist als Alternative zur Vergleichsmessung mit einem Referenzsystem anerkannt. Die Maßstabsfaktoren der Komponenten können auch mit Messverfahren bei Niederspannung ermittelt werden. Der aus den Einzelkomponenten berechnete Maßstabsfaktor ist durch einen Linearitätstest des vollständigen Messsystems bis zur höchsten Einsatzspannung zu bestätigen (s. Abschn. 10.3.5). Damit erfolgt auch der Nachweis, dass das Messsystem keine äußeren Teilentladungen aufweist, die die Messrichtigkeit beeinträchtigen.

4.3.1.4 Streukapazität zur Erde

Zunächst wird der Einfluss der *Streukapazität* eines nicht geschirmten Stoßspannungsteilers zur Erde auf das Übertragungsverhalten näher untersucht. Der Hochspannungsteiler lässt sich im allgemeinen Ersatzschaltbild durch eine Reihenschaltung von N gleichen Impedanzen Z_1' dargestellten (Abb. 4.20), von denen verteilte Streukapazitäten C_e' zur Erde und zu geerdeten Wänden führen. In erster Näherung werden alle Werte von C_e' als gleich groß angenommen. Betrachtet man den Spannungsteiler als schlanken, vertikalen Zylinder, der mit seinem Fuß auf Erdpotential steht, so berechnet sich dessen gesamte Erdkapazität C_e zu [9.2]:

$$C_e = \frac{2\,\pi\,\varepsilon_0\, l}{\ln\!\left(\frac{2}{\sqrt{3}}\,\frac{l}{d}\right)}.$$

(4.16)

Hierbei bedeuten l die Länge und d den Durchmesser des Zylinders. Gemäß Gl. (4.16) kann mit einem Kapazitätsbelag von (10 … 15) pF/m für große, schlanke Spannungsteiler und 20 pF/m für kleine, dicke Spannungsteiler gerechnet werden.

Der nur wenig mit der Höhe des Spannungsteilers variierende Kapazitätsbelag rechtfertigt näherungsweise die Vereinfachung, dass die verteilten Erdkapazitäten C_e' in Abb. 4.20

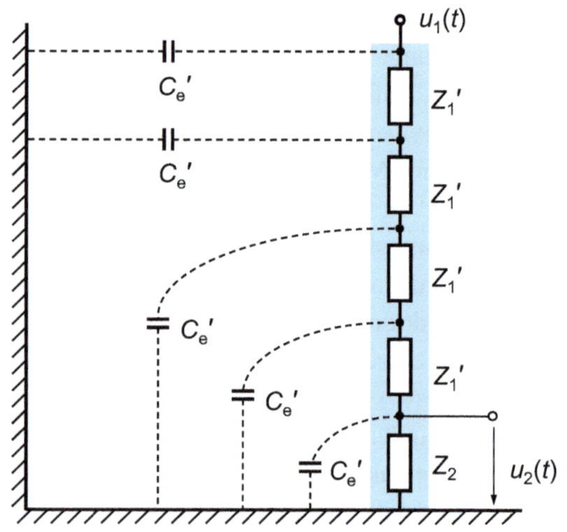

Abb. 4.20 Ersatzschaltbild eines mehrstufigen Hochspannungsteilers mit in Serie geschalteten Impedanzen Z_1' und verteilten Streukapazitäten C_e' zur Erde

gleiche Werte aufweisen. Über die Erdkapazitäten fließt ein mit der Frequenz des Messsignals ansteigender Ableitstrom zur Erde. Dies hat zur Folge, dass die höherfrequenten Signalanteile den Niederspannungsteil nicht erreichen und dadurch im Spektrum der Teilerausgangsspannung $u_2(t)$ fehlen. Wie stark sich dieser Effekt auf das Übertragungsverhalten bei hohen Frequenzen auswirkt, hängt von der Art des Spannungsteilers und Größe der Impedanzen Z_1' im Verhältnis zu C_e' ab.

4.3.1.5 Allgemeine Betrachtung zum Übertragungsverhalten

Der Spannungsteiler stellt in der Regel die wichtigste – und häufig kritischste – Komponente eines Stoßspannungsmesssystems dar. Sein Übertragungsverhalten lässt sich im Frequenzbereich durch die *Übertragungsfunktion H*(jω) oder im Zeitbereich durch die *Sprungantwort g*(t) kennzeichnen (s. Kap. 9). Während in der Messpraxis mit Stoßspannungen die Sprungantwort bevorzugt wird, ist für theoretische Untersuchungen auch die Übertragungsfunktion interessant. Beide Darstellungsformen lassen sich ineinander umrechnen und bieten die Möglichkeit, mit Hilfe der *Faltung* die Ausgangsspannung eines Spannungsteilers mit bekanntem Übertragungsverhalten für beliebige Eingangsspannungen zu berechnen. Die Faltung kann eine Ergänzung oder sogar Alternative zur Vergleichsmessung mit einem genauen *Referenzteiler* sein, um den Einfluss von Stoßspannungen mit unterschiedlichen Stirn- oder Abschneidezeiten auf den Maßstabsfaktor zu untersuchen. Hierbei werden die Messabweichungen des untersuchten Spannungsteilers für den Scheitelwert und die Zeitparameter der jeweiligen Stoßspannungsform ermittelt und in einem Fehlerdiagramm angegeben (s. Abschn. 9.7.4 und 10.3.9).

Für einen ideal aufgebauten, homogenen Spannungsteiler lässt sich eine einfache Faustformel für die obere Grenzfrequenz aufstellen. Unter der Annahme, dass der Spannungsimpuls mit Lichtgeschwindigkeit den Spannungsteiler durchläuft, gilt als absoluter Grenzwert für die obere Grenzfrequenz [4.58]:

$$\boxed{f_2 = \frac{150}{h}\ \text{MHz}}, \tag{4.17}$$

wobei h die Teilerhöhe in Meter ist. Entsprechend dieser Faustformel nimmt die obere Grenzfrequenz bzw. Bandbreite eines ideal aufgebauten Spannungsteilers mit steigender Teilerhöhe und damit größerer Bemessungsspannung ab. Ein 1,5 m großer Stoßspannungsteiler für 500 kV erreicht nach Gl. (4.17) eine Bandbreite von 100 MHz. Die tatsächlich von realen Spannungsteilern erzielten Werte liegen jedoch deutlich darunter. Bei sehr großen Spannungsteilern reicht die Bandbreite noch aus, um volle Stoßspannungen innerhalb der festgelegten Messunsicherheiten messen zu können, nicht aber in der Stirn abgeschnittene Blitzstoßspannungen [9.34]. Ist der Spannungsteiler nicht optimal dimensioniert, sind größere Messabweichungen beim Scheitelwert und bei den Zeitparametern die Folge.

Voraussetzung für ein gutes Übertragungsverhalten des realen Stoßspannungsteilers ist der optimale Frequenzabgleich der Hoch- und Niederspannungsteile unter Berücksichtigung aller Komponenten. Hierzu gehören nicht nur die sichtbar vorhandenen Bauelemente, sondern auch die unvermeidlichen Streukapazitäten und Eigeninduktivitäten. Aus der Niederspannungstechnik ist der Begriff *kompensierter Spannungsteiler* bekannt, d. h. Unter- und Oberspannungsteil sind hinsichtlich der Bauelemente unter Berücksichtigung der Parallelkapazitäten und Eigeninduktivitäten gleich aufgebaut. Diese Forderung kann bei nicht geschirmten Hochspannungsteilern mit großen Abmessungen kaum eingehalten werden. Ursache sind die Streukapazitäten des Hochspannungsteils zur Erde und zu den Wänden, die mit steigender Signalfrequenz einen zunehmenden Anteil des Messsignals ableiten. Für den kleinen Niederspannungsteil gibt es dafür kein Äquivalent. Ein Abgleich des Stoßspannungsteilers ist daher wegen seiner großen Abmessungen nur innerhalb eines begrenzten Frequenzbereichs möglich.

Für die theoretische Analyse des Übertragungsverhaltens von Stoßspannungsteilern lässt sich der räumlich ausgedehnte Spannungsteiler als *Kettenleiter* mit homogen verteilten Elementen darstellen, die nacheinander von einem schnellveränderlichen Signal durchlaufen werden. Der Vorteil des *Kettenleiterersatzschaltbildes* liegt in der einheitlichen Darstellung für die verschiedenen Arten von Spannungsteilern, die allgemeine Aussagen hinsichtlich des Übertragungsverhaltens ermöglicht. Der Einfluss der Hochspannungszuleitung mit Dämpfungswiderstand und des am Teilerausgang angeschlossenen Koaxialkabels mit Abschlusswiderstand müssen jedoch gesondert betrachtet werden. Das gleiche gilt für jede Abweichung von der Homogenität des Spannungsteilers, die sich zwangsläufig durch das Niederspannungsteil ergibt oder zur Verbesserung des Übertragungsverhaltens gewollt ist.

Die Betrachtung des Spannungsteilers als räumlich ausgedehnten Kettenleiter ist für die genormten Stoßspannungen mit Zeitparametern im Mikrosekundenbereich nicht unbedingt erforderlich. Die Signallaufzeit im Stoßspannungsteiler ist selbst bei großer Bauhöhe kurz gegenüber den Zeitparametern einer vollen Blitzstoßspannung. Ein vereinfachtes Ersatzschaltbild mit konzentrierten Bauelementen des Stoßspannungsteilers einschließlich der unvermeidlichen Streukapazitäten und Induktivitäten dürfte daher in vielen Fällen ausreichen. Dieser Ansatz gilt für Spannungen, deren Zeitparameter groß gegenüber der Signallaufzeit durch den Spannungsteiler sind. Allein der Spannungszusammenbruch bei einer abgeschnittenen Blitzstoßspannung erfolgt in einer Zeit, die mit der Laufzeit im Spannungsteiler vergleichbar ist und daher mit dem Kettenleiterersatzschaltbild zu untersuchen wäre. Die genaue Erfassung des Spannungszusammenbruchs ist jedoch nicht Gegenstand einer normgemäßen Stoßspannungsprüfung.

4.3.1.6 Kettenleiterersatzschaltbild und Sprungantwort

Zur Untersuchung der Ausbreitung schneller transienter Signale wird der räumlich ausgedehnte Spannungsteiler als *Kettenleiter* mit homogen verteilten Längs- und Querimpedanzen dargestellt (Abb. 4.21). Diese Betrachtungsweise ist auch in anderen Bereichen, z. B. in der Leitungstheorie, bei höheren Frequenzen üblich. Das am Teilerkopf eingespeiste Messsignal durchläuft die einzelnen Kettenglieder nacheinander bis zum letzten Glied auf Erdpotential, wobei die gesamte Laufzeit durch den Kettenleiter gegenüber der Signaldauer nicht mehr vernachlässigbar ist. Damit lässt sich eine einheitliche Theorie aufstellen, die allgemeine Erkenntnisse zum Übertragungsverhalten von Stoßspannungsteilern liefert.

Das allgemeine Kettenleiterersatzschaltbild nach Abb. 4.21a zeigt eine große Anzahl n von gleichen Längsimpedanzen Z_l' und Querimpedanzen Z_q', die auf die Länge bezogen sind. Die Längsimpedanzen stellen die realen Bauelemente des Spannungsteilers (Widerstände, Kondensatoren) einschließlich ihrer unvermeidlichen Parasitärelemente wie Induktivitäten und Parallelkapazitäten dar (Abb. 4.21b). Die Querimpedanzen bilden die verteilten Streukapazitäten des Spannungsteilers gegen Erde nach. Der Niederspannungsteil wird ebenfalls als gleiches Kettenglied am Fuß des Kettenleiters dargestellt.

Der am oberen Eingang des Kettenleiters angelegte Spannungsimpuls $u_1(t)$ durchläuft den Kettenleiter bis zum untersten, geerdeten Kettenglied, an dem die Ausgangsspannung $u_2(t)$ abgegriffen wird. Die Übertragungsfunktion des Kettenleiters berechnet sich aus dem Quotienten der Aus- und Eingangsspannungen und lautet in komplexer Laplace-Schreibweise [4.54, 4.58–4.60]:

$$F(s) = n\frac{u_2(s)}{u_1(s)} = n\,\frac{\sinh\dfrac{1}{n}\sqrt{\dfrac{Z_\mathrm{l}(s)}{Z_\mathrm{q}(s)}}}{\sinh\sqrt{\dfrac{Z_\mathrm{l}(s)}{Z_\mathrm{q}(s)}}}, \tag{4.18}$$

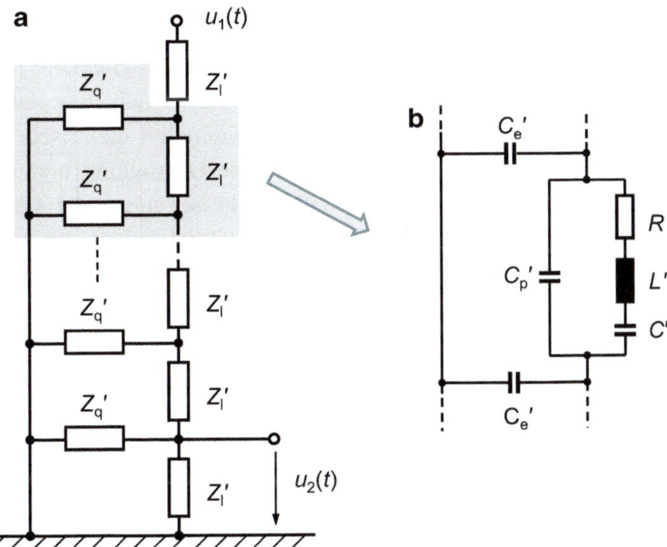

Abb. 4.21 Hochspannungsteiler als Kettenleiter **a** allgemeines Kettenleiterersatzschaltbild mit Längsimpedanzen Z_l' und Querimpedanzen Z_q' **b** einzelnes Glied des Kettenleiters

wobei s eine komplexe Zahl ist. In Gl. (4.18) sind Z_l und Z_q die aufsummierten komplexen Längs- und Querimpedanzen des n-stufigen Kettenleiters entsprechend Abb. 4.21:

$$Z_l(s) = n\,Z_l'(s) \qquad \text{und} \qquad Z_q(s) = \frac{1}{n}Z_q'(s).$$

Mit F(s) nach Gl. (4.18) ergibt sich die normierte Sprungantwort des Stoßspannungsteilers durch inverse Laplace-Transformation formal zu (s. Tab. A.2):

$$\boxed{g(t) = L^{-1}\left\{\frac{1}{s}F(s)\right\}.} \tag{4.19}$$

Auf die Angabe der allgemeinen Lösungen der Gln.(4.18) und (4.19) mit den Längs- und Querimpedanzen nach Abb. 4.21 wird an dieser Stelle verzichtet. In den folgenden Kapiteln werden für den ohmschen und den gedämpft kapazitiven Stoßspannungsteiler typische Werte der Impedanzen Z_l und Z_q eingesetzt und damit F(s) und $g(t)$ berechnet und diskutiert. Wegen der vereinfachten Darstellung des Stoßspannungsteilers durch das Kettenleiterersatzschaltbild mit gleichgroßen Erdkapazitäten und gleichem Endglied für den Niederspannungsteil vermag das Ergebnis der Berechnungen jedoch nur einen allgemeinen Überblick über das dynamische Verhalten von Stoßspannungsteilern zu liefern. Bei der praktischen Ausführung eines Stoßspannungsteilers kann man durch eine abgestimmte Konstruktion des Niederspannungsteils häufig eine Verbesserung erzielen [4.61–4.63].

Die Vor- und Nachteile der Nachbildung eines Spannungsteilers durch das Kettenleiterersatzschaltbild mit analytischem Lösungsansatz sind weiter oben bereits kurz angesprochen. Heutzutage bieten kommerziell oder vom Anwender selbst entwickelte Rechenprogramme zur Netzwerkanalyse elektrischer Schaltungen und zur Berechnung elektrischer Felder eine praxisorientierte und effektive Möglichkeit für theoretische Untersuchungen an Stoßspannungsteilern. Damit lässt sich das Übertragungsverhalten eines Spannungsteilers an Hand seines individuellen elektrischen Ersatzschaltbildes oder durch Feldberechnungen bestimmen. Die Darstellung und Berechnung als Kettenleiter, dessen Einzelglieder der Wirklichkeit besser angepasst sind, ist natürlich mit diesen Rechenprogrammen ebenfalls möglich. Der Einfluss der Hochspannungszuleitung mit Dämpfungswiderstand, des Messkabels mit Abschlusswiderstand und der Steuerelektroden des Spannungsteilers kann berücksichtigt werden. Die Richtigkeit des Rechenmodells für den untersuchten Spannungsteiler wird durch Vergleich der berechneten und der mit einem Digitalrecorder aufgezeichneten Sprungantwort überprüft [4.63–4.69]. Dieser Vergleich liefert wichtige Erkenntnisse zur Verbesserung des Modellansatzes und damit zur Verbesserung der Konstruktion des Spannungsteilers selbst. Allerdings ist zu berücksichtigen, dass Unzulänglichkeiten beim Versuchsaufbau und Störeinflüsse die Messung der Sprungantwort beeinflussen (s. Abschn. 9.8).

4.3.1.7 Einwirkung von Störungen und Gegenmaßnahmen

Beim Zünden der Funkenstrecken eines Stoßspannungsgenerators oder einer Abschneidefunkenstrecke entstehen starke elektromagnetische Störfelder, die auf das Messsystem in vielfältiger Weise einwirken. Die speziell für Stoßspannungsmessungen entwickelten Messgeräte sind durch eine entsprechende Schaltung und Schirmung gegen leitungsgebundene und elektromagnetisch eingekoppelte Störungen weitgehend geschützt. Zur Verbesserung des Nutz-Störsignalverhältnisses sind Eingangsspannungen von 1000 V bis zu 2000 V entsprechend der maximalen Teilerausgangsspannung üblich. Ist das Messgerät für diese hohen Eingangsspannungen nicht ausgelegt, wird es durch einen externen Vorteiler ergänzt.

Messgeräte, die aufgrund ihrer Bauart nicht von vornherein gegen Störeinwirkungen ausreichend geschützt sind, werden in einer geschirmten Kabine, dem *Faraday-Käfig*, betrieben. Die Spannungsversorgung des Messgerätes erfolgt über einen außerhalb der *Schirmkabine* befindlichen *Trenntransformator* und ein an der äußeren Kabinenwand montiertes *Netzfilter*. Dies ermöglicht den potentialfreien Betrieb des Messgerätes und erschwert bei entsprechender Bauweise des Trenntransformators das Eindringen transienter Störungen in die Netzversorgung. Die Schirmkabine ist geerdet, sodass die durch das elektrische Feld auf der Kabinenoberfläche influenzierte Quellenspannung abgeleitet wird und nicht ins Innere zum Messgerät gelangt. Die Erdung der Kabine ist darüber hinaus lebenswichtig, da manche Netzfilter die (ungeerdete) Schirmkabine auf die halbe Netzspannung aufladen. Zur Abfuhr der vom Messgerät erzeugten Wärme weist die Schirmkabine Lüftungsöffnungen auf, die mit einem Wabengitter oder einem feinmaschigen Metallnetz versehen sind und dadurch das Eindringen von Störfeldern erschweren.

Bei Betrieb des Messgerätes in einer Schirmkabine und Einwirkung eines starken Magnetfeldes empfiehlt sich eine zusätzliche Schirmung des Messkabels. Gut geeignet hierfür sind im Fußboden eingelassene Metallrohre oder flexible Wellmantelrohre, durch die das Messkabel geführt wird. Auch ein doppelt geschirmtes Koaxialkabel ist geeignet, allerdings erlaubt dessen Metallgeflecht mit steigender Frequenz einen immer größeren Durchgriff des äußeren Störfeldes auf den Innenleiter. Der äußere Schirm wird mit der geerdeten Schirmkabine an der Stelle der Kabeldurchführung verbunden. In der Regel ist es vorteilhaft, das andere Ende der äußeren Schirmung mit dem inneren Schirm am Teilerausgang zu verbinden (s. Abb. 5.12). Potentialanhebungen im Erdkreis oder von Magnetfeldern induzierte Quellenspannungen können sich dann über Störströme im geschlossenen Erdkreis entladen und gelangen nicht über die *Kopplungsimpedanz* ins Innere der Schirmkabine zum Messgerät [4.70–4.74].

Zur Vermeidung von Störeinkopplungen in das Messgerät darf es zum Zeitpunkt der Stoßspannungserzeugung keine elektrisch leitende Verbindung zu Geräten (PC, Drucker usw.) außerhalb der Schirmkabine geben [4.75]. Sehr praktisch und wirkungsvoll ist die optoelektronische Datenübertragung über *Lichtwellenleiter (LWL)* vom Messgerät zum PC einschließlich der Peripheriegeräte, wodurch die Schirmwirkung der Kabine erhalten bleibt.

Den elektromagnetischen Störfeldern ausgesetzt ist auch der Stoßspannungsteiler, der mit Ausnahme des Niederspannungsteils in der Regel ungeschirmt ist und daher als Antenne wirkt. Das vom Spannungsteiler aufgefangene Störsignal überlagert sich zu charakteristischen Zeiten dem Messsignal. So macht sich das Zünden der Generatorfunkenstrecken am Anfang der aufgezeichneten Blitzstoßspannung als überlagerte Störung bemerkbar, wodurch die Bestimmung des 30-%-Punktes und damit der Stirnzeit beeinträchtigt wird. Bei einer in der Stirn abgeschnittenen Stoßspannung beeinflusst das Zünden der Abschneidefunkenstrecke den Scheitelbereich. Dabei zeigt sich die Störung bereits vor dem Scheitel der abgeschnittenen Stoßspannung, weil die elektromagnetisch in den Spannungsteiler eingekoppelte Störung einen kürzeren Laufweg in Luft zurücklegt als das leitungsgebundene Messsignal. Je nach Phasenlage der Störung kann der aufgezeichnete Scheitelwert der abgeschnittenen Stoßspannung dadurch größer oder kleiner werden.

Die in das Messsystem insgesamt eingekoppelte Störung lässt sich hinsichtlich ihrer Größe und zeitlichen Zuordnung zur Stoßspannung durch zwei Messungen mit einem zweikanaligen Digitalrecorder erfassen. Zunächst wird die Stoßspannung in der üblichen, vollständigen Messschaltung mit dem Digitalrecorder aufgezeichnet. Die zweite Aufzeichnung erfolgt bei derselben Ladespannung, aber mit aufgetrennter Hochspannungszuleitung des Spannungsteilers zum Stoßspannungsgenerator. Zur zeitsynchronen Steuerung der beiden Aufzeichnungen mit dem ersten Recorderkanal wird dem zweiten Kanal ein Triggersignal zugeführt, entweder direkt vom Triggerausgang des Stoßspannungsgenerators oder von einem als Antenne wirkenden Draht. Durch Vergleich der beiden Aufzeichnungen ergibt sich die Größe und zeitliche Zuordnung der Störung.

4.3.2 Messsystem mit ohmschem Stoßspannungsteiler

Ohmsche Stoßspannungsteiler mit einem Gesamtwiderstand von 1 kΩ bis 20 kΩ werden zur Messung von Blitzstoßspannungen bis etwa 2 MV und Steilstoßspannungen bis zu einigen 100 kV eingesetzt. Für die Messung von Schaltstoßspannungen sind diese relativ niederohmigen Spannungsteiler weniger geeignet, teils wegen des größeren Leistungsumsatzes infolge der längeren Impulsdauer, aber auch wegen der Verformung des Impulsrückens durch die ohmsche Belastung. Vereinzelt kommen auch hochohmige Spannungsteiler und solche mit wässriger Lösung für Stoßspannungsmessungen zum Einsatz. Der ohmsche Spannungsteiler lässt sich im Ersatzschaltbild als Kettenleiter darstellen und hinsichtlich seines Übertragungsverhaltens berechnen. Besondere Bauformen des Spannungsteilers mit nichtlinearer Verteilung der Widerstände und optimalem Spannungsabgriff sollen das Übertragungsverhalten verbessern.

4.3.2.1 Grundsätzlicher Aufbau des Messsystems

Abb. 4.22 zeigt die Schaltung des vollständigen Messsystems mit ohmschem Spannungsteiler. Typische Werte für den Hochspannungswiderstand R_1 sind 1 kΩ bis 20 kΩ je

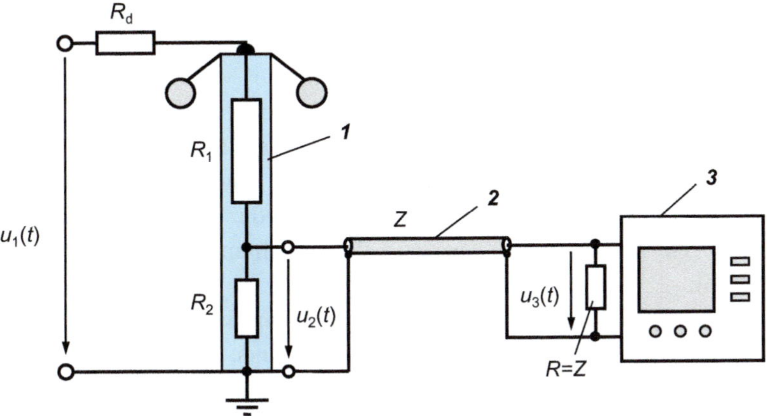

Abb. 4.22 Stoßspannungsmesssystem mit ohmschem Spannungsteiler und Digitalrecorder *1* ohmscher Stoßspannungsteiler *2* Koaxialkabel mit Wellenwiderstand Z *3* Digitalrecorder

nach Bemessungsspannung und Impulsart. Die kleineren Widerstandswerte gelten für Spannungsteiler mit niedriger Bemessungsspannung, die zur Messung sehr kurzer Impulse geeignet sind. Am Teilerkopf ist eine mehr oder weniger große Toruselektrode angebracht. Der Dämpfungswiderstand R_d am Anfang der Hochspannungszuleitung, der Wanderwellenschwingungen auf der Zuleitung unterdrücken oder zumindest reduzieren soll, liegt in der Größenordnung von 100 Ω bis 400 Ω. Typische Werte für den Niederspannungswiderstand sind 0,5 Ω bis 10 Ω. Das Ausgangssignal $u_2(t)$ gelangt über das Koaxialkabel *2* mit dem Wellenwiderstand $Z = 50$ Ω oder 75 Ω zum Eingang des Messgerätes *3* (in der Regel ein Digitalrecorder). Zur Vermeidung von Reflexionsvorgängen ist das Koaxialkabel am Recordereingang mit dem Widerstand $R = Z$ abgeschlossen. Dieser liegt zusammen mit der Kabelkapazität C_k niederfrequenzmäßig parallel zu R_2 und kann bei größeren Werten von R_2 das Teilungsverhältnis beeinflussen.

Der Einsatz hochohmiger Spannungsteiler zur Messung von Stoßspannungen ist relativ selten. Ein hochohmiger 400-kV-Spannungsteiler als Referenz zur Messung von Schaltstoßspannungen ist in [4.75] beschrieben. Der Hochspannungswiderstand besteht aus einer Reihen- und Parallelschaltung von Einzelwiderständen mit einem Gesamtwert von 150 kΩ. Mit einer Antwortzeit $T_N = 0{,}22$ µs und Beruhigungszeit $t_s = 3$ µs weist der Referenzteiler geringe Scheitelwert- und Zeitparameterfehler auf, wobei der Scheitelbereich der gemessenen Spannungsverläufe für die Auswertung durch einen Doppelexponentialimpuls angepasst wird.

Für einen ohmschen Stoßspannungsteiler kommen verschiedene Widerstandsarten in Betracht. Bei größeren Spannungsteilern wird häufig ein mäanderförmig angeordneter Widerstandsdraht aus NiCr oder CuNi verwendet, der mit Textilfäden zu einem Widerstandsband mit einer Breite von bis zu 1 m verwoben ist („Schniewind-Widerstand") [4.76, 4.77]. Das Widerstandsband ist entweder flexibel mit mehreren Metern Länge oder starr in vergossener Form als Stab oder Rohr erhältlich. Damit lassen sich sowohl kleine

Dämpfungswiderstände als auch große Spannungsteiler, ggf. als Reihenschaltung einzelner Widerstände, mit den höchsten Bemessungsspannungen rationell herstellen. Durch die mäanderförmige Anordnung des Widerstandsdrahtes wird die Induktivität reduziert, die im Bereich von weniger als 1 µH/m bis 30 µH/m liegt. Bei optimaler Auslegung des Mäanders wird die Wirkung der Induktivität durch die Kapazität der parallel liegenden Drahtabschnitte zumindest teilweise kompensiert. Bei einer anderen Ausführung ist ein Widerstandsdraht um ein Isolierrohr gewickelt. Zur Reduzierung der Induktivität werden zwei Wicklungen mit entgegen gesetzter Wickelrichtung als *bifilare Wicklung* aufgebracht [4.78].

Für besonders „schnelle" Spannungsteiler mit Bemessungsspannungen von weniger als 500 kV kommen induktivitätsarme Einzelwiderstände in Reihenschaltung zum Einsatz. Kohleschichtwiderstände haben ein gutes Hochfrequenzverhalten und eine große Stoßspannungsfestigkeit. Die auf einem Isolierkörper aufgebrachte Kohleschicht darf jedoch keine Wendel oder Teilwendel aufweisen, mit der üblicherweise ein festgelegter Widerstandswert erzielt wird. Quer zu einer eingearbeiteten Nut könnten sich Entladungen ausbilden, die die Kohleschicht schädigen und langfristig zum Überschlag führen. Metallschichtwiderstände haben den Nachteil, dass sie im Vergleich zu Drahtwiderständen energetisch geringer belastbar sind. In der Parallelschaltung ist auch die Gesamtinduktivität weiter verringert. Massewiderstände in Reihenschaltung können ebenfalls verwendet werden [4.79]. Nieder- und hochohmige Spannungsteiler mit wässriger Lösung werden in Abschn. 4.3.2.7 kurz behandelt.

Ein besonders gutes Frequenzverhalten haben Chip- und Keramik-Widerstände, auch als SMD-Widerstände bezeichnet, bei denen die Widerstandsschicht auf einem Quarz-Substrat aufgebracht ist. Sie werden insbesondere bei sehr schnellen Spannungsteilern zur Prüfung von Isolatoren mit Stoßspannung nach IEC 61211 eingesetzt [4.80]. Als Beispiel für die hohen Anforderungen an das Messsystem zeigt Abb. 4.23 den aufgezeichneten Impulsverlauf bei der Prüfung eines Isolators *(puncture test)* [4.81]. An den Isolator wird hierbei eine steile Stoßspannung gelegt, die nicht zum Durchschlag, sondern Überschlag längs des Isolators führen soll. Der zur Messung eingesetzte Spannungsteiler hat eine Anstiegszeit von 2 ns.

Der Niederspannungsteil ist in der Regel in einer geschirmten Box untergebracht und besteht aus einer Parallelschaltung von Einzelwiderständen zur Erzielung einer hohen Strombelastung und kleinen Induktivität. Häufig sind die im Hoch- und Niederspannungsteil eingesetzten Widerstände von gleicher Bauart, sodass sie gleiches Temperaturverhalten aufweisen, aber unterschiedlich belastet werden. Das in der Niederspannungstechnik bekannte Prinzip des *kompensierten Spannungsteilers*, nach dem das Verhältnis der Induktivitäten L_1/L_2 auf der Hoch- und Niederspannungsseite gleich dem der Widerstände R_1/R_2 sein soll, wird nicht immer eingehalten. Einerseits lässt sich eine entsprechend kleine Induktivität auf der Niederspannungsseite kaum erzielen, andererseits ist ein derartiger Abgleich des Spannungsteilers nicht unbedingt von Vorteil. Eine Induktivität auf der Niederspannungsseite kann die Wirkung der Erdkapazitäten auf der Hochspannungsseite teilweise ausgleichen und das Übertragungsverhalten des

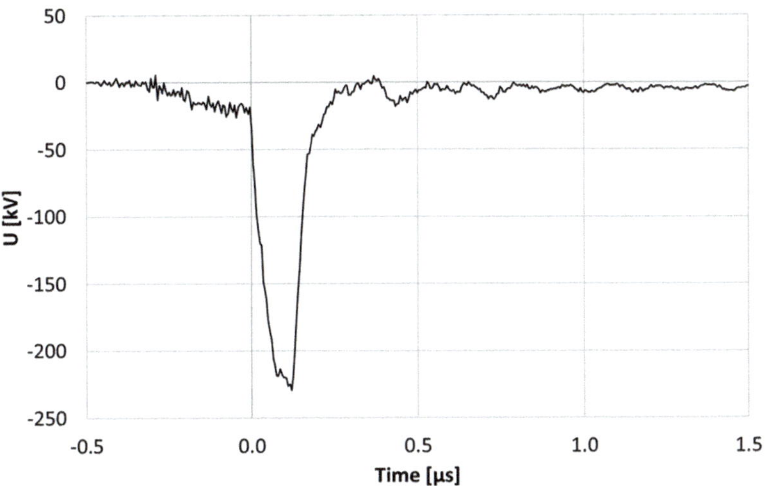

Abb. 4.23 Aufzeichnung einer Steilstoßspannung bei der Isolatorprüfung (puncture test) [4.81, Abb. 7]

Spannungsteilers im gewünschten Frequenzbereich verbessern. Die Sprungantwort weist zwar ein kleines Überschwingen, aber kürzere Anstiegs- und Antwortzeiten auf [4.82].

Zur Kompensation von Parallelkapazitäten im Hochspannungsteil (s. Abb. 4.21b) kann es vorteilhaft sein, dem Niederspannungswiderstand eine Kapazität entsprechend dem Teilungsverhältnis parallel zu schalten. Das Koaxialkabel und der Eingangswiderstand des Messgerätes liegen gleichfalls parallel zum Niederspannungsteil.

Ist der Recordereingang mit dem Wellenwiderstand des Koaxialkabels, also niederohmig abgeschlossen, muss bei einem längeren, qualitativ nicht so hochwertigen Koaxialkabel der Leiterwiderstand berücksichtigt werden. Koaxialkabel weisen einen Leiterwiderstand auf, der üblicherweise zwischen 2 mΩ/m und 15 mΩ/m, in Extremfällen 150 mΩ/m, liegt. Bei einem längeren Koaxialkabel kann dadurch ein Spannungsabfall von einigen Prozent des Messsignals auftreten. Das Messgerät zeigt dann eine zu kleine Spannung an, wenn der Spannungsabfall nicht durch eine Kalibrierung erfasst wird.

Der Einfluss des Kabeltyps und der Kabellänge auf den Scheitelwert und die Zeitparameter von Blitzstoßspannungen wird auch in [4.83] experimentell und theoretisch untersucht. Bei den Messungen werden zwei Spannungsteiler eingesetzt, wobei der eine als Referenzteiler mit einem 5 m bzw. 15 m langen Koaxialkabel und der andere als Prüfling mit verschiedenen Ausführungen und Längen der Kabel von bis zu 75 m dient. Als Ergebnis ist grundsätzlich festzuhalten, dass die Messung der Impulsparameter von der Kabellänge beeinflusst wird. Die geringsten Abweichungen treten bei Verwendung zweier hochwertiger HF-Kabel mit kleinem ohmschen Widerstand auf. Bei Verwendung anderer Kabel weicht der Maßstabsfaktor, die Stirn- und Halbwertzeit mit steigender Kabellänge um bis zu 3 % vom Referenzwert ab. Allerdings sind die Abweichungen teilweise unerklärlich. Auch die Rechenwerte, die mithilfe der Leitungsgleichung für das Kabel und unter Anwendung der Faltung gewonnen werden, bieten keine uneingeschränkte Unterstützung der Messwerte, insbesondere nicht für die Rückenhalbwertzeiten.

Betrachtet man den ohmschen Spannungsteiler ohne Messkabel, Messgerät und Abschlusswiderstand R, so ist dessen Teilungsverhältnis durch den Quotienten der angelegten Hochspannung u_1 und der Teilerausgangsspannung u_2 festgelegt. Für Gleichspannung und niederfrequente Signale gilt (s. Abb. 4.22):

$$\boxed{\frac{u_1}{u_2} = \frac{R_1 + R_2 + R_d}{R_2}}. \tag{4.20}$$

Das durch die Widerstände bestimmte Teilungsverhältnis bzw. der Maßstabsfaktor ist jedoch bei höheren Frequenzen nicht mehr gültig. Die unvermeidlichen Erdkapazitäten und Induktivitäten der Bauteile beeinflussen das Übertragungsverhalten und müssen im Ersatzschaltbild entsprechend berücksichtigt werden.

4.3.2.2 Sprungantwort des ohmschen Spannungsteilers als Kettenleiter

Das grundsätzliche Übertragungsverhalten eines ohmschen Spannungsteilers für hochfrequente Signale lässt sich am Kettenleiterersatzschaltbild mit homogen verteilten Elementen theoretisch untersuchen. Das einzelne Glied eines n-gliedrigen Kettenleiters enthält neben dem Widerstand R' die Induktivität L', Parallelkapazität C_p' und Erdkapazität C_e', die in zwei Hälften aufgeteilt ist (Abb. 4.24). Die in Abb. 4.21b eingezeichnete Kapazität C' in Reihe zu R' und L' entfällt hier natürlich. Unter der Annahme, dass das Niederspannungsteil als letztes Glied des Kettenleiters gleich aufgebaut ist, ergibt sich aus dem allgemeinen Ansatz nach Gl. (4.18) für die Sprungantwort des ohmschen Spannungsteilers [4.58–4.61]:

Abb. 4.24 Einzelnes Glied im Kettenleiter des ohmschen Stoßspannungsteilers

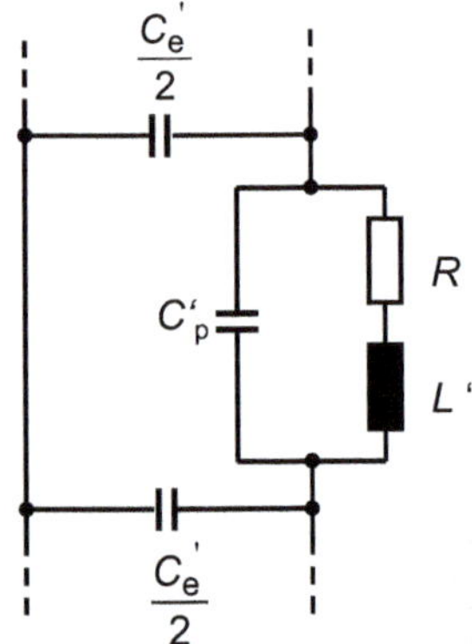

$$g(t) = 1 + 2e^{-at} \sum_{k=1}^{\infty} (-1)^k \frac{\cosh(b_k t) + \dfrac{a}{b_k}\sinh(b_k t)}{1 + \dfrac{C_p}{C_e}k^2\pi^2} \tag{4.21}$$

$$\text{mit} \qquad a = \frac{R}{2L} \quad \text{und}$$

$$b_k = \sqrt{a^2 - \frac{k^2\pi^2}{LC_e\left(1 + \dfrac{C_p}{C_e}k^2\pi^2\right)}}, \tag{4.22}$$

$$R = nR', \quad L = nL', \quad C_e = nC'_e, \quad C_p = C'_p/n.$$

Abb. 4.25 zeigt die nach Gl. (4.21) berechnete Sprungantwort für drei verschiedene Werte des Gesamtwiderstandes $R = 2\,\text{k}\Omega$, $5\,\text{k}\Omega$ und $10\,\text{k}\Omega$. Die induktive Zeitkonstante $L/R = 10\,\text{ns}$ wird als konstant angenommen, d. h. mit zunehmendem Widerstand wird auch die Induktivität entsprechend größer. Die resultierende Erdkapazität beträgt $C_e = 40\,\text{pF}$, die Parallelkapazität $C_p = 1\,\text{pF}$. Diese Werte sind charakteristisch für einen Stoßspannungsteiler mit einer Bemessungsspannung von 1 MV. Bei kleinem Widerstand R ist der Einfluss von C_e gering und die Serieninduktivität L verursacht ein ausgeprägtes Überschwingen der Sprungantwort (Kurve *1* in Abb. 4.25). Ein kleiner Widerstand bedeutet, dass in Gl. (4.21) ein oder mehrere b_k-Werte imaginär werden. Die Hyperbelfunktionen gehen dann in die entsprechenden trigonometrischen Funktionen mit den Absolutwerten von b_k im Argument über. Mit steigendem Widerstand wächst der Einfluss

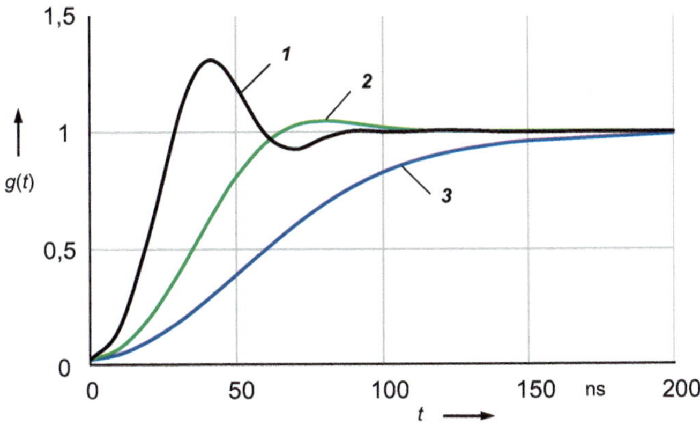

Abb. 4.25 Berechnete Sprungantwort $g(t)$ des ohmschen Stoßspannungsteilers als Kettenleiter nach Gl. 4.21 für verschiedene Gesamtwiderstände ($L/R = 10$ ns, $C_e = 40$ pF, $C_p = 1$ pF) *1: $R = 2$ kΩ 2: $R = 5$ kΩ 3: $R = 10$ kΩ*

der Erdkapazität, wodurch die Sprungantwort langsamer ansteigt und das Überschwingen abnimmt (Kurve *2*). Oberhalb eines kritischen Wertes von R existieren in Gl. (4.21) nur noch Hyperbelfunktionen und es ergibt sich eine asymptotisch gegen den Endwert $g(\infty) = 1$ verlaufende Sprungantwort (Kurve *3*).

An dieser Stelle sei nochmals darauf hingewiesen, dass ein begrenztes Überschwingen der Sprungantwort eines Stoßspannungsteilers in der Messpraxis durchaus akzeptabel oder sogar wünschenswert ist. Durch das kurzzeitige Überschwingen wird die Antwortzeit nach Gl. (9.31) reduziert, die ein von mehreren Kriterien für die Richtigkeit der Scheitelwertmessung ist. Maßgebend hierbei ist, dass das Überschwingen zu einer Zeit wieder abgeklungen ist, die deutlich vor dem Auftreten des Stoßspannungsscheitels liegt, d. h. für die Beruhigungszeit muss gelten $t_s \ll T_p$ (s. Abschn. 9.8.2). Ein geringes Überschwingen der Sprungantwort wirkt sich in der Regel zuerst auf die Stirnzeit, bei größerem Überschwingen dann auch auf den Scheitelwert der Stoßspannung aus.

Die berechneten Sprungantworten in Abb. 4.25 weisen zur Zeit $t = 0$ einen Anfangssprung auf. Ursache hierfür sind die Parallelkapazitäten $C_p{}'$ im Hoch- und Niederspannungsteil. In Verbindung mit den Erdkapazitäten $C_e{}'$ stellen sie im Einschaltmoment einen kapazitiven Spannungsteiler dar, der entsprechend dem Teilungsverhältnis die angelegte Sprungspannung anteilig sofort auf den untersten Kondensator $C_p{}'$ des Kettenleiters überträgt. Dieser Anfangssprung ist umso ausgeprägter, je größer das Verhältnis C_p/C_e ist. In der Messpraxis wird ein derartiger Anfangssprung jedoch nicht beobachtet.

Das einfache Kettenleiterersatzschaltbild vermag nicht alle Einzelheiten richtig nachzubilden. So werden die einzelnen Kettenglieder im Hochspannungsteil wie auch im Niederspannungsteil als identisch angenommen, was jedoch für den Spannungsteiler nicht zutrifft. Der *Skineffekt* wird ebenso wenig berücksichtigt wie der Einfluss der Hochspannungszuleitung und des Messkabels. Auch ist der tatsächlich erzeugte Spannungssprung nicht unendlich steil, wie in der Rechnung angenommen wird, was vor allem den Anfangsverlauf der Sprungantwort beeinflusst. Zur Verbesserung des Ersatzschaltbildes in Abb. 4.24 gibt es verschiedene Anregungen, z. B. die Parallelkapazität $C_p{}'$ mit einer Induktivität in Reihe zu ergänzen [4.58, 4.59].

Um den Unterschied zwischen dem Nieder- und Hochspannungsteil im Kettenleiterersatzschaltbild besser berücksichtigen zu können, werden beide Teile separat voneinander betrachtet [4.61]. Hierzu wird zunächst der durch den Hochspannungsteil bei kurzgeschlossenem Niederspannungsteil fließende Stoßstrom berechnet, der dann im zweiten Schritt als eingeprägter Strom in den Niederspannungsteil injiziert wird und den Spannungsabfall $u_2(t)$ erzeugt. Der Einfluss der Hochspannungszuleitung mit Dämpfungswiderstand ist ebenfalls theoretisch untersucht worden [4.62].

4.3.2.3 Einfaches Ersatzschaltbild mit konzentrierten Elementen

Ein ohmscher Spannungsteiler mit einem Widerstand $R \geq 10\,\text{k}\Omega$ weist entsprechend Kurve *3* in Abb. 4.25 eine Sprungantwort auf, die sich ohne Überschwingen asymptotisch dem Endwert annähert. Für große Widerstandswerte sind die auf den Widerstand bezogene Induktivität L/R und die Parallelkapazität $C_p \ll C_e$ vernachlässigbar. Damit geht

Gl. (4.21) in den vereinfachten Ausdruck für die Sprungantwort eines hochohmigen Kettenleiters über [4.58–4.60]:

$$g(t) = 1 + 2 \sum_{k=1}^{\infty} (-1)^k \exp\left(-\frac{k^2 \pi^2}{RC_e} t \right).$$

(4.23)

Damit ergibt sich die Antwortzeit T zu:

$$T = \frac{RC_e}{6}.$$

(4.24)

Sie ist gleich der Antwortzeit einer einfachen Schaltung mit konzentrierten Elementen und RC-Verhalten, deren Zeitkonstante durch $\tau = T$ und deren Sprungantwort durch Gl. (9.20) gegeben ist. Abb. 4.26 zeigt das entsprechende Ersatzschaltbild, das häufig nicht nur für hochohmige Gleichspannungsteiler (s. Abschn. 3.4.4), sondern ganz allgemein an Stelle des Kettenleiterersatzschaltbildes für nicht zu schnelle Spannungssignale verwendet wird. Es lässt sich zeigen, dass die Sprungantwort der vereinfachten Ersatzschaltung nach Abb. 4.26 einen annähernd gleichen Verlauf wie die des Kettenleiters nach Gl. (4.23) mit asymptotischer Annäherung an den Endwert aufweist [1.1].

Eine realistische Abschätzung der Erdkapazität C_e liefert Gl. (4.16). Als grober Richtwert für einen Spannungsteiler gilt eine Erdkapazität von 15 pF/m. Die negative Wirkung der Erdkapazität lässt sich konstruktiv durch feldsteuernde Maßnahmen, z. B. durch Anbringen großer Toruselektroden am Teilerkopf und -fuß, oder durch zusätzliche, den Teilerwiderständen parallel geschaltete Kondensatoren mit abgestufter Kapazität verringern bzw. teilweise kompensieren. Wegen des Einflusses der Erdkapazität sind ohmsche Spannungsteiler mit mehr als 20 kΩ zur Messung von Blitzstoßspannungen kaum anzutreffen. Zu kleine Widerstände kommen wiederum auch nicht in Betracht, da das Überschwingen der Sprungantwort und die Belastung des Stoßspannungsgenerators zu groß werden. Der Einsatz besonders niederohmiger, induktionsarmer Widerstandsteiler ist daher vorwiegend der Messung von Steilstoßspannungen mit geringer Impulsdauer vorbehalten.

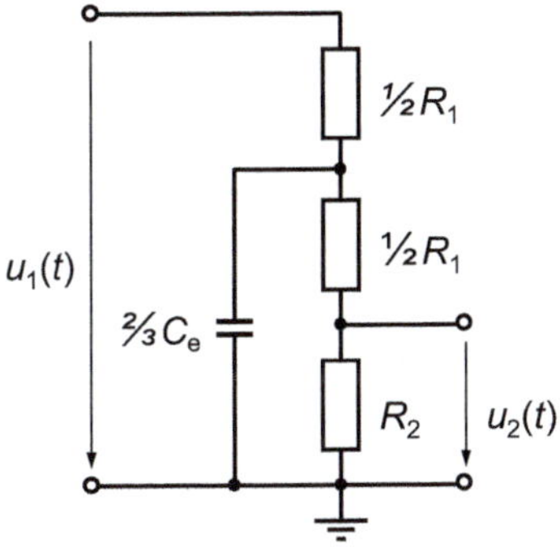

Abb. 4.26 Vereinfachtes Ersatzschaltbild eines hochohmigen Stoßspannungsteilers mit der Erdkapazität C_e

4.3.2.4 Feldkonformer Widerstandsteiler

Bisher wurde immer davon ausgegangen, dass der Widerstand im Hochspannungsteil linear über der Teilerhöhe angeordnet ist. Stellt man sich den Spannungsteiler als homogene, vom Strom durchflossene Widerstandssäule vor, wäre die Spannungs- und Feldverteilung längs dieser Säule ohne Berücksichtigung der Erdkapazitäten ebenfalls linear. Die Feldverteilung zwischen der Hochspannungs- und Erdelektrode allein, d. h. ohne Widerstandssäule, ist jedoch stark nichtlinear. So nimmt in der Umgebung einer Kugelelektrode die Feldstärke mit dem Quadrat des Abstands von der Kugel ab. Dies bedeutet, dass die Feldstärke in der näheren Umgebung des Teilerkopfes besonders groß ist im Vergleich zu der Feldstärke im unteren Bereich des Spannungsteilers. Im Extremfall entfällt mehr als die Hälfte der Feldstärke auf die oberen 20 % der Teilerhöhe. Im oberen Bereich des Spannungsteilers gibt es daher zwischen den beiden Feldern eine ausgeprägte Differenz, die zu einer starken Normalkomponente des resultierenden Feldes senkrecht zur Teilersäule führt. Diese Normalkomponente des Feldes ist treibende Kraft dafür, dass ein frequenzabhängiger Ableitstrom über die Erdkapazitäten des Teilers fließt und dessen Übertragungsverhalten zu hohen Frequenzen hin verschlechtert.

Die Normalkomponente und damit der kapazitive Ableitstrom zur Erde wird null bei Anpassung der Stromverteilung des Spannungsteilers an den ungestörten Feldverlauf der Hochspannungselektrode. Der hierfür erforderliche Widerstandsbelag pro Längeneinheit ergibt sich aus Feldberechnungen oder Feldmessungen. Er erreicht im Bereich der Kopfelektrode sehr große Werte und nimmt zum Teilerfuß hin ab. Die Sprungantwort eines derartigen *feldkonformen Stoßspannungsteilers* zeigt auch tatsächlich einen steileren Anstieg und eine kürzere Anstiegszeit als die eines vergleichbaren Spannungsteilers mit linearer Widerstandsaufteilung [4.84, 4.85]. Das Prinzip der feldkonformen Widerstandsanpassung lässt sich besonders wirkungsvoll auf hochohmige Spannungsteiler mit Bemessungsspannungen von 1 MV und mehr anwenden, die dadurch zur Messung von Blitz- und Schaltstoßspannungen gleichermaßen geeignet sind [4.86]. Auch der in Abschn. 4.3.2.7 beschriebene hochohmige Spannungsteiler mit entionisiertem Wasser ist durch entsprechende Aufteilung in unterschiedlich dimensionierte Abschnitte feldkonform aufgebaut.

Der grundsätzliche Nachteil eines Stoßspannungsteilers mit feldkonformer Anordnung der Widerstände ist jedoch, dass im Bereich der Kopfelektrode der vergleichsweise hochohmige Widerstand einer noch stärkeren Spannungsbeanspruchung als beim linearen Spannungsteiler ausgesetzt ist. Die Gefahr eines Durch- bzw. Überschlags im oberen Bereich eines feldkonformen Spannungsteilers ist dadurch erhöht. Der feldkonforme Spannungsteiler kann daher nicht mit der Bemessungsspannung eines linearen Spannungsteilers gleicher Bauhöhe betrieben werden. Versucht man, diesen Nachteil durch eine größere Bauhöhe des feldkonformen Spannungsteilers zu beheben, verschlechtert sich aber dessen Übertragungsverhalten und der Vorteil gegenüber dem kleineren Spannungsteiler mit linearer Widerstandsverteilung verringert sich oder geht ganz verloren.

Anstelle der o. a. feldkonformen Anpassung des ohmschen an den kapazitiven Potenzialverlauf längs der Teilersäule wird in [4.87] der umgekehrte Weg beschritten. Der 1-MV-Spannungsteiler besteht auf der Hochspannungsseite aus einem Widerstandsdraht mit einem Gesamtwiderstand von 6,56 kΩ, der linear über der Teilerhöhe von 3,70 m auf ein Isolierrohr mit 0,13 m Durchmesser gewickelt ist. Mit einem Feldberechnungsprogramm lassen sich drei am Teilerkopf und Teilerfuß angebrachten Toruselektroden optimieren, sodass der resultierende kapazitive Potenzialverlauf ebenfalls linear mit der Teilerhöhe verläuft. Der Spannungsteiler ist zur Messung von vollen und in der Front abgeschnittenen Blitzstoßspannungen innerhalb der zulässigen IEC-Fehlergrenzen geeignet.

4.3.2.5 Optimierter Messabgriff

Ein anderer Vorschlag zur Verbesserung des Übertragungsverhaltens betrifft die Positionierung des Spannungsabgriffs beim ohmschem Stoßspannungsteiler mit linearer Widerstandsverteilung. Der Abgriff erfolgt nicht, wie sonst üblich, am Niederspannungsteil im Fuß des Spannungsteilers, sondern an einer Stelle, die zwischen dem Kopf und Fuß des Spannungsteilers liegt. Der Vorteil des *optimierten Messabgriffs* liegt darin, dass die hochfrequenten Signalanteile, die über die verteilten Erdkapazitäten abfließen und den Niederspannungsteil im Teilerfuß nicht erreichen, zum großen Teil noch mit erfasst werden können (Abb. 4.27). Die optimierte Position des Messabgriffs wird hierbei als die Stelle definiert, bei der die Antwortzeit der berechneten Sprungantwort $T = 0$ ist. Entsprechend den theoretischen Überlegungen liegt bei einem Spannungsteiler der Höhe H der optimierte Messabgriff bei $z_{opt} = 0{,}57\,H$ und damit etwas oberhalb der Hälfte des Gesamtwiderstandes [4.88–4.90].

Die theoretischen Ergebnisse sind durch eingehende Messungen an einem 800-kV-Stoßspannungsteiler weitgehend bestätigt worden. Hierbei wurde die Messimpedanz in unterschiedlicher Teilerhöhe zwischen $z = 0$ und $z = H$ eingefügt. Da bei diesem Verfahren der Messabgriff auf Hochspannungspotential liegt, muss das Messgerät entweder selbst auf hohes Potential gelegt oder über eine optische Datenübertragungsstrecke angeschlossen werden.

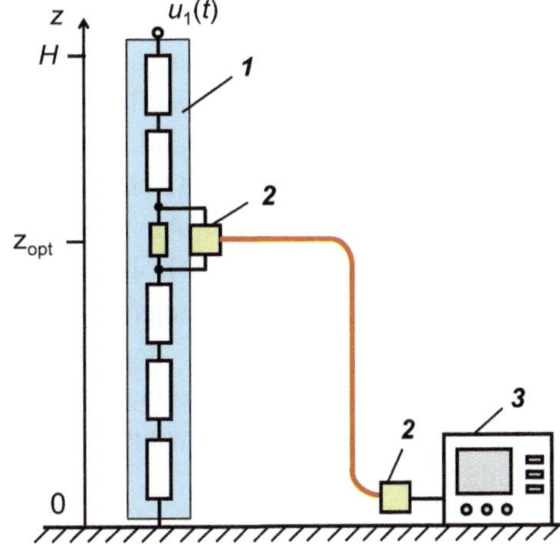

Abb. 4.27 Optimierter Spannungsabgriff bei $z_{opt} = 0{,}57\,H$ *1* ohmscher Spannungsteiler *2* Abgriff und Datentransfer mit Optokoppler über LWL *3* Oszilloskop

Die experimentelle Sprungantwort weist für den optimierten Messabgriff bei $z_{opt} = 0{,}57\,H$ ein geringes Überschwingen und eine kurze Beruhigungszeit auf, während am Teilerkopf $(z = H)$ ein großes Überschwingen und am Teilerfuß $(z = 0)$ ein langsames Anschleichen an den Endwert ohne Überschwingen auftritt. Für den optimierten Messabgriff ergibt sich eine minimale Anstiegszeit der Sprungantwort von 10 ns. Die Oszillogramme von vollen und abgeschnittenen Blitzstoßspannungen, die jeweils für den optimierten Messabgriff und den Abgriff auf Erdpotential aufgezeichnet wurden, lassen allerdings in diesem Zeitbereich keinen Unterschied erkennen [4.89]. Ein Vorteil des optimierten Messabgriffs besteht darin, dass an der Stelle z_{opt} der Fremdfeldeinfluss verschwindet. Der Spannungsteiler kann daher hochohmig ausgeführt werden.

4.3.2.6 Kapazitive Signaleinkopplung in den Niederspannungsteil

Durch kapazitive Einkopplung eines Teils der Stoßspannung vom Teilerkopf in den Niederspannungsausgang eines Spannungsteilers lässt sich dessen Übertragungsverhalten verbessern. Das Prinzip der kapazitiven Signaleinkopplung ist in [4.91] für einen gasisolierten 1-MV-Spannungsteiler in metallgekapselter Ausführung beschrieben. Der Spannungsteiler mit einem Gesamtwiderstand von $10{,}5\,k\Omega$ ist zwar optimal gegen elektromagnetische Beeinflussung von außen geschirmt, allerdings verursacht die große Streukapazität zum umgebenden Metallkessel eine deutliche Verschlechterung des Übertragungsverhaltens bei höheren Frequenzen. Zur Verbesserung des Frequenzgangs werden die höherfrequenten Signalanteile der Stoßspannung kapazitiv ausgekoppelt und mit entsprechender Verzögerung der Ausgangsspannung überlagert. Als Koppelkapazität dient ein kapazitiver Sensor in Form einer kreisrunden Plattenelektrode von 20 cm Durchmesser (s. Abschn. 4.3.7), der an der Kesselinnenwand in Höhe der Durchführung isoliert angebracht und mit dem Niederspannungsausgang des Spannungsteilers verbunden ist. Durch die kapazitive Signaleinkopplung verringert sich die Anstiegszeit der experimentellen Sprungantwort von ursprünglich 70 ns auf weniger als 10 ns.

4.3.2.7 Spannungsteiler mit wässriger Lösung

Spannungsteiler mit wässriger Lösung in nieder- und hochohmiger Ausführung sind für besondere Messaufgaben vorgesehen. Mit einem zweistufigen, recht aufwendig gestalteten 80-kV-Spannungsteiler werden die Entladungen eines TEA-CO_2-Lasers mit einer Impulsbreite von rund 100 ns gemessen [4.92]. Die erste, potenzialgesteuerte Teilerstufe mit insgesamt 50 Ω besteht aus einer einmolaren wässrigen $CuSO_4$-Lösung in einem koaxialen Isolierrohr. Am Teilerausgang ist die zweite Teilerstufe angeschlossen, die aus koaxial angeordneten Kohlemassewiderständen von insgesamt 500 Ω zusammengesetzt ist. Der 50-Ω-Ausgangswiderstand der zweiten Stufe entspricht dem Wellenwiderstand des Messkabels, das am Eingang des Oszilloskops ebenfalls mit 50 Ω abgeschlossen ist. Die Sprungantwort mit einer Anstiegszeit von 4 ns zeigt in den ersten 40 ns eine abklingende Schwingung mit einer Anfangsamplitude von 5 % und bleibt anschließend konstant.

Ein anderer, einfach und preiswert aufgebauter 600-kV-Spannungsteiler mit einer Höhe von 0,75 m enthält im Hochspannungsteil eine einprozentige NaCl-Lösung mit einem Widerstand von rund 300 Ω [4.93]. Der Niederspannungsteil besteht aus parallel geschalteten Metallfilmwiderständen mit insgesamt 0,2 Ω. Die Sprungantwort weist eine Anstiegszeit von 5 ns und ein kurzzeitiges Überschwingen innerhalb der ersten 25 ns auf. Wegen des ungleichen Aufbaus des Hoch- und Niederspannungsteils ist die Temperaturabhängigkeit relativ groß. Die Temperatur des Spannungsteilers muss daher vor und nach dem Einsatz gemessen und beim Teilungsverhältnis berücksichtigt werden. Mit dem Spannungsteiler wird die Durchschlagfestigkeit von Isolatoren mit einer Messunsicherheit von weniger als 5 % überprüft.

Ein hochohmiger, mit entionisiertem Leitungswasser gefüllter 500-kV-Spannungsteiler wird zur Messung der hochfrequenten Ausgangsspannung und Entladungen eines Tesla-Transformators eingesetzt [4.93]. Der 2,7 m große Spannungsteiler mit insgesamt 1,6 MΩ hängt umgekehrt an der Decke und ist direkt an die Toroidelektrode des Tesla-Transformators angeschlossen. Durch unterschiedlich dimensionierte Abschnitte der Wassersäule hinsichtlich Länge und Durchmesser wird ein feldkonformer Verlauf des Widerstandes über der Teilerhöhe erzielt (s. Abschn. 4.3.7). Die Kapazität des Spannungsteilers wird zu 0,76 pF geschätzt. Das Übertragungsverhalten des Spannungsteilers lässt sich durch Anwendung eines Faltungsalgorithmus im Frequenzbereich (s. Abschn. 9.2 und 9.3) optimieren, was an Beispielen für die Sprungantwort und einen Entladungsimpuls gezeigt wird.

4.3.3 Kapazitiver Stoßspannungsteiler

Nicht oder nur schwach gedämpfte *kapazitive Spannungsteiler* werden bevorzugt zur Messung von Schaltstoßspannungen bis zu den höchsten Prüfspannungen eingesetzt. Zur Messung von Blitzstoßspannungen oder anderer schnellveränderlicher Spannungen sind sie weniger gut geeignet. Gegenüber Widerstandsteilern haben sie den Vorteil, dass der Rücken einer Schaltstoßspannung nicht wesentlich beeinflusst wird und die Selbsterwärmung entfällt – abgesehen von der Wirkung des Verlustfaktors der eingesetzten Kondensatoren. Theoretische Untersuchungen mithilfe des Kettenleiterersatzschaltbildes zeigen, dass die Sprungantwort des nicht gedämpften kapazitiven Spannungsteilers zu ausgeprägten hochfrequenten Schwingungen neigt. Er wird daher häufig mit einem externen Dämpfungswiderstand eingesetzt. Auf den *gedämpft kapazitiven Stoßspannungsteiler* mit intern verteilten Dämpfungswiderständen wird in Abschn. 4.3.4 eingegangen.

4.3.3.1 Aufbau des Messsystems mit kapazitivem Spannungsteiler
Den grundsätzlichen Aufbau des vollständigen Stoßspannungsmesssystems mit kapazitivem Spannungsteiler zeigt Abb. 4.28. Im Hochspannungsteil wird für C_1 meist

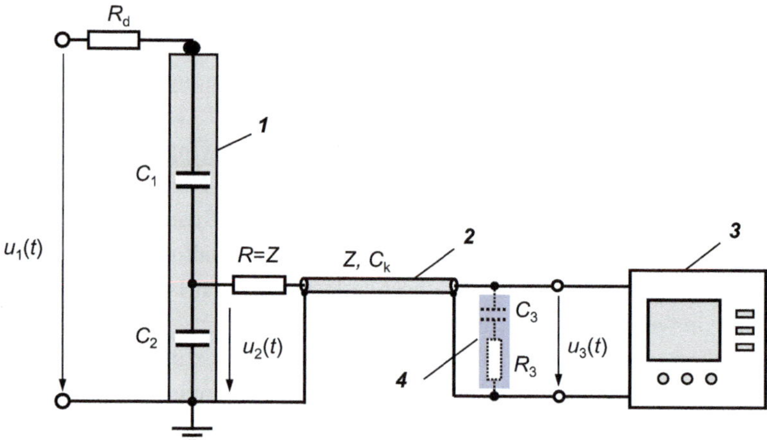

Abb. 4.28 Stoßspannungsmesssystem mit kapazitivem Spannungsteiler und Digitalrecorder *1* Kapazitiver Spannungsteiler *2* Koaxialkabel mit Wellenwiderstand Z und Kabelkapazität C_k *3* Digitalrecorder *4* Burch-Abschluss $C_3\,R_3$ bei längerem Koaxialkabel

eine Reihenschaltung von ölimprägnierten Hochspannungskondensatoren mit einer Gesamtkapazität von mehreren 100 pF eingesetzt. Auf der Niederspannungsseite werden für C_2 ebenfalls ölimprägnierte Kondensatoren oder Kunststofffolienkondensatoren mit geringer Induktivität verwendet. Bei der Auswahl von C_2 ist auf den Temperaturkoeffizienten zu achten, der in gleicher Größenordnung wie der von C_1 liegen sollte.

Die große Kapazität und Strombelastung von C_2 lässt sich durch Parallelschalten einer Vielzahl von Kondensatoren erzielen, wodurch auch die Induktivität auf der Niederspannungsseite reduziert wird. Eine vollkommene Kompensation der induktiven Komponente des Hochspannungskondensators ist auch beim kapazitiven Spannungsteiler nicht immer beabsichtigt. Eine größere Induktivität auf der Niederspannungsseite ist mitunter vorteilhaft, da sie zu einer kürzeren Anstiegszeit der Sprungantwort unter Inkaufnahme eines geringen Überschwingens führt.

Zur Messung von Stoßspannungen wird der kapazitive Spannungsteiler in der Regel mit einem externen Widerstand R_d betrieben, um die im Teilerinnern und auf der Hochspannungszuleitung sich ausbreitenden Schwingungen zu dämpfen. Die Herkunft der Schwingungen ist verschieden. Zum einen stellen die verwendeten Hochspannungskondensatoren mit ihren Induktivitäten ein im MHz-Bereich schwingendes LC-Netzwerk dar. Zum anderen können sich hochfrequente Schwingungen im Frequenzbereich bis 100 MHz aufgrund von Wanderwellenvorgängen innerhalb des kapazitiven Spannungsteilers ausbilden. Sie entstehen, wenn ein Spannungsimpuls mit steiler Front auf den Teilerkopf trifft, zum Teilerfuß läuft, dort reflektiert wird und nahezu ungedämpft zum Teilerkopf zurück läuft, wo er dort wieder reflektiert wird usw. Die Sprungantwort eines kapazitiven Spannungsteilers zeigt daher heftige Oszillationen, die nur schwach durch die ohmschen Verluste der Verbindungsleitungen und Kondensatoren und durch den

Skineffekt gedämpft sind [4.58–4.60]. Mit einem externen Dämpfungswiderstand R_d von 300 Ω bis 600 Ω am Anfang der Hochspannungszuleitung oder am Teilerkopf lassen sich die Schwingungen so weit verringern, dass der kapazitive Spannungsteiler auch zur Messung von Blitzstoßspannungen eingesetzt werden kann.

4.3.3.2 Schaltung auf der Niederspannungsseite

Obwohl sich der kapazitive Spannungsteiler nicht zur Messung schnellveränderlicher Signale eignet, wird die Niederspannungsseite in der Regel nach hochfrequenzmäßigen Gesichtspunkten ausgeführt. Am Teilerausgang wird das Messkabel nicht direkt, sondern über einen Längswiderstand R gleich dem Kabelwellenwiderstand Z von 50 Ω oder 75 Ω angeschlossen. Für schnellveränderliche Signale wirkt das Koaxialkabel zunächst wie ein Widerstand mit dem Wellenwiderstand Z. Die Reihenschaltung von R und Z verursacht daher eine Halbierung des vom Teilerausgang in das Kabel einlaufenden Spannungsimpulses. Nach der Kabellaufzeit τ erreicht der halbierte Spannungsimpuls das andere Kabelende am Recorder, wo er wegen des hochohmigen Eingangswiderstandes von 1 MΩ oder mehr ein quasi offenes Kabelende vorfindet. Der Impuls wird dadurch reflektiert und läuft mit doppelter Amplitude zum Spannungsteiler zurück. Die Verdopplung der Amplitude bedeutet, dass die zu messende Impulsspannung wieder mit der ursprünglichen Amplitude am Recordereingang anliegt. Nach der doppelten Kabellaufzeit 2τ findet der reflektierte Impuls am Teilerausgang wegen $R = Z$ einen reflexionsfreien Abschluss vor, da die große Niederspannungskapazität C_2 praktisch einen Kurzschluss für hochfrequente Signale bedeutet. Der rücklaufende Impuls wird dadurch vollständig absorbiert.

Für niederfrequente Signale ist die Kabellaufzeit vernachlässigbar und der Kabelwellenwiderstand Z in Abb. 4.28 kann sich praktisch nicht auswirken. Da der Längswiderstand R vernachlässigbar klein gegenüber dem hochohmigen Recordereingang ist, liegt nahezu die volle Signalspannung am Recorder an. Damit ist der kapazitive Stoßspannungsteiler für nieder- und hochfrequente Messsignale gleichermaßen abgeglichen. Der Kabelabschluss darf nicht wie beim ohmschen Spannungsteiler in Abb. 4.22 als Parallelwiderstand am Recordereingang ausgeführt sein, da diese Schaltung zu einer schnellen Entladung von C_2 und damit zu einer Verkürzung der Rückenhalbwertzeit führen würde.

4.3.3.3 Burch-Abschluss bei langem Messkabel

Bei Verwendung langer Koaxialkabel wird zur Messung schnellveränderlicher Impulse häufig der *Burch-Abschluss* am Eingang des Recorders eingesetzt (Abb. 4.28). Er besteht aus der gestrichelt eingezeichneten Reihenschaltung von R_3 und C_3, die parallel zum hochohmigen Eingangswiderstand des Recorders liegt. Ohne Burch-Abschluss belastet das Koaxialkabel den Teilerausgang nach der doppelten Kabellaufzeit 2τ mit der Kabelkapazität C_k. Bei größeren Kabellängen ist C_k gegenüber C_2 jedoch nicht mehr vernachlässigbar klein, sodass sich die wirksame Kapazität des Niederspannungsteils erhöht. Das Teilungsverhältnis zu Beginn der Signalübertragung und nach der doppelten Kabellaufzeit ist daher verschieden. Dies führt zu einem anfänglichen Überschwingen der Impulsspannung bis zur Zeit $t=2\tau$, zu der der reflektierte Impuls am Teilerausgang eintrifft. Mit dem Burch-Abschluss am Eingang des Recorders ergibt sich für $R_3 = Z$ und $C_k + C_3 = C_1 + C_2$ ein optimiertes Übertragungsverhalten mit reduziertem Überschwingen [4.62, 4.94]. Das Koaxialkabel ist damit hochfrequenzmäßig an beiden Kabelenden mit seinem Wellenwiderstand abgeschlossen.

4.3.3.4 Einfache Ersatzschaltbilder mit Erdkapazität

Eine ansatzweise Berechnung und Diskussion des Übertragungsverhaltens von rein kapazitiven Spannungsteilern an Hand des Kettenleiterersatzschaltbildes in Abb. 4.21 findet man in [4.57]. Das Übertragungsverhalten ist durch die bereits angesprochene hochfrequente Schwingung im Innern des Spannungsteilers charakterisiert, die bei fehlendem Dämpfungswiderstand R_d sehr groß und langandauernd sein kann. Der rein kapazitive Spannungsteiler ohne R_d ist daher zur Messung schnellveränderlicher Spannungen weniger gut geeignet als andere Spannungsteiler, sodass auf Einzelheiten des Kettenleiterersatzschaltbildes hier nicht weiter eingegangen wird.

Im vereinfachten Ersatzschaltbild des kapazitiven Spannungsteilers werden nur die Streukapazitäten gegen Erde berücksichtigt. Sie liegen in gleicher Größenordnung wie die beim ohmschen Spannungsteiler. In Analogie zum ohmschen Spannungsteiler lässt sich die resultierende Erdkapazität C_e unter Vernachlässigung der Induktivitäten und Widerstände durch eine konzentrierte Kapazität von $^2/_3\,C_e$ im vereinfachten Ersatzschaltbild berücksichtigen (Abb. 4.29a). Das Ersatzschaltbild lässt sich noch weiter vereinfachen, indem die Hochspannungskapazität C_1 um den Anteil $C_e/6$ verringert wird (Abb. 4.29b). Beide Ersatzschaltbilder lassen erkennen, dass infolge der Erdkapazität der Strom durch den Niederspannungskondensator C_2 verringert ist, sodass die Ausgangsspannung $u_2(t)$ an C_2 kleiner wird. Das Teilungsverhältnis $\hat{u}_1/\hat{u}_2$ ist dementsprechend vergrößert.

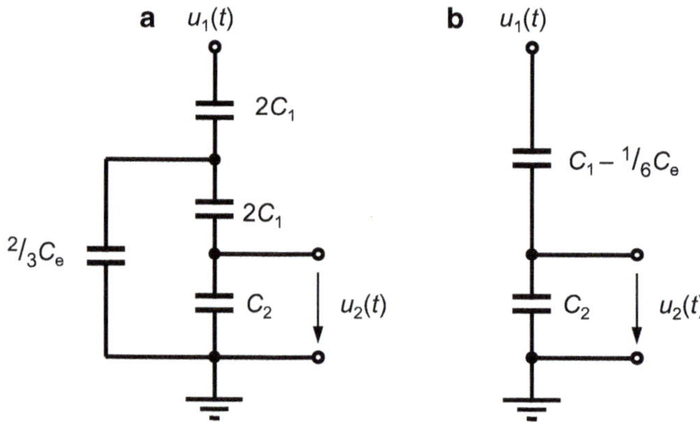

Abb. 4.29 Vereinfachte Ersatzschaltbilder des kapazitiven Stoßspannungsteilers, in denen die Erdkapazität C_e berücksichtigt wird durch eine: **a** Parallelkapazität $^2/_3 C_e$ **b** reduzierte Hochspannungskapazität $C_1 - {}^1/_6 C_e$

Zur Begrenzung des Einflusses der Erd- und Kabelkapazitäten ist man bestrebt, C_1 möglichst groß zu machen. Andererseits ist das Frequenzverhalten von Hochspannungskondensatoren mit großer Kapazität herstellungsbedingt nicht besonders gut. Außerdem wird der Stoßspannungsgenerator stärker belastet, wodurch die Kurvenform der Stoßspannung beeinflusst wird. Vergleicht man die Wirkung der Erdkapazität mit der beim ohmschen Spannungsteiler, erkennt man einen entscheidenden Unterschied. Das Frequenzverhalten des kapazitiven Spannungsteilers wird entsprechend den vereinfachten Ersatzschaltbildern in Abb. 4.29 durch die Erdkapazität nicht beeinflusst. Das Teilungsverhältnis scheint demnach für niedrige und hohe Frequenzen gleich zu sein. Tatsächlich sind jedoch in einem entsprechend erweiterten Ersatzschaltbild auch Induktivitäten und Widerstände zu berücksichtigen, wodurch das Übertragungsverhalten und damit das Teilungsverhältnis wiederum frequenzabhängig werden.

Die Ergebnisse für den optimalen Messabgriff bei ohmschen Spannungsteilern lassen sich auf kapazitive Spannungsteiler übertragen. Die theoretischen Untersuchungen zeigen, dass die optimale Höhe des Messabgriffs wiederum bei $z_{opt} = 0{,}57\,H$ liegt (s. Abschn. 4.3.2.6. An dieser Stelle ist nicht nur die Antwortzeit $T = 0$, sondern auch der Einfluss äußerer Fremdfelder verschwindet. Ein kapazitiver Spannungsteiler mit einem Messabgriff bei z_{opt} kann daher mit einer relativ kleinen Kapazität auf der Hochspannungsseite auskommen, was geringere Herstellungskosten verursacht [4.90].

4.3.3.5 Varianten des kapazitiven Stoßspannungsteilers

Druckgaskondensatoren nach Schering und Vieweg finden wegen ihrer guten Eigenschaften häufig Verwendung in der Wechselspannungsmesstechnik (s. Abschn. 11.5). In Verbindung mit einem induktionsarmen Kondensator im Niederspannungsteil werden sie auch als Stoßspannungsteiler eingesetzt [4.96]. Die Neigung zu Schwingungen lässt sich durch einen Dämpfungswiderstand zwischen dem Druckgaskondensator und dem Niederspannungskondensator reduzieren. Die konzentrische Elektrodenanordnung eines Druckgaskondensators verspricht grundsätzlich ein breitbandiges Übertragungsverhalten und eine wirkungsvolle Abschirmung gegenüber äußeren Störfeldern. Für den untersuchten kapazitiven Spannungsteiler mit 800-kV-Druckgaskondensator wird eine Anstiegszeit der Sprungantwort von 50 ns ohne Überschwingen angegeben. Aufgrund der geringen Kapazität von Druckgaskondensatoren im Bereich von 10 pF bis 100 pF tritt eine nennenswerte Belastung des Stoßspannungsgenerators nicht auf.

In anderen Messschaltungen wird die Stoßspannung durch Integration des durch einen Kondensator fließenden Stromes $i = C \cdot du/dt$ gewonnen. Das grundsätzliche Messprinzip ist vergleichbar mit dem, das zur Messung von Wechselspannungen unter Einsatz eines Druckgaskondensators angewendet wird (s. Abschn. 2.5.2.2). Als Kondensator kommt in [4.97] eine koaxiale Elektrodenanordnung aus einer SF_6-Schaltanlage bis 200 kV zum Einsatz. Die Anstiegszeit der Messschaltung mit aktivem Integrator ergibt sich zu 120 ns bei minimalem Überschwingen der Sprungantwort, wobei die Sprungspannung durch Zünden einer Kugelfunkenstrecke erzeugt wird. In [4.98] wird eine Schaltung mit Plattenkondensator und passiver Integration zur Messung von

Steilstoßspannungen bis 250 kV eingesetzt. Die Sprungantwort weist eine Anstiegszeit von rund 8 ns und ein Überschwingen von 4 % auf.

An Stelle eines gesonderten kapazitiven Spannungsteilers wird gelegentlich der Belastungskondensator C_b des eingesetzten Stoßspannungsgenerators mit zusätzlichem Niederspannungskondensator für Messzwecke verwendet. Die Kapazität von C_b liegt üblicherweise im Bereich von 1 nF bis 10 nF. Die in Serie geschalteten Kondensatoren haben entsprechend große Kapazitätswerte und zeigen ein weniger gutes Frequenzverhalten. Besondere Bauformen des Belastungskondensators sind intern mit niederohmigen Dämpfungswiderständen versehen und eignen sich dadurch besser zur Messung von Stoßspannungen. In Abschn. 4.3.1.1 wurde jedoch bereits darauf hingewiesen, dass diese Anordnung des Spannungsteilers mit C_b zwischen Generator und Prüfling nicht den Prüfvorschriften entspricht.

4.3.4 Gedämpft kapazitiver Stoßspannungsteiler

Der *gedämpft kapazitive Stoßspannungsteiler,* international auch als *Zaengl-Teiler* bekannt, eignet sich in Verbindung mit einem Digitalrecorder besonders gut zur Messung von Blitzstoßspannungen und anderen schnellveränderlichen Spannungen bis in den UHV-Bereich. Der Zaengl-Teiler besteht aus einer größeren Anzahl von in Serie geschalteten Widerständen und Kondensatoren im Hoch- und Niederspannungsteil. In Verbindung mit einem äußeren Dämpfungswiderstand werden daher die für einen kapazitiven Spannungsteiler typischen Schwingungen erfolgreich gedämpft. Der Zaengl-Teiler gleicht im Aufbau weitgehend dem homogenen Kettenleiter. Mit dem allgemeinen Kettenleiterersatzschaltbild lassen sich typische Verläufe der Sprungantwort berechnen und grundsätzliche Eigenschaften ableiten. Zur Optimierung des Messverhaltens sind spezielle Rechenprogramme geeignet. Beispiele für die Ausführung genauer Referenzteiler und ihr Übertragungsverhalten werden gegeben.

4.3.4.1 Aufbau des Messsystems mit gedämpft kapazitivem Spannungsteiler

Abb. 4.30 zeigt den grundsätzlichen Aufbau des vollständigen Messsystems mit einem gedämpft kapazitiven Stoßspannungsteiler. Charakteristisch sind die internen Dämpfungswiderstände $R_1{}'$ in Serie mit den Kondensatoren $C_1{}'$ im Hochspannungsteil sowie R_2 in Serie mit C_2 im Niederspannungsteil. Durch die verteilten Dämpfungswiderstände werden die Schwingungen, die bei schnellveränderlichen Spannungen im rein kapazitiven Spannungsteiler infolge von Wanderwellenvorgängen auftreten, erfolgreich unterdrückt. Eine Anzahl von zehn $R_1{}'C_1{}'$-Gliedern im Hochspannungsteil wird als ausreichend betrachtet. Der gedämpft kapazitive Stoßspannungsteiler wirkt kapazitiv für niedrige und ohmsch für hohe Signalfrequenzen [4.58–4.60, 4.99].

Im Hochspannungsteil von gedämpft kapazitiven Stoßspannungsteilern werden in der Regel ölgefüllte Kondensatoren, im Niederspannungsteil ebenfalls ölgefüllte

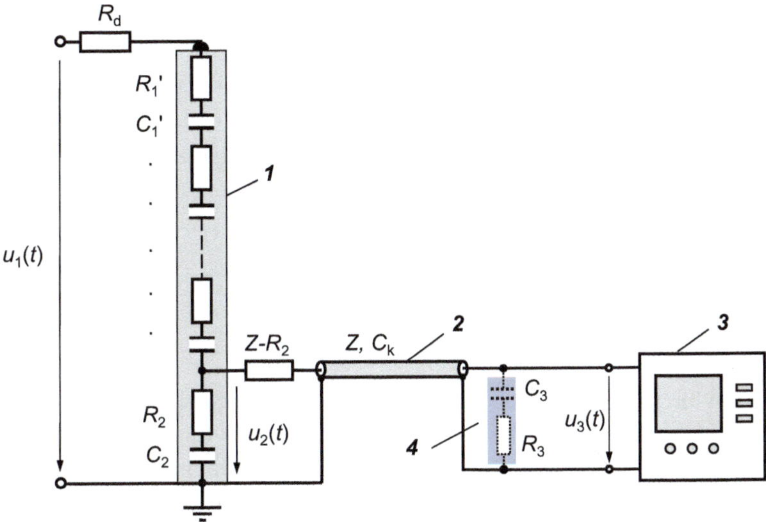

Abb. 4.30 Messsystem mit gedämpft kapazitivem Spannungsteiler und Digitalrecorder *1* gedämpft kapazitiver Stoßspannungsteiler („Zaengl-Teiler") *2* Koaxialkabel mit Wellenwiderstand Z und Kabelkapazität C_k *3* Digitalrecorder *4* Burch-Abschluss $C_3\,R_3$ bei längerem Koaxialkabel

Kondensatoren oder Kunststofffolienkondensatoren verwendet. Besonders geeignet für den Einsatz in „schnellen" gedämpft kapazitiven Teilern mit Bemessungsspannungen unterhalb von 1 MV sind keramische *HF-Plattenkondensatoren* mit Wulstrand *(Rogowski-Profil)*, die eine Permittivität $\varepsilon_r \leq 60$ aufweisen. Sie zeichnen sich durch eine sehr geringe Induktivität und gute Langzeitbeständigkeit aus. Die Kapazität eines einzelnen Plattenkondensators mit dieser Permittivität beträgt je nach dessen Größe maximal 2000 pF, die zulässige Impulsbelastung bis zu 50 kV. Durch die Reihenschaltung der Plattenkondensatoren erreicht die Gesamtkapazität des Spannungsteilers nur einige 100 pF bei einer Bemessungsspannung von bis zu 1 MV. Die Hochspannungskapazität C_1 sollte 100 pF nicht unterschreiten, um den Fremdfeldeinfluss benachbarter Objekte gering zu halten. Bei höheren Ansprüchen an die Messgenauigkeit muss der Einfluss der Streukapazität zur Erde gesondert untersucht werden (s. Abschn. 10.3.10). Keramische Plattenkondensatoren mit höherer Permittivität haben ein anderes Dielektrikum und werden wegen ihrer größeren Spannungs- und Temperaturabhängigkeit nicht im Stoßspannungsteiler eingesetzt; auch ist die Langzeitbeständigkeit unbefriedigend.

Als interne Dämpfungswiderstände $R_1{}'$ zwischen den einzelnen Kondensatoren $C_1{}'$ im Hochspannungskreis kommen die in Abschn. 4.3.2.1 genannten Bauformen in Betracht. Ungewendelte Kohleschichtwiderstände eignen sich gut für nicht zu große Spanungsteiler wegen ihrer geringen Induktivität und großen Impulsbelastbarkeit. Die Spannungsbeanspruchung der Widerstände im Spannungsteiler ist besonders groß bei abgeschnittenen Stoßspannungen und vergleichbar schnellen Spannungsänderungen, da dann die Kondensatoren in erster Näherung wie ein Kurzschluss wirken. Die erforderliche

Strombelastbarkeit wird durch Parallelschalten mehrerer Einzelwiderstände zum Widerstand R_1' des einzelnen Kettengliedes erreicht.

Bei der Dimensionierung des Niederspannungsteil muss natürlich auch der externe Dämpfungswiderstand R_d berücksichtigt werden, um einen sowohl für schnelle als auch langsame Messsignale abgeglichenen Spannungsteiler zu erhalten. Für den konventionellen Abgleich eines kompensierten Spannungsteilers mit externem Dämpfungswiderstand gilt ohne Berücksichtigung der Erdkapazitäten:

$$\boxed{\frac{R_1 + R_2 + R_d}{R_2} = \frac{C_1 + C_2}{C_1} = \frac{L_1 + L_2}{L_2}}. \tag{4.25}$$

Bei Verwendung eines längeren Messkabels ist gegebenenfalls dessen Kapazität in Gl. (4.25) zu berücksichtigen. Für übliche Teilungsverhältnisse zwischen 500:1 und 2000:1 beträgt der Widerstand R_2 im Niederspannungsteil nur einige wenige zehntel Ohm, während C_2 im Bereich von 0,5 μF liegen kann. Durch Parallelschalten einer Vielzahl von RC-Seriengliedern im Niederspannungsteil werden die erforderlichen Werte von R_2 und C_2 bei gleichzeitig reduzierter Induktivität L_2 erreicht. Zur Kompensation des Einflusses der Erdkapazität kann eine erhöhte Induktivität auf der Niederspannungsseite wiederum vorteilhaft sein.

4.3.4.2 Kettenleiterersatzschaltbild und Sprungantwort

Der gedämpft kapazitive Stoßspannungsteiler lässt sich im Kettenleiterersatzschaltbild (s. Abb. 4.21a) mit n Einzelgliedern nach Abb. 4.31 darstellen. In den einzelnen Kettengliedern repräsentieren R' und C' die tatsächlich eingebauten Widerstände und Kondensatoren des Spannungsteilers. Weitere Elemente des Ersatzschaltbildes sind die Längsinduktivitäten L' der Bauelemente und ihrer Zuleitungen, die Streukapazitäten C_p' parallel zu den Bauelementen und die Erdkapazitäten $C_e'/2$ am Anfang und Ende eines jeden Kettengliedes.

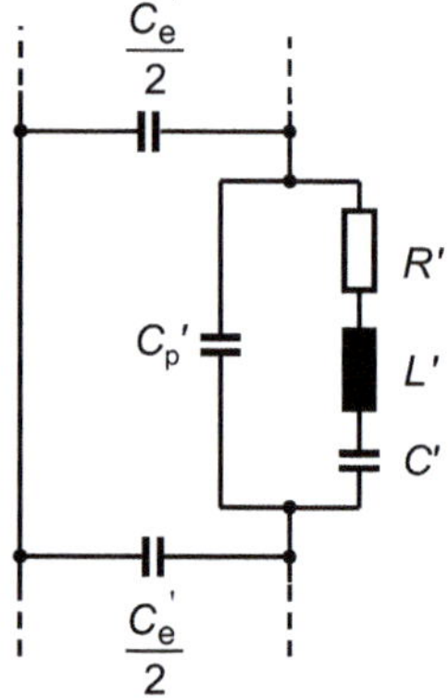

Abb. 4.31 Einzelnes Glied des Kettenleiters für einen gedämpft kapazitiven Stoßspannungsteiler

Aus der allgemeinen Lösung von Gl. (4.18) für die Übertragungsfunktion eines Kettenleiters erhält man mit Gl. (4.19) die Sprungantwort $g(t)$ des gedämpft kapazitiven Spannungsteilers zu [4.58–4.60]:

$$g(t) = 1 - \frac{C_e}{6(C + C_p)} + 2\,e^{-at} \sum_{k=1}^{\infty} (-1)^k \frac{\cosh(b_k t) + \dfrac{a}{b_k}\sinh(b_k t)}{\left(1 + \dfrac{C_p}{C} + \dfrac{C_e}{C\,k^2\pi^2}\right)\left(1 + \dfrac{C_p}{C_e}k^2\pi^2\right)}.$$

$$(4.26)$$

Mit $R = nR'$, $L = nL'$, $C = C'/n$, $C_e = nC_e'$, $C_p = C_p'/n$ ergeben sich a und b_k zu:

$$a = \frac{R}{2L},$$

$$b_k = \sqrt{a^2 - \frac{k^2\pi^2\left(1 + \dfrac{C_p}{C} + \dfrac{C_e}{C\,k^2\pi^2}\right)}{L\,C_e\left(1 + \dfrac{C_p}{C_e}k^2\pi^2\right)}}.$$

Abb. 4.32 zeigt drei Beispiele für die nach Gl. (4.26) berechnete Sprungantwort eines gedämpft kapazitiven Spannungsteilers mit der Kapazität $C = 150\ \mathrm{pF}$ und den Widerständen $R = 0{,}75\ \mathrm{k\Omega}$, $1\ \mathrm{k\Omega}$ und $2\ \mathrm{k\Omega}$. Die Erd- und Parallelkapazitäten sind mit $C_e = 40\ \mathrm{pF}$ bzw. $C_p = 1\ \mathrm{pF}$, die Induktivität mit $L = 2{,}5\ \mathrm{\mu H}$ eingesetzt. Der grundsätzliche Verlauf der Sprungantwort des gedämpft kapazitiven Spannungsteilers ähnelt dem des ohmschen Spannungsteilers in Abb. 4.25, allerdings mit einem anderen Zeitmaßstab. Im Vergleich zum ohmschen Spannungsteiler ist der Widerstand im gedämpft kapazitiven Spannungsteiler wesentlich kleiner, sodass dessen Erdkapazität erst bei deutlich höheren Frequenzen wirksam wird. Der gedämpft kapazitive Stoßspannungsteiler weist daher grundsätzlich ein besseres Übertragungsverhalten auf als der ohmsche Spannungsteiler bei gleichzeitig geringerer Belastung des Prüfkreises.

Für kleine Widerstandswerte werden die Koeffizienten b_k in Gl. (4.26) imaginär und die Hyperbelfunktionen gehen in trigonometrische Funktionen über. Dies bedeutet, dass die Sprungantwort zu Schwingungen neigt. Als Folge zeigt die für $R = 0{,}75\ \mathrm{k\Omega}$ berechnete Sprungantwort $g(t)$ des gedämpft kapazitiven Spannungsteilers eine ausgeprägte Schwingung (Kurve *1* in Abb. 4.32). Für $R = 1\ \mathrm{k\Omega}$ ist das Überschwingen von $g(t)$ deutlich geringer (Kurve *2*). Für noch größere Widerstände weist die Sprungantwort einen asymptotisch dem Endwert zustrebender Zeitverlauf auf (Kurve *3*).

Der Anfangsverlauf der berechneten Sprungantwort $g(t)$ in Abb. 4.32 setzt wie beim ohmschen Spannungsteiler mit einem Sprung ein, was wiederum mit dem kapazitiven Teilungsverhältnis der Parallelkapazitäten C_p' in Verbindung mit den Erdkapazitäten C_e' erklärt werden kann (s. Abschn. 4.3.2.2). Der Endverlauf der Sprungantwort bleibt unter dem Wert eins, da ein Teil des Messsignals über die Erdkapazitäten abfließt,

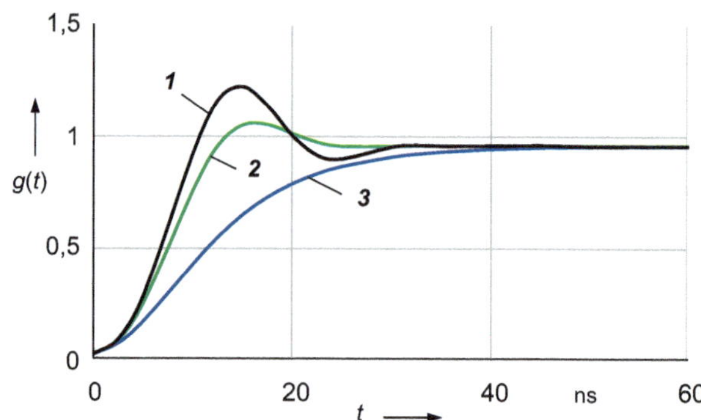

Abb. 4.32 Berechnete Sprungantwort $g(t)$ eines gedämpft kapazitiven Spannungsteilers als Kettenleiter nach Gl. 4.26 ($C = 150$ pF, $C_e = 40$ pF, $C_p = 1$ pF, $L = 2,5$ µH) *1:* $R = 0,75$ kΩ *2:* $R = 1$ kΩ *3:* $R = 2$ kΩ

wodurch sich das wirksame Teilungsverhältnis erhöht. Der Unterschied zwischen dem berechneten Endwert $g(t = \infty)$ und dem Einheitswert ist zeit- bzw. frequenzunabhängig und wird in Gl. (4.26) auf der rechten Seite durch den zweiten Term $C_e/6(C + C_p)$ ausgedrückt. Für den Grenzfall $C = \infty$ erhält man den ohmschen Spannungsteiler mit $g(t = \infty) = 1$.

Mit dem allgemeinen Kettenleiterersatzschaltbild wird das Übertragungsverhalten von gedämpft kapazitiven Stoßspannungsteilern nur unvollständig erfasst. Der Einfluss des Niederspannungsteils und der Hochspannungszuleitung kann wie beim ohmschen Spannungsteiler durch zusätzliche und verbesserte Ansätze analytisch berücksichtigt werden [4.59, 4.60]. Verfahren zur experimentellen Optimierung des Niederspannungsteils werden in Abschn. 4.3.4.4 behandelt.

4.3.4.3 Messkabel und Burch-Abschluss

Der Ausgang des Stoßspannungsteilers ist über den Widerstand R und das koaxiale Messkabel, das den Wellenwiderstand Z hat, mit dem Recorder verbunden (s. Abb. 4.30). Unter Berücksichtigung des Widerstandes R_2 im Niederspannungsteil ist das Messkabel mit $R = Z - R_2$ auf der Teilerausgangsseite reflexionsfrei abgeschlossen. Ein in das Kabel eingespeister, am hochohmigen Recordereingang reflektierter und zum Teilerausgang zurücklaufender Spannungsimpuls wird dadurch absorbiert. Bei Verwendung eines längeren Messkabels, dessen Kapazität C_k nicht mehr vernachlässigbar klein gegenüber C_2 ist, empfiehlt sich wie beim rein kapazitiven Spannungsteiler ein *Burch-Abschluss* mit R_3 und C_3 am Recordereingang [4.95]. Die theoretischen Untersuchungen für eine angenommene Kabelkapazität $C_k = 0,1(C_1 + C_2 + C_3)$ zeigen, dass ein optimales Übertragungsverhalten für $R_3 = k \cdot Z$ und $k(C_k + C_3) = (C_1 + C_2)$ mit $k = 1,25$ erzielt wird. Das anfängliche Überschwingen der Sprungantwort während der Kabellaufzeit 2τ wird damit deutlich verringert. Unter Berücksichtigung der Kabeldämpfung wird ein reduzierter Wert $1 < k < 1,25$ empfohlen [4.59].

4.3.4.4 Optimierung des Niederspannungsteils

Die analytische Berechnung des Übertragungsverhaltens eines Spannungsteilers mit dem Kettenleiterersatzschaltbild ist nützlich für allgemeine Aussagen. Eine Optimierung für einen bestimmten Spannungsteiler im UHV-Bereich wird jedoch nur durch sinnvolle Kombination aus Messung der Sprungantwort und Anwendung geeigneter Rechenverfahren erzielt. Mit einer vergleichsweise kleinen Änderung der Schaltung oder des Aufbaus im Niederspannungsteil erreicht man oft eine deutliche Verbesserung des Übertragungsverhaltens. In der Regel wird versucht, durch Abgleich der Niederspannungsschaltung ein leichtes Überschwingen der Sprungantwort zu erzielen. Die experimentelle Ermittlung der Sprungantwort erfolgt entweder für den vollständigen Spannungsteiler oder auch allein für den Niederspannungsteil, in den ein Rechteckstrom eingespeist wird [4.100]. Eingehende Untersuchungen an einem 6-MV-Stoßspannungsteiler zeigen allerdings, dass die Messung und Auswertung der Sprungantwort von Messsystemen im UHV-Bereich mit Schwierigkeiten verbunden ist [9.34].

Gedämpft kapazitive Stoßspannungsteiler mit Bemessungsspannungen von mehr als 800 kV werden in der Regel mit ölimprägnierten Folienkondensatoren hergestellt, deren Permittivität frequenzabhängig sein kann. Die Sprungantwort dieser Spannungsteiler weist, nachdem etwa 95 % des Endwertes erreicht sind, einen verlangsamten Anstieg im weiteren Zeitverlauf auf. Dieses Verhalten wird oft als *Kriechen* bezeichnet. Der Spannungsteiler ist somit nicht als Referenzteiler geeignet. Die Sprungantwort lässt sich verbessern, indem auf der Niederspannungsseite ein Widerstand R in Reihe mit einem Kondensator C parallel geschaltet wird. Um zusätzlich den Einfluss einer großen Kabelkapazität zu kompensieren, wird die RC-Reihenschaltung als Burch-Abschluss am hochohmigen Recordereingang ausgeführt.

Ist die Teilerausgangsspannung zu groß für den Recorder, wird ein zweiter gedämpft kapazitiver Sekundärteiler dem Niederspannungsteil parallel geschaltet. Die Werte des Sekundärteilers sind optimal, wenn sich ein geringes Überschwingen der Sprungantwort ergibt. Für die analytische Berechnung wird das Kettenleiterersatzschaltbild herangezogen [4.101].

Mit einem Netzwerkprogramm lässt sich das Ersatzschaltbild des Spannungsteilers und damit die Sprungantwort individuell berechnen. Durch Vergleich der berechneten und gemessenen Sprungantworten wird das Ersatzschaltbild weiter optimiert. Am Beispiel eines 1-MV-Teilers für Schaltstoßspannungen wird gezeigt, dass durch eine entsprechend verbesserte Schaltung des Niederspannungsteils das ausgeprägte Kriechen der Sprungantwort vollständig verschwindet. Die experimentelle Antwortzeit des Stoßspannungsteilers verringert sich dadurch von ursprünglich 1 µs auf 32 ns, die *Beruhigungszeit* von 26 µs auf 2,4 µs und das *Überschwingen* von 26 % auf 2,4 % [4.102].

4.3.4.5 Optimal und schwach gedämpfte kapazitive Stoßspannungsteiler

Für den gedämpft kapazitiven Spannungsteiler gilt wie für den Widerstandsteiler, dass ein geringes, zeitlich begrenztes Überschwingen der Sprungantwort zur Verringerung der Anstiegs- und Antwortzeiten durchaus erstrebenswert ist. Aus dieser Sicht wird für den *optimal gedämpften kapazitiven Stoßspannungsteiler* ein optimaler Gesamtwert des internen Dämpfungswiderstandes von:

$$R_{\mathrm{opt}} = (3\ldots4)\sqrt{\frac{L}{C_{\mathrm{e}}}} \qquad\qquad (4.27)$$

postuliert [4.58]. Für einen gedämpft kapazitiven Spannungsteiler mit $L = 2{,}5\ \mu\mathrm{H}$ und $C_{\mathrm{e}} = 40\ \mathrm{pF}$ ergeben sich Werte für R_{opt}, die zwischen 750 Ω und 1000 Ω liegen. Die für diese Grenzwerte berechneten Sprungantworten zeigen die Kurven *1* und *2* in Abb. 4.32. Da sowohl L als auch C_{e} annähernd linear mit der Höhe des Spannungsteilers zunehmen, bleibt R_{opt} konstant und Gl. (4.27) gilt sowohl für kleine als auch große Spannungsteiler, also unabhängig von der Bemessungsspannung. Bei der Dimensionierung von gedämpft kapazitiven Stoßspannungsteilern wird für den internen Dämpfungswiderstand eher der untere Grenzwert von R_{opt} nach Gl. (4.27) oder ein noch kleinerer Wert angestrebt. Durch das größere Überschwingen der Sprungantwort, das bei kurzer Zeitdauer akzeptabel ist, erzielt man eine kleinere Antwortzeit.

Eine Variante stellt der *schwach gedämpfte kapazitive Stoßspannungsteiler* mit Bemessungsspannungen oberhalb von 1 MV dar. Der intern verteilte Dämpfungswiderstand beträgt insgesamt [4.103–4.105]:

$$R \approx (0{,}25\ldots1{,}5)\sqrt{\frac{L}{C}}, \qquad\qquad (4.28)$$

wobei L die Induktivität des Messkreises und C die Kapazität des Spannungsteilers sind. Für den schwach gedämpften Stoßspannungsteiler ergibt sich demnach ein im Hochspannungsteil verteilter Dämpfungswiderstand von 50 Ω bis 200 Ω. Im Niederspannungsteil wie auch in der Hochspannungszuleitung sind keine zusätzlichen Dämpfungswiderstände vorgesehen. Scheinbarer Vorteil des schwach gedämpften kapazitiven Spannungsteilers ist, dass er wegen der kleinen Zeitkonstante RC gleichzeitig als Belastungskondensator C_{b} des Stoßspannungsgenerators eingesetzt werden kann. Die Kombination von Belastungskondensator und Stoßspannungsteiler ist allerdings für die normgerechte Prüfung von Betriebsmitteln mit Blitzstoßspannungen nicht zulässig [2.2].

Die innere Bedämpfung eines kapazitiven Stoßspannungsteilers mit verteilten Widerständen hat einen weiteren Vorteil. Berechnungen der Spannungsverteilung innerhalb eines mehrstufigen Hochspannungskondensators zeigen, dass bei Anlegen eines Spannungssprungs unterschiedlich große, örtlich und zeitlich veränderliche Schwingungen im Innern entstehen. Hierbei wird der als Kettenleiter nach Abb. 4.21a dargestellte Kondensator am Kopf mit einer Überspannung beansprucht, die ein Mehrfaches der Sprungamplitude ist. Mit den intern verteilten Dämpfungswiderständen wird zwar die anfängliche Höhe der Überspannung nur wenig, deren Dauer aber deutlich verkürzt. So ist bei einem verteilten Dämpfungswiderstand von insgesamt 1 kΩ bereits nach 50 ns eine annähernd lineare Spannungsverteilung längs der Kondensatorsäule erreicht. Die kürzere Beanspruchung der Kondensatoren ist natürlich für deren Lebensdauer vorteilhaft [4.106].

4.3.4.6 Beispiele für Referenzteiler

Referenzmesssysteme mit Referenzteilern zeichnen sich durch verringerte Messunsicherheiten aus, die nach IEC 60060-2 [2.2] maximal:

- 1 % für den Prüfspannungswert von vollen und abgeschnittenen Stoßspannungen mit Abschneidezeiten $T_c \geq 2$ µs,
- 3 % für den Prüfspannungswert von in der Stirn abgeschnittenen Stoßspannungen mit Abschneidezeiten 0,5 µs $\geq T_c < 2$ µs und
- 5 % für die Zeitparameter

betragen dürfen. In der Regel werden Referenzmesssysteme nur zur Kalibrierung anderer Spannungsmesssysteme im Hochspannungslabor eingesetzt und unterliegen daher keinen erschwerten Prüfbedingungen, z. B. durch Witterungseinflüsse oder mechanische Beanspruchung. Die Langzeitbeständigkeit wird durch regelmäßige Eignungs- und Kontrollmessungen überprüft.

Gedämpft kapazitive Stoßspannungsteiler weisen bei entsprechender Dimensionierung und Verwendung induktionsarmer Bauelemente ein ausgezeichnetes Übertragungsverhalten auf. Sie sind daher als Referenzteiler zur Kalibrierung anderer Spannungsteiler mit Blitz- und Schaltstoßspannungen gut geeignet. Niederohmige Widerstandsteiler sind als Referenzteiler für Blitzstoßspannungen ebenfalls gut geeignet. Sie haben allerdings den Nachteil, dass mit steigender Spannung der Stoßspannungsgenerator immer stärker belastet wird. Nachteilig ist auch, dass sie wegen starker Reduzierung der Rückenhalbzeit grundsätzlich nicht für Schaltstoßspannungen einsetzbar sind.

Abb. 4.33a zeigt im Vordergrund die Ausführung eines gedämpft kapazitiven Stoßspannungsteilers als Referenzteiler bis 500 kV. Der Hochspannungsteil besteht aus 20 Stufen mit keramischen HF-Plattenkondensatoren in Serie mit ungewendelten Kohleschichtwiderständen. Die Gesamtkapazität beträgt 150 pF, der interne Dämpfungswiderstand insgesamt 400 Ω. Jeder Dämpfungswiderstand zwischen den Plattenkondensatoren besteht aus einer Parallelschaltung von sechs ungewendelten Kohleschichtwiderständen. Der einstufige Referenzteiler ist für ein Teilungsverhältnis von rund 2000 dimensioniert.

Zur Bestimmung des Maßstabsfaktors soll nach IEC 60060-2 die Vergleichsmessung zwischen dem Referenzteiler und dem zu kalibrierenden Spannungsteiler bei mindestens zwei Spannungswerten, davon einer bei mindestens 20 % der vorgesehenen Einsatzspannung des Prüflings, durchgeführt werden. Eine anschließende Linearitätsprüfung bis zur vollen Spannungshöhe mit einem anderen, hierfür geeigneten Spannungsteiler oder System ist dann allerdings erforderlich. Der Trend zu immer höheren Übertragungsspannungen und der Zeitaufwand für den erforderlichen Umbau des Messanordnung zur Linearitätsprüfung waren Grund für die Neukonstruktion eines gedämpft kapazitiven Referenzteilers bis 1 MV (Abb. 4.33b). Die beiden Stufen des neuen Referenzteilers sind in vergleichbarer Weise aufgebaut wie die in Abb. 4.33a gezeigte Einzelstufe. Unter Ausnutzung der 20-%-Regel ist damit die normgerechte Kalibrierung von Stoßspannungsteilern im UHV-Bereich von bis zu 5 MV möglich [4.107].

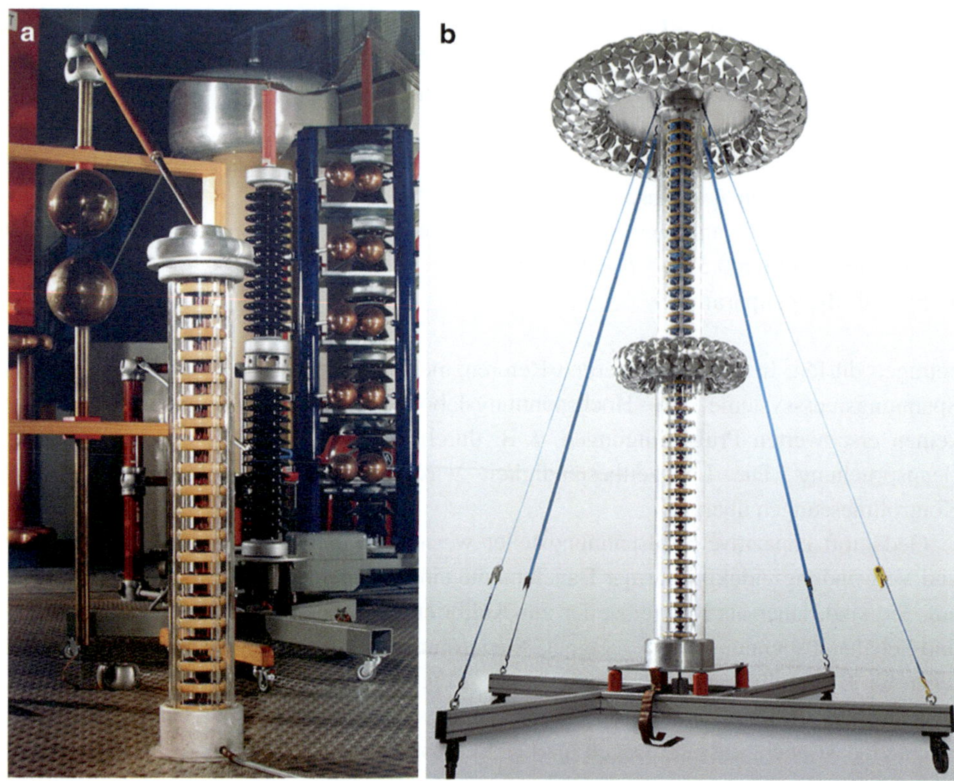

Abb. 4.33 Ansichten zweier gedämpft kapazitiver Stoßspannungsteiler als Referenzteiler (PTB) **a** einstufige Ausführung für 500 kV im Vordergrund, Abschneidefunkenstrecke und Stoßspannungsgenerator im Hintergrund **b** zweistufige Ausführung für 1 MV

4.3.4.6.1 Niederspannungsteil

Der Niederspannungsteil des 500-kV-Referenzteilers in Abb. 4.33a ist in einer Metalldose im Fuß des gedämpft kapazitiven Spannungsteilers untergebracht. Die Dimensionierung des einstufigen Referenzteilers in Abb. 4.33a ergibt nach Gl. (4.25) ein Teilungsverhältnis von rund 2000. Kohleschichtwiderstände und Kondensatoren mit Folienwickel sind wegen ihrer Hochfrequenzeigenschaften und Impulsspannungsfestigkeit gut geeignet. Grundsätzlich noch bessere Eigenschaften zeigen Chip-Widerstände und Chip-Kondensatoren. Durch Parallelschalten einer größeren Anzahl von Widerständen R_2 in Reihe mit den Kondensatoren C_2 verteilt sich die Strombelastung und die Gesamtinduktivität des Niederspannungsteils wird klein gehalten.

Abb. 4.34 zeigt zwei induktionsarme Ausführungen von Niederspannungsteilen des 500-kV-Referenzteilers in Abb. 132a. Die konventionelle Ausführung in Abb. 4.34a besteht aus einer Vielzahl von in Reihe geschalteten Kunststofffolienkondensatoren und Kohleschichtwiderständen. Die Kondensatoren sind an den äußeren geerdeten Metallring, die Widerstände an den inneren Cu-Ring gelötet. Die Anordnung wird in einer Metalldose

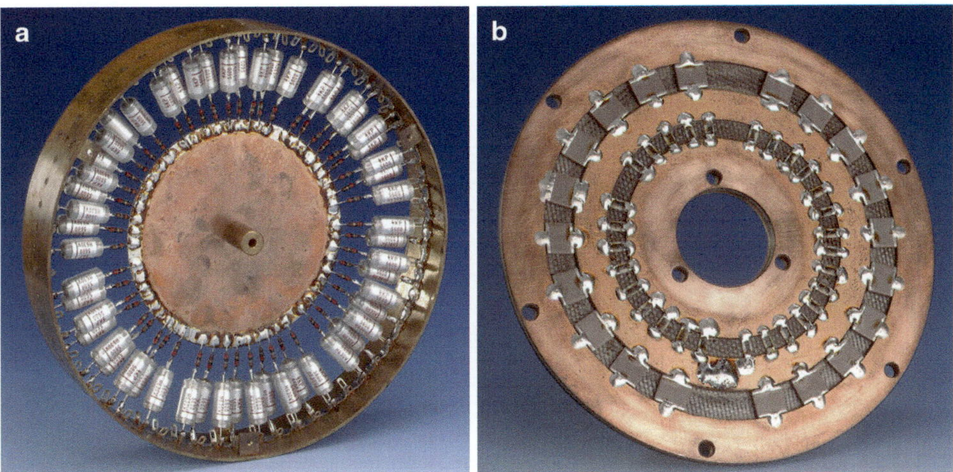

Abb. 4.34 Zwei Ausführungen des Niederspannungsteils für den 500-kV-Referenzteiler (PTB) **a** Ausführung mit Kunststofffolienkondensatoren und Schichtwiderständen **b** Ausführung mit Chip-Kondensatoren und Chip-Widerständen auf geätzter Cu-Platine

direkt unter dem Spannungsteiler untergebracht. Die Verbindung zum senkrecht darüber stehenden Hochspannungsteil erfolgt zentrisch über einen vergoldeten Steckkontakt. Die Ausführung in Abb. 4.34b besteht aus extrem niederinduktiven Chip-Kondensatoren und Chip-Widerständen, die an die konzentrischen Cu-Ringe einer geätzten Platine angelötet sind und in einer Metalldose unter dem Spannungsteiler untergebracht werden.

4.3.4.6.2 Externer Dämpfungswiderstand

Als externer Dämpfungswiderstand R_d des 500-kV-Referenzteilers dient eine Serien- und Parallelschaltung von Kohleschichtwiderständen oder ein in Harz vergossenes niederinduktives Widerstandsgewebe. Der Dämpfungswiderstand ist am Anfang der rohrförmigen Hochspannungszuleitung, deren Länge durch steckbare Einzelrohre variabel ist, angebracht. Da der Widerstandswert $R_d = 330\ \Omega$ annähernd dem Wellenwiderstand der horizontalen Zuleitung entspricht, treten nahezu keine Wanderwellenschwingungen auf der Zuleitung auf. Die internen und externen Dämpfungswiderstände haben insgesamt 730 Ω, was dem in Gl. (4.27) empfohlenen unteren Grenzwert für den optimalen Dämpfungswiderstand R_{opt} nahe kommt.

4.3.4.6.3 Sprungantwort und Antwortparameter

Die in der Messschaltung nach Abb. 9.16a aufgezeichnete Sprungantwort des 500-kV-Referenzteilers (s. Abb. 4.33a) mit externem Dämpfungswiderstand $R_d = 330\ \Omega$ ist in Abb. 4.35 wiedergegeben, wobei die horizontale Zuleitung zum Teilerkopf $L = 1{,}5$ m betrug. Der Referenzteiler ist hinsichtlich des Überschwingens so abgeglichen, dass die Teilantwortzeiten T_α und T_β der Sprungantwort betragsmäßig etwa gleich sind

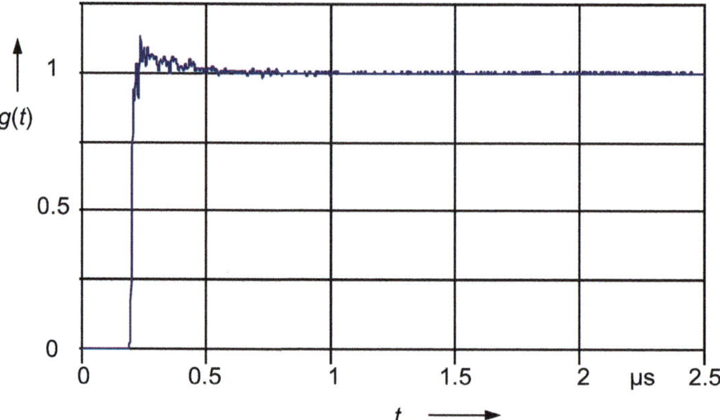

Abb. 4.35 Sprungantwort des gedämpft kapazitiven Stoßspannungsteilers in Abb. 4.33a ($R_\mathrm{d} = 330\ \Omega$, $L = 1{,}5$ m)

(s. Abschn. 9.8.1). Die resultierende Antwortzeit ist damit $T_\mathrm{N} \approx 0$. Da der Dämpfungswiderstand annähernd dem Wellenwiderstand der horizontalen Zuleitung entspricht, hat deren Länge nur geringen Einfluss auf die Sprungantwort und damit auf die Antwortparameter des Referenzteilers. Bei den Messungen wurden die beiden in Abb. 4.34 gezeigten, unterschiedlich aufgebauten Niederspannungsteile eingesetzt. Ein signifikanter Unterschied in den Sprungantworten des Referenzteilers ist nicht erkennbar.

Der Referenzteiler wird zur Kalibrierung anderer Stoßspannungsteiler eingesetzt, die in der Regel eine größere Bauhöhe aufweisen. Für die Vergleichsmessung muss daher der Referenzteiler über eine entsprechend lange Hochspannungszuleitung an den gemeinsamen Messpunkt der Y-Schaltung angeschlossen werden (s. Abb. 10.2). Durch die unterschiedlich langen Zuleitungen darf sich aber das Messverhalten des Referenzteilers nicht signifikant ändern, was an Hand der aufgezeichneten Sprungantwort und deren Antwortparameter überprüft werden kann. Abb. 4.36 vermittelt einen Eindruck über die Abhängigkeit der experimentellen Antwortzeit T_N und Beruhigungszeit t_s des Referenzteilers von dem externen Dämpfungswiderstand R_d, der Höhe H des Sprungspannungsgenerators, der Länge L und Beschaffenheit der Hochspannungszuleitung sowie der Bandbreite B des verwendeten Digitalrecorders. Tab. 4.1 enthält weitere Angaben zu der Versuchsanordnung für die Sprungantwortmessung [4.108].

Die Ergebnisse der Untersuchung zeigen, dass die für die experimentelle Antwortzeit ermittelten Werte insgesamt nur um ± 8 ns vom Bemessungswert $T_\mathrm{N} = 0$ abweichen. Für die Beruhigungszeit ergibt sich als Mittelwert $t_\mathrm{s} = 180$ ns mit einer Streuung innerhalb von ± 20 ns. Die geringe Variation der beiden Antwortparameter wirkt sich daher lediglich bei der Messung einer in der Stirn abgeschnittenen Blitzstoßspannung aus. Beispielsweise führt eine um 5 ns erhöhte Antwortzeit zu einem Scheitelwertfehler, der bei einer nach 0,5 µs abgeschnittenen Stoßspannung weniger als 1 % beträgt. Die

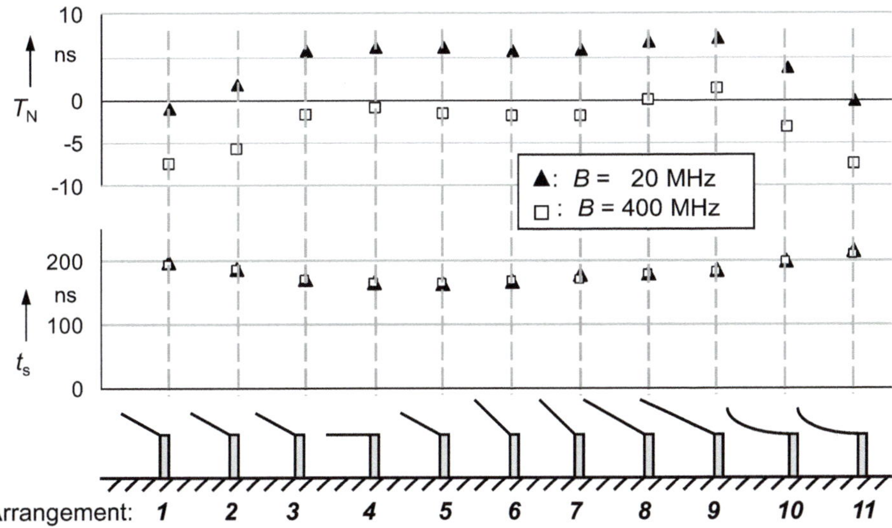

Abb. 4.36 Experimentelle Antwortzeit T_N und Beruhigungszeit t_s eines gedämpft kapazitiven Spannungsteilers bei unterschiedlicher Messbandbreite B und Anordnung (s. Tab. 4.1) R_d externer Dämpfungswiderstand L Länge der Hochspannungszuleitung H Höhe des Sprunggenerators B Bandbreite des Recorders

Tab. 4.1 Weitere Angaben zu der Anordnung des Referenzteilers in Abb. 4.36

Anordnung (Abb. 4.36)	1	2	3	4	5	6	7	8	9	10	11
R_d in Ω	333	346	366	366	366	366	366	366	366	366	366
H in m	2,7	2,7	2,7	1,4	2,7	3,3	3,3	3,3	3,3	3,3	3,3
L in m	2,5	2,5	2,5	2,5	2,5	2,5	2,5	4,5	4,5	5,5	5,5
Zuleitung	<···············Cu-Rohr, 2 cm Durchmesser ···············>									Schlauch	Draht

Änderungen im Messaufbau beeinflussen geringfügig auch die anderen Antwortparameter. Insgesamt ist damit nachgewiesen, dass auch bei unterschiedlichem Aufbau des Referenzteilers die Messung des Scheitelwertes und der Zeitparameter von vollen und in der Stirn abgeschnittenen Blitzstoßspannungen innerhalb der zulässigen Fehlergrenzen gewährleistet ist.

4.3.5 Ohmsch-kapazitiv gemischter Spannungsteiler

Der *ohmsch-kapazitiv gemischte Spannungsteiler* ist ein hochohmiger Spannungsteiler mit parallel geschalteten Kapazitäten (Abb. 4.37). Durch die Parallelkapazitäten

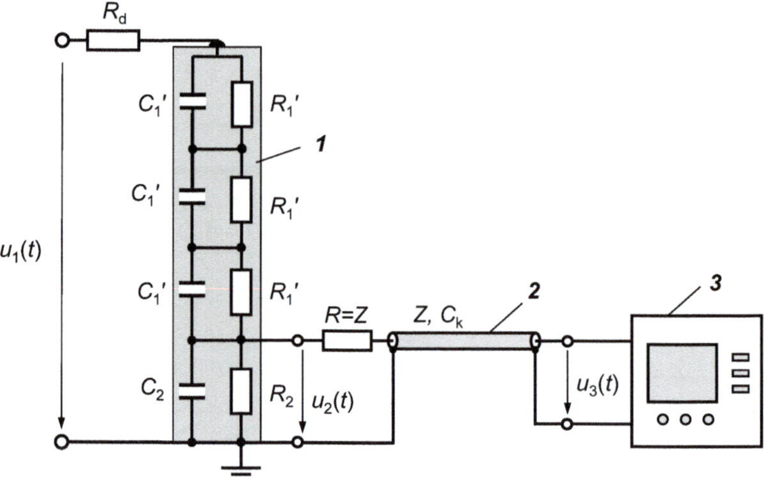

Abb. 4.37 Messsystem mit ohmsch-kapazitiv gemischtem Spannungsteiler *1* ohmsch-kapazitiv gemischter Stoßspannungsteiler *2* Koaxialkabel mit Wellenwiderstand Z und Kabelkapazität C_k *3* Digitalrecorder

verringert sich der Einfluss der Erdkapazitäten, wodurch sich das Übertragungsverhalten des Spannungsteilers zu höheren Frequenzen hin verbessert. Die Realisierung der zusätzlichen Parallelkapazität fällt unterschiedlich aus. In Abb. 4.37 ist jedem der n Serienwiderstände R_1' auf der Hochspannungsseite ein Kondensator C_1' und dem Niederspannungswiderstand R_2 ein Kondensator C_2 parallel geschaltet. Bei niedrigen Frequenzen wirkt der gemischte Spannungsteiler ohmsch, bei höheren Frequenzen kapazitiv.

Unter Berücksichtigung des Dämpfungswiderstandes R_d und der Kabelkapazität C_k ergibt sich für den abgeglichenen ohmsch-kapazitiv gemischten Spannungsteiler ohne Berücksichtigung von Streukapazitäten und Induktivitäten das Teilungsverhältnis bei Niederfrequenz:

$$\boxed{\frac{u_1}{u_2} = \frac{C_1 + C_2 + C_k}{C_1} = \frac{R_1 + R_2 + R_d}{R_2}} \qquad (4.29)$$

mit $C_1 = C_1'/n$ und $R_1 = nR_1'$. Die einzelnen Parallelkapazitäten C_1' können auch über der Teilerhöhe abgestuft sein. Zur Reduzierung des Einflusses der Streukapazität C_e wird ein Verhältnis von $C_1/C_e \geq 3$ angestrebt [1.6]. Der reflexionsfreie Abschluss des Koaxialkabels bei hohen Frequenzen wird wie beim rein kapazitiven Spannungsteiler durch einen Längswiderstand R gleich dem Kabelwellenwiderstand Z am Ausgang des Spannungsteilers realisiert.

Bei einer Variante des ohmsch-kapazitiv gemischten Spannungsteilers gibt es außer den Verbindungen am obersten und untersten Teilwiderstand R_1' keine weiteren galvanischen Querverbindungen zwischen den Widerständen und Kondensatoren auf der Hochspannungsseite. Allerdings bewirkt der besondere, annähernd konzentrische Aufbau des gemischten Spannungsteilers eine kapazitive Kopplung des ohmschen und kapazitiven Zweiges. Eine kapazitive Kopplung erzielt man ebenfalls durch mehrere über der Teilerhöhe verteilte Toruselektroden, die die Widerstandssäule ohne galvanische Verbindung untereinander und zu den Widerständen umschließen [1.6].

Das Übertragungsverhalten eines ohmsch-kapazitiv gemischten Spannungsteilers lässt sich an Hand des Kettenleiterersatzschaltbildes eingehender untersuchen [1.4]. Die Frequenzabhängigkeit des Maßstabsfaktors macht sich in der Sprungantwort durch eine Amplitudenänderung bemerkbar. Die Forderung, dass zur Verbesserung des Übertragungsverhaltens die Parallelkapazität mindesten das Dreifache der Erdkapazität betragen soll, führt bei einem mehrstufigen Spannungsteiler zu großen Parallelkapazitäten $C_1{}'$. Die zur Verfügung stehenden, meist ölimprägnierten Hochspannungskondensatoren weisen jedoch eine beträchtliche Induktivität auf, die das Übertragungsverhalten des gemischten Stoßspannungsteilers verschlechtert.

Ohmsch-kapazitiv gemischte Spannungsteiler stellen eine zusätzliche kapazitive Belastung des Stoßspannungskreises dar. Nicht zuletzt auch wegen der erhöhten Herstellungskosten durch den zusätzlichen Kondensatorteil hat der ohmsch-kapazitiv gemischte Spannungsteiler in der Stoßspannungsmesstechnik im Vergleich zum gedämpft kapazitiven Stoßspannungsteiler an Bedeutung verloren. Einsatz findet der gemischte Spannungsteiler noch in der Ausführung als Universalspannungsteiler, der zur Messung von Gleich-, Wechsel- und Stoßspannungen gleichermaßen einsetzbar ist. Hierbei kann der kapazitive Zweig zur Verbesserung des Übertragungsverhaltens mit in Reihe geschalteten Widerständen wie ein gedämpft kapazitiver Spannungsteiler ausgeführt sein [4.109]. Der Maßstabsfaktor und die Bemessungsspannung sind für jede der drei Spannungsarten in der Regel verschieden.

4.3.6 Kugelfunkenstrecke für Stoßspannungsmessungen

Kugelfunkenstrecken werden in vertikaler oder horizontaler Anordnung als genormte Messfunkenstrecken zur Bestimmung der *50-%-Durchschlagspannung* U_{50} von Stoßspannungen gemäß IEC 60052 eingesetzt [2.5]. Bei größeren Schlagweiten ist zu beachten, dass positive und negative Stoßspannungen unterschiedliche U_{50}-Werte haben. Die Ausführung der Kugelfunkenstrecke ist identisch mit der für Wechselspannungsmessungen (s. Abschn. 2.5.8). Allerdings soll der niederinduktive Vorwiderstand R_v (s. Abb. 2.19), der Oszillationen im Prüfkreis beim Durchschlag der Funkenstrecke dämpft, nicht mehr als 500 Ω betragen. Wegen der kurzen Impulsdauer ist die Forderung nach einer ausreichend großen Anzahl von Anfangselektronen zum Zünden der Messfunkenstrecke, insbesondere bei kleinen Schlagweiten, noch dringlicher als bei Wechselspannung. Die Zündbedingung kann in der Regel von dem eingesetzten Stoßspannungsgenerator mit offenen Schaltfunkenstrecken erfüllt werden. Generatoren mit gekapselten Schaltfunkenstrecken machen meistens eine zusätzliche Ionisierung durch Korona oder UV-Licht im UVC-Wellenbereich mit einer Quarz-Quecksilberdampflampe erforderlich. Die von der UV-Lampe im Dauerbetrieb erzeugte Wärmestrahlung führt mitunter zu einer Temperaturerhöhung der Luft in der Umgebung der Kugelfunkenstrecke und damit zu einer Beeinflussung der Durchschlagspannung.

Anmerkung: Die weichere UVA- oder UVB-Strahlung wird als nicht ausreichend für die Ionisierung betrachtet. Die früher verwendeten ionisierenden Präparate (α-Strahler) sollen wegen der potenziellen Strahlengefährdung der Mitarbeiter nicht oder nur unter besonderen Sicherheitsvorkehrungen eingesetzt werden.

Für den Einsatz einer Kugelfunkenstrecke mit dem Kugeldurchmesser D und der Schlagweite S stehen zwei Verfahren zur Auswahl. Beim ersten Verfahren werden fünf Serien von mindestens je zehn gleichen Stoßspannungen erzeugt. In der ersten Serie ist die Ladespannung des Stoßspannungsgenerators so eingestellt, dass der Scheitelwert der erzeugten Stoßspannung etwas unter dem in der IEC-Tabelle für D und S angegebenen U_{50}-Wert liegt, sodass die Funkenstrecke nicht durchschlägt. Die Zeit zwischen den einzelnen Stoßspannungen soll mindestens 30 s betragen. In den weiteren Serien wird der Scheitelwert jeweils um 1 % erhöht. Wenn in einer Serie die Hälfte der erzeugten Stoßspannungen zum Durchschlag der Messfunkenstrecke führt, entspricht die eingestellte Generatorspannung bzw. der am Messgerät abgelesene Scheitelwert dem U_{50}-Wert, der allerdings noch auf die atmosphärischen Normalbedingungen umzurechnen ist. Das Alternativverfahren zur Bestimmung der 50-%-Durchschlagspannung U_{50} wird als *Auf-und-Ab-Verfahren* in Schritten von jeweils 1 % durchgeführt, wobei mindestens 20 Spannungsbeanspruchungen erforderlich sind.

Für beide Verfahren ist zusätzlich die Zuverlässigkeit des Ergebnisses nachzuweisen. Hierzu werden 15 Stoßspannungen mit einem Scheitelwert erzeugt, der für Blitzstoßspannungen 1 % und für Schaltstoßspannungen 1,5 % unter dem festgestellten U_{50}-Wert liegt. Insgesamt dürfen in dieser Serie nicht mehr als zwei Durchschläge auftreten.

Die grafische Darstellung in Abb. 4.38 zeigt den Verlauf von U_{50} über der Schlagweite S bei atmosphärischen Normalbedingungen für positive Stoßspannungen und verschiedene Kugeldurchmesser D. Die entsprechenden U_{50}-Werte bei negativer Stoßspannung, die identisch mit denen bei Wechselspannung (und Gleichspannung) sind, liegen um bis zu 5 % darunter (s. Abb. 2.20). Die Unsicherheit der U_{50}-Werte bei Stoßspannung wird für Schlagweiten $S \leq 0{,}5D$ mit 3 % angegeben (Vertrauensbereich ≥ 95 %). Für Schlagweiten $S > 0{,}5D$ ist mit größeren Messunsicherheiten zu rechnen, was in Abb. 4.38 durch den gestrichelten Kurvenverlauf angedeutet ist.

Die U_{50}-Normwerte gelten für atmosphärische Normalbedingungen (Temperatur: 20°C, Luftdruck: 101,3 kPa, absolute Luftfeuchte: 8,5 gm^{-3}). Hiervon abweichende Umgebungsbedingungen müssen bei den gemessenen Durchschlagspannungen durch Korrekturfaktoren für die Luftdichte und Luftfeuchte entsprechend den Gln. 2.15 bis 2.17 berücksichtigt werden [2.5].

Abb. 4.38 Durchschlagspannung U_{50} von Kugelfunkenstrecken für **positive** Blitz- und Schaltstoßspannungen in Abhängigkeit von der Schlagweite S bei atmosphärischen Normalbedingungen (Temperatur: 20 °C, absolute Luftfeuchte: 8,5 gm^{-3}, Luftdruck: 101,3 kPa)

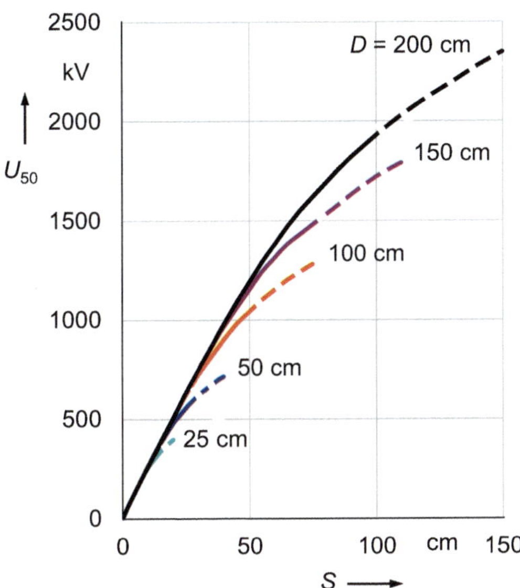

Die vor weit mehr als einem halben Jahrhundert als Ergebnis internationaler Vergleichsmessungen festgelegten Durchschlagspannungen und Messverfahren für Kugelfunkenstrecken wurden durch neuere Untersuchungen und Ringvergleiche mit Wechsel- und Stoßspannungen weitgehend bestätigt und ergänzt [2.28, 2.29]. In den Industrieländern werden Kugelfunkenstrecken außer zur Überprüfung des Maßstabsfaktors und zum Nachweis der Linearität von Stoßspannungsteilern nur noch selten zu Messzwecken verwendet, einerseits wegen der EMV-Probleme beim Zünden der Funkenstrecken, andererseits wegen der fehlenden Möglichkeit, die Zeitparameter zu bestimmen. Bei entsprechendem Aufwand und sorgfältiger Versuchsdurchführung lässt sich die Linearität eines Stoßspannungsteilers innerhalb einer Abweichung von ± 1 % nachweisen.

4.3.7   Kapazitive Feldsensoren

Der klassische Stoßspannungsteiler ist wegen seiner großen Abmessungen und begrenzten Bandbreite nicht für jede Prüfanordnung und jedes Betriebsmittel geeignet. Beispiele sind gasisolierte Schaltanlagen, ölisolierte Hochspannungsgeräte und leistungsstarke, wassergekühlte Impulsgeneratoren. *Kapazitive Feldsensoren* mit geringen Abmessungen sind hier vorteilhaft einsetzbar. Sie erfassen den durch das transiente elektrische Feld hervorgerufenen Verschiebungsstrom und sind bei entsprechender Beschaltung und Kalibrierung zur Spannungsmessung geeignet. Im Einsatz sind verschiedene Varianten der Messanordnung mit fest eingebauten oder frei beweglichen Sensoren, darunter auch potentialfreie kugelförmige Sensoren für dreidimensionale Messungen im freien Raum.

4.3.7.1 Messprinzip und Ersatzschaltbild

Das Prinzip eines kapazitiven Feldsensors in einer koaxialen, gasisolierten Elektroden-anordnung zeigt Abb. 4.39. Der Sensor *1* besteht aus einer beidseitig metallisierten Kunststofffolie auf einer Metallplatte, die in die Wandung des geerdeten Außenleiters *3* oder in eine Flanschöffnung eingelassen ist. Die obere Elektrode des Sensors fängt entsprechend der Streukapazität C_1 einen Teil des elektrischen Feldes zwischen dem auf der Spannung $u_1(t)$ liegenden Innenleiter *2* und dem geerdeten Außenleiter *3* auf. Zusammen mit der Kapazität C_2 der metallisierten Folie entsteht ein kapazitiver Spannungsteiler mit der Ausgangsspannung $u_2(t)$. Der Sensor wird auch in koaxialer Ausführung eingesetzt, bei der die metallisierte Folie die Innenwandung des Außenleiters auf einer Länge von ca. 10 cm bedeckt.

Abb. 4.40 zeigt das elektrische Ersatzschaltbild des Feldsensors als kapazitiven Spannungsteiler mit der Ausgangsspannung $u_2(t)$, die dem Messgerät über den Widerstand $R=Z$ und das Koaxialkabel mit dem Wellenwiderstand Z zugeführt wird. Die Abschlussimpedanz R_a mit C_a am Kabelende ist als *Burch-Abschluss* (s. Abschn. 4.3.3.3) dimensioniert. Damit soll der Einfluss der Kabelkapazität C_k, die im Vergleich zu C_2 nicht vernachlässigt werden darf, auf den Zeitverlauf des schnellveränderlichen Messsignals kompensiert werden. Für die Dimensionierung der Abschlussimpedanz gilt

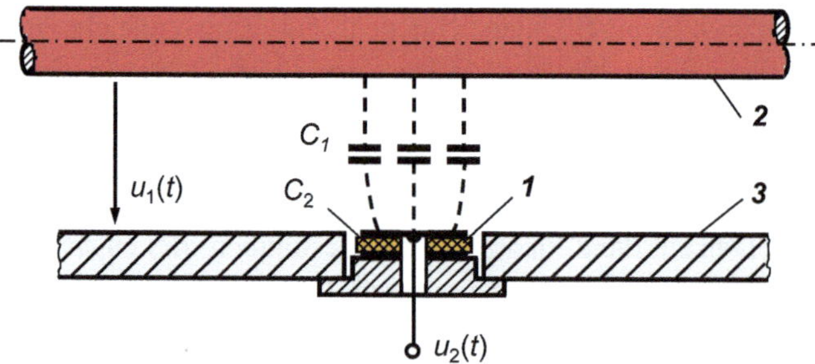

Abb. 4.39 Kapazitiver Feldsensor in einer gasisolierten Schaltanlage (schematisch) *1* Feldsensor *2* Innenleiter *3* Außenleiter

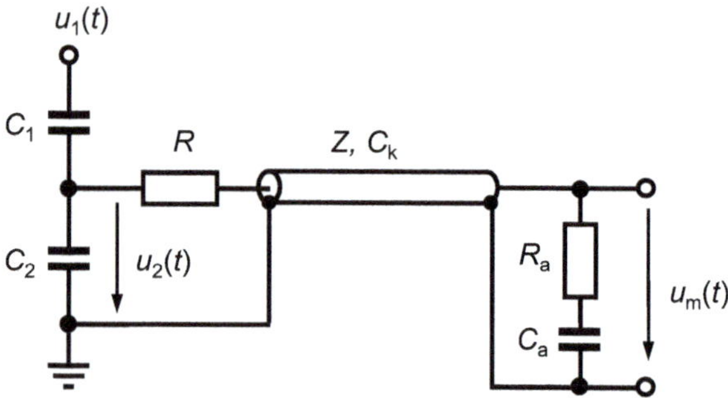

Abb. 4.40 Elektrisches Ersatzschaltbild des Feldsensors mit Messschaltung

$R_a = kZ$ und $k(C_a + C_k) = (C_1 + C_2)$, wobei $k = 1$ nach [4.92] oder $k = 1{,}25$ nach [4.62] einzusetzen ist. Je nach Abmessung und Bandbreite der Messanordnung können mit derartigen Feldsonden transiente Spannungen auch noch im Nanosekundenbereich gemessen werden [4.110–4.116].

Bei einer anderen Ausführung des Feldsensors wird an Stelle von C_2 ein Messwiderstand R_2 eingesetzt. Eine kleine Messelektrode stellt wiederum die Streukapazität C_1 zum Innenleiter her. Über C_1 und R_2 fließt der kapazitive Strom:

$$i = C_1 \frac{du_1}{dt}, \tag{4.30}$$

der an R_2 die Spannung $u_2(t) = iR_2$ hervorruft. Demnach ist $u_2(t)$ der Ableitung der gesuchten Spannung $u_1(t)$ proportional. Dieser Sensortyp wird auch als $\dot{E}$- (*E-dot-*) *Sensor* bezeichnet, wobei der hochgestellte Punkt für die differenzierte Feldgröße steht [5.43]. Nach Integration von $u_2(t)$ erhält man die gesuchte Messgröße:

$$u_1(t) = \frac{1}{R_2 C_1} \int_0^t u_2(t)\, dt. \tag{4.31}$$

Zur Integration der Spannung $u_2(t)$ gibt es mehrere Möglichkeiten. Die Integration kann passiv durch eine zu R_2 parallel geschaltete Kapazität, aktiv mit einem Integrationsverstärker, oder, wenn der Signalverlauf als digitaler Datensatz zur Verfügung steht, numerisch mit dem PC erzielt werden. Bei kleinen Abmessungen des $\dot{E}$-Sensors und sehr hochfrequenten Feldern bzw. Spannungen erfolgt die Integration vorzugsweise passiv durch Parallelschalten einer Kapazität C_2 zum hochohmigen Messwiderstand R_2, wobei C_2 auch durch eine definierte Streukapazität realisiert sein kann. Diese Integrationsschaltung lässt sich interpretieren als kapazitiver Spannungsteiler entsprechend Abb. 4.40, bei dem C_2 durch den hochohmigen Eingangswiderstand $R_i = R_2$ des Messgerätes belastet wird. Die Spannung an C_2 ist dann der Spannung $u_1(t)$ zwischen Innen- und Außenleiter direkt proportional.

Bei extrem schnell veränderlichen Spannungen im Bereich von Nanosekunden und darunter reichen die klassischen Formeln und Ersatzschaltbilder der Elektrotechnik nicht aus, um die Vorgänge beim Einsatz von Feldsensoren erschöpfend beschreiben zu können. Schnellveränderliche elektrische Felder sind immer mit transienten Magnetfeldern verknüpft, die im Messkreis Spannungen influenzieren und Ströme induzieren können. Die Geometrie der Messsonde bestimmt, ob das elektrische Feld als Nutzsignal und das Magnetfeld als Störsignal wirkt oder umgekehrt. Die Messanordnung ist dann so zu optimieren, dass das jeweilige Nutzsignal möglichst groß und das Störsignal vernachlässigbar klein wird. Der Zusammenhang zwischen den elektrischen und magnetischen Feldern wird durch die *Maxwellschen Gleichungen* festgelegt, die für einfache geometrische Anordnungen zu übersichtlichen Gleichungen und Ersatzschaltbildern führen [4.117]. Ist die Wellenlänge der Felder nicht mehr kurz gegenüber den Abmessungen des Sensors, dürfen Laufzeiteffekte nicht unbeachtet bleiben. Betrachtet man den Feldsensor im UHF-Bereich von einigen Gigahertz als Antenne, lässt sich das Übertragungsverhalten und die optimale Sensorform mit der Antennentheorie bestimmen. Feldsensoren für Spannungsmessungen werden direkt am Einsatzort kalibriert und ohne Änderung der Position für Messungen eingesetzt [4.118].

Ultraschnelle Vorgänge *(Very Fast Transients)* werden mit kleinen kapazitiven Sensoren und mit Sensoren, die die Ableitung des elektrischen Feldes erfassen *(D-dot sensors)*, gemessen. Zur Kalibrierung dieser Sensoren dient eine koaxial aufgebaute Anlage, mit der sich annähernd rechteckförmige Impulse mit weniger als 10 ns Anstiegszeit und 100 ns Dauer erzeugen und messen lassen [4.119]. Die Kalibrierimpulse entstehen durch Entladen einer bis zu 100 kV aufgeladenen koaxialen Rohrleitung mit einer schnellen SF_6-Funkenstrecke. Die sich ausbildende Spannungswelle wird in die mehrere Meter lange, mit SF_6 gefüllte koaxiale Hauptrohrleitung mit einem Außen- und Innendurchmesser von 500 mm bzw. 200 mm eingeleitet. An derem Ende ist ein niederohmiger Referenzteiler angebracht, der mit einem 14-Bit-Digitalrecorder mit kurzer Einschwingzeit von 4,5 ns verbunden ist. Ein Fenster in der Hauptrohrleitung dient der Aufnahme von kapazitiven Sensoren, während D-Dot-Sensoren an einer der Trennstellen der mehrteiligen Hauptrohrleitung eingebracht werden können. Theoretische Untersuchungen unterstützen die experimentellen Arbeiten. Als Beispiel für eine Kalibrierung wird der gemessene Spannungsverlauf eines D-Dot-Sensors nach Integration gezeigt, der mit dem vom Referenzteiler angezeigten Verlauf gut übereinstimmt.

4.3.7.2 Feldsensor für den Linearitätsnachweis von Spannungsteilern

Auch in konventionellen Prüfaufbauten können planare Feldsensoren mit entsprechend größeren Abmessungen zur Messung von Stoßspannungen eingesetzt werden. Sie lassen sich einfach aus einer beidseitig mit Kupfer beschichteten Platine, wie sie zur Herstellung elektronischer Schaltungen gebräuchlich ist, anfertigen. Bei einem Durchmesser von 0,5 m und einer Plattendicke von 0,5 mm bis 2 mm wird eine Kapazität C_2 im Bereich von 1 nF bis 10 nF erzielt. Mit C_2 und der Streukapazität C_1 zum Hochspannungskreis entsteht ein kapazitiver Spannungsteiler, der über ein geschirmtes Messkabel mit dem hochohmigen Eingang eines Digitalrecorders zur Aufzeichnung der Zeitverläufe verbunden wird. Ein Dämpfungswiderstand gleich dem Kabelwellenwiderstand zwischen Plattenkondensator und Messkabel soll Wanderwellenschwingungen unterbinden.

Diese Messanordnung kann, wenn sie am Einsatzort kalibriert wird, den Stoßspannungsteiler bei einer Prüfung vollständig ersetzen. Sie wird jedoch hauptsächlich zum Nachweis der Linearität von Stoßspannungsteilern bis zur höchsten Betriebsspannung eingesetzt. Der Plattenkondensator wird hierzu auf dem Hallenboden oder auf einem Hocker in der Nähe des zu prüfenden Stoßspannungsteilers platziert. Da es sich beim Linearitätstest nur um eine Relativmessung mit unterschiedlichen Spannungspegeln handelt, ist eine Kalibrierung der Feldsonde selbst nicht zwingend erforderlich.

Voraussetzung für den erfolgreichen Einsatz ist die Ladungsfreiheit der Prüf- und Messanordnung, was mitunter eine gründliche und recht aufwendige Ausschaltung aller möglichen Störquellen, z. B. Teilentladungen, erfordert. Unter dieser Voraussetzung ist der Linearitätsnachweis bis zu einigen Megavolt innerhalb von $\pm 1\,\%$ möglich [4.120].

Die enormen Fortschritte in der Datenerfassung und Datenübertragung werden bei vergleichbaren Linearitätsprüfungen ausgenutzt, bei denen Platten und Drähten mit unterschiedlichen Abmessungen als Sensoren dienen [4.121, 4.122]. Der jeweils eingesetzte Sensor wird mit einem batteriebetriebenen vielseitigen Datenerfassungssystem verbunden, der die Messdaten drahtlos zur weiteren Auswertung und Darstellung weiterleitet. Der Sensor und das Datenerfassungssystem werden in direkter Nähe zum Stoßspannungsgenerator auf dem Boden oder auf dem Stoßspannungsgenerator selbst angeordnet. Als Referenz dient ein konventionelles Messsystem mit Stoßspannungsteiler und Recorder. Die Untersuchungen belegen, dass sich die Linearität des Spanungsteilers mit dem Sensorsystem sehr gut nachweisen lässt.

Eine andere Anordnung zur direkten Messung von Stoßspannungen wird in [4.123] beschrieben. Sie besteht aus einem großen kreisrunden Plattenkondensator mit einem Durchmesser von 1,15 m und einem Plattenabstand von 1 m. Beide Plattenelektroden sind mit je einem Torusschirm versehen, sodass das Feld zwischen den beiden Platten weitgehend homogen ist. Die obere Plattenelektrode wird direkt mit dem Prüfling oder Stoßspannungsgenerator verbunden. In der Mitte der unteren, geerdeten Platte ist zentrisch eine kleine Plattenelektrode als Feldsensor isoliert eingearbeitet. Mit der Hochspannungskapazität C_1 der oberen Plattenelektrode zum Sensor und der Niederspannungskapazität C_2 des Sensors gegen Erde entsteht ein kapazitiver Spannungsteiler. Dessen Ausgangsspannung wird nach Verstärkung von einem Digitalrecorder, der sich direkt unter der unteren Plattenelektrode in einer Schirmbox befindet, aufgezeichnet. Die Verbindung zum PC im Messraum für die weitere Auswertung erfolgt über eine digitale Datenverbindung mit Lichtwellenleiter. Das Übertragungsverhalten der Messanordnung erfüllt mit der Antwortzeit $T_N < 10$ ns und der Beruhigungszeit $t_s < 150$ ns die Anforderungen zur Messung von Blitzstoßspannungen [2.2]. Auf Grund des großen Abstandes kann die Plattenanordnung jedoch nicht vollständig den Einfluss von Fremdfeldern durch benachbarte Prüfaufbauten verhindern. Ein Abstand von mehr als 5 m zu benachbarten Geräten ist daher erforderlich. Dies bedeutet, dass der Feldsensor bei jeder Veränderung des Prüfaufbaus innerhalb dieses Abstandes oder bei jedem Ortswechsel neu kalibriert werden muss.

4.3.7.3 Dreidimensionaler Feldsensor

Den bisher beschriebenen Feldsensoren ist gemeinsam, dass sie nur eine Feldrichtung erfassen und dass sich eine Elektrode auf Erdpotential befindet. Potenzialfreie Feldmessgeräte, die an beliebiger Stelle das Hochspannungsfeld erfassen können, sind wesentlich komplexer aufgebaut. Sie bestehen häufig aus einem kugelförmigen Sensorkopf, einer analogen (oder digitalen) Übertragungsstrecke mit Lichtwellenleiter und dem auf Erdpotenzial befindlichen Messgerät. Im Einsatz sind zwei- und dreidimensionale

Sensoren mit einem Durchmesser von 4 cm bis 10 cm. Je nach Ausführung des Kugelsensors und der Elektronikschaltung werden Bandbreiten von bis zu 350 MHz erreicht, wobei die untere Grenzfrequenz bei 20 Hz liegt [4.124–4.126]. In der breitbandigen Ausführung lassen sich sogar die EMP-Felder ausmessen, die in einer Streifenleiteranordnung von Steilstoßspannungen mit Anstiegszeiten von wenigen Nanosekunden erzeugt werden (s. Abschn. 4.2.4).

Abb. 4.41 zeigt das Beispiel eines *dreidimensionalen Feldsensors* mit je zwei gegenüber liegenden Messelektroden und Referenzelektroden für die drei Feldrichtungen in x-, y- und z-Richtung. Die gewählte Anordnung und Form der Messelektroden in Verbindung mit den Referenzelektroden sind das Ergebnis umfangreicher Feldberechnungen mit dem Ziel, die Messgenauigkeit des kugelförmigen Sensors im inhomogenen Feld zu optimieren. Die im elektrischen Feld auf die Messelektroden influenzierten Ladungen werden kapazitiv erfasst und der elektronischen Schaltung im Kugelinnern zugeführt. Das Referenzpotential (Nullpotenzial) der Schaltung wird durch Verbindung der Referenzelektroden miteinander gebildet. Die Messsignale werden von Transmittern als analoge Spannungen über Lichtwellenleiter dem Auswertegerät auf der Niederspannungsseite zugeführt. Die Spannungsversorgung für die elektronische Schaltung in der Hohlkugel erfolgt über Batterien, die mehrere Stunden lang betriebsbereit sind.

Potenzialfreie Feldsensoren sind außer zur räumlichen Ausmessung transienter elektrischer Felder auch zur Messung von Stoßspannungen im UHV-Bereich einsetzbar, insbesondere zum Linearitätsnachweis von Stoßspannungsteilern. Die Abmessungen des Prüfaufbaus für Spannungen oberhalb von 1 MV sind sehr viel größer als die des Feldsensors, sodass Feldverzerrungen durch das Einbringen des Sensorkopfes vernachlässigbar sind. Mit breitbandigen Feldsensoren lassen sich auch höherfrequente Schwingungen in der Stirn und im Scheitel von Stoßspannungen, insbesondere von abgeschnittenen Blitzstoßspannungen, noch gut nachweisen [4.127]. Stoßspannungsteiler für den UHV-Bereich weisen dagegen wegen ihrer großen Abmessungen eine begrenzte

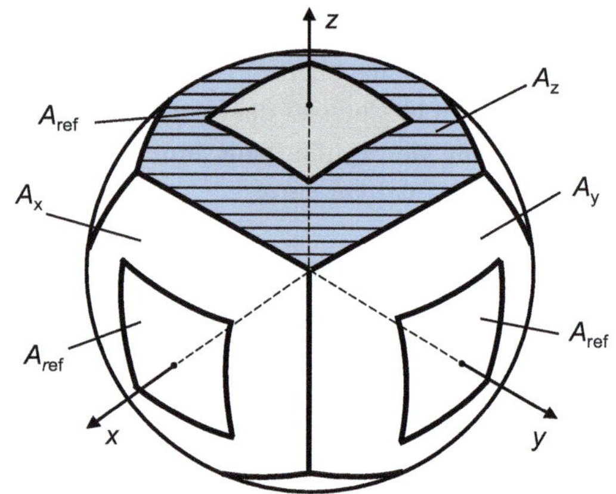

Abb. 4.41 Dreidimensionale Feldsonde in Kugelform A_x, A_y, A_z: Messflächen A_{ref}: Referenzflächen für Nullpotential

Bandbreite auf. Grundvoraussetzung für den störungsfreien Einsatz von Feldsensoren zur Spannungsmessung ist, dass am Einsatzort keine Raumladungen existieren, wie sie z. B. durch Teilentladungen oder Zündfunken des Stoßspannungsgenerators mit offenen Funkenstrecken entstehen.

Die Kalibrierung von Feldmesseinrichtungen umfasst im Wesentlichen die Bestimmung des Maßstabsfaktors und dessen Abhängigkeit von der Stärke und Frequenz des elektrischen Feldes. Potenzialfreie Feldsensoren werden hierzu im nahezu homogenen, berechenbaren Wechselfeld zwischen zwei großen Plattenelektroden positioniert [4.128]. Die Amplitude und Frequenz der angelegten Sinusspannung lässt sich innerhalb der durch die Elektrodengeometrie und Erzeugerschaltung vorgegebenen Grenzwerte variieren. Durch Ausrichten der Sensorachsen wird die Anzeige für alle drei Feldachsen überprüft. Der Linearitätsnachweis bis zur höchsten mit dem Sensor messbaren Feldstärke kann in der Hochspannungshalle im elektrischen Wechselfeld zwischen der Kopfelektrode eines Hochspannungstransformators und der geerdeten Hallenabschirmung durchgeführt werden.

Für Frequenzen oberhalb von 1 MHz erfolgt die Kalibrierung im transversal-elektromagnetischen Feld einer *TEM-* oder *GTEM-Zelle*. Ist der potenzialfreie Feldsensor zur Messung von Stoßspannungen im Prüffeld vorgesehen, werden der Maßstabsfaktor und die Zeitparameter durch eine Vor-Ort-Vergleichsmessung mit einem Referenzteiler bei verringerter Stoßspannung bestimmt. Die Position des Sensors bei der Kalibrierung und beim Prüfungseinsatz muss identisch bleiben.

Literatur

4.1. Schon, K.: Korrektur des Scheitelwertes von Keilstoßspannungen unter Berücksichtigung des genauen Abschneidezeitpunktes. etz-Arch. **5**, 233–237 (1983)

4.2. Berlijn, S.: Influence of lightning impulses to insulating systems. Dissertation, TU Graz (2000)

4.3. Li, Y., Rungis, J.: Analysis of lightning voltage with overshoot. Proc. 14. ISH Beijing, Beitrag B-08 (2005)

4.4. Hällström, J. et al.: Applicability of different implementations of K-factor filtering schemes for the revision of IEC 60060-1 and -2. Proc. 14. ISH Beijing, Beitrag B 32 (2005)

4.5. Simón, P., Garnacho, F., Berlijn, S.M., Gockenbach, E.: Determining the test voltage factor function for the evaluation of lightning impulses with oscillations and/or overshoot. IEEE Trans. PWRD **21**, 560–566 (2006)

4.6. Nilsson, A., Mannikoff, A., Hällström, J., Li, Y.: New procedures for determination of parameters of lightning impulse voltage waveforms. Proc. 15. ISH Ljubljana, Beitrag T10–399 (2007)

4.7. Lewin, P.L., Tran, T.N., Swaffield, D.J., Hällström, J.: Zero phase filtering for lightning impulse evaluation: A K-factor filter for the revision of IEC 60060-1 and -2. IEEE Trans. PWRD **23**, 3–12 (2008)

4.8. Pfeffer, A., Tenbohlen, S.: Analysis of full and chopped lightning impulse voltages from transformer tests using the new k-factor approach. Proc. 16. ISH Johannesburg, Beitrag A-10 (2009)

4.9.   Okabe, S., Ueta, G., Tsuboi, T., Hikita, M.: Pproposal of new k-factor function in lightning impulse test for electric power equipment. Proc. 20. ISH Buenos Aires, Beitrag 128 (2017)

4.10. Sato, S., Nishimura, S., Shimizu, H.: Influence of the test voltage function over lightning impulse response parameters measured by long cable. Proc. 20. ISH Buenos Aires, Beitrag 589 (2017)

4.11. Schon, K.: Digital filtering of hv lightning impulses. IEEE Panel Session „Digital Techniques in HV Tests", Long Beach, California (1989)

4.12. Sato, S., Harada, T.: Lightning impulse parameter determination by means of moving average method. Proc. 13. ISH Delft, Beitrag 807 (2003)

4.13. Li, Y., Rungis, J.: Precision digital filters for high voltage impulse measuring systems. IEEE Trans. PWRD **14**, 1213–1220 (1999)

4.14. Gockenbach, E.: A simple and robust evaluation procedure for high-voltage impulses. IEEE Intern. Symposium on Digital Techniques in High Voltage Measurement. Toronto, Session 3 (1991)

4.15. Wolf, J., Gamlin, M.: A new modular design for a new generation of impulse voltage generators. Proc. 13. ISH Delft, Beitrag 797 (2003)

4.16. Ai, X., Ding, J.: An outdoor 7.2 MV impulse generator. 16. ISH Johannesburg, Beitrag G-16 (2009)

4.17. Stolle, D., Peier, D.: Reproducibility of Marx generators. Proc. 5. ISH Braunschweig, Beitrag 61.04 (1987)

4.18. Etzel, O., Helmchen, G.: Berechnung der Elemente des Stoßspannungskreises für die Stoßspannungen 1,2/50, 1,2/5 und 1,2/200. ETZ-A **85**, 578–582 (1964)

4.19. Heilbronner, F.: Firing and voltage shape of multistage impulse generators. IEEE Trans. PAS **90**, 2233–2238 (1971)

4.20. Del Vecchio, R.M., Ahuja, R., Frenette, R.: Determining ideal impulse generator settings from a generator-transformer circuit model. IEEE Trans. PWRD **17**, 1 (2002)

4.21. Goody, R.W.: OrCAD PSpice for WINDOWS. Bd. I–III, Prentice Hall New Jersey (2001)

4.22. Heinemann, R.: PSPICE – Einführung in die Elektroniksimulation. Hanser, München (2004)

4.23. Schufft, W., Hauschild, W., Pietsch, R.: Determining impulse generator settings for various test cases with the help of a www-based simulation program. Proc. 14. ISH Beijing, Beitrag J58 (2005)

4.24. Sato, S.: Automatic determination of circuit constants fulfilling the given impulse time parameters. Proc. 15. ISH Ljubljana, Beitrag T10–313 (2007)

4.25. Gürlek, A. et al.: Generation of an analogue lightning impulse based on a virtual impulse generator. Proc. 20. ISH Buenos Aires, Beitrag 267 (2017)

4.26. Kind, D., Salge, J.: Über die Erzeugung von Schaltspannungen mit Hochspannungsprüftransformatoren. ETZ-A **86**, 648–651 (1965)

4.27. Anis, H., Trinh, N.G., Train, D.: Generation of switching impulses using high voltage testing transformers. IEEE Trans. PAS **94**, 187–195 (1975)

4.28. Okabe, S., Tsuboi, T., Takami, J.: Influence of test equipment capacitance and residual inductance on waveform front generated in lightning impulse voltage test. Proc. 16. ISH Johannesburg, Beitrag A-55 (2009)

4.29. Matsumoto, S.: Analysis of waveform parameters for oscillating impulse voltage. Proc. 15. ISH Ljubljana, Beitrag T10–621 (2007)

4.30. Larzelere, W. et al.: Measurement of the internal inductance of impulse voltage generators and the limits of front time. Proc. 20. ISH Buenos Aires, Beitrag 569 (2017)

4.31. Wolf, J., Voigt, G.: A new solution for the extension of the load range of impulse voltage generators. Proc. 10. ISH Montreal, Beitrag 3375 (1997)

4.32.   Schwenk, K., Gamlin, M.: Load range extension methods for lightning impulse testing with high voltage impulse generators. Proc. 14. ISH Beijing, Beitrag B-78 (2005)

4.33.   Hinow, M., Steiner, Th.: Influence of the new k-factor method of the IEC draft 600060-1 on the evaluation of lightning impulse parameters in relation to ultrahigh-voltage testing. Proc. 16. ISH Johannesburg, Beitrag G-14 (2009)

4.34.   Ishikura, T. et al.: Insulation characteristics with respect to the front time extension in lightning impulse voltage test for UHV equipment. Proc. 18. ISH Seoul, Beitrag OC2-02 (2013)

4.35.   Papachristos, G., Woschnagg, E.: Norm- und Schaltstoßspannungsprüfung von Transformatoren und Kompensations-Drosselspulen. Digitale Berechnung der Spannungswellenform und Diagramme zur Dimensionierung des Stoßkreises. Bull. SEV **65**, 721–731 (1974)

4.36.   Kannan, S.R., Narayana Rao, Y.: Prediction of the parameters of an impulse generator for transformer testing. Proc. IEE **120**, 1001–1005 (1973)

4.37.   Glaninger, P.: Stoßspannungsprüfung an elektrischen Betriebsmitteln kleiner Induktivität. Proc. 2. ISH Zürich, 140–144 (1975)

4.38.   Feser, K.: Auslegung von Stoßgeneratoren für die Blitzstoßspannungsprüfung von Transformatoren. Bull. SEV **69**, 973–979 (1978) (Translated version available as Haefely Scientific Document E1– 41: Circuit design of impulse generators for the lightning impulse voltage testing of transformers)

4.39.   Lakshmi, P. V., Sarma, S., Singh, B. P., Tiwari, R. K.: Determination of tuning parameters for reducing the overshoot during impulse test of power transformer. Proc. 13. ISH Delft, Beitrag 87 (2003)

4.40.   Schrader, W. et al.: The generation of switching impulse voltages up to 3.9 MV with a transformer cascade of 3 MV. Proc. 6. ISH New Orleans, Beitrag 47.39 (1989)

4.41.   Feser, K., Rodewald, A.: Eine triggerbare Mehrfachabschneidefunkenstrecke für hohe Blitz- und Schaltstoßspannungen. Proc. 1. ISH München, 124–131 (1972) (Translated version available as Haefely Scientific Document: A triggered multiple chopping gap for lightning and switching impulses)

4.42.   Kärner, H.: Erzeugung steilster Stoßspannungen hoher Amplitude. Bull. SEV **58**, 1096–1110 (1967)

4.43.   Feser, K.: Gedanken zur Prüf- und Messtechnik bei Steilstoßspannungen. HIGHVOLT Kolloquium Dresden, Beitrag 1.4 (1997)

4.44.   McDonald, D.F., Benning, C.J., Brient, S.J.: Subnanosecond risetime multikilovolt pulse generator. Rev. Sci. Instr. **36**, 504–506 (1965)

4.45.   Feser, K., Modrusan, M., Sutter, H.: Steep front impulse generators. Proc. 3. ISH Mailand, Beitrag 41.06 (1979)

4.46.   Dams, J., Dunz, T., Küchler, A., Schwab, A.: Design and operation of a Terawatt pulse-power generator. Proc. 5. ISH Braunschweig, Beitrag 61.02 (1987)

4.47.   Cadilhon, B. et al.: Design, realisation and experimental study of a 200 kV, 1 ns rise-time Marx generator. Proc. 15. ISH Ljubljana, Beitrag T2–397 (2007)

4.48.   Chang, Y.-M.: Steep front pulse generation using coaxial Marx circuit for EMC test. Proc. 18. ISH Seoul, Beitrag PB-29 (2013)

4.49.   Yashima, M. et al.: Development of 1 MV steep-front rectangular impulse voltage generator. Proc. 11. ISH London, Beitrag 5.394.S26 (1999)

4.50.   Salge, J., Peier, D., Brilka, R., Schneider, D.: Application of inductive energy storage for the production of intense magnetic fields. Proc. 6. Symp. on Fusion Technology, Aachen (1970)

4.51.   Kind, D., Salge, J., Schiweck, L., Newi, G.: Explodierende Drähte zur Erzeugung von Megavolt-Impulsen in Hochspannungsprüfkreisen. ETZ-A **92**, 46–51 (1971)

4.52.   Feser, K.: MIGUS – EMP-Simulator für die Überprüfung der EMV. etz **108**, 420–423 (1987)

4.53.   Elg, A.-P. et al.: High voltage topologies for very fast transient measurement. Proc. 21. ISH Budapest, Beitrag 752 (2019)

4.54.   Bellaschi, P.L.: The measurement of high-surge voltages. Trans. A.I.E.E. **52**, 544–567 (1933)

4.55.   Feser, K.: Messung hoher Stoßspannungen. ETZ **104**, 881–886 (1983)

4.56.   Modrusan, M.: Hochspannungsteiler: Typen Messeigenschaften und Einsatz. Bull. ASE/UCS **74**, 1030–1037 (1983)

4.57.   Yao, Z. G.: The standard impulse voltage waveforming in a test system including HV lead. Proc. 5. ISH Braunschweig, Beitrag 63.15 (1987)

4.58.   Zaengl, W.: Das Messen hoher, rasch veränderlicher Stoßspannungen. Dissertation, TH München (1964)

4.59.   Zaengl, W., Feser, K.: Ein Beitrag zur Berechnung des Übertragungsverhaltens von Stoßspannungsteilern. Bull. SEV **55**, 1249–1256 (1964)

4.60.   Zaengl, W.: Ein neuer Teiler für steile Stoßspannungen. Bull. SEV **56**, 232–240 (1965)

4.61.   Feser, K.: Einfluss des Niederspannungsteiles auf das Übertragungsverhalten von Stoßspannungsteilern. Bull. SEV **57**, 695–701 (1966)

4.62.   Zaengl, W.: Der Stoßspannungsteiler mit Zuleitung. Bull. SEV **61**, 1003–1017 (1970)

4.63.   Zaengl, W.: Ein Beitrag zur Schrittantwort kapazitiver Spannungsteiler mit langen Messkabeln. etz-a **98**, 792–795 (1977)

4.64.   Malewski, R., Maruvada, P.S.: Computer assisted design of impulse voltage dividers. IEEE Trans. PAS **95**, 1267–1274 (1976)

4.65.   Di Napoli, A., Mazzetti, C.: Time-analysis of H.V. resistive divider from the electromagnetic field computation. Proc. 3. ISH Mailand, Beitrag 42.10 (1979)

4.66.   Kato, S.: Analysis of voltage divider response by finite element method. Proc. 5. ISH Braunschweig, Beitrag 71.07 (1987)

4.67.   Kawaguchi, Y., Murase, H., Koyama, H.: Unit step response simulation of impulse voltage measuring system by EMTP. Proc. 8. ISH Yokohama, Beitrag 51.07 (1993)

4.68.   Zucca, M., Sardi, A., Bottauscio, O., Saracco, O.: Modeling H.V. reference dividers for lightning impulses. Proc. 11. ISH London, Beitrag 1.70.S21 (1999)

4.69.   Baba, Y., Ishii, M.: Numerical electromagnetic analysis of unit step responses of impulse voltage. Proc. 13. ISH Delft, Beitrag 659 (2003)

4.70.   Schwab, A.J., Herold, J.: Electromagnetic interference in impulse measuring systems. IEEE Trans. PAS **93**, 333–339 (1974)

4.71.   Schwab, A.J.: Elektromagnetische Verträglichkeit. Springer, Berlin (1990)

4.72.   Peier, D.: Elektromagnetische Verträglichkeit. Hüthig Buch, Heidelberg (1990)

4.73.   van Waes, J. B. M. et al.: EMC analysis of voltage measuring systems in high power laboratory. Proc. 10. ISH Montréal, Beitrag 3331 (1997)

4.74.   Smolke, M., Engelmann, E., Kindersberger, J.: Shielding effectiveness of boxes with apertures with respect to magnetic lightning impulse fields. Proc. 10. ISH Montreal, Beitrag 3250 (1997)

4.75.   Wenger, P., Yan, W., Li, Y.: A reference resistive voltage divider for switching impulses. Proc. 19. ISH Pilsen, Beitrag 307 (2015)

4.76.   Mahdjuri-Sabet, F.: Das Übertragungsverhalten von mäanderförmig gewebten Drahtwiderstandsbändern in Hochspannungsversuchsschaltungen. Arch. E-techn. **59**, 69–73 (1977)

4.77.   Sundermann, U., Peier, D.: Transfer characteristics of meander wound resistors. Proc. 7. ISH Dresden, Beitrag 61.14 (1991)

4.78.   Campisi, F., Rinaldi, E., Rizzi, G., Valagussa, C.: A new wire wound resistive divider for steep front impulse tests: Design criteria and calibration procedure. Proc. 11. ISH London, Beitrag 1.164.S. 4 (1999)

4.79.   Bossi, S., Rizzi, G., Valagussa, C., Garbagnati, E.: A special screened resistor-type divider for the measurement of the fast front-chopped impulses. Proc. 6. ISH New Orleans, Beitrag 47.42 (1989)

4.80.   Hällström, J. et al.: Comparison of measuring systems for puncture test according to IEC 61211. Proc. 21. ISH Budapest, Beitrag 2019 (2019)

4.81.   Hällström, J. et al.: Design and performance of a fast divider for puncture testing. Proc. 20. ISH Buenos Aires, Beitrag 470 (2017)

4.82.   Harada, T., Wakimoto, T., Sato, S., Saeki, M.: Development of national standard class reference divider for impulse voltage measurements. Proc. 11. ISH London, Beitrag 1.13. S1 (1999)

4.83.   Bergman, A., et al.: Influence of coaxial cable on response of high-voltage resistive divider. Proc. 20. ISH Buenos Aires, Beitrag 487 (2017)

4.84.   Goosen, R.F., Provoost, P.G.: Fehlerquellen bei der Registrierung hoher Stoßspannungen mit dem Kathodenstrahl-Oszillographen. Bull. SEV **37**, 175–184 (1946)

4.85.   Peier, D.: Ohmscher Stoßspannungsteiler mit kleiner Antwortzeit. PTB-Mitt. **88**, 315–318 (1978)

4.86.   Peier, D., Stolle, D.: Resistive voltage divider for 1 MV switching and lightning voltages. Proc. 5. ISH Braunschweig, Beitrag 73.02 (1987)

4.87.   Sfakianakis, Z.: 1000 kV resistive divider for measuring non-standard lightning impulses. Proc. 5. ISH Braunschweig, Beitrag 73.03 (1987)

4.88.   Harada, T., Itami, T., Aoshima, Y.: Resistor divider with dividing element on high voltage side for impulse voltage measurements. IEEE Trans. PAS **90**, 1407–1414 (1971)

4.89.   Harada, T., Aoshima, Y., Kawamura, T., Ohira, N., Kishi, K., Takigami, K., Horiko, Y.: A high quality voltage divider using optoelectronics for impulse voltage measurements. IEEE Trans. PAS **91**, 494–500 (1972)

4.90.   Kind, D., Arndt, V.: Hochspannungsteiler mit optimierter Abgriffshöhe. Unveröffentlichtes Manuskript (1992)

4.91.   Kouno, T., Kato, S., Kikuchi, K., Maruyama, Y.: A new voltage divider covered with metal sheath and improved by frequency division method. Proc. 2. ISH Zürich, 222–225 (1975)

4.92.   Groh, H.: Hochspannungsteiler mit 4 Nanosekunden Anstiegszeit. etz-a **98**, 436–438 (1977)

4.93.   Aro, M., Punkka, K., Huhdanmäki, J.: Fast divider for steep front impulse voltage tests. Proc. 5. ISH Braunschweig, Beitrag 73.01 (1987)

4.94.   Denicolai, M., Hällström, J.: A self-balanced, liquid resistive, high impedance HV divider. Proc. 14. ISH Beijing, Beitrag J-05 (2005)

4.95.   Burch, F.G.: On potential dividers for cathode-ray oscillographs. Phil. Mag. **13**, 760–774 (1932)

4.96.   Schwab, A.J., Pagel, J.H.W.: Precision capacitive voltage divider for impulse voltage measurements. IEEE Trans. PAS **91**, 2376–2382 (1972)

4.97.   Wolzak, G. G., van der Laan, P. C. T.: A new concept for impulse voltage dividers. Proc. 4. ISH Athen, Beitrag 61.11 (1983)

4.98.   Shi, B., Zhang, W., Qiu, Y.: A new type of divider for measuring fast rising high voltage impulses. Proc. 10. ISH Montreal, Beitrag 3088 (1997)

4.99.   Zaengl, W., Weber, H. J.: A high voltage divider made for education and simulation. Proc. 6. ISH New Orleans, Beitrag 41.06 (1989)

4.100. Malewski, R., Hyltén-Cavallius, N.: A low voltage arm for EHV impulse dividers. IEEE Trans. PAS **93**, 1797–1804 (1974)

4.101. Harada, T., Aoshima, Y., Harada, M., Hiwa, K.: Development of high-performance low voltage arms for capacitive voltage dividers. Proc. 3. ISH Mailand, Beitrag 42.14 (1979)

4.102. Li, Y., Rungis, J.: Compensation of step response „creeping" of a damped capacitive divider for switching impulses. Proc. 11. ISH London, Beitrag 1.128.P4 (1999)

4.103. Feser, K.: Ein neuer Spannungsteiler für die Messung hoher Stoß- und Wechselspannungen. Bull. SEV **62**, 929–935 (1971)

4.104. Feser, K., Rodewald, A.: Die Übertragungseigenschaften von gedämpft kapazitiven Spannungsteilern über 1 MV. Proc. 1. ISH München (1972)

4.105. Feser, K.: Transient behaviour of damped capacitive voltage dividers of some million volts. IEEE Trans. **93**, 116–121 (1974)

4.106. Feser, K.: Ein Beitrag zur Berechnung der Spannungsverteilung von Hochspannungskondensatoren. Bull. SEV **61**, 345–348 (1970)

4.107. Meisner, J., Passon, S., Schierding, C., Hilbert, M., Kurrat, M.: PTB'S new standard impulse voltage divider for traceable calibrations up to 1 MV. Proc. 20. ISH Buenos Aires, Beitrag 415 (2017)

4.108. Arndt, V.; Schon, K.: On the uncertainty of the new IEC response parameters. Proc. 8. ISH Yokohama, Beitrag 51.02, 293 – 296 (1993)

4.109. Harada, T., Aoshima, Y., Okamura, T., Hiwa, K.: Development of a high voltage universal divider. IEEE Trans. PAS **95**, 595–602 (1976)

4.110. Breilmann, W.: Effects of the leads on the transient behaviour of a coaxial divider for the measurement of high alternating and impulse voltages. Proc. 3. ISH Mailand, Beitrag 42.12 (1979)

4.111. Meppelink, J., Hofer, P.: Design and calibration of a high voltage divider for measurement of very fast transients in gas insulated switchgear. Proc. 5. ISH Braunschweig, Beitrag 71.08 (1987)

4.112. Gsodam, H., Muhr, M., Pack, S.: Response of the measurement circuit for high frequency transient overvoltages. Proc. 5. ISH Braunschweig, Beitrag 71.09 (1987)

4.113. Bradley, D. A.: A voltage sensor for measurement of GIS fast transients. Proc. 6. ISH New Orleans, Beitrag 49.01 (1989)

4.114. Rao, M. M., Jain, H. S., Rengarajan, S., Sheriff, K. R. S., Gupta, S. C.: Measurement of very fast transient overvoltages (VFTO) in a GIS module. Proc. 11. ISH London, Beitrag 1.144.S. 4(1999)

4.115. Liu, J.-L., et al.: Coaxial capacitive dividers for high-voltage pulse measurements in intense electron beam accelerator with water pulse-forming line. IEEE Trans. IM **58**, 161–166 (2009)

4.116. Burow, S., Köhler, W., Tenbohlen, S., Strauchmann, U.: Messung und Dämpfung von sehr schnellen Transienten (VFT) in gasisolierten Schaltanlagen. ETG Fachtagung Kassel (2012)

4.117. Küchler, A., Dams, J., Dunz, T.H., Schwab, A.: Kapazitive Sensoren zur Messung transienter elektrischer Felder und Spannungen. Arch. E-techn. **68**, 335–344 (1985)

4.118. Kurrer, R., Feser, K., Krauß, T.: Antenna theory of flat sensors for partial discharge detection at ultra-high frequencies in GIS. Proc. 9. ISH Graz, Beitrag 5615 (1995)

4.119. Khamlichi, A. et al.: Calibration setup for traceable measurements of very fast transients. Proc. 21. ISH Budapest, Beitrag 989 (2019)

4.120. Rizzi, R., Tronconi, G., Gobbo, R., Pesavento, G.: Determination of the linearity of impulse divider in the light of the revision of IEC 60: Comparison among several methods. Proc. 8. ISH Yokohama, Beitrag 52.05 (1993)

4.121. Kuhnke, M., Werle, P.: Innovative contactless measurement of high voltage impulses. Proc. 21. ISH Budapest, Beitrag 991 (2019)

4.122. Schlüterbusch, T. C. et al.: Studies on a contactless measuring system for linearity measurements of lightning and switching impulses. VDE Hochspannungstechnik online, Beitrag p359 (2020)

4.123. Ishii, M., Li, D., Hojo, J.-I., Liao, W.-W.: A measuring system of high voltage impulse by way of electric field sensing. Proc. 8. ISH Yokohama, Beitrag 56.06 (1993)

4.124. Feser, K., Pfaff, W.: A potential free spherical sensor for the measurement of transient electric fields. IEEE Trans. PAS **103**, 2904–2911 (1984)

4.125. Pfaff, W. R.: Accuracy of a spherical sensor for the measurement of three dimensional electric fields. Proc. 5. ISH Braunschweig, Beitrag 32.05 (1987)

4.126. Krauß, T., Köhler, W., Feser, K.: High bandwidth potential-free electric field probe for the measurement of three dimensional fields. Proc. 10. ISH London, Beitrag 3061 (1997)

4.127. Feser, K., Pfaff, W., Weyreter, G., Gockenbach, E.: Distortion-free measurement of high impulse voltages. IEEE Trans. PD **3**, 857–866 (1988)

4.128. Braun, A., Brzostek, E., Kind, D., Richter, H.: Development and calibration of electric field measuring devices. Proc. 6. ISH New Orleans, Beitrag 40.09 (1989)

Stoßströme

5

In Analogie zur Stoßspannung wird ein impulsförmiger Prüfstrom mit großer Amplitude im deutschsprachigen Raum als *Stoßstrom* bezeichnet. Bei der Prüfung von Betriebsmitteln der elektrischen Energieversorgung oder von Messeinrichtungen für Blitzströme soll damit die Beanspruchung im praktischen Einsatz nachgebildet werden. Je nach dem vorgesehenen Prüfzweck sind verschiedene Stoßströme und ihre Messung seit 2010 zusammen mit Gleich- und Wechselströmen in der Publikation IEC 62475 [2.4] genormt. Die formale Gliederung ist weitgehend an IEC 60060 für Spannungsprüfungen angepasst. Stoßströme werden im Prüflabor mit Scheitelwerten von bis zu mehreren 100 kA erzeugt. Hierbei werden in der Regel kapazitive Energiespeicher aufgeladen und anschließend schlagartig auf den Prüfling über ein RC-Netzwerk entladen. Die analytische Darstellung eines exponentiellen Stoßstromes im Zeit- und Frequenzbereich erfolgt in Abschn. 8.2.

Zur konventionellen Messung von Stoßströmen bis zu den höchsten Stromstärken werden niederohmige Messwiderstände oder Messspulen mit und ohne Magnetkern in Verbindung mit Digitalrecordern eingesetzt. Die Bestimmung der Impulsparameter in der Messpraxis erfolgt überwiegend durch rechnergestützte Auswertung der digital aufgezeichneten Messdaten. Zu den wichtigen Eigenschaften eines Messsystems zählt die Sprungantwort, die das Übertragungsverhalten charakterisiert und damit die numerische Faltungsrechnung ermöglicht. Strommesssysteme sind einer Störbeeinflussung durch magnetische Felder ausgesetzt, die sich je nach Konstruktion des Sensors und Anordnung des Messkreises weitgehend beseitigen lässt.

Sensoren, die auf der Grundlage des *Hall-Effektes* arbeiten, sind außer zur Messung von Gleich- und Wechselströmen auch für Stoßstrommessungen bis zu einigen 10 kA geeignet (s. Abschn. 3.5.2). Auf die nach dem *Faraday-Effekt* arbeitenden *magnetooptischen Sensoren,* die grundsätzlich ebenfalls für Gleich-, Wechsel- und Stoßstrommessungen geeignet sind, wird in Abschn. 6.2 eingegangen.

© Springer Fachmedien Wiesbaden GmbH, ein Teil von Springer Nature 2021   173
K. Schon, *Hochspannungsmesstechnik,* https://doi.org/10.1007/978-3-658-33793-3_5

5.1   Definitionen und Parameter von Stoßströmen

Je nach Betriebsmittel, das geprüft werden soll, weisen Stoßströme unterschiedliche Zeitverläufe auf [5.1]. Grundsätzlich lassen sich Stoßströme mit exponentiellem und rechteckförmigem Zeitverlauf unterscheiden, die in IEC 62475 [2.4] genormt sind. Stoßströme werden durch ihren *Scheitelwert,* der bis zu einigen 100 kA betragen kann, und zwei *Zeitparameter* charakterisiert. Außerdem können die Impulsladung und der Energieinhalt von Interesse sein, da sich hieraus die Belastung des Prüflings ergibt. Für Stoßströme gelten Toleranzen bei der Erzeugung und zulässige Messunsicherheiten bei der Ermittlung der Impulsparameter.

5.1.1   Exponentielle Stoßströme

Exponentielle Stoßströme weisen einen relativ schnellen, annähernd exponentiellen Anstieg bis zum Scheitel auf, dem ein eher langsamer Stromabfall folgt. Je nach Schaltung des Generators und Prüflings verläuft der Abfall entweder exponentiell oder wie eine stark gedämpfte Sinusschwingung. Im letzteren Fall ist mit einem Durchschwingen des Stoßstromes unter null zu rechnen (Abb. 5.1). Die analytische Darstellung des exponentiellen Stoßstromes im Zeit- und Frequenzbereich erfolgt in Abschn. 8.2.

Kenngrößen von exponentiellen Stoßströmen sind neben dem *Scheitelwert î* als *Wert des Prüfstromes* die *Stirnzeit T_1* und *Rückenhalbwertzeit T_2*. Beide Zeitparameter sind auf den *virtuellen Nullpunkt* O_1 bezogen, der sich durch den Schnittpunkt der Stirngerade mit der Nulllinie ergibt. Anders als bei Stoßspannungen verläuft bei Stoßströmen die Stirngerade durch die Punkte A bei 0,1î und B bei 0,9î. Die Stirnzeit berechnet sich zu:

$$\boxed{T_1 = 1{,}25\,T_{\text{AB}}}\,,\tag{5.1}$$

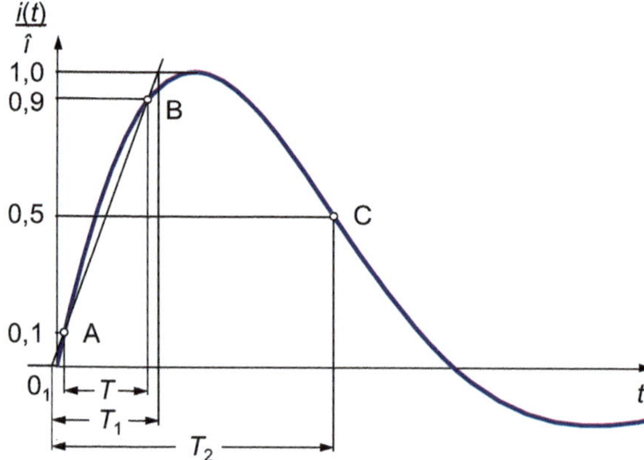

Abb. 5.1 Beispiel für einen exponentiellen Stoßstrom mit Polaritätsumkehr im Rücken

wobei T_{AB} die Zeit zwischen den beiden Punkten A und B ist. Die Zeit T_{AB} entspricht somit der im Niederspannungsbereich üblichen Definition für die *Anstiegszeit* T_a eines Impulses (s. Abschn. 9.6).

Die Rückenhalbwertzeit T_2 ist festgelegt als die Zeit zwischen dem virtuellen Nullpunkt O_1 und dem Zeitpunkt, bei dem der Stoßstrom auf 50 % seines Scheitelwertes abgefallen ist. Wenn dem exponentiellen Stoßstrom im Rücken Schwingungen überlagert sind, sodass sich zwei T_2-Werte ergeben, wird deren Mittelwert als fiktive Rückenhalbwertzeit genommen.

Ein exponentieller Stoßstrom wird durch Angabe der Stirnzeit und Rückenhalbwertzeit in Mikrosekunden gekennzeichnet. Beispielsweise hat der Stoßstrom 8/20 eine Stirnzeit $T_1 = 8$ µs und eine Rückenhalbwertzeit $T_2 = 20$ µs. Die Toleranzgrenzen bei der Erzeugung des Stoßstromes 8/20 betragen ± 10 % für den Scheitelwert und jeweils ± 20 % für die Zeitparameter. Für andere Impulsformen können die Toleranzangaben abweichen [2.4, 5.1]. Die erweiterte Messunsicherheit ist begrenzt auf 3 % für den Scheitelwert und auf 10 % für die Zeitparameter.

Das *Unterschwingen* eines exponentiellen Stoßstromes mit Polaritätsumkehr soll nicht mehr als 30 % des Scheitelwertes betragen. Andernfalls besteht die Gefahr, dass das geprüfte Betriebsmittel durch das Unterschwingen mit entgegen gesetzter Polarität beschädigt wird. Die Berechnungen in Abschn. 8.2 zeigen, dass die Bedingung für das maximale Unterschwingen im einfachen Stoßstromkreis nach Abb. 5.1 nur für $T_2 > 20$ µs eingehalten wird. Das Unterschwingen muss gegebenenfalls durch eine entsprechende Abschneideeinrichtung begrenzt werden. Mit einer *Crowbar-Funkenstrecke* lässt sich die Impulsschwingung unter Inkaufnahme einer verlängerten Rückenhalbwertzeit wirksam unterbinden (s. Abschn. 5.2.1.2).

Die *Ladung* eines Stoßstromes $i(t)$ ist definiert als das Zeitintegral über den Absolutbetrag des Zeitverlaufs:

$$Q = \int_0^\infty |i(t)|\,\mathrm{d}t. \tag{5.2}$$

Die obere Integrationsgrenze wird so gewählt, dass die restliche, nicht erfasste Ladung vernachlässigbar ist. Eine weitere Messgröße ist das *Joulesche Integral* als Zeitintegral des Stromquadrats:

$$W = \int_0^\infty i^2(t)\,\mathrm{d}t, \tag{5.3}$$

mit dem der maximal erlaubte Energieumsatz in einem Prüfling oder Messwiderstand berechnet wird. Die in den Prüfnormen für Betriebsmittel festgelegten Werte von Q und W dürfen nicht unterschritten werden, d. h. die untere Toleranzgrenze ist null.

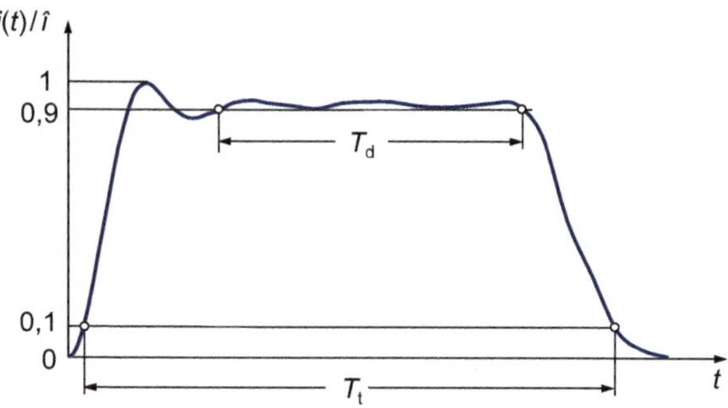

Abb. 5.2 Rechteckstoßstrom mit überlagerter Schwingung

5.1.2 Rechteckstoßstrom

Den typischen Verlauf eines *Rechteckstoßstromes,* früher auch als *Langzeitstoßstrom* bezeichnet, zeigt Abb. 5.2. Er ist durch den Wert des Prüfstromes $î$ und die Zeitparameter T_d und T_t gekennzeichnet [2.4]. Der Wert des Prüfstromes ist durch den Maximalwert einschließlich einer überlagerten Schwingung festgelegt. Rechteckstoßströme weisen häufig eine mehr oder weniger stark ausgeprägte Dachschräge auf. Die Dauer des Rechteckstoßstromes, die *Scheiteldauer* T_d, ist die Zeit, in der die Stromstärke ständig größer als $0{,}9î$ ist. Diese Definition kann zu Missverständnissen führen, wenn dem Rechteckstoßstrom entsprechend Abb. 5.2 Schwingungen überlagert sind, die den Wert von $0{,}9î$ unterschreiten. Bemessungswerte für T_d sind 500 µs, 1000 µs und 2000 µs oder längere Zeiten bis 3200 µs. Wegen der langen *Scheiteldauer* stellt die Prüfung mit Rechteckstoßströmen eine starke Belastung des Prüflings dar.

Als zusätzlicher Zeitparameter dient die *Gesamtdauer* T_t, während der die Stromstärke größer als $0{,}1î$ ist. Hierbei gilt die Forderung $T_\mathrm{t} \leq 1{,}5\,T_\mathrm{d}$. Damit ist indirekt eine Anforderung an die Anstiegszeit festgelegt; weitere Anforderungen gibt es nicht. Der Zeitverlauf von Rechteckstoßströmen wird durch die Werte $T_\mathrm{d}/T_\mathrm{t}$ gekennzeichnet.

Als obere Toleranz bei der Erzeugung von Rechteckstoßströmen sind jeweils +20 % für $î$ und T_d festgelegt, als Untergrenze gilt 0. Ein mögliches Unterschwingen des Rechteckstoßstromes unter die Nulllinie darf 10 % des Prüfstromwertes $î$ nicht überschreiten. Für die Ladung nach Gl. (5.2) und das Joulesche Integral nach Gl. (5.3) gilt wiederum null als untere Toleranzgrenze. Die zulässigen Messunsicherheiten betragen 3 % für den Scheitelwert und 10 % für die Zeitparameter.

5.2   Erzeugung von Stoßströmen

Stoßströme werden im Prüflabor mit Scheitelwerten von mehr als 100 A bis zu mehreren 100 kA erzeugt, wobei in der Regel kapazitive Energiespeicher aufgeladen und anschließend schlagartig auf den Prüfling über ein RC-Netzwerk entladen werden. Mit explodierenden, stromdurchflossenen Drähten können ebenfalls Stoßströme erzeugt werden.

5.2.1 Generatorschaltung für exponentielle Stoßströme

Zur Erzeugung von exponentiellen Stoßströmen im Prüflabor dienen überwiegend Schaltungen mit einem kapazitiven Energiespeicher C, der auf eine vorgegebene Spannung U_0 aufgeladen und über einen Schalter, in der Regel ein Thyristor oder eine getriggerte Funkenstrecke, schlagartig auf den Prüfling P über den Widerstand R und die Induktivität L entladen wird (Abb. 5.3). Am eingebauten Messwiderstand R_m kann die dem Stoßstrom $i(t)$ proportionale Messspannung $u_m(t)$ abgegriffen werden. Der Zeitverlauf des erzeugten Stoßstromes ist außer durch R, L und C auch durch R_m und die Prüflingsimpedanz vorgegeben (s. Abschn. 8.2).

Im Einsatz sind kompakte Tischgeräte mit Scheitelwerten von 10 kA bis hin zu räumlich ausgedehnten Stoßstromanlagen mit 200 kA und mehr. Die maximale Ladespannung U_0 von Tischgeräten und Anlagen reicht von 10 kV bis 200 kV. Stoßstromgeneratoren für sehr große Stromstärken sind modular mit mehreren parallel geschalteten Stoßkondensatoren aufgebaut, die im Teil- oder Ganzkreis angeordnet sind (Abb. 5.4). Zur Erfüllung der unterschiedlichen Anforderungen an die Kurvenform sind die Kondensatoren und Widerstände umschaltbar.

Die Prüfnormen sehen eine Vielfalt unterschiedlicher Impulsformen vor. Durch entsprechende Wahl der Einschübe in Tischgeräten oder Umschalten der Bauelemente in größeren Anlagen lassen sich Stoßstromgeneratoren verhältnismäßig leicht den Erfordernissen anpassen. Die Berechnung der gewünschten Zeitverläufe und der Bauelemente erfolgt mithilfe unterschiedlicher Verfahren [5.2–5.4]. In [5.5] wird ein Verfahren unter Einsatz kommerzieller Software beschrieben, mit dem sich die Kreiselemente eines modular aufgebauten Stoßstromgenerators für eine vorgegebene Impulsform berechnen lassen. Sind die charakteristischen Daten des Prüflings nicht bekannt, können diese ebenfalls mit dem Rechenverfahren bestimmt werden. Die sonst zeitraubenden experimentellen Vorarbeiten zur Anpassung der Kreiselemente an die gewünschte Impulsform entfallen dadurch.

Anmerkung: Zur Vermeidung gefährlich hoher Leerlaufspannungen müssen die Ausgangsklemmen des Stoßstromgenerators über den niederohmigen Prüfling oder, wenn die Stoßstromanlage außer Betrieb ist, über einen Kurzschlussbügel verbunden sein.

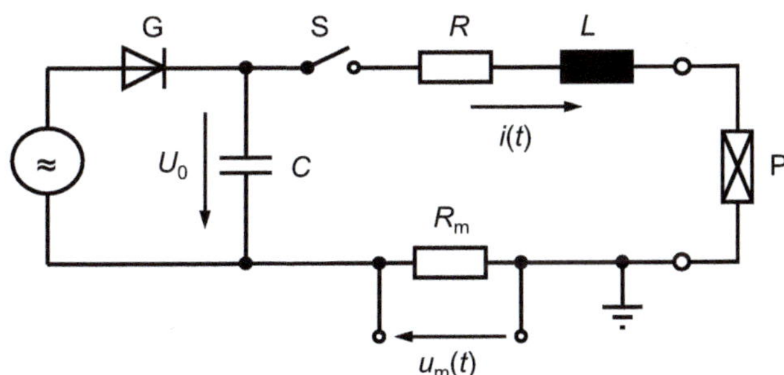

Abb. 5.3 Prinzipschaltbild eines Generators mit kapazitivem Energiespeicher C zur Erzeugung von exponentiellen Stoßströmen

Abb. 5.4 Ausführung eines 200-kA-Stoßstromgenerators (100 kV, 250 kJ) in modularer Bauweise (HIGHVOLT Prüftechnik Dresden GmbH)

Grundsätzlich lassen sich auch Stoßspannungsgeneratoren so umbauen, dass sie im Kurzschlussbetrieb Stoßströme erzeugen [5.6]. Die erreichbaren Stromstärken liegen unter den subjektiv erwarteten Werten, z. B. 40 kA bis 70 kA für einen Stromimpuls 8/20, der mit einem 2-MV-Stoßspannungsgenerator je nach Kapazität der Stoßkondensatoren erzeugt werden kann.

5.2.1.1 Einfluss des Prüflings auf den Zeitverlauf

Der Zeitverlauf und damit die Impulsparameter eines exponentiellen Stoßstromes werden von den Impedanzen des Gesamtkreises einschließlich des angeschlossenen Prüflings, der Messeinrichtung und der Zuleitungen bestimmt. Abb. 5.5 zeigt die Beeinflussung der Stirnzeit T_1 und Rückenhalbwertzeit T_2 durch den Widerstand R_p des Prüflings P, der in der Schaltung nach Abb. 5.3 im Entladekreis eines als Tischgerät ausgeführten 20-kA-Stoßstromgenerators mit einer Ladespannung von 10 kV angeschlossen ist. Während bei einem Kurzschluss der Generatorausgangsklemmen, also $R_\mathrm{p}=0$, ein Stoßstrom 8/20 erzeugt wird, nimmt mit zunehmendem R_p die Stirnzeit ab und die Rückenhalbwertzeit wird verlängert. Der gleiche Effekt wird auch durch einen erhöhten Messwiderstand R_m verursacht.

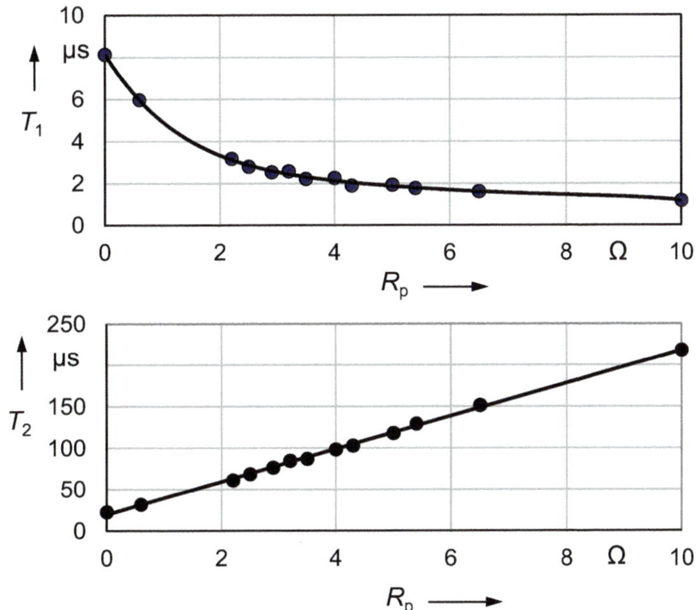

Abb. 5.5 Beeinflussung der Zeitparameter T_1 und T_2 eines Stoßstromes 8/20 durch den Lastwiderstand R_p im Entladekreis des Stoßgenerators nach Abb. 5.3

Mit steigendem Lastwiderstand erhöht sich außerdem die Spannung an R_p und der Generator kann nicht mehr die spezifizierte maximale Stromstärke erzeugen. Bei Kenntnis der Werte von C und L im Ersatzschaltbild ist der Einfluss des Widerstandes auf T_1 und T_2 auch berechenbar (s. Abschn. 8.2).

5.2.1.2 Crowbar-Technik

Der Rücken der in der Schaltung nach Abb. 5.3 erzeugten Stoßströme besteht aus einer mehr oder weniger ausgeprägten Schwingung, die auch unterhalb der Nulllinie verlaufen kann (s. Abb. 5.1). Das Unterschwingen mit entgegen gesetzter Polarität beträgt bei einem exponentiellen Stoßstrom 8/20 rund ein Drittel des Scheitelwertes $\hat{\imath}$ (s. Abschn. 8.2). Ein Unterschwingen in dieser Größenordnung ist bei der Prüfung von Ableitern und anderen Betriebsmitteln unerwünscht. Durch Erhöhen des Dämpfungswiderstandes R in Abb. 5.3 wird zwar das Unterschwingen reduziert, andererseits verringert sich jedoch auch der Scheitelwert.

Eine wirkungsvolle Verbesserung bei Stoßströmen mit Polaritätsumkehr bringt die *Crowbar-Technik*. Mit der Schaltung in Abb. 5.6 können sehr große Stromimpulse erzeugt werden, die im Rücken exponentiell ohne Schwingung abfallen. Wesentliches Element der erweiterten Generatorschaltung ist die getriggerte *Crowbar-Funkenstrecke* CFS mit dem Widerstand R_{CR} der Funkenstrecke [5.7, 5.8]. Die angegebenen Schaltkreiselemente L_1, R_1 und L_2, R_2 berücksichtigen die Eigeninduktivitäten und Leitungswiderstände der

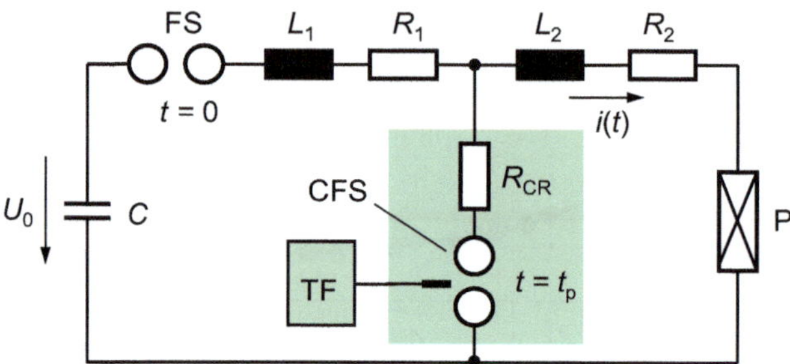

Abb. 5.6 Stromimpulsgenerator mit Crowbar-Funkenstrecke CFS zur Vermeidung des Durchschwingens im Rücken von exponentiellen Stoßströmen

Generatorschaltung und des Prüflings. Die Crowbar-Funkenstrecke CFS ist zunächst geöffnet, und der auf U_0 aufgeladene Ladekondensator C entlädt sich nach Zünden der Funkenstrecke FS zum Zeitpunkt $t = 0$ über die Schaltkreiselemente und den Prüfling P wie in der Schaltung von Abb. 5.3. Der Strom durch den Prüfling steigt zunächst an wie beim Impuls 8/20 (Abb. 5.7, Kurve *1*). Zum Zeitpunkt des Stromscheitels $t = t_p$ wird die Crowbar-Funkenstrecke mit Hilfe der Triggerfunkenstrecke TF gezündet, wodurch der Kreis mit L_2, R_2 und dem Prüfling P über den Funkenstreckenwiderstand R_{CR} kurzgeschlossen wird. Zur Scheitelzeit t_p steckt in $L_2 \gg L_1$ nahezu die gesamte, ehemals in C gespeicherte Energie, die sich nun über den Prüfling entlädt. Nach Erreichen des Scheitels nimmt der Stoßstrom exponentiell mit der Zeitkonstanten $L_2/(R_{cr} + R_2)$ ab; ein Unterschwingen tritt hierbei nicht auf (Kurve *2* in Abb. 5.7).

Exponentielle Stoßströme lassen sich auch mit induktiven Energiespeichern erzeugen. Hierbei wird eine Spule mit Gleichstrom über einen Ladekreis mit zunächst geschlossenem Schalter, der parallel zum Prüfling liegt, aufgeladen und dann schlagartig durch Öffnen des Schalters in den Prüfling kommutiert. Als schnelle Kommutierungsschalter dienen Lichtbogenschalter oder Drähte, die bei großer Stromstärke explosionsartig verdampfen und den Ladekreis unterbrechen [5.9, 5.10].

Abb. 5.7 Impulsverlauf *1* ohne, Impulsverlauf *2* mit Crowbar-Funkenstrecke (schematisch)

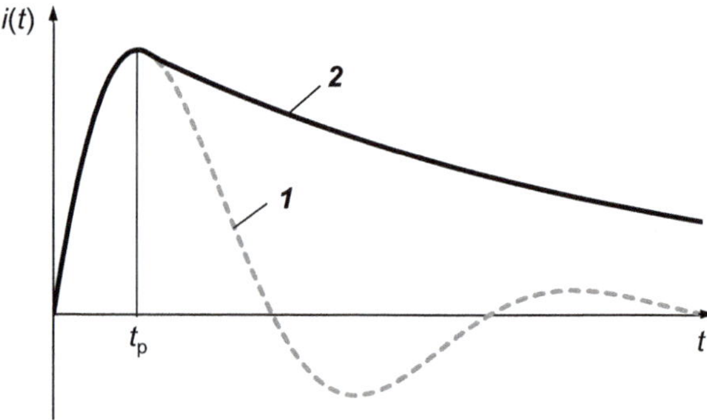

Zur Simulation multipler Blitzeinschläge werden Stoßstromgeneratoren eingesetzt, die eine schnelle Sequenz von Stoßströmen mit unterschiedlichen Impulsformen und beiden Polaritäten erzeugen können [5.11, 5.12].

5.2.2 Generatorschaltung für Rechteckstoßströme

Die Prinzipschaltung eines Generators zur Erzeugung von *Rechteck- (Langzeit-) stoßströmen* mit einer Dauer von mehr als 1 µs für Ableiterprüfungen zeigt Abb. 5.8. Die in Serie geschalteten LC-Glieder bilden einen *n*-stufigen *Kettenleiter*. Die parallel liegenden Kondensatoren C' werden von der gleichgerichteten Wechselspannung auf die Gleichspannung U_0 aufgeladen und über eine getriggerte Funkenstrecke FS auf den Abschlusswiderstand R_1 und den Prüfling P entladen. Für den Abschlusswiderstand des homogenen Kettenleiters gilt:

$$R_1 = \sqrt{\frac{L}{C}} \tag{5.4}$$

mit $L = nL_\mathrm{i}$ und $C = nC'$. Gegebenenfalls ist der ohmsche Anteil des Prüflings P bei R_1 in Gl. (5.4) zu berücksichtigen. Die Scheiteldauer T_d des Rechteckstoßstromes nach Abb. 5.8 berechnet sich näherungsweise zu [1.1]:

$$T_\mathrm{d} \approx 2\frac{n-1}{n}\sqrt{LC}. \tag{5.5}$$

Aus Gl. (5.4) und (5.5) lassen sich L und C für den geforderten Rechteckstoßstrom mit der Dauer T_d berechnen. Numerische Berechnungen für einen Generator mit $n = 8$ Gliedern zeigen, dass eine unsymmetrische Ausführung des Kettenleiters vorteilhaft ist, um eine möglichst rechteckförmige Impulsform ohne großes Über- und Unterschwingen am Anfang und Ende zu erzielen. Die Werte für die einzelnen Induktivitäten $L_1 \ldots L_\mathrm{n}$ unterscheiden sich deutlich, während die Teilkapazitäten C' des Kettenleiters konstant bleiben [5.13].

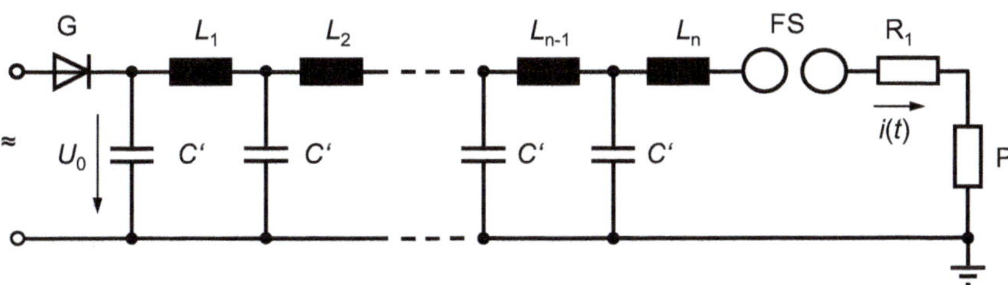

Abb. 5.8 Prinzipschaltbild eines Generators für Rechteckstoßströme

5.3   Messung von Stoßströmen

Die konventionelle Messung von Stoßströmen bis zu den höchsten Stromstärken von einigen 100 kA erfolgt mit niederohmigen *Messwiderständen* oder *Messspulen* mit und ohne Magnetkern. Sie werden allgemein auch als *Stromsensoren* oder *Messumformer* bezeichnet. Messwiderstände liefern eine dem Strom, Messspulen eine der zeitlichen Ableitung des Stromes proportionale Ausgangsspannung. Die Messung am Ausgang eines Messumformers erfolgt mit den gleichen Messgeräten wie in der Stoßspannungsmesstechnik, in erster Linie mit Digitalrecordern. Beim Einsatz von Messspulen ist vor der Datenauswertung eine Integration der Ausgangsspannung erforderlich. Weitere Messmöglichkeiten bieten Messumformer, die auf der Grundlage des *Hall-* oder *Faraday-Effektes* arbeiten und in Abschn. 3.5.2 bzw. 6.2 näher behandelt werden.

Die Verwendung der verschiedenen Messumformer ist mit Vor- und Nachteilen grundsätzlicher Art verbunden. Wichtige Entscheidungskriterien für die Auswahl eines Messumformers sind die Potenzialfreiheit und das Messverhalten gegenüber Gleich- und Hochfrequenzanteilen des Stoßstromes. Strommesssysteme sind elektrischen und starken magnetischen Feldern ausgesetzt, die zu einer Störbeeinflussung der Messung führen können. Je nach Konstruktion des Messumformers und der Anordnung des Messkreises lässt sich die Wirkung der Störungen weitgehend beseitigen.

5.3.1   Messsystem mit niederohmigem Messwiderstand

Zur Messung von Stoßströmen werden traditionell niederohmige *Messwiderstände* in besonderer Ausführung eingesetzt. In der einfachen Messschaltung nach Abb. 5.9 wird der Messwiderstand R_m in den Stromkreis an geeigneter Stelle eingebracht und von dem zu messenden Strom $i(t)$ direkt durchflossen. In der bevorzugten Position ist R_m einpolig geerdet. Messwiderstände für Stoßströme sind in der Regel als Vierpol mit definiertem

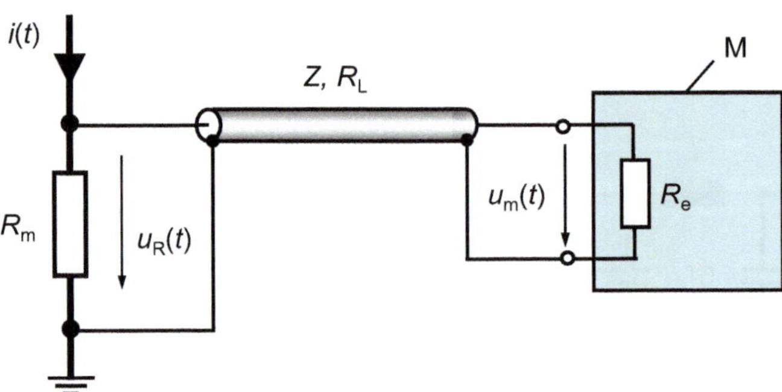

Abb. 5.9 Messschaltung für Stoßströme mit niederohmigem Messwiderstand R_m M: Messgerät mit Eingangswiderstand R_e

Spannungsabgriff ausgebildet. Unter idealen Voraussetzungen ist die Spannung $u_\mathrm{R}(t)$ am Messwiderstand R_m dem Strom $i(t)$ proportional:

$$\boxed{u_\mathrm{R}(t) = R_\mathrm{m}\,i(t)}. \tag{5.6}$$

Eine wichtige Voraussetzung für die Gültigkeit von Gl. (5.6) ist, dass der Messwiderstand in dem betrachteten Frequenzbereich rein ohmsch wirkt. Der Wert von R_m liegt üblicherweise im Bereich von 50 µΩ bis 50 mΩ. Ein niedriger Wert von R_m ist aus verschiedenen Gründen vorteilhaft. Der Leistungsumsatz im Messwiderstand ist begrenzt und eine Änderung oder gar Schädigung von R_m durch eine zu große Eigenerwärmung oder Spannungsbeanspruchung wird vermieden. Weiterhin bleibt die vom Stoßstromgenerator im Kurzschlussbetrieb erzeugte Impulsform bei kleinem Messwiderstand weitgehend unverändert. Schließlich ist die Spannung an R_m auch bei sehr hohen Stromstärken auf Werte unter 2000 V begrenzt und kann mit den speziell für Stoßspannungsmessungen gebauten Messgeräten, z. B. Digitalrecorder, direkt erfasst werden.

Andererseits hat ein niederohmiger Messwiderstand den Nachteil, dass die Ausgangsspannung u_R bei geringen Stromstärken sehr klein ist. Das Messgerät muss dann eine hohe Empfindlichkeit aufweisen und Störspannungen können das Messergebnis stärker beeinflussen. Ein niederohmiger Widerstand erschwert auch die Messung der Frequenz- oder Sprungantwort, da die verfügbaren Sprunggeneratoren in der Regel nur für geringe Stromstärken ausgelegt sind und daher nur einen kleinen Spannungsabfall an R_m hervorrufen.

5.3.1.1 Erdschleifen und Kopplungsimpedanz

Die am Messwiderstand R_m abgegriffene Impulsspannung $u_\mathrm{R}(t)$ wird über ein Messkabel dem Messgerät M, z. B. ein Digitalrecorder, mit dem Eingangswiderstand R_e zugeführt. Zur Vermeidung einer *Erdschleife* im Messkreis durch doppelte Erdung ist das Messgerät M nicht direkt, sondern über den Schirm des Koaxialkabels mit Erde verbunden und die Netzversorgung erfolgt über einen *Trenntransformator.* Aber auch ohne direkte Erdung des Messgerätes bildet sich über die resultierende Erdkapazität C_e des Gehäuses und des Trenntransformators ein geschlossener Stromkreis für hochfrequente Signale aus (Abb. 5.10).

Der Stromkreis umschließt die durch Schraffur gekennzeichnete Fläche, in der sich beim Auslösen eines Stoßstroms $i(t)$ ein transientes Magnetfeld $H(t)$ ausbildet. Dadurch wird in der Erdschleife die Störspannung u_in induziert, die den Störstrom i_St treibt. Der Störstrom i_St fließt über den Schirm des Koaxialkabels und erzeugt am Kabelausgang über die *Kopplungsimpedanz* Z_k die Störspannung u_St. Die Kopplungsimpedanz eines Koaxialkabels ist definiert als $Z_\mathrm{k} = u_\mathrm{St}/i_\mathrm{St}$, wobei der Innenleiter und die Innenseite des Kabelschirms am Kabeleingang kurzgeschlossen sind (Abb. 5.11). Diese Bedingung trifft näherungsweise auf die Messschaltung in Abb. 5.10 zu, da der Messwiderstand R_m sehr klein ist [4.66, 4.67].

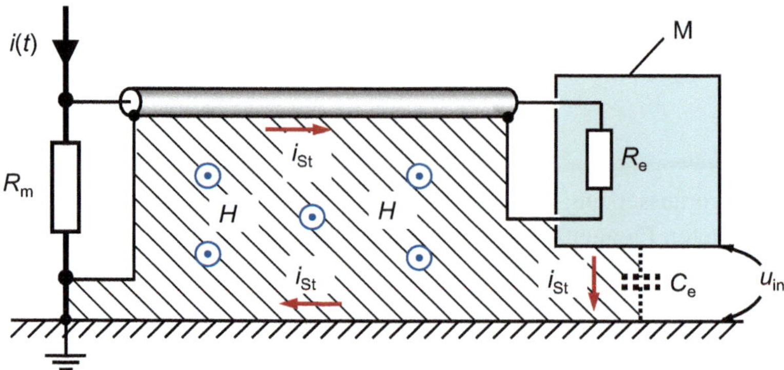

Abb. 5.10 Elektromagnetische Beeinflussung einer Stoßstrommessung mit niederohmigem Widerstand R_m. Das vom Stoßstrom $i(t)$ erzeugte Magnetfeld H in der durch Schraffur markierten Fläche induziert eine Spannung u_in. die über die Erdkapazität C_e des Messgerätes M den Störstrom i_St in der Erdschleife treibt

Abb. 5.11 Zur Definition der Kopplungsimpedanz $Z_\mathrm{K} = u_\mathrm{St}/i_\mathrm{St}$ eines Koaxialkabels, über dessen Schirm der Störstrom i_St fließt

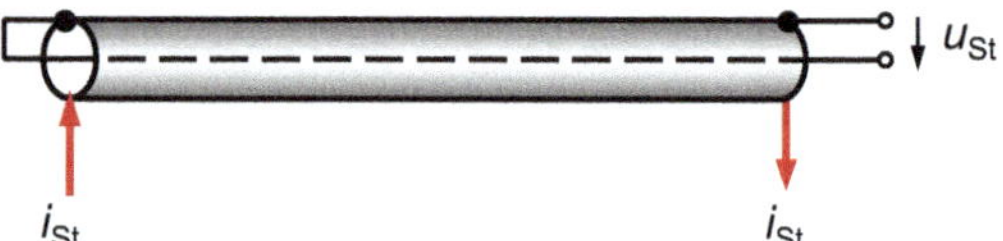

Die Schirmwirkung eines Koaxialkabels ist umso besser, je kleiner die Kopplungsimpedanz – und damit auch die Störspannung – ist. Die Kopplungsimpedanz fällt zunächst mit zunehmender Frequenz, steigt dann aber infolge der Induktivität des Kabelschirmgeflechts wieder an. Die vom Störstrom über die Kopplungsimpedanz erzeugte Störspannung u_St überlagert sich der Messspannung an R_e. Die Stromstärke ist von den in diesem Stromkreis wirkenden Impedanzen, hauptsächlich R_e, abhängig. Bei hochohmigem Eingang des Messgerätes ist dieser Anteil des Störstromes in der Regel vernachlässigbar.

Auch das Koaxialkabel und das in einiger Entfernung aufgestellte Messgerät sind dem vom Stoßstrom erzeugten Magnetfeld ausgesetzt. Auf dem unmagnetischen Kabelschirm und Gehäuse des Messgerätes bilden sich jedoch Wirbelströme aus, die ein magnetisches Gegenfeld erzeugen und dadurch dem Eindringen des Magnetfeldes entgegenwirken. Ist die Schirmwirkung des Koaxialkabels wegen einer Inhomogenität begrenzt, bleibt die sich daraus ergebende Störbeeinflussung des Messsignals aber gering im Vergleich zu der infolge der Erdschleife. Ebenso kann die Störbeeinflussung durch das elektrische Feld, das bei der Erzeugung des Stoßstromes auftritt, in der Regel als gering erachtet werden.

Die Vermeidung von Kabelmantel- und Gehäuseströmen infolge von Erdschleifen ist daher das Hauptziel, um die Störbeeinflussung des Messkreises möglichst klein zu halten. Eine weitere Verbesserung bringt die zusätzliche Schirmung des Koaxialkabels und Unterbringung des Messgerätes in eine Schirmkabine (Abb. 5.12). Beide Enden des äußeren

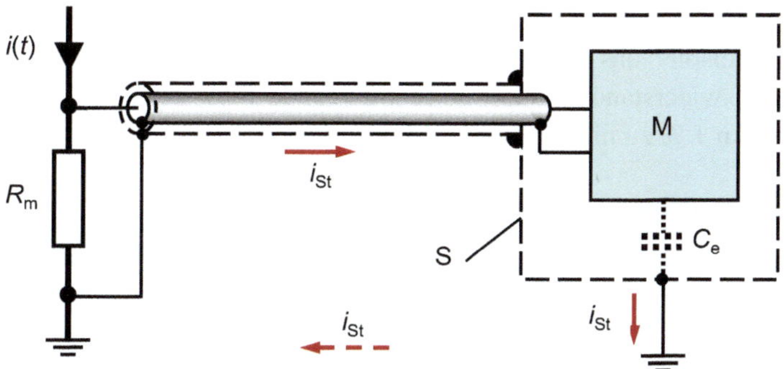

Abb. 5.12 Zusätzliche Schirmung des Koaxialkabels und Messgerätes zur Vermeidung des Störeinflusses von Kabelmantel- und Gehäuseströmen

Kabelschirms und die Schirmkabine S sind geerdet. Der durch das äußere Magnetfeld erzeugte Störstrom i_St fließt nun über den äußeren Kabelschirm und die Schirmkabine zur Erde. Ein magnetisches Gegenfeld wird aufgebaut, wodurch das Innere der Abschirmung feldfrei wird.

Die doppelte Schirmung eines Koaxialkabels kann durch mehrere Maßnahmen erfolgen. Als äußerer Schirm sind ein im Fußboden eingelassenes Metallrohr oder ein flexibles Wellmantelrohr optimal geeignet. Ein Koaxialkabel mit doppeltem Schirmgeflecht ist nur begrenzt geeignet, da es wiederum den Nachteil hat, dass bei höheren Frequenzen die Schirmwirkung nachlässt. Eine gute Schirmwirkung hat auch ein verdrilltes Leiterpaar, das von einem Schirm umgeben ist.

5.3.1.2 Leiterwiderstand eines Messkabels

Die Messung von Impulsströmen mit Anstiegszeiten von deutlich weniger als 1 µs erfordert den reflexionsfreien Abschluss des Koaxialkabels mit seinem Wellenwiderstand Z am Messgeräteeingang, also $R_\mathrm{e} = Z$. Andernfalls wird der Impulsstrom ganz oder teilweise reflektiert. Im Kabel breiten sich Wanderwellen aus, die sich dem Messsignal überlagern und dessen Auswertung verfälschen können. Da bei hohen Stromstärken entsprechend große Spannungen am Messwiderstand R_m auftreten, muss auch R_e eine ausreichend hohe Impulsbelastbarkeit aufweisen.

Bei Verwendung eines längeren Koaxialkabels, dass mit seinem Wellenwiderstand, also niederohmig, abgeschlossen ist, muss gegebenenfalls der ohmsche *Leiterwiderstand* R_L berücksichtigt werden. Der auf die Längeneinheit bezogene Wert von R_L liegt üblicherweise im Bereich von (15 … 150) mΩ/m. Die beiden in Reihe liegenden Widerstände R_L und R_e bilden einen Spannungsteiler für das Messsignal. Am Eingang des Messgerätes liegt die Spannung:

$$u_\mathrm{m}(t) = \frac{R_\mathrm{m} R_\mathrm{e}}{R_\mathrm{L} + R_\mathrm{e}}\, i(t), \tag{5.7}$$

die gegenüber $u_R(t)$ nach Gl. (5.6) um den Spannungsabfall am Messkabel verringert ist. Hat zum Beispiel das lange Messkabel einen Leiterwiderstand $R_L = 0{,}5\ \Omega$, wird die am Eingangswiderstand $R_e = Z = 50\ \Omega$ anliegende Messspannung u_m und damit der Stoßstrom $i(t)$ um 1 % zu niedrig gemessen.

5.3.1.3 Induktivitäten eines niederohmigen Widerstandes

Niederohmige Widerstände, die nicht speziell zur Messung kurzer Stromimpulse ausgelegt sind, zeigen bereits oberhalb von 1 kHz kein rein ohmsches Verhalten mehr. Das einfache Ersatzschaltbild eines niederohmigen Widerstandes weist neben dem ohmschen Anteil R eine in Reihe liegende Induktivität L auf (Abb. 5.13). Ein in den Widerstand eingeprägter Stoßstrom $i(t)$ ruft daher nicht nur am ohmschen Anteil R, sondern auch an der Induktivität L Teilspannungen hervor. Die beiden Teilspannungen $u_R(t) = Ri(t)$ und $u_L(t) = L\,\mathrm{d}i/\mathrm{d}t$ addieren sich zur Gesamtspannung $u(t) = u_R(t) + u_L(t)$ (Abb. 5.14). Charakteristisch ist die induktive Spannungsspitze von $u_L(t)$, die bei großer Steilheit des Stoßstromes sogar größer als die ohmsche Teilspannung $u_R(t)$ sein kann. Die Induktivität verhindert somit eine maßstabsgetreue Messung des Stoßstromes.

Abb. 5.15 zeigt die äquivalente Darstellung der Ausgangsspannung $u(t)$ im Frequenzbereich. Danach steigt die *Amplitudendichte* $F(f)$ mit der Frequenz an und erreicht bei der oberen Grenzfrequenz f_2, die durch $\omega L = R$ gekennzeichnet ist, den doppelten Wert gegenüber dem Gleichanteil F_0. Zur Erzielung eines breitbandigen Verhaltens muss daher die induktive Komponente des Messwiderstandes durch eine geeignete Bauform und die verwendeten Materialien möglichst klein gehalten werden. Ergänzend sei bemerkt, dass Widerstände im Allgemeinen auch eine Parallelkapazität im Ersatzschaltbild aufweisen, die hier aber wegen des kleinen Widerstandswertes keinen Einfluss hat und in Abb. 5.13 nicht berücksichtigt ist.

Die induktive Komponente niederohmiger Messwiderstände lässt sich auf zwei Hauptanteile zurückführen. Der eine Anteil ist von der Bauform des Widerstandes und dessen Zuleitungen bestimmt. So berechnet sich die *Selbstinduktivität* eines draht- bzw. zylinderförmigen Leiters aus nicht magnetischem Material ($\mu_r = 1$) mit dem Durchmesser d und der Länge l zu [9.2]:

Abb. 5.13 Vereinfachtes Ersatzschaltbild eines niederohmigen Widerstandes R mit Selbstinduktivität L

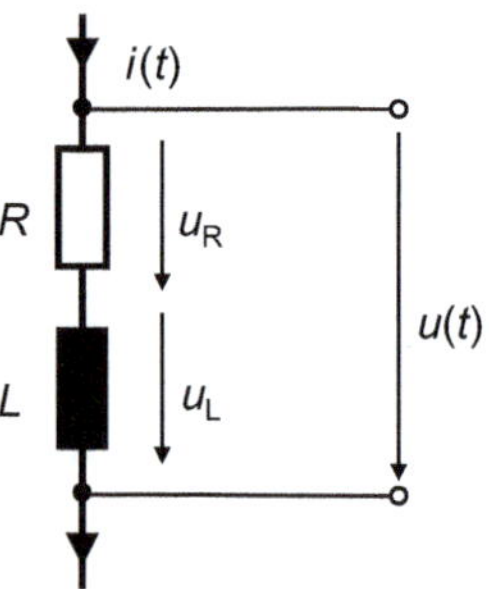

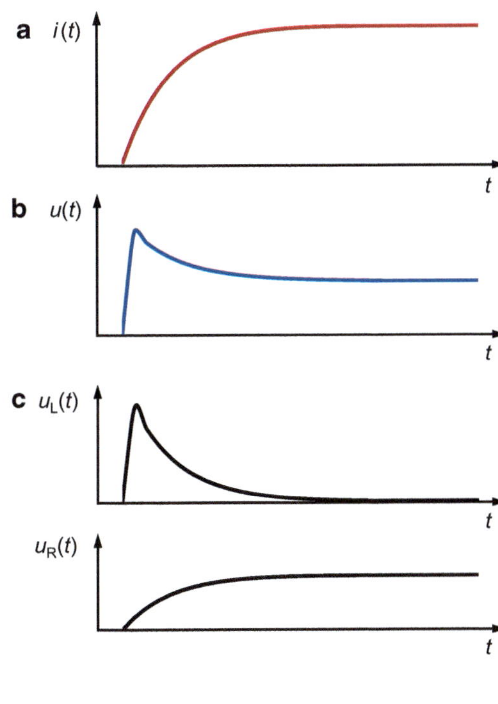

Abb. 5.14 Stoßantwort eines niederohmigen Messwiderstandes mit Selbstinduktivität nach Abb. 5.13 bei Einspeisung eines Stoßstromes **a** Stoßstrom $i(t)$, eingespeist in den Messwiderstand **b** Spannung $u(t)$ am Messwiderstand mit Selbstinduktivität (Stoßantwort) **c** induktive und ohmsche Teilspannungen u_L bzw. u_R entsprechend dem Ersatzschaltbild in Abb. 5.13

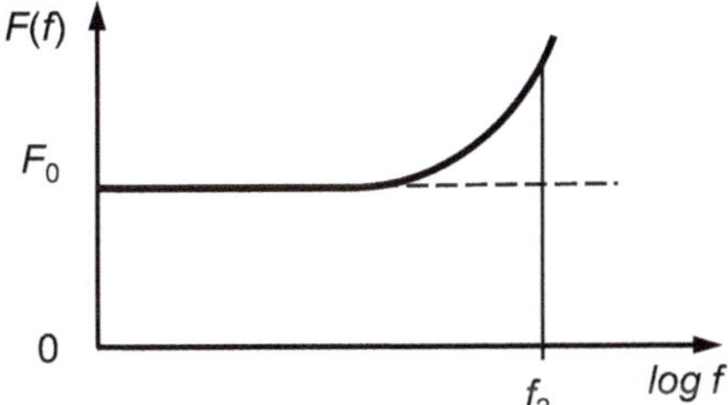

Abb. 5.15 Frequenzgang eines Widerstandes mit Induktivität (schematisch)

$$L = \frac{\mu_0\, l}{8\,\pi}\left(4\ln\frac{l}{d} - 3\right), \tag{5.8}$$

wobei $\mu_0 = 0{,}4\pi \cdot 10^{-6}$ H/m $\approx 1{,}257$ µH/m die magnetische Feldkonstante ist. Ein zylinderförmiger Schichtwiderstand mit $d = 1$ cm und $l = 5$ cm hat danach eine Selbstinduktivität von 9 nH. Ist der Widerstand mit zwei Anschlussdrähten mit dem Durchmesser $d = 1$ mm und der Gesamtlänge $l = 2$ cm versehen, beträgt deren Induktivität ebenfalls 9 nH. Als Gesamtinduktivität erhält man 18 nH. Aus der Beziehung $\omega L = R$ bestimmt sich für $R = 1$ mΩ die obere Grenzfrequenz, bei der die induktive gleich der ohmschen Komponente ist, zu $f_2 = 9$ kHz.

Der zweite Induktivitätsanteil wird durch die Art und Form des Messabgriffs am Widerstand verursacht. Das Prinzip wird am einfachen Modell eines rohrförmigen, vom Strom $i(t)$ durchflossenen Widerstandskörpers erläutert (Abb. 5.16). Hierbei bleibt der *Skineffekt* zunächst noch unberücksichtigt. Bei homogener Widerstandsverteilung und großer Rohrlänge ergeben sich durch den Stromfluss kreisförmige *Äquipotenziallinien* auf der Rohrwandung. Greift man an den Messstellen M1 und M2 die Potenziale φ_1 und φ_2 ab, erhält man unter vereinfachenden Voraussetzungen die Messspannung:

$$u_\mathrm{R} = \varphi_1 - \varphi_2 = Ri(t), \qquad (5.9)$$

wobei R den wirksamen Widerstand des Rohres zwischen den Messstellen M1 und M2 darstellt [1.1]. Weiterhin erzeugt der Strom nach dem *Durchflutungsgesetz* (s. Abschn. 5.3.2.1) außerhalb des Widerstandszylinders ein tangentiales Magnetfeld, das mit zunehmendem Abstand $r>a$ von der Widerstandsoberfläche kleiner wird. Im Rohrinnern ist das Magnetfeld vernachlässigbar.

In dem einfachen Modell führen kurze Verbindungsleitungen von den Spannungsabgriffen bei M1 und M2 zu den Ausgangsbuchsen **1** und **2,** an die das Messkabel zum Messgerät angeschlossen wird. Dadurch entsteht eine Messschleife, die entsprechend der schraffierten Fläche $(b-a)h$ einen Teil des Magnetfeldes einschließt. Die zeitliche Änderung des Magnetflusses $\Phi(r,\,t)$ in der Messschleife induziert am Messausgang **1−2** die Teilspannung $u_\mathrm{L}=-\mathrm{d}\Phi/\mathrm{d}t$, die sich der ohmschen Teilspannung u_R nach Gl. (5.9) überlagert. Als resultierende Messspannung $u_\mathrm{m}(t)$ ergibt sich unter Beachtung der Vorzeichenregel für die induzierte Teilspannung die Messspannung $u_\mathrm{m}(t)$:

Abb. 5.16 Einfaches Modell eines vom Strom $i(t)$ durchflossenen dünnwandigen Rohrwiderstandes mit Potenzialabgriff an den Messstellen M1 und M2

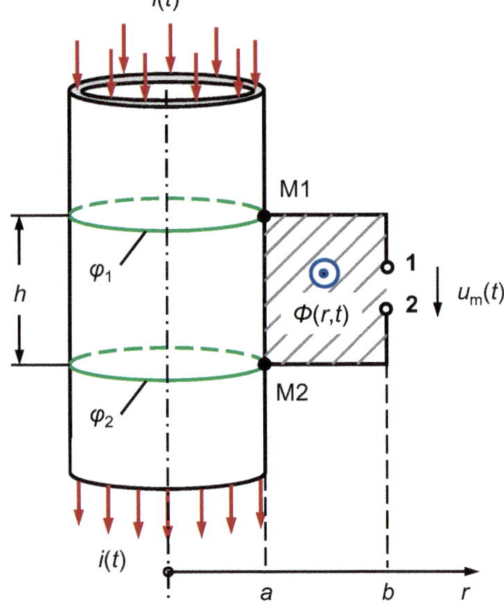

$$u_\mathrm{m}(t) = u_\mathrm{R} - u_\mathrm{L} = R\,i(t) + M\,\frac{\mathrm{d}i(t)}{\mathrm{d}t}. \tag{5.10}$$

Hierbei ist M die wirksame *Gegeninduktivität,* die aus den geometrischen Abmessungen der Messschleife berechnet wird. Für eine rechteckige Messschleife ist die Gegeninduktivität:

$$M = \frac{\mu_0 h}{2\pi} \int\limits_a^b \frac{\mathrm{d}r}{r} = \frac{\mu_0 h}{2\pi}\,\ln\frac{b}{a}. \tag{5.11}$$

Im Ersatzschaltbild nach Abb. 5.13 muss die Gegeninduktivität M der Selbstinduktivität L des Messwiderstandes zugerechnet werden. Widerstände mit derartigem Spannungsabgriff haben eine vergrößerte Zeitkonstante $(L+M)/R$ und dadurch Anstiegszeiten, die kaum besser als 1 µs sein dürften. Ziel einer jeden Konstruktion von breitbandigen Messwiderständen ist es daher, den Spannungsabgriff in einen Bereich zu legen, in dem sich kein Magnetfeld ausbilden kann.

5.3.1.4 Aufbau koaxialer Messwiderstände

Die Forderung, den Spannungsabgriff eines Messwiderstandes in einen magnetfeldfreien Bereich zu legen, lässt sich durch eine koaxiale Bauform erfüllen. Im einfachsten Fall besteht der niederohmige Messwiderstand aus einer Parallelschaltung gleichgroßer Einzelwiderstände mit gutem Hochfrequenzverhalten, die in einem Metallzylinder untergebracht sind. In der zylinderförmigen Anordnung nach Abb. 5.17 tritt der Stoßstrom in den Anschlussbolzen *1* ein und verteilt sich gleichmäßig auf die Einzelwiderstände *2*. Das äußere Metallrohr *3* dient als Stromrückleiter, wodurch das resultierende Magnetfeld im Innern verschwindet (s. Abschn. 5.3.1.5). Der Messabgriff an den Widerständen und die Zuleitung *4* zum koaxialen Messabgriff *5* befinden sich daher im feldfreien Raum, sodass hier keine Störspannung induziert werden kann. Die dem Strom proportionale Spannung wird an der Ausgangsbuchse *5* abgegriffen und über ein Koaxialkabel dem

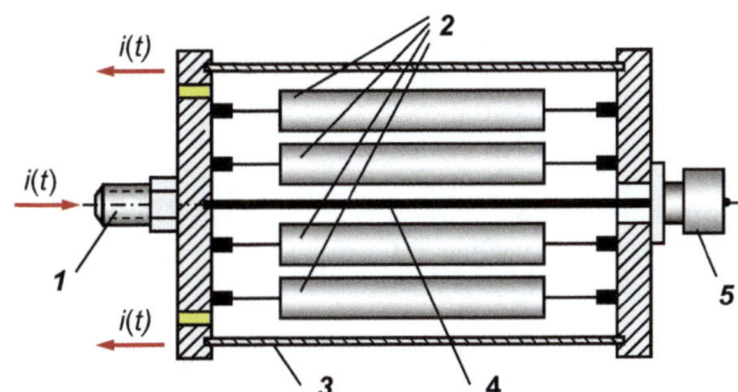

Abb. 5.17 Messwiderstand mit parallel geschalteten Einzelwiderständen in einem Metallgehäuse *1* Stromanschluss *2* Einzelwiderstände *3* Stromrückleiter *4* Messabgriff und Zuleitung zu *5* *5* koaxiale Ausgangsbuchse

Messgerät zugeführt. Messwiderstände dieser Bauart lassen sich ohne großen Aufwand für Stoßströme von mehreren 10 kA mit meist befriedigendem Übertragungsverhalten herstellen.

Durch die Parallelschaltung der Einzelwiderstände verringert sich die Gesamtinduktivität und das Frequenzverhalten wird verbessert. Bei nicht so hohen **An**sprüchen an das Übertragungsverhalten genügen bifilar gewickelte *Drahtwiderstände,* die mit einem geringen Temperaturkoeffizienten hergestellt werden und auch bei großer Strombelastung annähernd konstant bleiben. Ein besseres Frequenzverhalten weisen *Schichtwiderstände* und *Chip-Widerstände* mit keramischem Träger auf. Schichtwiderstände sollten ungewendelt sein. Die *Wendelung* ist vor allem bei Kohleschichtwiderständen üblich, um einen genauen Abgleich des Widerstandes auf einen vorgegebenen Sollwert zu erzielen. Die Wendelung kann aber zu Entladungen und Überschlägen zwischen benachbarten Widerstandsbahnen führen, die zunächst eine irreversible Widerstandserhöhung und später die Zerstörung des Widerstandes verursachen.

Ein optimales Übertragungsverhalten bietet der vollkommen homogen aufgebaute *koaxiale Messwiderstand,* auch *Koaxialshunt* oder *Rohrshunt* genannt. Über die ersten Bauformen dieser Messwiderstände wird in [5.14] berichtet. Bei der Konstruktion nach Abb. 5.18 wird der Stoßstrom $i(t)$ dem Koaxialshunt beim Anschluss *1* zugeführt, fließt durch das dünnwandige Widerstandsrohr *3* zur rechten Metallplatte und wieder zurück über das äußere Metallrohr *4,* das vom Stromanschluss *1* durch den Isolierring *2* getrennt ist. Die dem Stoßstrom proportionale Spannung am Widerstandsrohr *3* wird über den Messabgriff *5* der koaxialen Ausgangsbuchse *6* zugeführt. Durch die koaxiale Anordnung wird wiederum erreicht, dass sich im Innern des Koaxialshunts kein Magnetfeld ausbilden kann und deshalb keine Störspannung am Messabgriff *5* induziert wird.

Der homogene Rohrwiderstand *3* besteht aus einer unmagnetischen Widerstandslegierung oder einer mit Graphit beschichteten Isolierfolie. Wie weiter unten noch gezeigt wird, bestimmt die Dicke des Widerstandskörpers die erreichbare Bandbreite und die thermische Belastbarkeit durch den Stoßstrom. Das Material des Rohrwiderstandes muss einen kleinen Temperaturkoeffizienten aufweisen und reversibel sein, selbst bei Temperaturen von 100°C und mehr. Der Koaxialshunt nach Abb. 5.18 kommt dem

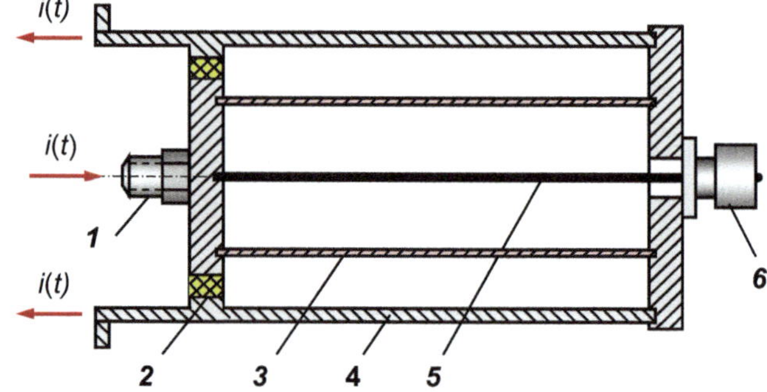

Abb. 5.18 Aufbau eines breitbandigen Koaxialshunts für Stoßstrommessungen *1* Stromanschluss *2* Isolierring *3* Widerstandsrohr *4* Stromrückleiter *5* Messabgriff mit Zuleitung zur Ausgangsbuchse *6* koaxiale Ausgangsbuchse

Ideal eines reinen Wirkwiderstandes ohne störende Selbstinduktivität weitgehend nahe. Über eine andere, für Blitzstrommessungen eingesetzte Ausführung mit einer 60 µm dicken NiCr-Metallfolie als Hin- und Rückleiter in koaxialer Anordnung wird in [5.15] berichtet.

Abb. 5.19 zeigt einige Ausführungen von niederohmigen Messwiderständen, darunter die drei senkrecht aufgestellten Koaxialshunts für Stoßströme mit Scheitelwerten von bis zu 100 kA und Bandbreiten von mehr als 100 MHz.

5.3.1.5 Stromverdrängung (Skineffekt)

Auch wenn der Koaxialshunt nach Abb. 5.18 weitgehend homogen und induktivitätsarm aufgebaut ist, kann seine Bandbreite nicht unbegrenzt erhöht werden. Ein zeitveränderlicher Strom erzeugt in einem Stromleiter ein magnetisches Feld, das seinerseits Ströme erzeugt, die als *Wirbelströme* bezeichnet werden. Die Wirbelströme überlagern sich dem ursprünglichen Strom und beeinflussen dadurch die Stromverteilung im Leiter. Der resultierende Strom ist nicht mehr homogen über den gesamten Leiterquerschnitt verteilt, sondern wird durch den *Skineffekt* mit steigender Frequenz mehr und mehr in den äußeren Randbereich des Leiters verdrängt. Die Wirbelströme erzeugen weiterhin ein magnetisches Gegenfeld, das sich dem ursprünglichen Magnetfeld so überlagert, dass das resultierende Magnetfeld im Innern des Stromleiters verschwindet. Die im Leiter unter idealisierenden Annahmen auftretenden, miteinander verknüpften elektrischen

Abb. 5.19 Ausführung verschiedener Messwiderstände links: Wechselstromwiderstand rechts: drei Koaxialshunts für Stoßstrommessungen in senkrechter Aufstellung (HILO-TEST)

und magnetischen Felder lassen sich mit den *Maxwellschen Gleichungen* oder über das *Durchflutungsgesetz* und *Induktionsgesetz* bestimmen [9.1].

Wegen der Stromverdrängung macht es keinen Sinn, einen niederohmigen Messwiderstand für hochfrequente Ströme aus Vollmaterial zu realisieren. Selbst bei den üblichen rohrförmigen Bauformen kann die Wandstärke bei hohen Signalfrequenzen nicht voll für den Stromfluss genutzt werden. Die Stromdichte nimmt sehr schnell von einem Maximalwert $\hat{\imath}$ am Außenrand des Widerstandsrohres zum Rohrinnern hin ab (Abb. 5.20). Die ungleiche Stromverteilung über den Leiterquerschnitt ist gleichbedeutend mit einer Erhöhung des Widerstandes gegenüber dem Gleichstromwiderstand.

Kenngröße für die Stromverdrängung in einem Leiter mit der Leitfähigkeit σ und der Permeabilität $\mu = \mu_r \mu_0$ ist die *Eindringtiefe:*

$$\boxed{\delta = \frac{1}{\sqrt{\pi \mu \sigma f}}}, \tag{5.12}$$

bei der der Strom mit der Frequenz f auf den $1/e$-ten Teil (ca. 37 %) abgefallen ist. Diese Beziehung gilt exakt für unendlich lange platten- und zylinderförmige Leiter, die eine sehr große Dicke bzw. einen großen Durchmesser im Vergleich zur Eindringtiefe aufweisen. Bei einer Rohrwandstärke $d \ll \delta$ wirkt sich die Stromverdrängung nur gering aus und der Widerstand behält bis zu der für δ vorgegebenen Frequenz nahezu seinen Wert bei Gleichstrom. Zur Begrenzung der Stromverdrängung wird die Eindringtiefe δ nach Gl. (5.12) durch Verwendung unmagnetischer Materialien mit geringer Leitfähigkeit σ möglichst groß gemacht. Geeignete Widerstandsmaterialien mit $\mu_r = 1$ sind Konstantan, Manganin und Chrom-Nickel-Legierungen im normal leitenden Zustand.

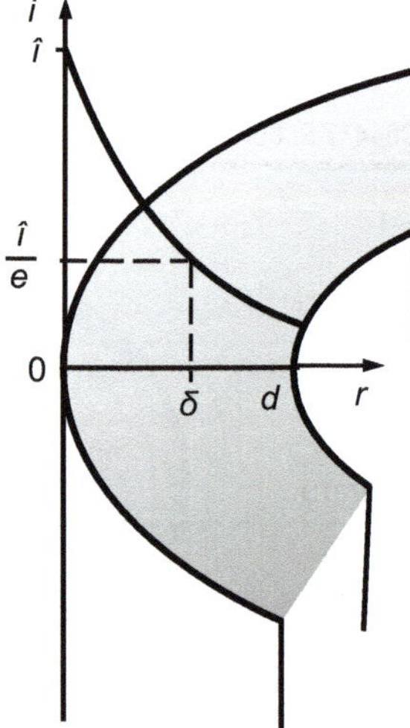

Abb. 5.20 Ungleichmäßige Stromverteilung im Querschnitt eines rohrförmigen Leiters infolge des Skineffekts

Auch eine dünne, auf einem Isolierkörper aufgebrachte Graphitschicht zeigt ein gutes Frequenzverhalten, hat aber je nach Herstellungsverfahren nur eine begrenzte Beständigkeit gegenüber thermischer Überlastung und mechanischer Beanspruchung.

Das Übertragungsverhalten eines Messwiderstandes R_{m} lässt sich in vergleichbarer Weise wie für einen Stoßspannungsteiler durch die Sprungantwort $g(t)$ charakterisieren (s. Abschn. 9.1 und 9.8). Sie ist definiert als die an R_{m} erzeugte Spannung, dividiert durch $I_0 R_{\mathrm{m}}$, bei Einspeisung eines Sprungstromes $i(t)$ mit der Amplitude I_0. Für einen eingeprägten Sprungstrom liefern die *Maxwellschen Gleichungen* die Stromverteilung im unmagnetischen Widerstandsrohr, woraus sich die Sprungantwort des Koaxialwiderstandes ergibt zu [1.1, 5.16, 5.17]:

$$g(t) = 1 + 2 \sum_{k=1}^{\infty} (-1)^k \exp\left(-\frac{k^2 \pi^2}{\mu_0 \sigma d^2} t \right).$$ (5.13)

In Abb. 5.21 ist die nach Gl. (5.13) berechnete Einheitssprungantwort eines Koaxialshunts mit der spezifischen Leitfähigkeit $\sigma = 1$ m/Ωmm^2 für drei verschiedene Wanddicken d wiedergegeben. Der grundsätzliche Verlauf der Sprungantwort weist keine induktive Spannungsspitze auf, d. h. der Koaxialshunt zeigt im Gegensatz zum einfachen Widerstand in Abb. 5.14 kein induktives Verhalten. Der endliche Anstieg der Sprungantwort ist vom Verhältnis der Wanddicke d des Widerstandsrohres zur Eindringtiefe δ nach Gl. (5.12) bestimmt. Für $d = 0{,}1$ mm ergibt sich eine Anstiegszeit von 3 ns (Kurve *1* in Abb. 5.21).

Die Sprungantwort von Koaxialshunts nach Gl. (5.13) ist vom Gleichungstyp her identisch mit der Sprungantwort des hochohmigen Spannungsteilers nach Gl. (4.23), der

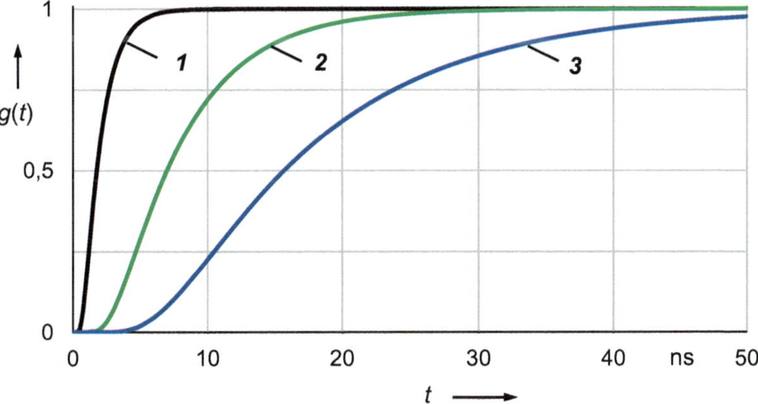

Abb. 5.21 Sprungantwort eines Koaxialshunts der Wanddicke d mit Skineffekt (berechnet) (Leitfähigkeit $\sigma = 1$ m/Ωmm^2) *1* $d = 0{,}1$ mm *2* $d = 0{,}2$ mm *3* $d = 0{,}3$ mm

durch das RC-Kettenleiterersatzschaltbild bzw. durch das vereinfachte Ersatzschaltbild in Abb. 4.23 charakterisiert ist. Der formale Vergleich der Ausdrücke in den Gl. (5.13) und (4.23) liefert die Antwortzeit T und Bandbreite B des Koaxialshunts:

$$T = \frac{\mu_0\,\sigma\,d^2}{6} \tag{5.14a}$$

$$B = \frac{1,46}{\mu_0\,\sigma\,d^2}. \tag{5.14b}$$

Demnach kann das dynamische Verhalten eines Koaxialshunts vor allem durch Verringerung der Widerstandsdicke d und in geringerem Umfang durch Reduzierung der Leitfähigkeit σ verbessert werden. Die spezifische Leitfähigkeit geeigneter Legierungen liegt im Bereich von $(0{,}8 \ldots 2)$ m/Ωmm^2 bei Raumtemperatur.

Aus Nickel-Chrom-Legierungen lassen sich sehr dünne Widerstandsfolien bis hinunter zu 10 µm herstellen, deren Eindringtiefe δ nach Gl. (5.12) rund 17 µm bei 1 GHz beträgt. In [5.18] wird über kurze Koaxialshunts von etwa 3 cm Länge mit extrem dünnen Widerstandsfolien aus Cu (1 µm) und NiCr (10 µm) berichtet. Die gemessenen Anstiegszeiten liegen unter der Eigenanstiegszeit von 0,4 ns des damals verfügbaren Oszilloskops.

5.3.1.6 Kettenleiterersatzschaltbild

In Analogie zum ohmschen Spannungsteiler wird der Koaxialshunt mit der Sprungantwort nach Gl. (5.13) durch das Kettenleiterersatzschaltbild in Abb. 5.22a mit n verteilten

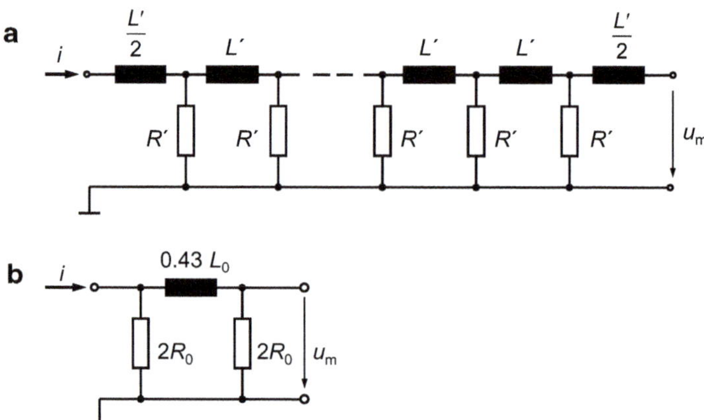

Abb. 5.22 Ersatzschaltbilder des Koaxialshunts **a** Kettenleiterersatzschaltbild mit n Elementen $L' = L_0/n$ und $R' = nR_0$ **b** vereinfachtes Ersatzschaltbild mit gleicher Anstiegszeit wie das Kettenleiterersatzschaltbild

Längsinduktivitäten L' und Querwiderständen R' dargestellt [5.16, 5.17]. Für den Grenzfall $n=\infty$ liefert die Parallelschaltung der n Querwiderstände $R'=nR_0$ den Gleichstromwiderstand R_0 und die Reihenschaltung der n Längsinduktivitäten $L'=L_0/n$ die resultierende Induktivität L_0. Für Stoßströme mit Stirnzeiten von mehr als 1 µs lässt sich ein vereinfachtes Ersatzschaltbild mit diskreten Elementen und vergleichbarer Sprungantwort ableiten (Abb. 5.22b).

Aus der Forderung, dass die Antwortzeiten der Sprungantwort beider Ersatzschaltbilder gleich sind, ergibt sich für die Induktivität im vereinfachten Ersatzschaltbild zunächst ein Wert von $^2/_3L_0$. Einen verbesserten Wert von $0{,}43L_0$ erhält man aus der Gleichheit der Anstiegszeiten beider Ersatzschaltbilder. Abschließend sei jedoch daran erinnert, dass das Übertragungsverhalten durch die Stromverdrängung gekennzeichnet ist und dass der Koaxialshunt aufgrund seiner besonderen Bauform praktisch keine Induktivität aufweist.

5.3.1.7 Experimentelle Sprungantwort von Messwiderständen

Zur Erzeugung von Sprungströmen stehen die in Abschn. 9.8.4 genannten Sprunggeneratoren zur Verfügung. Der niederohmige Messwiderstand wird meist in Serie mit einem internen und/oder externen Abschlusswiderstand von 50 Ω an den Sprunggenerator angeschlossen. Bei Verwendung von Reed-Kontakten, die mit Quecksilber benetzt sind, lassen sich Sprungströme mit Anstiegszeiten von 1 ns bis 5 ns und Amplituden von maximal 1 A bis 3 A erzielen. Die Sprungantwort von niederohmigen Widerständen erreicht dann nur eine Amplitude von 1 mV oder noch weniger, sodass ein Vorverstärker für die Aufzeichnung mit dem Recorder erforderlich ist. Bei Verwendung eines Kabelgenerators kann man durch Parallelschalten mehrerer Kabel eine Stromerhöhung erzielen. In [5.19] wird ein 500 m langes Koaxialkabel auf 300 V aufgeladen und über eine handbetriebene Funkenstrecke auf den Messwiderstand entladen. Die so erzeugte Sprungspannung am Eingang des Widerstandes hat eine Anstiegszeit von weniger als 6 ns und erzeugt einen Sprungstrom mit einer maximalen Amplitude von 120 A. Der elektronisch aufgebaute Sprunggenerator in [5.20] liefert eine Ausgangsstromstärke von bis zu 1,2 kA, allerdings mit einer deutlich größeren Anstiegszeit von 60 ns. Mit gasgefüllten Funkenstrecken lassen sich höhere Spannungen schalten und damit größere Stromamplituden erzeugen.

Abb. 5.23 zeigt die gemessene Sprungantwort eines breitbandigen 5-kA-Koaxialshunts mit dünnem Widerstandsblech aus einer Chrom-Nickel-Legierung. Die Anstiegszeit des Koaxialshunts beträgt 3 ns, was nach Gl. (9.38) einer Bandbreite von mehr als 100 MHz entspricht. Dieser Wert ist vergleichbar mit der Anstiegszeit der nach Gl. (5.13) berechneten Sprungantwort eines Koaxialshunts mit der Dicke $d=0{,}1$ mm (Abb. 5.21, Kurve *1*). Ein Überschwingen der experimentellen Sprungantwort tritt nicht auf, d. h. in Übereinstimmung mit den theoretischen Betrachtungen weist der untersuchte Koaxialshunt keine Selbstinduktivität auf. In den ersten 25 ns zeigt die Sprungantwort ein „Anschleichen" an das Endniveau, was jedoch hauptsächlich auf die nicht ganz ideal verlaufende Sprungspannung des verwendeten Kabelgenerators zurückzuführen ist. Für die Messung der Sprungantwort wurde der Stromrückleiter des Koaxialshunts (*4*

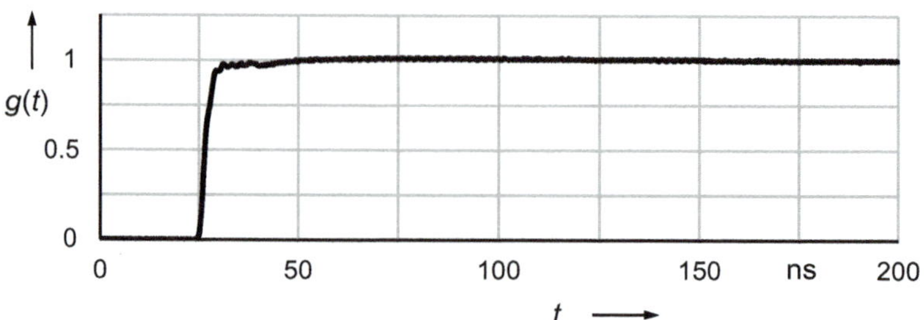

Abb. 5.23 Experimentelle Sprungantwort eines 5-kA-Koaxialshunts

in Abb. 5.18) über ein trichterförmiges Übergangsstück an den Schirm des Koaxialausgangs des Kabelgenerators angeschlossen, um einen möglichst reflexionsarmen Übergang zu erzielen.

Grundsätzlich ist festzustellen, dass die Bedingungen bei der Messung der Sprungantwort von niederohmigen Koaxialshunts im Vergleich zu Stoßspannungsteilern als nahezu ideal bezeichnet werden können. Koaxialshunts weisen kleinere Abmessungen auf, sind in der Regel vollständig geschirmt und Wanderwellenvorgänge im Messkreis können durch einen Abschlusswiderstand gleich dem Kabelwellenwiderstand weitgehend unterbunden werden. Die experimentelle Sprungantwort eines Koaxialshunts ist daher weitgehend frei von Störeinflüssen. Hat der erzeugte Stromsprung nicht den erwarteten Idealverlauf, kann der Einfluss auf die Sprungantwort gegebenenfalls durch eine *Faltungsrechnung* korrigiert werden.

Dies sind gute Voraussetzungen für die Verwendung der Sprungantwort bei der numerischen Faltungsrechnung, z. B. um die Eignung eines Koaxialshunts zur Messung eines vorgegebenen Stromimpulses nachzuweisen. Die Einhaltung festgelegter Fehlergrenzen für den Scheitelwert und die Zeitparameter lässt sich damit für beliebige Stromverläufe rechnerisch überprüfen. Mit der Faltungsrechnung, gegebenenfalls in Verbindung mit einer Kontrollmessung durch Vergleich mit einem *Referenzsystem*, steht daher ein wirkungsvolles Nachweisverfahren für das dynamische Verhalten von Koaxialshunts zur Verfügung, was auch grundsätzlich in IEC 62475 [2.4] akzeptiert ist. Damit erübrigt sich die Festlegung von *Antwortparametern* und deren Grenzwerte, wie sie für Stoßspannungsteiler auf Grund von Modellrechnungen für Blitz- und Schaltstoßspannungen angegeben, aber nicht immer zutreffend sind [9.30, 9.44].

5.3.1.8 Besondere Bauformen von Koaxialshunts

Für Anstiegszeiten unterhalb von 1 ns bzw. Frequenzen von mehr als 1 GHz kann die Länge eines Koaxialshunts nicht mehr als kurz gegenüber der Wellenlänge des Messsignals angesehen werden. Die Anordnung des Widerstandselementes und der Übergang vom Widerstand zum Messkabelanschluss muss hochfrequenzmäßig optimiert werden, um noch kürzere Anstiegszeiten zu erzielen. Extrem große Bandbreiten erzielt man mit scheibenförmigen Widerständen, wobei das Widerstandselement eine NiCr-Folie mit einer Dicke zwischen 10 und 50 µm oder eine auf einer Isolierfolie aufgebrachte Graphitschicht sein kann [5.21, 5.22]. In der Anordnung nach Abb. 5.24 erfolgt der Anschluss der Stromquelle über die Koaxialleitung *1*, in der sich eine ebene Welle ausbreitet, die senkrecht auf den *Scheibenwiderstand 2* auftrifft. Die Isolierscheibe *3* gibt der dünnen Widerstandsfolie mechanischen Halt. Vom Innenleiter fließt der Strom radial über den Scheibenwiderstand *2* zum Außenleiter und zurück zur Stromquelle. Der Spannungsabgriff am Scheibenwiderstand erfolgt über eine Konusleitung *4*, durch die der Wellenwiderstand des Anschlusses reflexionsfrei von praktisch null auf den Wellenwiderstand des bei *5* angeschlossenen Koaxialkabels ansteigt.

Die Anstiegszeit des scheibenförmigen Widerstandes mit einer 15 µm dicken NiCr-Folie wird mit weniger als 0,35 ns angegeben, was der Eigenanstiegszeit des damals verwendeten Oszilloskops entspricht. Wegen der geringen Foliendicke eignen sich Scheibenwiderstände zur Messung sehr kurzer Stromimpulse mit Scheitelwerten von maximal 10 kA. Den Scheibenwiderstand gibt es auch als 50-Ω-Abschlusswiderstand von Oszilloskopen mit Bandbreiten von 500 MHz und mehr. Die theoretische Betrachtung der Vorgänge beim Scheibenwiderstand führt auf dieselben Gleichungen für die Sprungantwort und die Anstiegszeit, wie sie in den Gl. (5.13) und (5.14a) für den Koaxialshunt angegeben sind.

Neben dem dynamischen Verhalten von Messwiderständen ist die maximale Strombelastung ein wichtiges Kriterium. Koaxialshunts für sehr hohe Stromstärken müssen bei langer Impulsdauer eine entsprechend große Wandstärke aufweisen, um die *Joulesche Selbsterwärmung* und die damit verbundene Widerstandsänderung zu begrenzen. Eine große Wandstärke führt jedoch wegen des Skineffekts zu deutlich längeren Anstiegszeiten. Verschiedene Varianten zur Verbesserung des Übertragungsverhaltens von Hochstromshunts finden sich in [5.23, 5.24]. Beim *Reusenwiderstand* ist das Widerstandsrohr durch mehrere kreisförmig angeordnete Widerstandsdrähte oder -stäbe ersetzt, wodurch ein Durchgriff des vom Messstrom erzeugten Magnetfeldes auf den Messabgriff im Innern der Reusenanordnung entsteht. In der Messschleife des Abgriffs wird dadurch eine Spannung induziert, die die Ausgangsspannung bei den höheren Frequenzanteilen anhebt. In der Sprungantwort macht sich dies durch einen steileren Anstieg und ein Überschwingen bemerkbar.

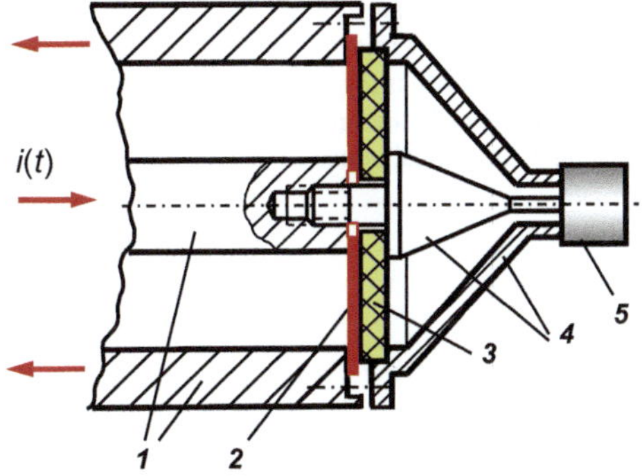

Abb. 5.24 Prinzip eines scheibenförmigen Messwiderstandes *1* koaxialer Stromleiter *2* Scheibenwiderstand *3* Isolierscheibe *4* reflexionsfreier Übergang *5* Ausgangsbuchse

Die Berechnung verschiedener Reusenwiderstände unter Berücksichtigung des Skineffekts zeigt, dass die Sprungantwort stark von der Anzahl der Stäbe bzw. Drähte abhängt. Bei größerem Überschwingen der Sprungantwort sind Anstiegszeiten im Bereich von 1 ns und teilweise auch negative Antwortzeiten erreichbar. Einen vergleichbaren Durchgriff des Magnetfeldes auf den Messabgriff erzielt man bei einem Koaxialshunt, in dem ein oder mehrere Längsschlitze in den Außenzylinder, der als Rückleiter dient, angebracht werden. Aber selbst bei optimaler Dimensionierung ist der erzielte Frequenzgang unbefriedigend und muss durch aufwendige elektrische Kompensationsschaltungen entzerrt werden [1.6].

Eine andere Ausführungsvariante eines Koaxialshunts für sehr hohe Stromstärken besteht darin, dass die Zuleitung des Messabgriffs zur Ausgangsbuchse nicht im Innern des Widerstandsrohres (s. *5* in Abb. 5.18), sondern isoliert in die Rohrwandung eingebracht ist. Dadurch wird ein wohldefinierter Teil des zeit- und ortsabhängigen Magnetfeldes, das den Skineffekt verursacht, in diese Messleitung eingekoppelt mit dem Ziel, den Frequenzgang des Koaxialshunts zu verbessern. Die optimale Anordnung der Messleitung im Widerstandsrohr ergibt sich aus Berechnungen des veränderlichen Magnetfeldes für einen Sprungstrom.

In einer ersten einfachen Ausführungsvariante bestand das Widerstandsrohr aus mehreren Schichten einer Widerstandsfolie. Zwischen zwei der Folienschichten wurde die Messleitung isoliert eingebettet, wobei sich die optimale Lage aus den Feldberechnungen ergab. Für den geschichteten Koaxialshunt mit eingebetteter Zuleitung zum Messabgriff verringerte sich dadurch die Anstiegszeit von ursprünglich 125 ns auf 9 ns [5.25]. In einer späteren Ausführung eines 250-kA-Koaxialshunts für Kurzschlussmessungen verläuft die Messleitung *4* in einer Nut, die in die dicke Rohrwandung *2* eingefräst ist (Abb. 5.25). Entsprechend dem berechneten Verlauf der Nut kann das Magnetfeld optimal auf die Messleitung einwirken und so das Übertragungsverhalten

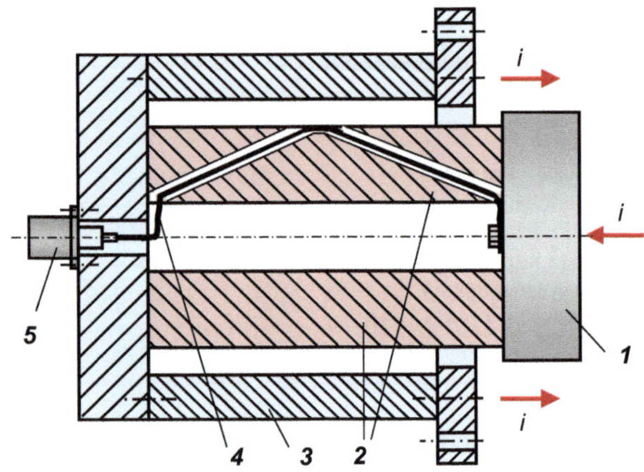

Abb. 5.25 Querschnitt eines 250-kA-Koaxialshunts mit optimal profiliertem Messabgriff im Widerstandsrohr zur Verbesserung des dynamischen Verhaltens *1* Stromanschluss *2* Widerstandsrohr mit Nut *3* Rückleiter *4* Messabgriff, isoliert in einer Nut angeordnet *5* koaxiale Ausgangsbuchse

des Shunts verbessern. Die Messungen ergaben eine beachtliche Verringerung der Anstiegszeit von 350 µs auf 1 µs [5.26–5.28].

5.3.1.9 Grenzlastintegral

Die hohe Energieaufnahme von Messwiderständen bei großer Stromstärke wurde bereits angesprochen. Die Erwärmung des Messwiderstandes durch einen einzelnen Stoßstrom darf näherungsweise als adiabatisch angenommen werden, da wegen der kurzen Stromflussdauer die Wärmeabfuhr an die Umgebung praktisch null ist. Unter dieser Voraussetzung und bei Vernachlässigung des Skineffektes ergibt sich die von einem Impulsstrom $i(t)$ im Messwiderstand R mit der Masse m und der spezifischen Wärmekapazität c in Wärme umgesetzte Energie zu [1.1]:

$$\boxed{\int_0^\infty i^2(t)\, R\, \mathrm{d}t = m\, c\, \Delta T}. \tag{5.15}$$

Sieht man zunächst R als konstant an, folgt aus Gl. (5.15) die Temperaturerhöhung ΔT des Messwiderstandes zu:

$$\boxed{\Delta T = \frac{1}{\sigma \rho\, c A^2} \int_0^\infty i^2 \mathrm{d}t} \tag{5.16}$$

mit:

σ spezifische Leitfähigkeit des Widerstandsmaterials
ρ Dichte des Widerstandsmaterials
c spezifische Wärmekapazität des Widerstandsmaterials
A Querschnitt des Widerstandes

Für die in Frage kommenden Widerstandsmaterialien sind die Werte von ρ und c nur geringfügig verschieden. NiCr-Legierungen haben zwar eine um den Faktor 2 bis 3 geringere Leitfähigkeit als Kupfer oder Manganin, werden aber wegen der größeren Stromeindringtiefe nach Gl. (5.12) häufig bevorzugt. Am wirkungsvollsten lässt sich die Temperaturerhöhung ΔT nach Gl. (5.16) durch Vergrößerung des Querschnitts A begrenzen. Da die Wanddicke des Widerstandsrohres wegen des Skineffekts klein bleiben soll, ist die Begrenzung von ΔT nur durch eine Vergrößerung des Rohrdurchmessers zu erreichen. Der gewünschte Widerstandswert wird mit der entsprechenden Rohrlänge erzielt.

Die Temperaturerhöhung des Messwiderstandes ist entsprechend seinem Temperaturkoeffizienten mit einer Widerstandsänderung verbunden. Die Widerstandsänderung durch einen einzelnen Stoßstrom kann als reversibel angenommen werden, solange das *Grenzlastintegral:*

$$I_G = \int_0^\infty i^2 \, \mathrm{d}t \qquad\qquad (5.17)$$

den für den Messwiderstand angegebenen Grenzwert nicht überschreitet. Mit dem Grenzlastintegral lässt sich der zulässige Scheitelwert eines Impulsstromes für eine vorgegebene Impulsform berechnen. Beispielsweise ist ein Widerstand, dessen Grenzlastintegral vom Hersteller mit $I_G = 2 \cdot 10^4 \, \mathrm{A^2 s}$ angegeben wird, zur Messung von 1 ms langen Rechteckimpulsen bis zu einem Scheitelwert von 4,5 kA einsetzbar. Bei einer Impulsdauer von 10 ms beträgt der zulässige Scheitelwert nur noch 1,5 kA. Für einen exponentiellen Stoßstrom 8/20 mit dem Zeitverlauf nach Gl. (8.26a) berechnet sich der maximal zulässige Scheitelwert zu $\hat{\imath} = 63,6$ kA.

Das Grenzlastintegral nach Gl. (5.17) wird vom Hersteller eines Messwiderstandes für eine festgelegte Übertemperatur, in der Regel $\Delta T = 100$ K, angegeben. Damit lässt sich die maximale reversible Widerstandsänderung durch einen einzelnen Stoßstrom abschätzen. Für eine Temperaturerhöhung von $\Delta T = 100$ K und einen angenommenen, typischen Wert des Temperaturkoeffizienten von $5 \cdot 10^{-5} \, \mathrm{K^{-1}}$ erhöht sich der Messwiderstand um 0,5 %. Dies ist gleichbedeutend mit einer ebenso großen Messabweichung des Scheitelwertes infolge der Temperaturerhöhung. Da sich die Nichtlinearität infolge der Widerstandsänderung auf den gesamten Zeitverlauf des Stoßstromes auswirkt, beeinflusst sie grundsätzlich auch die Stirnzeit. Der Einfluss wird hier als vernachlässigbar angenommen.

Das Grenzlastintegral gilt nicht bei Belastung des Widerstandes durch kurz aufeinander folgende Stoßströme, ebenso wenig bei Dauerbelastung durch Gleich- oder Wechselströme. Bei einer Stoßfolge summieren sich die Anteile der Einzelstöße zur Temperaturerhöhung, wobei aber auch Wärme wieder an die Umgebung abgegeben wird. Vorteilhaft für die Wärmeabgabe eines Koaxialshunts sind ein großer Durchmesser und eine große Länge. Nach längerer Dauer der Impulsbelastung stellt sich, solange die Widerstandsänderung infolge der Temperaturerhöhung reversibel ist, ein quasistationärer Zustand für die aufgenommene und abgegebene Wärme ein. Bei einer Dauerbelastung durch einen Gleich- oder Wechselstrom beträgt die zulässige Stromstärke oft weniger als 1 % des maximalen Stoßstromes.

5.3.2 Messsysteme mit Strommessspule

Strommessspulen sind zur potenzialfreien Messung hoher Wechsel- und Stoßströme gut geeignet. Ihr Arbeitsprinzip beruht auf dem Durchflutungsgesetz und Induktionsgesetz. Im Einsatz sind Messspulen mit oder ohne Magnetkern, die dadurch unterschiedliche Eigenschaften aufweisen. Die Ausgangsspannung ist nach Integration dem Messstrom proportional, wobei Messspulen mit Magnetkern in der Regel mit einem internen Integrierglied ausgestattet sind. Als Messgerät werden Digitalrecorder mit Software gestützter Datenauswertung verwendet (s. Kap. 7).

5.3.2.1 Durchflutungsgesetz und Induktionsgesetz

Jeder Strom I in einem Leiter und jede Durchflutung Θ im Raum erzeugt ein Magnetfeld. Gemäß dem *Durchflutungsgesetz* ist das Linienintegral der magnetischen Feldstärke H in einfacher Schreibweise proportional zu I und Θ [9.2]:

$$\oint H \mathrm{d}s = \Theta = I .$$

(5.18)

Für das einfache Beispiel eines geraden, unendlich langen Stromleiters liegen die umgebenden Feldlinien aus Symmetriegründen auf Kreisen mit dem Radius r. Das Linienintegral in Gl. (5.18) ist $2\pi r$. Die magnetische Feldstärke H ergibt sich zu:

$$H(r) = \frac{I}{2\pi r} .$$

(5.19)

Das Durchflutungsgesetz nach Gl. (5.18) gilt für Gleich- und Wechselströme. Es gilt auch dann, wenn die Permeabilität des betrachteten Raumes unterschiedliche Werte hat. Stellt man senkrecht zu einem homogenen Magnetfeld eine Messschleife mit der Fläche A, wird sie vom magnetischen Fluss Φ durchsetzt:

$$\Phi = \int B \, \mathrm{d}A = A B = \mu A H .$$

(5.20)

Hierbei sind $\mu = \mu_r \mu_0$ die Permeabilität, $\mu_0 = 0{,}4\pi \cdot 10^{-6}$ H/m $\approx 1{,}256\,\mu$H/m die magnetische Feldkonstante und μ_r die Permeabilitätszahl (relative Permeabilität) des durchfluteten Stoffes. Für Luft und alle unmagnetischen Stoffe ist $\mu_r \approx 1$.

Ein zeitveränderlicher Strom $i(t)$ im Leiter *1* erzeugt ein Magnetfeld $H(t)$, das in der offenen Messschleife gemäß dem *Induktionsgesetz* die Spannung:

$$u_i(t) = -\frac{\mathrm{d}\Phi(t)}{\mathrm{d}t}$$

(5.21)

induziert (Abb. 5.26). Das negative Vorzeichen in Gl. (5.21) bedeutet, dass die induzierte Spannung u_i einen Strom in der Messschleife hervorrufen will, dessen Magnetfeld dem ursprünglichen Magnetfeld $H(t)$ entgegen wirkt.

Legt man an Stelle der einfachen Messschleife eine Toroidspule mit N Windungen um den Stromleiter, wird die Induktionswirkung N-fach verstärkt (Abb. 5.27). Für die induzierte Spannung ergibt sich mit den Gl. (5.20) und (5.18):

$$u_i(t) = N\frac{\mathrm{d}\Phi}{\mathrm{d}t} = M\frac{\mathrm{d}i}{\mathrm{d}t} ,$$

(5.22)

wobei M die *Gegeninduktivität* zwischen der Messspule und dem Stromleiter ist. Auf Angabe des negativen Vorzeichens in Gl. (5.22) wird verzichtet. Messspulen sind teil-

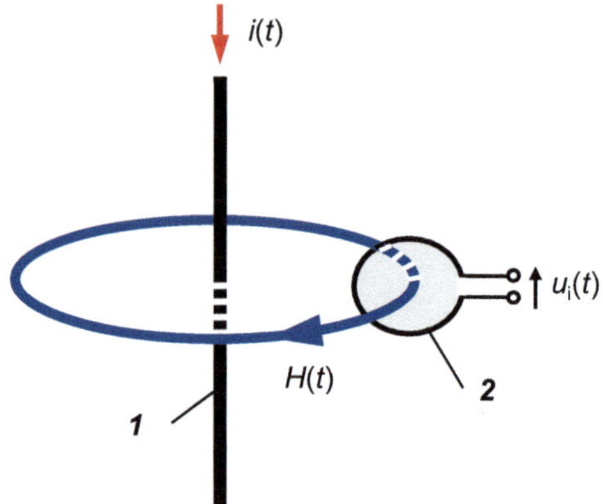

Abb. 5.26 Prinzipskizze zur Erläuterung des Durchflutungsgesetzes und Induktionsgesetzes. Der im Leiter *1* fließende Strom $i(t)$ erzeugt die magnetische Feldstärke $H(t)$, die in der Messschleife *2* die Spannung $u_\mathrm{i}(t)$ induziert

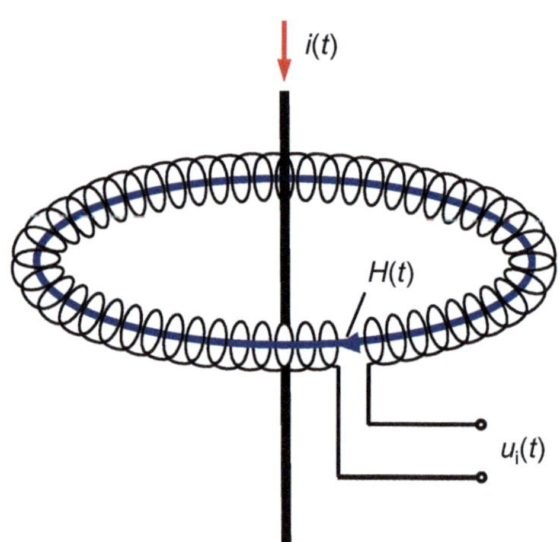

Abb. 5.27 Induzierte Spannung $u_\mathrm{i}(t)$ am Ausgang einer torusförmigen Spule infolge des vom Strom $i(t)$ erzeugten Magnetfeldes $H(t)$

weise mit einem Zeichen versehen, das die Stromrichtung des durchgesteckten Leiters für eine positive Ausgangsspannung angibt. Die ideale Toroidspule mit der Windungsfläche A und einem mittleren Spulenumfang l_m gleich der eingeschlossenen Feldlinienlänge hat die Gegeninduktivität:

$$M = \frac{\mu\, NA}{l_\mathrm{m}}. \tag{5.23}$$

Gemäß Gl. (5.22) ist die induzierte Spannung $u_\mathrm{i}(t)$ am Ausgang der Messspule der zeitlichen Änderung des zu messenden Stromes proportional. Die Ausgangsspannung muss daher über der Zeit integriert werden, um den gesuchten Strom $i(t)$ zu erhalten:

$$i(t) = \frac{1}{M} \int_0^\infty u_\mathrm{i}(t)\, \mathrm{d}t. \tag{5.24}$$

Grundsätzlich unterscheidet man zwischen Strommessspulen mit und ohne Magnetkern, wovon die Größe von M maßgeblich abhängt. Da die Induktionswirkung nur für zeitveränderliche Messgrößen besteht, lassen sich mit Messspulen keine Gleichströme messen. Besondere Bauformen mit Magnetkern, zusätzlichen Hilfswicklungen und einem Elektronikmodul ermöglichen jedoch auch die Messung von Gleich- und langsam veränderlichen Wechselströmen (s. Abschn. 3.5.3).

In der praktischen Ausführung einer Spulenwicklung wird das eine Drahtende in Gegenrichtung durch die Spulenwindungen zum anderen Ende der Wicklung zurückgeführt, um den Störeinfluss äußerer Magnetfelder zu reduzieren. Anstelle der Rückführung des Drahtes kann auch eine zweite Wicklung mit entgegen gesetzter Wickelrichtung aufgebracht sein. Zur Schirmung gegen elektrische Felder wird die Messspule mit einem geschlitzten Torusschirm umgeben, gelegentlich auch mit zwei Schirmen, wobei der umlaufende Längsschlitz das Eindringen des mit dem Messstrom verbundenen Magnetfeldes ermöglicht.

Die Messspule wird in ihrer Wirkungsweise gelegentlich mit dem im Versorgungsnetz für Messzwecke eingesetzten Stromwandler auf eine Stufe gestellt. Sie unterscheiden sich jedoch aufgrund ihrer äußeren Beschaltung deutlich voneinander [1.2]. Die vom Induktionsgesetz abgeleitete Gl. (5.22) gilt bei unbelastetem Ausgang der Messspule, und die induzierte Spannung u_i ist der Ableitung des Primärstromes proportional. Der Stromwandler wird dagegen praktisch im Kurzschluss betrieben, d. h. $u_i \approx 0$, und der Sekundärstrom des Stromwandlers ist entsprechend dem Windungsverhältnis dem Primärstrom proportional. Der kurzgeschlossene Stromwandler benötigt daher – anders als die leer laufende Induktionsspule – keine nachgeschaltete Integrierschaltung, um eine dem Primärstrom proportionale Messgröße zu erhalten.

5.3.2.2 Integrationsverfahren

Die Integration der induzierten Spannung $u_i(t)$ zur Bestimmung des Stoßstromes $i(t)$ gemäß Gl. (5.24) wird häufig mit passiven oder aktiven Schaltungen, selten durch numerische Integration erzielt. Die passive Integration mit dem RL-Glied ist besonders einfach zu realisieren, da die Selbstinduktivität L der Messspule zur Integration herangezogen wird. Im Ersatzschaltbild liegt der Widerstand R zwischen den Ausgangsklemmen, an dem die Ausgangsspannung u_m abgegriffen wird (Abb. 5.28a). Durch die Integration mit dem RL-Glied ist u_m dem Strom direkt proportional. Häufig ist R bereits in die Strommessspule eingebaut und dem Wellenwiderstand des Koaxialkabels zum Messgerät angepasst.

Die passive RL-Integration nach Abb. 5.28a findet man vor allem bei Messspulen mit Magnetkern. Wegen der großen relativen Permeabilität μ_r ist gewährleistet, dass die in der Messspule induzierte Spannung u_i – und damit auch die nach Integration gewonnene Ausgangsspannung u_m – im unteren Frequenzbereich von einigen Hertz noch ausreichend groß ist. Sie sind daher zur Messung niederfrequenter Signale geeignet.

In einer anderen passiven Integrierschaltung ist der Messspule ein RC-Glied nachgeschaltet, und die dem Messstrom proportionale Spannung u_m wird am Kondensator C abgegriffen (Abb. 5.28b). Der Widerstand R_d bedämpft die hochfrequente Eigenschwingung der Messspule.

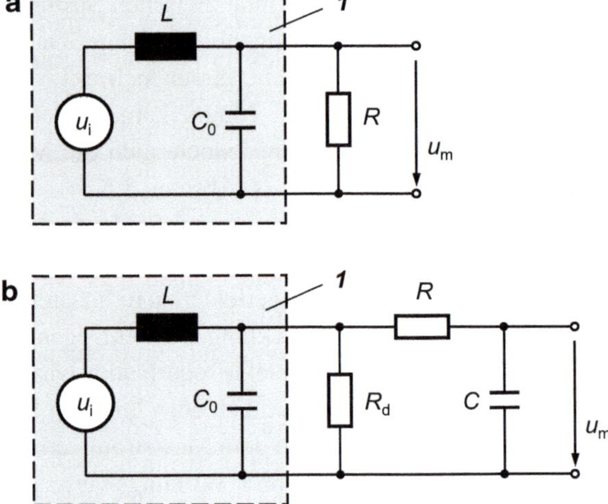

Abb. 5.28 Ersatzschaltbild der Messspule *1* mit passiver Integrierschaltung **a** Integration mit Selbstinduktivität L und Widerstand R **b** Integration mit externem Kondensator C und Widerstand R

Messspulen ohne Magnetkern werden vorwiegend mit aktiven Integrierschaltungen für Stoßstrommessungen betrieben, da passive Integrierschaltungen nur bei Sonderbauformen zur Messung extrem hochfrequenter Stromsignale geeignet sind. Aktive Integrierschaltungen bestehen aus einem Operationsverstärker mit kapazitiver Rückkopplung, womit je nach Verstärkung untere Grenzfrequenzen von deutlich weniger als 1 Hz erzielt werden können.

Numerische Integrationsverfahren werden selten angewandt, obwohl sie eine Reihe von Vorteilen aufweisen. Hierbei wird die induzierte Ausgangsspannung $u_i(t)$ der Messspule mit einem Recorder aufgezeichnet und als Datensatz für die numerische Integration nach Gl. (5.22) mit dem PC gespeichert. Dadurch, dass der analoge elektronische Integrator entfallen kann, stellt die numerische Integration eine preisgünstige Alternative dar, die außerdem genauere Ergebnisse zu liefern vermag. Der Digitalrecorder und der PC werden nicht zusätzlich für die numerische Integration benötigt, da sie in der Regel auch bei Verwendung eines analogen Integrators für die anschließende Signalaufzeichnung und Datenauswertung gebraucht werden. Beispiele für die numerische Integration bringt Abschn. 5.3.2.5.2.

5.3.2.3 Sprungantwort von Messspulen

Das Übertragungsverhalten von Messspulen, die bei Stoßstrommessungen Einsatz finden, wird vorzugsweise durch die Sprungantwort charakterisiert. Als Sprunggenerator werden vergleichbare Schaltungen wie bei Stoßspannungsteilern und Messwiderständen eingesetzt (s. Abschn. 9.8.4). In der vereinfachten Messanordnung nach Abb. 5.29 wird vom Ausgang des Sprunggenerators *1* ein Stromleiter konzentrisch durch die Öffnung der Messspule *2* geführt und über den breitbandigen Widerstand $R = 50\,\Omega$ mit der Kupferfolie *3*, die als induktionsarmer Rückleiter zum Sprunggenerator dient, verbunden. Über den Stromleiter in der Spulenöffnung fließt zunächst ein Gleichstrom, der

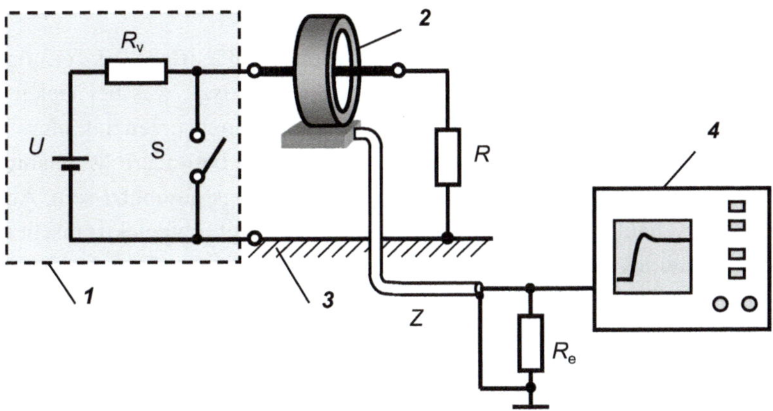

Abb. 5.29 Prinzip der Messschaltung zur Aufzeichnung der Sprungantwort einer Messspule *1* Sprung-generator *2* Messspule mit Integrator *3* Flächenleiter als Stromrückleiter *4* Recorder

beim Schließen des Schalters S schlagartig unterbrochen wird. Für die Messspule wirkt sich dies wie ein negativer Sprungstrom aus.

Bei Verwendung eines mit Quecksilber benetzten Reed-Kontaktes beträgt die Stromamplitude maximal 1 A bis 2 A bei einer Anstiegszeit von weniger als 1 ns. Die Sprungantwort der Messspule bzw. deren Ableitung wird dem Eingang des Recorders *4* direkt oder bei geringer Amplitudenaussteuerung über einen Vorverstärker zugeführt. Der Eingangswiderstand R_e ist gleich dem Wellenwiderstand Z des Messkabels. Eine symmetrische Anordnung zur Messung der Sprungantwort von extrem breitbandigen Messspulen in einer koaxialen *TEM-Zelle* ist in [5.29] beschrieben. Der Sprungstrom mit einer maximalen Amplitude von 600 A und mit einer Anstiegszeit von 3 ns wird hierbei von einem Kabelgenerator erzeugt.

Zur einfachen Kennzeichnung des dynamischen Verhaltens von Messspulen wird entweder die Anstiegszeit der Sprungantwort oder die daraus berechnete Bandbreite bzw. obere Grenzfrequenz angegeben (s. Abschn. 9.6). Bei ausreichend langer Aufzeichnungsdauer erkennt man, dass die Sprungantwort mit der Zeit abnimmt und gegen null strebt. Dies entspricht dem begrenzten Übertragungsverhalten der Messspulen im unteren Frequenzbereich. Dieser Nachteil spielt bei der Messung von exponentiellen Stoßströmen mit Zeitparametern im Bereich von 1 µs keine Rolle, muss aber bei langen Rechteckstoßströmen und bei Kurzzeitströmen mit überlagertem Gleichstromanteil berücksichtigt werden. Hersteller von Strommessspulen geben in der Regel den *Amplitudenabfall* an, der als prozentualer Abfall der Sprungantwort nach 1 µs oder 1 s definiert ist. Mit dem Amplitudenabfall lässt sich abschätzen, ob die Messspule zur Messung eines niederfrequenten Stromimpulses innerhalb der zulässigen Fehlergrenzen geeignet ist. Genauere Kenntnis hierüber erhält man durch eine Frequenzgangmessung im unteren Frequenzbereich. Eine untere Grenzfrequenz von weniger als 0,2 Hz wird als ausreichend zur Messung von Kurzschlussströmen angesehen [2.4].

5.3.2.4 Potenzialfreie Messdatenübertragung

Die galvanische Trennung der Messspule vom Primärstromkreis ermöglicht die potenzialfreie Messung an beliebiger Stelle des Stromkreises, was bei vielen Messaufgaben von Vorteil ist. Liegt der Stromleiter auf Hochspannungspotenzial, muss die Messspule einschließlich des Messkabels zum Recorder durch besondere Maßnahmen gegen das hohe elektrische Feld und die Gefahr eines Überschlags geschützt sein. Anstelle des Messkabels wird häufig ein *Lichtwellenleiter (LWL)* mit optoelektronischem Sender auf der Hochspannungsseite und entsprechendem Empfänger auf der Niederspannungsseite benutzt. Die Signalübertragung erfolgt hierbei entweder analog oder digital über einen A/D-Wandler in vergleichbarer Weise wie bei Wechselstrommessungen auf Hochspannungspotenzial (s. Abschn. 2.6.3).

5.3.2.5 Rogowski-Spulen

Die *Rogowski-Spule* ist eine Toroidspule ohne Magnetkern, die zur potenzialfreien Messung von Wechsel- und Impulsströmen eingesetzt wird. In der ursprünglichen Form der Rogowski-Spule sind die Windungen um einen flexiblen Pressspanstreifen gewickelt, der zur Messung um den Stromleiter gelegt wird [5.30]. Die ständige Weiterentwicklung von Rogowski-Spulen ermöglicht ihren Einsatz für viele Messaufgaben in der Energietechnik und Impulsphysik. Je nach Bauart lassen sich kleinste Ströme mit Anstiegszeiten im Nanosekundenbereich oder größte netzfrequente Kurzschlussströme messen [5.31–5.34].

Neben festen Rogowski-Spulen in geschlossener Ringform gibt es Bauformen, die aus zwei Hälften mit getrennten Wicklungen bestehen. Sie lassen sich leicht öffnen, um den Stromleiter legen und wieder schließen, ohne dass der Prüfaufbau verändert werden muss (Abb. 5.30a). Bei einer anderen Bauform ist die Wicklung in Zickzackform auf einer beidseitig bedruckten Platine ausgeführt. Sehr praktisch sind biegsame Rogowski-Spulen mit leicht zu öffnendem Spulenkörper, den man bequem um den Stromleiter legen kann. Die Reproduzierbarkeit der Messungen mit dieser Bauart liegt bei 1 %. Die flexible Rogowski-Spule in Abb. 5.30b ist über ein längeres Messkabel direkt mit einem handlichen batteriebetriebenen Integrator verbunden, dessen Ausgangsspannung von einem Digitalrecorder für die weitere Datenauswertung aufgezeichnet werden kann.

5.3.2.5.1 Position des Stromleiters

Rogowski-Spulen zeichnen sich in der Regel durch eine geringe Nichtlinearität aus. Voraussetzung hierfür ist, dass die zeitliche Stromänderung di/dt den vom Hersteller angegebenen Grenzwert nicht überschreitet und dass keine Verformung der Spule durch die magnetischen Kräfte des zu messenden Stromes auftritt. Für die insgesamt erzielbare Messgenauigkeit einer Rogowski-Spule ist die Gleichmäßigkeit und Festigkeit der Wicklung entscheidend. Eine mit hoher Präzision auf einen stabilen (unmagnetischen) Spulenkörper gewickelte Rogowski-Spule zeigt nur eine geringe Abhängigkeit von der Lage des Stromleiters im Spulenfenster oder des Rückleiters außerhalb der Spule.

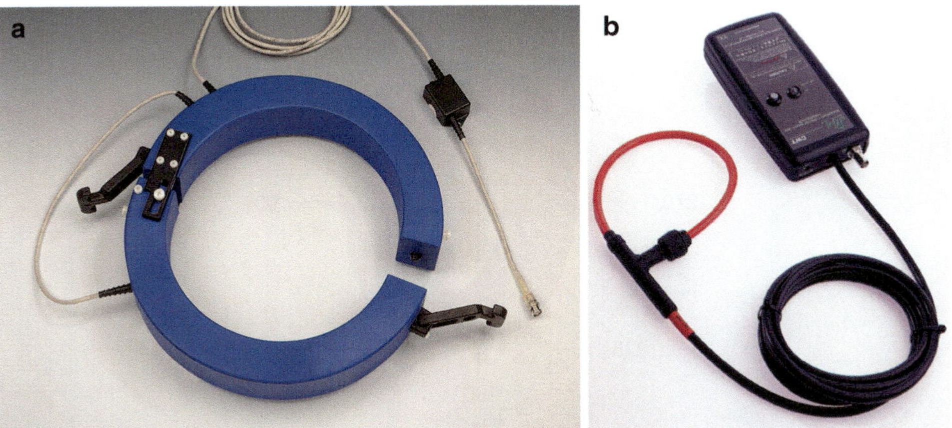

Abb. 5.30 Verschiedene Ausführungen von Rogowski-Spulen **a** Rogowski-Spule mit zwei festen Wicklungshälften (Foto: PTB) **b** Flexible Rogowski-Spule mit Schraubverschluss und elektronischem Integrator (PEM)

Die gleiche Aussage gilt für eine Rogowski-Spule, die auf zwei festen Kernhälften gewickelt ist. Die Änderungen δu_i der induzierten Ausgangsspannung bei zentrischer und exzentrischer Positionierung des Stromleiters liegen innerhalb von $\pm 0{,}1\,\%$ (Abb. 5.31). Diese Lageabhängigkeit hat praktisch keinen Einfluss auf die Strommessung im Rahmen der angestrebten Messunsicherheit im Prozentbereich. Weiterhin ist bei optimaler Ausführung der Schließung die Reproduzierbarkeit von Strommessungen besser als $0{,}1\,\%$. Dagegen weisen preisgünstige flexible Rogowski-Spulen mit Schließmechanismus eine deutlich größere Lageabhängigkeit von 1 bis $2\,\%$ auf [5.35]. Für reproduzierbare Messungen mit flexiblen Rogowski-Spulen ist daher eine stets zentrische Lage des Stromleiters empfehlenswert.

Die induzierte Ausgangsspannung einer Rogowski-Spule muss integriert werden, um den gesuchten Zeitverlauf des Stromes gemäß Gl. (5.24) zu erhalten. Passive Integrierschaltungen nach Abb. 5.28 eignen sich nur, wenn die Rogowski-Spule speziell zur Messung sehr kurzer Stromimpulse mit Frequenzanteilen von mehr als 1 kHz konstruiert ist. Mit elektronischen Integrierschaltungen lassen sich aufgrund der hohen Verstärkung auch langsam veränderliche Stromimpulse mit Frequenzanteilen von 1 Hz und weniger messen. Passive oder elektronische Integrierschaltungen sind Komponenten des gesamten Strommesssystems und tragen neben der Rogowski-Spule zur Messunsicherheit bei.

5.3.2.5.2 Beispiele für die numerische Integration

Die numerische Integration der Ausgangsspannung $u_i(t)$ einer Rogowski-Spule zur Berechnung von Stoßströmen nach Gl. (5.24) findet, wie bereits erwähnt, nur selten Anwendung, obwohl sie einige Vorteile aufweist. Als Rechenalgorithmus für die numerische Integration bietet sich die *Trapezregel* an, die auch in kommerzieller

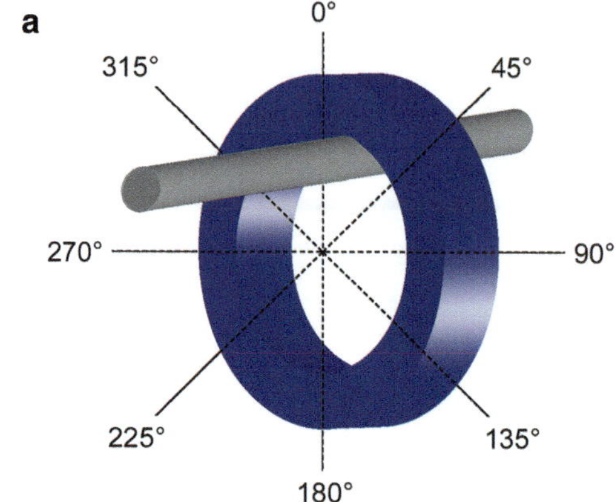

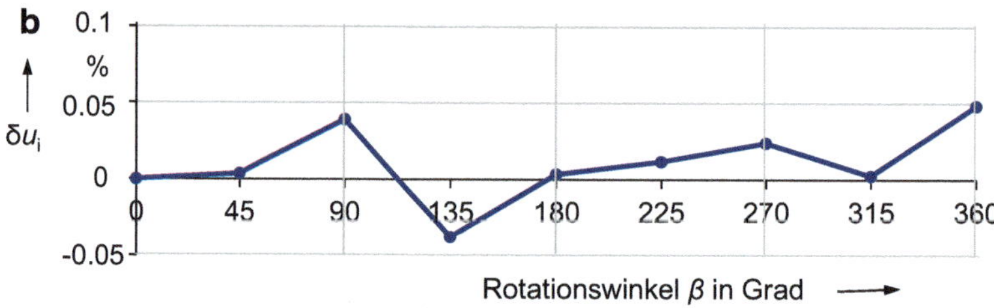

Abb. 5.31 Einfluss der Position des Stromleiters im Fenster einer Rogowski-Präzisionsspule **a** Skizze zur Erläuterung des Drehwinkels β des exzentrisch angeordneten Stromleiters **b** Änderung δu_i der induzierten Ausgangsspannung in Abhängigkeit vom Winkel β

Software häufig implementiert ist. Bei genügend großer Anzahl von Abtastwerten ist dieser Rechenalgorithmus im Bereich der angestrebten Messunsicherheit von 0,1 bis 1 % für das vollständige Messsystem nahezu fehlerfrei. Als Beispiel zeigt Abb. 5.32 die mit

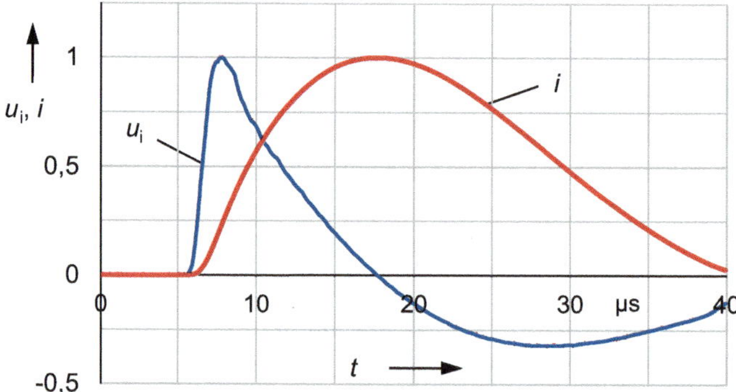

Abb. 5.32 Anwendungsbeispiel für die numerische Integration u_i: induzierte Ausgangsspannung der Rogowski-Spule i: durch numerische Integration von u_i gewonnener Stoßstromverlauf

einem Digitalrecorder gemessene Ausgangsspannung $u_i(t)$ einer Rogowski-Spule und den durch numerische Integration von $u_i(t)$ gewonnenen Verlauf $i(t)$ des Stoßstromes 8/20 in normierter Darstellung [5.35].

Bei Anwendung der numerischen Integration ist zu berücksichtigen, dass die induzierte Ausgangsspannung der Rogowski-Spule ein differenziertes Signal darstellt. Dadurch werden höhere Ansprüche an die Abtastrate und Bandbreite des aufzeichnenden Digitalrecorders als bei der direkten Abtastung des Stromimpulses gestellt. Dies betrifft insbesondere die Sprungantwort (Abb. 5.33). Die untersuchte Rogowski-Spule ist speziell zur Messung sehr großer Wechsel- und Kurzschlussströme konzipiert und weist daher einen inneren Durchmesser von 30 cm auf. Wegen der großen Abmessungen der Rogowski-Spule zeigt deren Sprungantwort $g(t)$ eine verhältnismäßig große Anstiegszeit von 0,8 µs. Dieser Wert ist jedoch nicht typisch für Rogowski-Spulen; mit kleineren Rogowski-Spulen lassen sich weit kürzere Anstiegszeiten im Nanosekundenbereich erzielen.

5.3.2.5.3 Maximale Stromstärke, Gegeninduktivität

Die maximal zulässige Stromstärke, die mit einer Rogowski-Spule gemessen werden kann, ist bestimmt durch den zulässigen Grenzwert $u_{i,max}$ der induzierten Spannung. Um eine Überbeanspruchung der Isolation von Windungen und Zuleitungen zu vermeiden, sollte $u_{i,max}$ auf 500 V begrenzt sein. Für einen reinen Sinusstrom mit der Amplitude $\hat{\imath}$ ergibt sich mit Gl. (5.22) die induzierte Spannung zu:

$$u_i(t) = \omega M \hat{\imath} \sin\left(\omega t + \frac{\pi}{2}\right). \qquad (5.25)$$

Demnach verläuft die induzierte Spannung $u_i(t)$ ebenfalls sinusförmig mit einer Phasenverschiebung von $\pi/2$ und einer frequenzabhängigen Amplitude $\hat{u}_i = \omega M \hat{\imath}$. Beträgt die zulässige Isolationsspannung $u_{i,max} = 300$ V, lässt sich die Rogowski-Spule mit einer Gegeninduktivität $M = 1$ µH zur Messung netzfrequenter Wechselströme von bis zu 1 MA einsetzen.

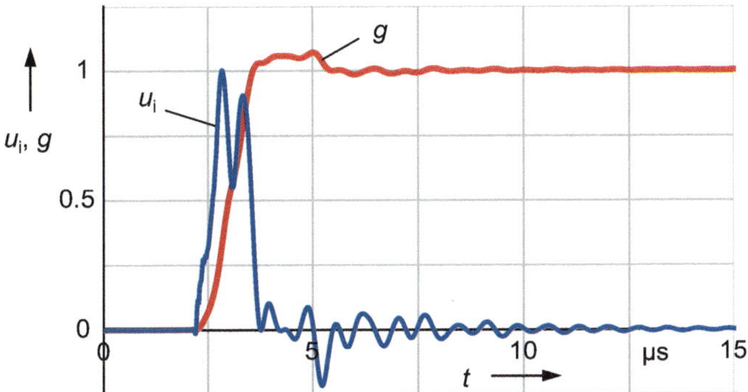

Abb. 5.33 Anwendungsbeispiel für die numerische Integration u_i: induzierte Ausgangsspannung der Rogowski-Spule g: durch numerische Integration von u_i gewonnene Sprungantwort

Deutlich kleinere Grenzwerte ergeben sich für Stoßströme, die wegen der großen $(\mathrm{d}i/\mathrm{d}t)$-Werte in der Stirn bereits bei relativ niedrigen Stromstärken große Spannungen induzieren. Wird $\mathrm{d}i/\mathrm{d}t$ näherungsweise als Quotient des Scheitelwertes $\hat{\imath}$ und der Stirnzeit T_1 ausgedrückt, folgt aus Gl. (5.22) für den maximal zulässigen Scheitelwert $\hat{\imath}_{max}$ des zu messenden Stoßstromes:

$$\hat{\imath}_{max} \approx \frac{T_1}{M}\,\hat{u}_{i,max} \tag{5.26}$$

mit $\hat{u}_{i,max}$ als Grenzwert der induzierten Spannung. Danach darf für eine Rogowski-Spule mit $M = 1\,\mu\mathrm{H}$ und $\hat{u}_{i,max} = 300 \cdot \sqrt{2}\,\mathrm{V}$ der Scheitelwert eines Stoßstromes 8/20 nicht größer als $\hat{\imath}_{max} = 3,4\,\mathrm{kA}$ sein. Rogowski-Spulen, die zur Messung größerer Stoßströme geeignet sind, werden daher mit deutlich kleineren Gegeninduktivitäten als $1\,\mu\mathrm{H}$ hergestellt.

Die Gegeninduktivität M einer Rogowski-Spule lässt sich entsprechend Gl. (5.25) durch Messung der von einem Sinusstrom induzierten Spannung bestimmen. Die Frequenz des Messstromes muss deutlich über der unteren Grenzfrequenz f_1 der Messspule liegen. Beträgt f_1 weniger als $1\,\mathrm{Hz}$, kann M durch Vergleich mit einem Normalstromwandler bei netzfrequentem Wechselstrom mit ausreichender Genauigkeit ermittelt werden. Da Gl. (5.23) nur für sinusförmige Wechselströme gilt, muss eine Verfälschung des Messergebnisses durch höhere Harmonische im Prüfstrom vermieden werden. Messwandlermesseinrichtungen, die nur die Grundschwingung des Wechselstromes auswerten, sind für die Vergleichsmessung in Verbindung mit einem Normalstromwandler gut geeignet.

5.3.2.5.4 Schnellveränderliche Impulsströme, Schirmung

Mit Rogowski-Spulen in besonderer Ausführung lassen sich sehr schnellveränderliche Ströme erfassen. Zur Vermeidung unerwünschter Störeinkopplungen durch externe elektrische Felder ist die Spule von einem Metallschirm mit Schlitz umgeben, durch den das Magnetfeld eindringen kann. Die Optimierung des geschlitzten Schirms, der die Bandbreite der Rogowski-Spule reduziert, wird in [5.36] behandelt. Bei Anstiegszeiten im Nanosekundenbereich ist die Signallaufzeit in der Spule gegenüber der Signalanstiegszeit vergleichsweise lang. Die „elektrisch lange" Rogowski-Spule kann dann nicht mehr einfach als konzentrierte Induktivität angesehen werden, sondern wird im Ersatzschaltbild als Verzögerungsleitung mit verteilten Elementen und definierter Signallaufzeit dargestellt. Durch das schnellveränderliche Magnetfeld werden in den einzelnen Spulenwindungen entsprechende Teilspannungen induziert, die annähernd gleichzeitig mit gleich großer Amplitude auftreten. Sie lassen sich im Ersatzschaltbild durch verteilte Spannungs- oder Stromquellen darstellen. Die kapazitive Kopplung zwischen den Spulenwindungen und dem umgebenden elektrischen Schirm wird durch Querkapazitäten berücksichtigt.

Für schnellveränderliche Stromimpulse wirkt die Rogowski-Spule in Verbindung mit dem Schirm als Wanderwellenleitung mit dem Wellenwiderstand Z. Theoretisch und experimentell lassen sich je nach Beschaltung der Rogowski-Spule an den Wicklungsenden unterschiedliche Wanderwellenvorgänge nachweisen. Besonders günstige Messbedingungen liegen vor, wenn die Rogowski-Spule an dem einen Ende direkt und am anderen Ende über einen niederohmigen Mess- und Integrationswiderstand $R_m \ll Z$ mit dem Schirm der Rogowski-Spule verbunden ist. Die bei einem Stromsprung induzierten Teilspannungen der einzelnen Windungen rufen in der Rogowski-Spule zwei gegenläufige Stromwanderwellen hervor, die an den Wicklungsenden reflektiert werden und an R_m einen dem Stromsprung proportionalen Spannungssprung verursachen. Wegen $R_m \neq 0$ ist der Reflexionsfaktor $r < 1$, sodass die Spannungsamplitude nach jeweils der doppelten Laufzeit der Rogowski-Spule stufig abnimmt. Der treppenförmige Spannungsverlauf stimmt mit der Betrachtungsweise für langsame Vorgänge überein. Hierbei wird die „elektrisch kurze" Rogowski-Spule durch konzentrierte Elemente beschrieben, die zu einem exponentiellen Abfall der Spannung mit der Zeitkonstante L/R führen [5.37, 5.38].

5.3.2.6 Strommessspulen mit Magnetkern

Die Weiterentwicklung magnetischer Werkstoffe mit ausgezeichnetem Frequenzgang der Permeabilität und niedrigen Wirbelstromverlusten ermöglicht bereits seit einigen Jahrzehnten die Herstellung von sehr breitbandigen Strommessspulen mit Eisen- oder Ferritkern [5.39, 5.40]. Wegen der großen Permeabilitätszahl des Magnetkerns sind die Gegeninduktivität M und damit die induzierte Spannung $u_i(t)$ nach Gl. (5.22) wesentlich größer als bei der eisenlosen Rogowski-Spule. Die Integration von $u_i(t)$ erfolgt nach Abb. 5.28a vorzugsweise durch ein internes LR-Glied mit der Selbstinduktivität L und einem Widerstand R, der dem Wellenwiderstand $Z = 50\ \Omega$ des anzuschließenden Koaxialkabels entspricht. Da das Integrierglied sich direkt in der Spule befindet, kann fälschlicherweise der Eindruck entstehen, dass die Spule ohne Integrationseinheit funktioniert. Als Beispiel zeigt Abb. 5.34 eine Messspule mit zwei Wicklungs- und Magnetkernhälften, die sich im geöffneten Zustand leicht um einen Stromleiter anbringen und durch die Spannvorrichtung wieder zusammenfügen lässt. Die Ausgangsspannung der Messspule ist durch das interne RL-Integrierglied dem Messstrom proportional und wird über das Messkabel direkt oder über einen Abschwächer dem Digitalrecorder zur Aufzeichnung zugeführt.

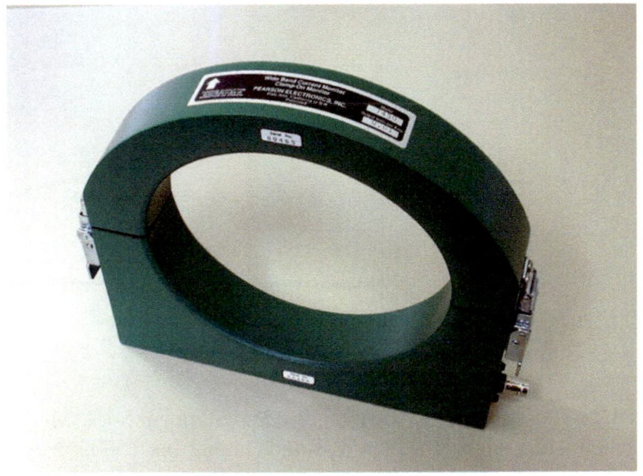

Abb. 5.34 Breitbandige Messspule mit Magnetkern und internem Integrierglied in der Ausführung mit zwei Wicklungs- und Magnetkernhälften, die sich leicht öffnen und wieder schließen lassen (Pearson)

Die Bemessungsstromstärke von Messspulen mit Magnetkern kann je nach Bauform bis zu 500 kA für Impulsströme betragen. Außer für den Scheitelwert sind vom Hersteller auch Grenzwerte für das Produkt aus Scheitelwert und Impulsdauer eines Rechteckstromes festgelegt. Mit zunehmender Impulsdauer nimmt der zulässige Scheitelwert ab. Die maximale Dauerbelastung durch netzfrequente Wechselströme beträgt in der Regel nur einige Prozent der zulässigen Impulsbelastung.

Die große Permeabilität des Magnetkerns ermöglicht einerseits untere Grenzfrequenzen von weniger als 1 Hz, andererseits lassen sich obere Grenzfrequenzen von mehr als 100 MHz erzielen. Abb. 5.35 zeigt die Sprungantwort $g(t)$ einer breitbandigen 5-kA-Messspule mit Magnetkern und internem Integrierglied in drei Zeitbereichen [5.41]. Die Auswertung der Sprungantwort bis 150 ns liefert eine Antwortzeit von 8 ns und Beruhigungszeit von 30 ns (Abb. 5.35a). Im weiteren Verlauf bleibt die

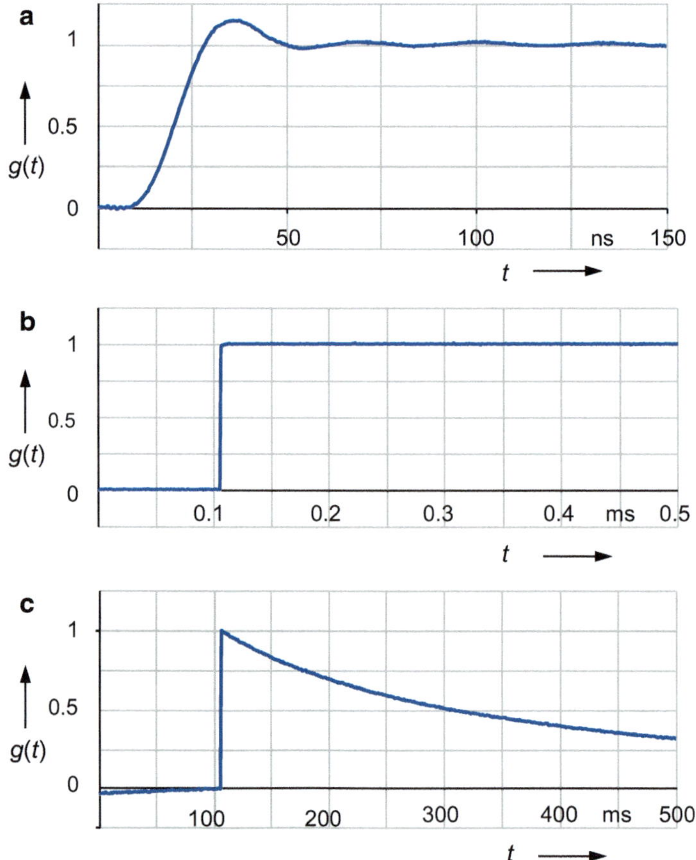

Abb. 5.35 Sprungantwort einer breitbandigen 5-kA-Messspule mit Magnetkern für unterschiedlich lange Aufzeichnungszeiten **a** Aufzeichnung bis 150 ns **b** Aufzeichnung bis 0,5 ms **c** Aufzeichnung bis 500 ms

Sprungantwort bis 0,5 ms annähernd konstant mit Abweichungen innerhalb von $\pm 1\,\%$ (Abb. 5.35b). Nach 91 ms ist die Sprungantwort auf 70 % des Anfangswertes abgefallen (Abb. 5.35c). Die obere Grenzfrequenz ergibt sich aus der Anstiegszeit der Sprungantwort zu 25 MHz, die untere Grenzfrequenz aus einer Frequenzgangmessung zu 1 Hz. Mit dem Magnetkern der Messspule sind die bekannten Nachteile wie Nichtlinearität, Polaritätseinfluss, Remanenz, Kernsättigung durch Gleichströme usw. verbunden, die jedoch für den vorgesehenen Einsatz und die angestrebte Messunsicherheit im Prozentbereich in der Regel vernachlässigt oder durch Kalibrierung reduziert werden können.

Bei entsprechender Ausführung der Messspulen mit Ferritkernen lassen sich Impulsströme mit Frequenzanteilen oberhalb von 1 GHz bzw. mit Anstiegszeiten von weniger als 1 ns messen. Die Messspulen sind wie Rogowski-Spulen gegen äußere elektrische Felder geschirmt, während das Magnetfeld durch einen Längsschlitz im Schirm auf die Spulenwicklung einwirken kann. Zur Dämpfung von höherfrequenten Schwingungen dienen interne Dämpfungswiderstände, die zwischen einem Teil der Spulenwindungen und dem äußeren Schirm geschaltet sind [5.39].

5.3.2.7 Magnetfeldsensor

Wird die Rogowski-Spule auf eine einzelne Windung reduziert, erhält man die in Abb. 5.26 gezeigte *Induktionsschleife 2.* Bei entsprechend kleinen Abmessungen eignet sie sich besonders gut als Sensor zur Messung schnell veränderlicher Magnetfelder in räumlich begrenzter Umgebung. Die zur Induktionsschleife senkrechte Komponente des Magnetfeldes induziert am Ausgang des Sensors eine Spannung u_i, die entsprechend dem Induktionsgesetz nach Gl. (5.21) der zeitlichen Änderung des Magnetfeldes proportional ist. Die magnetische Feldstärke ergibt sich durch Integration dieser Ausgangsspannung. Durch eine Kalibrierung des Sensors am Einbauort kann der Strom, der nach dem Durchflutungsgesetz das Magnetfeld erzeugt, bestimmt werden.

Kleine Induktionsschleifen sind häufig in gasisolierten Schaltanlagen und leistungsstarken Pulsgeneratoren eingebaut. Abb. 5.36 zeigt schematisch drei mögliche Einbauvarianten der Induktionsschleife in der Außenwand einer gasisolierten Leitung. Neben der einfachsten Anordnung A wird die Messschleife zur Unterdrückung von Störeinflüssen auch erdsymmetrisch ausgeführt (Anordnung B) oder in einer Nut oder Ausfräsung des Rohrleiters angeordnet (Anordnung C). Die Messschleife kann dabei so ausgeführt sein, dass sie weitgehend gegen die Einwirkung elektrischer Felder geschirmt ist [5.39, 5.42].

Die Induktionsschleife lässt sich im vereinfachten Ersatzschaltkreis durch ihre Selbstinduktivität $L,$ eine Spannungsquelle und einen Last- und Messwiderstand R darstellen (s. Abb. 5.28a). Die Größe der Zeitkonstante L/R im Vergleich zur Dauer und Anstiegszeit des Messsignals bestimmt die Art der Integration. Handelt es sich um sehr hochfrequente Magnetfelder und ist L/R verhältnismäßig groß, also R sehr klein, wirkt der Messkreis integrierend und zeigt eine der magnetischen Feldstärke proportionale Messgröße an. Die obere Grenzfrequenz wird hierbei durch Streukapazitäten der Messschleife und des Schaltkreises bestimmt. Für niederfrequente Magnetfelder ist L/R

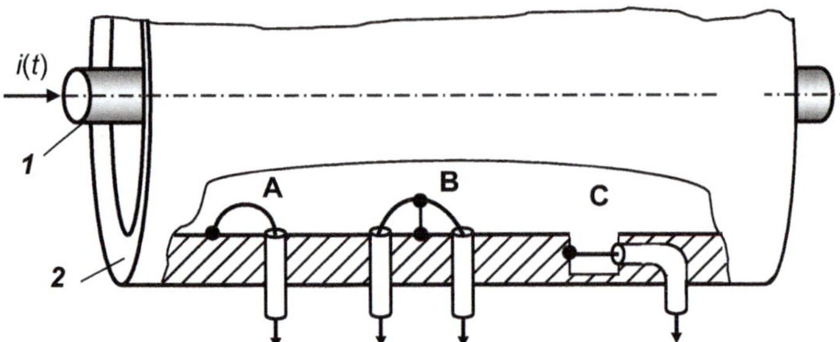

Abb. 5.36 Beispiele von Induktionsschleifen zur Erfassung schnellveränderlicher Magnetfelder in einer gasisolierten Rohrleitung (Prinzip) *1* Innenleiter *2* Außenleiter mit drei Ausführungen A, B und C von Induktionsschleifen

verhältnismäßig klein und der Messkreis wirkt differenzierend. In diesem Fall ist ein elektronischer Integrationsverstärker erforderlich, um eine der magnetischen Feldstärke proportionale Anzeige zu erhalten.

Ein Sensor mit einer Induktionsschleife zur eindimensionalen Messung von quasi-stationären und transienten magnetischen Feldern im Hochspannungsbereich und EMP-Simulator ist in [5.43] beschrieben. Das analoge Ausgangssignal des Sensors wird optoelektronisch über Lichtwellenleiter dem Empfänger auf Erdpotenzial zur Auswertung zugeführt. Im Frequenzbereich von 30 Hz bis 10 MHz erfolgt die Integration elektronisch mit einem Integrationsverstärker, darüber hinaus wirkt die Messschleife selbstintegrierend bis zu einer oberen Grenzfrequenz von 300 MHz.

Dreidimensionale Magnetfelder im freien Raum lassen sich nach [5.44] mit einem kugelförmigen Sensor potenzialfrei messen. Auf der Metallkugel sind drei Induktionsschleifen orthogonal zu den drei Raumachsen ausgerichtet. Im Kugelinnern befindet sich die batteriebetriebene Elektronik zur optoelektronischen Übertragung der Mess- und Steuersignale. Mehrere Beispiele zeigen den Einsatz des 3D-Sensormesssystems, das eine Bandbreite von 50 Hz bis 350 MHz aufweist. Berichtet wird über Magnetfeldmessungen in der Nähe einer Transformatordurchführung bei Schaltvorgängen, einer Kabeldurchführung von einer gasisolierten Anlage beim Trennerschalten und eines Ableiters bei Stoßstromprüfungen.

Literatur

5.1.   Gamlin, M.: Impulse current testing. Proc. 14. ISH Beijing, Beitrag J-09 (2005)

5.2.   Modrusan, M.: Normierte Berechnung von Stoßstromkreisen für vorgegebene Impulsströme. Bull. SEV. **67**, 1237–1242 (1976)

5.3. Schwab, A., Imo, F.: Berechnung von Stoßstromkreisen für Exponentialströme. Bull SEV/ VSE. **68**, 1310–1313 (1977)

5.4. Kuzhekin, I.P., Hribar, Z.: Imitator of lightning currents with amplitudes of 200 kA. Proc. 13. ISH Delft (2003)

5.5. Körbler, B., Pack, S.: Analysis of an impulse current generator. Proc. 12. ISH Bangalore, Beitrag 7–22 (2001)

5.6. Zhao, G., Zang, X.: EMTP analysis of impulse voltage generator circuit. Proc. 14. ISH Beijing, Beitrag A-11 (2005)

5.7. Zischank, W.: A surge current generator with a double-crowbar spark gap for the simulation of direct lightning stroke effects. Proc. 5. ISH Braunschweig, Beitrag 61.07 (1987)

5.8. Pietsch, R., Baronick, M., Kubat, M.: Impulse current test system with crowbar gap extension for surge arrester testing. Proc. 15. ISH Ljubljana, Beitrag T10–745 (2007)

5.9. Salge, J., Peier, D., Brilka, R., Schneider, D.: Application of inductive energy storage for the production of intense magnetic fields. Proc. 6. Symp. on Fusion Technology, Aachen (1970)

5.10. Kind, D., Salge, J., Schiweck, L., Newi, G.: Explodierende Drähte zur Erzeugung von Megavolt-Impulsen in Hochspannungsprüfkreisen. ETZ-A. **92**, 46–51 (1971)

5.11. Feser, K., Modrusan, M., Sutter, H.: Simulation of multiple lightning strokes in laboratory. Proc. 3. ISH Mailand, Beitrag 41.05 (1979)

5.12. Klein, T., Köhler, W., Feser, K.: Exponential current generator for multiple pulses. Proc. 12. ISH Bangalore, Beitrag 7–21 (2001)

5.13. Modrusan, M.: Langzeit-Stoßstromgenerator für die Ableiterprüfung gemäß CEI-Empfehlung. Bull. SEV. **68**, 1304–1309 (1977)

5.14. Park, E.H.: Shunts and inductors for current measurements. NBS J. Res. **39**, 191–212 (1947)

5.15. Navarro, A. et al.: Transducer for lightning current measurement. Proc. 14. ISH Beijing, Beitrag B-29 (2005)

5.16. Schwab; A.J.: Die Berechnung der Bandbreite und der Anstiegszeit rohrförmiger Mess-widerstände unter Berücksichtigung der Stromverdrängung. ETZ-A. **89**, 604–606 (1968)

5.17. Schwab; A.J.: Low-resistance shunts for impulse currents. IEEE Trans. PAS-**90**, 2251–2257 (1971)

5.18. Pfeiffer, W.: Aufbau und Überprüfung von koaxialen Rohrwiderständen sehr kurzer Anstiegszeit. ETZ-A **91**, 59–60 (1970)

5.19. Wakimoto, T., Ishii, M.: Step response and comparison test of impulse current measuring system. Proc. 18. ISH Seoul, Beitrag PC-10 (2013)

5.20. Nagel, A., Kerwer, T.: Design of a 1 kA pulsed current source with 60 ns rise time for the analysis of current probes. Proc. PCIM Europe Nürnberg, 899–902 (2004)

5.21. Högberg, L.: 1 Gc/s bandwidth shunt for measurements of current transients in the 10 A – 10 kA range. J. Sci. Instrum. **42**, 273–279 (1965)

5.22. Wesner, F.: Koaxiale Flächenwiderstände zur Messung hoher Stoßströme mit extrem kurzer Anstiegszeit. ETZ-A **91**, 521–524 (1970)

5.23. Witt, H.: Response of low ohmic resistance shunts for impulse currents. Elteknik. **3**, 45–47 (1960)

5.24. Lappe, F., Westendorf, K.B.: Ein Meß-Widerstand für Hochfrequenz. Z. angew. Phys. **3**, 29–32 (1951)

5.25. Malewski, R.: New device for current measurement in exploding wire circuits. Rev. Sci. Instr. **39**, 90–94 (1968)

5.26. Malewski, R.: Micro-Ohm shunts for precise recording of short-circuit currents. IEEE Trans. PAS-**96**, 579–585 (1977)

5.27. Malewski, R., Nguyen, Chinh T., Feser, K., Hyltén-Cavallius, N.: Elimination of the skin effect error in heavy-current shunts. IEEE Trans. PAS-**100**, 1333–1340 (1981)

5.28. Schwab, A., Imo, F.: Übergangsverhalten koaxialer Strommesswiderstände mit exzentrischem Spannungsabgriff. ETZ A-Archiv **2**, 95–100 (1980)

5.29. Lu, L., Mou, L., Liu, J., Li, Y.: Development of a standardizing device for Rogowski coil. Proc. 14. ISH Beijing, Beitrag J-48 (2005)

5.30. Rogowski, W.: Über einige Anwendungen des magnetischen Spannungsmessers. Arch. Elektrotech. **1**, 511–527 (1913)

5.31. Destefan, D.E., Ramboz, J.D.: Advancements in high current measurement and calibration. NCSL Intern. Workshop and Symposium, Toronto (2000)

5.32. Ward, D.A., Exon, J., La, T.: Using Rogowski coils for transient current measurements. IEE Eng. Sci. Educ. J. **2**, 105–113 (1993)

5.33. Ray, W.F., Hewson, C.R.: High performance Rogowski current transducers: Conf. Proc. IEEE-IAS conference, Rome (2000)

5.34. Kojovic, L.: PCB Rogowski coils benefit relay protection. IEEE Comput. Appl. Power. **15**, 1–4 (2002)

5.35. Schon, K., Schuppel, W.: Precision Rogowski coil used with numerical integration. Proc. 13. ISH Ljubljana, Beitrag T10–130 (2007)

5.36. Hewson, C.R., Ray, W.F.: Optimising the high frequency bandwidth and immunity to interference of Rogowski coils in measurement applications with large local dV/dt. Conf. Proc. IEEE-APEC Conference, Palm Springs (2010)

5.37. Cooper, J.: On the high-frequency response of a Rogowski coil. J. Nucl. Energy Pt. C **5**, 285–289 (1963)

5.38. Bellm, H., Küchler, A., Herold, J., Schwab, A.: Rogowski-Spulen und Magnetfeldsensoren zur Messung transienter Ströme im Nanosekundenbereich. Arch. Elektrotechn. **68**, Teil 1: 63–74, Teil 2: 69–74 (1985)

5.39. Anderson, J.M.: Wide frequency range current transformers. Rev. Sci. Instrum. **42**, 915–926 (1971)

5.40. Waters, C.: Current transformers provide accurate, isolated measurements. Conference PCIM (1986)

5.41. Schon, K., Mohns, E., Gheorghe, A.: Calibration of ferromagnetic coils used for impulse current measurements. Proc. 12. ISH Bangalore, **5**, 1166–1169 (2001)

5.42. Di Capua, M.S.: High speed magnetic field and current measurements. NATO ASI Series E: Applied Sciences – No. 108, **1**, 223–262 (1986)

5.43. Krauß, T., Köhler, W., Feser, K.: Improved high bandwidth potential-free magnetic field probe for the measurement of transient magnetic fields. Proc. 11. ISH London, Beitrag 467 (1999)

5.44. Kull, M., Krauß, T., Köhler, W., Feser, K.: High bandwidth 3D-magnetic field probe for the measurement of transient magnetic fields. Proc. 12. ISH Bangalore, Beitrag 1–16 (2001)

Elektro- und magnetooptische Sensoren 6

Die Grundlagen der *elektro-* und *magnetooptischen Effekte,* auch benannt nach ihren Entdeckern, sind bereits seit mehr als einem Jahrhundert bekannt. Der *Pockels-* und der *Kerr-Effekt* kennzeichnen die optischen Eigenschaften bestimmter Kristalle, Flüssigkeiten und Gase im elektrischen Feld, wodurch der Polarisationszustand einer längs der optischen Achse laufenden Lichtwelle beeinflusst wird. Beim *Faraday-Effekt* verändert ein Magnetfeld ebenfalls die Polarisation einer durchlaufenden Lichtwelle. Bei allen Effekten tritt im Medium eine Drehung der Polarisationsebene der Lichtwelle ein, die mit einem nachgeschalteten Analysator und Fotodetektor als entsprechende elektrische oder magnetische Feldstärke angezeigt wird. Die optischen Vorgänge im Medium laufen im Nanosekundenbereich ab, sodass für das Messsystem mit elektro- oder magnetooptischem Sensor grundsätzlich Bandbreiten von null bis in den GHz-Bereich erreichbar sind. In Verbindung mit Lichtwellenleitern bieten sich gute Perspektiven für den Einsatz dieser Sensoren im Hochspannungsbereich an. Nach Kalibrierung der Sensoren am Einsatzort lassen sich die Spannungen bzw. Ströme, die die Felder erzeugt haben, direkt anzeigen. Die technische Realisierung auf der Grundlage der Pockels- und Faraday-Effekte ist in den letzten beiden Jahrzehnten dank der Lösung einer Reihe von Einzelproblemen vorangekommen.

6.1 Elektrooptische Effekte

Unter der Einwirkung eines elektrischen Feldes E verändern bestimmte Kristalle, Flüssigkeiten und Gase ihre optischen Eigenschaften. Beim Durchgang einer Lichtwelle durch ein solches Medium mit dem Brechungsindex n tritt eine *induzierte Doppelbrechung* auf:

$$n = n_0 + aE + bE^2 + \ldots, \tag{6.1}$$

© Springer Fachmedien Wiesbaden GmbH, ein Teil von Springer Nature 2021
K. Schon, *Hochspannungsmesstechnik,* https://doi.org/10.1007/978-3-658-33793-3_6

wobei n_0 den natürlichen Brechungsindex kennzeichnet. Während der *Pockels-Effekt* den linearen Zusammenhang zwischen dem Brechungsindex und der Feldstärke kennzeichnet und daher $b = 0$ ist, beschreibt der *Kerr-Effekt* die quadratische Abhängigkeit mit $a = 0$. Der *Pockels-Effekt* tritt in zwei Varianten auf, die von der Richtung des elektrischen Feldes bestimmt sind. Beim *longitudinalen Pockels-Effekt* haben das elektrische Feld und die Lichtwelle die gleiche Richtung, beim *transversalen Pockels-Effekt* (wie auch beim *Kerr-Effekt*) wirkt das elektrische Feld senkrecht zur Lichtwelle ein.

6.1.1   Pockels-Effekt

Das Grundprinzip einer Anordnung, die den *longitudinalen Pockels-Effekt* zur Feld- oder Spannungsmessung ausnutzt, zeigt Abb. 6.1. Mit einem *Laser 1* wird ein in z-Richtung laufender Lichtstrahl der Wellenlänge λ erzeugt, der mit dem *Polarisator 2* in x-Richtung *linear polarisiert* wird. In dem nachfolgend geschalteten *$\lambda/4$-Plättchen 3* kann man sich zwei senkrecht zueinander stehende Achsen x' und y' vorstellen, entlang derer sich die Brechungszahlen n und damit die Ausbreitungsgeschwindigkeiten $v = n/c_0$ unterscheiden. Der Einfallswinkel der in x-Richtung polarisierten Lichtwelle zur *optischen Achse* und damit zur „langsamen" y'-Achse beträgt $45°$. Beim Eintritt in das $\lambda/4$-Plättchen teilt sich das Licht anschaulich in zwei orthogonale Teilwellen gleicher Amplitude auf, die sich aufgrund der *natürlichen Doppelbrechung* mit unterschiedlicher Geschwindigkeit in z-Richtung ausbreiten. Die daraus resultierende Phasenverschiebung bewirkt, dass die beiden Teilwellen das Plättchen als *zirkular polarisiertes* Licht wieder verlassen. Bei entsprechender Dicke und Ausrichtung des Plättchens beträgt die Phasenverschiebung der Teilwellen am Plättchenausgang gerade $\lambda/4$ entsprechend $\Delta\varphi = \pi/2$.

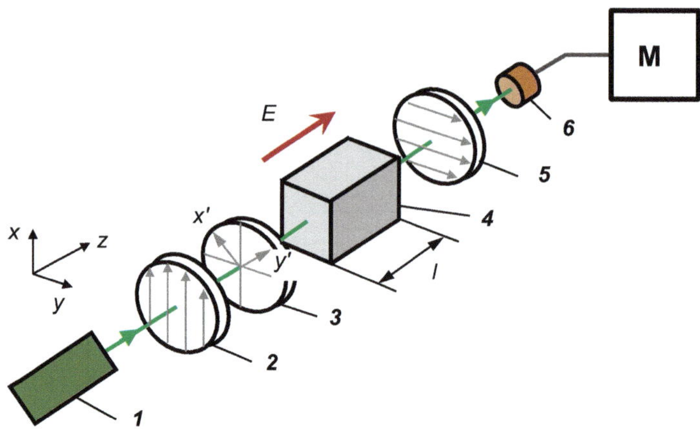

Abb. 6.1 Longitudinaler Pockels-Effekt *1* Laser *2* Polarisator *3* $\lambda/4$-Plättchen *4* Kristall *5* Analysator *6* Fotodetektor **M** Messgerät, z. B. Oszilloskop

Dadurch wird der Arbeitspunkt der Pockels-Zelle, wie weiter unten beschrieben ist, in den linearen Bereich der Kennlinie gelegt [6.1, 6.2].

Die eigentliche Pockels-Zelle *4* ist wie das $\lambda/4$-Plättchen *3* ebenfalls ein optisch einachsiger, doppelbrechender Kristall der Länge *l* in *z*-Richtung. Die Ausbreitungsrichtung des polarisierten Lichts wird in die optische Achse des Kristalls gelegt, in der sich die *natürliche Doppelbrechung* nicht auswirkt, d. h. $n_0 = 0$ in Gl. (6.1). Ein parallel zur optischen Achse ausgerichtetes elektrisches Feld *E* verursacht eine *induzierte Doppelbrechung*, die zu einer vergleichbaren Ausbildung von *x'*- und *y'*-Achsen mit unterschiedlichen Ausbreitungsgeschwindigkeiten der orthogonalen Teilwellen führt. Am Ausgang der Pockels-Zelle ist das Licht *elliptisch polarisiert*. In Abhängigkeit von der durchlaufenen Wegstrecke *z* im Kristall besteht zwischen den beiden Teilwellen der Gangunterschied:

$$\boxed{\Delta\varphi\,(z) = \frac{2\pi\,\Delta n}{\lambda}\,z}\,, \tag{6.2}$$

wobei Δn den Unterschied der Brechungsindizes bzw. der Ausbreitungsgeschwindigkeiten für die beiden Teilwellen kennzeichnet. Für Δn gilt der bereits angesprochene lineare Zusammenhang mit der Feldstärke:

$$\boxed{\Delta n = n_0^3\,r_{ij}\,E} \tag{6.3}$$

Hierbei ist r_{ij} der in dieser Anordnung wirksame elektrooptische Koeffizient, der von der Kristalltemperatur, der Wellenlänge λ des Lichts und der Frequenz des elektrischen Feldes bzw. der angelegten Spannung abhängig ist.

Am Ausgang der Pockels-Zelle *4* befindet sich der *Analysator 5,* der senkrecht zum Eingangspolarisator *2* ausgerichtet ist. Der Analysator wirkt als Polarisator und lässt nur das Licht mit der Komponente in seiner Polarisationsrichtung durch. Die *Phasenmodulation* wird dadurch in eine *Intensitätsmodulation* umgewandelt. Für die Lichtintensität *I* am Ausgang des Analysators gilt:

$$\boxed{I = I_0 \sin^2\left(\frac{\Delta\varphi}{2}\right)} \tag{6.4}$$

Hierbei ist I_0 die maximal gemessene Lichtintensität und $\Delta\varphi$ die Phasenverschiebung für $z = l$ am Kristallausgang. So würde z. B. in der Anordnung nach Abb. 6.1 ohne das $\lambda/4$-Plättchen *3* und ohne das äußere Feld *E* vom Analysator *5* kein Licht durchgelassen werden, da wegen $\Delta\varphi = 0$ auch $I = 0$ ist. Für eine Gesamtphasenverschiebung von $\Delta\varphi = \pi$ erreicht die Intensität ihr Maximum, d. h. $I = I_0$.

Ist der Sensor für Spannungsmessungen vorgesehen, wird das elektrische Feld *E* durch Anlegen der Spannung *U* an die Stirnseiten des Kristalls *4* erzeugt und beträgt dann $E = U/l$. Da $\Delta\varphi$ nach Gl. (6.2) mit Gl. (6.3) der Feldstärke proportional ist, lässt sich für Gl. (6.4) auch schreiben:

$$I = I_0 \sin^2\left(\frac{\pi}{4} + \frac{\pi}{2}\frac{U}{U_\pi}\right).$$

(6.5)

Der erste Term in der Klammer von Gl. (6.5) berücksichtigt die Phasenverschiebung der Lichtwelle um $\Delta\varphi = \pi/2$ durch das $\lambda/4$-Plättchen *3* (s. Abb. 6.1). Der Term U_π bezeichnet die *Halbwellenspannung*, für die sich ein Phasenunterschied von $\lambda/2 = \pi$ der beiden orthogonalen Lichtwellen am Kristallausgang ergibt. Die U_π-Werte häufig verwendeter Kristalle liegen im Bereich von 3 kV bis 31 kV.

Wegen der Mehrdeutigkeit von $\sin^2 x$ für $x > \pi$ wird ein Arbeitsbereich angestrebt, der im annähernd linearen Teil des Sinusquadrats nach Gl. (6.5) mit $U < U_\pi/2$ liegt (Abb. 6.2). Ein bipolares Spannungssignal mit kleiner Amplitude bewirkt daher eine annähernd lineare Aussteuerung des Analysators. Die mit dem $\lambda/4$-Plättchen erzielte Nullpunktsverlagerung entsprechend einer Anfangs-Phasendrehung um $\pi/2$ ließe sich alternativ durch eine angelegte Gleichspannung $U_\pi/4$ erzielen.

Der Fotodetektor *6* in Abb. 6.1 erfasst die spannungsabhängige Lichtintensität gemäß Gl. (6.5) und wandelt diese in ein elektrisches Signal zur weiteren Auswertung mit einem Digitalvoltmeter oder Digitalrecorder um. Beim *transversalen Pockels-Effekt*, bei dem die Feldstärke senkrecht auf die Lichtwelle im Kristall einwirkt, laufen vergleichbare Vorgänge wie beim longitudinalen Pockels-Effekt ab.

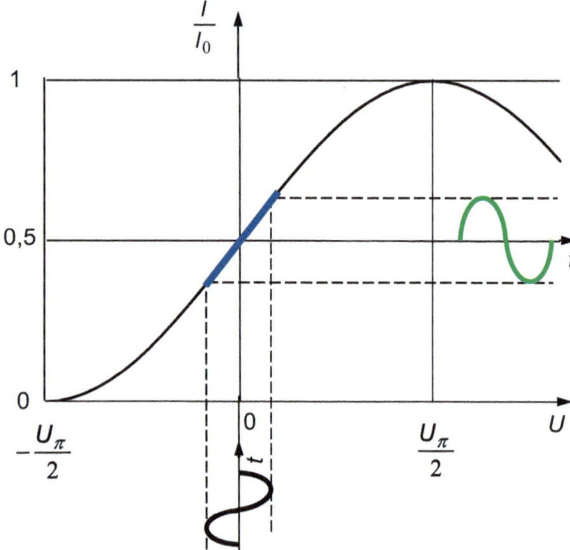

Abb. 6.2 Anfangsverlauf (schematisch) der Kennlinie I/I_0 einer Pockels-Zelle mit $\lambda/4$-Plättchen nach Gl. (6.5). Bei kleiner Aussteuerung durch eine angelegte Spannung U wird der lineare Bereich der Kennlinie ausgenutzt

6.1.1.1 Pockels-Sensoren für Feldmessungen

Der frühere Entwicklungsstand von elektrooptischen Sensoren mit Pockels-Zellen für den Einsatz in der Hochspannungsmesstechnik ist in [6.3, 6.4] einschließlich einer Vielzahl von Literaturstellen zusammengefasst. Grundsätzlich stehen zwei Bauarten im Vordergrund: miniaturisierte Pockels-Zellen, die für Feldmessungen frei im elektrischen Feld positionierbar sind und Pockels-Zellen, die meist in Serienschaltung zwischen zwei Elektroden angeordnet und direkt an die zu messende Hochspannung angeschlossen werden. Anstelle eines Lasers, mit dem vor allem früher in orientierenden Laboruntersuchungen der Lichtstrahl merzeugt wurde, sind inzwischen auch andere Lichtquellen wie z. B. *Laser-Dioden* (LD) oder *Lumineszenzdioden* (LED) im Einsatz. Zur Hin- und Rückleitung des Lichtstrahls werden *Lichtwellenleiter* (LWL) verwendet. Untersuchungen an optischen Glasfasern im Hochspannungsfeld zeigen allerdings, dass die Überschlagfestigkeit je nach Überzugsmaterial der eingesetzten Glasfaser bei größerer Luftfeuchte reduziert ist [6.5]. Glasfasern werden häufig in besonderer Ausführung als *polarisationserhaltene Lichtwellenleiter* (PMF) eingesetzt.

Für Pockels-Zellen werden anisotrope Kristalle wie $Bi_4Ge_3O_{12}$ (BGO), $Bi_{12}SiO_{20}$ (BSO), $Bi_{12}TiO_{20}$ (BTO) oder $LiNbO_3$ (LNO) in bestimmten Schnittrichtungen verwendet. Eine typische Anordnung eines elektrooptischen Sensors mit Pockels-Zelle zeigt Abb. 6.3. Das Licht wird von einer LED *1* (oder LD) erzeugt und gelangt über die LWL-Verbindung *2* zum Sensor im Hochspannungsfeld, wobei die Strahleinkopplung mithilfe einer Mikrolinse *3* erfolgt. Über einen linear polarisierenden Strahlteiler *4* und ein λ/4-Plättchen *5* tritt die zirkular polarisierte Lichtwelle in die Pockels-Zelle *6* ein, aus der sie unter Einwirkung des elektrischen Feldes mit elliptischer Polarisation wieder austritt. Über einen zweiten polarisierenden Strahlteiler *4,* Mikrolinse *3* und LWL *2* gelangt

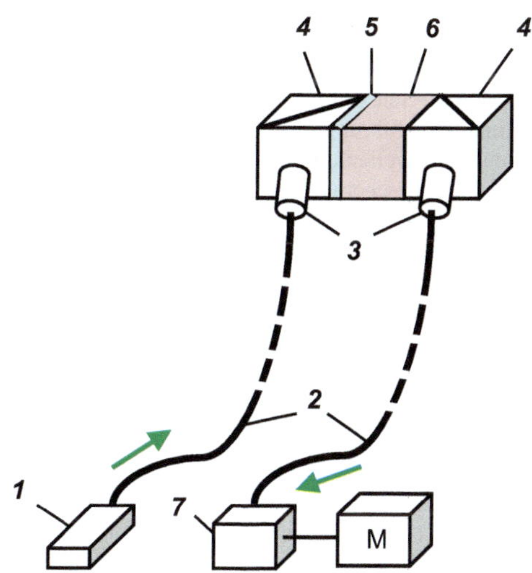

Abb. 6.3 Typische Anordnung eines elektrooptischen Sensors mit Pockels-Zelle *1* Lichtquelle *2* Lichtwellenleiter *3* Mikrolinse *4* polarisierender Strahlteiler *5* λ/4-Plättchen *6* Kristall *7* Fotodetektor M Messgerät

der Strahl zum Fotodetektor *7,* der die Strahlintensität in eine proportionale Spannung umsetzt, die vom Messgerät M erfasst wird [6.4].

Die technische Weiterentwicklung bei der Realisierung von elektrooptischen Sensoren mit Pockels-Zellen hat zu beachtlichen Fortschritten geführt, insbesondere auch hinsichtlich der Sensorabmessungen und Vielfalt der Anwendungen. So lassen sich die Einzelelemente eines elektrooptischen Sensors mit zwei *GRIN-Linsen 2 (Gradient-Index-Linsen),* Polarisator *3,* λ/4-Plättchen *4,* LNO-Kristall *5* und Analysator *6* zu einer Einheit in den Abmessungen 10 mm × 75 mm verkleben. Zusammen mit den Anschlüssen der beiden LWL ergibt sich dadurch eine gut handhabbare Einheit (Abb. 6.4). Das ausgefeilte Klebeverfahren erfordert eine besondere Montagevorrichtung und Justiereinheit auf einer optischen Bank [6.6]. Kritische Punkte bei der Auswahl eines geeigneten Klebers sind die Lichtdurchlässigkeit, Spannungsfreiheit bei der Aushärtung und geringe Dehnung bei Temperaturänderungen.

Extrem kleine Abmessungen werden durch Anwendung der *optischen Wellenleitertechnik* im LNO-Kristall mit eindiffundiertem Ti und Einsatz eines *dielektrischen Spiegels* erzielt [6.4, 6.7]. Der von einer LED erzeugte Lichtstrahl passiert im LWL *1* einen *optischen Koppler 2* und Polarisator *3,* wo er linear polarisiert wird (Abb. 6.5).

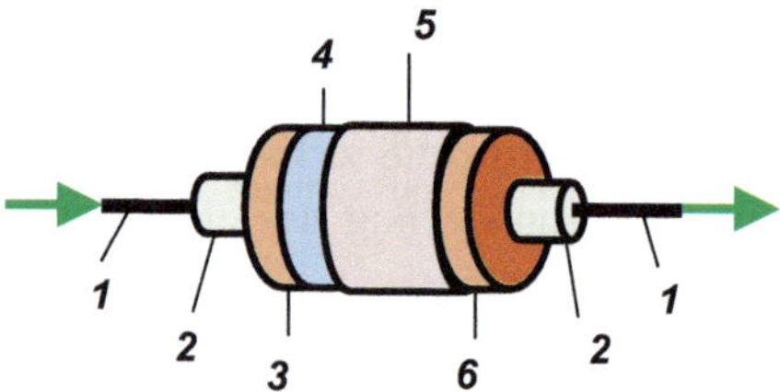

Abb. 6.4 Pockels-Sensorelement in verklebter Ausführung *1* LWL *2* GRIN-Linse *3* Polarisator *4* λ/4-Plättchen *5* LNO-Kristall *6* Analysator

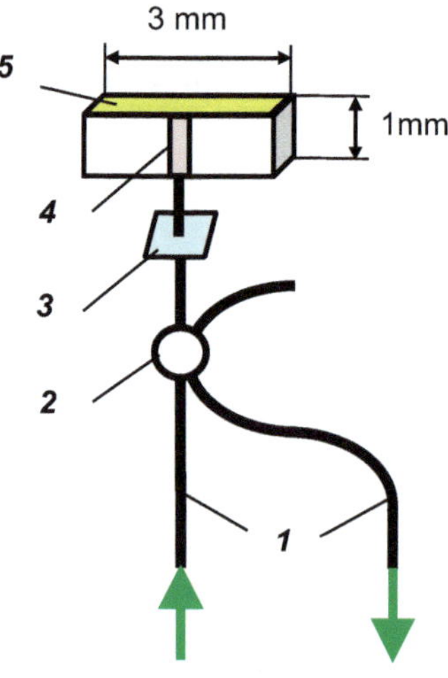

Abb. 6.5 Sensor in Miniaturausführung mit optischem Wellenleiter und dielektrischem Spiegel *1* Lichtwellenleiter *2* faseroptischer Koppler *3* Polarisator *4* optischer Wellenleiter *5* dielektrischer Spiegel

Im 7 μm breiten Wellenleiter *4* wird der Strahl in zwei senkrecht zueinander stehende TE- und TM-Wellenmoden aufgeteilt, die zum dielektrischen Spiegel *5* laufen, dort reflektiert werden und über den Polarisator *3* bis zum Koppler *2* zurücklaufen. Dort wird der reflektierte Strahl ausgekoppelt und über einen zweiten LWL *1* zum Analysator und Fotodetektor geleitet. In [6.8, 6.9] werden weiter verbesserte und noch kleinere Ausführungen dieses Sensortyps mit zwei parallelen optischen Wellenleitern vorgestellt, die z. B. bei der Messung von Oberflächenentladungen Einsatz finden.

Einen Sensor mit dielektrischem Spiegel zur Reflexion des Lichtstrahls am Ende der Pockels-Zelle zeigt auch die Anordnung in Abb. 6.6 [6.10]. Der linear polarisierte Lichtstrahl wird im polarisationserhaltenden LWL *1* (PMF) über eine GRIN-Linse *2* auf die λ/4-Verzögerungsfolie *3* geführt und gelangt als zirkular polarisierter Strahl über den Strahlteiler *4* in den elektrooptischen BTO-Kristall *5.* Zur Erzielung einer möglichst geringen Störung des elektrischen Feldes ist der Kristall von symmetrischer Form ohne scharfe Kanten und weist einen Durchmesser und eine Länge von nur je 5 mm auf. Unter dem Einfluss eines longitudinalen Feldes wird der Strahl elliptisch polarisiert, was mit einer Phasendrehung verbunden ist. Der Strahl trifft dann auf den dielektrischen Spiegel *6,* wird reflektiert und läuft ein zweites Mal durch den Kristall *5* zurück. Der zweite Durchlauf durch den Kristall bewirkt zwar eine Verdoppelung der Phasendrehung, der Vorteil der entsprechend erhöhten Intensität geht allerdings durch den anschließenden Durchgang durch den Strahlteiler *4* wieder verloren. Der Strahl läuft weiter zum Prisma *7,* wird von dort in Richtung zum Analysator *8* gelenkt, über die nachfolgende, untere Linse *2* in den LWL *1* eingeführt und zum Fotodetektor zur Anzeige der Intensität geleitet. Die einzelnen Elemente des kompakten Sensors mit einer Gesamthöhe von 17 mm sind nach sorgfältiger Ausrichtung verklebt.

Weiterhin wird in [6.10] der Einfluss verschiedener Parameter theoretisch und experimentell betrachtet, insbesondere die Wechselwirkung des insgesamt 17 mm hohen Sensors mit dem umgebenden Feld. Entsprechend der *Maxwellschen Kontinuitätsgleichung* für die Leitungs- und Verschiebungsstromdichte ändert sich durch das Einbringen eines Dielektrikums in Luft die elektrische Feldstärke sowohl in der Luft als auch im Dielektrikum. Aufgrund der vergleichsweise großen Dielektrizitätszahl $\varepsilon_r \approx$

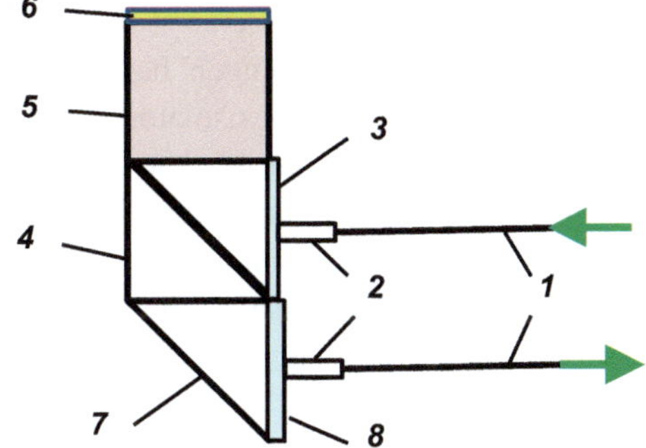

Abb. 6.6 Schematische Darstellung eines Sensors mit dielektrischem Spiegel *1* Lichtwellenleiter *2* GRIN- Linse *3* λ/4-Folie *4* Strahlteiler *5* BTO-Kristall *6* dielektrischer Spiegel *7* Prisma *8* Analysator

50 von BTO und hohen Leitfähigkeit $\kappa = 1{,}2 \cdot 10^{-13}$ $\Omega^{-1}\mathrm{m}^{-1}$ ist die Wechselfeldstärke im Kristall bei 50 Hz rechnerisch um den Faktor 13 reduziert. Dadurch ergibt sich eine äquivalente Reduzierung der Sensorempfindlichkeit. Im elektrischen Gleichfeld beträgt die Feldreduzierung in diesem Kristall wegen dessen sehr viel höheren Leitfähigkeit sogar mehrere Zehnerpotenzen. Entsprechend groß ist der Empfindlichkeitsverlust, sodass der Kristall nicht ohne weiteres für den Einsatz im elektrischen Gleichfeld geeignet ist. Darüber hinaus wird die Leitfähigkeit der Luft – und damit auch die Empfindlichkeit des Kristalls – von mehreren Parametern wie Temperatur und Feuchtigkeit stark beeinflusst.

Das unterschiedliche Verhalten elektrooptischer Sensoren mit dem in [6.10] untersuchten BTO-Kristall für Gleich- und Wechselfelder zeigt sich deutlich in der Sprungantwort. Der schnelle Anstieg des elektrischen Feldes wird vom Sensor richtig wiedergegeben, aber im anschließenden konstanten Bereich der Feldstärke fällt die Sprungantwort innerhalb von rund 35 s auf nahezu null ab. Dieser Verlauf ist vergleichbar etwa mit der Sprungantwort einer Messspule (s. z. B. Abb. 5.35c). Die Kalibrierung des Sensors im definierten Wechselfeld einer großen Plattenelektrodenanordnung [4.116] bei Raumtemperatur zeigt, dass er im Feldstärkenbereich von ± 150 kV/m linear mit einer Empfindlichkeit von $1{,}65 \cdot 10^{-7}$ m/V und Reproduzierbarkeit innerhalb von $\pm 3\,\%$ arbeitet. Der Sensor ist für Feldmessungen an Silikonisolatoren vorgesehen, die mit Wechsel- und Stoßspannungen geprüft werden. Bei der Prüfung mit Stoßspannung tritt infolge des inversen piezoelektrischen Effekts (s. Abschn. 6.1.1.3) eine im Rücken überlagerte Schwingung mit einer Frequenz von 200 kHz auf. Durch Mittelung von 100 Aufzeichnungen können die dem Impuls überlagerten Störungen weitgehend beseitigt werden.

Über weitere Einsatzmöglichkeiten des o. a. Miniatursensors mit BTO-Kristall wird in [6.11] berichtet. Im Vordergrund stehen Feldmessungen am Modell einer Statorwicklung eines großen Turbinengenerators für 22 kV. Ziel der Untersuchungen ist, die tangentiale Feldverteilung zu erfassen und die Wirksamkeit der Potenzialsteuerung längs der Isolierung zur Vermeidung von Teilentladungen zu überprüfen. Die experimentellen Ergebnisse für den tangentialen Feldstärkeverlauf stimmen weitgehend überein mit denen, die mittels eines numerischen Verfahrens berechnet werden.

In [6.12] wird ein Sensor mit einem LNO-Kristall beschrieben, der am Ausgang ebenfalls einen dielektrischer Spiegel zur Reflexion des Lichtstrahls aufweist und dadurch kleine Abmessungen hat. Zwei gleiche Sensoren sind rechts und links von einem 150-kV-Freileitungsisolator positioniert und in der Höhe verschiebbar. Mit den Sensoren lassen sich die axialen und radialen Feldkomponenten in der Umgebung des mit Wechselspannung geprüften Hängeisolators relativ einfach und schnell erfassen. In orientierenden Untersuchungen können an Hand der gemessenen räumlichen Feldverteilungen mögliche Schäden der Isolatoren nachgewiesen werden, einschließlich der Schadenstelle und vermutlichen Ursache.

6.1.1.2 Pockels-Sensoren für Spannungsmessungen

Die Beispiele in Abschn. 6.1.1.1 behandeln den Einsatz von Sensoren mit Pockels-Zellen in Miniaturausführung für Feldmessungen. Zur direkten Messung hoher Spannungen werden Sensoren mit größeren Abmessungen eingesetzt, die in der Regel in SF_6 isolierte Elektrodenanordnungen eingebaut sind. In [6.13] ist ein Sensor mit einem BGO-Kristall ($\varepsilon_r = 16$) beschrieben, der einen Durchmesser von nur 1 mm und eine Länge von 40 mm aufweist. Der zerbrechliche Kristall ist zwischen zwei Plattenelektroden in einem Isolierzylinder untergebracht und wird hinsichtlich seiner Eignung für Gleich-, Wechsel- und Stoßspannungsmessungen bis 50 kV untersucht. Die mit diesem Sensor gemessenen Blitzstoßspannungen weisen keine überlagerten Schwingungen auf, wie sie sonst bei anderen Sensoren aufgrund des *inversen Piezoeffekts* auftreten (s. Abschn. 6.1.1.3). Die Anstiegszeit der Sprungantwort wird mit 3 ns angegeben, was einer Bandbreite des Sensors von 116 MHz entspricht.

Zur Messung höherer Spannungen werden mehrere elektrooptische Kristalle in Reihe geschaltet, die mit Abstandshaltern übereinander angeordnet oder zu einer Einheit verklebt sind. Der dafür häufig verwendete BGO-Kristall zeigt auch bei Gleichspannung ein stabiles Messverhalten über einen Zeitraum von mindestens einer Stunde. In [6.14] wird über eine Sensoranordnung mit acht in Serie angeordneten BGO-Kristallen *1* von je 1 mm Länge berichtet. Zusammen mit den Abstandshaltern *2* zwischen den Kristallen erreicht der Sensor eine Gesamtlänge von 110 mm (Abb. 6.7). Der Aufbau entspricht der typischen Anordnung eines optoelektronischen Sensors mit Polarisator *3* bzw. Analysator, λ/4-Verzögerungsplättchen *4*, Mikrolinse *5* und LWL *6*. Der Sensor ist zwischen zwei Elektroden *7* und dem Isolierzylinder *8* eingebaut und in einer größeren, mit SF_6 isolierten Elektrodenanordnung untergebracht. Für den kompletten Sensor und einer Wellenlänge λ = 1300 nm berechnet sich eine Halbwellenspannung von $U_\pi = 14$ MV, die damit mehrere hundert Mal größer ist als der U_π-Wert eines einzelnen BGO-Kristalls. Der Sensor zeigt eine ausgezeichnete Linearität mit Abweichungen von nur ±0,2 % für Gleichspannungen innerhalb von ±225 kV, ±0,1 % für 50-Hz-Wechselspannungen bis 250 kV (Scheitelwert) und ±0,2 % für Blitzstoßspannungen bis 400 kV. Die Messung einer Gleichspannung erfolgt jeweils 5 min nach Anlegen der Spannung. Die Daten der aufgezeichneten Blitzstoßspannungen werden gefiltert, um die überlagerten Schwingungen mit Frequenzanteilen von 125 kHz bis 165 kHz infolge des inversen Piezoeffekts (s. Abschn. 6.1.1.3) zu eliminieren.

Eine andere Untersuchung befasst sich mit dem Verhalten eines aus acht BGO-Kristallen aufgebauten Sensors, der von zwei Lichtwellen mit den Wellenlängen 1300 nm und 1550 nm durchlaufen wird [6.15]. Die beiden Lichtwellen werden über einen *Multiplexer* in den geerdeten Fußpunkt des 1,1 m langen Sensors eingeleitet, die Ausleitung erfolgt hochspannungsseitig über einen *Demultiplexer,* der die beiden polarisierten Lichtwellen zwei optoelektronischen Konvertern zur Auswertung zuführt. Die Kombination der beiden einzelnen Kennlinien (s. Abb. 6.2) für die Lichtwellen

Abb. 6.7 Elektrooptisches Hochspannungsmesssystem mit acht BGO-Kristallen in Serienschaltung *1* Kristallscheibe *2* Abstandshalter *3* Polarisator / Analysator *4* λ/4-Plättchen *5* Linse *6* LWL mit Endstück *7* Elektrode *8* Isolierzylinder

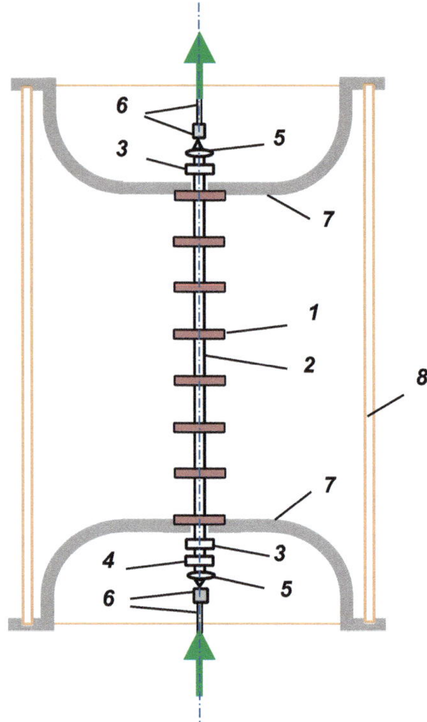

ergibt eine Ortskurve, aus der sich die angelegte Spannung bestimmen lässt. Mit diesem Verfahren ist die Erwartung verbunden, dass höhere Spannungen als für eine einzelne Lichtwelle eindeutig messbar sind. Allerdings sind die Messdaten von kleinen hochfrequenten Störungen infolge des Faraday- und Gyrations-Effekts überlagert. Bei der Messung von Gleichspannungen wird auf der Erdseite des Sensors eine kleine 50-Hz-Modulationsspannung angelegt, wodurch der o. a. Abfall der Lichtintensität – und damit der gemessenen Gleichspannung – für zumindest 1 h nicht eintritt. Andererseits zeigt jeder Kristall ein unterschiedliches Temperaturverhalten. Weiterhin ist der Blitzstoßspannung 1,,2/50 infolge des *inversen Piezoeffekts* (s. Abschn. 6.1.1.3) eine 80-kHz-Schwingung überlagert, die durch digitale Filterung eliminiert wird.

6.1.1.3 Inverser piezoelektrischer Effekt

Wegen der im Subnanosekundenbereich ablaufenden Vorgänge im elektrooptischen Kristall sind mit Pockels-Zellen theoretisch Bandbreiten von null bis in den Gigahertz-Bereich realisierbar. Mehrere Untersuchungen befassen sich daher mit breitbandigen elektrooptischen Messsystemen für Stoßspannung [6.6, 6.10, 6.13, 6.15, 6.16]. Der Kristall erfährt jedoch im Rücken einer Blitzstoßspannung infolge des *inversen piezoelektrischen Effekts* eine periodische Längenänderung, die eine Oszillation des Phasenwinkels $\Delta\varphi$ nach Gl. 6.5 verursacht. Die dadurch hervorgerufene Intensitätsschwankung der polarisierten Lichtwelle wird vom Fotodetektor (*6* in Abb. 6.1) in eine elektrische Schwingung umgewandelt, die sich mit kleiner Amplitude der gemessenen Blitzstoßspannung im Rücken überlagert (Abb. 6.8). Die Frequenz der überlagerten Schwingung liegt bei den untersuchten Kristallen zwischen 80 kHz und 1 MHz.

Die Untersuchungsergebnisse zum Auftreten der Schwingungen in elektrooptischen Kristallen sind in ihrer Aussage nicht einheitlich. Während der in [6.13] vorgestellte Sensor mit einem 40 mm langen, dünnen BGO-Kristall (Durchmesser 1 mm) bei der Messung einer Blitzstoßspannung keine überlagerte Schwingung aufweist, zeigt jedoch die Mehrheit der Sensoren mit gleichen und anderen Kristallen in unterschiedlichen Abmessungen diesen Störeffekt. Durch eine Reduzierung der Länge eines LNO-Kristalls auf 2,5 mm wird in [6.6] eine Heraufsetzung der Schwingungsfrequenz von einigen 100 kHz bis auf fast 1 MHz erzielt. Auch die mehrschichtige Anordnung mit dünnen Kristallen ist vorteilhaft, um die Schwingung in einen höheren, nicht mehr störenden Frequenzbereich zu verschieben. Die der Blitzstoßspannung überlagerten Schwingungen und Rauschanteile lassen sich durch digitale Filterung des Messsignals weitgehend eliminieren [6.14–6.16]. Im Fall einer gut reproduzierbaren Stoßspannung wird durch Mehrfachaufzeichnung und Mittelung der Kurvenverläufe ebenfalls eine weitgehende Reduzierung der überlagerten Schwingung erreicht [6.10].

6.1.1.4 Elektrooptische Spannungswandler

Wichtiges Ziel bei der Entwicklung von Pockels-Zellen ist deren Einsatz in elektrooptischen Spannungswandlern als Ersatz der bisher in der Energieversorgung nahezu ausschließlich eingesetzten induktiven und kapazitiven Spannungswandler. Der Ersatz der konventionellen, ölisolierten Spannungswandler wird aus ökologischer Sicht angestrebt und ist auch vorteilhaft hinsichtlich des geringeren Gewichts, der Anschaffungs- und Betriebskosten, außerdem gibt es kein Explosionsrisiko. Vorteilhaft ist auch die kleine Ausgangsspannung elektrooptischer Wandler im Bereich von einigen Volt, die den

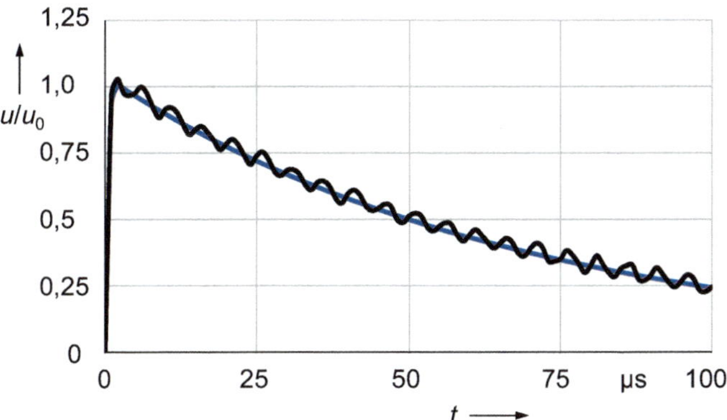

Abb. 6.8 Blitzstoßspannung mit überlagerter Schwingung, die durch den inversen piezoelektrischen Effekt einer Pockels-Zelle erzeugt wird

Anschluss elektronischer Schaltungen mit digitaler Erfassung der Messdaten erleichtert. Weiterhin stellen die im asiatischen Raum geplanten Übertragungsspannungen von bis zu 1 MV hohe Anforderungen, die von den konventionellen Messsystemen mit Spannungswandlern und -teilern wegen der erforderlichen Abmessungen, des Isolationsaufwandes und der Übertragungsbandbreite bei akzeptablen Kosten kaum zu erfüllen sind.

Die Entwicklung elektrooptischer Spannungswandler – häufig auch *„nichtkonventionelle Wandler"* genannt – für Mess- und Schutzzwecke im Energieversorgungsnetz ist in den vergangenen zwei Jahrzehnten vorangekommen. Sie sind inzwischen im praktischen Einsatz erprobt und werden kommerziell angeboten. Andererseits darf man von induktiven Spannungswandlern bei entsprechender Wartung und Überwachung eine Lebensdauer von 40 Jahren erwarten. Vergleichbar lange Erfahrungen liegen bei elektrooptischen Wanlern noch nicht vor, sodass deren Verbreitung wegen der Vorbehalte nur langsam zunimmt.

Pockels-Sensoren in elektrooptischen Spannungswandlern sind entweder potenzialfrei im elektrischen Feld zwischen Hochspannungs- und Erdelektrode angeordnet oder direkt an die zu messende Spannung angeschlossen. Bei dem in [6.17] vorgestellten elektrooptischen Spannungswandler befindet sich der Pockels-Sensor *1* im Feld einer halbkugelförmigen Hochspannungselektrode *2* mit Flansch, die auf einem 2 m hohen Isolierrohr *3* befestigt ist (Abb. 6.9). Der Sensor ist über einen LWL *4* mit den Geräten *5* auf Erdpotenzial verbunden (Lichtquelle, Mess- und Steuergeräte). Die experimentellen Untersuchungen, in denen die Stellung des Sensors im elektrischen Feld und die Position von Geräten im Umfeld des Wandlers variiert wurden, zeigen zufriedenstellende Ergebnisse. Die Autoren kommen daher zu der positiven Einschätzung, dass der elektrooptische Spannungswandler nach Kalibrierung am Einsatzort für den Einsatz im 500-kV-Versorgungsnetz gut geeignet ist. Eine Variante der Anordnung wird in [6.18] gezeigt, bei der die Hochspannungselektrode die kugelförmig gestaltete Erdelektrode mit eingearbeitetem Feldsensor umgibt.

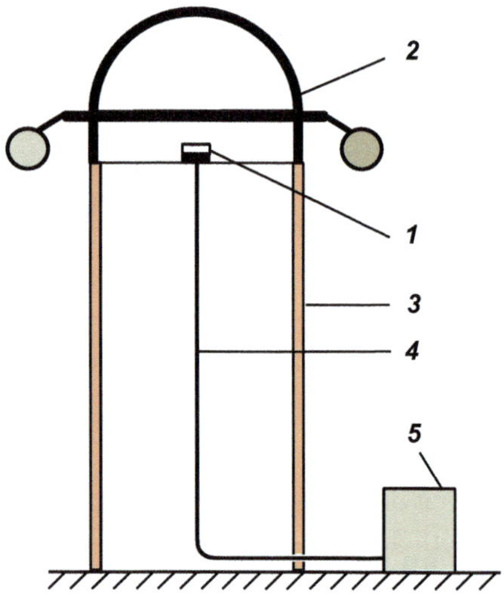

Abb. 6.9 Elektrooptischer Spannungswandler (Prinzipdarstellung) *1* Pockels-Sensor im elektrischen Feld *2* Hochspannungselektrode mit Flansch *3* Isolierstützer *4* LWL *5* Lichtquelle, Steuer- und Messgeräte

Grundsätzlich gute Voraussetzungen für den Einbau des vollständigen elektro-optischen Sensors einschließlich Polarisator, $\lambda/4$-Plättchen und Analysator bieten GIS und GIL [6.19, 6.20]. Der Sensor erfasst das elektrische Feld und bringt gemäß seinem Funktionsprinzip die entsprechende Spannung zur Anzeige. Als relative Messunsicherheit wird 0,5 % für einen betriebsnormalen Temperaturbereich angegeben.

Elektrooptische Spannungswandler, deren Sensoren direkt an Spannung angeschlossen sind, lassen sich in zwei Gruppen unterteilen. In der einen Gruppe liegt der Sensor am Ausgang eines kapazitiven Spannungsteilers, dessen Nachteile wie beim konventionellen kapazitiven Spannungswandler (s. Abschn. 2.5.6) in Kauf genommen werden müssen. Die Sensoren der anderen Gruppe sind direkt an die volle Hochspannung von bis zu mehreren 100 kV geschaltet. In [6.21, 6.22] wird ein elektrooptischer Spannungswandler mit BGO-Kristallen ($Bi_{12}GeO_{20}$ oder $Bi_4Ge_3O_{12}$) in SF_6-Atmosphäre für den Einsatz bis zur 550-kV-Ebene beschrieben. Als vorteilhaft für die Stabilität des Kristalls hat sich die Einleitung von zwei Lichtwellen mit einer Phasendrehung von $+\lambda/8$ und $-\lambda/8$ erwiesen. Der auch als Freiluftkombiwandler mit Faraday-Sensor für die Strommessung gebaute Wandler erfüllt die IEC-Genauigkeitsanforderungen der Klasse 0,2.

Die periodische Längenänderung durch den inversen piezoelektrischen Effekt (s. Abschn. 6.1.1.3) wird auch zur Messung von Wechselspannungen ausgenutzt [6.22]. Der Sensor besteht aus einem 100 mm langen zylindrischen Quarzkristall, um den eine spezielle optische *Dual-Mode-Faser* gewickelt ist. Die resultierende Phasenmodulation der beiden Moden ist proportional zu der am Quarzkristall anliegenden Wechselspannung. Der piezooptische Spannungswandler ist zu einer kompakten Einheit montiert und kann an eine entsprechend vorbereitete 170-kV-GIS-Anlage angeflanscht werden. Ein nach dem gleichen Prinzip mit mehreren Quarzkristallen aufgebauter Prototyp für 420 kV befindet sich in der Entwicklung.

6.1.2 Elektrooptischer Kerr-Effekt

Der *elektrooptische Kerr-Effekt* beruht auf der induzierten Doppelbrechung einer Lichtwelle im *Kerr-Medium* unter Einwirkung eines transversalen elektrischen Feldes E, wodurch wie beim longitudinalen Pockels-Effekt eine Drehung der Polarisationsebene eintritt. Abb. 6.10 zeigt die Prinzipschaltung mit Laser *1*, Polarisator *2*, Behälter *3* mit dem meist flüssigen oder gasförmigen Kerr-Medium, Analysator *4*, Fotodetektor *5* und Messgerät M. Wie beim Pockels-Sensor kann die Anordnung durch ein $\lambda/4$-Plättchen (s. Abb. 6.1) oder einen Spiegel zur Reflexion der Lichtwelle (s. Abb. 6.5) erweitert werden. Entsprechend der quadratischen Abhängigkeit der induzierten Doppelbrechung beim Kerr-Effekt entsprechend Gl. (6.1) ergibt sich der Gangunterschied der beiden Wellenkomponenten und damit die Phasendrehung zu [6.1–6.4]:

$$\boxed{\Delta\varphi = 2\,\pi\,l\,K\,E^2,} \tag{6.6}$$

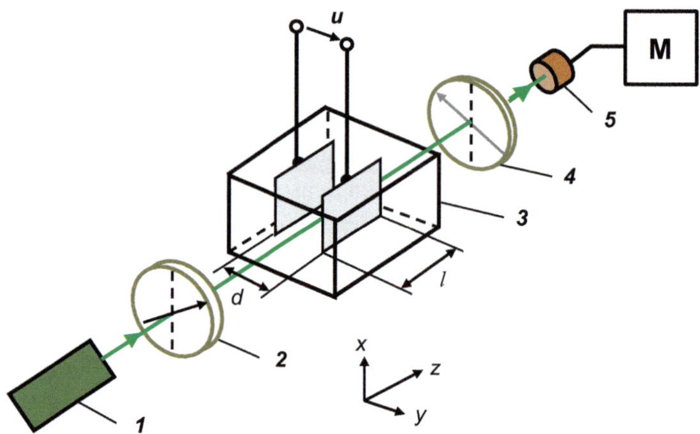

Abb. 6.10 Elektrooptischer Kerr-Effekt *1* Laser *2* Polarisator *3* mit Kerr-Medium gefüllter Behälter *4* Analysator *5* Fotodetektor **M** Messgerät, z. B. Oszilloskop

wobei K die *Kerr-Konstante* ist und l die effektive Länge des Mediums bezeichnet, die von der Lichtwelle unter Einwirkung des elektrischen Feldes durchlaufen wird. Die Intensität des Lichtstrahls nach Verlassen des Mediums verläuft wiederum proportional dem Quadrat der Sinusfunktion entsprechend Gl. (6.4), wobei aber das Argument proportional dem Quadrat der Feldstärke oder Spannung ist:

$$I = I_0 \sin^2 \frac{\pi}{2} (E/E_\mathrm{m})^2.$$

(6.7)

Der Verlauf der Intensität I/I_0 nach Gl. 6.7 ist durch Maxima und Minima gekennzeichnet, die mit zunehmender Feldstärke in immer kürzeren Abständen aufeinander folgen. Das erste Maximum $I = I_0$ für $k = 1$ tritt bei der Feldstärke E_m auf. Die Auflösung von Gl. (6.7) nach der relativen Feldstärke E/E_m ergibt [6.23]:

$$\frac{E}{E_m} = \sqrt{k + \frac{2}{\pi} \arcsin \sqrt{\frac{I}{I_0}}}.$$

(6.8)

Wegen der quadratischen Abhängigkeit des Kerr-Effekts von der Feldstärke bzw. Spannung geht die Information über deren Polarität verloren. Deshalb und wegen der Instabilität und großen Temperaturabhängigkeit sind Kerr-Zellen für Spannungs- oder Feldstärkemessungen weniger gut geeignet als Pockels-Kristalle.

Beim Einsatz einer Kerr-Zelle zur Spannungsmessung gilt für die angelegte Spannung $u = (E/E_\mathrm{m})(E_\mathrm{m}d)$ mit E/E_m nach Gl. (6.8), wobei d den wirksamen Elektrodenabstand bezeichnet (s. Abb. 6.10). Das Produkt $E_\mathrm{m}d$ wird durch Kalibrierung mit einem Referenzteiler bei Gleich-, Wechsel- oder Impulsspannung bestimmt [6.23, 6.24]. In der Anfangszeit der Messung mit Kerr-Zellen diente ein Oszilloskop als Messgerät M und

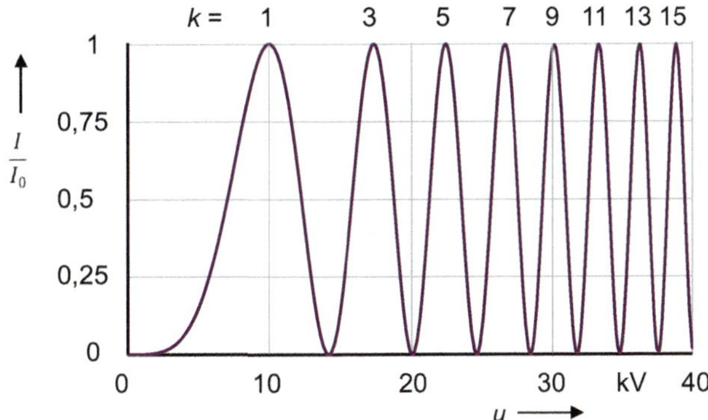

Abb. 6.11 Kennlinie einer Kerr-Zelle, die die Lichtintensität I/I_0 über der angelegten Spannung u zeigt

die Anzahl der angezeigten Spannungsmaxima wurde gezählt (Abb. 6.11). Grundsätzlich nimmt die Genauigkeit dieser Auswertung mit steigender Messspannung zu, da die Anzahl der Maxima überproportional ansteigt.

Der Kerr-Effekt wurde in einer Vielzahl von Arbeiten hinsichtlich der Nutzung in der Hochspannungs- und Feldmesstechnik, Impulsphysik und Isolierstofftechnik eingehend untersucht [6.3, 6.4]. Die zunächst wegen ihrer großen Kerr-Konstante K bevorzugten Stoffe waren brennbare, explosible oder giftige Flüssigkeiten. So wurden Kerr-Messsysteme mit Nitrobenzol für Impulsspannungen bis 300 kV hergestellt [1.6, 6.4]. Später wurden auch weniger gefährliche Stoffe, darunter Wasser, Transformatoröl, Feststoffe und Gase als Kerr-Medium eingesetzt. Nitrobenzol weist zwar eine große Kerr-Konstante K auf, hat aber andererseits eine recht große Dielektrizitätszahl $\varepsilon_r = 36$. Wird die Kerr-Zelle im elektrischen Wechselfeld eines Stoffes mit geringerer Dielektrizitätszahl eingesetzt, reduziert sich die Feldstärke im Kerr-Medium entsprechend dem Verhältnis der Dielektrizitätszahlen und die Messempfindlichkeit sinkt. Es kommt daher nicht allein auf die Größe der Kerr-Konstante K, sondern auch auf den Quotienten K/ε_r an [6.25].

Transformator- und Silikonöle haben kleine, Gase wie O_2, N_2, CO_2 und SF_6 noch sehr viel kleinere Kerr-Konstanten. Selbst bei höheren Feldstärken bzw. Spannungen wird mit diesen Medien nur eine geringe, den Störpegel kaum übersteigende Anzeige erzielt. Abhilfe bringt die Modulation der zu messenden Spannung mit einer Hilfsspannung, deren Frequenz zwischen 1 kHz und 50 kHz und Amplitude zwischen 200 V und 1 kV liegt [6.4, 6.26–6.28]. Das modulierte Ausgangssignal des Fotodetektors wird dann über einen Lock-in-Verstärker dem PC zugeführt und der Einfluss der überlagerten Hilfsspannung durch digitale Filterung eliminiert. Eine weitere Empfindlichkeitssteigerung wird erreicht, wenn die Kerr-Zelle auf der Ein- und Austrittsseite des Lichtstrahls mit durchlässigen Konkavspiegeln versehen ist. Der Lichtstrahl erfährt dadurch eine Mehrfachreflexion, bevor er aus der Kerr-Zelle austritt. Die vom Lichtstrahl insgesamt durchlaufene Strecke im elektrischen Feld – und damit die Phasendrehung $\Delta\varphi$ – wird durch diese Mehrfachspiegelung wesentlich vergrößert [6.27].

6.2   Faraday-Effekt

In den meisten festen und flüssigen dielektrischen Materialien, die optisch durchlässig sind, tritt der *magnetooptische Effekt* auf, nach seinem Entdecker auch als *Faraday-Effekt* bezeichnet. Er beschreibt die Wechselwirkung von linear polarisiertem Licht mit einem Magnetfeld in einem transparenten Medium. Hierbei wird die Polarisationsebene einer durch das Medium laufenden Lichtwelle unter Einwirkung eines longitudinalen Magnetfeldes B gedreht, wie das Beispiel in Abb. 6.12 für einen Glaszylinder illustriert. Die Drehung beruht auf *zirkularer Doppelbrechung*, d. h. der in das Medium eindringende linear polarisierte Lichtstrahl teilt sich in eine rechts- und eine linkszirkular polarisierte Welle auf, die sich aufgrund ungleicher Brechungsindizes mit unterschiedlichen Geschwindigkeiten im Glaszylinder ausbreiten. Am Ausgang des Glaszylinders mit der effektiven Länge l verbinden sich die beiden Teilwellen wieder zu einer linear polarisierten Welle, deren Polarisationsrichtung jedoch um den Winkel β:

$$\beta = VlB = Vl\mu_0 H \tag{6.9}$$

gedreht ist [6.1–6.3]. Hierbei ist V die *Verdet-Konstante* des Mediums mit $\mu_r = 1$, die positiv oder negativ sein kann und von der Wellenlänge des Lichts, vom Medium und dessen Temperatur abhängt. Gelegentlich wird anstelle von V auch das Produkt $\mu_0 V$ zahlenmäßig angegeben. Die Vorgänge im Medium laufen im Bereich von Nanosekunden ab. Mit einem nachgeschalteten Analysator wird die Drehung der Lichtwelle in eine Intensitätsmodulation umgewandelt, die von einem Fotodetektor als entsprechendes elektrisches Signal dem Messgerät zur Auswertung zugeführt wird.

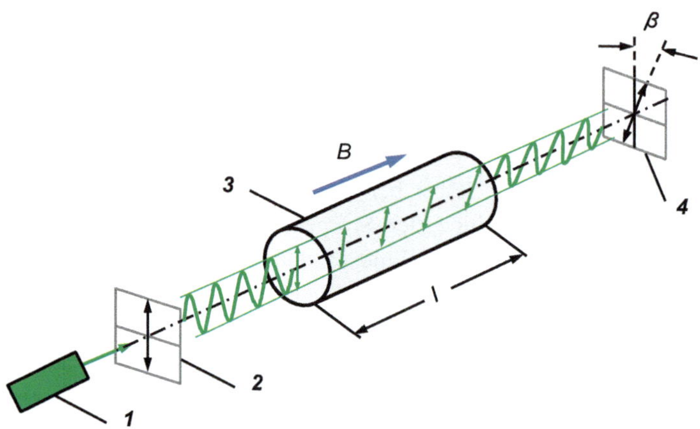

Abb. 6.12   Prinzip des magnetooptischen Faraday-Effekts, durch den die Polarisationsebene von linear polarisiertem Licht im transparenten Medium unter Einfluss eines Magnetfeldes B um den Winkel β gedreht wird

6.2.1 Magnetooptische Stromsensoren

Die grundlegenden Eigenschaften magnetooptischer Sensoren und deren Einsatz bei
der Messung hoher Gleich-, Wechsel- und Stoßströme werden in zahlreichen Arbeiten
behandelt [6.18–6.22, 6.29–6.34]. Der Strom erzeugt das longitudinale Magnetfeld, das
die Drehung der Polarisationsebene der linear polarisierten Lichtwelle im Medium verursacht. Für Gl. (6.9) lässt sich daher vereinfacht schreiben:

$$\beta \sim i. \tag{6.10}$$

In der praktischen Ausführung unterscheidet man grundsätzlich zwischen Sensoren
in Blockform und Faserform. Beim einfachen *Sensor in Blockform* wird das zur Lichtwelle parallele Magnetfeld von einem Strom erzeugt, dessen Stromleiter in mehreren
Windungen um den zylinderförmigen Sensor aus Quarzglas gewickelt ist (Abb. 6.13a).
Die der Stromstärke und Windungszahl proportionale Drehung der Polarisationsebene
wird am Ausgang des Sensors von einem Analysator in eine Intensitätsmodulation
und von einem Fotodetektor in ein elektrisches Signal zur weiteren Auswertung
umgewandelt. Die Herstellung von Sensoren in Blockform wird als einfach und ihre
Langzeitbeständigkeit als gut bezeichnet. Die Antwortzeit des Gesamtsystems liegt bei
einigen 100 ns entsprechend einer Bandbreite von mehreren Megahertz [35].

Eine besondere Ausführung eines Sensors in Blockform stellt der *magnetooptische
Glasring-Wandler* dar (Abb. 6.13b). Er besteht aus einer quadratischen Quarzglas-
anordnung *1* mit zentrischer Öffnung, durch die der Stromleiter *2* gesteckt wird [6.1,
6.3, 6.18, 6.21]. Der Strom erzeugt in der Glasplatte *1* ein Magnetfeld H mit Feldkomponenten, die annähernd parallel zu den Glaskanten verlaufen. Das Licht wird vom

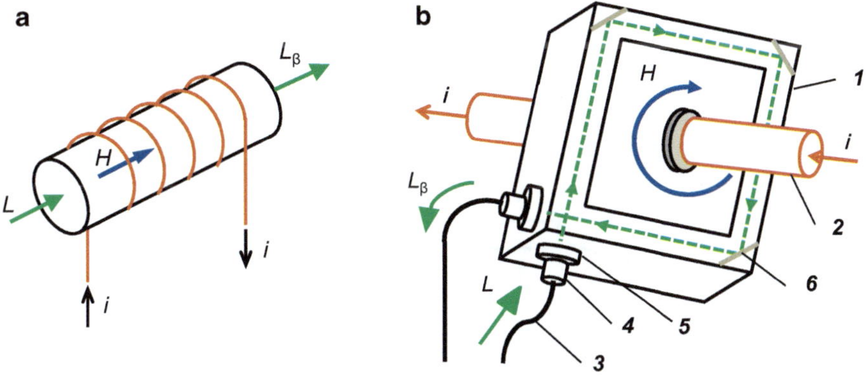

Abb. 6.13 Grundsätzliche Ausführungen magnetooptischer Stromsensoren. **a** stabförmiger Sensor mit
mehrfach umwickeltem Stromleiter. **b** Glasring-Wandler mit zentrischer Öffnung für großen Stromleiter
1 Glasring-Wandler *2* Stromleiter *3* LWL *4* Linse *5* Polarisator *6* Spiegel

LWL *3* über eine Linse *4* und einen Polarisator *5* als linear polarisierte Lichtwelle L in die Glasplattenanordnung eingekoppelt, wo sie als zirkular polarisierte Lichtwelle durch Spiegelung an den Plattenecken *6* parallel zu den Glaskanten umläuft. Unter dem Einfluss des annähernd parallel verlaufenden Magnetfeldes dreht sich die Polarisationsebene der Lichtwelle. Nach einem fast vollständigen Umlauf im Glasring-Wandler tritt die Lichtwelle L_β wieder mit linearer Polarisation, aber mit einer dem Strom proportionalen Phasendrehung β aus. Ein Analysator am Ausgang wandelt die Phasendrehung in eine Intensitätsänderung um. Die Lichtwelle wird anschließend über eine Linse in einen zweiten LWL eingekoppelt und zum Fotodetektor auf Erdpotenzial zur weiteren Auswertung geführt.

Stromsensoren in Faserform sind neuerdings stärker in den Vordergrund des Interesses gerückt. Als Sensorfasern werden optische Glasfasern in spezieller Ausführung verwendet. In der grundsätzlichen Anordnung ist die Glasfaser *1* in einer oder mehreren Windungen um den Stromleiter *2* gewickelt (Abb. 6.14). Als Lichtquelle dient eine Laserdiode *3* mit einem vorgeschalteten Polarisator *4* zur Erzeugung einer linear polarisierten Lichtwelle. Das vom Strom i erzeugte Magnetfeld H verläuft parallel zur Sensorfaser und verursacht entsprechend dem Faraday-Effekt eine Drehung der Polarisationsebene um den Winkel $\beta \sim i$. Der Analysator *5* wandelt die Polarisationsmodulation der austretenden linear polarisierten Lichtwelle in eine Intensitätsmodulation um, die vom Detektor *6* als elektrisches Signal mit der Information über den Drehwinkel β der Polarisationsebene angezeigt wird.

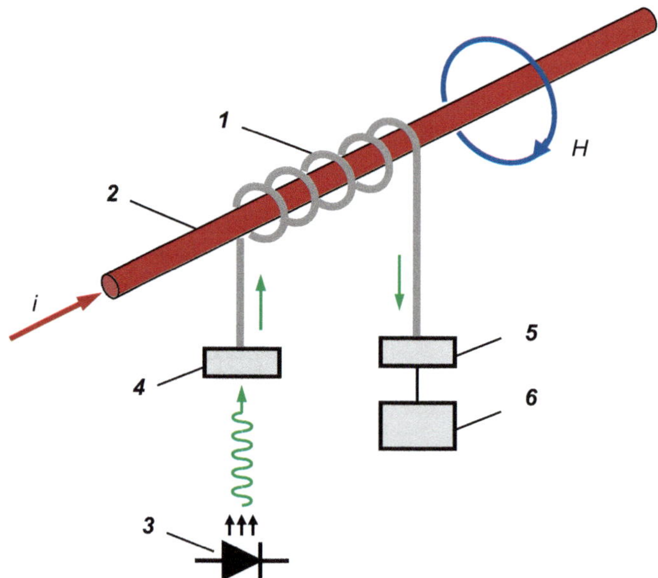

Abb. 6.14 Faseroptischer Stromsensor nach dem Faraday-Effekt (Prinzip) *1* Sensorfaser *2* Stromleiter *3* Laserdiode *4* Polarisator *5* Analysator *6* Fotodetektor

Bei der praktischen Ausführung des vereinfachten Messprinzips nach Abb. 6.14 treten jedoch große Probleme auf. So wird die Polarisation durch geringste thermische und mechanische Einwirkungen auf die gewickelte Glasfaser verändert. Auch weisen reale Lichtwellenleiter Unsymmetrien auf, die die Polarisation beeinflussen. Nach jahrzehntelangen Forschungs- und Entwicklungsarbeiten an verschiedenen Stellen wird der Durchbruch für den praktischen Einsatz des faseroptischen Stromsensors inzwischen als gelungen betrachtet. So wird zum Beispiel der Lichtstrahl am Ende des Lichtwellenleiters reflektiert und durchläuft diesen ein zweites Mal in entgegengesetzter Richtung. Dadurch verdoppelt sich der Faraday-Effekt und störende Einflussgrößen wie Temperatur, Druck, Vibrationen und Asymmetrien der getemperten optischen Faser werden weitgehend kompensiert. Bei der elektrolytischen Metallgewinnung, z. B. von Aluminium, werden sehr hohe Gleichströme von mehreren 100 kA benötigt, wobei die parallel angeordneten Stromschienen einen Öffnungsdurchmesser der Sensorspule von mehr als 1 m erfordern. In [6.37, 6.38] wird ein dafür entwickeltes, aufwendiges faseroptisches Messsystem beschrieben, mit dem Stromstärken von bis zu 500 kA mit einer Unsicherheit von nicht mehr als 0,1 % gemessen werden.

6.2.2 Magnetooptische Stromwandler

Der Einsatz magnetooptischer Sensoren als Stromwandler auf Hochspannungspotenzial an Stelle ölgefüllter induktiver Wandler bietet wirtschaftliche und ökologische Vorteile, ähnlich wie bei elektrooptischen Spannungswandlern. In den *magnetooptischen Stromwandlern* werden Sensoren sowohl in Block- als auch Faserform verwendet. Zusammen mit dem Polarisator und Analysator bilden sie ein passives Bauteil mit geringen Abmessungen, das keine externe Stromversorgung benötigt. Die Anbindung des auf Hochspannungspotenzial befindlichen Sensors an die Lichtquelle und den Detektor auf Erdpotenzial erfolgt praktisch leistungslos über LWL. In trockener Umgebung beeinflusst der Sensor mit LWL-Verbindungen nicht wesentlich das elektrische und magnetische Feld und erfordert selbst keinen besonderen Isolationsaufwand. Elektromagnetische Störeinwirkungen wie bei *Hybridwandlern*, z. B. mit Rogowski-Spule und optischer Datenübertragung, treten nicht auf.

Der magnetooptische Glasring-Wandler nach Abb. 6.13b zeichnet sich wegen seiner einfachen und preiswerten Ausführung aus. Nach längerer Erprobungsphase im Energieversorgungsnetz liegen gute Erfahrungen vor [6.18, 6.21, 6.38–6.40]. Die Klassengenauigkeit der besten optischen Glasring-Wandler wird mit 0,2 angegeben. Die kommerzielle Ausführung eines *faseroptischen Stromwandlers* nach Abb. 6.14 ist aufwendiger und die ersten Prototypen kamen später auf den Markt [6.18, 6.20]. Im Gegensatz zu der Hochstrommessanordnung in [6.36, 6.37] weist die um den Hochspannungsleiter gelegte optische Faser eine stärkere Krümmung und damit größere mechanische Spannungen auf. Vorteilhaft ist die größere Variation des Strommessbereichs, der wie bei induktiven Stromwandlern durch Änderung der Windungszahl der optischen Faser gewählt werden kann.

Magnetooptische Stromwandler werden in Verbindung mit elektrooptischen Spannungswandlern als Kombiwandler für Leistungsmessungen im Hochspannungsnetz eingesetzt. Hierbei sind die unterschiedlichen Laufzeiten der Strom- und Spannungssignale infolge der elektronischen Schaltungen zu berücksichtigen. Die erweiterten Prüfbestimmungen für Messwandler, die bisher vorwiegend Sekundärströme von 1 A und Sekundärspannungen von 100 V vorsahen, akzeptieren inzwischen Ausgangsgrößen, die für die Weiterverarbeitung mit elektronischen und digitalen Schaltungen geeignet sind (IEC 60.044-7 und -8). Da die bisher im Netz vorwiegend eingesetzten induktiven Wandler einerseits eine lange Lebensdauer aufweisen und andererseits die bisher gesammelten Erfahrungen mit optischen Wandlern als noch nicht ausreichend zur Beurteilung der Messgenauigkeit und der zu erwartenden Lebensdauer erachtet werden, ist deren Einsatz im Versorgungsnetz noch nicht sehr häufig.

Literatur

6.1.   Yariv, A., Yeh, P.: Optical waves in crystals. John Wiley, New York (1984)

6.2.   Pedrotti, F., Pedrotti, L., Bausch, W., Schmidt, H.: Optik für Ingenieure. Springer, Berlin (2008)

6.3.   Hebner, R.E., Malewski, R.A., Cassidy, E.C.: Optical methods of electrical measurement at high voltage levels. Proc. IEEE Trans. PAS **65**, 1524–1548 (1977)

6.4.   Hidaka, K.: Electric field and voltage measurement by using electro-optic sensor. Proc. 11. ISH London, Beitrag 2.1.S2 (1999)

6.5.   Kaluza, K., Peier, D.: The electrical short-time strength of optical fibers. Proc. 5. ISH Braunschweig, Beitrag Nr. 72.09 (1987)

6.6.   Stolle, D., Niehe, S.: Optische Messung hoher Spannungen im Prüffeld. VDE Berichte. Nr. **1530**, 1057–1064 (2000)

6.7.   Takahashi, T., Hidaka, K., Kouno, T.: New optical-waveguide Pockels sensor for measuring electric fields. Proc. 9. ISH Graz, Beitrag 8356–1 (1995)

6.8.   Takahashi, T., Okamoto, T., Hidaka, K.: Development of new optical-waveguide Pockels sensors for measuring electric fields. Proc. 10. ISH Montréal, Beitrag 3385 (1997)

6.9.   Takahashi, T.: Electric field measurement by optical waveguide Pockels sensors. Proc. 12. ISH Bangalore, Beitrag 4–97 (2001)

6.10.   Merte, R.: Measurement of electric fields with an opto-electric miniature probe. Proc. 15. ISH Ljubljana, Beitrag T1– 507 (2007)

6.11.   Staubach, C., Merte, R.: Direct electrical field strength distribution determination on electrical apparatus by means of an electro-optical miniature field sensor. Proc. 19. ISH Pilsen, Beitrag 200 (2015)

6.12.   Pirovano, G. et al.: An innovative electro-optic sensor for AC and DC electric fields detection: Experimental results. Proc. 18. ISH Seoul, Beitrag PF-24 (2013)

6.13.   Santos, J. C., Taplamacioglu, M. C., Hidaka, K.: Optical high voltage sensors using Pockels fiber crystals. Proc. 10. ISH Montéal, Beitrag 3514 (1997)

6.14.   Santos, J. C., Taplamacioglu, M. C., Hidaka, K.: Pockels high-voltage measurement system. Proc. 11. ISH London, Beitrag 1.53.S21 (1999)

6.15. Kumada, A., Hidaka, K.: Directly measuring high voltage measuring system based on Pockels effect. Proc. 17. ISH Hannover, Beitrag D-030 (2011)

6.16. Borowiak, H.: Ein Beitrag zur technischen Realisierung eines optischen Stoßspannungsmesssystems. Dissertation TU Cottbus (2006)

6.17. He, Z.-H., Li, J., Ye, Q.-Z.: Electrical field adjustment test on 500 kV optical metering unit. Proc. 12. ISH Bangalore, Beitrag 7–13 (2001)

6.18. Schwarz, H., Honscha, M., Voss, H.-J., Jenau, F.: Optical measurements of high voltages and currents in energy distribution networks. Proc. 13. ISH Delft, Beitrag 586 (2003)

6.19. Mitsui, T., Hosoe, K., Usami, H., Miyamoto, S.: Trans. IEEE PWRD **1**, 87–93 (1987)

6.20. Bosselmann, T.: Physikalische Grundagen zur nichtkonventionellen Messung von Spannungen und Strömen auf hohem Potential. Proc. HIGHVOLT Kolloquium ´99 Cottbus, Beitrag 3.1, 149–152 (1999)

6.21. Schmitt, O., Lauersdorf, M.: Optische Sensoren und Messwandler im praktischen Einsatz. Proc. HIGHVOLT Kolloquium ´99 Cottbus, Beitrag 3.5, 175–179 (1999)

6.22. Bohnert, K., Gabus, P., Brändle, H.: Fiber-optic current and voltage sensors for high-voltage substations. Proc. 16. Conf. on Optical Fiber Sensors, Nara, 752–754 (2003)

6.23. Cassidy, E.C., Cones, H.N., Wunsch, D.C., Booker, S.R.: Calibration of a Kerr cell system for high-voltage pulse measurements. IEEE Trans. IM **17**, 313–320 (1968)

6.24. FitzPatrick, G. J., McComb, T. R.: Investigation of the effects of aging on the calibration of a Kerr-cell measuring system for high voltage impulses. Proc. 8. ISH Yokohama, Beitrag 54.04 (1993)

6.25. Kasprzak, W. et al.: Investigations on Kerr cell with various electro-optic liquids. Proc. 15. ISH Ljubljana, Beitrag T1–438 (2007)

6.26. Okubo, H., et al.: Kerr electro-optic measurement of electrical field distribution in silicone liquid insulation systems for transformer. Proc. 15. ISH Ljubljana, Beitrag T9–115 (2007)

6.27. Kumda, A. et al.: High voltage measuring apparatus based on Kerr effect of gas. Proc. 15. ISH Ljubljana, Beitrag T10–618 (2007)

6.28. Öftering, H.-P. et al.: Electro-optic Kerr effect measurements of electric field distributions at DC voltage in mineral oil. Proc. 20. ISH Buenos Aires, Beitrag 197 (2017)

6.29. Kanoi, M., et al.: Optical voltage and current measuring system for electrical power systems. IEEE Trans. PWRD **1**, 91 (1986)

6.30. Esposti, G. D., Annovazzi-Lodi, Albini, A.: Current measurements on a high voltage apparatus using a fiberoptic sensor. Proc. 5. ISH Braunschweig, Beitrag 73.08 (1987)

6.31. Hirsch, H.: Polarimetrische faseroptische Stromwandler. Diss. TU Dortmund, 1991

6.32. Menke, P.: Optischer Präzisions-Stromsensor nach dem Faraday-Effekt. Diss. Univ, Kiel (1996)

6.33. Flerlage, H.: Magnetooptische Messung schnellveränderlicher Ströme. Dissertation Univ, Hannover (1999)

6.34. Silva, R.M., et al.: Optical current sensors for high power systems: A review. J. Appl. Sci. **16**, 6602–6628 (2012)

6.35. Zhang, G., Luo, C., Pai, S.T.: Magneto-optical sensors for pulsed current measurements. Proc. 9. ISH Graz (1995), Beitrag 7851

6.36. Bohnert, K., Guggenbach, P.: Eine Revolution in der Gleichstrommesstechnik. Bull. SEV/VSE **23**, 23–26 (2005)

6.37. Bohnert, K., Brändle, H., Brunzel, M., Gabus, P., Guggenbach,P.: Highly accurate fiber-optic DC current sensor for the electro-winning industry. Proc. IEEE 2005 Petroleum and Chemical Industry Committee (PCIC) Technical Conference, S. 1–6. Denver (2005)

6.38. Schwarz, H., Hudasch, M.: Erste Betriebserfahrungen mit optischen Stromwandlern für den Einsatz in 123-kV- bis 420-kV-Freiluftanlagen. PTB-Bericht E-46, S. 97–112. (1994)

6.39. Luo, C. M. et al.: The study of accuracy of a magneto-optical current transformer. Proc. 10. ISH Montreál, Beitrag 3048. (1999)

6.40. Li, E. et al.: Development of an optical current measuring system for power systems. Proc. 10. ISH Montreál, Beitrag 3248. (1999)

Digitalrecorder, Software und Kalibratoren

7

Die Messung hoher Gleich-, Wechsel- und Stoßspannungen und der entsprechenden Ströme erfolgt überwiegend mit Messsystemen, in denen *Digitalrecorder* oder andere digitale Messgeräte eingesetzt sind. Analoge Messgeräte wie z. B. *Stoßoszilloskope* oder *Stoßvoltmeter* haben praktisch keine Bedeutung mehr und werden hier nicht weiter behandelt. Wichtiges Bauteil digitaler Messgeräte ist der *A/D-Wandler,* der die analoge Messspannung digitalisiert und als digitalen Datensatz für die weitere Auswertung mit dem PC zur Verfügung stellt. Die Anforderungen an A/D-Wandler sind je nach Art der zu messenden Spannung verschieden. So erfordert zum Beispiel die Aufzeichnung von Stoßspannungen und Stoßströmen sehr hohe Abtastraten, die nur mit speziellen A/D-Wandlern bei begrenzter Amplitudenauflösung realisierbar sind. Zur genauen Kalibrierung und Überprüfung der Messgeräte werden *Kalibratoren* eingesetzt, die Wechsel-, Gleich- und Impulsspannungen von mehreren 100 V bis maximal 2000 V erzeugen. Die normgerechte Auswertung der aufgezeichneten Daten erfolgt mit *Software,* die ebenfalls einer umfassenden Überprüfung unterzogen wird.

Die Anforderungen an digitale Messgeräte und Software sowie die Kalibrier- und Prüfverfahren sind in einer vierteiligen Reihe von IEC 61083 festgelegt [7.1]. Dieses Kapitel befasst sich hauptsächlich mit den Eigenschaften von Digitalrecordern mit schnellen A/D-Wandlern, deren Kalibrierung und der Prüfung von Software zur normgerechten Auswertung von Stoßspannungen. Einige ausgesuchte digitale Messgeräteschaltungen für Wechsel- und Gleichspannungen mit hoher Amplitudenauflösung werden in Kap. 2 und Kap. 3 behandelt.

© Springer Fachmedien Wiesbaden GmbH, ein Teil von Springer Nature 2021
K. Schon, *Hochspannungsmesstechnik,* https://doi.org/10.1007/978-3-658-33793-3_7

7.1　Aufbau und Eigenschaften von Digitalrecordern

Digitalrecorder zum Einsatz in den Bereichen Hochspannung und Hochstrom wurden zunächst nur für Stoßspannungsmessungen eingesetzt und haben inzwischen das analoge Stoßoszilloskop weitgehend ersetzt. Andere Bezeichnungen sind *Digitaloszilloskop*, *Transientenrecorder* und *Digitalisierer*, mit denen in der Vergangenheit auch bestimmte Konstruktions- und Funktionsprinzipien assoziiert waren. Für Gleich- und Wechselspannungsmessungen finden digitale Messgeräte nach ihrer Einbeziehung in die Prüfvorschriften ebenfalls zunehmend Einsatz. Der Begriff „Digitalrecorder" steht hier synonym für alle im Hochspannungs- und Hochstrombereich eingesetzten digitalen Messgeräte. Häufig wird derselbe Digitalrecorder für alle Spannungs- und Stromarten eingesetzt.

Das vereinfachte Blockschaltbild eines digitalen Messgerätes ist in Abb. 7.1 wiedergegeben. Das Eingangssignal $u(t)$ gelangt über den Abschwächer *1* und Vorverstärker *2* zum *Analog-Digital-(A/D-)Wandler 3* und wird als digitaler Datensatz im Halbleiterspeicher *4* temporär gespeichert. Von hier kann der Datensatz in einen stationären internen oder externen Datenspeicher *5* zur weiteren Auswertung verschoben oder mithilfe eines *Digital-Analog-(D/A-)Wandlers* als analoger Zeitverlauf auf einem Bildschirm ausgegeben werden. Der Inhalt des temporären Datenspeichers *4* wird, wenn die Triggerbedingung erfüllt ist, von einem neuen Eingangssignal überschrieben, sodass im Speicher immer die zuletzt aufgezeichneten Daten stehen. Mit dem Taktgeber und der Steuerlogik werden die einzelnen Bausteine des Digitalrecorders in richtiger Reihenfolge gesteuert [7.2, 7.3].

Wichtigster Baustein des Digitalrecorders ist der A/D-Wandler *3*, der das analoge Eingangssignal in äquidistanten Zeitintervallen abtastet und entsprechend seiner Amplitudenauflösung quantisiert. Aus der Anfangszeit der digitalen Aufzeichnungstechnik für Stoßspannungen stammt eine Reihe grundverschiedener Arbeitsprinzipien zur Umwandlung eines schnell veränderlichen Analogsignals in einen digitalen Datensatz [7.4–7.6]. In einer Übergangszeit wurde versucht, den mit einem analogen Stoßoszilloskop aufgezeichneten Stoßspannungsverlauf in einen digitalen Datensatz umzuwandeln, z. B. mithilfe einer speziellen Bildröhre mit gerastertem Auslesespeicher oder eines speziellen

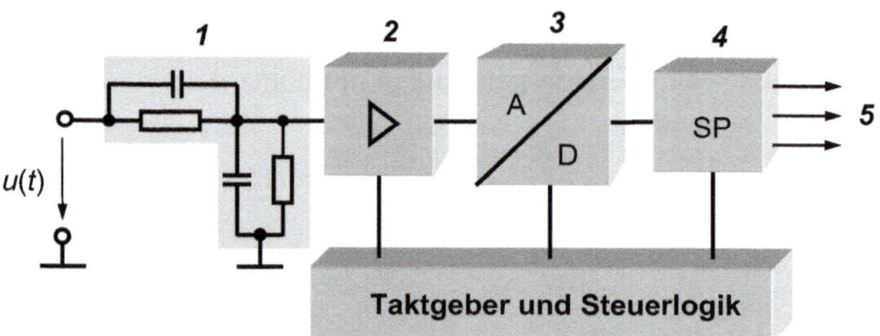

Abb. 7.1　Einfaches Blockschaltbild eines Digitalrecorders *1* Eingangsabschwächer *2* Verstärker *3* Analog–Digital-Wandler *4* Datenspeicher *5* Datenausgänge für externe Geräte (PC, Bildschirm, Plotter usw.)

Kameravorsatzes mit analog-digitaler Bildumwandlung. Der Siegeszug des stetig verbesserten Digitalrecorders ließ sich jedoch nicht aufhalten. Für Stoßspannungsmessungen hat sich der elektronische A/D-Wandler mit Parallelumsetzung („*Flash-Konverter*") durchgesetzt [7.7, 7.8]. Mit speziellen Schaltungstechniken werden inzwischen Recorder mit hoher Abtastrate von bis zu 200 MHz und Amplitudenauflösung N zwischen 8 Bit und 14 Bit angeboten. Andere Versionen von A/D-Konvertern sind zur Messung hoher Gleich- und Wechselspannungen mit höherer Amplitudenauflösung, aber geringerer Abtastrate im Einsatz (s. Kap. 2 und 3).

7.1.1   A/D-Wandlung mit Flash-Konverter

Die Eingangsschaltung eines *Flash-Konverters* mit N Bit Amplitudenauflösung entsprechend 2^N *Quantisierungsniveaus* besteht aus einem mehrstufigen, an der Referenzspannung U_0 liegenden Spannungsteiler *1*, der auf $2^N - 1$ Spannungsstufen abgeglichen ist (Abb. 7.2). Parallel hierzu liegt eine Kette von gleich vielen *Komparatoren 2*. Die analoge Eingangsspannung $u(t)$ wird zu den vorgegebenen Taktzeiten von allen Komparatoren gleichzeitig mit den Stufenspannungen des Spannungsteilers verglichen. Als Ergebnis wird an den Komparatorausgängen eine „0" oder „1" angezeigt. In der nachfolgenden *Kodierschaltung 3* werden die Ausgangssignale der $2^N - 1$ Komparatoren in einen Binärcode mit N Bit Auflösung umgesetzt. Die maximal erreichbare Geschwindigkeit der A/D-Umsetzung hängt hauptsächlich von den Schaltzeiten der Komparatoren und der Verzögerung der Kodierschaltung ab.

Der Digitalrecorder ist kein lineares Messsystem wie das analoge Oszilloskop. Im A/D-Konverter wird das analoge Eingangssignal durch die Summe der Abtastwerte zu diskreten Zeiten $k\Delta t$ ersetzt, d. h. die Information über das Messsignal zwischen benach-

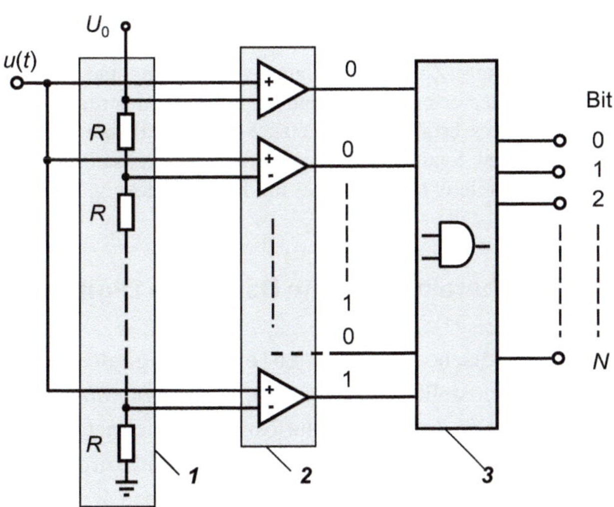

Abb. 7.2 Vereinfachtes Blockschaltbild eines Analog–Digital-Wandlers mit Flash-Konverter *1* mehrstufiger Spannungsteiler mit Referenzspannung U_0 *2* Komparatoren *3* Kodierschaltung

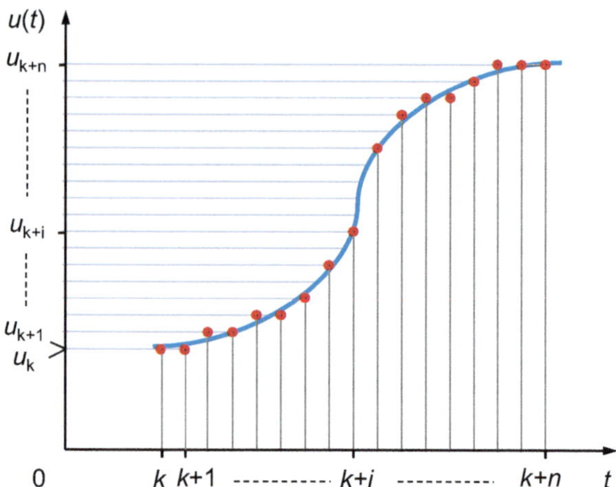

Abb. 7.3 Beispiel für eine abgetastete Spannung bei endlicher Amplitudenauflösung

barten Abtastpunkten geht infolge der Digitalisierung verloren. Abb. 7.3 zeigt beispielhaft die Abtastung einer Spannung in äquidistanten Zeitintervallen mit endlicher Amplitudenauflösung, wodurch die Abtastwerte entsprechend den *Quantisierungsniveaus* meist unter- oder oberhalb des analogen Kurvenverlaufs liegen. Die aufeinander folgenden Abtastwerte u_k, u_{k+1} ... u_n werden bei der Wiedergabe auf dem Bildschirm direkt verbunden, sodass bei großer Amplitudenauflösung und Abtastrate der visuelle Eindruck eines kontinuierlichen Spannungsverlaufs entsteht. Durch Festlegung ausreichend großer Mindestwerte für die Abtastrate und Amplitudenauflösung kann der A/D-Wandler als quasilinear bei der Messung von Spannungen bis in den Zeitbereich von Mikrosekunden, d. h. für Blitzstoßspannungen, angesehen werden. Diese Aussage gilt auch für Schwingungen, die einer Blitzstoßspannung mit den im Prüfkreis maximal auftretenden Frequenzen überlagert sind. Das *Nyquist-Theorem*, das die Abtastrate im Verhältnis zur maximalen Signalfrequenz festlegt, ist damit automatisch erfüllt.

Anmerkung: Zur Aufzeichnung von Gleich- und Wechselspannungen, die nicht so hohe Abtastraten erfordern, werden bei höheren Ansprüchen an die Messgenauigkeit auch andere Wandlungsverfahren eingesetzt. So wird z. B. bei der „Sample-and-Hold"-Schaltung jeder abgetastete Spannungswert von einem Kondensator für kurze Zeit zwischengespeichert und dadurch relativ langsam, aber mit hoher Auflösung digitalisiert.

7.1.2   Charakteristische Daten des Digitalrecorders

Charakteristische Angaben zu einem Digitalrecorder sind die *Amplitudenauflösung*, maximal einstellbare *Abtastrate, Analogbandbreite* bzw. *Anstiegszeit* und *Speicherkapazität*. Die Amplitudenauflösung bezeichnet die Anzahl der *Quantisierungsniveaus* bei Vollaussteuerung des A/D-Wandlers und wird als 2er-Potenz in Bit angegeben. Einer Mindestauflösung von $N = 8$ Bit entsprechen $2^8 = 256$ Quantisierungsniveaus von 0 bis

255 mit einer Stufenhöhe von rund 0,4 % der Vollaussteuerung. Messgeräte für hochgenaue Gleich- und Wechselspannungsmessungen können eine Amplitudenauflösung von mehr als 20 Bit aufweisen.

Mit dem Eingangsabschwächer *1* und Vorverstärker *2* wird die Eingangsspannung $u(t)$ auf den Arbeitsbereich des A/D-Wandlers *3* eingestellt (s. Abb. 7.1). Hochwertige Digitalrecorder weisen eine stufenlos einstellbare Eingangsverstärkung auf, sodass die Spannung am Eingang des A/D-Wandlers bis zur Vollaussteuerung des A/D-Wandlers erhöht werden kann. Der A/D-Wandler arbeitet dadurch stets im optimalen Bereich mit der größtmöglichen Amplitudenauflösung. Die Mehrzahl der Recorder weist diese stufenlose Signalanpassung nicht auf, sodass die Auflösung mit abnehmender Spannungsamplitude immer schlechter wird.

Je nach Einsatzart des Recorders in anerkannten Messsystem oder Referenzmesssystemen sind Mindestwerte für die Bemessungsauflösung, Abtastrate und Anstiegszeit vorgeschrieben (s. Abschn. 7.5). Die Amplitudenauflösung lässt sich scheinbar erhöhen, wenn das Messsignal mit einer wesentlich größeren als die erforderliche Abtastrate erfasst wird (*„oversampling"*). Hierbei werden mehrere benachbarte Abtastwerte jeweils zu einem Mittelwert zusammengefasst, der sich in der Regel zwischen zwei Quantisierungsstufen befindet. Das Messsignal wird dann durch die Gesamtheit der Mittelwerte dargestellt, sodass der durchaus berechtigte Eindruck einer höheren Auflösung entsteht.

Die *Abtastrate* gibt die Anzahl der Abtastungen je Sekunde an und wird in kS/s oder MS/s (Kilo- bzw. Megasamples per second) ausgedrückt. Diese Bezeichnungen haben sich auch im deutschen Sprachgebrauch durchgesetzt, da die formal richtige Einheit „Hz" für die Abtastfrequenz leicht zu Verwechselungen mit der Bandbreite oder Signalfrequenz führt. Die erforderliche Mindestabtastrate eines Recorders für Stoßspannungsprüfungen richtet sich nach der zu messenden Zeit T_x der Stoßspannung bzw. des Stoßstromes, z. B. T_{AB} in der Stirn einer Blitzstoßspannung (s. Abschn. 7.5). Bei einigen vor allem früher eingesetzten Recordern mit begrenztem Speicherplatz kann die Abtastrate nach einer voreinstellbaren Messzeit reduziert werden. sodass weniger Speicherplatz benötigt wird. Durch Zusammenschaltung von zwei und mehr A/D-Wandlern, die zeitversetzt im Wechselbetrieb das Messsignal abtasten, lässt sich eine Vervielfachung der Abtastrate erzielen. Die erforderliche *Anstiegszeit* bzw. Bandbreite eines Recorders für Stoßspannungsmessungen richtet sich ebenfalls nach der für den Impuls festgelegten Zeit T_x.

Der *temporäre Datenspeicher*, in den die Abtastwerte kontinuierlich eingeschrieben werden, hat eine begrenzte Speicherkapazität. Ist der Datenspeicher voll, wird je nach dem gewählten Aufzeichnungsmodus die weitere Aufzeichnung gestoppt oder, wenn die Triggerbedingung erfüllt ist, der Inhalt von einer neuen Eingangsspannung automatisch überschrieben. Im Datenspeicher stehen daher immer die Daten der zuletzt aufgezeichneten Eingangsspannung. Die Aufzeichnung einer Spannung mit höherer Abtastrate bedingt einen entsprechend großen Datenspeicher, um den gleichen Zeitverlauf zu speichern. Zur Reduzierung der Datenmenge bei geringer

Speicherkapazität gab es in der Anfangszeit der digitalen Messtechnik bei einigen Recordern die bereits o. a. Möglichkeit, den Rücken von Stoßspannungen mit reduzierter Abtastrate aufzeichnen zu lassen.

7.1.3 Weitere Eigenschaften des Digitalrecorders

Zur optimalen Signalaufzeichnung gibt es zwei *Triggereinstellungen*. Damit wird zum einen der Triggerwert, zum anderen die Aufteilung des Speicherplatzes vor und nach Erreichen des Triggerwertes festgelegt. Die phasengenaue Abtastung eines kontinuierlichen Signals oder der zeitliche Vorlauf eines Impulses lässt sich damit bequem einstellen. Im Gegensatz zum analogen Oszilloskop, bei dem die Aufzeichnung durch einen Triggerimpuls erst ausgelöst wird, beendet dieser beim Digitalrecorder die Aufzeichnung. Das zeitlich vor dem Triggerereignis liegende Signal ist damit im Datenspeicher festgehalten. Wegen dieses als *Pre-Trigger* bezeichneten Modus treten Triggerprobleme, wie sie beim Betrieb analoger Oszilloskope bekannt sind, beim Digitalrecorder nicht auf.

Die meisten Digitalrecorder erlauben die repetierende Aufzeichnung einer Serie gleicher Impulse und Auswertung des gemittelten Impulsverlaufs. Dies ist z. B. von Vorteil bei der Mehrfachaufzeichnung von Sprungantworten oder Kalibrierimpulsen, die von Generatoren mit hoher Stabilität erzeugt werden. Dadurch erzielt man einen Glättungseffekt, da die bei der Abtastung auftretenden Digitalisierungsfehler mit *Normalverteilung* (s. Abschn. 13.1.3) zum großen Teil kompensiert werden, was auch mit einer höheren Genauigkeit einhergeht. Weiterhin gibt es Digitalrecorder, die mit Hilfe eines aus der Analogtechnik bekannten *Samplingverfahrens* eine Serie von aufeinander folgenden Impulsen zeitversetzt abtasten und dann die Abtastwerte zeitgerecht wieder zusammenfügen können. Die wirksame Abtastrate wird dadurch deutlich erhöht, allerdings bleibt die Bandbreite des Recorders unverändert.

Ein Digitalrecorder hat in der Regel mindestens zwei Messkanäle mit gleichen Betriebsdaten. Dies erlaubt die gleichzeitige Messung von Strom- und Spannungsverläufen oder die Durchführung von Vergleichsmessungen zwischen dem Messsystem und einem Referenzsystem (s. Abschn. 10.3 und Abschn. 10.4). Auch wird die Durchführung des Störtests erleichtert, bei dem die zeitliche Zuordnung der erzeugten Störspannung zur gemessenen Prüfspannung interessiert. Der gleichzeitige Betrieb von zwei oder mehr Kanälen kann allerdings zu einer gegenseitigen Beeinflussung der Eingangsspannungen führen.

Der A/D-Wandler des Digitalrecorders benötigt zur Vollaussteuerung eine Eingangsspannung von wenigen Volt. Durch interne oder externe Abschwächer und Vorverstärker wird das Messsignal diesem Wert angepasst. Die Abschwächer sind als kompensierte RC-Spannungsteiler für bis zu 1000 V oder gar 2000 V aufgebaut, wie sie üblicherweise am Ausgang von Hochspannungsteilern maximal abgegriffen werden. Die hohen Eingangsspannungen sind von Vorteil bei der Unterdrückung von *Störspannungen*, die durch Einwirkung elektromagnetischer Felder auf das Messkabel entstehen, z. B. beim Zünden von Kugelfunkenstrecken. Bei der Abschwächung des Messsignals am Recordereingang werden auch die Störspannungen entsprechend stark reduziert. Digitalrecorder aus dem Niederspannungsbereich verarbeiten Eingangsspannungen von nicht mehr als 100 V und benötigen daher bei Stoßspannungsmessungen einen externen Vorteiler [7.9, 7.10].

Die Eingangsimpedanz des Recorders soll mindestens 1 MΩ bei einer Parallelkapazität von nicht mehr als 50 pF betragen. Die Verformung der Zeitverläufe, insbesondere im Rücken von Schaltstoßspannungen, wird dadurch begrenzt. Zusätzlich sind Recorder, die in Verbindung mit breitbandigen Widerstandsteilern oder Messwiderständen betrieben werden, auch mit einem Eingangswiderstand gleich dem Kabelwellenwiderstand von 50 Ω, 60 Ω oder 75 Ω zur Vermeidung von Reflexionen des Messsignals ausgestattet. Wird ein Recorder, der nicht speziell für Stoßspannungsmessungen konzipiert ist, mit seinem internen niederohmigen Eingangswiderstand betrieben, ist auf dessen zulässige Belastung zu achten. Bei großer Gleich- oder Wechseleingangsspannung oder bei langer Impulsdauer besteht die Gefahr, dass der niederohmige Eingangswiderstand in seinem Wert verändert oder gar zerstört wird. Zum Schutz der Eingangsschaltung dieser Recorder ist es daher ratsam, den niederohmigen Abschluss vorzugsweise durch einen externen Widerstand mit ausreichend hoher Belastung zu realisieren.

Für die Weiterverarbeitung der im Recorder temporär gespeicherten Daten steht eine Vielzahl von Möglichkeiten zur Verfügung. Die Daten können mit relativ langsamer Wiederholfrequenz von z. B. 1 kHz aus dem Datenspeicher des Recorders ausgelesen und über einen D/A-Wandler als analoges Signal auf einem internen oder externen Bildschirm repetierend wiedergegeben werden. Aufgrund der Trägheit des menschlichen Auges entsteht so der Eindruck eines feststehenden Kurvenzuges. Weiterhin lassen sich die im Recorder gespeicherten Daten in einen anderen internen oder externen Festspeicher oder in ein Disketten- oder CD-ROM-Laufwerk verschieben, sodass sie für spätere Auswertungen oder zum Vergleich mit anderen Aufzeichnungen erhalten bleiben.

In Hochspannungs- und Hochleistungslaboratorien werden starke elektromagnetische Felder erzeugt, die die Funktion elektronischer Schaltungen empfindlich stören können. Die dort eingesetzten Recorder sind aufgrund ihrer Konstruktion und eines Schirmgehäuses vor der Einwirkung elektromagnetischer Felder und leitungsgebundener Störungen weitgehend geschützt. Bei Verwendung von Messgeräten aus dem Niederspannungsbereich müssen besondere Vorkehrungen gegen derartige Störeinwirkungen getroffen werden. Eine Schirmung durch einen Faraday-Käfig und eine gefilterte Netzversorgung sind unerlässlich (s. Abschn. 4.3.1.7 und 5.3.1.1). Störungen werden auch über Datenleitungen, die vom Messgerät zu peripheren Geräten außerhalb des Faraday-Käfigs führen, eingekoppelt. Die Datenübertragung zum externen PC und zu anderen Geräten erfolgt daher häufig über Optokoppler mit Lichtwellenleiter.

Digitalrecorder werden in verschiedenen Ausführungen hergestellt. Neben Einzelgeräten mit internem oder separatem Rechner zur Steuerung und Datenauswertung gibt es Digitalrecorder in komplexen mobilen Anlagen. Abb. 7.4 zeigt drei Ausführungen von Digitalrecordern, die von den Herstellern mit unterschiedlicher Amplitudenauflösung, Abtastfrequenz und Peripherie angeboten werden.

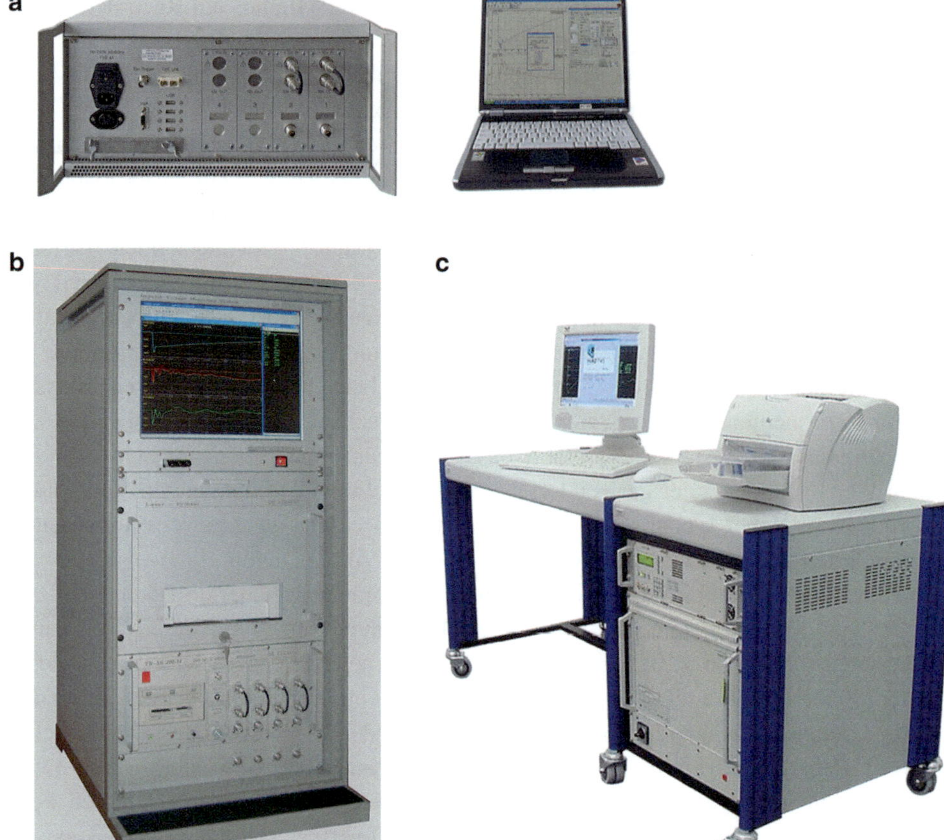

Abb. 7.4 Verschiedene Ausführungen von Digitalrecordern für Stoßspannungsmessungen **a** Recorder mit externem Notebook und LWL-Übertragung (HIGHVOLT Prüftechnik Dresden). **b** Recorder mit eingebautem PC, Drucker und CD-Laufwert (DR. STRAUSS Messtechnik). **c** Recorder im fahrbaren Tischgestell mit Bildschirm und Drucker (HAEFELY TEST AG)

Digitalrecorder werden mit Software zur objektiven und normgerechten Auswertung der aufgezeichneten Prüfspannungen betrieben (s. Abschn. 7.3). Dies ist insbesondere bei Blitzstoßspannungen mit überlagerter Scheitelschwingung wichtig. Auch die Filterung der aufgezeichneten Datensätze zur Glättung des Kurvenverlaufs, Bestimmung der Mittelwerte aus einer Reihe von Aufzeichnungen, numerische Integration des gespeicherten Signalverlaufs und Berechnung des Spektrums mithilfe der schnellen Fourier-Transformation (FFT) sind mit internen oder externen Rechnern möglich. Der Ausdruck der gespeicherten Daten auf Papier ermöglicht die manuelle Auswertung des Zeitverlaufs ähnlich wie bei einem analogen Oszillogramm. Im Zweifelsfall kann somit die Richtigkeit der Auswertesoftware für die Parameter der gemessenen Zeitverläufe einfach überprüft werden.

Seit Einführung des Digitalrecorders in Stoßspannungs- und Stoßstrommesseinrichtungen Anfang 1970 sind beachtliche Fortschritte hinsichtlich der Amplituden- und Zeitauflösung sowie der Datenspeicherung zu verzeichnen. Auch die analoge Eingangsschaltung von Recordern, insbesondere die Genauigkeit der Eingangsabschwächer und deren Frequenzabgleich, wurde vielfach verbessert. Bei einigen Recordern der unteren Preisklasse, die im Niederspannungsbereich eingesetzt werden, stellt jedoch die analoge Eingangsschaltung weiterhin eine Schwachstelle für genaue Messungen schneller Impulsspannungen dar. Die bei Stoßspannungs- und Stoßstrommessungen eingesetzten Recorder haben eine Bemessungsauflösung von 8 Bit bis 14 Bit, Bandbreite von 100 MHz bis 400 MHz und Abtastrate von 100 MS/s bis 250 MS/s [7.7, 7.8]. Höhere Bandbreiten können wegen des internen Abschwächers für Eingangsspannungen von bis zu 2 kV nur schwer realisiert werden. Die an Recorder gestellten Anforderungen für Stoßspannungs- und Stoßstrommessungen (s. Abschn. 7.5) lassen sich durch verbesserte Kalibriertechniken, Überprüfung der Software und Einführung genauer Kalibriergeneratoren für Impulsspannungen in der Regel erfüllen. Zusammenfassend ist festzuhalten, dass der früher durch Digitalrecorder verursachte Unsicherheitsbeitrag bei Hochspannungsmessungen deutlich reduziert ist.

7.2 Charakteristika der digitalen Messtechnik

Zur Messung von Hochspannungen und Hochströmen werden überwiegend digitale Messgeräte mit A/D-Wandlern eingesetzt, deren analoge und digitale Bausteine besondere Eigenarten aufweisen. Bereits die ideale Digitalisierung eines Signals ist wegen der begrenzten Amplituden- und Zeitauflösung mit Fehlern verbunden. Sie werden als *Quantisierungs-* oder *Abtastfehler* bezeichnet, deren Maximalwerte sich theoretisch relativ leicht abschätzen lassen. Der reale A/D-Wandler mit seinen digitalen und analogen Schaltkreisen (Komparatoren, Spannungsteiler), insbesondere der schnelle Flash-Konverter nach Abb. 7.2, verursacht auf Grund seiner technischen Unvollkommenheit weitere Fehler, die sich teilweise nur durch aufwändige Messungen ermitteln lassen. Hierbei kann man die Fehlereinflüsse unterteilen in jene, die bereits bei der Abtastung einer Gleichspannung vorhanden sind, und solche, die zusätzlich bei schnellveränderlichen Spannungen auftreten. Weitere Fehlerquellen stellen Eingangsabschwächer und Verstärker des Recorders dar, die grundsätzlich bereits durch den früheren Einsatz analoger Oszilloskope bekannt sind. Dies gilt ebenfalls für die Störeinwirkungen, die durch hohe elektrische und magnetische Felder, Über- und Durchschläge im Prüfkreis oder durch Zünden der Funkenstrecken bei der Erzeugung von Stoßspannungen und Stoßströmen verursacht werden.

7.2.1　Ideale Quantisierung

Das grundsätzliche Verhalten eines A/D-Wandlers wird durch seine *Quantisierungscharakteristik* gekennzeichnet. Sie wird bei Gleichspannung aufgenommen und zeigt den digitalen Ausgabewert u_2 des A/D-Wandlers in Abhängigkeit von der Eingangsspannung u_1. Legt man an den Eingang eines idealen A/D-Wandlers eine Gleichspannung u_1 an, so ist die entsprechende Ausgangsspannung $u_2 = k\Delta u$. Hierbei bezeichnet k die Quantisierungsstufe und $\Delta u = u_{2,\mathrm{max}}/2^N$ die Stufenhöhe des Ausgabewertes entsprechend der Amplitudenauflösung N und dem Maximalwert $u_{2,\mathrm{max}}$ (Abb. 7.5, Kurve *1*). Wird die Eingangsspannung in kleinen Schritten erhöht, so bleibt der Ausgabewert u_2 zunächst unverändert auf dem Stufenwert $k\Delta u$ stehen. Erst wenn u_1 auf den Schwellenwert für die nächste Stufe erhöht wird, springt u_2 auf die nächste Quantisierungsstufe $(k+1)\Delta u$. Insgesamt ergibt sich eine treppenförmige Charakteristik mit gleicher Stufenbreite w_o und Stufenhöhe Δu. Kurve *2* in Abb. 7.5 ist ein Beispiel für die Quantisierungscharakteristik eines realen, d. h. fehlerbehafteten A/D-Wandlers mit unterschiedlicher Stufenbreite w_k.

Bei idealer Abtastung eines beliebigen Signals liegt der Signalwert zur Abtastzeit $k\Delta t$ in der Regel zwischen zwei Quantisierungsstufen und wird durch den nächstgelegenen Wert der Quantisierungsstufe ersetzt und gespeichert. Der quantisierte Abtastwert u_k weicht daher um den *Quantisierungsfehler* $\delta_{\mathrm{i,k}}$ von dem exakten Signalwert ab. Für ein beliebiges Signal ist der maximal auftretende Quantisierungsfehler $\delta_{\mathrm{i,max}}$ gegeben durch die halbe Differenz zwischen zwei benachbarten Quantisierungsstufen:

$$\delta_{\mathrm{i,max}} = 0{,}5 \cdot \mathrm{LSB}, \tag{7.1}$$

wobei *LSB* („ *Least Significant Bit*") die kleinste Digitalisierungsstufe bezeichnet. Für $N = 8$ Bit erhält man einen maximalen Quantisierungsfehler $\delta_{\mathrm{i,max}} \approx 0{,}2\ \%$, bezogen auf

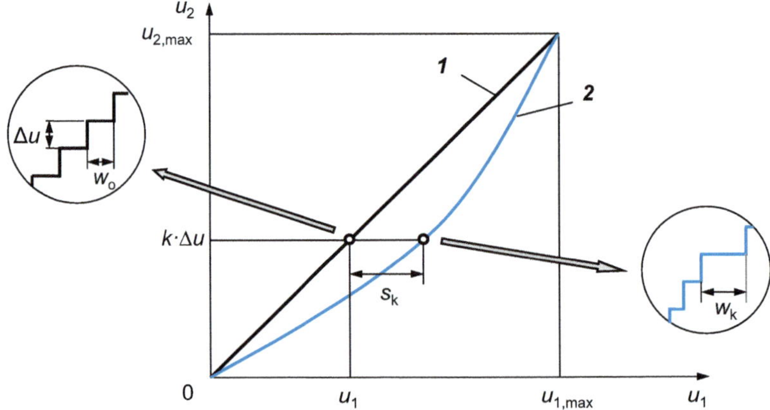

Abb. 7.5 Quantisierungscharakteristik eines A/D-Wandlers bei Gleichspannung *1* ideale A/D-Wandlung mit gleicher Stufenbreite w_o und Stufenhöhe Δu. *2* fehlerbehaftete A/D-Wandlung mit ungleicher Stufenbreite w_k

Vollaussteuerung. Bei kleinerer Signalaussteuerung wird der relative Quantisierungsfehler entsprechend größer.

Die diskreten Quantisierungsfehler $\delta_{i,k}$ bei der idealen Abtastung eines Signals lassen sich ohne nähere Kenntnis des Zeitverlaufs durch eine Rechteckverteilung mit den Grenzwerten $\pm\delta_{i,max}$ kennzeichnen. Für insgesamt m Einzelwerte des quantisierten Signals berechnet sich die Standardabweichung σ_i der idealen Quantisierung allgemein zu (s. Abschn. 13.1.3):

$$\sigma_i = \sqrt{\frac{1}{m-1}\sum_{k=1}^{m}\delta_i^2 k} \qquad (7.2)$$

und bei Vorliegen einer Rechteckverteilung mit Gl. (7.1):

$$\sigma_i = \frac{1}{\sqrt{3}}\left|\delta_{1,max}\right| = \frac{1}{\sqrt{12}}\text{LSB} = 0{,}289\,\text{LSB} \approx 0{,}3\,\text{LSB}. \qquad (7.3)$$

Die Standardabweichung σ_i nach Gl. (7.3) ist die *Standardunsicherheit* der idealen Quantisierung eines beliebigen Signals.

Bei der Abtastung einer Spannungsverlaufs wird im Allgemeinen nicht genau der Zeitpunkt des Maximalwertes getroffen. Die Amplitude bzw. der Scheitelwert wird dann zu klein ermittelt und es entsteht ein negativer Abtastfehler. Der ungünstigste Fall tritt ein, wenn die beiden dem Maximalwert benachbarten Abtastwerte auf gleicher Höhe liegen [7.11]. Für eine Sinusspannung mit der Amplitude $\hat{u}$ und der Frequenz f beträgt dann der negative Amplitudenfehler (Abb. 7.6a):

$$\Delta u = \hat{u}[1 - \cos(\pi \cdot \Delta t f)], \qquad (7.4)$$

wobei Δt das Abtastintervall, also der Kehrwert der Abtastfrequenz, ist. Für eine Wechselspannung mit Netzfrequenz ist der Amplitudenfehler nach Gl. (7.4) vernachlässigbar

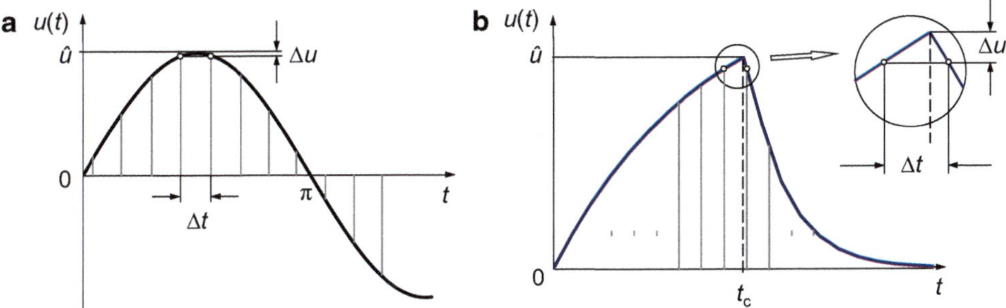

Abb. 7.6 Maximaler Fehler Δu in der Amplitude bzw. im Scheitel bei ungünstiger Abtastung **a** Sinusspannung **b** abgeschnittene Blitzstoßspannung

klein. Erst bei einer Sinusfrequenz $f = 4{,}5$ MHz und einer Abtastrate von 100 MS/s (Abtastintervall $\Delta t = 10$ ns) muss mit einem negativen Amplitudenfehler von bis zu $-1\,\%$ gerechnet werden.

Für eine mit 100 MS/s abgetastete Blitzstoßspannung ist der Abtastfehler im Scheitel vernachlässigbar klein. Wird eine in der Stirn nach $T_c = 0{,}5$ µs abgeschnittene Blitzstoßspannung ebenfalls mit 100 MS/s abgetastet, kann der Scheitelfehler theoretisch bis zu $-1\,\%$ betragen (Abb. 7.6b). In der Prüfpraxis ist der mit einem Stoßspannungsteiler gemessene und vom Digitalrecorder aufgezeichnete Verlauf der Stoßspannung im Scheitel jedoch abgerundet und der absolute Scheitelwertfehler daher niedriger.

7.2.2 Statische differenzielle und integrale Nichtlinearitäten

Die Quantisierungscharakteristik eines realen A/D-Wandlers weicht aufgrund der technischen Unvollkommenheit seiner Schaltkreise mehr oder weniger vom idealen Verlauf ab. Im Beispiel der Kurve *2* in Abb. 7.5 haben die einzelnen Quantisierungsstufen eine unterschiedliche Breite. Die relative Abweichung der Stufenbreite $w(k)$ der k-ten Stufe zur mittleren Stufenbreite w_0, die der Stufenbreite der Idealkurve *1* entspricht, wird als (*statische*) *differenzielle Nichtlinearität* $d(k)$:

$$ d(k) = \frac{w(k) - w_0}{w_0}. \tag{7.5} $$

bezeichnet. Die als Beispiel in Abb. 7.5 gezeigte Häufung von Stufen mit zu kleiner und großer Stufenbreite führt zu einer Verformung der Quantisierungskurve *2* des realen A/D-Wandlers im Vergleich zur Idealkurve *1*. Die Abweichung der beiden Kurven bei der k-ten Stufe ist die *integrale Nichtlinearität* $s(k)$. Eingehende Untersuchungen an vier hochwertigen 8-Bit- und 10-Bit-Wandlern ergeben für die integrale Nichtlinearität Werte von weniger als 0,1 %, sodass ein Einfluss auf den Scheitelwert und die Zeitparameter von Stoßspannungen und Stoßströmen vernachlässigbar ist [7.12].

Die Ermittlung der Quantisierungscharakteristik von A/D-Wandlern ist selbst bei vollautomatisierter Durchführung sehr zeitaufwendig. Die Anzahl der angelegten Gleichspannungsstufen sollte mindestens das Fünffache der Anzahl der Quantisierungsstufen betragen, also z. B. rund 5000 Gleichspannungsstufen bei einem 10-Bit-Wandler. Die Kalibrierung von Digitalrecordern mit hochauflösenden A/D-Wandlern setzt eine entsprechend hohe Stabilität sowohl der Gleichspannungsquelle als auch des Digitalrecorders für mehrere Stunden voraus. Um die Zeit zur Aufnahme der Quantisierungskurve zu verkürzen, wird der Einsatz von Rampenspannungen oder Sinusspannungen mit Fourieranalyse an Stelle von Gleichspannungen vorgeschlagen [7.13, 7.14]. Hierbei ist die Steilheit bzw. Wiederholfrequenz der Kalibrierspannungen auf kleine Werte begrenzt, damit das dynamische Verhalten des Digitalrecorders keinen zusätzlichen Einfluss auf die Quantisierung ausübt. Bei einer ausgefeilten Kalibriertechnik für einen 14-Bit-Recorder wird eine rampenförmige Spannung eingesetzt, die aus minimalen Stufen entsprechend einer Auflösung von 16 Bit besteht. Jede Spannungsstufe wird durch Messung mit einem Präzisionsdigitalvoltmeter überprüft [7.15].

7.2.3 Dynamische differenzielle Nichtlinearität

Der A/D-Wandler, insbesondere der mit Flash-Konverter nach Abb. 7.2, verursacht weitere charakteristische Fehler bei der Abtastung zeitveränderlicher Spannungen. Mit zunehmender Steilheit bzw. Frequenz der Eingangsspannung kann es vorkommen, dass der A/D-Wandler aufgrund von Streukapazitäten, Induktivitäten und Instabilitäten der Komparatoren und internen Verstärker nicht mehr folgen kann. Einige Komparatoren sprechen zunächst nur unregelmäßig und dann überhaupt nicht mehr an. Die betroffenen Quantisierungsstufen sind deshalb statistisch mit geringerer Häufigkeit als benachbarte Stufen vorhanden bzw. treten gar nicht mehr auf. Die relative Abweichung der Häufigkeit einer Quantisierungsstufe k von der mittleren Häufigkeit wird als *dynamische differenzielle Nichtlinearität $d(k)$* bezeichnet.

A/D-Wandler in Recordern lassen sich mit symmetrischen Dreieckspannungen oder Sinusspannungen prüfen. Die zu erwartenden Häufigkeitsverteilungen H der Quantisierungsstufen k bei idealer Abtastung von Dreieck- und Sinusspannungen zeigt Abb. 7.7. Bei der experimentellen Durchführung der Prüfung werden analoge Signalgeneratoren oder digitale Generatoren mit D/A-Wandler zur Erzeugung der Testspannungen eingesetzt. Die Amplitude liegt innerhalb von (95 ± 5) % der *Vollaussteuerung f.s.d.* („*full scale deflection*") des geprüften Recorders. Die Wiederholfrequenz der Prüfspannung darf keine Harmonische der Abtastfrequenz sein. Eine genügend große Anzahl von Perioden der abgetasteten Dreieckspannung ist zur gesicherten Auswertung des Histogramms erforderlich.

In Abschn. 7.2.6 wird gezeigt, dass die Steilheit an der Stelle der gerade abgetasteten Spannung maßgebend für den jeweiligen Abtastfehler ist. Dieses Verhalten lässt sich im Histogramm der Quantisierungsstufen für linear ansteigende Eingangsspannungen sehr anschaulich darstellen. Während bei niedriger Steilheit alle Stufen annähernd gleich häufig vorhanden sind, weisen mit zunehmender Steilheit bestimmte

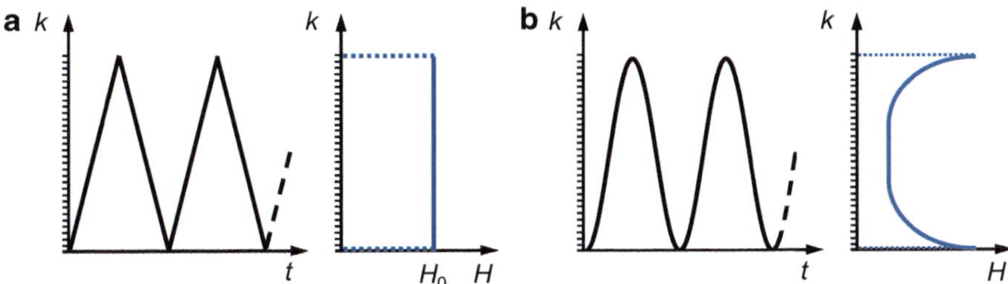

Abb. 7.7 Ideale Häufigkeitsverteilung H der Quantisierungsstufen k für **a** Sägezahnspannung mit konstanter Steilheit S **b** Sinusspannung der Frequenz f

Quantisierungsstufen eine abnehmende Häufigkeit auf, bis sie nach einem bestimmten Muster ganz ausfallen. Der A/D-Wandler büßt dadurch einen mit der Signalsteilheit zunehmenden Teil seiner ursprünglichen Amplitudenauflösung ein [7.16–7.21].

Als Beispiel zeigt Abb. 7.8 die Häufigkeitsverteilung H/H_{max} der Quantisierungsstufen QS eines in der Anfangszeit der digitalen Stoßspannungsmesstechnik häufig eingesetzten 8-Bit-Recorders mit Flash-Konverter bei der Abtastung einer symmetrischen Dreieckspannung mit unterschiedlicher Steilheit S. Für $S=0{,}1$ $V\mu s^{-1}$ sind noch alle Quantisierungsstufen in dem untersuchten Bereich zwischen 10 und 245 vorhanden (Abb. 7.7a), wenn auch nicht mit exakt gleicher Häufigkeit. Mit zunehmender Steilheit der Dreieckspannung fallen jedoch immer mehr Quantisierungsstufen des A/D-Wandlers aus (Abb. 7.7b). Für die Dreieckspannung mit $S=22$ $V\mu^{-1}$ sind nur noch 7 Stufen entsprechend einer Auflösung von 4 Bit vorhanden (Abb. 7.7c).

Anmerkung: Die dreieckförmige Prüfspannung hat den Vorteil, dass die dynamische Beanspruchung aller Quantisierungsstufen über den gesamten Aussteuerungsbereich annähernd gleich ist. Die Spitzen der erzeugten Dreieckspannung sind häufig verformt. Es kann dann vorteilhaft sein, die Dreieckspannung geringfügig größer einzustellen, sodass die Spitzen außerhalb des Bereichs des A/D-Wandlers liegen und nicht ausgewertet werden. Bei der Prüfung mit Sinusspannung ändert sich die Beanspruchung der Wandlerstufen mit der Kurvenform, d. h. die unteren und oberen Quantisierungsstufen werden dynamisch nur gering beansprucht. In [7.20] wird über die Häufigkeitsverteilung von zwei Recordern bei Anlegen von Stoßspannungen berichtet.

7.2.4 Diskrete Abtastfehler bei Sinusspannungen

Die bei Gleichspannung aufgenommene Quantisierungscharakteristik eines A/D-Wandlers mit Flash-Konverter gilt nicht ohne weiteres für schnelle Spannungsänderungen. Oberhalb einer bestimmten Signalfrequenz verschlechtert sich das dynamische Verhalten des A/D-Wandlers durch Streukapazitäten, Induktivitäten und Instabilitäten der Schaltung,

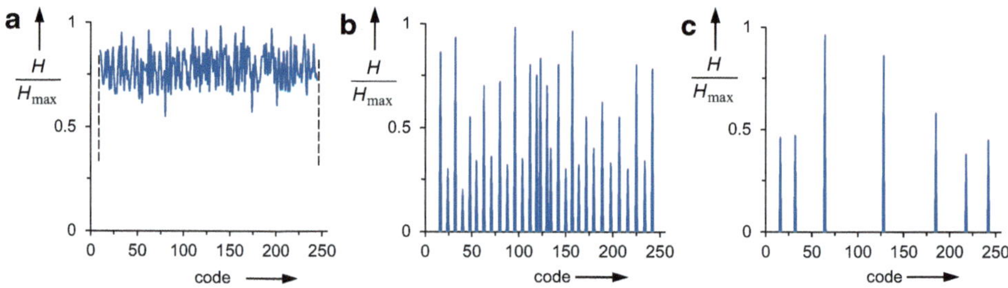

Abb. 7.8 Häufigkeitsverteilung H/H_{max} der Quantisierungsstufen QS eines Digitalrecorders (8 Bit, 10 ns) bei der Abtastung einer symmetrischen Dreieckspannung mit der Steilheit S **a** $S=0{,}1\,V\mu s^{-1}$ **b** $S=6\,V\mu s^{-1}$ **c** $S=22\,V\mu s^{-1}$

vorwiegend des internen Spannungsteilers und der Komparatoren. Zur messtechnischen Untersuchung von A/D-Wandlern bieten sich zunächst Sinusspannungen an, die auch mit Frequenzen im Megahertzbereich ausreichend genau erzeugt werden können. Das Prinzip der Auswertung ist in Abb. 7.9 erkennbar. Die Abtastung der Sinusspannung erfolgt über mehrere Perioden und liefert m gespeicherte Abtastwerte u_k. Diese werden durch einen idealen Sinusverlauf $u(t)$ hinsichtlich Frequenz, Amplitude, Phase und Offset approximiert (Abb. 7.9a) und ihre Abweichungen zum Sinus ermittelt (Abb. 7.9b).

Die Abweichungen der Abtastwerte von den entsprechenden genauen Sinuswerten bei den diskreten Abtastzeiten $k\Delta t$ sind die Abtastfehler $\delta_{r,k}$. Im Gegensatz zur idealen Quantisierung sind die Abtastfehler des realen A/D-Wandlers nicht auf 0,5 LSB begrenzt, sondern können weit größere Werte annehmen. Außerdem weisen sie eine Normalverteilung auf im Gegensatz zur Gleichverteilung bei idealer Quantisierung. Die *empirische Standardabweichung* σ_r der Abtastfehler $\delta_{r,k}$ bei der realen Digitalisierung einer Sinusspannung berechnet sich zu [7.11]:

$$\sigma_r = \sqrt{\frac{1}{m-1}\sum_{k=1}^{m}\delta_{r,k}^2}. \tag{7.6}$$

Die Standardabweichung σ_r wird auch als *Standardfehler* bezeichnet, der über das dynamische Verhalten des A/D-Wandlers informiert. Trägt man die für unterschiedliche Sinusfrequenzen ermittelten σ_r-Werte über der Frequenz f auf, ergibt sich für den untersuchten A/D-Wandler ein charakteristischer Verlauf. In der Regel steigt die Kurve $\sigma_r(f)$ von einem Anfangswert, der ungefähr dem Wert σ_i der idealen Quantisierung nach

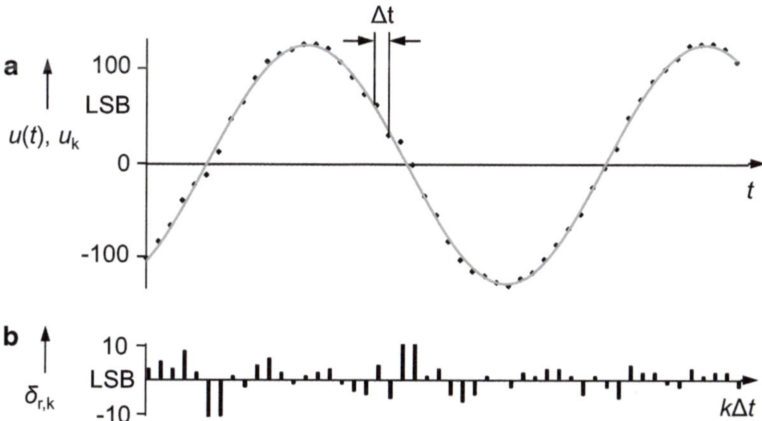

Abb. 7.9 Aufzeichnung einer Sinusspannung mit einem 8-Bit-Wandler ($\Delta t = 10$ ns) **a** Abtastwerte u_k mit angepasstem Sinusverlauf $u(t)$. **b** Abweichungen $\delta_{r,k}$ der Abtastwerte zum Sinus

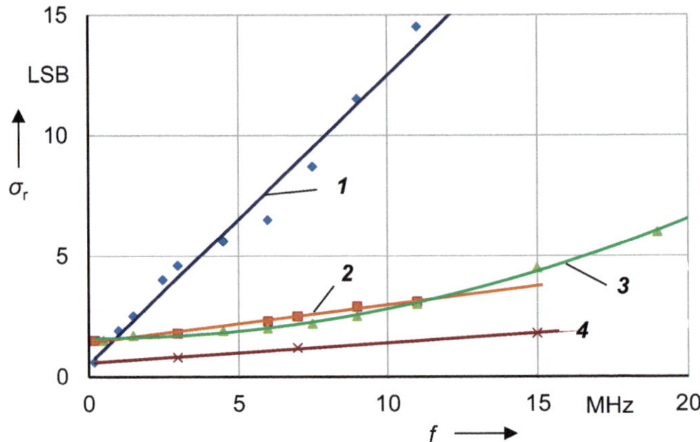

Abb. 7.10 Standardfehler $\sigma_r(f)$ von Digitalrecordern bei der Abtastung von Sinusspannungen *1* Recorder mit 8 Bit, 100 MS/s *2* Recorder mit 8 Bit, 50 MS/s. *3* Recorder mit 6 Bit, 500 MS/s *4* Recorder mit 8 Bit, 200 MS/s

Gl. (7.3) entspricht, linear mit der Frequenz der Sinusspannung an. Abb. 7.10 zeigt den Verlauf $\sigma_r(f)$ für verschiedene A/D-Wandler in vier Digitalrecordern [7.16–7.18, 7.22]. Kurve *1* kennzeichnet den A/D-Wandler eines 8-Bit-Digitalrecorders, der als einer der ersten für Stoßspannungsmessungen eingesetzt wurde. Auf den ersten Blick fällt das besonders schlechte Verhalten mit steigender Frequenz auf. Bei ganz niedrigen Frequenzen erreicht der A/D-Wandler allerdings annähernd den niedrigen Abtastfehler σ_i der idealen Quantisierung. Er ist deshalb zur Messung des Scheitelwertes, in dessen Umgebung sich die Stoßspannung nur relativ langsam ändert, gut geeignet. Kurve *2* gehört dem A/D-Wandler eines preiswerten 8-Bit-Digitaloszilloskops mit großer Rauschüberlagerung. Daher gibt es kaum einen Unterschied zur σ_r-Kurve *3* eines 6-Bit-Recorders. Das beste Verhalten zeigt der A/D-Wandler eines hochwertigen 8-Bit-Recorders *4*, der sich zudem durch eine große Bandbreite von 400 MHz auszeichnet.

7.2.5 Effektive Bitzahl

Für Digitalrecorder wird gelegentlich die *Effektive Bitzahl* (EB):

$$\boxed{\mathrm{EB} = N - \log_2 \frac{\sigma_f}{\sigma_i}} \tag{7.7}$$

mit σ_i nach Gl. (7.3) und σ_r nach Gl. (7.6) angegeben [7.11, 7.16–7.22]. Der A/D-Wandler eines bestimmten Recorders wird damit über die Standardabweichung mit einem idealen A/D-Wandler verglichen. Der Verlauf der Effektiven Bitzahl, aufgetragen über dem Logarithmus der Sinusfrequenz, ergibt für die meisten Recorder eine typische Kurve, die an den vertrauten Frequenzgang analoger Messgeräte erinnert. Bei niedrigen Frequenzen ist die EB annähernd konstant und beträgt etwas weniger als die Bemessungsauflösung N des A/D-Wandlers. Oberhalb einer bestimmten Frequenz nimmt die EB mit steigender Frequenz deutlich ab, da der Abtastfehler σ_r in Gl. (7.6) mit der Sinusfrequenz ansteigt.

Als Beispiel zeigt Abb. 7.11 die EB-Kurven der vier Recorder *1, 2, 3* und *4* oberhalb von 0,1 MHz, berechnet mit den σ_r-Werten gemäß Abb. 7.10. Man erkennt wieder den eher atypischen Verlauf der EB-Kurven *1* und *2* für die beiden 8-Bit-Recorder. Die EB-Kurve *1* weist bei 0,1 MHz annähernd den Idealwert auf, fällt dann aber relativ schnell ab und weist bei 1 MHz nur noch etwas weniger als 6 EB auf. Die EB-Kurve *2* ist deshalb auffällig, weil das 8-Bit-Oszilloskop offenbar nur eine effektive Auflösung von 6 Bit hat. Das beste Verhalten zeigt auch in dieser Darstellung wiederum der 8-Bit-Recorder mit der EB-Kurve *4*.

Der EB- wie auch der σ_r-Verlauf vermitteln einen anschaulichen Überblick über das dynamische Verhalten der untersuchten A/D-Wandler und erlauben in begrenztem Umfang eine Beurteilung verschiedener Recorder. Beide Charakteristiken erfassen allerdings nicht alle frequenzabhängigen Einflussgrößen eines Digitalrecorders. So beziehen sich die Abtastfehler $\delta_{r,k}$, mit denen σ_r und damit auch die EB-Zahl berechnet werden, auf den rechnerisch angepassten Sinus und nicht auf die tatsächlich am A/D-Wandler anliegende Sinusspannung. Das Übertragungsverhalten der Eingangsschaltung des Recorders bleibt somit unberücksichtigt. Weiterhin lassen sich aus den frequenzabhängigen Charakteristiken keine quantitativen Aussagen über den dynamischen Messfehler eines Recorders bei der Abtastung von Stoßspannungen oder Stoßströmen gewinnen, wie das bei Kenntnis des Frequenzgangs analoger Messgeräte mithilfe der Faltung möglich ist.

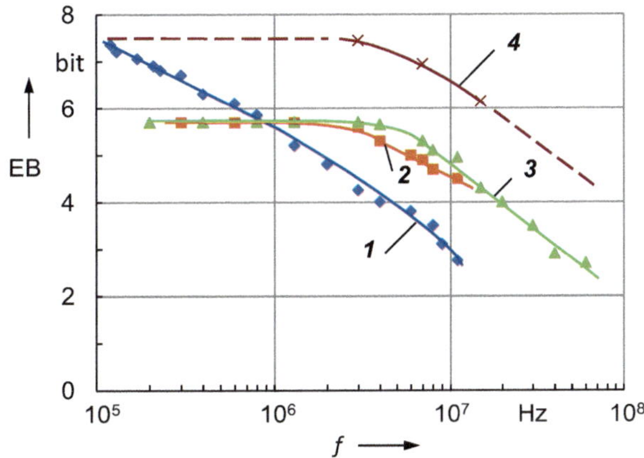

Abb. 7.11 Effektive Bitzahl EB(f) verschiedener 8-Bit- und 10-Bit-Digitalrecorder *1, 2, 3, 4* Recorder wie in Abb. 7.10

7.2.6 Signalsteilheit und Abtastfehler

Bei genauer Betrachtung der Abtastfehler $\delta_{r,k}$ ist für eine Vielzahl von A/D-Wandlern mit Flash-Konverter festzustellen, dass im Nulldurchgang der Sinusspannung die größten und im Amplitudenbereich die kleinsten Abtastfehler $\delta_{r,k}$ auftreten (s. Abb. 7.9). Die Abtastfehler sind offensichtlich von der Steilheit der Eingangsspannung abhängig. Bei einer Sinusspannung variiert die Steilheit zwischen einem Maximum und null; sie eignet sich daher nicht besonders gut zur Prüfung des dynamischen Verhaltens von A/D-Wandlern. Das grundsätzliche Verhalten des A/D-Wandlers lässt sich eindeutiger mit Rampen- oder symmetrischen Dreieckspannungen untersuchen, deren Steilheit über dem gesamten Aussteuerungsbereich des A/D-Wandlers annähernd konstant ist. An die Linearität der Dreieckspannung wird wegen der statistischen Auswertung keine besonders hohe Anforderung gestellt.

Die Auswertung der aufgezeichneten Abtastwerte erfolgt in vergleichbarer Weise wie für Sinusspannungen. Die Abtastwerte im ansteigenden Teil der Dreieckspannung werden durch eine Gerade mit der Steilheit S approximiert und deren Abweichungen $\delta_{r,k}$ bei den Abtastzeiten $k\Delta t$ ermittelt. Berechnet man hieraus die Standardabweichung nach Gl. (7.6) und trägt σ_r in Abhängigkeit von der Rampensteilheit auf, ergibt sich wiederum für jeden A/D-Wandler ein charakteristischer Verlauf $\sigma_r(S)$, der als mittlerer Fehlerverlauf angesehen werden kann. Als Beispiel zeigt Abb. 7.12 die Standardabweichungen $\sigma_r(S)$ der beiden 8-Bit-Recorder *1* und *2* (s. Abb. 7.10), deren Verhalten auch in dieser Darstellung vom Normalverlauf abweicht. Zum Vergleich ist die frequenzunabhängige Standardabweichung $\sigma_i \approx 0{,}3$ LSB bei idealer Quantisierung nach Gl. (7.3) eingetragen (Abb. 7.12, Kurve 3). Der Vorteil der Kenntnis von $\sigma_r(S)$ liegt

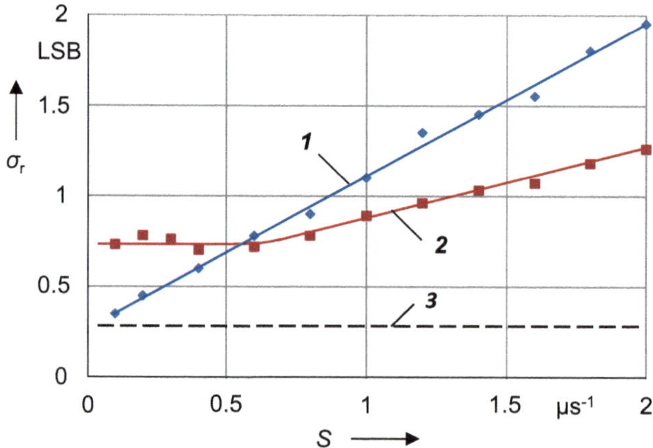

Abb. 7.12 Standardabweichung σ_r der Abtastfehler von 8-Bit-Recordern in Abhängigkeit von der Rampensteilheit *S 1, 2* Recorder wie in Abb. 7.10 und 7.11 *3* ideale Quantisierung mit 8 Bit

darin, dass die steilheitsabhängigen Fehler eines Digitalrecorders für beliebige Messsignale entsprechend deren Steilheit zum Abtastzeitpunkt rechnerisch korrigiert werden können [7.17, 7.18, 7.22].

7.2.7 Rauschen und Jitter des A/D-Wandlers

Schnelle A/D-Wandler mit Flash-Konverter haben die Eigenart, dass die Abtastwerte um eine oder mehrere Digitalisierungsstufen (LSB) um den eigentlichen Signalverlauf streuen. Die gespeicherten Rohdaten sind daher mit einem statistisch verteilten Rauschen versehen, das auch bei der Abtastung einer Gleichspannung auftritt, und zwar zusätzlich zum Quantisierungsrauschen bei der idealen Abtastung. In Bereichen größerer Spannungssteilheit kann die Streuung wegen des Ausfalls einzelner Quantisierungsstufen noch verstärkt sein (s. Abb. 7.8). Das der aufgezeichneten Spannung überlagerte Rauschen kann die Bestimmung der charakteristischen Parameter von Gleich-, Wechsel- oder Stoßspannungen beeinträchtigen.

Ein 8-Bit-Recorder mit Flash-Konverter hat eine typische Rauschüberlagerung von drei und mehr Quantisierungsstufen. Der Maximalwert der aufgezeichneten Spannung scheint dadurch um 1 % bis 2 % größer zu sein. Recorder mit 10 Bit und mehr weisen eine Rauschüberlagerung auf, die wegen der kleineren Digitalisierungsstufen meistens unter 0,5 % des Maximalwertes liegt. Weiterhin kann das überlagerte Rauschen die Auswertung der Stirnzeit von Stoßspannungen verfälschen. Bei einer in der Stirn abgeschnittenen Stoßspannung mit nur einem oder zwei Abtastwerten im Scheitel ist auch eine Reduzierung des Scheitelwertes möglich.

Mit verschiedenen Verfahren, die auch zur Reduzierung von überlagerten Stirnoszillationen eingesetzt werden, lassen sich die verrauschten Rohdaten mehr oder weniger erfolgreich glätten und der Einfluss des Rauschens auf die Bestimmung des Scheitelwertes und der Stirnzeit verringern. Zur Auswahl stehen z. B. die *digitale Filterung* der Rohdaten innerhalb einer bestimmten „Fensterbreite", die abschnittsweise Approximation der Rohdaten mit Parabeln oder Geraden und die Beschneidung des oberen Frequenzbereichs. Die Wirksamkeit verschiedener Glättungsverfahren wird in [4.9, 7.23] theoretisch untersucht. Bei Anwendung des genormten Filterungsverfahrens zur Bestimmung des Prüfspannungswertes von Stoßspannungen mit überlagerter Scheitelschwingung wird das Rauschen in der Regel komplett eliminiert (s. Abschn. 4.1.1.2). Die Glättung einer in der Stirn abgeschnittenen Stoßspannung ist besonders problematisch, weil der Scheitelbereich nicht einbezogen werden darf. Der Scheitel wird sonst je nach dem angewandten Verfahren verschliffen oder erhöht [4.9]. Die Wirksamkeit des verwendeten Glättungsverfahrens lässt sich mit Testimpulsen, die mit dem *Test Data Generator (TDG)* generiert werden, überprüfen (s. Abschn. 7.3.1).

Bei der Kalibrierung von Recordern und anderen digitalen Messgeräten werden die Kalibrierspannungen mehrfach aufgezeichnet und daraus der mittlere Kurvenverlauf bestimmt. Wird der Digitalrecorder mit einem externen Abschwächer eingesetzt, muss dieser auf den verwendeten Eingangsbereich des Recorders abgeglichen sein [7.24]. Durch die Mittelung der aufgezeichneten Kalibrierspannungen lässt sich der interne Rauschanteil signifikant verringern. Die Einhaltung des zulässigen Grenzwertes für das interne Rauschen wird durch eine Kalibrierung mit Gleichspannung überprüft. Die Mittelung ist besonders vorteilhaft bei der Kalibrierung mit Stoß- oder Rechteckspannungen, wobei natürlich eine ausreichend hohe Stabilität des verwendeten Kalibrators Voraussetzung ist. Durch die Mittelung wird eine verringerte Messunsicherheit des Recorders erzielt, die natürlich bei Aufzeichnung einer einzelnen Stoßspannung nicht erreicht wird.

> Anmerkung: Das interne Rauschen hat einen scheinbar positiven Einfluss auf die Quantisierungscharakteristik. Da für jede eingestellte Gleichspannung u_1 der Ausgabewert u_2 des Recorders als Mittelwert einer großen Anzahl von Abtastwerten bestimmt wird, kann u_2 wegen des Rauschanteils auch Werte zwischen zwei benachbarten Quantisierungsstufen annehmen. Die Quantisierungscharakteristik ist daher nicht stufig wie in Abb. 7.5, sondern zeigt einen eher stetigen Anstieg. Der Eindruck entsteht, dass ein quasilinearer Zusammenhang zwischen der Eingangsspannung und dem Ausgabewert des Recorders besteht. Oder anders ausgedrückt, die wirksame Amplitudenauflösung scheint größer als der Bemessungswert zu sein.

Die Abtastfrequenz bei der A/D-Wandlung wird mithilfe eines internen Oszillators mit begrenzter Stabilität erzeugt. Die Abtastung eines Signals erfolgt nicht immer exakt zu den vorbestimmten Zeiten, sondern ist mit einer statistischen Streuung behaftet. Die Streuung der Abtastzeiten um ihren exakten Wert wird als *Jitter* bezeichnet. Für Digitalrecorder beträgt die Streuung einige 10 ps bis 100 ps und braucht daher bei der Messung hoher Spannungen und Ströme im Allgemeinen nicht berücksichtigt zu werden.

7.2.8 Sprungantwort des Digitalrecorders

Digitale Messgeräte für Hochspannungsmessungen haben Eingangsabschwächer und Vorverstärker, mit denen die hohe Spannung von maximal 2000 V an den Eingang des A/D-Wandlers angepasst wird. Die Qualität eines Messgerätes zeigt sich nicht nur in hohen Bemessungswerten des A/D-Wandlers für die Amplituden- und Zeitauflösung, sondern auch im exakten Abgleich des Analogteils. Dies betrifft insbesondere Digitalrecorder, deren Eingangsbereiche über einen weiten Frequenzbereich einschließlich Gleichspannung abgeglichen sein müssen. Ein unvollkommener Abgleich der Widerstände und Kondensatoren in den einzelnen Spannungsbereichen wirkt sich bei einer Bereichsumschaltung als Nichtlinearität aus. Vom Hersteller wird hierfür meist nur pauschal ein Grenzwert angegeben, z. B. $\leq 1\,\%$ bei Gleichspannung oder Wechselspannung von 1 kHz. Die Linearitätsabweichung lässt sich durch Kalibrierung der einzelnen Spannungsbereiche genauer bestimmen und bei höheren Genauigkeitsansprüchen durch eine Korrektur des Maßstabsfaktors berücksichtigen.

Das dynamische Verhalten der einzelnen Eingangsbereiche, das besonders für Stoßspannungsmessungen wichtig ist, lässt sich an Hand der Sprungantworten genauer analysieren. Zur Erzeugung von Sprungspannungen eignen sich Schaltungen mit Reed-Kontakten, die mit Quecksilber benetzt sind (s. Abschn. 9.8.4). Die maximale Sprung-amplitude ist allerdings auf 500 V bis 1000 V begrenzt. Bei optimalem Abgleich der einzelnen Messbereiche des Recorders erreicht die Sprungantwort ohne großes Über- oder Unterschwingen ihren Endwert innerhalb von 1 μs. Jedoch weisen selbst hoch-wertige Digitalrecorder ohne zusätzlichen Vorteiler in den einzelnen Messbereichen ganz unterschiedliche Anfangsverläufe der Sprungantwort auf. In den ersten 10 μs kann ein Über- oder Unterschwingen von bis zu 2 % auftreten, oder die Sprungantwort erreicht nur sehr langsam ihren Endwert [7.11, 7.12, 7.25]. Infolgedessen werden der Scheitel-wert und die Stirnzeit von Stoßspannungen fehlerhaft gemessen.

Neuere Untersuchungen an neun Digitalrecordern zeigen ebenfalls, dass sich die angegebenen Bemessungsdaten der aktuellen Modelle nicht im tatsächlichen Mess-verhalten widerspiegeln. Im Anfangsverlauf der Sprungantworten bis 100 μs treten bei mehreren Digitalrecordern größere Abweichungen auf, teilweise bis zu 3 % und in jedem Messbereich verschieden. Diese Geräte sind daher nicht ohne weiteres für die Messung von Blitzstoßspannungen geeignet bzw. nicht mit Sprungspannungen kalibrierbar [7.26].

Abb. 7.13 zeigt die mit einem Kabelgenerator mit Reed-Kontakt ermittelte Sprung-antwort eines sehr gut abgeglichenen 8-Bit-Recorders in zwei Zeitbereichen. Die

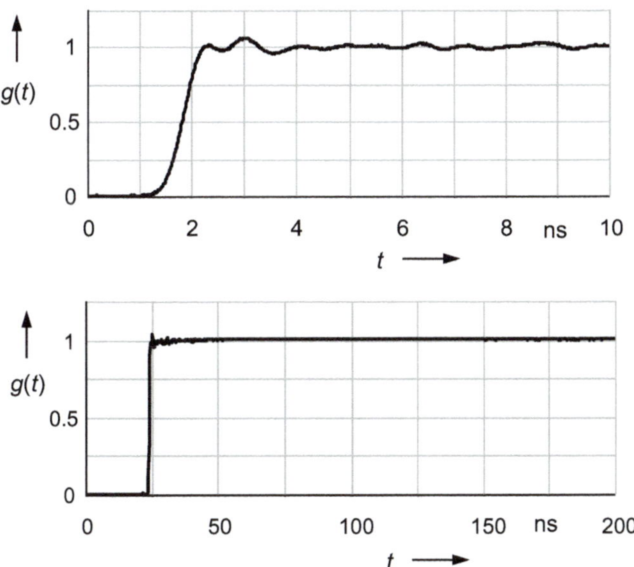

Abb. 7.13 Sprungantwort $g(t)$ eines hochwertigen 8-Bit-Recorders mit 400 MHz Bandbreite in zwei verschiedenen Zeitbereichen

Anstiegszeit des Recorders ergibt sich zu 0,7 ns und entspricht damit der vom Hersteller angegebenen Bandbreite von 400 MHz. Abgesehen von minimalen Schwingungen in den ersten 20 ns, die größtenteils vom Sprunggenerator und von der Messschaltung selbst herrühren, ist der Verlauf der Sprungantwort als nahezu ideal anzusehen. Für Eingangsspannungen von mehr als 100 V muss der Recorder mit einem externen Tastkopf betrieben werden, dessen Abgleich an Hand der aufgezeichneten Sprungantwort erfolgt.

Die Polarität der Eingangsspannung kann ebenfalls von Einfluss sein, wenn der Vorverstärker des Recorders für positive und negative Eingangsspannungen nicht exakt abgeglichen ist [7.27]. Ein möglicher *Polaritätseinfluss* wird mit positiven und negativen Impulsen ermittelt, die von einem Kalibriergenerator (s. Abschn. 7.4) oder einem Sprunggenerator (s. Abschn 9.8.4) erzeugt werden. Erfolgt die Kalibrierung mit Sprungspannungen, ist die Richtung des Sprunges, nicht die angelegte Spannung maßgebend. Wird z. B. eine negative Spannung angelegt und kurzgeschlossen, entsteht ein positiver Spannungssprung.

7.2.9 Elektromagnetische Störbeeinflussung

Beim Zünden der Funkenstrecken von Stoßspannungsgeneratoren treten hohe elektromagnetische Felder auf, die in nicht ausreichend geschirmten Digitalrecordern Störspannungen erzeugen können [7.28]. Die Störungen machen sich vor allem als hochfrequente Überlagerung im Anfangsbereich der aufgezeichneten Stoßspannung bemerkbar und können daher die Stirnzeit verfälschen. Bei abgeschnittenen Stoßspannungen ist auch der Bereich kurz vor und nach dem Abschneidezeitpunkt betroffen, sodass der Scheitelwert beeinflusst wird. Weiterhin können Überschläge oder Durchschläge bei Wechsel- und Gleichspannungen besonders stromstarke Entladungen verursachen.

Die speziell für Hochspannungsmessungen entwickelten Digitalrecorder und andere Messgeräte sind von vornherein recht wirksam gegen direkte elektromagnetische Störeinwirkungen geschützt. Der Schutz beinhaltet nicht nur das äußere Schirmgehäuse, sondern auch zusätzliche Maßnahmen, die bereits in die Konstruktionsplanung der einzelnen Baugruppen eingegangen sind. In der Anfangszeit der digitalen Messtechnik wurden überwiegend Digitalrecorder aus dem Niederspannungsbereich eingesetzt, die durch Betrieb in einer Schirmkabine und Filterung der Spannungsversorgung geschützt werden mussten. Die Störeinwirkung auf die aufgezeichnete Stoßspannung lässt sich dann besonders eindrucksvoll bei nur gering geöffneter Tür der Schirmkabine nachweisen.

Störeinwirkungen auf das Messkabel, das z. B. vom Spannungsteiler zum Recorder verläuft, werden durch eine doppelte Kabelschirmung, Vermeidung von Erdschleifen und weitere Maßnahmen unterbunden (s. Abschn. 4.3.1.7). Der zusätzliche Kabelschirm, der mit dem Schirmgehäuse des Recorders verbunden wird, ist unentbehrlich bei Hochstrommessungen. Das vom Wechsel- oder Stoßstrom erzeugte hochfrequente magnetische Feld induziert in der Erdschleife eine Spannung, die einen entsprechenden

Störstrom über den äußeren Kabelschirm und das Schirmgehäuse des Recorders treibt. Dadurch entsteht ein magnetisches Gegenfeld, das das Primärfeld kompensiert und so eine Störung des Messsignals verhindert (s. Abschn. 5.3.1.1).

7.3   Software zur Datenauswertung

Die Auswertung der digital gespeicherten Messdaten erfolgt mit Software, die entweder vom Hersteller des Messgerätes mitgeliefert oder individuell vom Anwender entwickelt wird. Im Vordergrund steht hierbei die normgerechte Bestimmung des Wertes der Prüfspannung und der zusätzlichen Parameter aus den gespeicherten Rohdaten. Die Kalibrierung des Messgerätes mit einem genauen Kalibriergenerator für Gleich-, Wechsel- oder Impulsspannungen schließt indirekt bereits eine gewisse Überprüfung der Auswertesoftware ein, da die damit berechneten Parameterwerte mit den vom Kalibrator vorgegebenen Werten weitgehend übereinstimmen sollten. Die Kalibrierspannungen weisen allerdings in der Regel einen glatten Kurvenverlauf auf, während die im Prüfbetrieb mit digitalen Messgeräten aufgezeichneten Spannungen und Ströme durch Überlagerung von Rauschen oder Schwingungen gekennzeichnet sind.

Bei der Datenauswertung sind daher Besonderheiten zu beachten. So muss z. B. die Auswertesoftware für Stoßspannungen eine Scheitelschwingung und deren Frequenz erkennen, um den für die Isolierung wirksamen Wert der Prüfspannung berechnen zu können (s. Abschn. 4.1.1.2). Für die Auswertung von schwingenden Stoßspannungen bei Vor-Ort-Prüfungen gelten wiederum andere Anforderungen an die Software. Bei Stoßstromprüfungen sind weitere Parameter wie die Ladung und das Durchschwingen des Stoßstromes unter null zu bestimmen. Nicht nur die Hardware, d. h. das Messgerät, sondern auch die Software muss daher hinsichtlich ihrer Richtigkeit umfassend geprüft werden. Weiterhin müssen die aufgezeichneten Rohdaten einer Messung aufbewahrt werden, um die Datenauswertung ggf. auch zu einem späteren Zeitpunkt überprüfen zu können.

7.3.1   Prüfung der Auswertesoftware mit dem TDG

Die Vorschriften für Hochspannungs- und Hochstromprüfungen in [2.1–2.4] sowie Softwareprüfungen [7.1] enthalten im Allgemeinen keine direkten Vorgaben hinsichtlich des Einsatzes bestimmter Verfahren und Messgeräte oder der Verwendung festgelegter Algorithmen bei der Datenverarbeitung. Eine Ausnahme betrifft die Auswertung von Stoßspannungen mit überlagerter Scheitelschwingung, die mit einem genormten Filterungsverfahren vorgenommen werden soll (s. Abschn. 4.1.1.2). Bis auf diese Ausnahme bleibt dem Anwender eine weitgehende Freiheit hinsichtlich der Software, die zur Datenauswertung eingesetzt wird. So wird die im digitalen Messgerät eingesetzte Auswertesoftware nicht einer mehr oder weniger aufwendigen individuellen Evaluierung oder Zulassung unterzogen. Vielmehr wird die Richtigkeit der Software mit Datensätzen ausgewählter Spannungen und Ströme überprüft, die denen, die in der Prüfpraxis vorkommen, weitgehend entsprechen. Die mit der Auswertesoftware ermittelten Parameterwerte der Testspannung müssen mit den angegebenen Referenzwerten innerhalb festgelegter Grenzen übereinstimmen.

Ein erster Anlauf für diese pragmatische Vorgehensweise erfolgte im Rahmen eines internationalen Vergleichs. Hierbei wurde jedem Teilnehmer eine Diskette mit unveränderlichen Datensätzen von berechneten und gemessenen Stoßspannungen und Sprungantworten zur Verfügung gestellt. Die Auswertung der Datensätze erfolgte mit der Software, die in der Anfangszeit der digitalen Messtechnik überwiegend im Teilnehmerlabor selbst entwickelt worden war. Die Ergebnisse der Auswertungen zeigten teilweise größere Abweichungen der ausgewerteten Parameter zu den Sollwerten [7.29].

Eine interessante Weiterentwicklung stellt der *Prüfdatengenerator („Test Data Generator", TDG)* in IEC 61.083–2 dar [7.1]. Mit dem TDG wird eine Software bezeichnet, mit der sich die Datensätze verschiedener Testspannungen und -ströme vom Anwender selbst erzeugen lassen. Hierunter finden sich Datensätze von sowohl analytisch berechneten als auch experimentell gewonnenen Strom- und Spannungsverläufen. In der ersten, inzwischen revidierten Fassung des TDG werden Datensätze von einer Diskette auf dem PC generiert, die volle und abgeschnittene Blitzstoßspannungen, Schaltstoßspannungen und Stoßströme repräsentieren. Bei der Auswahl der TDG-Datensätze kann der Anwender die Bemessungsauflösung, die Abtastrate und das überlagerte Rauschen entsprechend den Eigenschaften und dem Datenformat des von ihm genutzten Digitalrecorders vorgeben.

Die überarbeitete TDG-Fassung in IEC 61083-2 enthält weitere Beispiele mit Datensätzen von Stoßspannungen, die typisch für Vor-Ort-Prüfungen und Transformatorprüfungen sind. Die Datensammlung enthält auch Stoßspannungen mit überlagerter Scheitelschwingung, deren Prüfspannungswert unter Anwendung der Prüfspannungsfunktion $k(f)$ zu berechnen ist (s. Abschn. 4.1.1.2.3). Die Datensätze des TDG sind in Gruppen geordnet, die jeweils mehrere typische Beispiele für die jeweilige, zu überprüfende Spannungsform beinhalten. Grundvoraussetzung für eine Überprüfung ist natürlich, dass der Anwender die Software unabhängig vom Digitalrecorder nutzen kann.

In einer zweiten Version des TDG, die zum Zeitpunkt der Manuskripterstellung noch nicht vorlag und als IEC 61083-4 [7.1] erscheinen soll, werden Datensätze von Gleich- und Wechselspannungen sowie den entsprechenden Strömen erzeugt [7.30]. Beispiele hierfür sind Wechselspannungen mit Harmonischen und Gleichspannungen mit überlagerter Welligkeit. Gedanken und Vorschläge zu den Auswerteverfahren und Prüfspannungen finden sich in [7.31, 7.32]

Für alle Datensätze des TDG sind jeweils Referenzwerte der genormten Parameter mit oberen und unteren Grenzwerten festgelegt. Die Referenzwerte sind entweder Rechenwerte von analytisch vorgegebenen Testspannungen und -strömen oder Mittelwerte als Ergebnis repräsentativer internationaler Vergleiche [7.33, 7.34]. Es liegt in der Verantwortung von Herstellern und Anwendern, die Richtigkeit der Auswertesoftware in

Digitalrecordern für Hochspannungsmessungen mithilfe der TDG-Datensätze, die für die Prüfung zutreffend sind, zu validieren. Stimmen die mit der geprüften Software ermittelten Parameterwerte innerhalb der festgelegten Grenzen mit den Referenzwerten überein, ist die Softwareprüfung bestanden. Von den in der Norm angegebenen Grenzwerten lassen sich für die jeweilige Spannungsform die Standardunsicherheit der Software ableiten, die bei der Messunsicherheit des vollständigen Messsystems zu berücksichtigen ist.

7.4 Kalibriergeneratoren für Stoßspannungen und Stoßströme

Digitalrecorder und andere digitale Messgeräte für Gleich-, Wechsel- und Stoßspannungen werden auf unterschiedliche Weise kalibriert. Zur Bestimmung des Maßstabsfaktors und der Zeit- bzw. Frequenzparameter werden bevorzugt *Kalibriergeneratoren („Kalibratoren")* eingesetzt, die die gewünschte Spannungsart mit ausreichender Genauigkeit erzeugen. Sehr genaue Kalibratoren für Gleich- und Wechselspannungen bis maximal 1000 V sind bereits seit langem im Einsatz, vor allem im Niederspannungsbereich. Auch die Kalibrierung der früher verwendeten analogen Stoßoszilloskope erfolgte mit Gleich- und Wechselspannungen. Die an diese Kalibratoren in IEC 61083-3 [7.1] gestellten Anforderungen sind leicht zu erfüllen und werden hier im Folgenden nicht weiter behandelt.

Die grundsätzliche Schaltung eines analogen Impulskalibrators ist vergleichbar mit der Grundschaltung von Stoßspannungsgeneratoren nach Abb. 4.10 (bzw. Stoßstromgeneratoren nach Abb. 5.3), wobei aber häufig ein Thyristor, ein anderes elektronisches Bauteil oder ein mit Quecksilber benetzter Reed-Kontakt die Funkenstrecke als Schalter ersetzt. Der Ladekondensator C_s wird auf den vorgegebenen Spannungswert aufgeladen und dann schnell auf das die Impulsform bestimmende RC-Glied entladen. Am Ausgang des Kalibrators entsteht eine Impulsspannung, deren Scheitelwert in erster Näherung durch das Produkt aus der eingestellten Gleichspannung und dem Ausnutzungsgrad der Schaltung bestimmt ist. Aufgrund der Nichtlinearität elektronischer Schalter kann der Ausnutzungsgrad spannungsabhängig sein, was sich vor allem bei kleinen Scheitelwerten von weniger als 100 V bemerkbar macht. Durch eine entsprechende Regeleinheit lässt sich die Nichtlinearität weitgehend kompensieren.

Kalibratoren dieser Bauart sind gemäß IEC 61083-1 [7.1] zur Impulskalibrierung von digitalen Messgeräten mit einer Eingangsimpedanz von mindestens 1 MΩ und nicht mehr als 50 pF vorgesehen. Bei größerer Belastung des Kalibratorausgangs, z. B. durch die Kapazität eines längeren Koaxialkabels zum Digitalrecorder, können je nach Bauart des Kalibrators im Anfangsverlauf der Kalibrierimpulse Oszillationen auftreten, die die Bestimmung des Punktes bei $0{,}3\hat{u}$ und damit der Stirnzeit der aufgezeichneten Blitzstoßspannung erschweren. Kalibratoren, die auf Recorder desselben Herstellers abgestimmt sind, ermöglichen eine voll- oder zumindest halbautomatische Kalibrierung in allen Messbereichen. Wichtig ist eine gute Stabilität des Kalibrators, da die vollständige Kalibrierung eines Recorders für alle Impulsformen, Messbereiche und Aus-

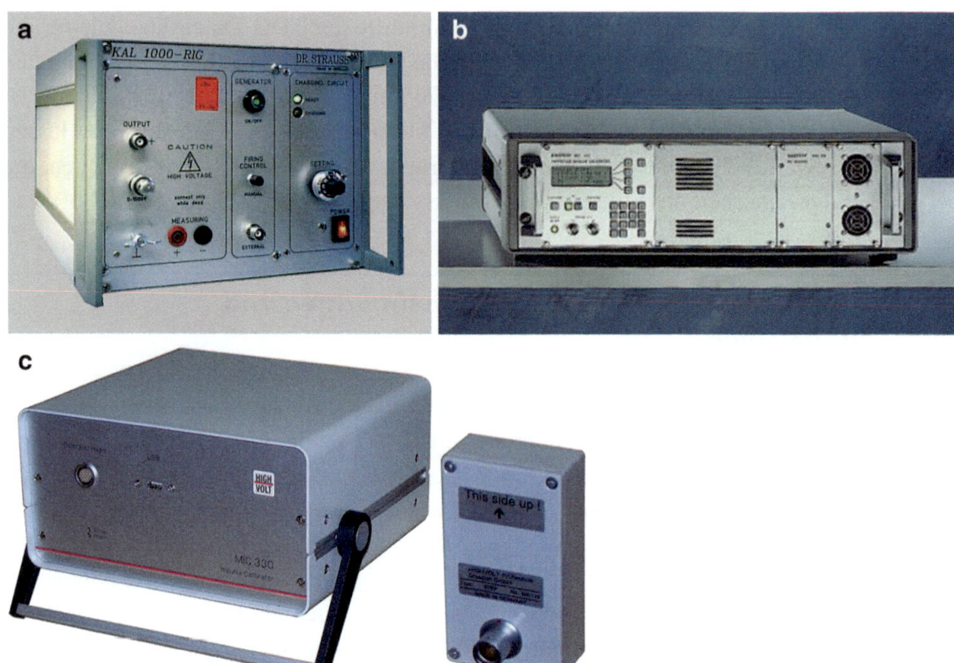

Abb. 7.14 Ausführungen von Impulskalibratoren verschiedener Hersteller **a** Kalibrator für Sprungspannungen bis 1000 V (DR. STRAUSS Messtechnik GmbH). **b** Impulskalibrator bis 1600 V für alle genormten Impulsformen (HAEFELY TEST AG). **c** Impulskalibrator bis 330 V (Basisgerät, links, und individueller Kalibratorkopf, rechts, für eine Impulsform) (HIGHVOLT Prüftechnik Dresden GmbH)

steuerungen mehrere Stunden in Anspruch nehmen kann. Abb. 7.14 zeigt Beispiele verschiedener Ausführungen von Impulskalibratoren von drei Herstellern.

Neben Kalibratoren mit fest vorgegebenen Impulsformen werden auch programmierbare Funktionsgeneratoren verwendet, mit denen sich beliebige Impulsformen erzeugen lassen [7.35]. Der gewünschte Kurvenverlauf wird als Gleichung oder Datentabelle eingegeben und von einem D/A-Wandler in die analoge Ausgangsspannung umgesetzt. Der Ausgangswiderstand dieser Generatoren beträgt in der Regel 50 Ω und ist damit gegenüber der Eingangsimpedanz des geprüften Recorders von 1 MΩ so klein, dass praktisch keine Rückwirkung auf die Impulsform auftritt. Wegen der geringen Ausgangsspannung in der Größenordnung von 10 V kann allerdings nur der Direkteingang des Recorders ohne Vorteiler kalibriert werden. Von Vorteil ist, die Impulsform, z. B. die Stirnzeit einer Blitzstoßspannung, beliebig variieren zu können. Dies ermöglicht eine genauere Untersuchung des dynamischen Verhaltens von Recordern im interessierenden Bereich der Zeitparameter.

Die Entwicklung von Digitalrecordern mit immer größerer Amplitudenauflösung verlangt nach Impulskalibratoren mit entsprechend hoher Genauigkeit [7.36]. Ein sehr präziser Impulskalibrator bis 300 V besteht aus einem mit Quecksilber benetzten

Reed-Kontakt als Schalter und genau ausgemessenen Schaltungselementen für die Impulsformung [7.37, 7.38]. Die Ausgangsspannung der Schaltung mit hochwertigen Bauelementen wird unter Berücksichtigung der Streukapazitäten und Leitungsinduktivitäten berechnet. Auch die Eingangsimpedanz des Digitalrecorders und die Kapazität des Verbindungskabels zum Impulskalibrator gehen in die Rechnung ein. Dieser „berechenbare" Impulskalibrator verspricht Unsicherheiten von 0,05 % bis 0,14 % für den Scheitelwert der erzeugten Kalibrierimpulse und von weniger als 0,5 % für die Zeitparameter. Eine leistungsstarke Variante des berechenbaren Impulskalibrators mit MOSFET-Schalter und niedriger Ausgangsimpedanz ist zur genauen Kalibrierung von Recordern bis zu 1000 V und sogar von Stoßspannungsteilern geeignet. Weitere Schaltungsvarianten mit Reed-Kontakt und MOSFET-Schalter sind in [7.39, 7.40] behandelt.

Die Kalibrierung von Spannungsteilern, die bei der Prüfung von Isolatoren eingesetzt werden (*puncture test*), erfolgt mit Impulsen, die deutlich kürzere Anstiegszeiten als Blitzstoßspannungen haben. In [7.41] wird ein Impulsgenerator mit einer maximalen Ausgangsspannung von 10 kV vorgestellt, der Kalibrierimpulse mit Stirnzeiten von 50 ns, 100 ns und 200 ns erzeugt. Die Rückenhalbwertzeit beträgt annähernd 50 µs. Als Hochspannungsschalter wird ein rotierender Magnetschalter mit Kontaktelektroden aus Wolfram verwendet. Die erzeugten Impulsspannungen sind bei unbelastetem Ausgang nahezu schwingungsfrei. Die Untersuchungsergebnisse zeigen, dass die Scheitelwerte mit einer Standardabweichung der Mittelwerte von 0,3 % bis 0,7 % weitgehend reproduzierbar und proportional der Ladespannung sind. Für die Stirnzeiten ergeben sich teilweise größere Standardabweichungen der Mittelwerte von bis zu 4,7 % und Abweichungen von den Sollwerten von bis zu -9 %, was mit dem unregelmäßigen Schaltvorgang infolge geringer Vorentladungen bis zum Schließen der Kontakte erklärt wird.

Der Kalibrator ist ein wichtiges Glied in der Kette der Rückführung von Spannungs- und Strommessungen im Hochspannungsbereich auf die international festgelegten *SI-Einheiten*. Die Überprüfung der Kalibratoreigenschaften in einem akkreditierten Kalibrierlabor gewährleistet die geforderte Rückführung auf die nationalen Messnormale mit geringer Messunsicherheit. Internationale Ringvergleiche an Kalibratoren sichern die Grundlage für das einheitliche Messen von Spannungen und Strömen [7.42, 7.43].

7.5 Anforderungen und Unsicherheitsangaben

Die Kalibrierverfahren und Anforderungen an die bei Hochspannungs- und Hochstromprüfungen eingesetzten digitalen Messgeräte, Auswertesoftware und Referenzkalibratoren sind in einer vierteiligen Prüfvorschrift IEC 61083 [7.1] festgelegt. Teil 1 befasst sich mit der Kalibrierung von Digitalrecordern und vergleichbaren digitalen Messgeräten für Stoßspannungs- und Stoßstrommessungen und Teil 2 mit der Prüfung der Auswertesoftware mit dem *Test Data Generator* (TDG). In Teil 3 wird die Kalibrierung digitaler Messgeräte für Gleich- und Wechselspannungen, in Teil 4 deren

Auswertesoftware behandelt. Für die maßgeblichen Messgrößen wie Scheitelwert, Zeit- und Frequenzgrößen sind Messunsicherheiten festgelegt, die in vergleichbarer Weise wie in IEC 60060-2 [2.2] bestimmt werden. Die zulässigen Messunsicherheiten sind in Tab. 7.1 zusammengestellt, wobei zwischen Messgeräten in anerkannten Messsystemen und in Referenzmesssystemen unterschieden wird. Die Kalibrierung von Messgeräten in Referenzsystemen erfolgt mit *Referenzkalibratoren,* deren Kurzzeitstabilität festgelegt ist.

> Anmerkung: Die zulässigen Messunsicherheiten für das vollständige Messsystem sind bei Prüfungen mit Wechselspannung in Tab. 2.1, Gleichspannung in Tab. 3.1 und Stoßspannung in Abschn. 4.1.1.1 angegeben.

Für Digitalrecorder in anerkannten Stoßspannungs- und Stoßstrommesseinrichtungen bestehen folgende Mindestanforderungen (Werte für Digitalrecorder in Referenzmesssystemen in Klammern):

- Bemessungsauflösung: 8 Bit (9 Bit)
- Abtastrate: $30/T_{AB}$ $(60/T_x)$
- Anstiegszeit: 3 % von T_x (2 % von T_x)
- Internes Rauschen 0,4 % (0,4 %) für die Impulsparameter bei Vollaussteuerung.

Hierbei ist T_x die zu messende Zeit der Impulsspannung, z. B. $T_x = 0,6T_1$ für die Stirnzeit einer Blitzstoßspannung. Unter Berücksichtigung der minimalen Stirnzeit $T_{1min} = 0,84$ μs beträgt die erforderliche Abtastrate daher mindestens 60 MS/s (120 MS/s). Diese recht hohe Abtastrate ist vor allem zur Auswertung der Stirnzeit und einer möglicherweise überlagerten Schwingung erforderlich.

Tab. 7.1 Zusammenstellung der zulässigen Unsicherheit ($k = 2$) von digitalen Messgeräten und der Kurzzeitstabilität von Referenzkalibratoren nach IEC 61083-1 und IEC 61083-3 [7.1]

Spannungsart / Parameter [1]	Messgerät im anerkannten Messsystem	Messgerät im Referenzmesssystem	Referenzkalibrator (Kurzzeitstabilität)

Stoßspannungen:
  Scheitelwert
  Zeitparameter
	2 % (3 %) [2]
	4 %
		0,7 % (2 %) [2,5]
		2 % (1,5 %) [3]
		(4 %) [2,4]
			0,2 % (1 %) [5]
			0,2 % (0,5 %) [5,6]
			(1 %) [2,4]

Wechsel- und Gleichspannungen:
  Spannungswert
  Zeit- und Frequenzparameter
	1 %
	1 %
		0,3 %
		0,3 %
			0,1 % [7]
			0,1 % [7]

[1] Werte gelten auch für Ströme mit vergleichbarem Verlauf [2] in der Stirn abgeschnittene Blitzstoßspannung [3] Rückenhalbwertzeit T_2 [4] Abschneidezeit T_c [5] Rechteckstrom [6] Stirnzeit T_1 einer Blitzstoßspannung [7] empfohlener Wert.

Im Vordergrund der Kalibrierung eines Digitalrecorder steht die Bestimmung des Maßstabsfaktors und der Zeitparameter. Hierbei wird jeweils der Mittelwert aus einer genügend großen Anzahl von Aufzeichnungen gebildet, um den internen Rauschanteil des Recorders und damit den Unsicherheitsbeitrag vom Typ A klein zu halten. Zur Bestimmung des Maßstabsfaktors als Quotient der angelegten und angezeigten Spannung stehen nach IEC 61083-1 zwei Kalibrierverfahren zur Auswahl. Im *Referenzverfahren* erfolgt die Kalibrierung mit Impulsspannungen, die eine vergleichbare Form wie die der zu messenden Prüfspannungen aufweisen, also volle und abgeschnittene Stoßspannungen, Rechteckspannungen und Stoßströme. Für jede Impulsart ist die Kalibrierung mit jeweils zwei Impulsformen durchzuführen, deren Zeitparameter innerhalb vorgegebener Grenzbereiche festgelegt sind. Im *Alternativverfahren* werden Sprungspannungen an den Digitalrecorder angelegt und die Abtastwerte in dem für die jeweilige Impulsform vorgegebenen Zeitbereich der Sprungantwort ausgewertet. Zusätzlich ist eine Kalibrierung der Zeitbasis mithilfe einer Rechteckspannung bekannter Frequenz erforderlich. Auch eine Kombination beider Kalibrierverfahren ist möglich, wenn z. B. der Sprunggenerator nicht die erforderliche Ausgangsspannung aufweist oder der Impulskalibrator nur eine Impulsform liefert. Einzelheiten zur Durchführung der Kalibrierung von Digitalrecordern sind in Abschn. 10.5 aufgeführt.

Der Maßstabsfaktor eines anerkannten Recorders für Impulsmessungen darf sich bei unterschiedlicher Aussteuerung und Impulsform jeweils nur um $\pm 1\,\%$ ändern (Referenzrecorder: $\pm 0{,}5\,\%$). Die Abweichung der Zeitparameter von den vorgegebenen Werten wird durch Impulskalibrierung ermittelt. Die zulässigen Abweichungen der vom Recorder angezeigten Werte betragen $\pm 3\,\%$ für die meisten Zeitparameter von Stoßspannungen und Rechteckströmen. Ausnahmen betreffen die Rückenhalbwertzeit T_2 ($\pm 2\,\%$) und die Abschneidezeit T_c von in der Stirn abgeschnittenen Blitzstoßspannungen ($\pm 5\,\%$).

Die geforderten Messunsicherheiten von Messgeräten für Gleich- und Wechselspannungen einschließlich der entsprechenden Ströme sind entsprechend Tab. 7.1 deutlich kleiner als von Recordern für Stoßspannungen und Stoßströme, obwohl IEC 60060-2 identische Messunsicherheiten für vollständige Messsysteme aller Spannungs- und Stromarten festlegt, z. B. 3 % für den Wert der Prüfspannung. Die Kalibrierung der Messgeräte für Gleich- und Wechselspannungen erfolgt wiederum bevorzugt mit Kalibriergeneratoren. Ist die bevorzugte direkte Kalibrierung nicht möglich, sollen die einzelnen Einflussgrößen und ihre Messunsicherheiten mit alternativen Prüfverfahren bestimmt werden. Die Summe aller Unsicherheitsbeiträge für eine Messgröße darf jedoch die in Tab. 7.1 angegebene zulässige Unsicherheit nicht übersteigen.

Für den Maßstabsfaktor eines anerkannten Messgerätes gilt, dass er im vorgegebenen Zeit- bzw. Frequenzbereich innerhalb von $\pm 1\,\%$ konstant bleiben soll. Die Abtastrate muss ausreichend hoch sein, um das Spannungsmaximum einschließlich der Harmonischen mit der geforderten Unsicherheit messen zu können. Für eine ausreichende Anzahl von Abtastungen N in einer Periode gilt $N \geq \pi/\arccos(1 - U_{SR})$, wobei U_{SR} die geforderte Unsicherheit bedeutet. Demnach beträgt zum Beispiel die

Mindestabtastrate eines anerkannten Messgerätes für eine 50-Hz-Spannung 1,2 kS/s und die eines Referenzmesssystems unter Berücksichtigung der 7. Oberschwingung 14,2 kS/s. Weiterhin soll die Anstiegszeit des Messgerätes den Wert $1/(18 \cdot f_{max})$ nicht übersteigen, wobei f_{max} die höchste Frequenz der Oberschwingung ist, die mit einer Unsicherheit von maximal 1 % gemessen werden soll.

Literatur

7.1.   IEC 61083: Instruments and software used for measurements in high-voltage and high-current tests – Part 1: Requirements for instruments for impulse tests (2021) – Part 2: Requirements for software for tests with impulse voltages and currents (2013) – Part 3: Requirements for hardware for tests with alternating and direct voltages and currents (2020) – Part 4: Requirements for software for tests with alternating and direct voltages and currents (under consideration) Deutsche harmonisierte Fassungen: DIN EN 61083: Messgeräte und Software für Messungen bei Hochspannungs- und Hochstromprüfungen – Teil 1 (VDE 0432–7): Anforderungen an die Hardware bei Stoßprüfungen (2017) – Teil 2 (VDE 0432–8): Anforderungen an die Software bei Prüfungen mit Stoßspannungen und -strömen (2013) – Teil 3: Anforderungen an digitale Messgeräte (in Vorbereitung) – Teil 4: Anforderungen an die Software bei Prüfungen mit Gleich- und Wechselspannungen und Gleich- und Wechselströmen (in Vorbereitung)

7.2.   Tränkler, H.-R.: Messtechnik und Messsignalverarbeitung – Teil C: Digitale Messtechnik. tm 53, 433–438 und 470–474 (1986)

7.3.   Tietze, U., Schenk, C., Gamm, E.: Electronic Circuits. Springer, Berlin (2008)

7.4.   Myamoto, T., Takami, T., Tanaka, T., Sakaguchi, I., Kawaguchi, F.: Real time central data acquisition and analysis system for high voltage transients. IEEE Trans. IM **24**, 379 (1975)

7.5.   Wiesendanger, P.: Automatische, digitale Aufzeichnung und Auswertung von transienten Signalen in der Hochspannungstechnik. Diss. ETH Zürich (1977)

7.6.   Malewski, R.: Digital techniques in high-voltage measurements. IEEE Trans. PAS **101**, 4508–4517 (1982)

7.7.   Strauss, W.: Performance progress and calibration of digital recorder for impulse voltage tests. Proc. 13. ISH Delft, Beitrag Nr. 620 (2003)

7.8.   Steiner, T., Böhme, F.: Applications and necessary requirements for digital recorders in the field of high voltage and high current testing. Proc. 15. ISH Ljubljana, Beitrag T10–741 (2007)

7.9.   Cerqueira, W. R., Oliveira, O. B., Nerves, A. S., Chagas, F. A.: Capacitive and resistive attenuators for HV impulse measuring systems. Proc. 9. ISH Graz, Beitrag 4461 (1995)

7.10.   Mannikoff, A., Bergmann, A.: High impedance passive impulse voltage attenuator for 4 kV and 4 ns. Proc. 14. ISH Beijing, Beitrag B-66 (2005)

7.11.   Schon, K.; Korff, H., Malewski, R.: On the dynamic performance of digital recorders for HV impulse measurement. Proc. 4. ISH Athen (1983), Beitrag Nr. 65.05

7.12.   Gobbo, R., Pesavento, G., Cherbaucich, C.; Rizzi, G.: Digitizers for impulse voltage reference measuring systems. Proc. 9. ISH Graz, Beitrag 4516 (1995)

7.13.   Ihlenfeld, G.: Messung der integralen dynamischen Nichtlinearität hochauflösender Analog-Digital-Umsetzer. PTB-Jahresbericht, Forschungsnachrichten der Abt. 2 (2004)

7.14.   Gobbo, R., Pesavento, G.: Procedure for the check of integral nonlinearity of digitizers. Proc. 12. ISH Bangalore, Beitrag 7–8 (2001)

7.15. Lucas, W.: Modernisierte Messeinrichtung für Hochspannungsimpulse. PTB-Jahresbericht, Forschungsnachrichten der Abt. 2, www.ptb.de (2004)

7.16. Korff, H., Schon, K.: Digitalisierungsfehler von Transientenrecordern mit hoher Abtastrate. PTB-Bericht E-28, 27–32 (1986)

7.17. Korff, H., Schon, K.: Digitization errors of fast digital recorders. IEEE Trans. IM **36**, 423–427 (1987)

7.18. McComb, T.R., Kuffel, J., Malewski, R.: Measuring characteristics of the fastest comercially-available digitizers. IEEE Trans. PWRD **2**, 661–670 (1987)

7.19. Kuffel, J., Malewski, R., van Heeswijk, R.G.: Modeling of the dynamic performance of transient recorders used for high voltage impulse tests. IEEE Trans. PWRD **6**, 507–511 (1991)

7.20. Germain, A. M., Ribot, J. J., Bertin, D., Spangenberg, E.: Practical tests to evaluate the accuracy of digitizer used for H.V. measurement. Proc. 5. ISH Braunschweig, Beitrag 72.04 (1987)

7.21. Malewski, R.A., McComb, T.R., Collins, M.M.C.: Measuring properties of fast digitizers employed for recording HV impulses. IEEE Trans. IM **32**, 17–22 (1983)

7.22. Schon, K.: Test methods for the dynamic performance of fast digital recorders. Proc. NATO ASI Series E Appl. Sci. Fast Electr. Opt. Meas. **1**, 453–466 (1986)

7.23. McComb, T. R., Li, Y.: The contribution of software to the uncertainty of calibrations of calibration pulse generators. Proc. 12. ISH Bangalore, Beitrag 7–7 (2001)

7.24. Schneider, G. A., Ladwig, G.: Design of a high voltage recorder to IEC Publication 1063. Proc. 9. ISH Graz, Beitrag 4931 (1995)

7.25. Gobbo, R., Pesavento, G., Bolognesi, F., Rizzi, G.: Accuracy assessment of digitizers under impulse conditions, S. 1–13. Int. Symp. Digital Techniques in HV Measurements, Toronto (1991)

7.26. Bergman, A., Elg, A.-P., Hällström, J.: Evaluation of step response of transient recorders for lightning impulse. Proc. 20. ISH Buenos Aires, Beitrag 488 (2017)

7.27. Rungis, J., et al.: Use of low voltage calibrators in impulse voltage measurement. ELECTRA **189**, 83–109 (2000)

7.28. Malewski, R., Dechamplain, A.: Digital impulse recorder for high-voltage laboratories. IEEE Trans. PAS **99**, 636–649 (1980)

7.29. Schon, K.; Lucas, W.: Intercomparison of software for evaluating high voltage impulses and step responses. BCR Report EUR 15260 EN, Brüssel (1993)

7.30. Rahimbakhsh, M., Gockenbach, E., Werle, P.: Verification of a new developed algorithm for the evaluation of AC and DC signals using the IEC Test Data Generator. Proc. 19. ISH Pilsen, Beitrag 276 (2015)

7.31. Rahimbakhsh, M., Werle, P., Gockenbach, E.: A new software utilization for the comparability of the high voltage and high current testing results in different laboratories based on sensitive parameters. Proc. 20. ISH Buenos Aires, Beitrag 369 (2017)

7.32. Sato, S., Nishimura, S., Shimizu, H.: Proposal of waveform parameters determination techniques for steady state a.c. and short-time a.c. waveforms generated by IEC 61083–4 TDG. Proc. 20. ISH Buenos Aires, Beitrag 249 (2017)

7.33. Schon, K. et al.: International comparison of software for evaluating HV impulses and step responses. Proc. 8. ISH Yokohama, Beitrag Nr. 51.01, 289–292 (1993)

7.34. Cherbaucich, C. et al.: IEC Test data generator for testing software used to evaluate the parameters of HV impulses. Proc. 9. ISH Graz, Beitrag Nr. 4494 (1995)

7.35. Beyer, M., Schon, K.: Calibration of digital recorders for hv impulse measurement. Proc. 7. ISH Dresden, Beitrag 62.02 (1991)

7.36. Li, Y., Sheehy, R., Rungis, J.: The calibration of a calculable impulse voltage calibrator. Proc. 10. ISH Montreal, 45–49 (1997)

7.37. Hällström, J.: A calculable impulse voltage calibrator. Diss. Acta Polytech. Scand., Elect. Eng. Ser. **109**, (2002)

7.38. Hällström, J., Chekurov, Y., Aro, M.: A calculable impulse voltage calibrator for calibration of impulse digitizers. IEEE Trans. IM **52**, 400–403 (2003)

7.39. Sheehy, R., Li, Y.: An impulse voltage calibrator of low output impedance. IEEE Trans. PD **20**, 15–22 (2005)

7.40. Sato, S., Harada, T.: Evaluation of potential divider's performance using lightning impulse voltage calibrator for low-impedance load. Proc. 14. ISH Beijing, Beitrag J-15 (2005)

7.41. Zhao, W., Yan, W., Pan, Y., Li, Y.: A compact 10 kV impulse source for calibrating fast impulse voltage measurement systems. Proc. 20. ISH Buenos Aires, Beitrag 538 (2017)

7.42. Hällström, J., Li, Y., Lucas, W.: High accuracy comparison measurement of impulse parameters at low voltage levels. Proc. 13. ISH Delft, Beitrag 432 (2003)

7.43. Wakimoto, T., Hällström, J., Chekurov, Y., Ishii, M., Lucas, W., Piiroinen, J., Shimizu, H.: High-accuracy comparison of lightning and switching impulse calibrators. IEEE Trans. IM **56**, 619–623 (2007)

Darstellung von Impulsen im Zeit- und Frequenzbereich $\quad$ 8

Einmalige und kontinuierliche Signale lassen sich durch ihre Kurvenform im *Zeitbereich* oder durch ihr Spektrum im *Frequenzbereich* darstellen. Beide Darstellungsformen sind äquivalent. Welche Form im Einzelfall bevorzugt wird, hängt von der Messaufgabe und dem vorgegebenen Ziel ab. Sowohl aus dem Zeitverlauf als auch aus dem Spektrum lassen sich Anforderungen zur korrekten Messung eines Signals ableiten. Stoßspannungen und Stoßströme sind durch ihren Zeitverlauf definiert, der durch den *Wert der Prüfspannung* – in der Regel der Scheitelwert – und zwei Zeitparameter gekennzeichnet wird. Für diese Parameter sind in den Prüfvorschriften Messunsicherheiten festgelegt, die ein *anerkanntes Messsystem* einhalten muss und die vorzugsweise durch Kalibrierung im Zeitbereich nachzuweisen sind. Dagegen sind die im Niederspannungsbereich eingesetzten Messgeräte, darunter auch die nicht speziell zur Aufzeichnung von Stoßspannungen und Stoßströmen hergestellten analogen Oszilloskope und Digitalrecorder, eher durch Parameter im Frequenzbereich wie Frequenzgang und Bandbreite charakterisiert. Daher werden in diesem Kapitel neben den Zeitverläufen auch die Spektren von Stoßspannungen und Stoßströmen behandelt. Dies ermöglicht eine Aussage, ob das Übertragungsverhalten des Messgerätes für die Messaufgabe geeignet ist.

8.1 $\quad$ Analytische Darstellung von Stoßspannungen

Die mit den beiden Grundschaltungen in Abb. 4.10 erzeugten Blitz- oder Schaltstoßspannungen lassen sich näherungsweise analytisch darstellen, wobei Streukapazitäten und Leitungsinduktivitäten vernachlässigt und die Schaltfunkenstrecken als ideale Schalter angenommen werden. Zwei grundsätzliche Rechenwege werden am Beispiel der Generatorschaltung A aufgezeigt (s. Abb. 4.10a). Nach Zünden der Funkenstrecke FS zur Zeit $t=0$ entlädt sich der auf U_0 aufgeladene Kondensator C_s über den

© Springer Fachmedien Wiesbaden GmbH, ein Teil von Springer Nature 2021
K. Schon, *Hochspannungsmesstechnik,* https://doi.org/10.1007/978-3-658-33793-3_8

aus R_d, R_e und C_b bestehenden Kreis. Der Entladestrom i_d über R_d teilt sich auf in i_e über R_e und i_b über C_b:

$$i_d(t) = i_e(t) + i_b(t).$$

Die Maschengleichung für den Generatorkreis A lautet:

$$U_0 - \frac{1}{C_s} \int_0^t i_d \, dt = i_d R_d + u(t), \tag{8.1}$$

die nach weiterer Umformung in eine homogene Differenzialgleichung 2. Ordnung übergeht und mit den bekannten Lösungsansätzen gelöst werden kann.

Einen alternativen Lösungsweg bietet die *Laplace-Transformation* (s. Anhang A.2). Mit den Regeln und Korrespondenzen in den Tabellen A.1 und A.2 erhält man die zu Gl. (8.1) äquivalente Gleichung im *Bildbereich:*

$$\frac{U_0}{s} - \frac{1}{sC_s} I_d = I_d R_d + U, \tag{8.2}$$

wobei $s = \sigma + j\omega$ eine komplexe Zahl ist. Mit:

$$I_d = I_e + I_b = U/R_e + C_b U s$$

und den Zeitkonstanten τ_1 und τ_2 lässt sich Gl. (8.2) nach $U = U(s)$ auflösen:

$$U(s) = \frac{U_0}{R_d C_b} \frac{1}{(1 + s/\tau_1)(1 + s/\tau_2)}. \tag{8.3}$$

Nach Rücktransformation in den Zeitbereich mit $s = j\omega$ und den Korrespondenzen in Tabelle A.2 ergibt sich die Stoßspannung $u(t)$ als Differenz zweier Exponentialfunktionen zu:

$$\boxed{u(t) = \frac{U_0}{R_d C_b} \frac{\tau_1 \tau_2}{\tau_1 - \tau_2} \left(e^{-t/\tau_1} - e^{-t/\tau_2} \right).} \tag{8.4}$$

Die beiden Zeitkonstanten τ_1 und τ_2 sind Wurzeln einer quadratischen Gleichung mit:

$$\frac{1}{\tau_{1,2}} = \frac{B_0}{2} \mp \sqrt{\left(\frac{B_0}{2}\right)^2 - B_1} \tag{8.5a}$$

$$B_0 = \frac{1}{R_d C_b} + \frac{1}{R_d C_s} + \frac{1}{R_e C_b} \tag{8.5b}$$

$$B_1 = \frac{1}{R_d C_b R_e C_s}. \tag{8.5c}$$

In gleicher Weise lässt sich auch die Ausgangsspannung von Schaltung B in Abb. 4.10b berechnen. Für $u(t)$ ergibt sich ein weitgehend identischer Ausdruck wie in Gl. (8.4) mit dem einzigen Unterschied, dass C_s an die Stelle von C_b im dritten Glied auf der rechten Seite von Gl. (8.5b) tritt.

Für die betrachteten Blitz- und Schaltstoßspannungen ist $R_e C_s \ll R_d C_b$, sodass die Zeitkonstanten τ_1, τ_2 und der Ausnutzungsgrad η der Schaltung A (Index „A") näherungsweise berechnet werden können [1.1, 1.6, 4.16, 4.17]:

$$\tau_{1,A} \approx (R_d + R_e)(C_b + C_s), \tag{8.6a}$$

$$\tau_{2,A} \approx \frac{R_d R_e}{R_d + R_e}\frac{C_b C_s}{C_b + C_s}, \tag{8.6b}$$

$$\eta_A = \frac{\hat{u}}{U_0} \approx \frac{R_e}{R_d + R_e}\frac{C_s}{C_b + C_s}. \tag{8.6c}$$

Die Zeitkonstanten und der Wirkungsgrad für den Stoßspannungsgenerator in Schaltung B (Index „B") ergeben sich zu:

$$\tau_{1,B} \approx R_e\,(C_b + C_s); \tag{8.7a}$$

$$\tau_{2,B} \approx R_d\frac{C_b C_s}{C_b + C_s}; \tag{8.7b}$$

$$\eta_B = \frac{\hat{u}}{U_0} \approx \frac{C_s}{C_b + C_s}. \tag{8.7c}$$

Auf die Unvollkommenheit der beiden idealisierten Grundschaltungen in Abb. 4.10 wurde bereits in Abschn. 4.2.1 hingewiesen. Berücksichtigt man die Induktivitäten und Streukapazitäten des Stoßspannungsgenerators und Prüflings, ist eine analytische Berechnung des vollständigen Ersatzschaltkreises praktisch ausgeschlossen. Hierfür besser geeignet ist Software, die entweder allgemein zur Berechnung elektrischer Schaltkreise oder speziell zur Optimierung von Stoßspannungsgeneratoren zur Verfügung steht [4.18–4.22].

Für theoretische Untersuchungen hinsichtlich des Zeitverlaufs und Spektrums von Schalt- und Blitzstoßspannungen oder des Übertragungsverhaltens von Spannungsteilern eignet sich die von Gl. (8.4) abgeleitete Fassung:

$$\boxed{u(t) = \hat{u}\,A\left(\mathrm{e}^{-t/\tau_1} - \mathrm{e}^{-t/\tau_2}\right)}. \tag{8.8}$$

Darin ist $A \geq 1$ ein Faktor, mit dem die beiden Exponentialfunktionen zu multiplizieren sind, damit die Stoßspannung ihren Scheitelwert $\hat{u}$ zur Scheitelzeit t_p erreicht (Abb. 8.1). Für Blitz- und Schaltstoßspannungen gilt $\tau_1 \gg \tau_2$. Dies bedeutet, dass der Zeitverlauf der

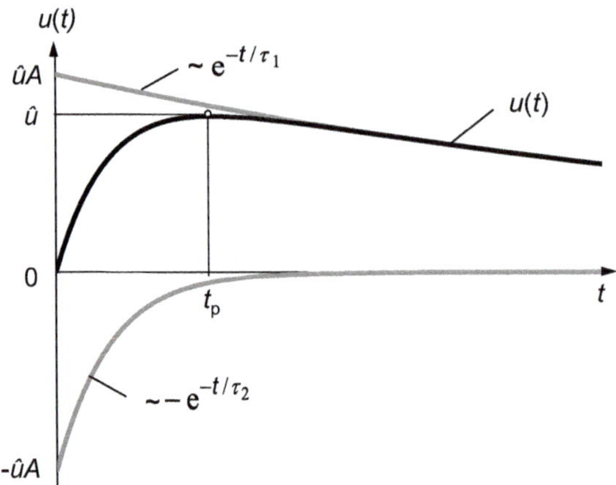

Abb. 8.1 Darstellung einer Stoßspannung $u(t)$ als Überlagerung zweier Exponentialverläufe mit den Zeitkonstanten τ_1 und τ_2 nach Gl. (8.8)

Stoßspannung im Rücken hauptsächlich durch das Exponentialglied mit τ_1 in Gl. (8.8) bestimmt ist.

Die Scheitelzeit t_p ergibt sich durch Nullsetzen der ersten Ableitung von Gl. (8.8) zu:

$$t_\mathrm{p} = \frac{\tau_1 \, \tau_2}{\tau_1 - \tau_2} \ln \frac{\tau_1}{\tau_2}. \tag{8.9}$$

Die Symbole für die Scheitelzeit und die anderen Zeitparameter, die sich aus Gl. (8.8) berechnen lassen, werden hier klein geschrieben im Unterschied zur Großschreibung der genormten Zeitparameter in IEC 60.060 [2.1, 2.2], die für Blitzstoßspannungen auf den virtuellen Nullpunkt bezogen sind (Abb. 4.1). Mit der Scheitelzeit t_p nach Gl. (8.9) kann der Faktor A berechnet werden:

$$A = \frac{1}{e^{-t_\mathrm{p}/\tau_1} - e^{-t_\mathrm{p}/\tau_2}}. \tag{8.10}$$

Zur analytischen Darstellung einer Stoßspannung mit den Zeitparametern T_1 und T_2 müssen die entsprechenden Zeitkonstanten τ_1 und τ_2 in Gl. (8.8) bekannt sein. Der Zusammenhang zwischen den Zeitkonstanten und den Zeitparametern der Stoßspannung wird heutzutage numerisch ermittelt, während früher τ_1 und τ_2 mit Hilfe von Auswertediagrammen bestimmt wurden. Die Vorgehensweise zur Bestimmung der Zeitkonstanten τ_1 und τ_2 einer Stoßspannung nach Gl. (8.8) für ein vorgegebenes Wertepaar der Zeitparameter T_1 und $T_2 \gg T_1$ wird im Folgenden kurz umrissen. Der erste Schritt besteht darin, einen Anfangswert für τ_1 zu schätzen. Da im Rücken von Blitz- und Schaltstoßspannungen das zweite Exponentialglied in Gl. (8.8) mit der Zeitkonstanten τ_2 vernachlässigbar ist (s. Abb. 8.1), vereinfacht sich Gl. (8.8) für die Rückenhalbwertzeit $t_2 \approx T_2$ zu:

$$u(t = T_2) = \hat{u}A\mathrm{e}^{-T_2/\tau_1} = 0{,}5\hat{u},$$

woraus sich mit $A \approx 1$ ein erster Näherungswert:

$$\tau_1 \approx \frac{T_2}{\ln(2A)} \tag{8.11}$$

ergibt. Mit dem Schätzwert $\tau_2 \approx T_1/3$ kann ein erster Datensatz für die Stoßspannung nach Gl. (8.8) berechnet werden. In den weiteren Iterationsschritten werden mit den Gl. (8.9) bis (8.11) verbesserte Werte berechnet und in Gl. (8.8) eingesetzt, bis die Zeitparameter T_1 und T_2 die vorgegebenen Sollwerte erreichen.

8.1.1 Mathematischer und virtueller Nullpunkt

Der genormte *virtuelle Nullpunkt* O_1 einer gemessenen Blitzstoßspannung (s. Abschn. 4.1) unterscheidet sich grundsätzlich von dem *mathematischen Nullpunkt* O des nach Gl. (8.8) berechneten Doppelexponentialimpulses. Bei höheren Genauigkeitsansprüchen ist dieser Unterschied ggfs. zu berücksichtigen. Dies kann z. B. beim Vergleich einer gemessenen Stoßspannung mit dem mit der Faltungsrechnung berechneten Impuls erforderlich sein (s. Abschn. 9.7). Der Unterschied zwischen O und O_1, der von der Kurvenform der Blitzstoßspannung abhängt, wird hier mit t_0 bezeichnet. Er berechnet sich aus dem Strahlensatz für die Gerade durch die Punkte bei $0{,}3\hat{u}$ und $0{,}9\hat{u}$ zu (Abb. 8.2a):

$$\boxed{t_0 = \mathrm{O} - \mathrm{O}_1 = 0{,}3\,\hat{u}\frac{T_1}{\hat{u}} - t_{30}(\mathrm{O}) = 0{,}5\,T_{\mathrm{AB}} - t_{30}(\mathrm{O})}, \tag{8.12}$$

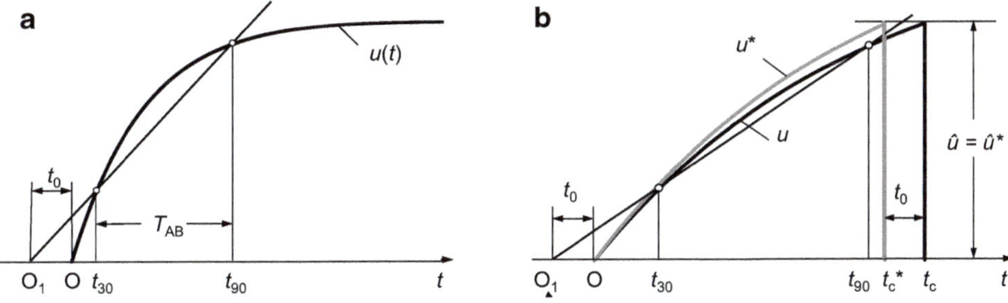

Abb. 8.2 Mathematischer Nullpunkt O und virtueller Nullpunkt O_1 von Stoßspannungen **a** volle Blitzstoßspannung **b** in der Stirn abgeschnittene Blitzstoßspannung

wobei $t_{30}(O)$ auf den mathematischen Nullpunkt O der Stoßspannung bezogen ist. Für die Blitzstoßspannung 1,2/50 liegt O_1 um $t_0 = 0{,}22\,\mu s$ vor O. Die auf O_1 bezogene Rückenhalbwertzeit T_2 mit dem Bemessungswert 50 µs ist dadurch um knapp 0,5 % größer als der für O berechnete Wert, was sicher in den meisten Fällen vernachlässigbar sein dürfte. Auf die Stirnzeit, die nach Gl. (4.2) berechnet wird, hat der Zeitunterschied t_0 keine Auswirkung.

Für in der Stirn abgeschnittene Stoßspannungen ist gegebenenfalls der Zeitunterschied zwischen den Nullpunkten O und O_1 bei der Abschneidezeit zu berücksichtigen. Für die Blitzstoßspannung 1,2/50, die nach $t_c(O) = 500$ ns abgeschnitten wird, liegt O_1 um $t_0 = 61$ ns vor O (Abb. 8.2b). Die auf O_1 bezogene Abschneidezeit ist um diesen Betrag größer (relativ rund 12 %) und beträgt somit $T_c = 561$ ns. Gibt man andererseits $T_c = 500$ ns vor und berechnet die Blitzstoßspannung nach Gl. (8.8) in erster Näherung bis zu der verkürzten Zeit $t(O) = T_c - t_0 = 439$ ns, ergibt sich ein Scheitelwert von nur rund 93 % des ursprünglichen Wertes $\hat{u}$. Um wieder den ursprünglichen Scheitelwert $\hat{u}$ zu erhalten, muss die Stoßspannung steiler ansteigen (Kurve u^* in Abb. 8.2b). Dadurch verändert sich wiederum die Lage von O_1 und damit auch von t_0 und T_c. Weitere Iterationsschritte sind erforderlich, worauf aber nicht weiter eingegangen werden soll. Gegebenenfalls ist zu prüfen, ob die größere Steilheit von u^* und kürzere Abschneidezeit möglicherweise von Einfluss auf das Messergebnis ist, da die Anforderungen an das dynamische Verhalten des Messsystems höher sind.

8.1.2   Varianten der Stoßspannung

Die mit Gl. (8.8) berechnete Stoßspannung zeigt einen abrupten Einsatz von der Null-linie bei $t = 0$, wohingegen in der Prüfpraxis eher mit einem allmählichen Einsatz der vom Generator erzeugten Stoßspannung zu rechnen ist. Zur besseren Annäherung an den tatsächlichen Anfangsverlauf einer Stoßspannung mit allmählichem Einsatz wird in Gl. (8.8) gelegentlich noch eine weitere Funktion hinzugefügt, die die Abrundung des Anfangsverlaufs bewirkt. Auch für die Zeit $t > t_c$ nach dem Spannungszusammenbruch einer abgeschnittenen Blitzstoßspannung kann ein Exponentialverlauf mit einer dritten Zeitkonstante τ_3 angesetzt werden:

$$\boxed{u_c(t - t_c) = u(t_c)\,e^{-(t - t_c)/\tau_3}}. \tag{8.13}$$

Weiterhin lässt sich die Keilstoßspannung, die eine in der Stirn abgeschnittene Stoßspannung darstellt, durch die Dreieckfunktion:

$$\boxed{u(t) = \frac{\hat{u}}{t_c}t = St} \quad \text{für } 0 \leq t \leq t_c \tag{8.14}$$
$$= 0 \qquad\qquad \text{für } t > t_c$$

mit der Steilheit S annähern. Die Dreieckfunktion hat den Vorteil, dass sie für grundsätzliche Berechnungen (s. Abschn. 8.1.4) einfacher zu handhaben ist als die in der Stirn abgeschnittene Blitzstoßspannung, ohne dass signifikante Unterschiede im Ergebnis auftreten.

8.1.3 Parameter von Stoßspannungen

Für einige Stoßspannungsverläufe sind die numerisch berechneten Parameterwerte in Tab. 8.1 zusammengestellt. Die Scheitelzeit t_p von Blitzstoßspannungen (LI) bezieht sich auf den mathematischen Nullpunkt O, der um die Zeit t_0 nach dem virtuellen Nullpunkt O_1 liegt. Die in der Stirn abgeschnittene Blitzstoßspannung (LIC) hat eine Abschneidezeit von $t_c = t_p = 0{,}5\,\mu s$, bezogen auf den mathematischen Nullpunkt O. Der Quotient $\hat{u}_{LIC}/\hat{u}_{LI}$ gibt den Scheitelwert der abgeschnittenen Blitzstoßspannung (LIC) relativ zu dem der entsprechenden vollen Blitzstoßspannung (LI) an. Der für Schaltstoßspannungen (SI) maßgebende augenscheinliche Nullpunkt stimmt mit dem mathematischen Nullpunkt näherungsweise überein, und es kann daher $t_0 = 0$ und $T_p = t_p$ gesetzt werden.

Gelegentlich besteht die Aufgabe, für den mit einem Digitalrecorder aufgezeichneten Datensatz einen geschlossenen mathematischen Ausdruck zu finden, um ihn durch weitere Rechenalgorithmen bearbeiten zu können. Grundsätzlich lässt sich die Synthese bzw. Zerlegung eines beliebigen Signals nach Fourier mit Sinusschwingungen durchführen. Zur Synthese von Stoßspannungen eignen sich eher Parabelabschnitte oder Exponentialfunktionen, die abschnittsweise an den aufgezeichneten Zeitverlauf angepasst werden. Die Summe dieser Funktionen repräsentiert dann in guter Näherung den vollständigen Datensatz. So enthält der *Prüfdatengenerator* (*TDG*, s. Abschn. 7.3),

Tab. 8.1 Werte der nach Gl. (8.8) berechneten Parameter von Stoßspannungen und der genormten Zeitparameter T_1 und T_c in IEC 60060 [2.1, 2.2]

	Blitzstoßspannung				Schaltstoßspannung
Parameter	1,2/50		0,84/60		250/2500
Kurzzeichen	LI	LIC (0,5 µs)	LI	LIC (0,5 µs)	SI
τ_1 µs	68,217		83,666		3155
τ_2 µs	0,405		0,2746		62,487
A	1,037		1,022		1,104
t_p [1] µs	2,089	0,5	1,576	0,5	250
t_0 µs	0,2210	0,061	0,1563	0,074	0
T_1 µs	1,2	0,524	0,84	0,509	165,1
T_c µs	---	0,561	---	0,574	---
$\hat{u}_{LIC}/\hat{u}_{LI}$	---	0,728	---	0,851	---

[1] bezogen auf den mathematischen Nullpunkt O

mit dem die Software zur Auswertung von Stoßspannungen und Stoßströmen geprüft wird, neben den analytisch vorgegebenen Prüfimpulsen auch die Reihendarstellung von gemessenen Impulsen. Beide Arten von Prüfimpulsen lassen sich dadurch in gleicher Weise bearbeiten, wobei die Eigenschaften des verwendeten Digitalrecorders berücksichtigt werden können (Quantisierung, Überlagerung von Rauschen usw.). Ein Beispiel zur Darstellung des Datensatzes eines TDG-Prüfimpulses mit überlagerten Oszillationen durch eine Summe komplexer Exponentialfunktionen ist in [4.10] beschrieben. Die Reihendarstellung bietet u. a. die Möglichkeit, durch Reduzierung der Anzahl der Exponentialfunktionen die mittlere Kurve durch die Oszillationen zu ermitteln.

8.1.4   Spektrum von Stoßspannungen

Zur Berechnung des Spektrums von Stoßspannungen stehen das komplexe oder reelle Fourier-Integral und die Laplace-Transformation zur Verfügung (s. Anhang A). Im Folgenden wird die Laplace-Transformation zur Berechnung einiger Beispiele bevorzugt. Mithilfe der Laplace-Korrespondenzen in Tabelle A.2 ergibt sich die Laplace-Transformierte der doppelexponentiellen Stoßspannung nach Gl. (8.8) zu:

$$F(s) = \hat{u}\,A\left[\frac{1}{s + \frac{1}{\tau_1}} - \frac{1}{s + \frac{1}{\tau_2}}\right]. \tag{8.15}$$

Mit $s = j\omega$ und nach Multiplikation der Brüche in Gl. (8.15) mit ihren konjugiert komplexen Nennern kann die Laplace-Transformierte in ihren Real- und Imaginärteil getrennt werden. Ihr Absolutbetrag, bezogen auf $F(\omega = 0)$, ist gleich der normierten Amplitudendichte der Stoßspannung:

$$F(\omega) = \left|\frac{F(j\omega)}{F(0)}\right| =$$

$$= \frac{1}{\tau_1 - \tau_2}\sqrt{\left[\frac{\tau_1}{1 + (\omega\,\tau_1)^2} - \frac{\tau_2}{1 + (\omega\,\tau_2)^2}\right]^2 + \left[\frac{\omega\,\tau_1^2}{1 + (\omega\,\tau_1)^2} - \frac{\omega\,\tau_2^2}{1 + (\omega\,\tau_2)^2}\right]^2}. \tag{8.16}$$

Das Spektrum abgeschnittener Stoßspannungen ist grundsätzlich ebenfalls mit Hilfe der Laplace-Transformation berechenbar, allerdings fällt die Rechnung wegen der zahlreichen Ausdrücke recht umfangreich aus. Eine in der Stirn abgeschnittene Blitzstoßspannung lässt sich näherungsweise durch eine Dreieckfunktion nach Gl. (8.14) ersetzen, deren Spektrum einfacher zu berechnen ist. Die Unstetigkeit beim Abschneidezeitpunkt wird beseitigt, indem die Dreieckfunktion $u(t)$ durch die Summe von drei zeitlich unbegrenzten Funktionen gemäß:

$$u(t) = u_a + u_b + u_c \tag{8.17}$$

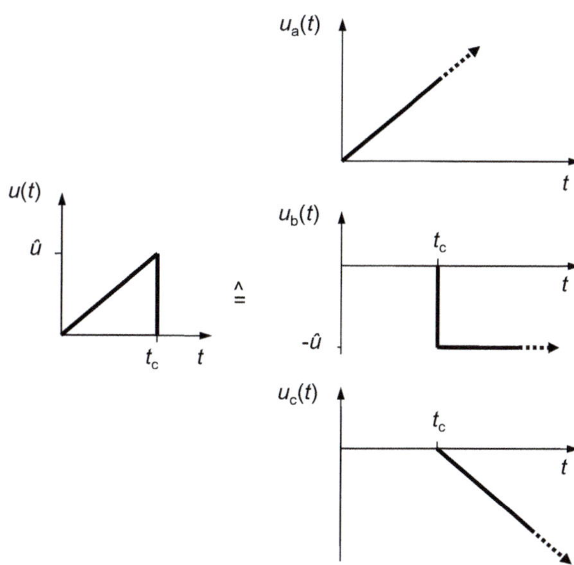

Abb. 8.3 Äquivalente Darstellung einer Dreieckfunktion (links) durch die Summe der drei zeitlich unbegrenzten Funktionen u_a, u_b und u_c (rechts)

ausgedrückt wird, die sich für $t > t_c$ gegenseitig auslöschen (Abb. 8.3). Hierbei ist u_a eine Rampe mit der Steilheit $\hat{u}/t_c$, u_b ein zum Abschneidezeitpunkt einsetzender negativer Sprung mit der Amplitude $-\hat{u}$ und u_c eine um $t = t_c$ verzögert einsetzende Rampe mit negativer Steilheit $-\hat{u}/t_c$. Die Summe der drei Kurvenzüge führt mit den Rechenregeln und Korrespondenzen in den Tabellen A.1 und A.2 auf die Laplace-Transformierte der Dreieckfunktion:

$$F(s) = \hat{u}\left[\frac{1}{t_c\,s^2} - \frac{1}{s}\,e^{-s\,t_c} - \frac{1}{t_c\,s^2}\,e^{-s\,t_c}\right]. \tag{8.18}$$

Nach Trennung von Gl. (8.18) in Real- und Imaginärteil erhält man:

$$F(s) = \hat{u}t_c\left[\frac{\sin\omega\,t_c}{\omega\,t_c} + \frac{\cos\omega\,t_c}{(\omega\,t_c)^2} - \frac{1}{(\omega\,t_c)^2} + j\left(\frac{\cos\omega\,t_c}{\omega\,t_c} - \frac{\sin\omega\,t_c}{(\omega\,t_c)^2}\right)\right]. \tag{8.19}$$

Unter Berücksichtigung von $s = j\omega$ und $F(\omega=0) = \hat{u}t_c/2$ ergibt sich die normierte Amplitudendichte der Dreieckfunktion als Absolutbetrag zu:

$$F(\omega) = \left|\frac{F(j\omega)}{F(0)}\right| = \frac{2}{(\omega\,t_c)^2}\,\sqrt{(\omega\,t_c)^2 + 2(1 - \cos\omega\,t_c - \omega\,t_c\sin\omega\,t_c)}. \tag{8.20}$$

Der Ausdruck in Gl. (8.20) wird für $\omega = 0$ unbestimmt, da Nenner und Zähler den Wert null annehmen. Auch für kleine ω-Werte ist Gl. (8.20) unbrauchbar, da sich starke Schwingungen von $F(\omega)$ infolge geringster Rechenungenauigkeiten ausbilden. Durch Reihenentwicklung von $\cos\omega t_c$ und $\sin\omega t_c$ erhält man:

$$F(\omega) = \sqrt{1 + (-1)^{\frac{n}{2}} \cdot \frac{8\,(n-1)}{n!}\,(\omega\,t_c)^{\,n-4}}\qquad \text{für } n = 6,\ 8,\ 10\ldots. \tag{8.21}$$

Die Reihe in Gl. (8.21) für die Dreieckfunktion konvergiert rasch für $\omega t_c < 1$. Die normierte Amplitudendichte ist für $\omega t_c < 0{,}1$ praktisch gleich 1. Dies entspricht einer Frequenz $f < 32$ kHz bei einer Abschneidezeit $t_c = 0{,}5$ µs. Oberhalb dieser Frequenz ist Gl. (8.20) zur Berechnung der Amplitudendichte verwendbar.

Abb. 8.4 zeigt die auf den jeweiligen Gleichanteil $F(f = 0)$ bezogene Amplitudendichte verschiedener Stoßspannungen (Kurven *1* bis *5*). In der halblogarithmischen Darstellung zeigt sich die Amplitudendichte $F(f)$ eines jeden Spannungsimpulses zunächst als annähernd konstant bis zu einer von der Impulsform bestimmten Grenzfrequenz und fällt dann mit steigender Frequenz mehr oder weniger schnell ab. Aus der Frequenzcharakteristik kann die obere 3-dB-Grenzfrequenz f_2 bestimmt werden, bei der die normierte Amplitudendichte auf $1/\sqrt{2} \approx 0{,}7$ abgefallen ist. Zum Vergleich ist auch die Amplitudendichte des Stoßstromes 8/20 eingezeichnet (Kurve *6*). Die Schwingung im Zeitverlauf zeigt sich als Resonanzüberhöhung im Frequenzverlauf, bevor der steile Abfall im Spektrum eintritt.

Die Schaltstoßspannung 250/2500 (Kurve *1* in Abb. 8.4) hat mit $f_2 \approx 50$ Hz eine obere Grenzfrequenz vergleichbar mit der Netzfrequenz. Für die Blitzstoßspannung 1,2/50 (Kurve *3*) beträgt $f_2 = 2{,}4$ kHz. Oberhalb von 200 kHz, also bei etwa dem 100-fachen Wert von f_2, ist die Amplitudendichte auf weniger als 1 % abgesunken. Im Vergleich hierzu unterscheidet sich die Amplitudendichte der Stoßspannung 0,84/60, die zur Kalibrierung von Digitalrecordern und Stoßvoltmetern genommen wird, nur unwesentlich (Kurve *2*).

Die als Keilstoßspannung eingesetzte Dreieckfunktion mit der Abschneidezeit $t_c = 0{,}5$ µs weist mit $f_2 = 1{,}1$ MHz die höchste Grenzfrequenz auf (Kurve *5* in Abb. 8.4). Die Amplitudendichte bleibt bis 100 MHz annähernd konstant. Grundsätzlich gilt, dass das Spektrum sich umso weiter zu höheren Frequenzen erstreckt, je kürzer und steiler der Impuls ist. Für den idealen *Dirac-Impuls* mit unendlich schmaler Impulsbreite ist bekanntlich das Spektrum konstant bis zu unendlich hohen Frequenzen.

8.2 Analytische Darstellung von Stoßströmen

Unter der Annahme linearer Elemente im RLC-Erzeugerkreis für exponentielle Stoßströme gilt entsprechend der Kirchhoffschen Maschenregel für die Spannungen (s. Abb. 5.3):

$$u_C = u_L + u_R \tag{8.22}$$

und entsprechend der Kirchhoffschen Knotenregel für die Ströme:

$$U_0 - \frac{1}{C}\int i\,\mathrm{d}t = L\frac{\mathrm{d}i}{\mathrm{d}t} + Ri, \tag{8.23}$$

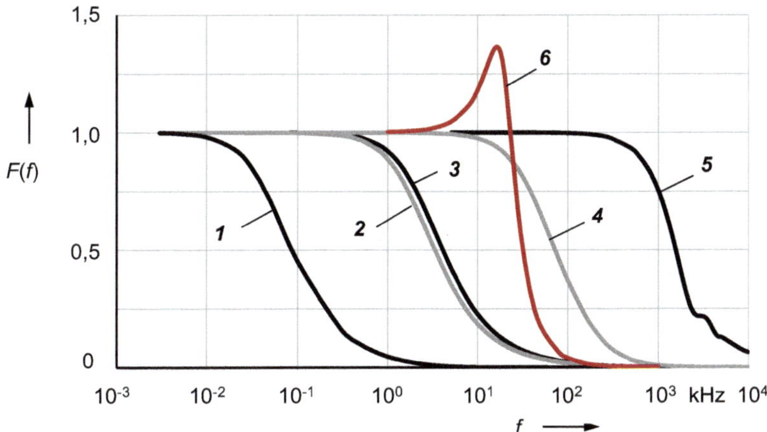

Abb. 8.4 Amplitudendichte $F(f)$ von verschiedenen Stoßspannungen und einem Stoßstrom *1* Schaltstoßspannung 250/2500 *2* Blitzstoßspannung 0,84/60 *3* Blitzstoßspannung 1,2/50 *4* Blitzstoßspannung 1,2/5 *5* Dreieckfunktion ($t_c = 0,5$ µs) *6* Stoßstrom 8/20

wobei U_0 die Ladespannung am Kondensator C zu Beginn der Entladung bei $t=0$ ist. Wendet man auf Gl. (8.23) die Laplace-Transformation mit den Korrespondenzen in Tabelle A.1 an, so ergibt sich die Gleichung im Bildbereich zu:

$$\frac{U_0}{s} - \frac{1}{Cs} = Ls\,i + R\,i \tag{8.24}$$

und aufgelöst für den Strom:

$$i\,(s) = \frac{U_0}{L}\,\frac{1}{s^2 + \frac{R}{L}s + \frac{1}{LC}}. \tag{8.25}$$

Die Form von Gl. (8.25) ist vergleichbar mit der von Gl. (8.3) für Stoßspannungen, deren Lösung durch den Ansatz mit zwei Exponentialfunktionen entsprechend Gl. (8.4) bzw. Gl. (8.8) gegeben ist. Im Unterschied zu den Stoßspannungen sind jedoch bei einigen Stoßströmen die Werte für die Stirnzeit und die Rückenhalbwertzeit nicht sehr verschieden. Der Ansatz nach Gl. (8.8) mit den beiden Exponentialgliedern lässt sich dann nicht auf diese Stoßströme übertragen, u. a. nicht auf den Stoßstrom 8/20. Für diesen Fall liefert die Rücktransformation von Gl. (8.25) in den Zeitbereich mit den Korrespondenzen in Tabelle A.2 zwei weitere Lösungen, zum einen für den gedämpft schwingenden Stoßstrom:

$$\boxed{i(t) = \frac{U_0}{\omega_d L}\mathrm{e}^{-\delta t}\sin(\omega_d\,t)}, \tag{8.26a}$$

zum andern für den aperiodisch gedämpften Stoßstrom:

$$i(t) = \frac{U_0}{\omega_\mathrm{d}^* L}\,\mathrm{e}^{-\delta\,t}\sinh\left(\omega_\mathrm{d}^*\,t\right).$$

(8.26b)

Hierbei sind:

$$\delta = \frac{R}{2L},$$

(8.27)

$$\omega_\mathrm{d} = \sqrt{\frac{1}{LC} - \left(\frac{R}{2L}\right)^2},$$

(8.28a)

$$\omega_\mathrm{d}^* = \sqrt{\left(\frac{R}{2L}\right)^2 - \frac{1}{LC}}.$$

(8.28b)

In Abb. 8.5 sind für verschiedene Dämpfungswiderstände $R_1 < R_2 < R_3$ die berechneten Zeitverläufe von exponentiellen Stoßströmen eingezeichnet. Kurve *1* zeigt einen schwach gedämpften Stoßstrom nach Gl. (8.26a), Kurve *2* den Stoßstrom 8/20, ebenfalls berechnet nach Gl. (8.26a), und Kurve *3* einen aperiodisch gedämpften Stoßstrom nach Gl. (8.26b). Für $R=0$ ergibt sich aus Gl. (8.26a) der theoretische Sonderfall einer ungedämpften Sinusschwingung.

Die Zeitpunkte der positiven und negativen Maxima eines gedämpft schwingenden Stoßstromes erhält man durch Nullsetzen der ersten Ableitung von Gl. (8.26a) zu:

$$t_{\mathrm{max},k} = \frac{1}{\omega_\mathrm{d}}\left[\arctan\left(\frac{\omega_\mathrm{d}}{\delta}\right) + k\pi\right] \quad \text{für } k = 0,\ 1,\ 2,\ \dots .$$

(8.29)

Hierbei sind die Scheitelzeit $t_\mathrm{p} = t_{\mathrm{max},0}$ durch $k=0$ und die Scheitelzeit des ersten (negativen) Durchschwingens durch $k=1$ bestimmt. Die Amplitude des ersten Durch-

Abb. 8.5 Verlauf von exponentiellen Stoßströmen, berechnet nach den Gl. (8.26a) und (8.26b) *1* schwach gedämpfter Stoßstrom *2* Stoßstrom 8/20 *3* aperiodisch gedämpfter Stoßstrom

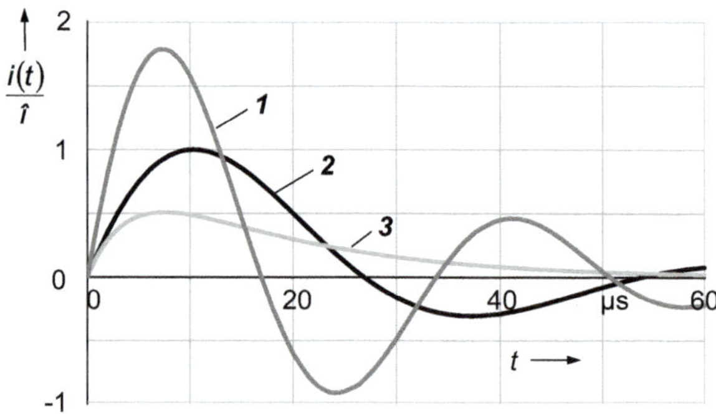

schwingens erhält man durch Einsetzen von $t = t_{\mathrm{max},1}$ in Gl. (8.26a). Bei Prüfungen gelten Grenzwerte für das Unterschwingen, da eine größere Stromamplitude mit entgegen gesetzter Polarität den Prüfling zerstören kann.

Zu beachten ist, dass die nach Gl. (8.26a) berechneten Stoßströme auf den mathematischen Nullpunkt O bezogen sind. Der Unterschied zwischen O und dem genormten virtuellen Nullpunkt O_1 bestimmt sich in Analogie zu den Stoßspannungen nach Abb. 8.2a, wenn t_{30} durch t_{10} ersetzt wird, zu:

$$\boxed{t_0 = O - O_1 = 0,125\, T_{\mathrm{AB}} - t_{10}(O),} \tag{8.30}$$

Hierbei bezeichnet $t_{10}(O)$ die Zeit zwischen dem virtuellen Nullpunkt O und der Zeit, bei der der Amplitudenwert $0,1\hat{\imath}$ erreicht. T_{AB} ist die Zeit zwischen den Amplitudenwerten bei $0,9\hat{\imath}$ und $0,1\hat{\imath}$. Für den Stoßstrom 8/20 liegt O_1 um $t_0 \approx 0,28\ \mu s$ vor O. Auf die mit Gl. (5.1) berechnete Stirnzeit hat dies keine Auswirkung, aber die auf O_1 bezogene Rückenhalbwertzeit T_2 ist um 1,4 % größer als der für O ermittelte Wert. Bei Prüfungen wird man den Unterschied zwischen O und O_1 in Anbetracht der großen zulässigen Toleranz für T_2 meist tolerieren und auf eine Korrektion verzichten können. Bei höheren Genauigkeitsansprüchen ist jedoch die Berechnung des exponentiellen Stoßstroms nach Gl. (8.26a) mit einem um t_0 kleineren Wert für T_2 durchzuführen, für den Stoßstrom 8/20 also $T_2 \approx 19,72\ \mu s$.

8.2.1 Bestimmung der Schaltkreiselemente

Soll eine bestimmte Impulsform mit den Zeitparametern T_1 und T_2 erzeugt werden, lassen sich die erforderlichen Schaltkreiselemente R, L und C in Abb. 5.3 durch Iteration mit numerischen Rechenverfahren aus Gl. (8.26a) bestimmen [5.5]. Sie ersetzen die früher vorgeschlagenen graphischen Verfahren mit Hilfe von Diagrammen [1.1, 5.2, 5.3]. In der Regel wird die Kapazität C des Ladekondensators, der einen beträchtlichen Kostenanteil eines Stoßstromgenerators ausmacht, vorgegeben und die beiden anderen Schaltkreiselemente ergeben sich für die gewünschte Impulsform aus der Rechnung. Als Beispiel zeigt Abb. 8.6 für den Stoßstrom 8/20 drei Zeitverläufe, die sich aus der Berechnung der Schaltkreiselemente mit Gl. (8.26a) für unterschiedliche Ladekondensatoren ergeben. Man erkennt, dass bei gleicher Ladespannung U_0 der Scheitelwert $\hat{\imath}$ mit der Ladekapazität C größer wird und die für 50, 40 und 30 µF berechneten Zeitverläufe, bezogen auf den jeweiligen Scheitelwert $\hat{\imath}$, deckungsgleich sind. Der auf den genormten virtuellen Nullpunkt O_1 bezogene Stoßstrom 8/20 erreicht seinen Scheitel nach $t_p = 10,6\ \mu s$; das Maximum des Durchschwingens tritt nach 36,8 µs auf und beträgt 33,5 % des Hauptscheitels $\hat{\imath}$.

In Tab. 8.2 sind die Werte der Schaltkreiselemente zusammengestellt, mit denen die Stoßströme 8/20 für die drei Ladekondensatoren nach Gl. (8.26a) berechnet wurden. Die Werte in den ersten drei Tabellenzeilen beziehen sich auf den virtuellen Nullpunkt O_1.

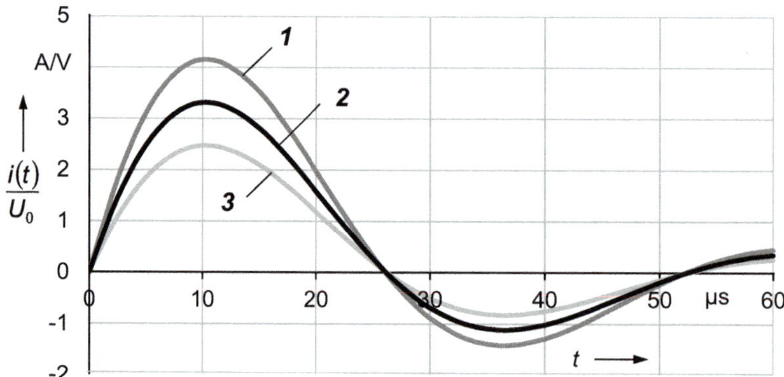

Abb. 8.6 Stoßstrom 8/20 berechnet nach Gl. (8.26a) *1* $C = 50\ \mu F$ *2* $C = 40\ \mu F$ *3* $C = 30\ \mu F$

Tab. 8.2 Schaltkreiselemente und Stromscheitel für den Stoßstrom 8/20 nach Gl. (8.26a), bezogen auf den virtuellen Nullpunkt O_1 bzw. mathematischen Nullpunkt O

Nullpunkt	C µF	R Ω	L µH	$\hat{\imath}/U_0$ A/V
O_1	50	0,102	1,235	4,15
O_1	40	0,128	1,547	3,31
O_1	30	0,173	2,067	2,48
O	30	0,188	2,13	2,38

Zum Vergleich sind für $C = 30\ \mu F$ auch die Werte für den mathematischen Nullpunkt O in der letzten Tabellenzeile angegeben.

8.2.2   Spektrum von exponentiellen Stoßströmen

Das Spektrum von exponentiellen Stoßströmen ergibt sich aus Gl. (8.26a) mit den Korrespondenzen der Laplace-Transformation in Tabelle A.2 zu:

$$I(s) = \hat{\imath}\,\frac{1}{s^2 + \frac{R}{L}s + \frac{1}{LC}}. \tag{8.31}$$

Nach Trennung in den Real- und Imaginärteil erhält man mit $s = j\omega$ die normierte Amplitudendichte:

$$F(\omega) = \frac{|F(j\omega)|}{F(0)} = \frac{1}{\sqrt{\left(1 - LC\omega^2\right)^2 + (RC\omega)^2}}. \tag{8.32}$$

Als Beispiel zeigt Kurve **6** in Abb. 8.4 die normierte Amplitudendichte des Stoßstromes 8/20 im Vergleich zu verschiedenen Stoßspannungen. Sie weist bei einer Frequenz von 16,4 kHz entsprechend der gedämpften Schwingung im Zeitverlauf (Abb. 8.5, Kurve **2**) eine Überhöhung von 36 % auf. Die obere 3-dB-Grenzfrequenz liegt bei $f_2 = 27$ kHz. Der Abfall der Amplitudendichte verläuft steiler als bei den angegebenen Stoßspannungen.

8.3 Analytische Darstellung von Kurzzeitwechselströmen

Ausgehend von dem einfachen Ersatzschaltbild für den Kurzschlusskreis in Abb. 2.8 lässt sich folgende Differentialgleichung nach Schließen des Schalters S aufstellen:

$$u(t) = \hat{u}\sin(\omega t + \psi) = L\frac{\mathrm{d}i(t)}{\mathrm{d}t} + R\,i(t), \tag{8.33}$$

wobei ψ den Schaltwinkel zum Zeitpunkt des Schließens von S bedeutet. Als Lösung der Differentialgleichung erhält man den *Kurzzeitwechselstrom:*

$$\boxed{i(t) = \hat{i}\left[\sin(\omega t + \psi - \phi) - \sin(\psi - \phi)\cdot\mathrm{e}^{-t/\tau}\right]} \tag{8.34}$$

mit der Amplitude $\hat{i}$, dem Phasenwinkel φ und der Zeitkonstanten τ:

$$\hat{i} = \frac{\hat{u}}{\sqrt{R^2 + (\omega L)^2}}, \tag{8.35}$$

$$\phi = \arctan\frac{\omega L}{R}, \tag{8.36}$$

$$\tau = \frac{L}{R}. \tag{8.37}$$

Der Kurzzeitwechselstrom nach Gl. (8.34) setzt sich aus einem stationären und einem transienten Anteil zusammen (s. Abb. 2.2a). Der stationäre Anteil (erstes Glied in der Rechteckklammer) besteht aus einer ohmschen und einer induktiven Komponente, die mit der treibenden Spannung in Phase bzw. um 90° nacheilend ist. Die resultierende Komponente hat den Phasenwinkel φ entsprechend Gl. (8.36). Der transiente Anteil des Kurzzeitwechselstromes (zweites Glied in der Rechteckklammer) stellt einen Gleichstrom dar, der exponentiell mit der Zeitkonstante τ abklingt.

Der anfängliche Verlauf des Kurzzeitwechselstromes hängt vom Zeitpunkt t_s bzw. Schaltwinkel ψ ab, zu dem die Wechselspannung auf den RL-Kreis geschaltet wird. Bei ungünstigen Schalt- und Phasenverhältnissen kann sich der stationäre und der transiente

Stromanteil so überlagern, dass der erste Scheitelwert des Kurzzeitwechselstromes bei kleinem R nahezu den doppelten Amplitudenwert des stationären Stromes erreicht (Abb. 2.2a). Dies bedeutet natürlich eine erhebliche Belastung des Prüflings. Erfolgt die Schaltung im Nulldurchgang der Wechselspannung und ist R sehr klein, entfällt praktisch der Gleichstromanteil und der Kurzzeitwechselstrom verläuft nahezu sinusförmig (Abb. 2.2b).

Übertragungsverhalten linearer Systeme, Faltung und Entfaltung 9

Das Übertragungsverhalten eines *linearen Systems* lässt sich im Zeit- oder Frequenzbereich ausdrücken. Welcher Bereich im Einzelnen bevorzugt wird, hängt überwiegend davon ab, ob das Eingangssignal zeit- oder frequenzabhängig vorgegeben ist. Die für lineare Systeme geltenden Zusammenhänge lassen sich auf die in der Prüfpraxis eingesetzten Hochspannungsmesssysteme, insbesondere für Stoßspannungen und Stoßströme, übertragen. Spannungsteiler, Shunts und Messspulen, die zur Messung von Spannungs- bzw. Stromimpulsen im Zeitbereich vorgesehen sind, werden vorzugsweise durch ihre Sprungantwort charakterisiert. Im Niederspannungsbereich und in der Messtechnik hoher Wechselspannungen und Wechselströme ist es dagegen üblich, elektrische Messgeräte durch ihren Frequenzgang zu kennzeichnen. Für Oszilloskope und Digitalrecorder, die sowohl zur Messung von Stoß- und Wechselspannungen verwendet werden, sind beide Darstellungsformen im Frequenz- und Zeitbereich üblich.

Eine sehr effektive Möglichkeit zur analytischen Bestimmung des Übertragungsverhaltens stellt die *Laplace-Transformation* einer Zeitfunktion in den *Bildbereich (Spektralbereich, Frequenzbereich)* und anschließende *Rücktransformation* in den Zeitbereich dar. Ist das Übertragungsverhalten eines linearen Systems im Zeit- oder Frequenzbereich bekannt, lässt sich dessen Ausgangssignal für beliebige Eingangssignale mit dem Faltungsintegral berechnen. Dies eröffnet eine Reihe von Möglichkeiten, Stoßspannungs- und Stoßstrommesssysteme und deren Komponenten ohne aufwändige experimentelle Untersuchungen grundsätzlich zu analysieren und zu optimieren. Für die Berechnungen stehen sowohl analytische als auch numerische Lösungsansätze zur Verfügung. Die enorm hohe Rechenleistung des PC ebenso wie die verbesserten Messeigenschaften von Digitalrecordern bieten inzwischen gute technische Voraussetzungen für die Anwendung der Faltung mit numerischen Algorithmen. Die im Folgenden für Spannungsmesssysteme angegebenen Grundlagen gelten entsprechend auch für Strommesssysteme.

© Springer Fachmedien Wiesbaden GmbH, ein Teil von Springer Nature 2021
K. Schon, *Hochspannungsmesstechnik,* https://doi.org/10.1007/978-3-658-33793-3_9

9.1   Sprungantwort eines Systems

Abb. 9.1 zeigt schematisch ein ideales System mit der Eingangsspannung $u_1(t)$ und der Ausgangsspannung $u_2(t)$. Das Übertragungsverhalten des Systems wird im Zeitbereich durch seine *Sprungantwort* $g(t)$ – früher auch *Schrittantwort* genannt – oder im Frequenzbereich durch die *komplexe Übertragungsfunktion* $H(j\omega)$ (s. Abschn. 9.3) charakterisiert. Die für lineare Systeme geltenden Zusammenhänge lassen sich näherungsweise auf Messsysteme für Hochspannungen und -ströme übertragen, wobei aber der Einfluss elektromagnetischer Störungen auf die meist ungeschirmten Messsysteme das Ergebnis häufig beeinträchtigt. Das Übertragungsverhalten von Stoßspannungs- und Stoßstrommesssystemen wird bevorzugt mit der Sprungantwort $g(t)$ und das von Wechselspannungs- und Wechselstrommesssystemen mit der komplexen Übertragungsfunktion $H(j\omega)$ ausgedrückt.

Wird an den Eingang eines Systems die Sprungspannung

$$u_1(t) = U_{10}s_0(t) \tag{9.1}$$

angelegt, ergibt sich am Systemausgang die Sprungantwort:

$$u_2(t) = U_{20}g(t). \tag{9.2}$$

Hierbei sind $s_0(t)$ die Einheitssprungfunktion mit dem zeitlichen Verlauf:

$$s_0(t) = 0 \qquad \text{für } t \leq 0,$$

$$= 1 \qquad \text{für } t > 0,$$

und $g(t)$ die Einheitssprungantwort. Der Quotient U_{10}/U_{20} bezeichnet das nominelle Teilungs- oder Übersetzungsverhältnis des Systems. Der Einfachheit halber wird hier, wenn nicht besonders darauf hingewiesen wird, als Sprungantwort die Einheitssprungantwort $g(t)$ verstanden. Abb. 9.2 zeigt als Beispiel die Sprungfunktion $s(t)$ und Sprungantwort $g(t)$ eines gedämpft schwingenden Systems, das neben einer ohmschen und kapazitiven auch eine induktive Komponente aufweist.

Die Sprungantwort linearer Systeme lässt sich durch einen Satz von verschiedenen *Antwortparametern* charakterisieren. Die schraffierten Teilflächen der Sprungantwort markieren die Abweichungen von der Sprungfunktion und werden als *Teilantwortzeiten* T_α, T_β, T_γ, usw. bezeichnet. Ihre Summe ergibt die *Antwortzeit T*, wobei die Teilantwortzeiten

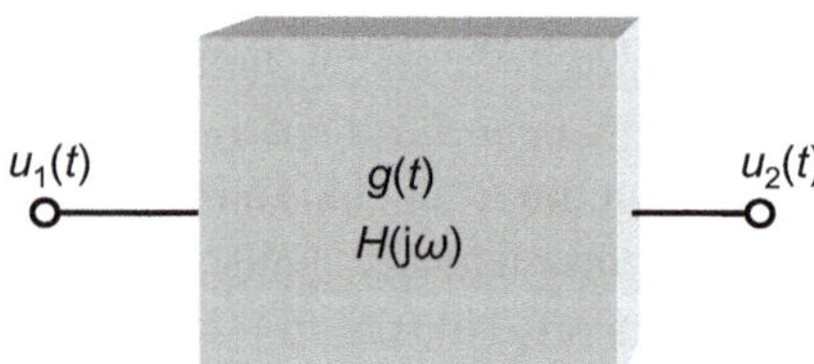

Abb. 9.1 Kennzeichnung eines linearen Systems durch die Sprungantwort $g(t)$ bzw. Übertragungsfunktion $H(j\omega)$

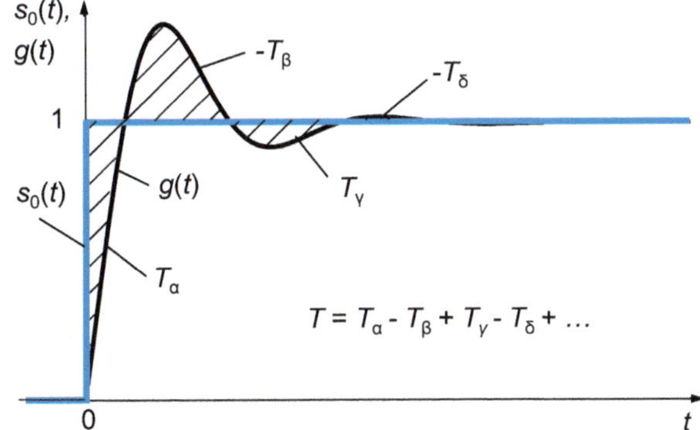

Abb. 9.2 Einheitssprung $s_0(t)$ und Einheitssprungantwort $g(t)$ eines schwingenden Systems mit den Teilantwortzeiten T_α, $-T_\beta$, T_γ, $-T_\delta$ …

oberhalb der Einheitslinie mit negativem Vorzeichen einzusetzen sind. Die Antwortparameter von Stoßspannungsteilern sind in den Prüfnormen geringfügig anders definiert, was den Unzulänglichkeiten bei der Aufzeichnung und Auswertung der experimentell ermittelten Sprungantwort Rechnung trägt. Die Einhaltung festgelegter Grenzwerte der Antwortparameter dient mit Einschränkungen als Nachweis für ein ausreichendes dynamisches Messverhalten des Spannungsteilers. Auf die Bedeutung der Antwortparameter wird in Abschn. 9.8.1 näher eingegangen.

9.2 Faltungsintegral und Faltungsalgorithmus

Ist die Sprungantwort $g(t)$ eines Systems bekannt, bietet das *Faltungsintegral*, auch *Duhamel-Integral* genannt, die Möglichkeit, das Ausgangssignal $u_2(t)$ für ein beliebiges Eingangssignal $u_1(t)$ zu berechnen [9.1–9.4]:

$$u_2(t) = \frac{\mathrm{d}}{\mathrm{d}t}\left[\int_0^t u_1(\tau) \cdot g(t-\tau)\,\mathrm{d}\tau\right] = \frac{\mathrm{d}}{\mathrm{d}t}\left[\int_0^t u_1(t-\tau) \cdot g(\tau)\,\mathrm{d}\tau\right]. \qquad (9.3)$$

Beide Fassungen von Gl. (9.3) sind wegen des kommutativen Gesetzes identisch. Eine der insgesamt vier möglichen Darstellungsformen des Faltungsintegrals ist gegeben durch:

$$u_2(t) = u_1(0)\,g(t) \; + \; \int_0^t u_1(\tau)\,\frac{\mathrm{d}g(t-\tau)}{\mathrm{d}t}\,\mathrm{d}\tau. \qquad (9.4)$$

Anschaulich wird das Eingangssignal $u_1(t)$ als Überlagerung vieler kleiner zeitversetzter Einzelsprünge betrachtet (Abb. 9.3). Jeder einzelne Sprung $\Delta u_{1,i}$ erzeugt am Ausgang des Systems die entsprechende Antwort $\Delta u_{2,i}$. Die zeitgerechte Überlagerung der einzelnen Antworten ergibt das zeitdiskrete Ausgangssignal $u_2(k\Delta t)$, das für infinitesimale

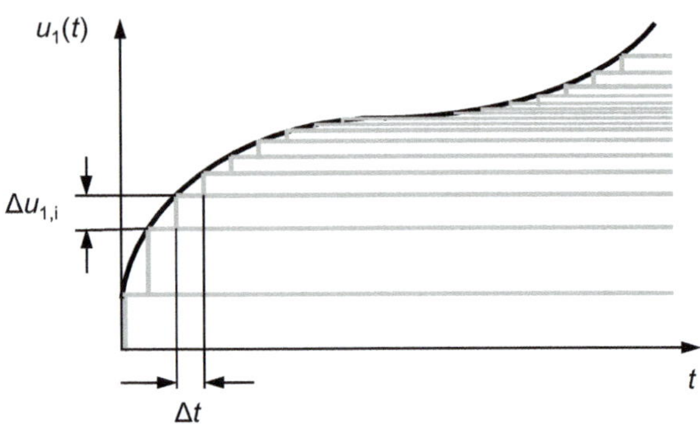

Abb. 9.3 Zeitdiskrete Darstellung eines Signals $u_1(t)$ durch zeitversetzte Einzelsprünge $\Delta u_{1,i}$, die am Systemausgang die entsprechenden Sprungantworten $\Delta u_{2,i}$ erzeugen

Zeitintervalle Δt in $u_2(t)$ übergeht. Für Stoßspannungen und Stoßströme gilt $u_1(0) = 0$, sodass auf der rechten Seite von Gl. (9.4) nur das Integral übrig bleibt. Das Faltungsintegral ist allerdings nur für wenige Sprungantworten und Eingangssignale analytisch lösbar. Die hohe Rechenleistung des PC und die verbesserten Messeigenschaften von Digitalrecordern bieten inzwischen gute technische Voraussetzungen für die Anwendung numerischer Faltungsalgorithmen.

Die mit einem Digitalrecorder gemessenen Zeitverläufe von $g(t)$ und $u_1(t)$ liegen als zeitdiskrete Abtastwerte vor und das Faltungsintegral in Gl. (9.4) kann numerisch berechnet werden [9.5–9.8]. Für die numerische Integration bietet sich die einfache Trapez-Regel an, die bei ausreichender Anzahl von Stützstellen eine genügend genaue Berechnung des Faltungsintegrals erlaubt. Mit der Abkürzung für die Ableitung bzw. den Differenzialquotienten der Sprungantwort:

$$g' = \frac{\Delta g}{\Delta t}$$

und unter der Voraussetzung $u_1(0) = 0$ lässt sich folgender Faltungsalgorithmus zur Berechnung der Ausgangsspannung $u_2(t)$ angeben:

$$u_2(k\Delta t) = u_{2,k} = \Delta t \left[\frac{u_{1,k}\, g_0'}{2} + \sum_{i=1}^{k-1} u_{1,i}\, g_{k-i}' \right] \tag{9.5}$$

für $k = 2, 3, 4, \ldots N - 1$. Der Anfangswert des Ausgangssignals für $k = 1$ ist:

$$u_{2,1} = \frac{\Delta t}{2} u_{1,1}\, g_0'. \tag{9.6}$$

Hierbei bezeichnet N die Anzahl und Δt den äquidistanten Zeitabstand der diskreten Abtastwerte von $g(t)$ und $u_1(t)$. Die Abtastfrequenz bei der Aufzeichnung muss für beide Signale identisch sein. Für die numerische Differenziation der Sprungantwort empfiehlt sich die Bildung des zentralen Mittelwertes aus den benachbarten Werten entsprechend:

$$g_k{'} = \frac{(g_{k+1} - g_{k-1})}{2\Delta t} \tag{9.7}$$

für $k = 1, 2, 3, \ldots N$. Der erste Wert $g_0{'}$ zur Anfangszeit $t = 0$ ist durch Gl. (9.7) nicht definiert. Er wird entweder gleich dem ersten berechenbaren Wert $g_1{'}$ gesetzt oder, wenn sich die Ableitung der Sprungantwort zu Beginn stark ändert, vorzugsweise durch Extrapolation der ersten fünf Werte $g_1{'} \ldots g_5{'}$ bestimmt.

Mit der Faltung lässt sich das dynamische Verhalten von Stoßspannungs- und Stoßstrommesssystemen an Hand ihrer Sprungantwort nachweisen, ohne dass aufwendige experimentelle Untersuchungen durchgeführt werden müssen. Zum Beispiel kann die Änderung des Scheitelwertes einer Stoßspannung in Abhängigkeit von der Stirnzeit oder Abschneidezeit berechnet werden. Die Faltung ist besonders nützlich zum Nachweis oder zur Bestätigung der Qualität von breitbandigen Messsystemen mit sehr guten Eigenschaften, wie sie in Metrologieinstituten oder ausgezeichneten Kalibrierlaboratorien als Referenzsysteme vorgehalten werden. Ein noch genaueres Referenzsystem für Vergleichsmessungen steht nur selten zur Verfügung. Die Voraussetzungen für die Anwendung der Faltung und deren Grenzen werden in Abschn. 9.7 behandelt. Auf die Möglichkeiten der Faltung wird auch in den Prüfvorschriften IEC 60060-1 und IEC 62475 hingewiesen.

Es liegt nahe, die numerische Fassung des Faltungsintegrals in Gl. (9.5) dahin gehend umzustellen, dass das Eingangssignal $u_1(k\Delta t)$ aus dem gemessenen Ausgangssignal $u_2(k\Delta t)$ und der Ableitung der Sprungantwort $g'(k\Delta t)$ berechnet werden kann. Die Umkehrung der Faltung, die *Entfaltung*, liefert jedoch in der Messpraxis nur in wenigen Fällen ein befriedigendes Ergebnis. Die von Störungen überlagerten und mit kleinen Abtastfehlern aufgezeichneten Verläufe von $u_2(k\Delta t)$ und $g'(k\Delta t)$, ja selbst kleinste Rechenungenauigkeiten des PC führen zu einem sehr schnellen Aufschaukeln der Fehler. die sich den Rechenwerten für $u_1(k\Delta t)$ überlagern. Das Ergebnis der Entfaltungsrechnung ist dann ohne weitere Gegenmaßnahmen unbrauchbar. In begrenztem Umfang helfen Glättungsverfahren und eine iterative Vorgehensweise, bei der jedes Zwischenergebnis durch Faltung überprüft wird, weiter. Erfolgversprechender ist häufig die entsprechende Entfaltung im Frequenzbereich, die kurz in Abschn. 9.3 und mit Beispielen in Abschn. 9.8.4 behandelt wird [9.9–9.21].

9.3 Fourier-Transformation und Übertragungsfunktion

Als Alternative zur Sprungantwort lässt sich das Übertragungsverhalten eines Systems durch dessen *Übertragungsfunktion* $H(j\omega)$ kennzeichnen. Der Zeitverlauf eines Signals kann nach Fourier in Teilschwingungen $u(\omega t) = \hat{u}\sin(\omega t + \varphi)$ mit der Amplitude $\hat{u}$, der Kreisfrequenz ω und dem Phasenwinkel φ zerlegt werden (s. Anhang A). Eine Teilschwingung $u_{1,i}$ am Eingang eines linearen Systems ruft an seinem Ausgang eine Schwingung $u_{2,i}$ mit gleicher Frequenz, aber im allgemeinen mit unterschiedlicher

Amplitude und abweichendem Phasenwinkel hervor (Abb. 9.4a). Zwischen den beiden Teilschwingungen $u_{1,i}$ und $u_{2,i}$ mit der Kreisfrequenz ω besteht eine zeitliche Verschiebung, die als Laufzeit:

$$t_0 = \frac{\phi_1 - \phi_2}{\omega} = \frac{b}{\omega} \tag{9.8}$$

mit $b = \varphi_1 - \varphi_2$ bezeichnet wird. Die Gesamtheit der Teilschwingungen am Ausgang, die sich entsprechend ihrer Amplituden und Phasenwinkel überlagern, ergibt das Ausgangssignal $u_2(t)$.

Der Quotient aus den *Fourier-Transformierten* der Aus- und Eingangssignale eines linearen Systems ergibt die komplexe Übertragungsfunktion [9.3]:

$$\boxed{H(\mathrm{j}\omega) = \frac{U_2(\mathrm{j}\omega)}{U_1(\mathrm{j}\omega)} = \frac{\hat{u}_2\, \mathrm{e}^{\mathrm{j}(\omega t + \phi_2)}}{\hat{u}_1\, \mathrm{e}^{\mathrm{j}(\omega t + \phi_1)}} = |H(\mathrm{j}\omega)|\, \mathrm{e}^{-\mathrm{j}(\phi_1 - \phi_2)} = H(\omega)\, \mathrm{e}^{-\mathrm{j}b}} \tag{9.9}$$

Hierbei werden der Absolutwert als *Übertragungsfaktor* $H(\omega)$ und die Phasendifferenz $b(\omega) = \varphi_1 - \varphi_2$ als *Übertragungswinkel* bezeichnet. $H(\omega)$ und $b(\omega)$ lassen sich in ihrer Gesamtheit als Amplitudengang bzw. Phasengang des Systems über der Frequenz darstellen. Der Absolutwert $H(\omega)$ ist gleichbedeutend mit dem reziproken Teilungs- oder Übersetzungsverhältnis eines Spannungsteilers bzw. Wandlers oder mit dem Verstärkungsfaktor eines Verstärkers.

Für den Sonderfall der idealen Signalübertragung gilt $H = 1$ und $b = 0$, d. h. Ein- und Ausgangssignal des Systems sind dann identisch. Wegen der endlichen Ausbreitungsgeschwindigkeit von Signalen in passiven oder aktiven Systemen kann dieser Sonderfall im strengen Sinne nicht auftreten. Theoretisch möglich und in der Praxis anzustreben ist die verzerrungsfreie Übertragung mit $H = \mathrm{konst.}$ und $b/\omega = t_0 = \mathrm{konst.}$ Das Ausgangssignal u_2 ist gegenüber u_1 vergrößert oder verkleinert und um die Laufzeit t_0 verzögert (Abb. 9.4b). Das Ausgangssignal stellt dann ein maßstabsgetreues Abbild des Eingangssignals dar.

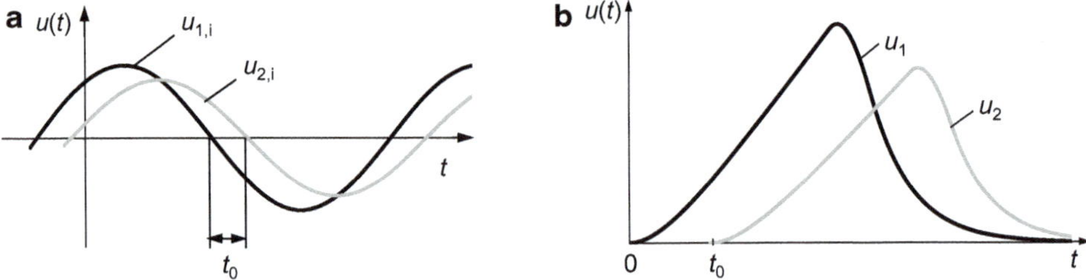

Abb. 9.4 Verzerrungsfreie Signalübertragung eines linearen Systems. Das Eingangssignal $u_1(t)$ wird nach Fourier in Teilschwingungen $u_{1,i}$ zerlegt, die nach Durchlaufen des Systems in die Teilschwingungen $u_{2,i}$ übergehen und durch Synthese das Ausgangssignal $u_2(t)$ ergeben. **a** i-te Teilschwingung des Ein- und Ausgangssignals mit der Kreisfrequenz ω. **b** Eingangssignal $u_1(t)$ und Ausgangssignal $u_2(t)$ des Systems bei verzerrungsfreier Übertragung

Ist die *komplexe Übertragungsfunktion* $H(j\omega)$ eines Systems bekannt, lässt sich das Ausgangssignal $u_2(t)$ für ein beliebiges Eingangssignal $u_1(t)$ berechnen. Die Berechnung erfolgt im Spektralbereich entsprechend der Beziehung:

$$U_2(j\omega) = H(j\omega) \cdot U_1(j\omega), \tag{9.10}$$

die sich nach Umformung von Gl. (9.9) ergibt. Zunächst wird mit Hilfe des Fourier-Integrals nach Gl. (A.1) die *Spektralfunktion* $U_1(j\omega)$ von $u_1(t)$ bestimmt, d. h. das Eingangssignal wird in seine Frequenzanteile zerlegt. Dann wird jeder Frequenzanteil mit der entsprechenden Frequenzkomponente der Übertragungsfunktion multipliziert. Die Rücktransformation der Spektralfunktion $U_2(j\omega)$ erfolgt gemäß Gl. (A.4) und liefert das gesuchte Ausgangssignal $u_2(t)$ im Zeitbereich:

$$\boxed{u_2(t) = \frac{1}{2\pi} \int\limits_{-\infty}^{\infty} U_2(j\omega)e^{j\omega t}d\omega}. \tag{9.11}$$

In Anhang A.1 wird darauf hingewiesen, dass das komplexe Fourier-Integral nach Gl. (A.1) nur für wenige elementare Fälle analytisch auswertbar ist. In der Messpraxis wird daher die Frequenzanalyse überwiegend numerisch mit Hilfe der *schnellen Fourier-Transformation (FFT)* durchgeführt. Diese Auswertemöglichkeit wird von den meisten Messgeräten mit digitaler Speicherung der Messdaten angeboten. Die Anzahl der Stützstellen bei der FFT muss eine Zweierpotenz sein. Für höhere Genauigkeitsansprüche und beliebige Stützstellenzahl ist die *diskrete Fourier-Transformation (DFT)* eher geeignet, deren Anwendung allerdings eine wesentlich längere Rechenzeit erfordert.

Die Berechnung von $u_2(t)$ nach Gl. (9.11) mit den Spektralfunktionen $H(j\omega)$ und $U_1(j\omega)$ entspricht der Faltung im Zeitbereich. Der Amplituden- und Phasengang eines geschirmten Messsystems, das über ein Koaxialkabel reflexionsfrei an den Frequenzgenerator angeschlossen wird, lässt sich auch bei höheren Frequenzen grundsätzlich sehr gut messen. Für Stoßspannungsteiler, die in der Regel groß und ungeschirmt sind, ist die Messung des Frequenzgangs nicht üblich. Wegen der begrenzten Signalamplitude des Frequenzgenerators und des großen Teilungsverhältnisses ist das Teilerausgangssignal recht klein, sodass mit einer starken Störbeeinflussung gerechnet werden muss. Das Übertragungsverhalten von Stoßspannungsteilern wird daher bevorzugt durch ihre Sprungantwort $g(t)$ charakterisiert.

Für weitergehende Berechnungen, z. B. für die Faltung im Frequenzbereich mit den Gl. (9.10) und (9.11), mag ein Übergang aus dem Zeit- in den Frequenzbereich vorteilhaft sein, um die Übertragungsfunktion $H(j\omega)$ zu erhalten. Der Wechsel ist möglich, da zwischen der Übertragungsfunktion $H(j\omega)$ und dem *Dirac-Impuls*, also der zeitlichen Ableitung der Sprungantwort, folgende Beziehung gilt:

$$\boxed{H(j\omega) = \int\limits_{-\infty}^{\infty} \frac{dg}{dt}\, e^{-j\omega t}dt}, \tag{9.12}$$

die sich auch aus Gl. (9.14) mit den Laplace-Transformierten ergibt. Das Integral in Gl. (9.12) ist wiederum nur für wenige analytische Funktionen lösbar. In der Regel liegt $g(t)$ als numerischer Datensatz vor, der numerisch differenziert und durch eine FFT in den Frequenzbereich transformiert werden kann.

Die Übertragungsfunktion $H(j\omega)$ ist gemäß Gl. (9.9) als Quotient $U_2(j\omega)/U_1(j\omega)$ im Frequenzbereich definiert. Liegen die Ein- und Ausgangssignale im Zeitbereich vor, lassen sich mit Gl. (A.1) die entsprechenden Spektralfunktionen bilden. Bei der Quotientenbildung zur Berechnung von $H(j\omega)$ ist darauf zu achten, dass für den Nenner $U_1(j\omega)$ keine Nullstelle existiert und eine Division durch null ausgeschlossen ist.

Bei Stoßspannungsprüfungen interessiert in erster Linie die am Prüfling anliegende Prüfspannung $u_1(t)$, deren Zeitverlauf aber nicht immer vom Messsystem unverfälscht gemessen werden kann. Durch Umstellung von Gl. (9.10) ergibt sich die Spektralfunktion $U_1(j\omega)$ als Quotient $U_2(j\omega)/H(j\omega)$. Diese Rechenoperation entspricht der Entfaltung im Zeitbereich. Die $U_1(j\omega)$ entsprechende Zeitfunktion $u_1(t)$ wird nach Gl. (A.4) berechnet. Der Rechenweg für die Entfaltung über die Spektralfunktionen ist häufig erfolgreicher als der über die Zeitfunktionen.

9.4 Laplace-Transformation

Die Laplace-Transformation einer Funktion in den Bildbereich und Rücktransformation in den Zeitbereich bietet eine weitere, sehr bequeme und umfassende Möglichkeit, das Übertragungsverhalten eines Systems analytisch zu bestimmen. Die Übertragungsfunktion eines linearen Systems lässt sich formal als Quotient der Laplace-Transformierten von Aus- und Eingangsspannung ausdrücken:

$$\boxed{H(s) = \frac{U_2(s)}{U_1(s)}}, \tag{9.13}$$

wobei s im Allgemeinen eine *komplexe Veränderliche* ist. Wenn das System durch ein passives Netzwerk mit Widerständen, Kondensatoren und Induktivitäten charakterisiert ist, liefern die Kirchhoffschen Gesetze mit dem Heavisideschen Operator s für Differenziation und $1/s$ für Integration die Bestimmungsgleichung für die Ausgangsspannung $U_2(s)$, wenn am Systemeingang $U_1(s)$ anliegt. Für eine Reihe von Ein- und Ausgangsfunktionen existieren entsprechende Korrespondenzen der Laplace-Transformation, die direkt in Gl. (9.13) eingesetzt werden können. Der Vorteil der Laplace-Transformation liegt darin, dass die bekannten Rechenregeln und Korrespondenzen (s. Anhang A) sehr effektiv eingesetzt werden können und die Rechnung stark vereinfachen.

Der Sprungfunktion $s_0(t)$ im Zeitbereich entspricht die *Bildfunktion* $1/s$ (s. Tabelle A.2). Legt man die Sprungfunktion an den Eingang eines Systems, so ist $U_1(s) = 1/s$ und die Ausgangsspannung $U_2(s)$ gleich der Sprungantwort $G(s)$. Aus Gl. (9.13) ergibt sich damit eine einfache Beziehung zwischen den Laplace-Transformierten der Übertragungsfunktion $H(s)$ und der Sprungantwort:

$$\boxed{G(s) = \frac{1}{s} \cdot H(s)} \, . \tag{9.14}$$

Zur Rücktransformation von $G(s)$ in den Zeitbereich stehen wiederum die Rechenregeln und Korrespondenzen in den Tabellen A.1 und A.2 zur Verfügung. Beispiele für die Anwendung der Laplace-Transformation und Rücktransformation auf RC- und RLC-Glieder werden in Abschn. 9.5 behandelt.

Bei einer anderen Aufgabenstellung sei die Sprungantwort $G(s)$ bekannt und die Ausgangsspannung des Systems ist für eine beliebige Eingangsspannung zu bestimmen. Mit den Gl. (9.13) und (9.14) erhält man die Ausgangsspannung im Bildbereich:

$$\boxed{U_2(s) = s \cdot U_1(s) \cdot G(s)} \, . \tag{9.15}$$

Die Rücktransformation von $U_2(s)$ in den Zeitbereich mithilfe der Korrespondenzen in Tabelle A.2 liefert die gesuchte Spannung $u_2(t)$. Dieses Verfahren entspricht der analytischen Faltung im Zeitbereich (s. Abschn. 9.2). Mit dem Faltungssatz der Laplace-Transformation ergibt sich aus Gl. (9.15) direkt das Faltungsintegral in Gl. (9.4). Das Rechnen mit der Laplace-Transformation ist auch in diesem Fall einfacher als die Auswertung des Faltungsintegrals im Zeitbereich. Das gleiche gilt für die Lösung linearer Differentialgleichungen, die zur Netzwerkanalyse mithilfe der Kirchhoffschen Gesetze für Spannungen und Ströme aufgestellt werden.

Die Übertragungsfunktion lässt sich gleichfalls als Quotient des Ausgangsstromes zur Eingangsspannung:

$$\boxed{H(s) = \frac{I_2(s)}{U_1(s)}} \tag{9.16}$$

oder anderer Kombinationen der Ein- und Ausgangsgrößen definieren. Die Übertragungsfunktion nach Gl. (9.16) hat die Dimension einer Admittanz. Ein wichtiges Anwendungsgebiet ist die Überprüfung der Unversehrtheit der Wicklungen von Leistungstransformatoren. Die Prüfung wird häufig mit Stoßspannungen durchgeführt, wobei die simultan aufgezeichneten Strom- und Spannungsverläufe anschließend durch Fourier-Transformation in den Frequenzbereich transformiert werden. Je nach Typ und Zustand des Transformators ergibt sich ein charakteristischer Verlauf der Übertragungsfunktion über der Frequenz. Wird bei einer späteren Überprüfung der Transformatorwicklung eine Abweichung im Verlauf der Übertragungsfunktion festgestellt, ist dies als Hinweis auf eine mögliche Schädigung im Betrieb zu werten. Dieses Verfahren lässt sich auch als „*Online-Monitoring*" einsetzen, wobei die betriebsbedingten transienten Vorgänge im Netz als anregende Eingangsspannung genutzt werden [9.22–9.27].

9.5 Eigenschaften von RC- und RLC-Gliedern

RC- und RLC-Glieder stellen Systeme dar, die auch in den vereinfachten Ersatzschaltbildern von Stoßspannungs- und Stoßstrommesssystemen anzutreffen sind. Zum grundsätzlichen Verständnis des Übertragungsverhaltens von Stoßspannungsteilern, Shunts und anderen Komponenten eines Messsystems ist es daher aufschlussreich, das Übertragungsverhalten von RC- und RLC-Gliedern zu kennen. Ihre Sprungantworten sind durch relativ einfache analytische Ausdrücke festgelegt, die sich mithilfe der Laplace-Transformation und Rücktransformation aufstellen lassen. Sprungantwort und Übertragungsfunktion der beiden Systeme werden über die Laplace-Operation im Bildbereich ineinander umgewandelt. Der Amplitudengang verschiedener RC- und RLC-Glieder wird berechnet.

9.5.1 Sprungantwort eines Tiefpasses

Abb. 9.5a zeigt ein als *Tiefpass* geschaltetes RC-Glied, an dessen Eingang der Einheitssprung $s_0(t)$ angelegt und am Kondensator C die Einheitssprungantwort $g(t)$ abgegriffen wird. Die Maschengleichung für den Strom lautet im Zeitbereich:

$$s_0(t) = Ri + \frac{1}{C} \int i \, \mathrm{d}t, \tag{9.17}$$

aus der sich die Laplace-Transformierte im Bildbereich ergibt (s. Anhang A):

$$\frac{1}{s} = I(s) \left(R + \frac{1}{Cs} \right). \tag{9.18}$$

Mit $I(s) = sCG(s)$ erhält man die Einheitssprungantwort im Bildbereich:

$$G(s) = \frac{1}{s \, (1 + RCs)}. \tag{9.19}$$

Die Rücktransformation in den Zeitbereich liefert mit den Korrespondenzen in Tabelle A.2 die Einheitssprungantwort des RC-Gliedes (Abb. 9.5b):

$$\boxed{g(t) = 1 - \mathrm{e}^{-\frac{t}{\tau}}}, \tag{9.20}$$

wobei $\tau = RC$ die Zeitkonstante ist. Die Zeitkonstante τ ergibt sich ebenfalls graphisch als Schnittpunkt der Tangente an $g(t=0)=0$ mit der Horizontalen, die durch 1 gelegt ist, oder aus der Fläche A zwischen dem Kurvenverlauf $g(t)$ und der Horizontalen durch den Wert 1.

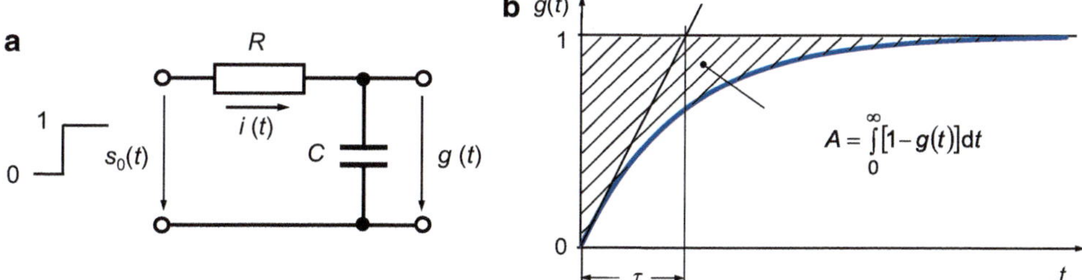

Abb. 9.5 Übertragungsverhalten eines RC-Gliedes als Tiefpass **a** Schaltung des RC-Gliedes mit Einheitssprung $s_0(t)$ am Eingang. **b** Einheitssprungantwort $g(t)$ am Ausgang des RC- Gliedes mit der Antwortzeit $T = \tau = RC = A$

9.5.2   Sprungantwort eines Schwingkreises

Für das RLC-Glied nach Abb. 9.6a erhält man aus der Maschengleichung:

$$\frac{1}{s} = I\left(R + Ls + \frac{1}{Cs}\right). \tag{9.21}$$

Der weitere Rechengang erfolgt analog zum RC-Tiefpass und liefert die Einheitssprungantwort am Kondensator C im Bildbereich:

$$G(s) = \frac{1}{s}\frac{1}{LCs^2 + RCs + 1} = \frac{1}{s}F(s). \tag{9.22}$$

Die Rücktransformation in den Zeitbereich erfolgt zweckmäßigerweise durch Integration der Rücktransformierten von $F(s)$ entsprechend Regel 1 in Tabelle A.1. Als Ergebnis erhält man für den hier interessierenden Fall $R < 2(L/C)^{1/2}$ die Sprungantwort des RLC-Gliedes:

$$g(t) = 1 - e^{-\delta t}\left(\cos\omega_0 t + \frac{\delta}{\omega_0}\sin\omega_0 t\right) \tag{9.23}$$

mit der Abklingkonstante δ und der Eigenkreisfrequenz ω_0:

$$\delta = \frac{R}{2L} \tag{9.24a}$$

$$\omega_0 = \sqrt{\frac{1}{LC} - \left(\frac{R}{2L}\right)^2}. \tag{9.24b}$$

Für sehr kleine Widerstände R ist die Abklingkonstante $\delta \ll \omega_0$, und die Einheitssprung-antwort ergibt sich aus Gl. (9.23) mit $\omega_0^* = (LC)^{-1/2}$ näherungsweise zu:

$$g(t) \approx 1 - e^{-\delta t} \cdot \cos\omega_0^* t. \tag{9.25}$$

Die Amplitude der stark schwingenden Sprungantwort kann nahezu den doppelten Wert der anregenden Sprungspannung erreichen.

Für den aperiodischen Grenzfall mit $\omega_0 = 0$ geht Gl. (9.23) wegen $\sin x/x = \mathrm{si}(x) = 1$ über in:

$$g(t) = 1 - e^{-\delta t}(1 + \delta t). \tag{9.26}$$

Abb. 9.6b zeigt drei Sprungantworten des RLC-Gliedes für verschiedene Werte von δ und ω_0. Kurve *1* stellt die Sprungantwort eines schwach gedämpften Kreises und Kurve *2* eines normal gedämpften Kreises nach Gl. (9.23) dar; Kurve *3* kennzeichnet den *aperiodischen Grenzfall* nach Gl. (9.26).

9.5.3 Übertragungsfunktion von Tiefpass und Schwingkreis

Die Übertragungsfunktion $H(s)$ und die Sprungantwort $G(s)$ eines Systems sind über Gl. (9.14) miteinander verknüpft. Für das als Tiefpass geschaltete RC-Glied mit $G(s)$ nach Gl. (9.19) erhält man mit $\tau = RC$ den einfachen Ausdruck:

$$H(s) \;=\; s\,G(s) \;=\; \frac{1}{1 + s\tau}, \tag{9.27}$$

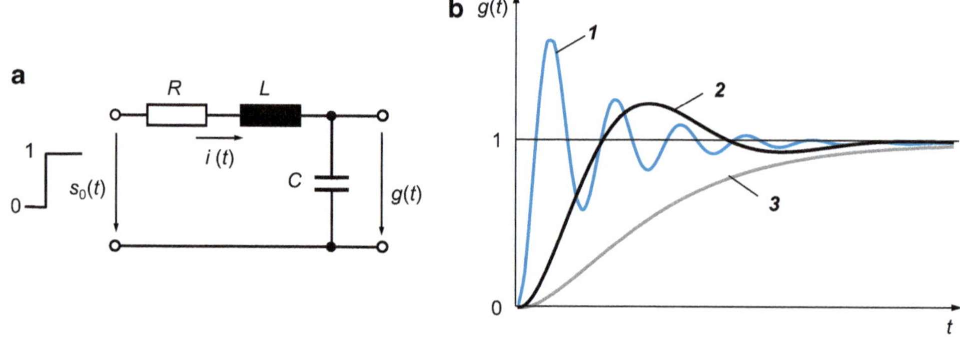

Abb. 9.6 Übertragungsverhalten eines RLC-Gliedes. **a** Schaltung des RLC-Gliedes mit Sprung $s_0(t)$ am Eingang. **b** Einheitssprungantwort $g(t)$ am Ausgang des RLC-Gliedes *1* schwach gedämpfte Schwingung *2* gedämpfte Schwingung *3* aperiodischer Grenzfall

dessen Absolutwert mit $s = j\omega$ den Amplitudengang $H(\omega)$ des RC-Gliedes ergibt:

$$H(\omega) = |H(j\omega)| = |H(s)| = \frac{1}{\sqrt{1 + (\omega\tau)^2}}. \tag{9.28}$$

Für das RLC-Glied mit $G(s)$ nach Gl. (9.22) lautet die Übertragungsfunktion:

$$H(s) \;=\; s\,G(s) \;=\; \frac{1}{LCs^2 + RCs + 1} \tag{9.29}$$

und der Amplitudengang:

$$H(\omega) = |H(j\omega)| = \frac{1}{\sqrt{\left(1 - \omega^2 LC\right)^2 + (\omega RC)^2}}. \tag{9.30}$$

Abb. 9.7 zeigt in doppellogarithmischer Auftragung den berechneten Amplitudengang $H(f)$ zweier RC-Glieder (Kurven *2* und *3*) und eines RLC-Gliedes (Kurve *4*). Zum Vergleich ist die Amplitudendichte $F(f)$ einer Blitzstoßspannung 1,2/50 (Kurve *1*) eingezeichnet, wie sie auch als Kurve *3* in Abb. 8.4 zu sehen ist.

Die Zeitkonstante des RC-Gliedes mit $H(f)$ entsprechend Kurve *2* beträgt $\tau = RC = 436$ ns. Sie ist so gewählt, dass die nach Gl. (9.35) berechnete Anstiegszeit $T_\mathrm{a} = 2{,}2RC = 960$ ns mit der der Blitzstoßspannung nach Gl. (9.34) übereinstimmt. Reduziert man die Anstiegszeit des RC-Gliedes auf ein Zehntel, also $T_\mathrm{a} = 96$ ns und damit $\tau = 43{,}6$ ns, erhält man den Amplitudengang nach Kurve *3* mit einer 3-dB-

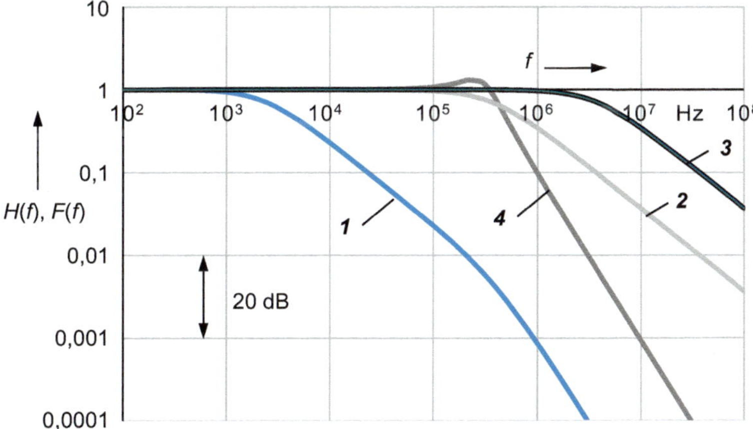

Abb. 9.7 Amplitudengang $H(f)$ von RC- und RLC-Gliedern im Vergleich zur Amplitudendichte $F(f)$ der Blitzstoßspannung 1,2/50 *1* Blitzstoßspannung 1,2/50 *2* RC-Glied mit $RC = 436$ ns *3* RC-Glied mit $RC = 43{,}6$ ns *4* RLC-Glied mit $RC = 436$ ns

Grenzfrequenz von 3,7 MHz. Der Amplitudengang des RLC-Gliedes (Kurve *4*) mit $RC = 436$ ns und $LC = 0{,}275 \cdot 10^{-12}$ s zeigt ein leichtes Überschwingen bei 220 kHz entsprechend der Schwingung im Zeitverlauf der Sprungantwort. Die 3-dB-Grenzfrequenz beträgt 410 kHz.

Der Amplitudengang der drei untersuchten Systeme erstreckt sich zu deutlich höheren Frequenzen als die Amplitudendichte der Blitzstoßspannung 1,2/50. Die Frage, welche Grenzfrequenz ein Messsystem zur maßstabsgetreuen Erfassung von Stoßspannungen aufweisen muss, wird in Abschn. 9.8 behandelt.

9.6   Antwortzeit, Anstiegszeit und Bandbreite

Eine wichtige Kenngröße der Einheitssprungantwort $g(t)$ ist die *Antwortzeit T*. Die mathematische Definition lautet:

$$\boxed{T = \int_0^\infty \left[1 - g(t)\right] \, \mathrm{d}t}. \tag{9.31}$$

Für das RC-Glied in Abb. 9.5a mit der Zeitkonstanten $\tau = RC$ und der Sprungantwort $g(t)$ nach Gl. (9.20) erhält man die Antwortzeit:

$$\boxed{T = \int_0^\infty e^{-\frac{t}{\tau}} \, \mathrm{d}t = \tau = RC \equiv A}, \tag{9.32}$$

wobei $A = RC$ die schraffierte Fläche in Abb. 9.5b kennzeichnet. Die Zeitkonstante τ des RC-Gliedes, ebenso dessen Antwortzeit T, ergibt sich auch grafisch als die Zeit, zu der die Tangente an die Sprungantwort im Ursprung die Horizontale mit dem Wert 1 schneidet (Abb. 9.5b).

Für das RLC-Glied in Abb. 9.6a mit der Sprungantwort nach Gl. (9.23) berechnet sich die Antwortzeit zu:

$$\boxed{T = \int_0^\infty \mathrm{e}^{-\delta t} \left(\cos\omega_0 t + \frac{\delta}{\omega_0} \sin\omega_0 t \right) \, \mathrm{d}t = RC}. \tag{9.33}$$

Die Antwortzeit T lässt sich auch grafisch als Summe der in Abb. 9.2 schraffiert eingezeichneten Teilflächen der Sprungantwort bestimmen, wobei die Teilflächen mit $g(t) > 1$ mit negativem Vorzeichen berücksichtigt werden:

$$T = T_\alpha - T_\beta + T_\gamma - T_\delta + \dots.$$

In der allgemeinen Impulstechnik ist es üblich, Strom- und Spannungsimpulse durch ihre *Anstiegszeit* T_a zu kennzeichnen. Sie ist als die Zeit zwischen den beiden Punkten in der Stirn bei 10 und 90 % des Impulsscheitels bzw. Endwertes definiert (Abb. 9.8). Stoßspannungen und Stoßströme werden dagegen durch die Stirnzeit T_1 gekennzeichnet (s. Abschn. 4.1 und 5.1). Für die idealisierte Stoßspannung mit dem doppelexponentiellen Zeitverlauf nach Gl. (8.8) gilt für die Anstiegszeit näherungsweise:

$$\boxed{T_a \approx \frac{4}{5}T_1 = \frac{4}{3}T_{AB}} \,. \tag{9.34}$$

Als Anstiegszeit eines Messgerätes ist die Anstiegszeit der Sprungantwort gemeint. Für ein Messgerät mit RC-Charakter nach Abb. 9.5 besteht zwischen der Anstiegszeit T_a der Sprungantwort und dessen Antwortzeit T der Zusammenhang:

$$\boxed{T_a \approx 2,2\,RC = 2,2\,T} \,. \tag{9.35}$$

Näherungsweise gilt diese Beziehung auch für andere Systeme mit Sprungantworten, die nur ein geringfügiges Überschwingen von wenigen Prozent aufweisen.

In der Messpraxis werden mitunter Messgeräte eingesetzt, die eine nicht zu vernachlässigende *Eigenanstiegszeit* $T_{a,e}$ aufweisen. Bei der Auswertung eines gemessenen Impulses ergibt sich dann anstatt der Impulsanstiegszeit T_a ein größerer Messwert $T_{a,m}$. Unter bestimmten Voraussetzungen, die in der Messpraxis im Allgemeinen gegeben sind, gilt der Zusammenhang:

$$T_{a,m}^2 = T_a^2 + T_{a,e}^2 \,. \tag{9.36}$$

Die tatsächliche Anstiegszeit des Impulses berechnet sich hieraus zu:

$$T_a = \sqrt{T_{a,m}^2 - T_{a,e}^2} \,. \tag{9.37}$$

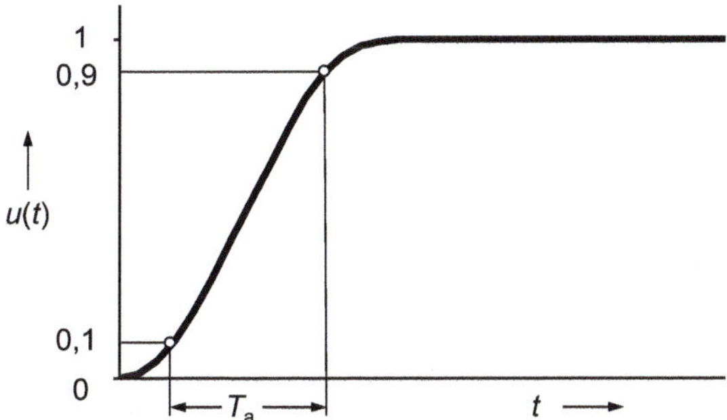

Abb. 9.8 Zur Definition der Anstiegszeit T_a eines Impulses

Ist die Eigenanstiegszeit des Messgerätes deutlich kleiner als die des Impulses, kann in der Messpraxis auf eine Umrechnung nach Gl. (9.37) verzichtet werden. Beträgt die Eigenanstiegszeit des Messgerätes weniger als ein Fünftel von der des Impulses, also $T_{a,e} < 0{,}2\,T_a$, gilt $T_a \approx T_{a,m}$ mit einem Fehler von weniger als 2 %.

Äquivalent zur Angabe der Anstiegszeit im Zeitbereich ist die Angabe der *Bandbreite B* im Frequenzbereich mit 3-dB-Grenzfrequenz. Für alle breitbandigen Systeme, deren Bandbreite praktisch gleich der oberen Grenzfrequenz ist, gilt folgender einfacher Zusammenhang [1.6]:

$$B = \frac{0{,}35\ldots 0{,}45}{T_a}. \tag{9.38}$$

Der Faktor 0,35 in (Gl. 9.38) gilt hierbei für ein System, dessen Sprungantwort den Endwert ohne Überschießen erreicht, z. B. ein RC-Glied. Eine Bandbreite von 10 MHz entspricht dann einer Anstiegszeit der Sprungantwort von $T_a = 35$ ns. Der Faktor 0,45 in Gl. (9.38) gilt für ein System mit rund 10 % Überschwingen in der Sprungantwort.

9.7 Beispiele für die Faltung

In den vorangegangenen Kapiteln sind die Grundlagen der *Faltung* zur Berechnung des Ausgangssignals linearer Systeme für beliebige Eingangssignale behandelt. Die analytische Berechnung mit dem *Faltungsintegral* nach Gl. (9.3) führt nur für einige wenige Sprungantworten und Eingangssignale zu einer Lösung. Vergleichbar mit der analytischen Faltung ist die Berechnung des Ausgangssignals mithilfe der Laplace-Transformation, die sich dank der Korrespondenzen im Zeit- und Bildbereich auf eine Vielzahl von Systemen und Signalen anwenden lässt. Am Beispiel einfacher RC- und RLC-Glieder werden mit Hilfe der Laplace-Transformation grundsätzliche Eigenschaften linearer Systeme hergeleitet. Die Ergebnisse haben Modellcharakter und sind hilfreich zum Verständnis des Messverhaltens von Stoßspannungsteilern, Stromsensoren und anderen Komponenten eines Messsystems. Die *numerische Faltung* wird am Beispiel von drei synthetischen Spannungsteilern eingehender behandelt. Die für Stoßspannungen mit unterschiedlichen Stirnzeiten berechneten Antwortfehler lassen sich grafisch in Fehlerdiagrammen darstellen.

9.7.1 Keilstoßspannung auf RC-Glied

Als erstes Beispiel wird das Verhalten des RC-Gliedes nach Abb. 9.5a bei Anlegen einer *Keilstoßspannung* mit unendlich steiler Abschneidung zur Zeit t_c untersucht. Die Laplace-Transformierten der Keilstoßspannung $u_1(t)$ und der Sprungantwort $g(t)$ des RC-Gliedes mit $\tau = RC$ sind durch die Gl. (9.15), (8.18) und (9.19) bestimmt. Die Laplace-Transformierte der Ausgangsspannung ergibt sich zu:

$$U_2(s) = s \cdot U_1(s) \cdot G(s) = \frac{\hat{u}_1}{t_c} \frac{1 - t_c s\, \mathrm{e}^{-st_c} - \mathrm{e}^{-st_c}}{s^2(1 + RCs)}. \tag{9.39}$$

Die Rücktransformation in den Zeitbereich mit Hilfe von Tabelle A.2 liefert die Ausgangsspannung im Zeitbereich:

$$\boxed{u_2(t) = \frac{\hat{u}_1}{t_c}\ \left\{\left[t - \tau\left(1 - \mathrm{e}^{-t/\tau}\right)\right] - \left[(t - t_c) - (\tau - t_c)\left(1 - \mathrm{e}^{-(t-t_c)/\tau}\right)\right]\right\}}, \tag{9.40}$$

wobei der Inhalt der zweiten Rechteckklammer auf der rechten Gleichungsseite nur für $t > t_c$ einen Beitrag liefert.

Abb. 9.9a zeigt, dass die Ausgangsspannung $u_2(t)$ des RC-Gliedes dem Anstieg der Eingangsspannung $u_1(t)$ mit einer Verzögerung folgt und nach einer gewissen Einschwingzeit parallel verschoben zu $u_1(t)$ verläuft. Die konstante Zeitverzögerung von $u_2(t)$ im eingeschwungenen Zustand ist nach Gl. (9.40) gleich der Antwortzeit $T = \tau = RC$. Der Ausdruck in der zweiten eckigen Klammer in Gl. (9.40) bleibt hierbei unberücksichtigt. Dies bedeutet andererseits, dass zur Abschneidezeit t_c mit $t_c \gg \tau$ die Ausgangsspannung um die Differenz $\delta\hat{u}$ niedriger als die Eingangsspannung ist. Bei unendlich steilem Zusammenbruch von $u_1(t)$ zur Zeit t_c ergibt sich ein Scheitelwertfehler $\delta\hat{u}$ der Ausgangsspannung von:

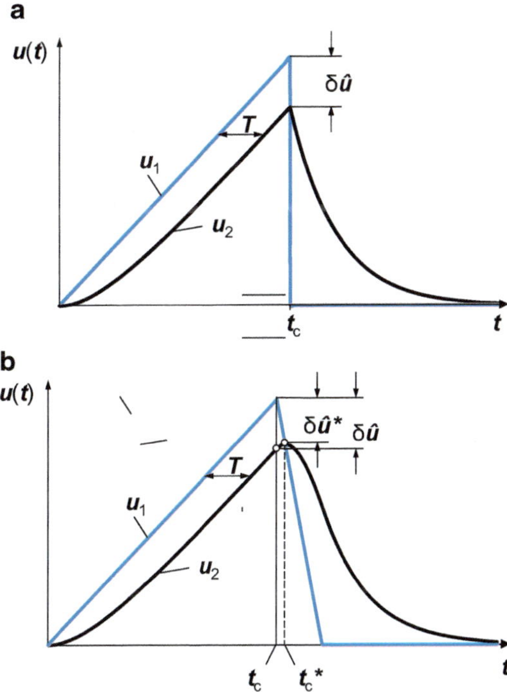

Abb. 9.9 Keilstoßspannung u_1 am Eingang eines RC-Gliedes und durch analytische Faltung berechnete Ausgangsspannung u_2. **a** unendlich steile Abschneidung bei t_c. **b** endlich steile Abschneidung bei t_c

$$\delta \hat{u} = u_2(t_{\mathrm{c}}) - u_1(t_{\mathrm{c}}) = -\hat{u}_1 T / t_{\mathrm{c}} = -ST, \tag{9.41}$$

wobei $S = \hat{u}_1/t_{\mathrm{c}}$ die Steilheit im Anstieg der Keilstoßspannung und $T = RC$ die Antwortzeit des RC-Gliedes nach Gl. (9.32) sind. Beispielsweise beträgt der relative Scheitelwertfehler $\delta\hat{u}/\hat{u}_1 = -5\,\%$ für eine Abschneidezeit $t_{\mathrm{c}} = 500$ ns und Antwortzeit $T = 25$ ns.

Eine Keilstoßspannung mit endlich steiler Abschneidung lässt sich ähnlich wie in Abb. 8.3 wiederum aus mehreren, in diesem Fall fünf zeitversetzten Funktionen zusammensetzen. Die entsprechenden fünf Ausgangsfunktionen ergeben als Summe die Ausgangsspannung $u_2(t)$. Im Unterschied zur unendlich steilen Abschneidung von $u_1(t)$ schwingt die Ausgangsspannung über den Wert $u_2(t = t_{\mathrm{c}})$ hinaus und erreicht ihren Scheitelwert $\hat{u}_2$ erst zu einem späteren Zeitpunkt $t_{\mathrm{c}}^* > t_{\mathrm{c}}$ (Abb. 9.9b). Bei der Auswertung der aufgezeichneten Ausgangsspannung erhält man daher den fälschlichen Eindruck, dass t_{c}^* der Abschneidezeitpunkt sei.

Durch das Überschwingen der Ausgangsspannung im Scheitel entsteht offensichtlich ein kleinerer *Scheitelwertfehler* $\delta\hat{u}^* < \delta\hat{u}$ [9.28, 9.29]. Er lässt sich aus den Steilheiten der Ausgangsspannung kurz vor und nach dem Spannungszusammenbruch abschätzen [4.1]. Die Ergebnisse für den Keilstoß gelten näherungsweise auch für eine in der Stirn abgeschnittene Stoßspannung, deren Kurvenform der idealisierten Keilstoßspannung recht nahe kommt (s. Abb. 4.1c). Ein weiteres Merkmal ist, dass die nach t_{c} abfallende Gerade der Keilstoßspannung die Ausgangsspannung $u_2(t)$ im Scheitel schneidet [9.11].

An dieser Stelle sei betont, dass das Nacheilen von $u_2(t)$ gegenüber $u_1(t)$ um die Antwortzeit T klar von der Laufzeit t_0 nach Gl. (9.8) zu unterscheiden ist. In den beiden Beispielen in Abb. 9.9 ist $t_0 \equiv 0$. Eine signifikante Signallaufzeit tritt beispielsweise auf, wenn die Ausgangsspannung des RC-Gliedes am Ende eines längeren Koaxialkabels gemessen wird. Auch beim Einsatz von Stoßspannungsteilern ist aufgrund ihrer Abmessungen, der Hochspannungszuleitung und des am Teilerausgang angeschlossenen Koaxialkabels zum Messgerät ebenfalls mit einer mehr oder weniger großen Signallaufzeit zu rechnen.

Im eingeschwungenen Zustand ist die aufgezeichnete Ausgangsspannung $u_2(t)$ gegenüber der am Teilereingang angelegten Eingangsspannung $u_1(t)$ um die Gesamtzeit $t_0 + T$ verschoben (Abb. 9.10). Die Beiträge des Spannungsteilers und des Koaxialkabels zur Laufzeit lassen sich bei Bedarf an Hand der Teilerabmessungen und des Datenblattes für

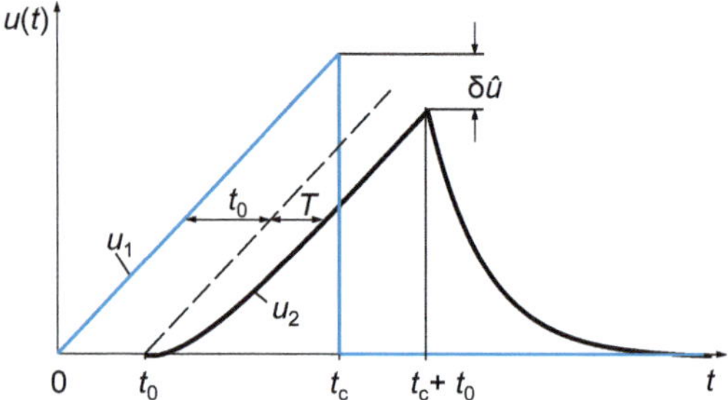

Abb. 9.10 Zeitverzögerung der Ausgangsspannung u_2 gegenüber der Eingangsspannung u_1 um die Signallaufzeit t_0

das Koaxialkabel näherungsweise berechnen. In der Regel ist jedoch die Laufzeit t_0 bei Stoßspannungsprüfungen von untergeordnetem Interesse.

Die Antwortzeit T eines Spannungsteilers lässt sich außer aus der Sprungantwort auch aus der simultanen Aufzeichnung der Ein- und Ausgangsspannungen bestimmen. Hierbei wird neben $u_2(t)$ auch $u_1(t)$ mit einem zusätzlichen Spannungsteiler oder Tastkopf und zweiten Digitalrecorder oder Recorderkanal aufgezeichnet, wobei der der Eingangsspannung zugeordnete Kanal den anderen Kanal triggert. Bei reduziertem Spannungspegel können kurze Messkabel mit vernachlässigbarer Eigenlaufzeit verwendet werden. Die Zeitverschiebung zwischen $u_1(t)$ und $u_2(t)$ im eingeschwungenen Zustand ergibt nach Abb. 9.9 direkt die Antwortzeit T des Messsystems. Ist $u_1(t)$ eine Keilstoßspannung mit steilem Spannungszusammenbruch, lässt sich T aus der Steilheit S und der Differenz δu der Scheitelwerte nach Gl. (9.41) berechnen. In der Messpraxis werden beide Verfahren nur gelegentlich angewandt, da die erforderlichen Voraussetzungen häufig nicht zutreffen.

9.7.2 Keilstoßspannung auf RLC-Glied

Das Übertragungsverhalten eines RLC-Gliedes ist, abgesehen vom aperiodischen Grenzfall, durch mehr oder weniger starke Oszillationen der Sprungantwort gekennzeichnet (s. Abb. 9.6). Bei ausgeprägtem Überschwingen kann die Antwortzeit T nach Gl. (9.31) auch negative Werte annehmen. Als Sonderfall ist auch $T = 0$ möglich. Zwei Beispiele sollen den grundsätzlichen Einfluss von oszillierenden Sprungantworten eines RLC-Gliedes auf dessen Ausgangsspannung verdeutlichen. Die analytische Berechnung erfolgt entsprechend Gl. (9.15) in gleicher Weise wie für das RC-Glied (s. Abschn. 9.7.1). Die Laplace-Transformierte für die Keilstoßspannung mit unendlich steilem Rücken ist durch Gl. (8.18) und die für die Sprungantwort durch Gl. (9.22) gegeben. Auf die Ableitung und Wiedergabe der umfangreichen Gleichungen wird an dieser Stelle verzichtet.

Die Ergebnisse der Faltungsrechnung sind in Abb. 9.11 für die beiden RLC-Glieder mit schwingender Sprungantwort (Kurven *1* und *2* in Abb. 9.6b) grafisch dargestellt. Während bei verschwindend kleiner Antwortzeit T die Ausgangsspannung $u_2(t)$ nach kurzer Einschwingdauer nahezu deckungsgleich mit der ansteigenden Flanke der Eingangsspannung $u_1(t)$ verläuft (Abb. 9.11a), ist bei größerer Antwortzeit ein deutliches Nacheilen von $u_2(t)$ zu erkennen (Abb. 9.11b). Im eingeschwungenen Zustand ist diese Zeitverschiebung wie beim RC-Glied gleich der Antwortzeit T.

Weiterhin ist ersichtlich, dass sich die Oszillation der Sprungantwort je nach Steilheit der Eingangsspannung verschieden stark auf die Ausgangsspannung auswirkt. So ist im vergleichsweise langsamen Anstieg von $u_2(t)$ die Oszillation der Sprungantwort kaum, im steilen Abfall für $t > t_c$ dagegen deutlich erkennbar. Der unendlich steile Abfall der Keilspannung $u_1(t)$ zur Zeit t_c erscheint als negativer Spannungssprung, aber der Zeitverlauf $u_2(t)$ nach t_c entspricht nicht exakt der Sprungantwort des RLC-Gliedes. Die Erklärung hierfür ist, dass $u_2(t > t_c)$ auch vom Verlauf $u_1(t)$ vor dem Abschneiden

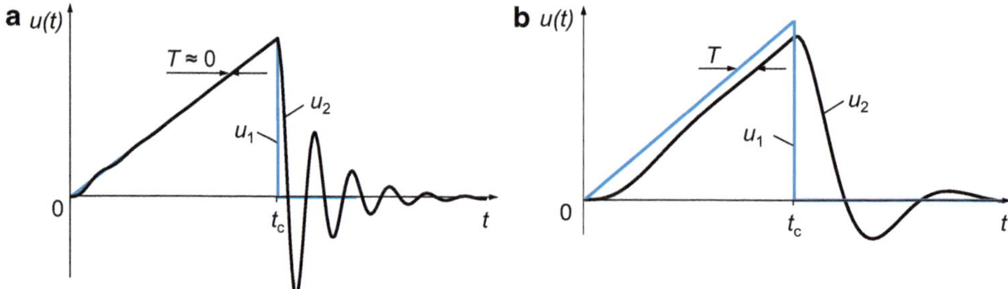

Abb. 9.11 Keilstoßspannung u_1 am Eingang eines RLC-Gliedes und durch analytische Faltung berechnete Ausgangsspannung u_2 für zwei verschiedene Antwortzeiten T der Sprungantwort **a** $T \approx 0$ (Sprungantwort nach Kurve 1 in Abb. 9.6b). **b** $T > 0$ (Sprungantwort nach Kurve 2 in Abb. 9.6b)

abhängt. Entsprechend Abb. 8.3 ergibt sich $u_1(t)$ als Summe der drei Komponenten u_a bis u_c der Dreieckfunktion.

Das Beispiel in Abb. 9.11a lässt erkennen, dass man mit einem auf $T \approx 0$ optimierten Messsystem wohl den Scheitelwert, nicht aber automatisch auch die Stirnzeit der angelegten Stoßspannung richtig erfassen kann. Wenn der Punkt bei $0{,}3\ \hat{u}_2$, der in die Bestimmung der Stirnzeit T_1 eingeht, wegen der überlagerten Stirnschwingung nicht im eingeschwungenen Bereich liegt, können sich deutliche Abweichungen vom richtigen Wert der Stirnzeit ergeben. Zur optimalen Dimensionierung eines Spannungsteilers ist daher die Antwortzeit nicht allein maßgebend.

Erfolgt die Abschneidung einer Keilstoßspannung in endlicher Zeit, schwingt die Ausgangsspannung, ähnlich wie beim RC-Glied, über den Abschneidepunkt hinaus und erreicht einen größeren Scheitelwert als bei unendlich steiler Abschneidung (s. Abb. 9.9b).

9.7.3 Doppelexponentielle Stoßspannung auf RC-Glied

Legt man an den Eingang des RC-Gliedes nach Abb. 9.5a eine doppelexponentielle Stoßspannung mit der Laplace-Transformierten nach Gl. (8.15), ergibt sich mit Gl. (9.15) die Laplace-Transformierte der Ausgangsspannung zu:

$$U_2(s) = s \cdot U_1(s) \cdot G(s) = \frac{\hat{u}\,A}{RC}\left[\frac{1}{s+1/\tau_2} - \frac{1}{s+1/\tau_2}\right]\frac{1}{(s+1/RC)}. \tag{9.42}$$

Hierbei sind τ_1 und τ_2 die Zeitkonstanten der Stoßspannung entsprechend Gl. (8.6). Die Rücktransformation liefert mit den Korrespondenzen in Tabelle (A.2) die Ausgangsspannung im Zeitbereich:

$$u_2(t) = \frac{\hat{u}\,A}{RC}\left[\frac{\mathrm{e}^{-t/RC} - \mathrm{e}^{-t/\tau_1}}{1/\tau_1 - 1/RC} - \frac{\mathrm{e}^{-t/RC} - \mathrm{e}^{-t/\tau_2}}{1/\tau_2 - 1/RC}\right]. \tag{9.43}$$

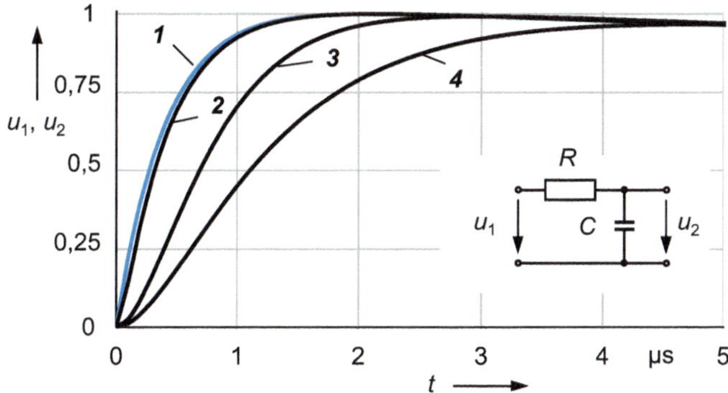

Abb. 9.12 Ausgangsspannung $u_2(t)$ eines RC-Gliedes mit der Zeitkonstanten $\tau = RC$ bei Anlegen einer Blitzstoßspannung 1,2/50. *1* Anfangsverlauf $u_1(t)$ der Blitzstoßspannung 1,2/50. *2* $u_2(t)$ für $RC = 43{,}6$ ns *3* $u_2(t)$ für $RC = 436$ ns *4* $u_2(t)$ für $RC = 1000$ ns

Kurve *1* in Abb. 9.12 zeigt den Anfangsverlauf einer Blitzstoßspannung 1,2/50, die als Eingangsspannung $u_1(t)$ am RC-Glied anliegt. Die Kurven *2* bis *4* stellen die nach Gl. (9.43) berechneten Ausgangsspannungen $u_2(t)$ für drei verschiedene Zeitkonstanten $\tau = RC$ dar. Das RC-Glied mit der Zeitkonstanten $RC = T = 436$ ns (Kurve *3* in Abb. 9.12) ist dadurch gekennzeichnet, dass die Anstiegszeit seiner Sprungantwort mit $T_a = 2{,}2\,T = 960$ ns gleich der Anstiegszeit der Blitzstoßspannung 1,2/50 nach Gl. (9.34) ist.

Erwartungsgemäß weichen die Ausgangsspannungen umso stärker von der Eingangsspannung ab, je größer die Zeitkonstante RC bzw. Anstiegszeit T_a ist. Weiterhin ist festzustellen, dass jede Ausgangsspannung (Kurven *2* bis *4*) im Scheitel von der Eingangsspannung (Kurve *1*) geschnitten wird. Im Rücken verläuft $u_2(t)$ annähernd parallel verschoben zu $u_1(t)$, wobei der zeitliche Abstand gleich der Antwortzeit und Zeitkonstante des RC-Gliedes ist.

9.7.4 Antwortfehler und Fehlerdiagramm

Das Beispiel in Abschn. 9.7.3 behandelt die Berechnung der Ausgangsspannung eines RC-Gliedes für eine am Eingang angelegte Blitzstoßspannung 1,2/50 mit der Laplace-Transformation, was der analytischen Faltung entspricht. Durch Vergleich der berechneten Ausgangsspannung $u_2(t)$ mit der vorgegebenen Eingangsspannung $u_1(t)$ lassen sich die Abweichungen $\delta\hat{u}$ der Ausgangsspannung für den Scheitelwert und δT_1 für die Stirnzeit leicht ermitteln. Diese Abweichungen werden auch als *Übertragungsfehler* oder *Antwortfehler* des Systems bezeichnet. Für die drei in Abschn. 9.7.3 untersuchten RC-Kreise, die als synthetische Spannungsteiler mit RC-Verhalten aufgefasst werden können, sind die relativen Antwortfehler $\delta\hat{u}$ und δT_1 in Tab. 9.1 zusammengestellt. Beide Antwortfehler sind vernachlässigbar klein für $RC = 43{,}6$ ns. Für $RC = 436$ ns ist

Tab. 9.1 Berechnete Antwortfehler $\delta\hat{u}$ und δT_1 der synthetischen Spannungsteiler mit RC-Verhalten nach Abschn. 9.7.3 für die Blitzstoßspannung 1,2/50

RC in ns (Kurve in Abb. 9.12)	43,6 (2)	436 (3)	1000 (4)
$\delta\hat{u}$ in %	−0,03	−0,8	−3,6
δT_1 in %	0,25	53,7	221

der zulässige Grenzwert der Messabweichung von 10 % für δT_1 deutlich überschritten, während für noch größere RC-Werte auch $\delta\hat{u}$ den Grenzwert von 3 % übersteigt.

Die Antwortfehler $\delta\hat{u}$ für den Scheitelwert und δT_1 für die Stirnzeit lassen sich in Abhängigkeit von der Stirnzeit oder eines anderen Zeitparameters in *Fehlerdiagrammen* grafisch darstellen. Damit erhält man eine umfassende Charakterisierung des dynamischen Verhaltens eines Stoßspannungs- bzw. Stoßstrommesssystems, wie das folgende Beispiel zeigt. Die Sprungantworten von Systemen erster und zweiter Ordnung sowie einem oszillierenden System sind hier repräsentativ für drei synthetische Stoßspannungsteiler gewählt (Abb. 9.13). Die Antwortzeiten betragen $T = 50$ ns (Kurve *1*), 100 ns (Kurve *2*) und 19,9 ns (Kurve *3*). Da jede Antwortzeit größer als der in [2.2] empfohlene Grenzwert von 15 ns ist, wäre keiner der drei Spannungsteiler als Referenzteiler für Blitzstoßspannungen geeignet.

Die Ergebnisse der numerischen Faltung mit dem Algorithmus nach Gl. (9.5) führen jedoch zu einer anderen Beurteilung. Die berechneten Antwortfehler $\delta\hat{u}$ und δT_1 der drei synthetischen Stoßspannungsteiler mit den Sprungantworten nach Abb. 9.13 sind in Abb. 9.14a über der Stirnzeit T_1 von vollen Blitzstoßspannungen aufgetragen. Die Antwortfehler liegen innerhalb von $\pm 0{,}02$ % für den Scheitelwert und innerhalb von ± 3 % für die Stirnzeit. Damit ist der Nachweis erbracht, dass das Übertragungsver-

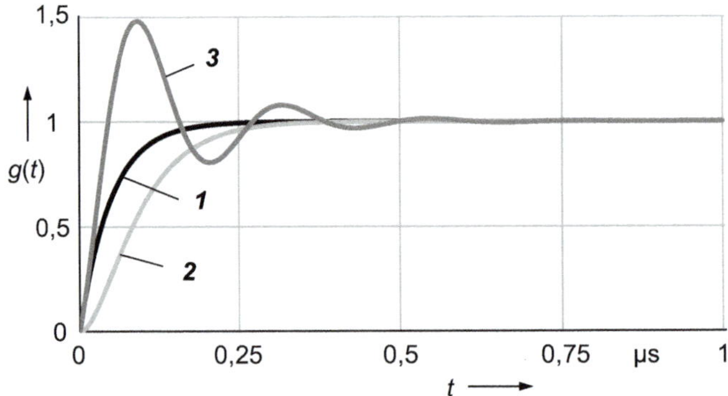

Abb. 9.13 Sprungantworten linearer Systeme mit der Antwortzeit T als Beispiel für drei synthetische Stoßspannungsteiler *1* System erster Ordnung ($T = 50$ ns) *2* System zweiter Ordnung ($T = 100$ ns) *3* System mit Oszillation ($T = 19{,}9$ ns)

halten der drei synthetischen Spannungsteiler als Referenzteiler für Blitzstoßspannungen mit Stirnzeiten im Toleranzbereich $T_1 = 1{,}2\ \mu s \pm 30\ \%$ ausreichend ist [9.5, 9.30].

Für abgeschnittene Blitzstoßspannungen zeigt Abb. 9.14b die berechneten Antwortfehler $\delta\hat{u}$ und δT_1 der drei synthetischen Stoßspannungsteiler in Abhängigkeit von der Abschneidezeit T_c. Der Spannungsabfall nach dem Abschneiden erfolgt exponentiell mit einer Zeitkonstante von 50 ns. Für $T_c \geq 2\ \mu s$ ergeben sich erwartungsgemäß die gleichen Antwortfehler

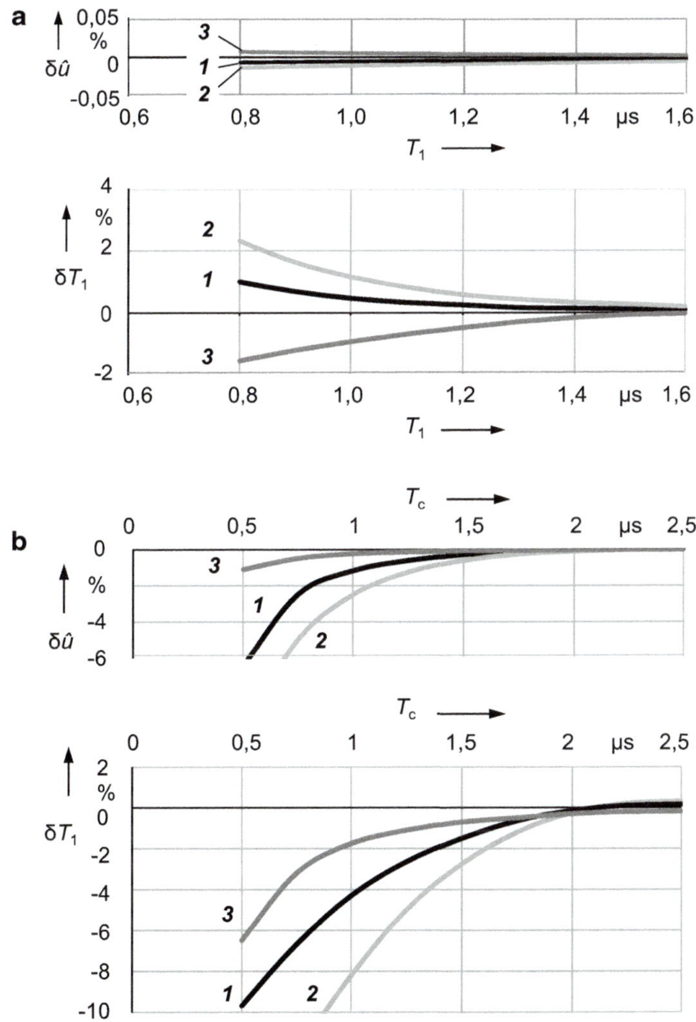

Abb. 9.14 Antwortfehler der drei synthetischen Stoßspannungsteiler mit den Sprungantworten *1*, *2* und *3* in Abb. 9.13, berechnet mit dem numerischen Faltungsalgorithmus nach Gl. (9.5). a Antwortfehler für volle Blitzstoßspannungen ($T_2 = 50\ \mu s$), oben: $\delta\hat{u} = f(T_1)$, unten: $\delta T_1 = f(T_1)$. b Antwortfehler für abgeschnittene Blitzstoßspannungen, oben: $\delta\hat{u} = f(T_c)$, unten: $\delta T_1 = f(T_c)$

wie für volle Blitzstoßspannungen. Mit abnehmender Abschneidezeit werden die Antwortfehler zunehmend negativ, d. h. die Scheitelwerte und Stirnzeiten der abgeschnittenen Blitzstoßspannungen werden zu niedrig gemessen. Die synthetischen Spannungsteiler wären nur noch in einem sehr eingeschränkten Bereich von T_c als anerkannte Stoßspannungsteiler oder gar Referenzteiler einsetzbar. In der Prüfpraxis weisen jedoch die abgeschnittenen Stoßspannungen im Abschneidebereich einen eher abgerundeten Scheitel auf. Die dynamische Beanspruchung der Spannungsteiler fällt somit geringer aus und die Antwortfehler sind kleiner als die für einen spitzen Scheitel berechneten Werte in Abb. 9.14b.

Bei der Berechnung der Antwortfehler von realen Stoßspannungsteilern mit dem numerischen Faltungsalgorithmus nach Gl. (9.5) ist zu berücksichtigen, dass die experimentell gewonnenen Zeitverläufe von $g(t)$ und $u_1(t)$ mehr oder weniger fehlerhaft sind. Die Messung der Sprungantwort von Stoßspannungsteilern kann wegen der bekannten Unzulänglichkeiten der Mess- und Prüfschaltungen immer nur näherungsweise erfolgen (s. Abschn. 9.8). Abgesehen von der endlichen Steilheit der erzeugten Sprungspannung und den Messfehlern des Digitalrecorders, lässt sich der räumlich ausgedehnte, ungeschirmte Stoßspannungsteiler nicht reflexions- und störungsfrei an den Sprunggenerator anschließen.

Die an den Spannungsteiler angelegte Stoßspannung, also die Eingangsspannung $u_1(t)$, ist grundsätzlich nicht genau bekannt. Im Grunde kann $u_1(t)$ mit einem zusätzlichen Spannungsteiler gemessen werden, allerdings nur mit begrenzter Genauigkeit, da selbst ein Referenzteiler wegen der zulässigen Fehlergrenzen von $\pm 1\ \%$ für den Scheitelwert und $\pm 5\ \%$ für die Zeitparameter nicht von vornherein als fehlerfrei gelten kann.

Zusammenfassend ist festzuhalten, dass das numerische Faltungsverfahren sehr hilfreich zur Beurteilung des dynamischen Verhaltens von Stoßspannungsteilern sein kann. Wegen der Unzulänglichkeiten bei der Messung von $g(t)$ und $u_1(t)$ ist jedoch eine messtechnische Überprüfung der Ergebnisse der Faltungsrechnung empfehlenswert. Hierzu bietet sich eine Vergleichsmessung mit einem genauen Referenzteiler bei Stoßspannung mit mindestens einem Wert des betreffenden Zeitparameters an. Durch die Kombination von Rechnung und Messung verringert sich der Aufwand für die Kalibrierung eines Stoßspannungsteilers deutlich. Der Unterschied der berechneten und gemessenen Parameterwerte geht in die Unsicherheitsberechnung ein (s. Kap. 13).

9.8 Experimentelle Sprungantwort

Die Sprungantwort von Stoßspannungs- oder Stoßstrommesssystemen und deren Komponenten wird mit Digitalrecordern unter definierten Messbedingungen aufgezeichnet und mit Software ausgewertet. Im Unterschied zur mathematisch exakten Sprungantwort in Abschn. 9.1 ist bei der *experimentell ermittelten Sprungantwort* mit einigen Unzulänglichkeiten und Störeinflüssen zu rechnen, die sich auf die Bestimmung des Nullpunktes, des Endwertes und der Antwortparameter auswirken. Eine genaue Beurteilung des dynamischen Verhaltens eines Messsystems an Hand seiner Sprungantwort wird dadurch erschwert. Im Vergleich zu Stoßspannungsteilern sind Stromsensoren oft geschirmt, wodurch die experimentelle Sprungantwort mit geringeren Störeinflüssen behaftet ist.

Die experimentelle Sprungantwort liefert trotz der o. a. Unzulänglichkeiten dennoch wertvolle Hinweise auf das Übertragungsverhalten eines Messsystems und dessen Komponenten. An Hand der Sprungantwort ist eine nicht optimale Ausführung des Messsystems erkennbar, die dann durch Simulationsrechnung mit kommerzieller oder selbst entwickelter Software verbessert werden kann. Anforderungen an den Verlauf der Sprungantwort finden sich in den entsprechenden Prüfvorschriften für Stoßspannungen und Stoßströme [2.2, 2.4]. Aus der experimentellen Sprungantwort lassen sich mehrere Antwortparameter ableiten, die als Kriterium für das ausreichende dynamische Verhalten des Messsystems dienen. Die Sprungantwort dient weiterhin als *Fingerabdruck* des Messsystems zu dessen Identifikation und zum Nachweis der Langzeitstabilität bei Kontrollmessungen im Rahmen des Qualitätsmanagements. Schließlich kann die experimentelle Sprungantwort mit gewissen Einschränkungen für die numerische Faltungsrechnung verwendet werden, um die Antwortfehler eines Messsystems für vorgegebene Eingangsimpulse zu berechnen.

9.8.1 Auswertung der experimentellen Sprungantwort

Die experimentell ermittelte Sprungantwort eines Messsystems weist je nach dessen Bauart und Abmessungen sehr unterschiedliche Zeitverläufe auf. Ihre Auswertung wird durch mehrere Unzulänglichkeiten der Messschaltung und Störeinflüsse beeinträchtigt. So weist die vom Generator erzeugte Sprungspannung nicht immer den Idealverlauf auf und Messfehler des Digitalrecorders gehen in die Aufzeichnung der Sprungantwort ein. Stoßspannungsteiler mit Hochspannungszuleitung, die in der Regel nicht oder nur ungenügend geschirmt sind, empfangen wegen ihrer großen Abmessungen und antennenartigen Bauweise elektromagnetische Störungen aller Art und strahlen andererseits selber das Messsignal ab [9.31–9.33]. Durch Fehlanpassung des Spannungsteilers an den Sprunggenerator kommt es zu Reflexionsvorgängen und damit zu gedämpft abklingenden Wanderwellen auf der Zuleitung. Häufig ist der Spannungsteiler bei der Sprungantwortmessung mit einer anderen Zuleitung als im Stoßspannungsprüfkreis versehen.

Die genannten Unzulänglichkeiten treten mit zunehmender Teilerhöhe verstärkt auf, wie am Beispiel eines gedämpft kapazitiven 6-MV-Stoßspannungsteilers gezeigt wird [9.34]. Weit günstigere Messbedingungen liegen bei koaxialen Strommesswiderständen vor, die auf Grund der kleineren Abmessungen und geschirmten Bauweise einen reflexionsfreien Anschluss an den Sprunggenerator über Koaxialkabel ermöglichen. Auch die Sprungantwort von Strommessspulen, durch deren Öffnung der Stromleiter geführt und mit dem Innenwiderstand des Sprunggenerators reflexionsfrei abgeschlossen wird, lässt sich problemlos aufzeichnen.

Der Anfangsverlauf der aufgezeichneten Sprungantwort und damit auch der Nullpunkt sind bei unzureichender Bandbreite des Recorders und wegen elektromagnetischer

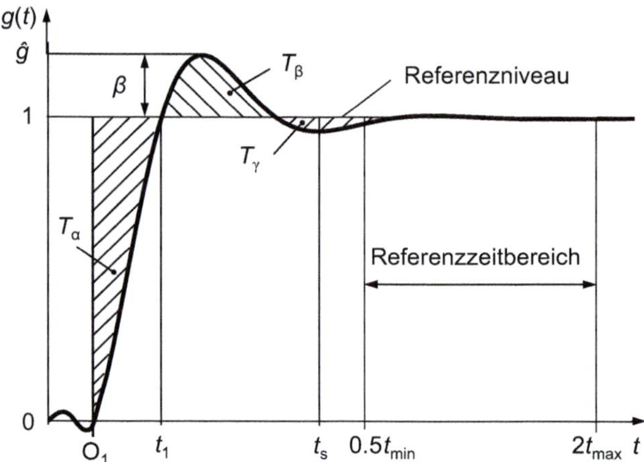

Abb. 9.15 Beispiel für die Auswertung der gemessenen Sprungantwort $g(t)$ eines Messsystems mit definiertem Nullpunkt O_1, Referenzniveau, Referenzzeitbereich und Antwortparametern

Störeinflüsse häufig nicht eindeutig zu bestimmen. In den Prüfvorschriften ist daher als Nullpunkt O_1 der Zeitpunkt definiert, bei dem die Sprungantwort zuerst monoton von null ansteigt [2.2, 2.4]. Die Auswertung der Sprungantwort am Ende der Aufzeichnung zur Festlegung des Amplitudenwertes „1" ist wegen überlagerter Störungen ebenfalls problematisch. Im Zeitbereich zwischen $0{,}5t_{min}$ und $2t_{max}$, dem *Referenzzeitbereich*, wird daher aus dem Mittel der Abtastwerte für die Sprungantwort ein *Referenzniveau* berechnet, dem der Wert „1" zugeordnet wird (Abb. 9.15). Die Zeiten t_{min} und t_{max} bezeichnen hierbei die Grenzen der zulässigen Stirnzeit. Die Sprungantwort eines anerkannten Messsystems darf sich im Referenzzeitbereich nur innerhalb von $\pm 2\,\%$ und im weiteren Verlauf von $2t_{max}$ bis $2T_{2max}$ nur innerhalb von $\pm 5\,\%$ ändern (s. Abschn. 10.3.8). Erfahrungen und Vorschläge hinsichtlich der rechnergestützten Auswertung von Sprungantworten finden sich in [9.32–9.43, 4.99].

9.8.2 Antwortparameter der Sprungantwort

Zur Kennzeichnung der Sprungantwort von Stoßspannungsteilern dienen vier *Antwortparameter*, für die in den internationalen Prüfbestimmungen Grenzwerte festgelegt sind. Die Einhaltung der Grenzwerte gilt als Nachweis, dass das dynamische Verhalten des Messsystems ausreichend ist und die festgelegten Fehlergrenzen für den Scheitelwert und die Zeitparameter von Stoßspannungen nicht überschritten werden. Die Bedeutung der Antwortparameter ist jedoch in den revidierten Prüfvorschriften zurückgegangen und empfohlene Grenzwerte für die Antwortparameter finden sich nur noch bei Referenzsystemen für volle und abgeschnittene Stoßspannungen [2.2]. Für Stoßstrommesssysteme haben sich die Antwortparameter mit festgelegten Grenzwerten nicht durchgesetzt [2.4]. Zum einen gibt es eine Vielfalt genormter Stoßströme, für die fundierte Grenzwerte hätten bestimmt werden müssen, zum anderen bieten sich durch die direkte Auswertung der Sprungantwort entsprechend Abschn. 10.3.8 oder Berechnung der Messabweichungen mit dem Faltungsalgorithmus gemäß Abschn. 9.2 weit effektivere Alternativen an.

Die vier Antwortparameter der Sprungantwort $g(t)$ in IEC 60060-2 [2.2] sind:

$$\text{Experimentelle Antwortzeit } T_{\text{N}} : \quad \boxed{T_{\text{N}} = \int_{O_1}^{2t_{\text{max}}} \left[1 - g(t)\right] \, dt} \qquad (9.44)$$

$$\text{Teilantwortzeit } T_{\text{a}} : \quad \boxed{T_\alpha = \int_{O_1}^{t_1} \left[1 - g(t)\right] \, dt} \qquad (9.45)$$

$$\text{Beruhigungszeit } t_{\text{s}} : \quad \boxed{\left| T_{\text{N}} - \int_{O_1}^{t} \left[1 - g(t)\right] \, dt \right| \leq 0,02 \, t_{\text{s}}} \qquad (9.46)$$

$$\text{Überschießen } \beta : \quad \boxed{\beta = \hat{g} - 1}. \qquad (9.47)$$

Die *experimentelle Antwortzeit* T_{N} nach Gl. (9.44) ermöglicht in begrenztem Umfang eine Abschätzung des Scheitelwertfehlers der gemessenen Stoßspannung. Sie unterscheidet sich von der mathematischen Definition der Antwortzeit T nach Gl. (9.31) durch die untere und obere Integrationsgrenze.

Die *Teilantwortzeit* T_α nach Gl. (9.45) dient zur Beurteilung der Messrichtigkeit eines Messsystems bei schnellen Spannungsänderungen in der Stirn einer Stoßspannung, z. B. bei überlagerten Oszillationen.

Die *Beruhigungszeit* t_{s} nach Gl. (9.46) ist die kürzeste Zeit, die die angegebene Ungleichung für alle Zeiten $t \geq t_{\text{s}}$ der Sprungantwort bis zur oberen Integrationsgrenze $2t_{\text{max}}$ erfüllt. Die Beruhigungszeit ist anschaulich so zu deuten, dass für Zeiten $t > t_{\text{s}}$ der restliche Beitrag der Sprungantwort zur Antwortzeit nicht mehr als 2 % von t_{s} beträgt. Neben T_{N} gilt t_{s} als der wichtigste Antwortparameter der Sprungantwort.

Das *Überschießen* β ist durch den Betrag gegeben, um den der Größtwert der schwingenden Einheitssprungantwort das Referenzniveau übersteigt. Weist ein Spannungsteiler in seiner Sprungantwort ein großes Überschießen auf, wird vor allem die Stirn der gemessenen Stoßspannung verfälscht wiedergegeben. Durch Simulationsrechnungen mit verschiedenen Zeitverläufen der Sprungantwort und Stoßspannung ergibt sich ein Diagramm, dass den erlaubten Bereich für β in Abhängigkeit vom Verhältnis T_α/T_1 kennzeichnet [9.44].

Anmerkung: Wegen der geänderten Definition des Anfangs O_1 der Sprungantwort in [2.2] hat die *Anfangsstörzeit* T_0 praktisch keine Bedeutung mehr und wird hier nicht behandelt.

Die Kennzeichnung der Sprungantwort eines Stoßspannungsteilers durch die Antwortparameter und die Festlegung entsprechender Grenzwerte mag praktisch erscheinen, ein eindeutiger quantitativer Zusammenhang zwischen diesen Antwortparametern und den Messabweichungen eines Stoßspannungsteilers ist jedoch nicht gegeben. Die mit dem Faltungsalgorithmus berechneten Beispiele in Abschn. 9.7.4 zeigen, dass die festgesetzten Grenzwerte der Antwortparameter für einen Stoßspannungsteiler nicht immer gerechtfertigt sind.

Die Antwortparameter werden in der Regel mit Software aus dem Datensatz der aufgezeichneten Sprungantwort berechnet. Die Richtigkeit der Software lässt sich mit analytisch berechenbaren Sprungantworten idealer Systeme (s. Abschn. 9.5) überprüfen [9.45]. Hierbei sind jedoch die teilweise unterschiedlichen Definitionen der Antwortparameter für die experimentelle und analytische Sprungantwort zu berücksichtigen, z. B hinsichtlich des Nullpunktes und der Integrationsgrenzen.

Die Antwortparameter können grundsätzlich auch grafisch aus der aufgezeichneten Sprungantwort ermittelt werden (s. Abb. 9.15). So ergibt sich die experimentelle Antwortzeit aus der Summe der Teilflächen zwischen der Sprungantwort $g(t)$ und dem Referenzniveau, wobei die Teilflächen oberhalb der Einheitslinie negatives Vorzeichen erhalten:

$$T_{\mathrm{N}} = T_\alpha - T_\beta + T_\gamma - \dots . \tag{9.48}$$

Die grafische Bestimmung der Antwortparameter aus Oszillogrammen wird jedoch nur noch selten angewandt, da die früher eingesetzten analogen Oszilloskope, die eine grafische Auswertung erforderten, weitgehend durch Digitalrecorder mit rechnergestützter Datenauswertung ersetzt wurden.

Anmerkung: In älteren Prüfbestimmungen und Literaturstellen vor Herausgabe von [2.2, 2.4] war der virtuelle Nullpunkt O_1 der Sprungantwort definiert als Schnittpunkt der Tangente an den steilsten Teil der Sprungantwort mit der Zeitachse. Weiterhin ersetzte die Tangente den aufgezeichneten Anfangsverlauf der Sprungantwort unterhalb ihres steilsten Teils. Die festgelegte Auswertung war jedoch häufig Ursache, dass ein signifikanter Teil am Anfang der Sprungantwort verloren ging, was sich natürlich auf die Berechnung der Antwortparameter auswirkte. Die geänderte Festlegung des Nullpunktes O_1 in [2.2, 2.4] kann zu Abweichungen bei den Antwortparametern, insbesondere bei T_α und T_{N}, gegenüber früheren Auswertungen führen.

9.8.3 Messschaltungen für die Sprungantwort

Zur Aufzeichnung der Sprungantwort eines Spannungsteilers kommen drei genormte Messanordnungen in Betracht. Die Schaltung nach Abb. 9.16a mit horizontaler Verbindungsleitung zwischen dem Sprunggenerator *1*, Dämpfungswiderstand *2* und Spannungsteiler *3* entspricht am ehesten der üblichen Anordnung des Spannungsteilers im

Stoßspannungsprüfkreis und wird daher in den Prüfvorschriften empfohlen. Der Sprunggenerator *1* befindet sich auf gleicher Höhe wie der Teilerkopf und die Zuleitungslänge entspricht annähernd der Teilerhöhe. Als Erdrückleiter zwischen Sprunggenerator und Teilerfuß dient eine mindestens 0,5 m breite niederinduktive Kupferfolie *5*.

Normgerecht sind auch die anderen beiden Messschaltungen in Abb. 9.16b und c, obwohl allein schon die unterschiedliche Länge der Hochspannungszuleitung Veränderungen in der Sprungantwort erwarten lässt. Dient die Sprungantwort nur als *Fingerabdruck* zur Identifizierung und Überprüfung der Beständigkeit eines Spannungsteilers ohne weitere Auswertung, wird häufig die einfach zu realisierende Anordnung nach Abb. 9.16c bevorzugt.

Für die Sprungantwortmessung ist der Spannungsteiler möglichst in der gleichen Anordnung wie bei der Stoßspannungsprüfung aufzubauen. Der Stoßspannungsteiler, die Hochspannungszuleitung, gegebenenfalls ein externer Dämpfungswiderstand und das koaxiale Messkabel mit Abschlussimpedanz bilden stets eine Einheit. Jede Veränderung der Zuleitung und deren räumliche Anordnung, der Abstand zur Hallenwand oder zu anderen Objekten und selbst die Hallengröße können die Sprungantwort beeinflussen (s. Abb. 4.36). Mit der entsprechenden Software lassen sich Veränderungen im Messaufbau simulieren und der Einfluss auf die Sprungantwort berechnen [9.46]. In der Regel muss der für die Stoßspannungsprüfung verwendete Recorder durch einen anderen Recorder mit größerer Abtastrate und Empfindlichkeit ersetzt werden. Die Bandbreite des Recorders für die Sprungantwortmessung hat ebenfalls Einfluss auf die Sprungantwort und Antwortparameter.

Der Sprunggenerator und die ungeschirmte Zuleitung zum Spannungsteiler strahlen einen Teil der Sprungenergie ab, der als elektromagnetische Welle den ungeschirmten Spannungsteiler erreicht. Auf den unteren Teil des Spannungsteilers wird dadurch ein Störsignal eingekoppelt, das dort früher als die über die Zuleitung und den Spannungsteiler geführte Sprungspannung eintrifft. Dieses Störsignal ist zwar im Vergleich zum Nutzsignal klein, durchläuft aber – anders als die am Teilerkopf ankommende Sprungspannung – nicht den Spannungsteiler und wird daher nicht weiter gedämpft. Das Störsignal überlagert sich der Sprungantwort zu Beginn der Aufzeichnung, wodurch der Anfang der Sprungantwort teilweise verdeckt wird. Die Störüberlagerung macht sich besonders in den beiden Schaltungen mit vertikaler und schräger Zuleitung bemerkbar (Abb. 9.16b und c), da der Abstand des Sprunggenerators und der Zuleitung zum Teilerfuß geringer ist als in der Anordnung nach Abb. 9.16a.

Die horizontale Zuleitung zum Spannungsteiler in der Anordnung nach Abb. 9.16a ist, wenn sie unendlich lang wäre, durch ihren Wellenwiderstand Z charakterisiert (s. Abschn. 4.3.1.2.1). Für eine Zuleitung mit einem Durchmesser $d = 2$ cm und einer Höhe $h = 2$ m über dem Hallenboden beträgt $Z = 360\ \Omega$ nach Gl. (4.12). Am Anfang der Zuleitung befindet sich ein externer Dämpfungswiderstand R_d, der zwei Aufgaben hat. Für $R_d \approx Z$ ist die endlich lange Zuleitung zumindest näherungsweise mit ihrem Wellenwiderstand abgeschlossen, sodass Wanderwellenvorgänge auf der Zuleitung weitgehend unterbunden werden. Mit dem angepassten Dämpfungswiderstand reduziert sich auch weitgehend der Einfluss unterschiedlich langer Zuleitungen auf die Sprungantwort und

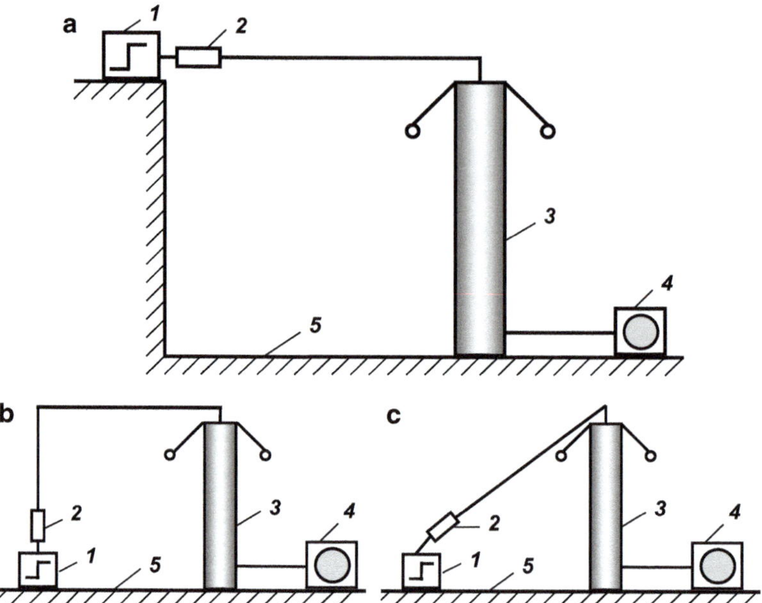

Abb. 9.16 Aufbauten für die Sprungantwortmessung bei Spannungsteilern (schematisch) **a** Empfohlene Anordnung des Spannungsteilers mit horizontaler Hochspannungszuleitung **b** Spannungsteiler mit rechtwinkliger Anordnung der Hochspannungszuleitung c) Spannungsteiler mit schräger Hochspannungszuleitung *1* Sprunggenerator *2* Dämpfungswiderstand R_d *3* Stoßspannungsteiler *4* Messgerät *5* Erdflächenleiter

damit auf das Messverhalten des Spannungsteilers. Dies ist vor allem von Vorteil für Referenzteiler, die mit variabler Zuleitungslänge zur Kalibrierung unterschiedlich großer Stoßspannungsteiler durch Vergleichsmessung eingesetzt werden.

9.8.4 Erzeugung von Sprungspannungen

Zur Erzeugung von Sprungspannungen eignet sich das Schaltungsprinzip nach Abb. 9.17. Bei geöffnetem Schalter S wird die Gleichspannung U_0 über den hochohmigen Begrenzungswiderstand R_1 an die Abschlussimpedanz Z_a gelegt. Dadurch steigt die Spannung an Z_a relativ langsam an, wobei der Spannungsendwert von U_0, Z_a, R_1 und R_2 abhängt. Die Ladezeit ist zusätzlich durch die Induktivität der Zuleitungen und Parallelkapazität der Bauelemente bestimmt. Wird der Schalter S geschlossen, entsteht je nach Polarität der anliegenden Gleichspannung U_0 ein negativer oder positiver Spannungssprung gegen null. Die Steilheit hängt vom Schalter selbst und der Leitungsinduktivität im Entladekreis ab und ist gewöhnlich deutlich größer als beim Spannungsanstieg. Die steile Flanke beim Kurzschließen der Spannung wird für die Sprungantwortmessung genutzt. Die elektronische Schaltung ist weitgehend koaxial ausgeführt und in der Regel in einem Schirmgehäuse aus Messing oder Aluminium untergebracht.

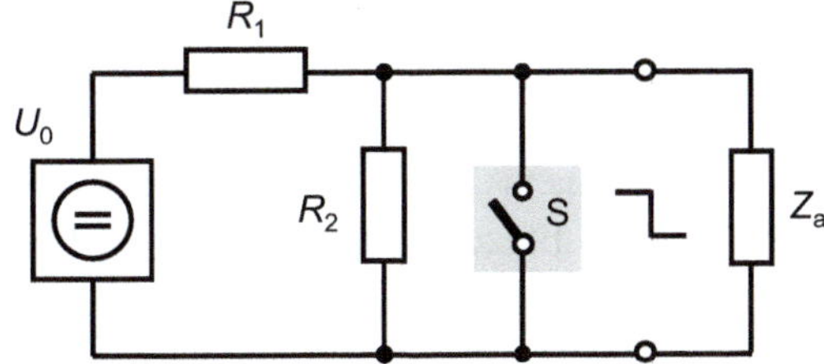

Abb. 9.17 Schaltungsprinzip eines Generators mit Reed-Kontakt S zur Erzeugung von Sprungspannungen an der Abschlussimpedanz Z_a

Als schneller Schalter dient vorzugsweise ein *Reed-Relais* mit einem mit Quecksilber benetzten Kontakt, wodurch im Gegensatz zu mechanischen Schaltern ein prellfreies Schalten von Spannungen bis maximal 1000 V bzw. Strömen bis 2 A möglich ist. Der Übergangswiderstand des kurzgeschlossenen Reed-Kontaktes – und damit der Ausgangswiderstand des Sprunggenerators – liegt unter 10 mΩ. Der biegsame Reed-Kontakt wird mit Hilfe einer Erregerspule, die in Abb. 9.17 nicht eingezeichnet ist, einmalig oder periodisch betätigt. Die Periodendauer der erzeugten Rechteckspannung lässt sich bei abnehmender Erregerfrequenz der Relaisspule nahezu beliebig lang wählen, sodass auch Sprungantworten mit einer Dauer im Bereich von Sekunden aufgezeichnet werden können. Bei niederinduktivem Aufbau des Sprunggenerators lassen sich Anstiegszeiten der Sprungspannung von weniger als 1 ns erzielen. Der Anfangsverlauf der Sprungspannung ist allerdings je nach Schaltung und Belastung des Generators von einer mehr oder weniger ausgeprägten Schwingung überlagert. Die ökologisch bedingten Restriktionen bei der Verwendung von Quecksilber haben das Angebot an leistungsstarken Reed-Kontakten stark eingeschränkt.

In [9.47] berichten die Autoren über verschiedene Sprunggeneratoren, die in der Ausführung der Schaltung nach Abb. 9.17 in drei Metrologieinstituten eingesetzt werden. Als Beispiel zeigt Abb. 9.18a die Bauelemente eines Sprunggenerators in einer CNC-gefrästen Aluminiumbox bei abgeschraubtem Deckel. Der mit Quecksilber benetzte Reed-Kontakt kann mit Spannungen von bis zu 1000 V betrieben werden. Ein- und

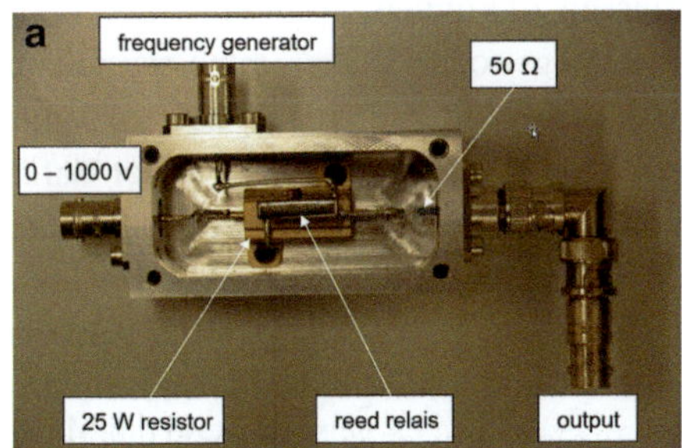

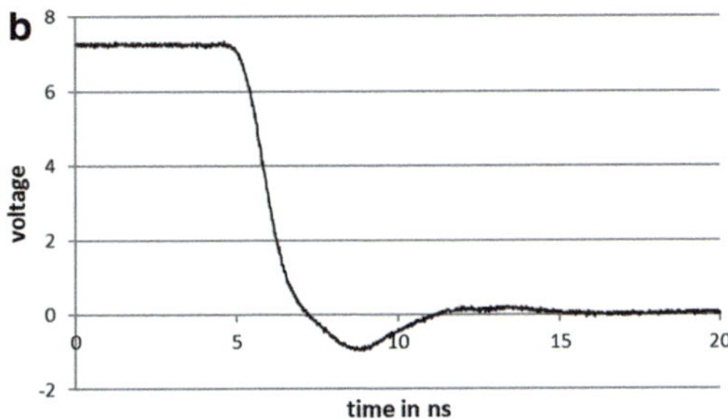

Abb. 9.18 Sprunggenerator in gefräster Aluminiumbox [9.47. Abb. 9.6 und 9.7]. **a** Ansicht des Sprunggenerators mit Quecksilber benetztem Reed-Kontakt (ohne Abdeckung). **b** Spannungssprung auf 1-MΩ-Eingang des Recorders

Ausgangsanschlüsse des Sprunggenerators sind koaxial ausgeführt. Vor dem Ausgang ist ein Längswiderstand von 50 Ω zum reflexionsfreien Anschluss eines Koaxialkabels eingebaut. Abb. 9.18b zeigt den erzeugten Spannungssprung mit einer Anstiegszeit von 0,9 ns und einem kurzzeitigen Überschwingen von 14 %. Die Aufzeichnung ist das Mittel von 20 Einzelsprüngen am 1-MΩ-Eingangswiderstand eines 8-Bit-Recorders mit einer Analogbandbreite von 400 MHz und Abtastrate von 1 GS/s.

Die Schaltung nach Abb. 9.17 eignet sich grundsätzlich zur Messung der Sprungantwort von allen Komponenten eines Stoßspannungs- oder Stoßstrommesssystems. Allerdings stellt der Anschluss eines konventionellen, d. h. ungeschirmten Hochspannungsteilers an den Sprunggenerator einen Kompromiss dar. Wegen der Unzulänglichkeiten der Messanordnung und des Sprunggenerators ist daher mit einer mehr oder weniger ausgeprägten Beeinflussung der gemessenen Sprungantwort des Spannungsteilers zu rechnen. Eine Aussage, inwieweit sich die gemessene Sprungantwort des Spannungsteilers bei der Messung von beispielsweise Blitzstoßspannungen auswirkt, lässt sich näherungsweise durch eine Faltungsrechnung treffen (s. Abschn. 10.3.9). Der Messaufbau gemäß Abb. 9.16a hat unter der Voraussetzung, dass der externe Dämpfungswiderstand R_a des Spannungsteilers gleich dem Wellenwiderstand der horizontalen Hochspannungszuleitung ist, den Vorteil, dass damit zumindest näherungsweise ein wellenmäßig korrekter Anschluss des Spannungsteilers erzielt wird. Stellt Z_a einen kapazitiven Spannungsteiler ohne oder mit nur kleinem Dämpfungswiderstand dar, muss auf die maximal zulässige Strombelastung des Reed-Kontaktes beim Kurzschließen geachtet werden. Stromstärken oberhalb des Bemessungswertes führen zu Kontaktstörungen und zu einer stark verkürzten Lebensdauer des Reed-Kontaktes.

Wenn Z_a ein niederohmiger Messwiderstand für Stoßstrommessungen ist, wird am Ausgang des Sprunggenerators zur Vermeidung von Reflexionen ein Serienwiderstand gleich dem Kabelwellenwiderstand eingesetzt. Der Anschluss eines koaxialen Messwiderstandes an den Sprunggenerator erscheint in messtechnischer Hinsicht wegen des vollkommen geschirmten Aufbaus grundsätzlich optimal (s. Abschn. 5.3.1.4). Allerdings liegen die Anstiegszeiten von Sprunggeneratoren und Koaxialshunts in gleicher Größenordnung. Es kommt daher sehr auf die Qualität des Sprunggenerators an, um die Sprungantwort eines Koaxialshunts unverfälscht messen zu können.

Die Kalibrierung von Digitalrecordern in Stoßspannungs- oder Stoßstrommesssystemen zur Bestimmung des Maßstabsfaktors kann als Alternativverfahren nach IEC 61083-1 auch mit Sprungspannungen erfolgen (s. Abschn. 7.2.8). Zur Eignungsprüfung der dafür eingesetzten Sprunggeneratoren werden andererseits ebenfalls Digitalrecorder mit hoher Bandbreite und Abtastrate verwendet, deren maximale Eingangsspannung meist nur 100 V beträgt. Auf die in den Datenblättern von Recordern angegebenen Werte für die Amplitudenauflösung und das dynamische Verhalten ist allerdings nicht immer Verlass. Als Beispiel dienen Untersuchungen in [7.25] zum dynamischen Verhalten von zwei hochwertigen Recordern mit einer Auflösung von 8 Bit und 10 Bit. Sie belegen, dass die Sprungantwort des 10-Bit-Recorders in allen Eingangsbereichen ein kurzzeitiges Über- oder Unterschwingen aufweist und teilweise erst nach mehreren Mikrosekunden den Endwert

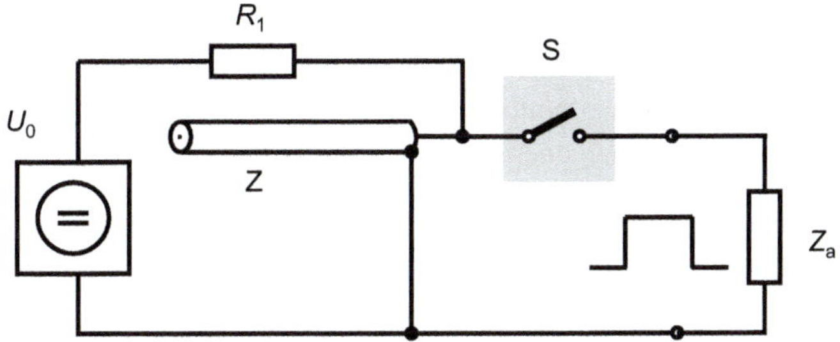

Abb. 9.19 Prinzipschaltbild eines Kabelgenerators zur Erzeugung von Sprungspannungen

erreicht. Dagegen zeigt der 8-Bit-Recorder ein nahezu ideales dynamisches Verhalten und ist dadurch wesentlich besser zur Messung schnellveränderlicher Spannungen geeignet.

Eine weitere Möglichkeit, Sprungspannungen mit kleiner Anstiegszeit zu erzeugen, bieten *Kabelgeneratoren* (Abb. 9.19). Das an einem Ende offene Koaxialkabel mit dem Wellenwiderstand Z wird über den Vorwiderstand R_1 auf die Spannung U_0 aufgeladen. Beim Schließen des Schalters S läuft eine steile Spannungswelle in das Kabel ein, die am offenen Kabelende reflektiert wird und mit gleicher Amplitude, aber entgegen gesetzter Polarität zum Kabeleingang zurückläuft. An der Abschlussimpedanz Z_a entsteht ein Spannungssprung, dessen Amplitude vom Verhältnis der Impedanzen Z_a und Z bestimmt ist. Nach doppelter Kabellaufzeit wird für $Z_a = Z$ die Spannung an der Abschlussimpedanz wieder null. Für $Z_a \neq Z$ treten nach doppelter Kabellaufzeit Reflexionserscheinungen auf. Die Dauer des erzeugten Rechteckimpulses hängt von der Kabellänge L und der Kabellaufzeit $t = 2\,L/v$ mit $v = 1/\sqrt{L_0 C_0} \approx 0{,}2$ m/s ab. Die Impulsdauer ist meist auf 500 ns begrenzt, da bei längerem Koaxialkabel der Rechteckimpuls aufgrund der Dämpfungsverluste im Kabel eine Dachschräge bekommt. Mit einem mit Quecksilber benetzten Reed-Kontakt als Schalter S und bei optimaler Anpassung des Prüflings an den Kabelgenerator sind Sprungamplituden von maximal 500 V und Anstiegszeiten von weniger als 0,5 ns erreichbar.

Sprunggeneratoren mit elektronischen Schaltern, Thyristoren oder Avalanche-Transistoren sind ebenfalls gebräuchlich [9.48, 9.49]. Der Abgleich der elektronischen Bauelemente muss zur Vermeidung eines schrägen Impulsdaches sorgfältig durchgeführt sein. Für Thyristorschaltungen beträgt die Amplitude der Sprungspanung bis zu 1000 V bei einer Anstiegszeit von mehr als 10 ns, für Schaltungen mit Avalanche-Transistoren sind es maximal einige 10 V und weniger als 1 ns. Elektronische Sprunggeneratoren weisen häufig einen Ausgangswiderstand in der Größenordnung des Wellenwiderstandes von Koaxialkabeln auf.

Unter Ausnutzung des Avalanche-Effekts in NPN-Transistoren, die als schnelle Schalter dienen, lässt sich mit mehreren in Serien geschalteten Avalanche-Transistoren ein Kabelgenerator mit einer Ausgangsspannung von mehr als 1000 V aufbauen [9.50]. Die erreichbaren Anstiegszeiten liegen weit unter 1 ns. Bei Einhaltung gewisser Grenzen der Betriebsbedingungen ist der Avanlanche-Effekt reversibel und führt zu sehr stabilen, reproduzierbaren Spannungssprüngen. Der mit dem optimierten Generator erzeugte Spannungssprung weist eine Anstiegszeit von 91 ps und ein geringes Überschwingen auf. Allerdings ist die Sprungamplitude nicht konstant, sondern nimmt mit der Aufzeichnungszeit erkennbar ab, was bei Kabelgeneratoren wegen der Kabeldämpfung typisch ist.

Sprungspannungen mit wesentlich mehr als 1000 V lassen sich mit Kugelfunkenstrecken als Schalter erzeugen [9.32, 9.51]. Während mit Ölfunkenstrecken Anstiegszeiten bis hinunter zu 10 ns erreichbar sind, ermöglichen kleine druckgasisolierte Funkenstrecken Werte im Bereich von wenigen Nanosekunden. Die Funkenstrecke wird in Verbindung mit einer gleichgerichteten Wechselspannung oder einer Stoßspannung mit langer Stirnzeit erzeugt. Die Funkenstrecke zündet im Bereich des Scheitels, wo die Spannungsänderung praktisch null ist. Funkenstrecken werden auch in Verbindung mit einem Hochspannungskabel als Kabelgenerator eingesetzt [9.51, 9.52]. Eine große Sprungamplitude hat den Vorteil, dass die Antwort des vollständigen Messsystems, also einschließlich des Recorders mit internem Abschwächer, ermittelt werden kann.

Die Sprung- und Stoßspannungsgeneratoren verursachen elektromagnetische Störungen, die sich ebenso wie das interne Rauschen der Recorder den aufgezeichneten Signalverläufen überlagern. Der Einfluss dieser Störungen auf die Faltung und insbesondere Entfaltung werden am Beispiel synthetischer und gemessener Blitzstoßspannungen in Verbindung mit den Sprungantworten von vier Recordern untersucht [9.53]. Die Störungen werden bei der Faltung wie ein Nutzsignal behandelt, die Durchführung der Faltung verläuft problemlos. Die Entfaltung erfolgt im Frequenzbereich mit einem kommerziellen Softwarepaket. Die sich ergebenden Verläufe der Blitzstoßspannungen sind je nach Recorder von einem mehr oder weniger starken Rauschen überlagert. Hierbei zeigt sich, dass die vom Sprunggenerator ausgehende Störung im Frequenzbereich 30 MHz bis 200 MHz einen deutlich kleineren Einfluss auf das Ergebnis der Entfaltung hat als das interne Rauschen der Recorder. Eine direkte Bestimmung der Impulsparameter ist jedoch in allen Beispielen nicht möglich. Erst durch spezielle Filterung der Kurvenverläufe vor der Entfaltung verschwindet das überlagerte Rauschen und es ergeben sich glatte, recht genau auswertbare Stoßspannungen. Die Parameter des Filterverfahrens müssen jedoch individuell gewählt werden.

Die Sprungantworten von Digitalrecordern und Spannungsteilern sind bekanntlich häufig nicht ideal, was bei der Messung von Stoßspannungen, insbesondere bei kurzer Stirnzeit, zu Fehlern führen kann. Mithilfe der Entfaltung im Frequenzbereich lässt sich an Hand von zwei Beispielen eine Verbesserung der Messergebnisse erzielen [9.54]. Im ersten Beispiel wird zunächst die Impulsantwort des Recorders als zeitliche Ableitung der Sprungantwort erstellt, die dann mit Hilfe der FFT in den Frequenzbereich transformiert wird. Die mit dem Recorder gemessene Stoßspannung wird gefiltert und ebenfalls in den Frequenzbereich transformiert. Anschließend erfolgt die Entfaltung im Frequenzbereich und das Ergebnis wird als korrigierte Stoßspannung wieder in den Zeitbereich überführt und angezeigt. Die erzielte Verbesserung durch Berücksichtigung der Sprungantwort des Recorders lässt sich durch dessen Kalibrierung mit einem genauen Kalibriergenerator nachweisen. In vergleichbarer Weise wird die Entfaltung mit der Sprungantwort eines 2,4 MV gedämpft kapazitiven Spannungsteilers und einer damit gemessenen Blitzstoßspannung durchgeführt. Die erzielte Verbesserung des Messergebnisses zeigt sich durch Vergleichsmessung mit einem Referenzteiler. Das zur Entfaltung genutzte Softwarepaket verwendet eine Filterfunktion mit einem Parameter, der vom Nutzer individuell zur Reduzierung von Schwingungen einzustellen ist.

Die bisher genannten Sprunggeneratoren sind als punktförmig im Vergleich zu den Abmessungen eines Stoßspannungsteilers anzusehen. Die Punktquelle strahlt eine elektromagnetische Kugelwelle aus, die den oberen und unteren Teil des ungeschirmten Spannungsteilers zu unterschiedlichen Zeiten erreicht. Vor allem der in den unteren Bereich des Spannungsteilers eingestrahlte Anteil macht sich als Störsignal bemerkbar, das sich der leitungsgeführten Sprungantwort am Anfang überlagert. Der eigentliche Nullpunkt der Sprungantwort lässt sich dadurch nicht bestimmen (s. Abschn. 9.8.1). Zur Vermeidung dieses Störeffektes wird die Verwendung eines Pulsgenerators mit verteilten Quellen vorgeschlagen [9.28, 9.55]. Dieser Pulsgenerator besteht aus zehn übereinander angeordneten elektronischen Sprunggeneratoren, die über Lichtwellenleiter simultan getriggert werden. Die Kugelwellen der einzelnen Quellen überlagern sich, sodass näherungsweise eine Zylinderwelle abgestrahlt wird. Das entstehende E-Feld breitet sich nahezu parallel zum Pulsgenerator aus und erreicht den Spannungsteiler etwa zur gleichen Zeit wie der leitungsgebundene Spannungssprung. Die Anstiegszeit der erzeugten Sprungspannung beträgt 10 ns bei einer Amplitude von 500 V. Die bei Einsatz des mehrstufigen Pulsgenerators und eines konventionellen einstufigen Sprunggenerators aufgezeichneten Sprungantworten eines 3,8-MV-Stoßspannungsteilers unterscheiden sich allerdings nur minimal.

Mit den Generatoren für Sprungspannungen lassen sich auch Sprungströme zur Kalibrierung der Komponenten von Stoßstrommesseinrichtungen erzeugen [5.33, 5.36, 5.37]. Hierbei wird der Messwiderstand – bzw. der Stromleiter durch die Messspule – an den Sprunggenerator über einen Abschlusswiderstand zur Vermeidung von Reflexionen angeschlossen. Sind Reflexionen nicht zu vermeiden, kann die Sprungantwort nur bis zum Auftreten der ersten Reflexion verwendet werden. Mit Quecksilber benetzte Reed-Kontakte erzeugen Stromamplituden von maximal 1 A bis 2 A. Wegen der meist sehr kleinen Werte für den Messwiderstand von Shunts bzw. äquivalenten Widerstand von Messspulen erhält man Amplituden von nur 1 mV und darunter, sodass zur Aufzeichnung mit dem Recorder ein Vorverstärker erforderlich ist.

Der Einsatz von elektronischen Schaltungen oder Funkenstrecken zur Erzeugung höherer Stromstärken ist oft mit dem Nachteil einer größeren Anstiegszeit, Dachschräge im Rücken oder überlagerter Schwingung des Stromsprungs verbunden. Folglich stellt der Ausgangsstrom des Messsystems nicht die exakte Sprungantwort dar. Mithilfe der FFT lassen sich die Fourier-Koeffizienten der Aus- und Eingangsströme $i_2(t)$ bzw. $i_1(t)$ bestimmen, deren Quotient nach Gl. (9.9) die komplexe Übertragungsfunktion $H(j\omega)$ des Messsystems ergibt. Hieraus erhält man schließlich eine gute Näherung für die reellen Komponenten des Übertragungssystems $H(\omega)$. Mit diesem Verfahren werden der Maßstabsfaktor und der Phasenwinkel eines Stromwandlers und eines Hochstrom-Shunts bestimmt [9.56].

9.9   Ergänzende Betrachtungen zum Übertragungsverhalten

Aufgabe eines Messsystems ist die fehlerfreie Messung der Prüfspannung oder des Prüfstromes. Wichtige Voraussetzung hierfür ist ein von der Frequenz unabhängiger Übertragungsfaktor $H(f)$ des Messsystems bis zur oberen Grenzfrequenz f_2, die oberhalb der Grenzfrequenz f_2' des Signalspektrums $F(f)$ liegen muss (Abb. 9.20). Die untere Grenzfrequenz des Messsystems ist in der Regel $f_1 = 0$, kann jedoch auch einen Wert oberhalb von null aufweisen. Bei der Grenzfrequenz f_2 ist der Übertragungsfaktor um 3 dB gefallen; $H(f_2)$ beträgt dann nur noch $1/\sqrt{2}$, also rund 70 % des ursprünglichen Wertes.

Für die Messtechnik mit Genauigkeitsanforderungen im Prozentbereich ist ein Amplitudenabfall von 3 dB in der Regel zu groß. Der für f_2 angegebene Zahlenwert führt oft zu einer subjektiven Fehleinschätzung des Übertragungsverhaltens eines Messsystems. Die Frage stellt sich, welche obere Grenzfrequenz f_2 ein Messsystem zur genauen Messung von Stoßspannungen aufweisen muss. Zu ihrer Beantwortung gibt es mehrere Ansätze.

In der Impulsmesstechnik gilt die Forderung, dass die Anstiegszeit eines Messsystems nicht mehr als ein Zehntel der Anstiegszeit des zu messenden Signals betragen soll. Für die Blitzstoßspannung 1,2/50 mit der Stirnzeit $T_1 = 1,2\ \mu s$, die nach Gl. (9.34) einer Anstiegszeit $T_a = 960$ ns entspricht, wird diese Forderung von dem RC-Glied mit der Zeitkonstanten $RC = T = 43,6$ ns und der Anstiegszeit $T_a = 2,2\ T = 96$ ns gerade erfüllt (Kurve *3* in Abb. 9.7). Die obere Grenzfrequenz des RC-Systems beträgt $f_2 = 3,7$ MHz und ist damit um den Faktor 1500 größer als die Grenzfrequenz $f_2' = 2,4$ kHz im Spektrum der Blitzstoßspannung (Kurve *1* in Abb. 9.7). Ein alternatives Kriterium ist, dass der Bereich des annähernd konstanten Amplitudengangs $H(f)$ des Messsystems (Kurve *3* in Abb. 9.7) sich mindestens bis zu der Frequenz erstrecken muss, bei der die Amplitudendichte $F(f)$ des Signals (Kurve *1* in Abb. 9.7) um mehr als 60 dB entsprechend einem Faktor von 1000 gefallen ist.

Eine verlässliche Aussage für beliebige Zeitverläufe des Messsignals und Sprungantworten des Messsystems gewinnt man mit Hilfe der Faltung. Hierbei wird der zeitliche Verlauf der Ausgangsspannung des Messsystems berechnet, und der Vergleich mit der Eingangsspannung liefert den Übertragungsfehler, also die Messabweichungen

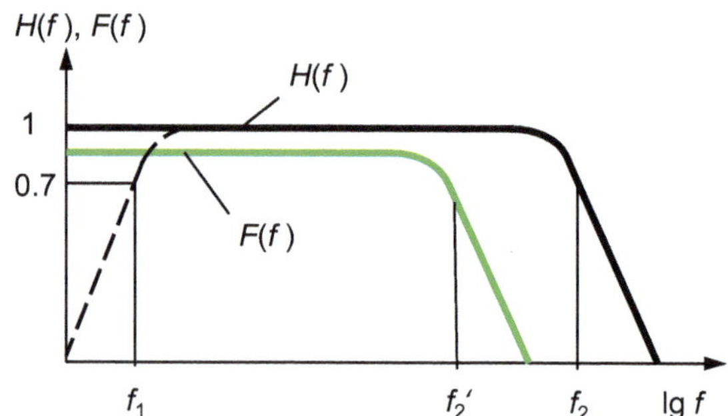

Abb. 9.20 Übertragungsfaktor $H(f)$ eines Messsystems mit den Grenzfrequenzen f_1 (bzw. 0) und f_2 und Amplitudendichte $F(f)$ eines Impulses mit der oberen Grenzfrequenz f_2' (schematisch)

für den Scheitelwert und die Zeitparameter. Durch Modellrechnungen für Systeme mit unterschiedlichem Frequenzgang kann das Messsystem mit der Bandbreite B bzw. oberen Grenzfrequenz f_2 gefunden werden, für das die Übertragungsfehler im Scheitel und in der Stirnzeit kleiner als die vorgegebenen Grenzwerte sind (s. Abschn. 9.7). Betrachtet man die Ergebnisse der numerischen Faltungsrechnung in Abschn. 9.7.4, lässt sich für die erforderliche obere Grenzfrequenz des Messsystems die Faustformel:

$$f_2 \geq (100 \ldots 1000)f_2'$$

aufstellen, wobei der Faktor 1000 für die Messung der Stirnzeit und der Faktor 100 für die Messung des Scheitelwertes von Stoßspannungen mit einer Messabweichung von weniger als 1 % gilt. Die Blitzstoßspannung 1,2/50 (Kurve *1* in Abb. 9.7) mit $f_2' = 2{,}4$ kHz erfordert demnach eine Bandbreite des Messsystems von mindestens 240 kHz für den Scheitelwert und 2,4 MHz für die Stirnzeit. Anforderungen an die obere Grenzfrequenz zur Messung von Schwingungen, die dem Scheitel oder der Front der Stoßspannung überlagert sein können, sind hierbei nicht berücksichtigt.

Die Keilstoßspannung mit einer Abschneidezeit von 0,5 µs hat eine Grenzfrequenz $f_2' = 1{,}1$ MHz (Kurve *5* in Abb. 8.4). Die obere Grenzfrequenz des Messsystems sollte entsprechend der Faustformel mehr als 110 MHz für den Scheitelwert betragen. In der Prüfpraxis sind abgeschnittene Stoßspannungen im Scheitelbereich eher abgerundet. Dies bedeutet, dass das Amplitudenspektrum eine kleinere Grenzfrequenz aufweist, sodass die Anforderungen an die Bandbreite des Messsystems geringer ausfallen.

Vergleichbare Überlegungen sind anzustellen, wenn das Messsystem eine von null abweichende untere Grenzfrequenz f_1 aufweist. Das Messsystem wirkt dann als Hochpass und ist nicht in der Lage, den Gleichanteil eines Messsignals zu erfassen. Auch langsam veränderliche Spannungen oder Ströme werden nicht originalgetreu gemessen. Die Auswirkungen betreffen vor allem den Rücken von Schaltstoßspannungen und Rechteckstoßströmen sowie Kurzschlussströme mit langsam abfallendem Gleichanteil. Der von einem Messsystem mit Hochpasscharakter aufgezeichnete Rücken zeigt einen scheinbar schnelleren Abfall, sodass z. B. die Rückenhalbwertzeit T_2 einer Schaltstoßspannung zu kurz gemessen wird. Messsysteme für Kurzschlussströme sollen je nach Art der Prüfung eine untere Grenzfrequenz von mindestens 0,2 Hz aufweisen, um den transienten Gleichanteil richtig zu erfassen [2.4].

Die Impulsverformung durch ein Messsystem mit unzureichender unterer Grenzfrequenz bzw. Anstiegszeit wird an zwei einfachen Beispielen mit Rechteckimpulsen behandelt. Ein Messsystem mit der unteren Grenzfrequenz $f_1 = 0$ wird als *Tiefpass* oder, wenn die obere Grenzfrequenz f_2 sehr groß ist, als *Breitbandsystem* bezeichnet. Beispiel für einen einfachen Tiefpass ist das RC-Glied nach Abb. 9.21a, bei dem der Widerstand zwischen Ein- und Ausgang liegt. Wegen seiner integrierenden Wirkung auf das Eingangssignal wird der RC-Tiefpass auch als Integrierglied bezeichnet. Legt man an den Eingang des RC-Tiefpasses eine Rechteckspannung $u_1(t)$ mit der Dauer t_d, wird der Kondensator C am Ausgang über den Widerstand R mit der Zeitkonstante $\tau = RC$ aufgeladen. Eine möglichst originalgetreue Ausgangsspannung $u_2(t) = u_1(t)$ erhält man

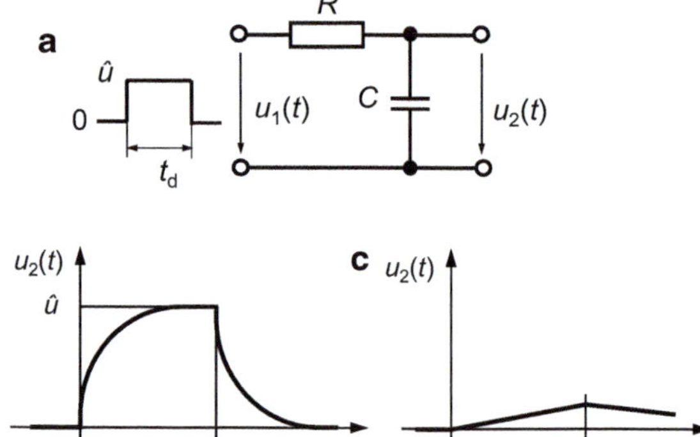

Abb. 9.21 Verformung eines Rechtecksignals der Dauer t_d durch einen Tiefpass. **a** RC-Tiefpass mit Rechtecksignal $u_1(t)$ am Eingang. **b** Ausgangssignal $u_2(t)$ für $RC<<t_d$. **c** Ausgangssignal $u_2(t)$ für $RC>>t_d$

für $RC<<t_d$. Mit größer werdender Zeitkonstante bzw. abnehmender Grenzfrequenz des RC-Tiefpasses tritt eine zunehmende Rundung der Anstiegs- und Abfallflanken auf (Abb. 9.21b); für $RC>>t_d$ ist die Ausgangsspannung stark verzerrt (Abb. 9.21c).

Ein Messsystem mit der unteren Grenzfrequenz $f_1>0$ wirkt als Hochpass oder, wenn die obere Grenzfrequenz f_2 begrenzt ist, als Bandpass. Der einfachste Hochpass ist wiederum ein RC-Glied, bei dem der Kondensator C zwischen Ein- und Ausgang liegt und die Ausgangsspannung am Widerstand R abfällt (Abb. 9.22a). Wegen seiner differenzierenden Wirkung auf das Eingangssignal wird der RC-Hochpass auch als Differenzierglied bezeichnet. Legt man wiederum eine Rechteckspannung $u_1(t)$ an den Eingang des RC-Hochpasses, ist die Ausgangsspannung $u_2(t)$ wegen der

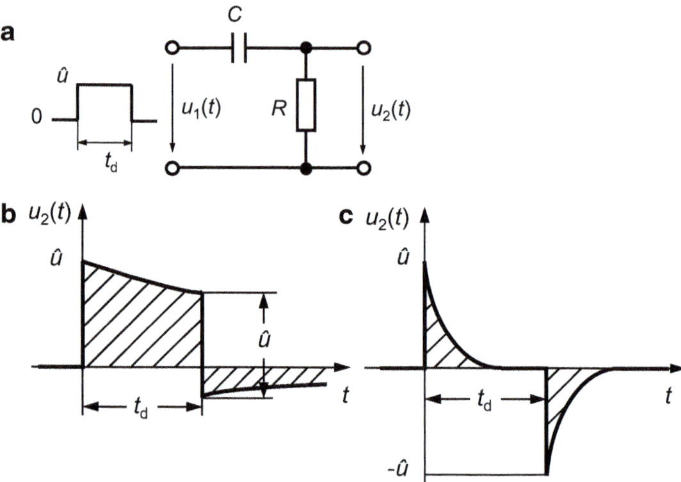

Abb. 9.22 Verformung eines Rechtecksignals der Dauer t_d durch einen Hochpass. **a** RC-Hochpass mit Rechtecksignal am Eingang. **b** Ausgangssignal für $RC>>t_d$. **c** Ausgangssignal für $RC<<t_d$

differenzierenden Wirkung mehr oder weniger stark verformt (Abb. 9.22b und c). Charakteristisch ist die Dachschräge in Abb. 9.22b. Für das Differenzierglied mit $RC \ll t_\mathrm{d}$ ergeben sich positive und negative Nadelimpulse an den Flanken der Rechteckspannung (Abb. 9.22c). Da der Hochpass die Gleichkomponente nicht übertragen kann, sind die schraffiert eingezeichneten positiven und negativen Teilflächen des Ausgangsimpulses gleich groß.

Literatur

9.1. Simonyi, K.: Theoretische Elektrotechnik. Edition Deutscher Verlag der Wissenschaften, J. E. Barth (1993)

9.2. Küpfmüller, K.: Einführung in die theoretische Elektrotechnik, 13. Aufl. Springer-Verlag, Berlin Heidelberg New York (1990)

9.3. Küpfmüller, K.: Die Systemtheorie der elektrischen Nachrichtenübertragung. S. Hirzel Verlag, Stuttgart (1974)

9.4. Föllinger, O.: Laplace- Fourier- und z-Transformation. Hüthig, Heidelberg (2003)

9.5. Glinka, M., Schon, K.: Numerical convolution technique for qualifying hv impulse dividers. Proc. 10. ISH Montreal, Bd. 4, 71–74 (1997)

9.6. Li, Y., Rungis, J., Pfeffer, A.: The voltage and time parameter measurement uncertainties of a large damped capacitor divider due to its non-ideal step response. Proc. 15. ISH Ljubljana Beitrag T10–499 (2007),

9.7. Gobbo, R., Pesavento, G.: Evaluation of convolution to assess the performance of impulse dividers. Proc. 14. ISH Beijing, Beitrag J-08 (2005)

9.8. Sato, S., Harada, T., Wakimoto, T., Saeki, M.: Numerical convolution for impulse voltage measuring systems. Proc. 13. ISH Delft, Beitrag 195 (2003)

9.9. Darveniza, M., Holcombe, B. C.: A fast Fourier transform technique for correcting impulse voltage divider measurements. Proc. 3. ISH Mailand, Beitrag 42.15 (1979)

9.10. Kiersztyn, S.E.: Numerical correction of HV impulse deformed by the measuring system. IEEE Trans. PAS **99**, 1984–1995 (1980)

9.11. Gitt, W., Schon, K.: Numerische Verfahren zur Entfaltung des Duhamel-Integrals im Hinblick auf die Berechnung des zeitlichen Verlaufs von Hochspannungsimpulsen. Archiv für Elektrotechnik **63**, 317–325 (1981)

9.12. Schon, K., Gitt, W.: Reconstruction of high impulse voltages considering the step response of the measuring system. IEEE Trans. PAS **101**, 4147–4155 (1982)

9.13. Charrat, O., Demoment, G., Segalen, A.: High voltage impulse restoration with a fast deconvolution techniques. IEEE Trans. PAS **103**, 841–848 (1984)

9.14. Nikolopoulos, P. N., Topalis, F. V.: Error free registration of high impulse voltages. Proc. 5. ISH Braunschweig, Beitrag 71.03 (1987)

9.15. Xu, W., Kwan, S.-K.: Numerical correction of HV impulses by the method of time-frequency-time domain transform. Proc. 5. ISH Braunschweig, Beitrag 71.04 (1987)

9.16. Kollár, I., Osvath, P., Zaengl, W. S.: Numerical correction and deconvolution of noisy impulses by means of Kalman filtering. Proc. IEEE Int. Symp. on Electrical Insulation. Boston, 359–363 (1988)

9.17. Narduzzi, C., Zingales, G.: An inverse filtering approach to reconstruction of HV impulses. Proc. 6. ISH New Orleans, Beitrag 47.09 (1989)

9.18. Bak-Jensen, B., Bak-Jensen, J.: Some problems arising from the use of Fourier Transform to reconstruction of deformed high voltage impulses. Proc. 6. ISH New Orleans, Beitrag 42.29 (1989)

9.19. Younan, N.H., Kopp, A.B., Miller, D.B., Taylor, C.D.: On correcting HV impulse measurements by means of adaptive filtering and convolution. IEEE Trans. PWRD **6**, 501–506 (1991)

9.20. Matyas, Z., Aro, M., Damstra, G. C.: Frequency-domain analysis contribution to HV measurement quality. Proc. 13. ISH Delft, Beitrag Nr. 807 (2003)

9.21. Yan, W., Li, Y.: Improvement of measurement uncertainty of electrical fast transient burst parameters using step response measurement and deconvolution. Proc. 19. ISH Pilsen, Beitrag 310 (2015)

9.22. Poulain, B., Malewski, R.: Impulse testing of power transformers using the transfer function method. IEEE Trans. PWRD **3**, 476–489 (1988)

9.23. Leibfried, T.: Die Analyse der Übertragungsfunktion als Methode zur Überwachung des Isolationszustandes von Großtransformatoren. Diss. Univ, Stuttgart (1996)

9.24. Rahimpour, E., Christian, J., Feser, K., Mohseni, H.: Calculation of the transfer function to diagnose axial displacement and radial deformation of transformer windings. Proc. 12. ISH Bangalore, Beitrag 3519 (2001)

9.25. Wimmer, R., Feser, K., Christian, J.: Reproducibility of transfer function results. Proc. 13. ISH Delft, Beitrag 165 (2003)

9.26. Christian, J., Feser, K.: Procedures for detecting winding displacements in power transformers by the transfer function method. IEEE Trans. PWRD **19**, 214–220 (2004)

9.27. Wimmer, R., Feser, K.: Berechnung der Übertragungsfunktion aus Online-Messdaten. ETG-Tagung „Diagnostik elektrischer Betriebsmittel". Köln, Beitrag Nr. 3.13 (2004)

9.28. Schwab, A., Bellm, H., Sautter, D.: Peak-error correction for front-chopped impulse voltages. Proc. 3. ISH Mailand, Beitrag 42.13 (1979)

9.29. Gobbo, R., Pesavento, G.: Analysis of errors in the measurement of chopped impulses. Proc. 11. ISH London, Beitrag 467 (1999)

9.30. Schon, K.: What is new in IEC 60060-2: Uncertainty and convolution. HIGHVOLT Kolloquium '07. Dresden, Beitrag 1.2 (2007)

9.31. Gonschorek, K. H.: The electromagnetic behavior of widely extended high voltage test circuits. Proc. 3. ISH Mailand, Beitrag 42.02 (1979)

9.32 Bellm, H.: Übertragungseigenschaften von Stoßspannungsmesskreisen unter Berücksichtigung des transienten Strahlungsfeldes. Diss. TU, Karlsruhe (1981)

9.33. Maier, R., Schwab, A.: Transient radiation-field interaction with impulse voltage dividers. Proc. 5. ISH Braunschweig, Beitrag 71.12 (1987)

9.34. Palva, V.: Facing UHV measuring problems. ELECTRA **35**, 157–254 (1974)

9.35. Berger, K., Ašner, A.: Neue Erkenntnisse über das Verhalten und die Prüfung von Spannungsteilern zur Messung sehr hoher, rasch veränderlicher Stossspannungen. Bull. SEV **51**, 769–783 (1960)

9.36. Dharmalingam, K., Gururaj, B. I.: Step response of UHV impulse voltage dividers using IEC square loop lead arrangement. Proc. 3. ISH Mailand, Beitrag 42.03 (1979)

9.37. Hyltén-Cavallius, N., Chagas, F.A., Appelda Silva, M.: Response errors of impulse test circuits. IEEE Trans. PAS **103**, 3277–3285 (1984)

9.38. Rungis, J., Schon, K.: The evaluation of impulse divider response parameters. IEEE Trans. PWRD **3**, 88–95 (1988)

9.39. Bolognesei, F., Bombonato, M., Cherbaucich, C., Rizzi, G.: Digital measurement of a unit step response: Analysis of the computer determination of the response parameters. Proc. 6. ISH New Orleans, Beitrag 50.11 (1989)

9.40. McComb, T.R., Chagas, F.A., Feser, K., Gururaj, B.I., Hughes, R.C., Rizzi, G.: Comparative measurements of HV impulses to evaluate different sets of response parameters. IEEE Trans. PWRD **6**, 70–77 (1991)

9.41. Oliveira, O. B., Junqueira, A. J. S.: Digitized step response of HV measuring systems and the calculation of their parameters. Proc. 8. ISH Yokohama, Beitrag 53.04 (1993)

9.42. Kumar, O. R., Kanyakumari, M., Kini, N. K., Priya, S., Nambudiri, P. V. V., Srinivasan, K. N.: Software evaluation of step response parameters of high voltage dividers. Proc. 8. ISH Yokohama, Beitrag 51.01 (1993)

9.43. Li, Y., Rungis, J., Sheehy, R.: Impulse divider unit step response evaluation. Proc. 9. ISH Graz, Beitrag 4452 (1995)

9.44. Qi, Q.-C., Zaengl, W.S.: Investigation of errors related to the measured virtual front time T_1 of lightning impulses. IEEE Trans. PAS **102**, 2379–2390 (1983)

9.45. Schon, K., Lucas, W., Arndt, V., Cherbaucich, C., Rizzi, G., Deschamps, F., Ribot, J. J., Garnacho, F., Perez, J., Gomes, N., Dias, C., Aro, M., Valve, P., Claudi, A., Lehmann, K., Strauss, W., Notkonen, E.: International comparison of software for evaluating HV impulses and step responses. Proc. 8. ISH Yokohama, Beitrag 51.01, 289–292 (1993)

9.46. Ishii, M., Liao, W.: Numerical electromagnetic analysis of impulse voltage measuring systems. Proc. 10. ISH Montréal, Beitrag 3519 (1997)

9.47. Bergman, A., Nordlund, M., Elg, A-P., Meisner, J., Passon, S., Hällström, J., Lehtonen, T.: Characterization of a fast step generator. Proc. 20. ISH Buenos Aires, Beitrag 484 (2017)

9.48. Pfeiffer, W.: Erzeugung von Rechteckimpulsen mit Avalanche-Transistoren. Internat. Elektron. Rdsch. **24**, 178–180 (1970)

9.49. Schoenwetter, H.K.: A programmable precision voltage-step generator for testing waveform recorders. IEEE Trans. IM **33**, 196–200 (1984)

9.50. Passon, S. et al.: Characterization of a very fast step generator. Proc. 21. ISH Budapest, Beitrag 730 (2019)

9.51. Creed, F.C., Kawamura, T., Newi, G.: Step response of measuring systems for high impulse voltages. IEEE Trans. PAS **86**, 1408–1419 (1967)

9.52. Liu, R., Zou, X., Wang, X., Z, N., Han, M.: A high voltage nanosecond pulse generator for calibrating voltage dividers. Proc. 14. ISH Beijing, Beitrag J-27 (2005)

9.53. Ahumada, B., Parellada, A., Silva, J., Diaz, R.: Deconvolution and noisy signals in high voltage measurements. 20. ISH Buenos Aires, Beitrag 100 (2017)

9.54. Havunen, J., Hällström, J., Bergman, A., Bergman, E.: Using deconvolution for correction of non-ideal step responses of lightning impulse digitizers and measurement systems. 20. ISH Buenos Aires, Beitrag 381 (2017)

9.55. Bellm, H., Maier, R., Schwab, A.: Impulse voltage divider equivalent circuit considering transient radiation effects. Proc. 4. ISH Athen, Beitrag 61.08 (1983)

9.56. FGH: Übertragungsverhalten von Hochstrom-Messeinrichtungen für transiente Ströme. FGH Technischer Bericht Nr. 292 (2000)

Kalibrierung der Messsysteme 10

Bei der normgerechten Prüfung von Betriebsmitteln der elektrischen Energieversorgung werden zur Messung der Prüfspannungen und Prüfströme *anerkannte Messsysteme* eingesetzt. Anerkennung bedeutet hierbei, dass das Messsystem die in den Prüf- und Kalibriervorschriften festgelegten Anforderungen erfüllt. Der Nachweis erfolgt durch eine auf nationale oder internationale Messnormale *rückführbare (rückverfolgbare) Kalibrierung* der Messsysteme, wobei zum einen die übergeordneten „horizontalen" Prüf- und Kalibriervorschriften [2.1– 2.4] und zum anderen die speziellen Prüfvorschriften für die einzelnen Betriebsmittel wie Leistungstransformatoren, Kabel, gasisolierte Schaltanlagen, Überspannungsableiter usw. zu beachten sind.

Nach einer einführenden Betrachtung zu den Themen *Normung*, *Akkreditierung* und *Rückführung* befassen sich die nachfolgenden Abschnitte mit den hauptsächlich angewandten Verfahren zur Kalibrierung konventioneller Messsysteme für Spannungen und Ströme, wobei die Kalibrierung von Stoßspannungs- und Stoßstrommesssystemen im Vordergrund steht. Das Prinzip der Messverfahren und die Anforderungen an die Messsysteme sind für die verschiedenen Spannungs- und Stromarten weitgehend vergleichbar. Die festgelegten Grenzwerte für die zulässigen Messabweichungen der Parameterwerte und die Messunsicherheiten stimmen mit wenigen Ausnahmen, die vor allem die Vor-Ort-Prüfungen betreffen, überein.

10.1 Normung, Akkreditierung und Rückführung

Die international gültigen Prüf- und Kalibriervorschriften in der Elektrotechnik werden überwiegend von der *International Electrotechnical Commission (IEC)* als Ergebnis der Zusammenarbeit internationaler Fachexperten herausgegeben [10.1]. Verantwortlich für die übergeordnete Normung im Hochspannungs- und Hochstrombereich ist das *Technical Committee (TC) 42* der IEC. Nach Übersetzung werden sie als harmonisierte,

© Springer Fachmedien Wiesbaden GmbH, ein Teil von Springer Nature 2021   329
K. Schon, *Hochspannungsmesstechnik,* https://doi.org/10.1007/978-3-658-33793-3_10

d. h. fachlich unveränderte Fassung, in das europäische und nationale Normenwerk übernommen. Für die Normung in Deutschland im Bereich Elektrotechnik ist die *Deutsche Elektrotechnische Kommission* (*DKE*) zuständig, die aus dem Zusammenschluss von *DIN* und *VDE* entstanden ist [10.2]. Das dem TC 42 entsprechende deutsche Spiegelgremium der DKE für die Hochspannungs-und Hochstromprüftechnik ist das *Komitee K 124*. Die wissenschaftlich-technischen Grundlagen der Normung für die Energietechnik werden in verschiedenen Organisationen ausgearbeitet, von denen die *Conseil International des Grands Réseaux Électriques* (*CIGRE*) an vorderster Stelle steht [10.3].

Die Qualifikation und Anerkennung eines Messsystems und dessen Komponenten erfolgt im Verlauf von mehreren Prüfungen und Kalibrierungen gemäß IEC 60060–2 [2.2]. Der Hersteller des Messsystems führt zunächst eine (ggf. mit dem Kunden vertraglich festgelegte) Abnahmeprüfung durch, die aus einer allgemeinen *Typprüfung* und einer *Stückprüfung* besteht. In der Regel ist dabei auch die erste *Eignungsprüfung* zur Festlegung des *Maßstabsfaktors* und der Messabweichungen im zulässigen Bereich der Frequenzen oder Zeitparameter einbezogen. Regelmäßig zu wiederholende Eignungsprüfungen und *Kontrollmessungen* schließen sich an, mit denen der Anwender die Messbeständigkeit des Messsystems im Laufe seines Einsatzes überprüft. Die charakteristischen Daten, die Ergebnisse der Prüfungen und Kalibrierungen und jede Veränderung oder Reparatur des Messsystems werden in einer *Identifikationsakte* dokumentiert.

Besondere Bedeutung hat die *Rückführung* (oder *Rückverfolgbarkeit*) einer Messung auf die entsprechenden nationalen oder internationalen *Messnormale,* die in jedem Industrieland von einem nationalen *Metrologieinstitut* vorgehalten werden. Zum Beispiel sind hierfür in Deutschland die *Physikalisch-Technische Bundesanstalt* (*PTB Braunschweig und Berlin*), in Großbritannien das *NPL* (*National Physical Laboratory*) und in den Vereinigten Staaten das *NIST* (*National Institute of Standards and Technology*) zuständig. Die Metrologieinstitute entwickeln und bewahren die in Physik und Technik benötigten Messnormale mit geringsten Messunsicherheiten [10.4]. Regelmäßige Ringvergleiche mit den Metrologieinstituten anderer Industriestaaten sichern die Einheitlichkeit der Messungen in der ganzen Welt, so auch im Bereich der Hochspannungstechnik [10.5–10.8]. Die Messmöglichkeiten der PTB und anderer Metrologieinstitute sind in der Datenbank *Calibration and Measurement Capability* (*CMC*) aufgelistet [10.9].

In vielen Industrieländern sind Prüf- und Kalibrierlaboratorien von nationalen *Akkreditierungsstellen* akkreditiert, in Deutschland z. B. von der *Deutschen Akkreditierungsstelle* (*DAKKS*). Zusammen mit den nationalen Metrologieinstituten sind sie für die Weitergabe der Maßeinheiten bis hin zu den Werksnormalen eines Betriebes innerhalb festgelegter Messunsicherheiten zuständig und sichern dadurch die Rückführbarkeit der Messungen auf die internationalen Maßeinheiten. *Akkreditierung* bedeutet die international gültige Anerkennung, dass die allgemeinen Anforderungen an das Managementsystem und die für die jeweilige Messgröße geltenden besonderen Anforderungen an die technische Kompetenz des Laboratoriums einschließlich der beteiligten Mitarbeiter erfüllt sind [10.9–10.12]. In der 2010 neu gegründeten DAKKS sind die bis dahin weitgehend eigenständig operierenden Akkreditierungsstellen wie der *Deutsche Kalibrierdienst (DKD)*, die *Deutsche Akkreditierungsstelle Technik (DATech)* und rund 20 weitere Akkreditierungsstellen in Deutschland entsprechend dem *Akkreditierungsstellengesetz (AkkStelleG)* unter Aufsicht des Wirtschaftsministeriums zusammengefasst. Sie ist in den europäischen und weltweiten Organisationen der Akkreditierungsstellen eingebunden [10.13, 10.14]. Die Akkreditierung beinhaltet weiterhin eine regelmäßige Überwachung und Begutachtung der Kalibrier- und Prüflaboratorien in einem Zeitabstand von ein bis anderthalb Jahren.

Grundsätzlich genießt jede nationale Akkreditierungsstelle in ihrem Land einen Gebietsschutz, sodass dort ausländische Akkreditierungsstellen nur in begründeten Ausnahmefällen tätig sein können. Die förmliche Akkreditierung eines Kalibrier- oder Prüflabors ist nicht ausdrücklich in [10.11] gefordert. Das Labor muss jedoch für seine Tätigkeiten die erforderliche Kompetenz aufweisen und diese jederzeit nachweisen können. Hierzu gehören dieselben Kriterien wie bei der Akkreditierung, insbesondere ein umfangreiches Qualitätsmanagementsystem, rückgeführte und regelmäßig rekalibrierte Referenzmesssysteme, geeignete Räumlichkeiten und Prüfeinrichtungen, für die Aufgaben entsprechend gut ausgebildete Mitarbeiter und Dokumentation aller Ergebnisse.

Als wichtige Grundlage für die Qualität eines hergestellten Produktes gilt die Richtigkeit der durchgeführten Prüfungen und Messungen innerhalb festgelegter Messunsicherheiten. Besonderes Augenmerk gebührt daher den eingesetzten Messmitteln. In größeren Industrienationen wie Deutschland mit einer Vielzahl von Herstellern und Prüfinstituten kann die erforderliche Anzahl von rückführbaren Kalibrierungen der Messmittel mit unterschiedlichen Anforderungen an die Messunsicherheit nicht allein vom nationalen Metrologieinstitut bewältigt werden. Diese Aufgabe ist nur in enger Zusammenarbeit mit den akkreditierten Kalibrierlaboratorien möglich. Einen Überblick über die Hierarchie der Messstellen und Messmittel in Deutschland hinsichtlich der Messgenauigkeit, ausgehend vom nationalen Messnormal in der PTB an oberster Stelle, gibt Abb. 10.1. Vergleichbare Hierarchien gibt es auch in anderen Industrienationen.

Abb. 10.1 Hierarchie der Messstellen und Messmittel in Deutschland

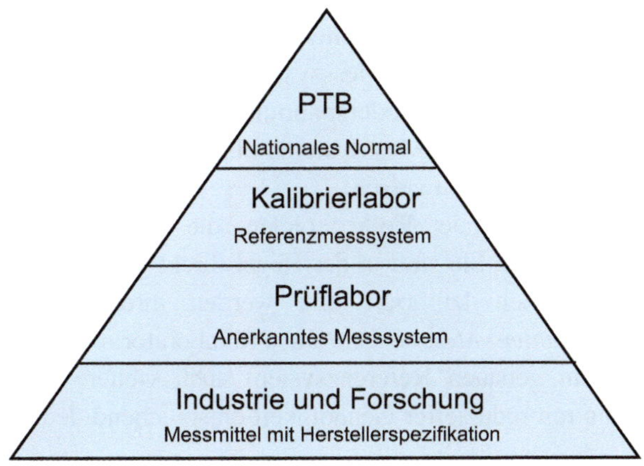

Prüfungen und Kalibrierungen eines Produktes nach anerkannten Normen und Regeln sowie die Dokumentation der Ergebnisse stellen einen wichtigen Teil des Qualitätsmanagements dar. Viele Hersteller von Betriebsmitteln und Messsystemen unterhalten selbst akkreditierte Prüf- oder Kalibrierlaboratorien mit Messsystemen, die auf die nationalen oder internationalen Messnormale rückgeführt sind. Dadurch kann der Hersteller das Vertrauen in seine Produkte stärken, sodass erneute Prüfungen und Kalibrierungen beim Kunden entbehrlich sind. Durch internationale Abkommen ist die gegenseitige Anerkennung der in verschiedenen Industrieländern operierenden Kalibrier- und Prüflaboratorien, die nach [10.11] akkreditiert sind, grundsätzlich geregelt. Dies ist eine wichtige Voraussetzung für den von technischen Handelshemmnissen freien internationalen Warenverkehr, wie er von der *World Trade Organization* (*WTO*) gefordert wird [10.15]. Selbstverständlich behält der Käufer eines Produktes sein Recht auf weitere Prüfungen und Kalibrierungen durch sein eigenes oder ein neutrales Laboratorium.

10.2   Kalibrierung im Allgemeinen

Kalibrierung eines Hochspannungs- oder Hochstrommesssystems bedeutet, dass dessen Eigenschaft durch ein genormtes oder durch Verfahrensanweisungen festgelegtes Messverfahren bestimmt wird. Als Ergebnis der Kalibrierung erhält man für die gesuchte Messgröße, z. B. für den Maßstabsfaktor eines Hochspannungsteilers, einen Zahlenwert, der mit einer *Messunsicherheit* behaftet ist. Diese Messunsicherheit setzt sich zusammen aus den einzelnen Unsicherheitsbeiträgen der verschiedenen Einflussgrößen der Messung und wird als Maß für die Qualität der Messung angesehen (s. Kap. 13). Die Einzelheiten der Kalibrierung, der Messwert und die Messunsicherheit werden im *Kalibrierschein* angegeben.

Bevorzugtes Kalibrierverfahren zur Bestimmung des *festgesetzten Maßstabsfaktors* und anderer Messgrößen ist die *Vergleichsmessung* des vollständigen Messsystems mit einem genauen *Referenzsystem*. Hierbei wird die Vergleichsmessung bei der Spannungs- oder Stromform und den Werten durchgeführt, die dem tatsächlichen Betriebseinsatz entsprechen. Als Alternative werden beim *Komponentenverfahren* die einzelnen Komponenten eines Messsystems getrennt kalibriert. Hierbei können auch Messverfahren, die in der Niederspannungstechnik üblich sind, eingesetzt werden. Die Linearität des vollständigen Messsystems bis zum Bemessungswert ist dann mit einem geeigneten Verfahren nachzuweisen.

Eine zentrale Rolle spielen die Referenzsysteme der akkreditierten Kalibrierlaboratorien. Sie sind in der Regel direkt gegen die *nationalen Messnormale* mit geringer Unsicherheit kalibriert und werden ihrerseits zur rückführbaren Kalibrierung der *anerkannten Messsysteme* in Prüflaboratorien eingesetzt. Ein Kalibrierlabor kann mit seinem genauen Referenzsystem auch weitere Referenzsysteme kalibrieren, allerdings dann mit reduzierter Genauigkeit entsprechend dem *Unsicherheitsbudget*. In der Industrie,

Forschung und Entwicklung sind sowohl (rückführbar) kalibrierte als auch nicht kalibrierte Messmittel im Gebrauch, deren Messgenauigkeit extrem hoch oder mittelmäßig ist. Teilweise interessiert nicht die absolute, durch Rückführung auf die nationalen Messnormale erlangte Genauigkeit, sondern nur die Empfindlichkeit der Anzeige bei vergleichenden Messungen.

Die folgenden Abschnitte befassen sich mit drei Beispielen für die Kalibrierung von Hochspannungsmesseinrichtungen, nämlich mit der Kalibrierung von Stoßspannungs- und Stoßstrommesseinrichtungen sowie den darin eingesetzten Digitalrecordern. Die Kalibrierung von Messeinrichtungen für Gleich- und Wechselspannungen sowie Gleich- und Wechselströmen erfolgt in vergleichbarer Weise mit geringen Änderungen.

10.3 Kalibrierung von Spannungsmesssystemen

Das bevorzugte Kalibrierverfahren nach IEC 60060–2 [2.2] ist die *Vergleichsmessung* eines Messsystems mit einem genauen *Referenzsystem* bei Gleich-, Wechsel- oder Stoßspannung. Mit der Vergleichsmessung werden der *festgesetzte Maßstabsfaktor,* die *Linearität* und das *dynamische Verhalten* eines Messsystems direkt gegen das Referenzsystem bestimmt. Alternative Verfahren sind ebenfalls zulässig. Weiterhin ist der Einfluss der Umgebungstemperatur, das *Kurz-* und *Langzeitverhalten,* die Nähe benachbarter Objekte und Einkopplung von Störungen zu ermitteln. Die einzelnen Messgrößen bei der Kalibrierung eines Spannungsmesssystems sind mit Messunsicherheiten behaftet, die unter Einbeziehung der Messunsicherheit des Referenzsystems mit den Regeln des *GUM* bestimmt werden (s. Kap. 13). Die Unsicherheit der Kalibrierung eines *anerkannten Messsystems* soll ausreichend niedrig sein, damit es beim Einsatz bei der Spannungsprüfung eines Betriebsmittels für die elektrische Energieversorgung die zulässigen Grenzwerte einhält.

10.3.1 Vergleichsmessung mit Referenzsystem bei Stoßspannung

Abb. 10.2 zeigt schematisch den Aufbau für die *Vergleichsmessung* am Beispiel eines Stoßspannungsmesssystems. Die beiden Spannungsteiler des zu kalibrierenden Messsystems X und des Referenzsystems N bilden mit ihren Dämpfungswiderständen $R_{d,X}$ bzw. $R_{d,N}$ und den Hochspannungszuleitungen zum Belastungskondensator C_b des Stoßspannungsgenerators G von oben gesehen ein „**Y**". Der gemeinsame Punkt P ist in der Regel durch eine Kugelelektrode auf einem Isolierstützer realisiert. Die weitgehend symmetrische **Y**-Schaltung hat mehrere Vorteile. Die Beeinflussung der Spannungsteiler untereinander und zu benachbarten Wänden (*Näheeffekt*) sowie der *Störeinfluss* durch das Zünden der Funkenstrecken des Stoßspannungsgenerators ist ein Minimum bzw. beide Messsysteme werden gleich beeinflusst. Geeignet ist auch die **T**-Schaltung mit entsprechender Anordnung der beiden Spannungsteiler und des Stoßspannungsgenerators.

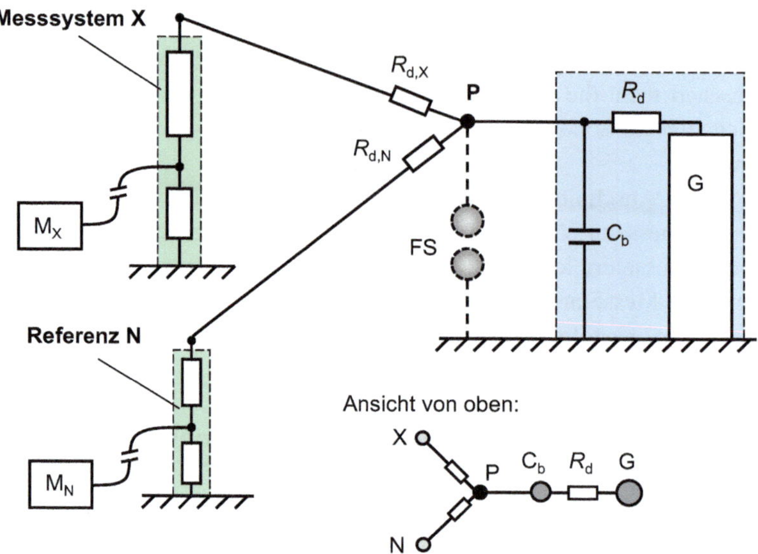

Abb. 10.2 Räumliche Anordnung für die Vergleichsmessung in **Y**-Schaltung bei Stoßspannung X Messsystem N Referenzsystem M_X, M_N Messgerät (Recorder)P Messpunkt C_b Belastungskondensator G Stoßspannungsgenerator FS Abschneidefunkenstrecke.

Zur Durchführung von Vergleichsmessungen mit abgeschnittenen Stoßspannungen wird der Isolierstützer ersetzt durch eine Kugelfunkenstrecke FS (in Abb. 10.2 gestrichelt eingezeichnet) mit Anschluss an den gemeinsamen Punkt P. Zur zeitgenauen Abschneidung im Scheitel oder im Rücken ist eine getriggerte Funkenstrecke erforderlich. Die Abschneidung in der Stirn erzielt man durch Verringerung des Kugelabstandes, wobei eine Bestrahlung der ungetriggerten Funkenstrecke mit sehr kurzwelligem ultraviolettem Licht (UVC) die Anzahl der freien Ladungsträger erhöht und dadurch die Streuung der Abschneidezeiten reduziert. Eine Veränderung des Kugelabstandes zur Einstellung der gewünschten Abschneidezeit beeinflusst aber auch die Durchschlagspannung und damit den Scheitelwert der in der Stirn abgeschnittenen Stoßspannung, was durch entsprechende Nachregelung der Ladespannung des Stoßspannungsgenerators ausgeglichen wird. Bei kleiner Schlagweite der Funkenstrecke muss trotz UVC-Bestrahlung mit einer größeren Streuung der Abschneidezeit und damit auch des Scheitelwertes einer in der Stirn abgeschnittenen Blitzstoßspannung gerechnet werden.

Referenzteiler für Blitzstoßspannungen sind in der Regel für Bemessungsspannungen von nicht mehr als 500 kV ausgelegt. Mit einer Teilerhöhe von weniger als 2 m weisen sie ein gutes Übertragungsverhalten auf und sind bequem zu transportieren für *Vor-Ort-Kalibrierungen*. Zur Durchführung von Vergleichsmessungen mit großen Stoßspannungsteilern muss der kleinere Referenzteiler über eine entsprechend lange Hochspannungszuleitung an den gemeinsamen Messpunkt P in Abb. 10.2 angeschlossen werden. Als Zuleitung eignet sich ein stabiler Rohrleiter mit einem Durchmesser von wenigen Zentimetern, der aus mehreren steckbaren Einzelrohren zur individuellen Längenanpassung besteht. Der Messpunkt P sollte mindestens auf gleicher Höhe wie der Teilerkopf des Messsystems X sein, sodass der Winkel zwischen dem Spannungsteiler und der Zuleitung 90° nicht unterschreitet. Bei einem Winkel von weniger als 90° kommt die geneigte Hochspannungszuleitung dem Spannungsteiler näher, wodurch der Störeinfluss infolge elektromagnetischer Kopplung verstärkt wird. Als niederinduktive Erdrückleiter der beiden Spannungsteiler zum Stoßspannungsgenerator können Bahnen aus Kupferfolie mit einer Breite von mindestens 0,5 m verwendet werden. Der Stoßspannungsgenerator selbst ist aus Sicherheitsgründen über den Tiefenerder der Hochspannungshalle geerdet.

Das bei der Kalibrierung des Messsystems X verwendete koaxiale Messkabel zwischen Spannungsteiler und Messgerät soll identisch sein mit dem Messkabel, das bei der Spannungsprüfung von Betriebsmitteln eingesetzt wird, oder diesem zumindest hinsichtlich Beschaffenheit und Länge entsprechen. Das Messkabel zum Messgerät wird so verlegt, dass die Einkopplung elektromagnetischer Störungen minimiert ist. Optimal ist die Verlegung des Messkabels in geerdeten Rohren oder Kanälen im Hallenfußboden. Das gleiche gilt für das Messkabel des Referenzteilers N.

Das verwendete Messgerät ist entweder von vornherein für den Einsatz bei Stoßspannungsmessungen konstruiert und elektromagnetisch geschirmt oder wird durch Betrieb in einem *Faraday-Käfig* mit gefilterter Netzversorgung vor Störeinflüssen geschützt (s. Abschn. 5.3.1.1). Digitalrecorder und andere Messgeräte sind, auch wenn sie zusammen mit dem Spannungsteiler bei der Vergleichsmessung kalibriert werden, einer gesonderten Kalibrierung in allen Messbereichen zu unterziehen. Die Richtigkeit der Auswertesoftware wird mit den vom *Test Data Generator* erzeugten Daten ausgewählter Testimpulse überprüft (s. Abschn. 7.3).

10.3.2 Besonderheiten bei der Vergleichsmessung

Die Kalibrierung großer Messsysteme durch Vergleichsmessung mit einem Referenzsystem erfolgt vorzugsweise als *Vor-Ort-Kalibrierung* im Prüflabor, also dort, wo das Messsystem auch eingesetzt wird. Zum einen erspart man sich das Transportrisiko zum Kalibrierlabor, falls das zu kalibrierende Messsystem X überhaupt transportabel ist, zum anderen sind die Einsatzbedingungen bei der Vor-Ort-Kalibrierung vergleichbar mit denen, die das Messsystem X bei der Spannungsprüfung an Betriebsmitteln vorfindet. Dies betrifft insbesondere die Räumlichkeiten der Prüfhalle, den Standort des Messsystems, die Erdungsverhältnisse und – bei Stoßspannungsmessungen – den Zeitverlauf der erzeugten Generatorspannung. Die bei der Kalibrierung festgestellte *Messunsicherheit* lässt sich dann direkt auf die Spannungsmessung bei Prüfungen übertragen. Gegebenenfalls sind einige wenige Unsicherheitsbeiträge zusätzlich zu berücksichtigen, z. B. durch das *Langzeitverhalten* des Messsystems oder eine Temperaturänderung (s. Anhang B.2).

Zur regelmäßigen Durchführung der Kalibrierungen besitzen einige Prüflaboratorien eigene *Referenzsysteme* für *Eignungsprüfungen* und *Kontrollmessungen*. Erfolgt dagegen die Kalibrierung des Messsystems X in den Räumlichkeiten eines dafür beauftragten Kalibrierlabors, weichen die Messbedingungen in der Regel von denen im Prüflabor ab. Beim Einsatz des kalibrierten Messsystems X im Prüflabor sind dann zusätzlich zu der im Kalibrierschein angegebenen Messunsicherheit weitere Beiträge anzusetzen.

Bei der Vergleichsmessung ist ein Überschwingen der erzeugten Blitzstoßspannung im Scheitel zu vermeiden. Eine Scheitelschwingung tritt vor allem dann auf, wenn der Stoßspannungsgenerator für kurze Stirnzeiten eingerichtet ist und im Prüf- und Messkreis Induktivitäten wirksam sind. Die Blitzstoßspannung mit überlagerter Scheitelschwingung wird in der Regel von einem Referenzteiler mit gutem Übertragungsverhalten richtig erfasst, nicht aber von einem großen Stoßspannungsteiler mit Bemessungsspannungen im Megavoltbereich. Dessen Maßstabsfaktor und Zeitparameter werden dadurch bei der Vergleichsmessung falsch bestimmt. Die *Kalibriervorschriften* in [2.2] geben für diesen Fall keinen Lösungsweg vor. Schwingungen im Prüfkreis lassen sich zwar durch verschiedene Kompensationsschaltungen eliminieren, jedoch verlängert sich dadurch häufig die Stirnzeit (s. Abschn. 4.2.1.3). Eine Kalibrierung bei kurzer Stirnzeit ist somit nur möglich, wenn die Induktivitäten im Prüf- und Messkreis verringert werden.

Ein anderer Fall liegt vor, wenn die mit dem Messsystem X gemessene Scheitelschwingung größer ist, als sie vom Referenzsystem N angezeigt wird [10.16]. Dann liegt die Vermutung nahe, dass das Übertragungsverhalten des Spannungsteilers im Messsystem X eine Resonanzstelle in dem entsprechenden Frequenzbereich aufweist. Beim Einsatz des Messsystems X bei Prüfungen wird dann eine vorhandene Scheitelschwingung der Stoßspannung verstärkt aufgezeichnet und damit eine erhöhte Beanspruchung des geprüften Betriebsmittels vorgetäuscht.

Die Auswertung der Messdaten bei der Kalibrierung eines Stoßspannungs- messsystems und bei dessen Einsatz im Rahmen der Prüfung eines Betriebsmittels ist grundsätzlich verschieden. Bei der Kalibrierung wird das Ergebnis, nämlich der Maßstabsfaktor oder ein Zeitparameter des Messsystems, als Mittelwert einer Mehrzahl von Wiederholungsmessungen angegeben. Durch die Mittelwertbildung hat die Streuung der Einzelwerte, die durch die begrenzte Auflösung und das interne Rauschen des Digitalrecorders verursacht wird, keinen direkten Einfluss auf das Messergebnis. Dagegen erhält man bei der Spannungsprüfung in der Regel jeweils nur einen Einzelwert für den Scheitelwert oder den Zeitparameter, der bei einer Wiederholungsprüfung deutlich abweichen kann. Hat das Messsystem mit Digitalrecorder eine Auflösung von 8 Bit, können sich bei zwei und mehr aufeinander folgenden Messungen die einzelnen Scheitelwerte um 1 % und mehr voneinander unterscheiden. Die maximal mögliche Abweichung der Einzelwerte ist dann im Unsicherheitsbudget für die Messung des Prüfspannungswertes durch einen zusätzlichen Unsicherheitsbeitrag zu berücksichtigen.

10.3.3 Kalibrierung eines einzelnen Spannungsteilers

Häufig besteht die Aufgabe, nicht das vollständige Messsystem, sondern nur den Hochspannungsteiler als Einzelkomponente zu kalibrieren. Hierfür wird der Ausgang des Spannungsteilers mit einem kalibrierten Messgerät des Kalibrierlabors verbunden, sodass die Kalibrierung wieder in der Anordnung nach Abb. 10.2 erfolgen kann. Aus messtechnischer Sicht ist es problematisch, insbesondere bei Stoßspannungsmessungen, den zweiten Kanal des im Referenzsystem eingesetzten Recorders zu verwenden. Dadurch werden die Abschirmungen der langen Messkabel beider Spannungsteiler am Recordereingang auf gleiches Potenzial gelegt, sodass Ausgleichsströme fließen und die Messsignale beeinflussen können. Weiterhin besteht die Gefahr eines Übersprechens, insbesondere wenn die Eingangsspannungen der beiden Recorderkanäle unterschiedlich groß sind. Die größere Eingangsspannung auf dem einen Kanal würde eine merkliche Störspannung in den anderen Kanal einkoppeln.

Zur Kontrolle, ob Störspannungen eingekoppelt werden, gibt es zwei Möglichkeiten. Bei annähernd gleicher Aussteuerung der beiden Recorderkanäle werden die Vergleichsmessungen mit vertauschten Kanälen wiederholt und durch Mittelung der Messwerte die Störungen eliminiert. Bei ungleicher Aussteuerung der beiden Recorderkanäle kann es hilfreich sein, die Vergleichsmessung hintereinander in zwei Messserien durchzuführen, wobei der Digitalrecorder jeweils nur an einem der beiden Spannungsteiler angeschlossen ist. Voraussetzung für die serielle Messung bei Stoßspannung ist eine gute Reproduzierbarkeit des Stoßspannungsgenerators während der beiden Messserien.

10.3.4 Festgesetzter Maßstabsfaktor eines Spannungsmesssystems

Wichtigstes Ziel bei der Kalibrierung eines Messsystems für hohe Spannungen ist die Bestimmung des *festgesetzten Maßstabsfaktors*. Er ist allgemein definiert als der Faktor, mit dem die Anzeige des Messsystems zu multiplizieren ist, um die angelegte Prüfspannung zu erhalten. Der festgesetzte Maßstabsfaktor wird bevorzugt durch Vergleich mit einem Referenzsystem ermittelt. Hierbei sind das zu kalibrierende Messsystem X und das Referenzsystem N im Allgemeinen gleichartig aufgebaut, d. h. sie bestehen beide aus je einem Spannungsteiler mit Digitalrecorder (Abb. 10.3). Bei angelegter Spannung $u(t)$ werden die Ausgangsspannungen der beiden Spannungsteiler simultan gemessen und die gemessenen Werte der Prüfspannung, z. B. die Scheitelwerte $\hat{u}_X$ und $\hat{u}_N$ einer Stoßspannung, ermittelt. Mit den korrekten Werten der Maßstabsfaktoren F_N und F_X gilt für den Scheitelwert $\hat{u}$ der angelegten Stoßspannung:

$$\hat{u} = \hat{u}_N F_N = \hat{u}_X F_X, \tag{10.1}$$

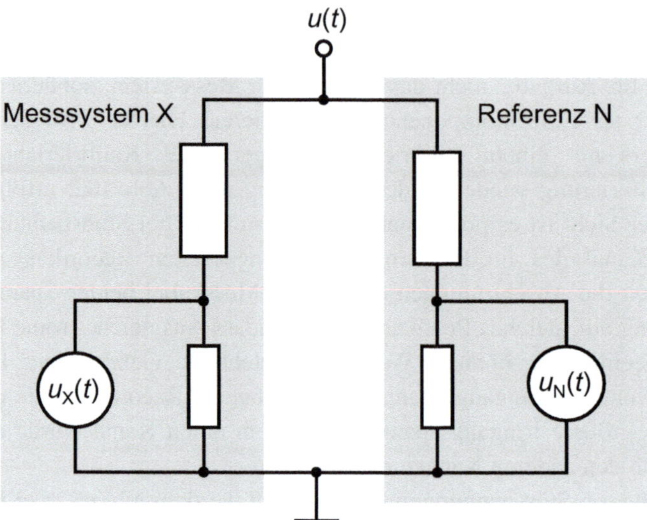

Abb. 10.3 Modell der Vergleichsmessung zwischen dem zu kalibrierenden Messsystem X und dem Referenzsystem N

aus der sich der gesuchte Maßstabsfaktor F_X des Messsystems X bestimmen lässt:

$$F_X = \frac{\hat{u}_N}{\hat{u}_X} F_N .$$

(10.2)

Anmerkung: Häufig zeigt das Referenzsystem N den Scheitelwert, also das Produkt $\hat{u}_N F_N$, direkt an.

Der Vergleich erfolgt vorzugsweise über den gesamten Spannungsbereich, in dem das Messsystem X eingesetzt werden soll. Hat das Referenzsystem N jedoch eine kleinere Bemessungsspannung, kann der Vergleich dann nur bis zu dieser Spannung durchgeführt werden. Anschließend ist eine Linearitätsprüfung mit einem Messsystem mit entsprechend großer Bemessungsspannung erforderlich.

10.3.4.1 Vergleich über gesamten Spannungsbereich (Referenzverfahren).

Die Durchführung und Auswertung der Vergleichsmessung zur Bestimmung des festgesetzten Maßstabsfaktors wird am Beispiel der genormten Blitzstoßspannung 1,2/50 erläutert. Als Stirnzeit der Stoßspannung wird zweckmäßigerweise ein mittlerer Wert T_{1cal} im zulässigen Toleranzbereich zwischen $T_{1min} = 0{,}84\,\mu s$ und $T_{1max} = 1{,}56\,\mu s$ gewählt; die Rückenhalbwertzeit ist gleich dem oberen Toleranzwert $T_{2max} = 60\,\mu s$. Zunächst wird bei mindestens 20 % der Bemessungsspannung U_0 des Messsystems X eine Serie von $n \geq 10$ Messungen durchgeführt, wobei die Teilerausgangsspannungen $u_X(t)$ und $u_N(t)$ jeweils simultan aufgezeichnet werden. Durch die Simultanmessung wird der Einfluss der Streuung des Stoßspannungsgenerators eliminiert. Für jeden der n Einzelstöße werden die Scheitelwerte $\hat{u}_X$ und $\hat{u}_N$ ermittelt und der Quotient $\hat{u}_N/\hat{u}_X$ gebildet. Der Mittelwert der n Quotienten, multipliziert mit dem Maßstabfaktor F_N des Referenzsystems, ergibt nach Gl. (10.2) den Maßstabfaktor $F_{X,1}$ des Messsystems für den ersten Spannungswert der Vergleichsmessung.

Die Vergleichsmessung mit dem Referenzteiler wird bei mindestens vier weiteren Spannungswerten in Stufen von 20 % bis 100 % von U_0 durchgeführt. Man erhält somit mindestens fünf Mittelwerte des Maßstabfaktoren $F_{X,1}$ bis $F_{X,5}$ für den gesamten Spannungsbereich (Abb. 10.4). Der gemeinsame Mittelwert $F = F_{X,m} = 2040$ ist durch die gestrichelte Horizontale gekennzeichnet und ergibt den *festgesetzten Maßstabsfaktor* des Messsystems X, der für den gesamten Spannungsbereich gültig ist.

Gl. (10.2) stellt die Grundform der *Modellgleichung* dar, mit der nicht nur der Maßstabfaktor F_X des Messsystems X, sondern auch die Messunsicherheit bestimmt wird. Da F_X durch die Vergleichsmessung auf das Referenzsystem N bezogen ist, geht dessen Standardmessunsicherheit entsprechend den Regeln des GUM als wichtiger Beitrag in das Unsicherheitsbudget ein (s. Anhang B.1.1). Die Vergleichsmessung liefert mit $s \cdot F_N/\sqrt{n}$ einen Unsicherheitsbeitrag vom Typ A, wobei für s die größte Standardabweichung der Quotienten $\hat{u}_N/\hat{u}_X$ der fünf Spannungswerte eingesetzt wird (s. Beispiel in Anhang B.1.2). Die größte Abweichung der einzelnen Maßstabfaktoren $F_{X,i}$ vom Mittelwert $F_{X,m}$, dividiert durch $\sqrt{3}$, ergibt einen Unsicherheitsbeitrag vom Typ B.

10.3.4.2 Vergleich über einen begrenzten Spannungsbereich

Häufig weist das zu kalibrierende Messsystem X eine größere Bemessungsspannung U_0 als das Referenzsystem N auf. Der festgesetzte Maßstabsfaktor kann dann nur aus der Vergleichsmessung mit dem Referenzsystem bis zu einer begrenzten Spannung bestimmt werden, wobei mindestens zwei Spannungswerte vorgeschrieben sind. Als Beispiel zeigt Abb. 10.5 drei Werte des Maßstabsfaktors, die sich aus der Vergleichsmessung mit einem Referenzteiler bei 20 %, 40 % und 60 % von U_0 ergeben haben. Ihr Mittelwert liefert den

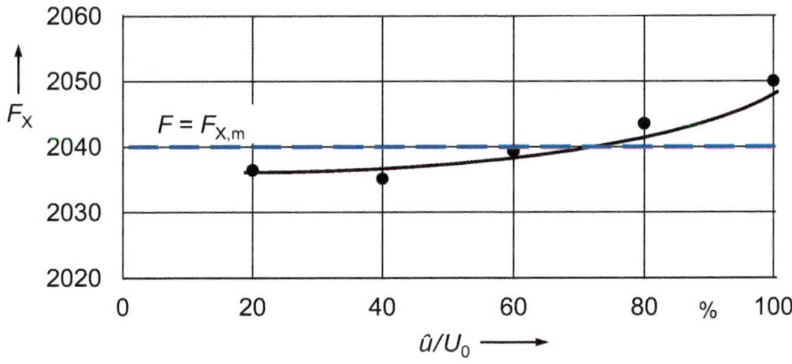

Abb. 10.4 Bestimmung des festgesetzten Maßstabsfaktors $F = F_{X,m}$ eines Messsystems X durch Vergleichsmessung mit einem Referenzsystem über den gesamten Spannungsbereich

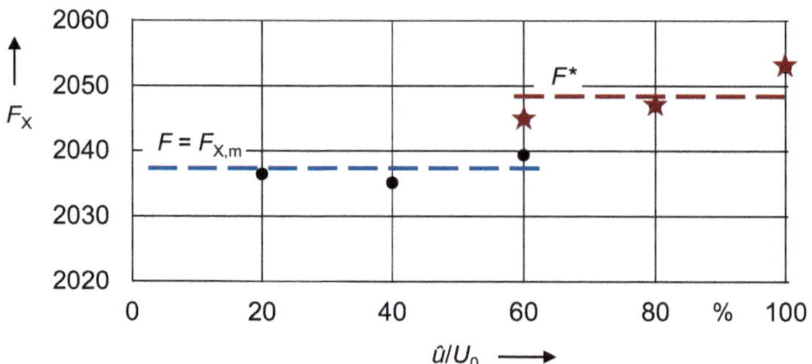

Abb. 10.5 Bestimmung des festgesetzten Maßstabsfaktors $F = F_{X,m}$ eines Messsystems X durch Vergleichsmessung mit einem Referenzsystem über einen begrenzten Spannungsbereich

festgesetzten Maßstabsfaktor $F = F_{X,m} = 2038$ des Messsystems X, der für den gesamten Spannungsbereich bis U_0 gilt. Die Unsicherheit des Maßstabsfaktors wird in gleicher Weise wie in Abschn. 10.3.4.1 bestimmt. Einen zusätzlichen Unsicherheitsbeitrag liefert der folgende Linearitätstest.

Zum Nachweis der Linearität des Maßstabsfaktors bei den höheren Spannungen von 60 % bis 100 % U_0 gibt es mehrere Alternativen (s. Abschn. 10.3.5). Die Anschlussmessung mit dem Alternativverfahren erfolgt bei der Spannung der letzten Referenzmessung, also bei 60 % von U_0 im Beispiel von Abb. 10.5. Da es auf die Linearität und nicht auf die absolute Genauigkeit des Alternativsystems ankommt, kann der damit ermittelte Maßstabsfaktor mehr oder weniger von F abweichen. Die mit dem Alternativsystem bei den höheren Spannungen bis U_0 ermittelten Maßstabsfaktoren bilden einen Mittelwert F^*. Die größte Abweichung der Einzelwerte vom Mittelwert F^* wird als entsprechender Unsicherheitsbeitrag vom Typ B im Unsicherheitsbudget des Messsystems X berücksichtigt [2.2].

10.3.4.3 Kalibrierung der Komponenten (Alternativverfahren)

Neben dem bevorzugten Vergleich des vollständigen Hochspannungsmesssystems mit einem genauen Referenzsystem sind nach IEC 60060–2 [2.2] auch *alternative Kalibrierverfahren* zur Bestimmung des festgesetzten Maßstabsfaktors zulässig. Die Hauptkomponenten eines Spannungsmesssystems sind der Spannungsteiler, ggf. mit Dämpfungswiderstand, und das Messgerät auf der Niederspannungsseite. Weitere Komponenten können ein externer Abschwächer am Eingang des Messgerätes, das Koaxialkabel oder ein Signalübertragungssystem zwischen dem Spannungsteiler und Messgerät sein. Beim Alternativverfahren werden die Maßstabsfaktoren der einzelnen Komponenten getrennt ermittelt, wobei darauf zu achten ist, dass die Beschaltung der Komponenten mit der Anordnung im Gesamtsystem vergleichbar ist. Für die Kalibrierung der Komponenten können auch Messgeräte und Messverfahren, die im Niederspannungsbereich gebräuchlich sind, eingesetzt werden. Das Produkt der Maßstabsfaktoren der einzelnen Komponenten ergibt den festgesetzten Maßstabsfaktor des vollständigen

Messsystems. Zusätzlich ist ein Nachweis der Linearität des vollständigen Messsystems bis zur maximalen Einsatzspannung erforderlich, der mit einem der in Abschn. 10.3.5 aufgeführten Verfahren erfolgen kann.

Die Kalibrierung digitaler Messgeräte erfolgt nach IEC 61083 [7.1] mit *Kalibratoren* für Gleich-, Wechsel- oder Impulsspannungen, deren Ausgangsspannungen bis zu 2000 V betragen. Kalibratoren mit geringem Innenwiderstand eignen sich gleichfalls zur Bestimmung des Maßstabsfaktors von Spannungsteilern [7.26]. Wegen der recht kleinen Ausgangsspannung ist es ratsam, den Messkreis nicht mit der allgemeinen Laborerde zu verbinden, da diese oft von Störsignalen überlagert ist. Ein weiteres Alternativverfahren besteht darin, die Widerstände bzw. Kapazitäten auf der Hoch- und Niederspannungsseite eines Spannungsteilers mit einer Niederspannungs-Messbrücke zu erfassen und hieraus den Maßstabsfaktor zu berechnen.

Jedes der genannten Niederspannungsverfahren eignet sich zur Überprüfung der *Langzeitstabilität* des Maßstabsfaktors. Bei den regelmäßig zu wiederholenden Kontrollmessungen darf der Maßstabsfaktor einer jeden Komponente um nicht mehr als 1 % von seinem früheren Wert abweichen, damit der festgesetzte Maßstabsfaktor für das vollständige Messsystem weiterhin gültig ist. Erfolgt die Kontrollmessung mit dem vollständigen Messsystem, darf der überprüfte Maßstabsfaktor um nicht mehr als 3 % vom festgesetzten Maßstabsfaktor abweichen.

10.3.4.4 Auswertung der Sprungantwort (Alternativverfahren).

Dieses Alternativverfahren stützt sich auf die Auswertung der Sprungantwort eines Stoßspannungsmesssystems. Die aufgezeichnete Sprungantwort $g(t)$ wird zunächst leicht gefiltert, um Überlagerungen durch das interne Rauschen des Digitalrecorders und kleine, hochfrequente Schwingungen weitgehend zu beseitigen. Als Beispiel zeigt Abb. 10.6 die Auswertung der Sprungantwort eines Messsystems für Blitzstoßspannungen. Im *Referenzzeitbereich* zwischen $0,5t_{min}$ und $2t_{max}$ wird das *Referenzniveau* als Mittel der Sprungantwort bestimmt und gleich eins gesetzt. Hierbei bezeichnen $t_{min} = T_{1min} = 0,84\,\mu s$ und $t_{max} = T_{1max} = 1,56\,\mu s$ die Toleranzgrenzen für die Stirnzeit einer genormten Blitzstoßspannung.

Der festgesetzte Maßstabsfaktor wird bei diesem Alternativverfahren durch eine Vergleichsmessung mit einem Referenzsystem bei nur einer Stirnzeit T_{1cal} bestimmt. Die gewählte Stirnzeit soll innerhalb der Toleranzgrenzen T_{1min} und T_{1max} liegen und darf um nicht mehr als 1 % vom Referenzniveau abweichen (s. Abb. 10.6). Als Rückenhalbwertzeit der Stoßspannung ist hierbei ungefähr der größte zulässige Wert $T_{2max} = 60\,\mu s$ einzustellen.

Zur Anerkennung des dynamischen Verhaltens des Stoßspannungsmesssystems wird gefordert, dass die Sprungantwort im Referenzzeitbereich um nicht mehr als 2 % und im weiteren Zeitverlauf zwischen $2t_{max}$ und $2T_{2max}$ um nicht mehr als 5 % vom Referenzniveau abweichen darf.

Aus der maximalen Abweichung der Sprungantwort vom Referenzniveau innerhalb des Referenzzeitbereichs lässt sich ein entsprechender Unsicherheitsbeitrag vom Typ B ableiten, der beim Maßstabsfaktor zu berücksichtigen ist (s. Abschn. 13.1.4). Im Beispiel

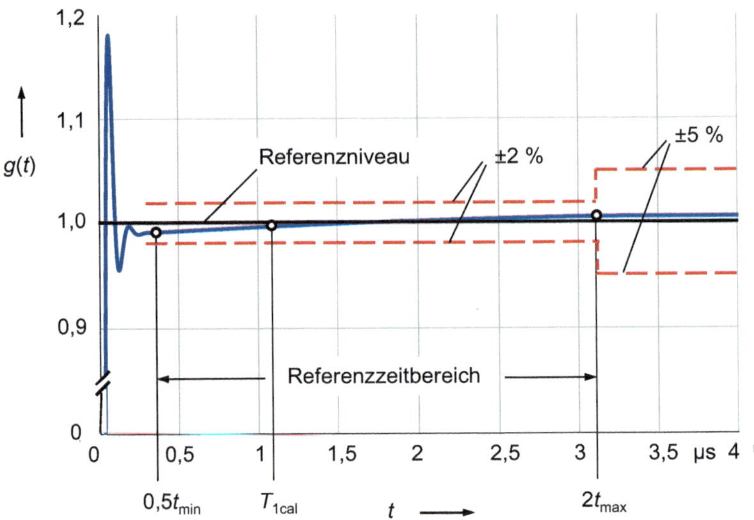

Abb. 10.6 Ausschnitt der Sprungantwort $g(t)$ eines Stoßspannungsteilers mit Referenzniveau und Referenzzeitbereich zwischen $0{,}5t_{min}$ und $2t_{max}$

von Abb. 10.6 beträgt die maximale Abweichung der Sprungantwort vom Referenzniveau annähernd 0,5 %, woraus sich eine Standardmessunsicherheit von 0,3 % ergibt.

10.3.5   Linearitätsprüfung

Mit der Linearitätsprüfung wird die Konstanz des Maßstabsfaktors eines Messsystems über den gesamten Spannungsbereich nachgewiesen. Er wird bevorzugt durch Vergleich mit einem Referenzsystem bis zur erforderlichen Spannungshöhe durchgeführt. Ist dies nicht möglich, z. B. wegen der nicht ausreichenden Bemessungsspannung des Referenzsystems, stehen mehrere Alternativverfahren zur Verfügung. Hierbei ist nicht die absolute Genauigkeit der Spannungsmessung, sondern eine möglichst geringe Abweichung von der Linearität entscheidend. Ein Beispiel für eine erweiterte Linearitätsprüfung nach einer Vergleichsmessung mit einem Referenzsystem bis $0{,}6U_0$ ist bereits in Abschn. 10.3.4.2 behandelt.

Ein Linearitätsnachweis kann je nach Spannungsart durch Vergleich mit folgenden Alternativen durchgeführt werden [2.2, 10.18–10.22]:

- anerkanntes Messsystem, das selbst gegen ein Referenzsystem kalibriert ist
- Primärspannung eines Transformators, Regelspannung eines Gleichspannungserzeugers, Ladespannung eines Stoßspannungsgenerators

- Feldmesssonde
- Standardfunkenstrecke, Stab-Stab-Funkenstrecke.

Bei Einsatz einer Standardfunkenstrecke sind die in IEC 60052 [2.5] vorgegebenen Normwerte maßgebend. Die Durchschlagwerte von Funkenstrecken sind wegen des Einflusses von Temperatur, Luftdruck und Luftfeuchte zwar nur mit einer Unsicherheit von 3 % angegeben, doch wegen der kurzen Messzeit bei der Linearitätsprüfung bleiben die Umgebungsbedingungen annähernd konstant und haben daher praktisch keinen Einfluss auf das Messergebnis. Bei kurzwelliger UVC-Bestrahlung einer Kugelfunkenstrecke wird auch bei Stoßspannungen eine genügend große Anzahl freier Elektronen zum raschen Einleiten des Durchschlagvorgangs erzeugt, sodass erfahrungsgemäß die Einzelwerte der Durchschlagspannungen während einer Messserie nur innerhalb von ± 1 % streuen (s. Abschn. 2.5.5 und 3.4.9).

Treten bei der Vergleichsmessung mit einem Alternativsystem größere Abweichungen von der Linearität auf, muss die Ursache nicht unbedingt beim Messsystem X liegen. Eine weitere Linearitätsprüfung mit einem anderen Alternativsystem ist dann zur weiteren Klärung möglich. Die mit einem Alternativsystem festgestellte Linearitätsabweichung geht nicht in die Bestimmung des festgesetzten Maßstabsfaktors ein (s. Abschn. 10.3.4.2), sondern wird als Unsicherheitsbeitrag vom Typ B in das Unsicherheitsbudget aufgenommen.

10.3.6 Zeitparameter von Stoßspannungen

Ein Messsystem für Stoßspannungen soll die Zeitparameter der Prüfspannung mit einer erweiterten Unsicherheit von nicht mehr als 10 % messen können. Die Richtigkeit der Zeitparametermessung mit dem Messsystem X wird wiederum bevorzugt durch Vergleich mit einem Referenzsystem N überprüft. Dieselben Aufzeichnungen der Stoßspannung, aus denen sich der Maßstabsfaktor ergibt, können auch zur Auswertung der Zeitparameter herangezogen werden. Aus den simultan gemessenen Aufzeichnungen beider Messsysteme ergibt sich die Differenz des Zeitparameters T_X zu dem Messwert T_N des Referenzsystems N:

$$\boxed{\delta T = T_X - T_N}.$$
(10.3)

Insgesamt werden bis zu zehn Messungen ausgewertet und der Mittelwert der Messabweichungen und die Standardabweichung berechnet.

Als Beispiel wird die Stirnzeit einer Blitzstoßspannung betrachtet, die formal als $T_1 = T_{AB}/0{,}6$ nach Gl. (4.2) festgelegt ist. Die Vergleichsmessung erfolgt mit Stoßspannungen, deren Stirnzeiten die Toleranzgrenzwerte $T_{1min} = 0{,}94\,\mu s$ bzw. $T_{1max} = 1{,}56\,\mu s$ aufweisen. Empfehlenswert sind weitere Vergleichsmessungen bei einer dazwischen liegenden Stirnzeit. Die Standardabweichung der Messwerte δT_1, dividiert durch $\sqrt{n}$, liefert einen Beitrag für die Messunsicherheit vom Typ A und die größte Abweichung der Einzelwerte vom Mittelwert, dividiert durch $\sqrt{3}$, einen Beitrag vom Typ B (s. Kap. 13). Die Messabweichungen für die Zeitparameter von abgeschnittenen Blitzstoßspannungen und Schaltstoßspannungen werden in vergleichbarer Weise ermittelt.

Die mittlere Messabweichung δT_1 ist von systematischer Art und kann daher durch Korrektion beseitigt werden. In der Regel ist das Referenzsystem N selbst nicht ganz fehlerfrei, sondern weist eine Messabweichung für die Stirnzeit innerhalb der zulässigen Grenzwerte auf. Wenn diese mittlere Messabweichung bekannt ist, kann sie vom gemessenen Wert T_{1N} subtrahiert werden, sodass die Abweichung der Stirnzeit theoretisch verschwindet. In gleicher Weise lässt sich die Messabweichung δT_1 des Messsystems X auch als Korrektion für die bei einer Stoßspannungsprüfung gemessene Stirnzeit T_{1X} verwenden. Hierbei ist Voraussetzung, dass die Stoßspannung bei der Prüfung annähernd die gleiche Stirnzeit wie bei der Kalibrierung aufweist.

Die Höhe der Spannung bei der Vergleichsmessung zur Bestimmung der Zeitparameter kann beliebig gewählt werden. Die Stirnzeit T_1 und damit auch δT_1 werden allerdings, wenn der Maßstabsfaktor des Messsystems X spannungsabhängig ist, ebenfalls geringfügig von der Spannungshöhe beeinflusst. Der Grund hierfür ist, dass sich die Nichtlinearität des Maßstabsfaktors bei $0{,}9\,\hat{u}$ der Stoßspannung stärker auswirkt als bei $0{,}3\,\hat{u}$.

Die Richtigkeit der Zeitparametermessung eines Stoßspannungsmesssystems kann auch mit dem Komponentenverfahren nachgewiesen werden, wobei vorzugsweise ein Impulsgenerator mit variabler Stirnzeit eingesetzt wird (s. Abschn. 10.3.4.3). Weitere Nachweismöglichkeiten bieten die Auswertung der experimentellen Sprungantwort des Spannungsteilers (s. Abschn. 10.3.4.4 und die numerische Faltung (s. Abschn. 10.3.7).

10.3.7 Dynamisches Verhalten

Als Ergebnis der Vergleichsmessung nach Abschn. 10.3.4 erhält man den Maßstabsfaktor eines vollständigen Messsystems X oder einer Komponente zunächst nur für einen einzigen Zeitverlauf der Stoßspannung bzw. eine einzige Frequenz einer Wechselspannung. Ein anerkanntes Messsystem muss jedoch auch Stoßspannungen mit abweichenden Zeitparametern bzw. Wechselspannungen anderer Frequenzen richtig messen können. Ein Nachweis, dass das Messsystem diesen Anforderungen innerhalb der festgelegten Toleranzen und Fehlergrenzen genügt, ist daher erforderlich. Die Untersuchung des dynamischen Verhaltens erfolgt wiederum bevorzugt durch Vergleich des Messsystems X mit einem Referenzsystem N bei Stoß- oder Wechselspannungen, deren Zeitparameter bzw. Frequenz innerhalb der vorgegebenen Toleranzgrenzen variiert werden.

Als Beispiel wird das dynamische Verhalten eines Messsystems X für Blitzstoßspannungen betrachtet. Die Vergleichsmessungen mit dem Referenzteiler N werden für die oberen und unteren Toleranzwerte der Stirnzeit $T_{1\min}=0{,}94\,\mu s$ und $T_{1\max}=1{,}56\,\mu s$ durchgeführt, wobei als Rückenhalbwertzeit jeweils der obere Toleranzwert $T_{2\max}=60\,\mu s$ am Generator eingestellt ist. Die Ausgangsspannungen beider Messsysteme werden simultan aufgezeichnet. In der Regel zeigt das Messsystem X einen anderen Scheitelwert als das Referenzsystem N an. Die Abweichung $\delta\hat{u}$ des mit X gemessenen Scheitelwertes $\hat{u}_X$ in Bezug zum Referenzwert $\hat{u}_N$ für die jeweilige Stirnzeit ist:

$$\boxed{\delta\hat{u} = \hat{u}_X - \hat{u}_N}. \tag{10.4}$$

Bei wiederholten Vergleichsmessungen für jede Stirnzeit können mittlere Messabweichungen für den Scheitelwert bestimmt werden, die sich in übersichtlicher Weise in Tabellen auflisten oder grafisch in *Fehlerdiagrammen* (s. Abschn. 10.3.9) darstellen lassen [10.22–10.24].

Anmerkung: Anstelle der Abweichung $\delta\hat{u}$ für den Scheitelwert kann das Ergebnis der Vergleichsmessung auch durch den Maßstabsfaktor ausgedrückt werden.

Außer durch Vergleich mit einem Referenzsystem kann das dynamische Verhalten eines Stoßspannungsteilers oder einer anderen Komponente des Messsystems auch mit einem Impulsgenerator mit niederohmiger Ausgangsimpedanz umfassend bestimmt werden. Der Generator erzeugt doppelexponentielle Spannungsimpulse von einigen hundert Volt mit variabler Stirnzeit. Die Impulsspannungen am Ein- und Ausgang des Stoßspannungsteilers werden von Digitalrecordern mit ausreichend hoher Amplitudenauflösung simultan aufgezeichnet und anschließend wie Stoßspannungen ausgewertet. Die Abweichungen der Scheitelwerte lassen sich wiederum anschaulich in Fehlerdiagrammen in Abhängigkeit von der Stirnzeit darstellen.

Schließlich wird auf die Faltung verwiesen, mit der die Ausgangsspannung eines Stoßspannungsmesssystems mit bekannter Sprungantwort für beliebige Eingangsspannungen berechnet werden kann (s. Abschn. 9.2 und 9.7). Empfehlenswert ist, das Ergebnis der Faltungsrechnung durch eine Vergleichsmessung mit einem Referenzsystem bei zumindest einer Stirnzeit abzusichern.

10.3.8 Kalibrierung eines Referenzteilers

Die Eignung eines Messsystems als Referenzsystem wird ebenfalls bevorzugt durch Vergleichsmessungen mit einem anderen Referenzsystem nachgewiesen, das auf das nationale Normal rückgeführt ist und eine geringere Messunsicherheit aufweist als das zu kalibrierende Referenzsystem. Die Vergleichsmessungen erfolgen bei zwei oder mehr Stirnzeiten im Toleranzbereich. Das Alternativverfahren besteht aus einer Vergleichsmessung mit dem genaueren Referenzsystem bei einer einzigen Stirnzeit T_{1cal} und einer Beurteilung der Sprungantwort an Hand der drei Antwortparameter Experimentelle Antwortzeit T_N, Beruhigungszeit t_s und Teilantwortzeit T_α (s. Abschn. 9.8.1). Die Antwortparameter müssen die in [2.2] angegebenen Grenzwerte einhalten. Die gewählte Stirnzeit T_{1cal} darf um nicht mehr als 0,5 % vom Referenzniveau der Sprungantwort abweichen (s. Abb. 10.6).

10.3.9   Fehlerdiagramm für Scheitelwert und Zeitparameter

Das dynamische Verhalten eines Stoßspannungsteilers lässt sich anschaulich in einem Fehlerdiagramm darstellen. Als Beispiel ist in Abb. 10.7 das Verhalten eines ohmschen 2-MV-Stoßspannungsteilers wiedergegeben, der durch Vergleich mit einem Referenzteiler bei abgeschnittener Blitzstoßspannung kalibriert wurde. Das Fehlerdiagramm zeigt die mittleren Messabweichungen $\delta\hat{u}$ für den Scheitelwert (Abb. 10.7a) und δT_1 für die Stirnzeit (Abb. 10.7b) in Abhängigkeit von der Abschneidezeit T_c, wobei $\delta\hat{u}$ und δT_1 auf die Messwerte bei voller Blitzstoßspannung bezogen sind. Die Stirnzeit der abgeschnittenen Stoßspannung empfiehlt sich hier als Messgröße, da sie entsprechend ihrer Definition nach Gl. (4.2) für abgeschnittene Stoßspannungen eindeutig zu bestimmen ist und gleichermaßen für volle und im Rücken abgeschnittene Blitzstoßspannungen gilt.

Typisch für den untersuchten Stoßspannungsteiler dieser Größenordnung ist, dass die Messabweichungen $\delta\hat{u}$ und δT_1 für kleiner werdende Abschneidezeiten zunehmend in den negativen Bereich abfallen, d. h. die Scheitelwerte und Stirnzeiten der abgeschnittenen Blitzstoßspannung werden zu klein gemessen. Ursache hierfür sind die Streukapazitäten des Spannungsteilers, über die ein frequenzabhängiger Teil des

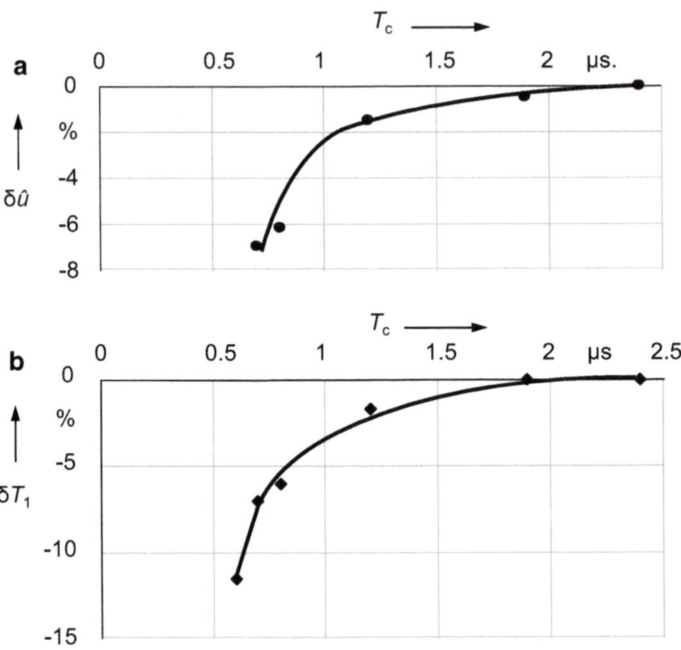

Abb. 10.7 Fehlerdiagramm eines 2-MV-Widerstandsteilers für abgeschnittene Blitzstoßspannungen in Abhängigkeit von der Abschneidezeit T_c **a** Messabweichung $\delta\hat{u}$ für den Scheitelwert **b** Messabweichung δT_1 für die Stirnzeit

Messstromes zur Erde abfließt und somit nicht zur Anzeige des Messwertes beiträgt (s. Abschn. 4.3.1.4). Die Kenntnis der systematischen Messabweichungen $\delta \hat{u}$ und δT_1 in Abb. 10.7 ermöglicht eine entsprechende *Korrektion* der Scheitelwerte und Stirnzeiten, wenn der Spannungsteiler zur Messung abgeschnittener Stoßspannungen eingesetzt wird.

Der gesamte Bereich der Abschneidezeit T_c in Abb. 10.7 kann auch in zwei oder mehr Teilabschnitte unterteilt werden, für die jeweils ein entsprechender Mittelwert der Messabweichungen $\delta \hat{u}$ und δT_1 bestimmt und als Korrektion verwendet wird. Als Alternative zur Korrektion des gemessenen Scheitelwertes kann der Maßstabsfaktor des Messsystems für den gesamten Bereich oder einen Teilabschnitt von T_c neu festgesetzt werden, sodass dadurch die Messabweichung $\delta \hat{u}$ im Mittel null ist.

Abb. 10.8 zeigt als weiteres Beispiel das Fehlerdiagramm eines ohmschen 700-kV-Stoßspannungsteilers für doppelexponentielle Impulsspannungen von 400 V. Mit abnehmender Stirnzeit T_1 von 7 µs bis hinunter zu 0,5 µs wird der Scheitelwert geringfügig niedriger und die Stirnzeit deutlich größer gemessen [7.26]. Die Zunahme der Messabweichung δT_1 lässt sich durch ein deutliches Überschwingen der Sprungantwort in diesem Zeitbereich erklären.

Auch wenn in dem Beispiel in Abb. 10.8a die Messabweichung $\delta \hat{u}$ innerhalb von $\pm 1\,\%$ bleibt, empfiehlt es sich, den Maßstabsfaktor des Stoßspannungsteilers um 0,6 % zu erhöhen. Dies ist gleichbedeutend mit einer entsprechenden Vergrößerung der gemessenen Scheitelwerte, wodurch sich die Fehlerkurve in Abb. 10.8a insgesamt nach oben verschiebt, d. h. die Absolutwerte $|\delta \hat{u}|$ werden kleiner. Im Toleranzbereich der Stirnzeit $T_1 = 1,2\,\mu s \pm 30\,\%$ einer Blitzstoßspannung variiert $\delta \hat{u}$ dann nur innerhalb von $\pm 0,1\,\%$. Selbst bei den langen Stirnzeiten bis $T_1 = 7\,\mu s$ wäre $\delta \hat{u} \leq 0,3\,\%$. Die Messabweichung δT_1 für die Stirnzeit in Abb. 10.8b lässt sich als Korrektion der mit diesem Spannungsteiler gemessenen Stirnzeiten verwenden (s. Abschn. 10.3.6).

Weitere Untersuchungen an dem ohmschen Spannungsteiler bestätigen und ergänzen die Ergebnisse der Kalibrierung mit Impulsspannungen von 400 V. Die mit Gleichspannung-, Wechselspannungs- und Widerstandsmessungen ermittelten Werte für den Maßstabsfaktor stimmen innerhalb von $\pm 0,2\,\%$ überein. Zusätzliche Messungen der Ein- und Ausgangsspannungen des Spannungsteilers bei Wechselspannung mit Frequenzen von bis zu 150 kHz zeigen eine Abnahme der Ausgangsspannung mit steigender Frequenz. Dies entspricht in der Tendenz dem Verlauf der Messabweichung $\delta \hat{u}$ mit abnehmender Stirnzeit in Abb. 10.8a. Vergleichsmessungen mit einem Referenzsystem bei Stoßspannung betätigen weitgehend den mit den Niederspannungsverfahren bestimmten Maßstabsfaktor [7.26].

10.3.10 Einfluss benachbarter Objekte (Näheeffekt)

Der Maßstabsfaktor eines Wechsel- oder Stoßspannungsteilers wird vom Abstand zu benachbarten Objekten und Wänden beeinflusst. Dieser *Näheeffekt* lässt sich ohne großen Aufwand mit einem Digitalvoltmeter oder einer Messbrücke bei Niederspannung

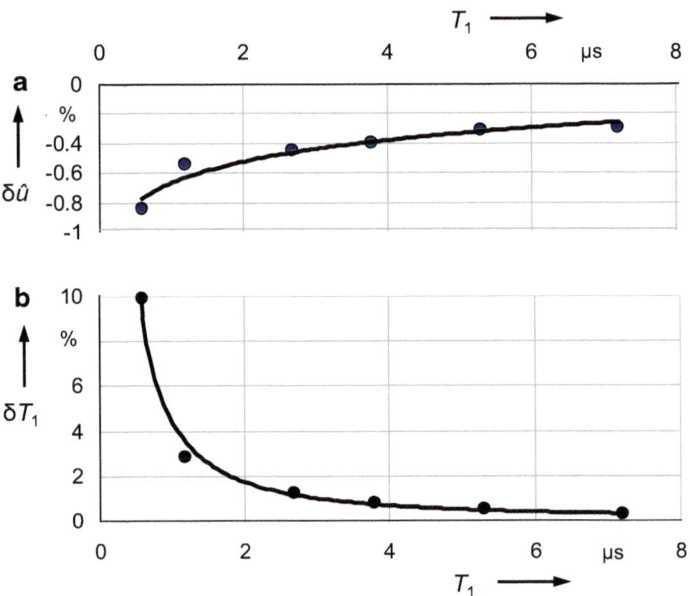

Abb. 10.8 Fehlerdiagramm eines ohmschen 700-kV-Spannungsteilers in Abhängigkeit von der Stirnzeit T_1, gemessen mit Impulsspannungen von 400 V **a** Messabweichung $\delta\hat{u}$ für den Scheitelwert **b** Messabweichung δT_1 für die Stirnzeit

erfassen. Eine Wechselspannung mit einer Amplitude von einigen 100 V und einer Frequenz von vorzugsweise 1 kHz wird an den Spannungsteiler angelegt und dessen Ausgangsspannung für verschiedene Wandabstände gemessen. Ursache für die Beeinflussung des Maßstabsfaktors ist die Streukapazität C_e des Spannungsteilers, über die ein Teil des Messstroms direkt zur Erde oder über geerdete Objekte abgeleitet wird und dadurch der Messung am Teilerausgang verloren geht (s. Abschn. 4.3.1.4). Für einen kapazitiven Spannungsteiler ist dies gleichbedeutend mit einer Verringerung der wirksamen Kapazität auf der Hochspannungsseite, die mit einem Kapazitätsmessgerät direkt ermittelt werden kann.

Als Beispiel zeigt Abb. 10.9 die wirksame Hochspannungskapazität C_1 eines gedämpft kapazitiven 500-kV-Stoßspannungsteilers in Abhängigkeit vom Abstand d zu einem geerdeten Metallgitter. Bei einem Abstand $d = 1{,}4$ m, der gleich der Höhe des Spannungsteilers ist, beträgt die Kapazitätsabnahme 0,14 % vom Bemessungswert $C_{10} = 150$ pF. Dementsprechend ist die Spannung am Teilerausgang zu niedrig. Zum Ausgleich kann der Maßstabsfaktor entsprechend erhöht werden, was aber hier wegen der geringen Beeinflussung der Hochspannungskapazität nicht unbedingt erforderlich ist. Das Ergebnis dient als Orientierung bei der Abschätzung des Näheeffekts infolge des Einflusses von Objekten wie Stoßspannungsgenerator oder andere Spannungsteiler. Weiterhin ist das Messergebnis hilfreich zur Abschätzung eines entsprechenden Unsicherheitsbeitrages für den Maßstabsfaktor. Wegen der Gefahr eines Überschlags zur

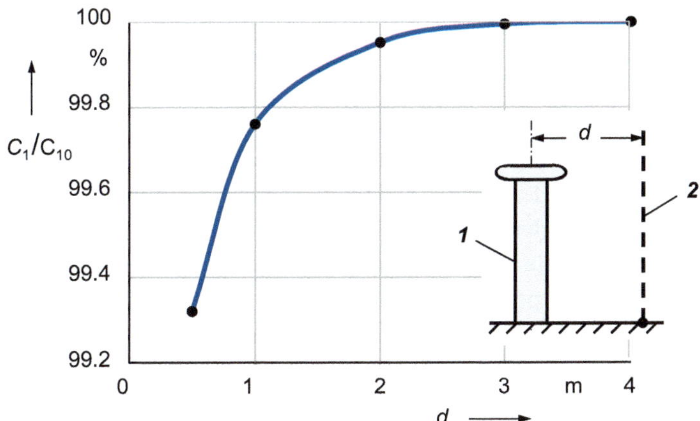

Abb. 10.9 Einfluss einer geerdeten Gitterwand *2* auf die Hochspannungskapazität C_1 eines im Abstand *d* aufgestellten gedämpft kapazitiven Stoßspannungsteilers *1* mit $C_{10} = 150$ pF

Wand brauchen kleinere Wandabstände als die Teilerhöhe beim Näheeffekt nicht berücksichtigt zu werden.

10.3.11 Kurz- und Langzeitverhalten

Das *Kurzzeitverhalten* kennzeichnet die Änderung des Maßstabsfaktors eines Messsystems nach einer vorgegebenen Betriebszeit bei maximaler Betriebsspannung. Bei Stoßspannungsmesssystemen ist zusätzlich die Angabe der Stoßfrequenz erforderlich, die in der Regel auf ein oder zwei Spannungsstöße je Minute bei maximaler Ladespannung begrenzt ist. Ursache der Änderung des Maßstabsfaktors ist häufig die Selbsterwärmung eines Spannungsteilers. Entsprechend seines Temperaturkoeffizienten verursacht er dadurch eine Änderung des Maßstabsfaktors, die jedoch bei entsprechender Konstruktion in der Regel reversibel ist. Zur Untersuchung des Selbsterwärmungseffekts wird der Maßstabsfaktor unmittelbar vor der Spannungsbelastung und nach Abschalten und Erden der Hochspannungsanlage ermittelt, vorzugsweise mit einem schnellen Messverfahren bei Niederspannung. Die Differenz des Maßstabsfaktors vor und nach der Belastung, dividiert durch $\sqrt{3}$, ergibt einen Unsicherheitsbeitrag vom Typ B für den Maßstabsfaktor infolge des Kurzzeitverhaltens.

Das *Langzeitverhalten* eines Messsystems (oder einer Komponente) ergibt sich aus der regelmäßigen Überprüfung des Maßstabsfaktors im Rahmen der Kontrollmessungen mit einem anderen anerkannten Messsystem (oder einer anderen Komponente). Als Zeitintervall zwischen zwei Kontrollmessungen wird oft ein Jahr gewählt. Abweichungen der mit beiden Messsystemen gemessenen Prüfspannungswerte innerhalb von $\pm 3\,\%$ ($\pm 1\,\%$ bei einzelnen Komponenten) sind durchaus akzeptabel und der festgesetzte

Maßstabsfaktor F bleibt erhalten. Die beobachtete Messabweichung, dividiert durch $\sqrt{3}$, wird als Unsicherheitsbeitrag vom Typ B berücksichtigt. Größere Abweichungen der Prüfspannungswerte erfordern eine neue Bestimmung von F.

Die Ursache kleinerer Messabweichungen ist häufig von zufälliger Art, da die Messbedingungen bei Wiederholungsmessungen selten völlig identisch sind. Eine systematische Änderung des Maßstabsfaktors kann z. B. infolge Alterung der Bauelemente im Spannungsteiler auftreten und sich über Jahre erstrecken. Diese auch als (*Langzeit-*)*Drift* bezeichnete Änderung verläuft in der ersten Zeit nach Inbetriebnahme des Messsystems häufig exponentiell und strebt nach längerer Betriebszeit einem nahezu konstanten Wert für den Maßstabsfaktor zu. Der Maßstabsfaktor ist neu festzusetzen und ein restlicher Unsicherheitsbeitrag abzuschätzen (s. Abschn. 13.1.4).

Beim erstmaligen Einsatz eines neuen Messsystems ist das Ausmaß einer möglichen Alterung mit der daraus resultierenden Änderung des Maßstabsfaktors häufig nicht genau bekannt. Ein erster Wert hierfür kann zunächst einer verlässlichen Quelle, z. B. Herstellerangaben, entnommen werden. Meistens ist dieser Angabe aber nicht zu entnehmen, ob die Abweichung des Maßstabsfaktors auf einer zufälligen Streuung der Messwerte oder einer systematischen Änderung des Messsystems beruht. Eine Extrapolation auf eine andere als die angegebene Betriebszeit erscheint dann nicht gerechtfertigt. Empfehlenswert ist, die ersten Kontrollmessungen innerhalb kürzerer Zeit, z. B. vierteljährlich, durchzuführen. Erst durch regelmäßige Kontrollmessungen und Eignungsprüfungen in der Folgezeit erhält man genauere Kenntnis über das Langzeitverhalten des Messsystems. Dann können gegebenenfalls der Maßstabsfaktor entsprechend geändert und der Unsicherheitsbeitrag verringert werden.

10.4 Kalibrierung von Strommesssystemen

Das grundlegende Schema der Messverfahren und Anforderungen für Strommesssysteme nach IEC 62475 [2.4] ist weitgehend vergleichbar mit dem für Spannungsmesssysteme (s. Abschn. 10.3). Im Vordergrund der umfangreichen Kalibrierungen und Messungen zur Anerkennung eines Strommesssystems stehen der *festgesetzte Maßstabsfaktor,* das dynamische Verhalten, die Linearität und die Messunsicherheit. In konventionellen Messsystemen für Gleich-, Wechsel- und Stoßströme werden koaxiale Messwiderstände und bei zeitveränderlichen Strömen auch Messspulen mit oder ohne Magnetkern eingesetzt. Beide *Messumformer* liefern Ausgangsspannungen, die dem Strom entweder direkt oder nach Integration proportional sind. Zur Messung der Ausgangsspannungen der Messumformer werden vorwiegend Digitalrecorder oder andere Messgeräte mit A/D-Wandler eingesetzt, die die Anforderungen nach IEC 61083 [7.1] erfüllen müssen.

Bevorzugtes Messverfahren ist die Vergleichsmessung mit einem Referenzsystem. Alternativverfahren sind ebenfalls zulässig, insbesondere bei den regelmäßig zu wiederholenden Eignungsprüfungen und Kontrollmessungen. Die wichtigsten Verfahren werden im Folgenden am Beispiel eines Messsystems für Stoßströme behandelt. Die

Einzelheiten und Ergebnisse der Messungen und Kalibrierungen einschließlich der Messunsicherheiten sind in der Identifikationsakte des Messsystems zu dokumentieren.

10.4.1 Vergleichsmessung mit Referenzsystem bei Stoßstrom

Bevorzugtes Kalibrierverfahren ist die Vergleichsmessung des vollständigen Strommesssystems X mit einem Referenzsystem N. Hierbei liegen die Messumformer beider Messsysteme in Reihe und werden von demselben Stoßstrom durchflossen, wobei die Impulsform dem vorgesehenen Einsatz von X entsprechen soll. Im Beispiel der Anordnung in Abb. 10.10 zur Kalibrierung eines Stoßstrommesssystems X stellt der Messumformer eine Messspule mit Magnetkern dar. Der Stromleiter wird zentrisch durch die Spulenöffnung geführt. Die dem Strom $i(t)$ proportionale Ausgangsspannung der Messspule mit internem Integrierglied ist potenzialfrei und wird als $u_X(t)$ von einem für Stoßstrommessungen geeigneten Digitalrecorder aufgezeichnet und ausgewertet. Als Messumformer des Referenzsystems N mit dem Maßstabsfaktor F_N wird vorzugsweise ein koaxialer Messwiderstand eingesetzt, der am Recordereingang die Referenzspannung $u_N(t)$ erzeugt. Bei der Messung einiger der in IEC 61083 [2.4] genormten Stoßströme mit relativ langsamem Zeitverlauf ist es in der Regel nicht unbedingt erforderlich, den Eingang des Digitalrecorders mit dem Kabelwellenwiderstand abzuschließen.

Ist der Recorder des Referenzsystems N nicht speziell für den Einsatz bei hohen Impulsströmen konzipiert, wird er zusammen mit dem Messkabel zur Vermeidung induktiv eingekoppelter Störspannungen zusätzlich geschirmt. Der durch das Magnetfeld induzierte Störstrom wird so über den äußeren Schirm gegen Erde abgeleitet und

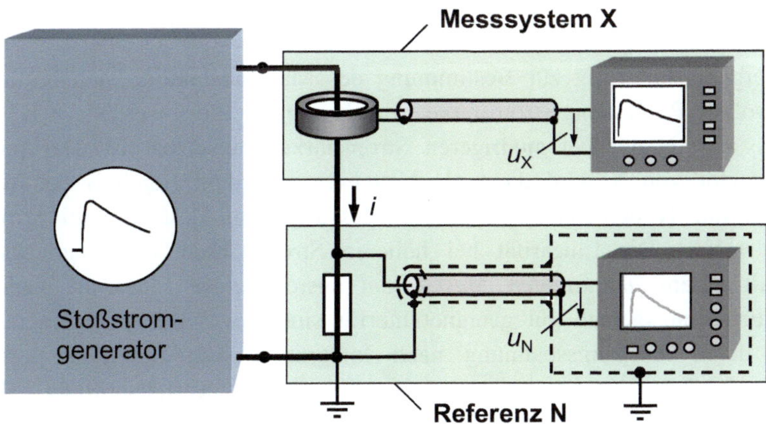

Abb. 10.10 Prinzip der Vergleichsmessung zwischen dem Strommesssystem X mit Messspule und internem Integrierglied und dem Referenzsystem N mit Koaxialshunt bei Stoßstrom

beeinflusst nicht die Messung (s. Abschn. 5.3.1.1). Da die Messspule vom Messsystem X einen Magnetkern besitzt, sind Kontrollmessungen an der um 180° gedrehten Messspule empfehlenswert, um einen möglichen Polaritätseinfluss aufzudecken. Das Messsystem X kann ebenfalls eine doppelte Schirmung aufweisen.

Wenn der Messumformer des zu kalibrierenden Messsystems X ein Messwiderstand ist, wird er auf der geerdeten Seite der Kalibrierschaltung in Abb. 10.10 angeordnet. Zur Vermeidung von Erdungsproblemen empfiehlt sich dann die Verwendung einer potenzialfreien Messspule im Referenzsystem N. Dieses Referenzsystem ist üblicherweise gegen ein anderes Referenzsystem mit Messwiderstand kalibriert, was allerdings zwangsläufig mit einer Genauigkeitseinbuße verbunden ist.

10.4.2   Maßstabsfaktor eines Stoßstrommesssystems

Der Maßstabsfaktor eines Stoßstrommesssystems X wird bevorzugt durch Vergleichsmessung mit einem Referenzsystem N nach Abb. 10.10 bestimmt. Hierbei werden die Ausgangsspannungen $u_X(t)$ und $u_N(t)$ der beiden Messumformer simultan mit den zugehörigen Digitalrecordern aufgezeichnet und mit Software hinsichtlich des Scheitelwertes, der Zeitparameter und gegebenenfalls weiterer Messgrößen ausgewertet. Zur Bestimmung des Maßstabsfaktors wird die Vergleichsmessung mit dem Referenzsystem bei mindestens fünf Werten zwischen 5 % bis 100 % der Bemessungsstromstärke des Messsystems X durchgeführt. Für jede Stromstärke wird der mittlere Maßstabsfaktor $F_{X,i}$ analog zu Gl. (10.2) aus n Aufzeichnungen berechnet, wobei nicht mehr als zehn Wiederholungsmessungen als ausreichend angesehen werden. Der festgesetzte Maßstabsfaktor F ergibt sich als Mittelwert der Einzelwerte $F_{X,i}$ für alle Stromstärken. Die Einzelheiten der Vergleichsmessung, Auswertung der Messwerte einschließlich der Unsicherheitsbeiträge vom Typ A und B werden in die Identitätsakte des kalibrierten Messsystems eingetragen.

Die Vergleichsmessung zur Bestimmung des Maßstabsfaktors kann mitunter nicht bis zur vollen Bemessungsstromstärke von X durchgeführt werden, z. B. weil das Referenzsystem N nur bei niedrigeren Stromstärken einsetzbar ist. Der festgesetzte Maßstabsfaktor von X wird dann als Mittelwert aus dem Ergebnis der Vergleichsmessungen mit N berechnet, wobei die Messungen mindestens zwei Stromstärken umfassen sollen. Die Linearität bei höheren Stromstärken kann dann durch Vergleich mit einem *anerkannten Messsystem* ausreichender Linearität nachgewiesen werden. Erfahrungsgemäß gut geeignet hierfür sind Rogowski-Spulen in fester Ausführung, deren Ausgangsspannung nach Integration dem Strom proportional ist (s. Abschn. 5.3.2.5). Die Ergebnisse dieser erweiterten Linearitätsprüfung gehen nicht in die Bestimmung des Maßstabsfaktors ein, sondern liefern einen Unsicherheitsbeitrag vom Typ B, ähnlich wie bei einem Stoßspannungsmesssystem (s. Abschn. 10.3.4.2).

Der festgesetzte Maßstabsfaktor eines anerkannten Messsystems ist im Rahmen von Kontrollmessungen durch Vergleich mit einem anderen anerkannten Messsystem regelmäßig zu überprüfen. Bei den Kontrollmessungen dürfen die von beiden Mess-systemen angezeigten Werte des Prüfstromes um nicht mehr als 3 % (bei Komponenten: 1 %) voneinander abweichen. Bei größeren Abweichungen ist der Maßstabsfaktor in einer Eignungsprüfung neu zu bestimmen.

10.4.3 Kalibrierung der Komponenten eines Strommesssystems

Beim Alternativverfahren zur Bestimmung des Maßstabsfaktors eines Strommess-systems werden dessen Komponenten einzeln kalibriert, wobei auch Messverfahren bei kleinen Stromstärken zur Anwendung kommen. Der Maßstabsfaktor einer Komponente kann z. B. durch gleichzeitiges Messen der Ein- und Ausgangsgrößen, Vergleich mit einer Referenzkomponente, Messung der Impedanzen in einer Brückenschaltung oder Berechnung der gemessenen Impedanzen bestimmt werden. Auf eine vergleichbare Beschaltung der Komponenten am Ein- und Ausgang wie beim Einsatz im vollständigen Messsystem ist zu achten. Auch eine Bestimmung mithilfe der gemessenen Sprung-antwort im Referenzzeitbereich – wie in Abb. 10.6 für Stoßspannungen dargestellt – und einer Faltungsrechnung zum Nachweis der dynamischen Eignung ist möglich. Das Produkt der Maßstabsfaktoren der einzelnen Komponenten ergibt den Maßstabsfaktor des vollständigen Messsystems. Zusätzlich ist dessen Linearität mit den entsprechenden Strömen bis zur maximal vorgesehenen Stromstärke nachzuweisen.

10.4.4 Linearitätsprüfung

Das Referenzverfahren zur Linearitätsprüfung eines Strommesssystems X ist die Ver-gleichsmessung mit einem Referenzsystem N bis zur Bemessungsstromstärke von X. Ist das Referenzsystem nur begrenzt einsetzbar, kann die restliche Linearitätsprüfung bis zur vollen Bemessungsstromstärke von X durch Vergleich mit einem anerkannten Mess-system erfolgen. Hierfür eignet sich insbesondere ein Messsystem mit fester Rogowski-Spule, die für diesen Zweck eine im Allgemeinen als ausreichend angenommene Linearität aufweist. Die grundsätzliche Durchführung des Linearitätstests ist vergleich-bar mit dem für Stoßspannungsmesssysteme (s. Abschn. 10.3.4).

Wenn der Messumformer des Messsystems X ein Messwiderstand ist, kann der Linearitätsnachweis unter bestimmten Voraussetzungen auch durch Berechnung der Temperaturerhöhung erbracht werden. Ein einzelner Stromimpuls verursacht beim Mess-widerstand R eine nahezu adiabatische Temperaturerhöhung $\Delta\theta$, die entsprechend dem Temperaturkoeffizienten K_{TK} eine Widerstandsänderung:

$$\Delta R = R \cdot K_{\mathrm{TK}} \cdot \Delta\theta \tag{10.5}$$

und damit eine prozentual gleichgroße Änderung des Maßstabsfaktors hervorruft. Die Widerstandserhöhung lässt sich für den jeweiligen Zeitverlauf des Stoßstromes aus den

Angaben des Herstellers für das Grenzlastintegral und die maximale Temperaturerhöhung berechnen. Die Festlegungen für das vollständige Messsystem gelten sinngemäß auch für einzelne Komponenten.

10.4.5 Dynamisches Verhalten

Der Maßstabsfaktor eines Messsystems kann vom Zeitverlauf des zu messenden Stoßstromes abhängig sein. Bevorzugtes Messverfahren, mit dem das ausreichende dynamische Verhalten eines Stoßstrommesssystems nachgewiesen wird, ist wiederum der Vergleich mit einem Referenzsystem. Die dabei eingesetzten Stoßströme sollen die längste und kürzeste Stirnzeit des zulässigen Toleranzbereiches aufweisen. In diesem Bereich darf sich der Maßstabsfaktor des Messsystems um nicht mehr als 1 % ändern und die Abweichung der gemessenen Zeitparameter einschließlich der erweiterten Unsicherheit nicht mehr als 10 % betragen. Die Rückenhalbwertzeit der Stoßströme bei der Vergleichsmessung soll hierbei gleich der oberen Toleranzgrenze sein. Die Aufzeichnungen der gemessenen Stoßströme bei der Vergleichsmessung zur Bestimmung des Maßstabsfaktors können für die Auswertung der Zeitparameter herangezogen werden (s. Abschn. 10.4.3).

Die dynamische Eignung eines Messsystems (oder einer Komponente) für Stoßströme kann auch mithilfe der numerischen Faltungsrechnung auf der Basis der gemessenen Sprungantwort nachgewiesen werden. Wegen der Vielfalt genormter Zeitverläufe von Stoßströmen ist dieses kombinierte Verfahren sehr zweckmäßig. Mit der Faltung werden die Ausgangssignale des Messsystems für ausgewählte Stoßstromverläufe mit variablen Zeitparametern berechnet. Aus der Differenz der normierten Zeitverläufe am Ein- und Ausgang des Messsystems erhält man die Abweichungen für den Scheitelwert und die Zeitparameter. Zusätzlich ist eine Messung zur Bestimmung des Maßstabsfaktors durchzuführen, ebenso wie ein Linearitätstest.

Die Voraussetzungen für die Anwendung der Faltungsrechnung auf koaxiale Messwiderstände sind nahezu optimal. Durch deren geschirmte Bauweise und die Möglichkeit, den Stromsprung über ein Koaxialkabel reflexionsfrei einzuspeisen, lässt sich die Sprungantwort messtechnisch richtig erfassen. Das Ergebnis der Faltungsrechnung für einen koaxialen Messwiderstand kann daher in der Regel als verlässlich angesehen werden.

10.5 Kalibrierung von Digitalrecordern

Digitalrecorder in Messsystemen für Gleich-, Wechsel- und Stoßspannungen oder den entsprechenden Strömen erfordern nach IEC 61083 [7.1] eine umfassende Kalibrierung. Im Vordergrund steht die Bestimmung des Maßstabsfaktors und des dynamischen

Verhaltens in allen Messbereichen des Recorders. Weitere Anforderungen betreffen die Amplituden- und Zeitauflösung, Nichtlinearität, Anstiegszeit und Langzeitstabilität. Die Software, mit der die aufgezeichneten Messdaten ausgewertet werden, unterliegt einer gesonderten Richtigkeitsprüfung mit Hilfe der Prüfdaten des *Test Data Generators* für typische Gleich-, Wechsel- und Stoßspannungen (s. Abschn. 7.3). Die Kalibrierung von Digitalrecordern mit Gleich- und Wechselspannungen und entsprechenden Strömen ist mit Hilfe entsprechender Kalibratoren im Allgemeinen relativ einfach und genau durchführbar. Dagegen erfordert die Kalibrierung von Digitalrecordern, die für Stoßspannungs- und Stoßstrommessungen eingesetzt werden, einen beträchtlichen Aufwand und wird im Folgenden eingehender behandelt.

10.5.1 Kalibrierung mit Impulsspannungen

Die bevorzugte Kalibrierung von Digitalrecordern in Stoßspannungs- und Stoßstrommesssystemen erfolgt mit Impulsen, die einen vergleichbaren Zeitverlauf wie die genormten Stoßspannungen und Stoßströme aufweisen. Mit dieser Impulskalibrierung werden die Maßstabsfaktoren und Zeitparameter in allen Messbereichen des Recorders bestimmt. Für den praktischen Einsatz stehen *Impulskalibratoren* zur Verfügung, die die Impulsspannungen mit Scheitelwerten von bis zu 2000 V und beiden Polaritäten erzeugen (s. Abschn. 7.5). Die Einhaltung der Anforderungen an die Impulskalibratoren selbst wird durch eine *rückführbare Kalibrierung* nachgewiesen.

Der Vorteil der genormten Kalibrierimpulse ist offensichtlich: der Recorder zeichnet bei der Kalibrierung vergleichbare Impulsformen auf und wertet diese mit derselben Software aus wie bei Stoßspannungs- oder Stoßstromprüfungen. Dies gilt auch für den Algorithmus, mit dem die aufgezeichneten Daten der Impulse vor der Auswertung geglättet und das interne Rauschen des Recorders oder überlagerte Schwingungen reduziert werden. Die Kalibrierung des Recorders beinhaltet damit indirekt auch eine Überprüfung der Auswertesoftware für die ausgewählten Kalibrierimpulse.

Bei der Impulskalibrierung eines Digitalrecorders werden der Scheitelwert und die Zeitparameter jeweils als Mittelwert aus mindestens zehn Aufzeichnungen für jeden Messbereich bei verschiedenen Aussteuerungen bestimmt. Durch Vergleich der Mittelwerte mit den jeweiligen Vorgabewerten des Impulskalibrators ergeben sich der Maßstabsfaktor des Recorders und die Messabweichungen der Zeitparameter für die untersuchten Eingangsbereiche. Die vollständige Kalibrierung eines Digitalrecorders mit vollen und abgeschnittenen Stoßspannungen in allen Messbereichen bei verschiedenen Aussteuerungen umfasst die Auswertung von häufig mehr als eine Million Einzelimpulsen. Stammen Kalibrator und Recorder von demselben Hersteller, wird in der Regel die automatisierte Steuerung des Kalibrators sowie die Erfassung und Auswertung der Messdaten unterstützt. Wenn der Digitalrecorder mehrere Eingangskanäle aufweist, können diese zwecks Zeitersparnis in Parallelschaltung mit einem geeigneten Impulskalibrator gleichzeitig kalibriert werden. Hierbei ist jedoch der Einfluss der parallel geschalteten Eingangswiderstände und -kapazitäten der Recorderkanäle auf die erzeugten Kalibrierimpulse zu berücksichtigen. Durch Kalibrierung der verwendeten Messbereiche kurz vor und nach dem Einsatz eines Digitalrecorders erhält man die Information über die Kurzzeitstabilität. Regelmäßige Kontrollmessungen des Maßstabsfaktors im Laufe eines Betriebsjahres geben Auskunft über die Langzeitstabilität.

10.5.2 Alternative Kalibrierung mit Sprungspannungen

Beim alternativen Kalibrierverfahren nach IEC 61083–1 [7.1] wird der Digitalrecorder mit *Sprungspannungen* kalibriert. Diese lassen sich recht genau mithilfe einer Gleichspannungsquelle und eines mit Quecksilber benetzten Reed-Kontaktes mit Amplituden von maximal 500 V erzeugen (s. Abschn. 9.8.4). Der Maßstabsfaktor ergibt sich als Quotient aus der am Recordereingang anliegenden Gleichspannung und der Amplitude, die als Mittelwert der mehrfach aufgezeichneten Sprungantwort in einem festgelegten Zeitfenster ausgewertet wird. Für genormte Blitzstoßspannungen und exponentielle Stoßströme reicht dieses Zeitfenster von $0{,}5T_{1\mathrm{min}}$ bis $T_{2\mathrm{max}}$. Innerhalb des Zeitfensters darf sich die Sprungantwort des Recorders nur um maximal 1 % ändern.

Das Alternativverfahren mit Sprungspannungen hat den grundsätzlichen Nachteil, dass für die Auswertung der aufgezeichneten Daten eine andere als die für Stoßspannungen und Stoßströme entwickelte Software erforderlich ist. Eine zusätzliche Anforderung besteht für die Anstiegszeit der angelegten Sprungspannung, die kleiner als 10 % der unteren Zeitfenstergrenze bei $0{,}5T_{1\mathrm{min}}$ sein soll. Vor der Datenauswertung wird das der Sprungantwort bei der Signalabtastung im AD-Wandler überlagerte Rauschen durch Filterung weitgehend reduziert.

10.5.3 Bestimmung des Scheitelwertes mit Sprungspannungen

Der Scheitelwert einer aufgezeichneten Stoßspannung *1* lässt sich durch direkten Vergleich mit einer Sprungspannung *2* zur Scheitelzeit T_{p} bestimmen (Abb. 10.11). An Stelle der Sprungspannung kann eine Gleichspannung verwendet werden. Die meisten Digitalrecorder erleichtern die Bestimmung des Scheitelwertes am Bildschirm durch zwei horizontale Hilfslinien, die auf das Nullniveau und den Impulsscheitel eingestellt werden und deren Differenz den Scheitelwert angibt. Dieses Verfahren ist bekannt aus der Zeit, in der analoge Stoßoszilloskope verwendet wurden. Das Kalibrierverfahren mit Sprungspannung ist jedoch zu bevorzugen, da diese wie die Stoßspannung selbst ein dynamisches Signal mit positiver oder negativer Polarität darstellt und das Nullniveau mit angibt. Wenn der aufgezeichneten Stoßspannung *1* ein Rauschen überlagert ist, wird die Sprungspannung *2* an die mittlere Kurve der Aufzeichnung angepasst.

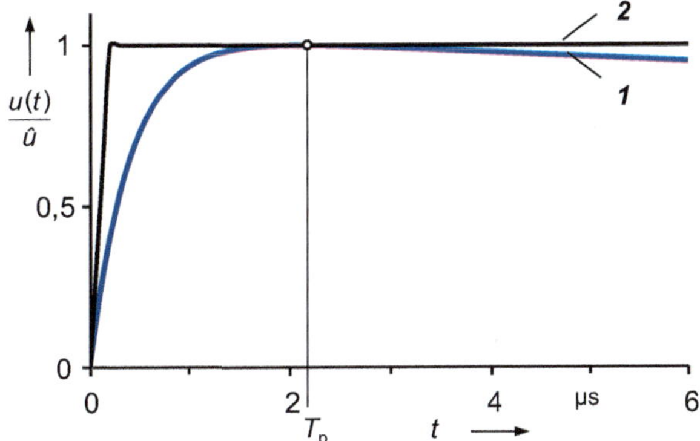

Abb. 10.11 Bestimmung des Scheitelwertes einer aufgezeichneten Stoßspannung *1* durch direkten Vergleich mit einer Sprungspannung *2* zur Scheitelzeit T_p

10.5.4   Bestimmung des Scheitelwertes mit Sinusspannungen

Zur Kalibrierung von Digitalrecordern in Stoßspannungs- und Stoßstrommesssystemen bieten sich ebenfalls *Sinusspannungen* an. Sie haben den Vorteil, dass sie berechenbar sind und mit einem Sinuskalibrator sehr genau erzeugt werden können. Durch Vergleich der aufgezeichneten Stoßspannung mit einer Sinusspannung lassen sich der Scheitelwert und damit auch der Maßstabsfaktor sowie die Stirnzeit von Impulsen überprüfen.

Abb. 10.12 zeigt ein Beispiel für eine Blitzstoßspannung 1,2/50. Die Sinusspannung wird hierbei so eingestellt, dass die doppelte Amplitude gleich dem Scheitelwert und die Zeit zwischen 30 % und 90 % gleich der Zeit T_AB der Stoßspannung ist. Der Sinusverlauf ist damit weitgehend dem Anfangsverlauf der glatten Stoßspannung angepasst, wodurch eine annähernd gleich große dynamische Beanspruchung des Recorders erzielt wird. Für eine genormte Blitzstoßspannung 1,2/50 beträgt $T_\mathrm{AB}=0{,}6T_1=0{,}72$ µs, woraus sich die Frequenz der äquivalenten Sinusspannung zu $f=295{,}9$ kHz berechnen lässt [7.31].

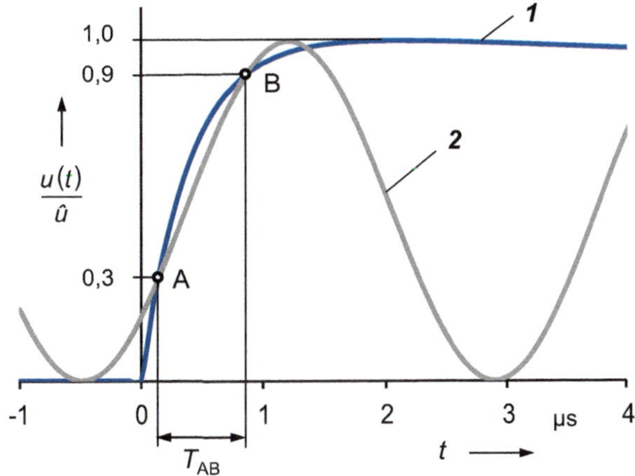

Abb. 10.12. Kalibrierung einer genormten Blitzstoßspannung *1* durch Vergleich mit einer gleich großen Sinusspannung *2* mit der Frequenz 295,9 kHz

Literatur

10.1. Internetadresse: www.iec.ch

10.2. Internetadresse: www.dke.eu

10.3. Internetadresse: www.cigre.org

10.4. Internetadresse: www.ptb.de

10.5. Schon, K., Lucas, W.: Worldwide interlaboratory test comparisons of high voltage impulse dividers. 2. ERA Conference on High Voltage Measurements and Calibration, Arnhem, S. 3.1.1– 3.1.9 (1994)

10.6. Bonamy, A., Bossi, S., Deschamps, F., do Vale, A., Garnacho, F., Hughes, R.C., Lightfoot, H. A., Rizzi, G., Simon, P., Schon, K., Schulte, R., van Boetzelaer, A.W., Vaz, A., International comparison of hv impulse dividers. Proc. 7. ISH Dresden, Beitrag 61.07 (1991)

10.7. Hällström, J., Aro, M., Bergman, A., Bovier-Labierre, V., Garnacho, F., Juvik, J.I., Kiseliev, V., Lian Hong, Z., Lucas, W., Li, Y., Pykälä, M.-L., Rungis, J., Schon, K., Truong, V.H.: Worldwide comparison of lightning impulse voltage measuring systems at 400 kV level. IEEE Trans. IM **56**, 619–623 (2007)

10.8. Miyazaki, S., Hino, E., Wada, H., Kida, J., Banno, T., Wakimoto, T. Ishii, M.: Comparison test of switching impulse high voltage measuring systems in Japan. Proc. 20. ISH Buenos Aires, Beitrag 253 (2017)

10.9. Internetadresse: www.bipm.org

10.10 Internetadresse: www.dakks.eu

10.11. Schon, K.: Der Deutsche Kalibrierdienst (DKD) auf dem Gebiet der Hochspannungs-Messgrößen. Tagungsband zum HIGHVOLT-Kolloquium '03, Dresden (2003)

10.12. DIN EN ISO/IEC 17025: Allgemeine Anforderungen an die Kompetenz von Prüf- und Kalibrierlaboratorien (2005)

10.13. DIN ISO 9001: Qualitätssicherungssysteme (2000)

10.14. Internetadresse: www.european-accreditation.org

10.15. Internetadresse: www.ilac.org

10.16. Internetadresse: www.wto.org

10.17. Gobbo, R., Pesavento, G.: Analysis of the new procedure of divider qualification according to IEC 60–2. Proc. 9. ISH Graz, Beitrag 4515 (1995)

10.18. Breilmann, W., Hinrichsen, V.: Two methods of linearity tests of approved measuring systems for LI < 3 MV and SI < 2 MV. Proc. 13. ISH Delft, Beitrag 643 (2003)

10.19. Suomalainen, E.-P., Hällström, J., Piiroinen, J.: Capacitive divider as a field sensor for voltage linearity measurement on AC dividers. Proc. 13. ISH Delft, Beitrag 418(2003)

10.20. Deschamps, F.: Checking linearity of high voltage impulse dividers. 8. ISH Yokohama, Beitrag 52.04 (1993)

10.21. Rizzi, G., Tronconi, G., Gobbo, R., Pesavento, G.: Determination of the linearity of impulse divider in the light of the revision of IEC 60: Comparison among several methods. 8. ISH Yokohama, Beitrag 52.05 (1993)

10.22. Oliveira, O. B., Junqueira, A. J. S., Chagas, F. A.: Linearity test of HV measuring systems – experimental results. Proc. 8. ISH Yokohama, Beitrag 52.06 (1993)

10.23. Kind, D., Korff, H., Schon, K.: Abschneidefehler zur Beurteilung von Stoßspannungsteilern. PTB-Bericht PTB-E-28, S. 22– 26 (1986)

10.24. Kind, D., Korff, H., Schmidt, A., Schon, K.: Chopping errors for characterizing hv impulse dividers. Proc. 5. ISH Braunschweig, Beitrag 71.02 (1987)

10.25. Kind, D., Schon, K., Schulte, R.: The calibration of standard impulse dividers. Proc. 6. ISH New Orleans, Beitrag 41.10 (1989)

Kapazität und Verlustfaktor 11

Das optimale Betriebsverhalten von Hochspannungsgeräten und Betriebsmitteln der elektrischen Energieübertragung hängt maßgeblich von der Konstruktion, den eingesetzten Isolierstoffen und der fehlerfreien Ausführung der Isolierung ab. Als Isolierstoffe kommen feste, flüssige oder gasförmige *Dielektrika,* teilweise auch in Kombination, zum Einsatz. Wichtige Kenngrößen der Dielektrika bei Wechsel- oder Stoßspannungsbeanspruchung sind die *relative Dielektrizitätszahl* und der *Verlustfaktor.* Die Grundlagen beider Messgrößen und die verschiedenen analogen und digitalen Messverfahren werden in diesem Kapitel behandelt, ebenso wie die Kalibrierung der Messeinrichtungen. Ausführlich wird auf die Eigenschaften von *Druckgaskondensatoren* in der Bauart nach Schering und Vieweg eingegangen, die als nahezu verlustfreie Referenz für Kapazitäts- und Verlustfaktormessungen zum Einsatz kommen.

11.1 Grundlagen

Unter der Einwirkung eines elektrischen Feldes E werden die positiven und negativen Ladungsträger der Atome eines *Dielektrikums* aufgrund verschiedener Mechanismen geringfügig gegeneinander verschoben und als Dipole in Feldrichtung angeordnet. Dies führt zu einer *Polarisation* und einem entsprechenden elektrischen Feld, das dem ursprünglichen elektrischen Feld E im Dielektrikum entgegenwirkt und dieses entsprechend schwächt. Wenn das äußere elektrische Feld wieder zu null wird, kehren die Ladungsträger innerhalb der *Relaxationszeit* in ihre ursprüngliche Lage zurück. Die Wirkung der Polarisation im Dielektrikum wird durch die *relative Dielektrizitätszahl* ε_r gekennzeichnet. In Analogie zur *magnetischen Flussdichte* $B = \mu H$ und *Leitungsstromdichte* $J = \kappa E$ lässt sich die *elektrische Flussdichte* D im Dielektrikum definieren:

$$D = \varepsilon E = \varepsilon_0 \varepsilon_r E, \qquad (11.1)$$

© Springer Fachmedien Wiesbaden GmbH, ein Teil von Springer Nature 2021
K. Schon, *Hochspannungsmesstechnik,* https://doi.org/10.1007/978-3-658-33793-3_11

wobei $\varepsilon_0 = 8{,}8541878 \cdot 10^{12}$ F/m die *elektrische Feldkonstante* und $\varepsilon = \varepsilon_0\,\varepsilon_r$ die *Permittivität* sind. Gl. (11.1) gilt für isotrope Medien, bei denen E und D gleiche Richtung haben. In allgemein gültiger Schreibweise sind D und E Vektoren.

Einige wichtige der in der Hochspannungstechnik verwendeten festen und flüssigen Isolierstoffe wie z. B. Mineralöl und thermoplastische Kunststoffe haben eine relative Dielektrizitätszahl, die nur wenig größer als 2 ist. Für andere flüssige und feste Isolierstoffe gilt $2 \le \varepsilon_r \le 8$. Dagegen weist Wasser, das in allen Isolierstoffen vorkommen kann, einen deutlich höheren Wert $\varepsilon_r = 80$ auf. Für Luft und andere Gase kann $\varepsilon_r \approx 1$ gesetzt werden. Die relative Dielektrizitätszahl ist keine Konstante, sondern von mehreren Einflussgrößen wie Temperatur, Frequenz, Feldstärke, Feuchtigkeit, Alterung usw. abhängig.

Die Dielektrizitätszahl ist neben der Spannungsfestigkeit eine wichtige Kenngröße der in der Hochspannungstechnik eingesetzten Isolierstoffe. Für eine Kondensatoranordnung bedeutet dies, dass durch Einbringen eines Dielektrikums mit $\varepsilon_r > 1$ die Kapazität entsprechend erhöht wird. Weiterhin ist erkennbar, dass in einer Hochspannungsisolierung mit gemischtem Dielektrikum die Isolierung mit kleinerer Dielektrizitätszahl einer höheren elektrischen Beanspruchung ausgesetzt ist. Befindet sich in einem festen oder flüssigen Isolierstoff eine kleine *Fehlstelle* in Form einer gasgefüllten Blase, ist dort die lokale Feldstärke um den Faktor ε_r des umgebenden Isolierstoffes größer. Es besteht dann die Gefahr, dass in der Gasblase infolge Ionisation *Teilentladungen* entstehen und die Lebensdauer der Isolierung verringert wird (s. Kap. 12).

Im elektrischen Wechselfeld entstehen durch die Umorientierung der Dipole Reibungsverluste, die als *Polarisationsverluste* bezeichnet werden. Weiterhin treten im realen Isolierstoff *Leitungsverluste* durch ohmsche Stromleitung auf, die auch bereits bei Gleichstrom vorhanden sind. Die bei Wechselfeldbeanspruchung insgesamt auftretenden Verluste werden durch den *Verlustfaktor* tanδ gekennzeichnet. Zusätzlich zu den Polarisations- und Leitungsverlusten sind auch *Ionisationsverluste* durch Teilentladungen möglich, die oberhalb einer bestimmten Einsatzspannung einsetzen können und einen *Ionisationsknick,* d. h. einen raschen Anstieg im Verlauf des tanδ über der Spannung, hervorrufen.

11.1.1 Verlustfaktor im Zeigerdiagramm

Der Verlustfaktor lässt sich im *Zeigerdiagramm* als Quotient der Wirk- und Blindkomponente der Leistung P oder – je nach Betrachtungsweise – des Stromes I oder der Spannung U im entsprechenden Ersatzschaltbild darstellen:

$$\tan \delta = \frac{P_w}{P_b} = \frac{I_R}{I_C} = \frac{U_R}{U_C}. \qquad (11.2)$$

Hierbei wird jeweils nur die Grundschwingung der Wechselgrößen betrachtet. Als Beispiel zeigt Abb. 11.1a einen Plattenkondensator, der mit einem verlustbehafteten

Dielektrikum gefüllt ist und an der Wechselspannung U liegt. Der durch den Kondensator fließende Strom I hat eine kapazitive Komponente I_C, die im Zeigerdiagramm um 90 ° der Spannung U vorauseilt, und eine meist sehr viel kleinere ohmsche Komponente I_R in Phase mit U (Abb. 11.1b). Der Winkel zwischen den Zeigern U und I ist der *Phasenwinkel* φ und der zwischen I und I_C der *Verlustwinkel* δ.

Für Hochspannungsisolierungen kommen feste und flüssige Isolierstoffe mit $\tan\delta < 0{,}001$ bei Netzfrequenz infrage. Größere $\tan\delta$-Werte verursachen bei angelegter Spannung eine Erwärmung der Isolierung, die wiederum den temperaturabhängigen Verlustfaktor weiter erhöhen und dadurch den Wärmedurchschlag einleiten kann. Gute feste und flüssige Hochspannungsisolierstoffe haben Verlustfaktoren im Bereich von $5 \cdot 10^{-4}$ bis 10^{-5}. Für kleine Verlustfaktoren gilt angenähert $\tan\delta \approx \delta$, was für Isolierstoffe praktisch immer zutrifft. Der Verlustfaktor ist außer von der Spannung von einer Reihe weiterer Einflussgrößen wie Temperatur, Frequenz und Beanspruchungsdauer abhängig. Dank der digitalen Messtechnik erfolgt immer häufiger eine kontinuierliche Erfassung *(Monitoring)* des Verlustfaktors eines Betriebsmittels während dessen Einsatzes, sodass jederzeit Informationen über die vorangegangene Beanspruchung der Isolierung vorliegen.

Gl. (11.2) bezieht sich auf die Grundschwingungskomponente der Wechselgrößen bei Netzfrequenz, also 50 Hz oder 60 Hz. Bei deutlich höheren Frequenzen können die durch die Polarisation erzeugten Dipole dem anregenden Wechselfeld wegen der Relaxationszeiten nur verzögert folgen, sodass eine Frequenzabhängigkeit der Dielektrizitätszahl auftritt. Vor allem bei theoretischen Untersuchungen der Vorgänge im höheren Frequenzbereich und bei Auftreten mehrerer Frequenzkomponenten, z. B. bei der Anregung durch eine ebene Welle, ist es vorteilhaft, die *komplexe Dielektrizitätszahl* als vektorielle Größe einzuführen:

$$\boxed{\varepsilon_r^* = \varepsilon_r{}' - j\varepsilon_r{}'' \quad \text{mit } j = \sqrt{-1}} \tag{11.3}$$

Der Realteil $\varepsilon_r{}'$ entspricht hier der relativen Dielektrizitätszahl in Gl. (11.1), der Imaginärteil $\varepsilon_r{}''$ den dielektrischen Verlusten. Für beide Anteile lassen sich aus den Relaxationsvorgängen der Dipole analytische Ausdrücke aufstellen [1.3]. Für den dielektrischen Verlustfaktor aufgrund der Polarisationsverluste gilt:

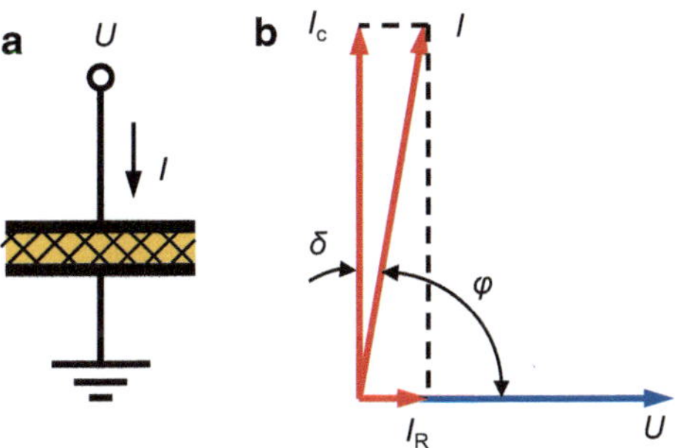

Abb. 11.1 Kondensator und Zeigerdiagramm für Spannung und Strom **a** verlustbehafteter Kondensator **b** Zeigerdiagramm (Parallelersatzschaltbild)

$$\boxed{\tan\delta_\mathrm{P} = \frac{\varepsilon_r{}''}{\varepsilon_r{}'}} \tag{11.4}$$

und für den Verlustfaktor infolge von Leitungsverlusten:

$$\boxed{\tan\delta_\mathrm{L} = \frac{\kappa}{\omega\varepsilon_0\varepsilon_r{}'}} \tag{11.5}$$

mit der spezifischen Leitfähigkeit κ.

11.1.2 Ersatzschaltbilder für verlustbehaftetes Dielektrikum

Ein verlustbehaftetes Dielektrikum lässt sich durch zwei einfache Ersatzschaltbilder darstellen, in denen Widerstände und Kondensatoren entweder parallel (Index „p") oder in Reihe (Index „s") angeordnet und vom Strom durchflossen sind (Abb. 11.2). Hierbei repräsentieren die Widerstände R_P und R_S die Wirkleistung P_w infolge der Verluste, die Kapazitäten C_P und C_S die Blindleistung P_b. Die induktiven Komponenten können vernachlässigt werden. Der Verlustfaktor ergibt sich aus Gl. (11.2) für die Parallelschaltung zu (Abb. 11.2a):

$$\boxed{\tan\delta = \frac{1}{\omega R_\mathrm{P} C_\mathrm{P}}} \tag{11.6}$$

und für die Reihenschaltung zu (Abb. 11.2b):

$$\boxed{\tan\delta = \omega R_\mathrm{S} C_\mathrm{S}}. \tag{11.7}$$

Die beiden Ersatzschaltbilder in Abb. 11.2 haben wegen ihrer Einfachheit nur eine begrenzte Aussagekraft. Für die Parallelschaltung scheint der Verlustfaktor mit steigender Frequenz immer kleiner, für die Reihenschaltung immer größer zu werden. Beide

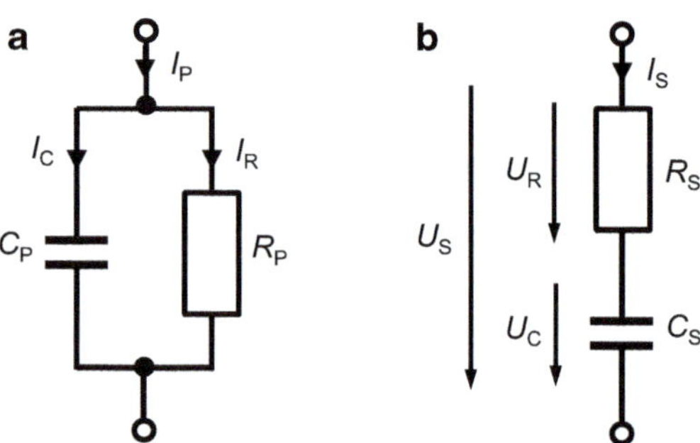

Abb. 11.2 Einfache Ersatzschaltbilder für ein Dielektrikum mit Verlusten **a** Parallelersatzschaltbild **b** Reihenersatzschaltbild

Ersatzschaltbilder sollen natürlich für eine bestimmte Frequenz denselben $\tan\delta$-Wert ergeben. Unter dieser Voraussetzung lassen sich die Elemente beider Ersatzschaltbilder durch Gleichsetzen der *komplexen Impedanzen* für eine bestimmte Frequenz entsprechend umrechnen (s. Abschn. 11.3.1). Für einige Isolieranordnungen, z. B. Kabel- und Ölisolierungen, werden in der Literatur aufwendigere Ersatzschaltbilder betrachtet [1.3, 11.1, 11.2]. Für das Parallelersatzschaltbild in Abb. 11.2a ist das Zeigerdiagramm mit den Strömen I_C und I_R in Abb. 11.1 angegeben. Für die Serienschaltung in Abb. 11.2b ergibt sich ein entsprechendes Zeigerdiagramm mit den Spannungen U_R und U_C.

11.2 Messverfahren für feste und flüssige Dielektrika

Zur Messung der Dielektrizitätszahl ε_r und des Verlustfaktors $\tan\delta$ – ebenso wie der spezifischen Leitfähigkeit κ – von festen Isolierstoffen dient die Messanordnung mit Schutzring (Abb. 11.3a). Die plattenförmige Isolierstoffprobe *1* liegt auf der Spannungselektrode *2* und wird von der kreisrunden Messelektrode *3* mit geerdeter Schutzringelektrode *4* bedeckt. Die Elektroden *3* und *4* sind über ein Koaxialkabel mit dem C-$\tan\delta$-Messgerät M verbunden [11.3]. Mit der Schutzringanordnung wird ein annähernd homogenes Feld in der Isolierstoffprobe im Bereich der Messelektrode erzielt, außerdem werden Oberflächenströme von der Spannungselektrode zur Messelektrode unterbunden. Die Dielektrizitätszahl wird aus der gemessenen Kapazität und den geometrischen Abmessungen der Probe und des Schutzringes berechnet.

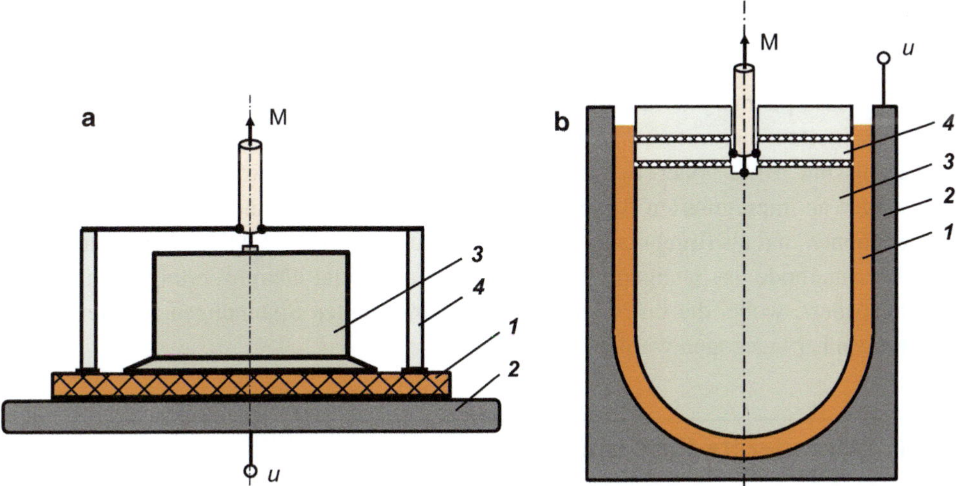

Abb. 11.3 Messanordnungen für ε_r- und $\tan\delta$-Messungen (M: Messgerät) **a** plattenförmige Isolierstoffprobe **b** flüssige Isolierstoffprobe *1* Isolierstoffprobe *2* Spannungselektrode *3* Messelektrode *4* geerdete Schutzringelektrode

Die Isolierstoffprobe ist auf beiden Seiten mit Haftelektroden versehen, um einen guten Kontakt mit den Elektroden zu gewährleisten. Die Haftelektroden werden mit Silber- oder Kupferlösungen aufgemalt, mit Graphitspray aufgesprüht oder unter Vakuum aufgedampft. Die Lösemittel können allerdings in die Isolierstoffprobe eindringen, insbesondere in Kunststofffolien, und dadurch die Messung verfälschen. Eine Messanordnung ohne Haftelektroden, bei der sich zwischen der Isolierstoffprobe und den Elektroden oben und unten je ein Luftspalt befindet, wird in [11.4] theoretisch und experimentell untersucht. Die positiven Ergebnisse sollen als Vorschlag in eine neue IEC-Prüfbestimmung aufgenommen werden.

Abb. 11.3b zeigt schematisch das Messgefäß zur Messung der Dielektrizitätszahl und des Verlustfaktors von flüssigen Isolierstoffen. Das Schutzringprinzip zur Vermeidung störender Randeffekte ist wiederum klar erkennbar. Zunächst wird die Luftkapazität C_0 des sorgfältig gereinigten Messgefäßes im Leerzustand gemessen. Anschließend wird die Isolierflüssigkeit in den Spalt zwischen Spannungs- und Messelektrode eingefüllt und die Kapazität C_X gemessen. Die Dielektrizitätszahl ergibt sich aus den beiden Kapazitätsmessungen zu $\varepsilon_r = C_X/C_0$. Beide Messanordnungen in Abb. 11.3 ermöglichen grundsätzliche Untersuchungen an festen bzw. flüssigen Isolierstoffproben hinsichtlich des Einflusses der Spannung, Temperatur, Frequenz oder von eindiffundierten Stoffen wie z. B. Wasser.

Zunehmendes Interesse finden tanδ-Messungen, die direkt an den Betriebsmitteln der elektrischen Energieversorgung, z. B. Kabel, Durchführungen und Transformatoren, oder deren Nachbildungen durchgeführt werden [11.1, 11.2, 11.5]. Parameter dieser *Vor-Ort-Messungen* sind häufig Frequenz, Spannung oder Temperatur. Ziel der Untersuchungen ist, verlässliche Aussagen über das Langzeitverhalten und den Alterungszustand der Isolierung zu gewinnen. Die technische Weiterentwicklung der schnellen digitalen Mess- und Datenverarbeitungstechnik ermöglicht inzwischen den Einsatz von Messtechniken im *Online-Betrieb* und damit wesentlich kürzere Auswerte- und Reaktionszeiten [11.6, 11.7].

Die bisherigen tanδ-Messungen beziehen sich vorwiegend auf annähernd sinusförmige Messspannungen im Frequenzbereich von 0,1 Hz bis 1000 Hz. Einen neuen Weg beschreiten die Autoren in [11.8], indem die dielektrische Antwortfunktion der Isolierung mit Blitz- oder Schaltstoßspannungen ermittelt wird. Die orientierenden Messungen an imprägnierten Papierschichten werden im Zeitbereich mit einem Recorder aufgenommen und als Ergebnis im Frequenzbereich, der bis zu 1 MHz reicht, dargestellt. Die Messmethode ist geeignet für Transformatoren und Durchführungen im Hochspannungsnetz, wobei die im Netz auftretenden transienten Spannungen für die Online-Messungen herangezogen werden.

11.3 Messgeräte für C und tanδ

Grundsätzlich ist zwischen C-tanδ-Messgeräten für den Einsatz im Hoch- oder Niederspannungsbereich zu unterscheiden. Für beide Bereiche sind spezielle Brückenschaltungen im Einsatz. Die bei Hochspannung eingesetzten Prüflinge weisen in der

Regel spannungsabhängige Werte von C und tanδ auf und erfordern daher eine Messung bei Netzfrequenz bis zur maximalen Einsatzspannung. Zusätzliche Messungen mit einem der meist bei einer Messfrequenz von 1000 Hz arbeitenden, sehr präzisen C-tanδ-Niederspannungsbrücken können durchaus sinnvoll sein, z. B. um einen genauen, auf die SI-Einheiten rückführbaren Anfangswert von C für die Linearitätsprüfung oder jährliche Kontrollmessung zu erhalten.

Das Prinzip von Messbrücken besteht im Vergleich der Ströme, die bei angelegter Wechselspannung durch den Prüfling und durch einen praktisch verlustfreien *Normalkondensator* fließen. Von Schering wurde vor rund einem Jahrhundert die klassische C-tanδ-Hochspannungsmessbrücke angegeben, die auch heute noch in mehreren Varianten eingesetzt wird [11.9]. Eine inzwischen ebenfalls klassische Ausführung ist die transformatorische Messbrücke mit Stromkomparator, die auch in selbstabgleichender Ausführung erhältlich ist. Neuere Messmöglichkeiten bieten elektronische C-tanδ-Messgeräte mit A/D-Wandlern, mit denen die durch den Prüfling und Normalkondensator fließenden Ströme separat digitalisiert und mit Software ausgewertet werden.

11.3.1 Schering-Messbrücke

Die grundsätzliche Schaltung der früher überwiegend für C-tanδ-Messungen bei Hochspannung eingesetzten *Schering-Messbrücke* zeigt Abb. 11.4. Im linken oberen Brückenzweig außerhalb des Brückengehäuses ist der verlustbehaftete Prüfling als Reihenersatzschaltung der Kapazität C_X und des Widerstandes R_X dargestellt. Im Parallelzweig außerhalb des Brückengehäuses liegt der Normalkondensator C_N, in der Regel ein *Druckgaskondensator* in der Bauart nach Schering und Vieweg (s. Abschn. 11.5) mit einer

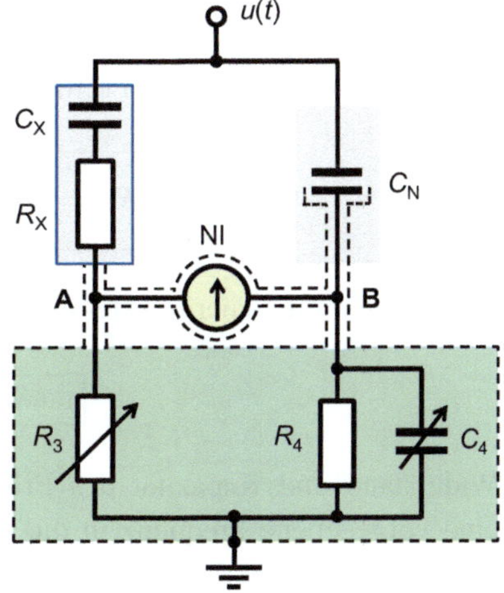

Abb. 11.4 C-tanδ-Hochspannungsmessbrücke nach Schering (ohne Schutzfunkenstrecken) C_X, R_X: verlustbehafteter Prüfling C_N: verlustfreier Normalkondensator NI: Nullinstrument

Kapazität im Bereich von 20 pF bis 200 pF und einem Verlustfaktor von etwa $5 \cdot 10^{-6}$. Bei angelegter Hochspannung $u(t)$ fließen durch C_X und C_N Wechselströme, die an den Brückenpunkten A und B die Spannungen u_A und u_B erzeugen. Mit R_3 und C_4 lässt sich die Brückenschaltung so abgleichen, dass die Brückenpunkte A und B auf gleichem Potential liegen. Das Nullinstrument NI im Brückenquerzweig zeigt dann keinen Strom an [11.9, 11.10].

Als Nullinstrument NI wird häufig ein *oszillografischer Nullindikator* eingesetzt. Auf dem Bildschirm ist eine *Lissajous-Figur* zu sehen, die bei Brückenabgleich nach Betrag und Phase in eine horizontale Gerade übergeht. Der Abgleich erfolgt nur für die Grundschwingung der Wechselspannung $u(t)$, d. h. die höheren Harmonischen der Wechselspannung werden ausgefiltert. Parallel zu den Brückenpunkten A und B liegen (in Abb. 11.4 nicht eingezeichnete) Schutzfunkenstrecken, die bei einem Durch- oder Überschlag im Hochspannungskreis ansprechen und die Spannung an der Messbrücke auf ungefährliche Werte begrenzen sollen. Zur Messung sehr großer Kapazitäten C_X wird ein niederohmiger Widerstand parallel zu R_3 geschaltet, sodass die Spannung am Brückenpunkt A nicht zu groß werden kann. Varianten der Schering-Brückenschaltung zur Messung geerdeter Prüflinge sind in [1.5] und solche mit großer Kapazität in [1.6] beschrieben.

Das Ersatzschaltbild des Prüflings ist durch die Schering-Messbrücke in Abb. 11.4 als Reihenschaltung von C_X und R_X vorgegeben, d. h. die Reihenschaltung gilt ebenfalls für den Verlustfaktor. Beim Brückenabgleich haben die Brückenpunkte A und B gleiches Potenzial und für die komplexen *Impedanzen Z* und *Admittanzen Y* der Brückenelemente gilt:

$$\frac{Z_X}{Z_3} = \frac{Z_N}{Z_4} \quad \text{bzw.} \quad Z_X Y_3 = Z_N Y_4, \tag{11.8}$$

und in ausgeschriebener Form:

$$\left(R_X + \frac{1}{j\omega\,C_X} \right) \frac{1}{R_3} = \frac{1}{j\omega\,C_N} \left(\frac{1}{R_4} + j\omega\,C_4 \right). \tag{11.9}$$

Die Separierung von Gl. (11.9) nach Real- und Imaginärteil liefert die Elemente der Reihenersatzschaltung des Prüflings:

$$\boxed{R_X = R_3 \frac{C_4}{C_N}} \quad \text{und} \quad \boxed{C_X = C_N \frac{R_4}{R_3}}. \tag{11.10}$$

Damit liefert die Schering-Messbrücke den Verlustfaktor des Prüflings in Reihenschaltung:

$$\boxed{\tan\delta = \omega\,C_X R_X = \omega\,C_4 R_4}. \tag{11.11}$$

Widerstand und Kapazität des Prüflings in der Reihenersatzschaltung lassen sich für eine vorgegebene Frequenz in die entsprechenden Elemente der Parallelersatzschaltung umrechnen. Durch Gleichsetzen der komplexen Impedanzen $Z_{X,p}$ und $Z_{X,s}$ der beiden

Ersatzschaltbilder in Abb. 11.2 einerseits und der beiden Bestimmungsgleichungen für tan δ nach Gl. (11.6) und (11.7) andererseits erhält man die Elemente der Parallelersatzschaltung:

$$C_{X,p} = \frac{C_{X,s}}{1 + \tan^2\delta}$$ (11.12)

$$R_{X,p} = R_{X,s}\left(1 + \frac{1}{1 + \tan^2\delta}\right).$$ (11.13)

Die Schering-Messbrücke wird gewöhnlich bei Frequenzen von wenigen 10 Hz bis zu mehreren 100 Hz eingesetzt. Die Kapazität der Prüflinge liegt zwischen 10 pF und 1 µF, der Verlustfaktor zwischen 0,5 und $1 \cdot 10^{-5}$. Für den Verlustfaktor von Druckgaskondensatoren kann ein Wert von etwa $5 \cdot 10^{-6}$ angenommen werden (s. Abschn. 11.5), der bei genauen Messungen dem Messwert für den Prüfling hinzuzufügen ist. Bei kleiner Prüflingskapazität C_X ist eine entsprechend hohe Messspannung $u(t) > 10$ kV erforderlich, um eine ausreichend hohe Abgleichempfindlichkeit des Nullinstruments zu erzielen. Der optimale Brückenabgleich für die Grundschwingung der angelegten Messspannung – und damit die geringste Messunsicherheit – wird erzielt, wenn die Kapazitäten des Prüflings und Normalkondensators annähernd gleich sind, also $C_X \approx C_N$.

Der Normalkondensator in der Hochspannungshalle, in der Regel ein Druckgaskondensator in geschirmter Bauweise, wird über ein meist längeres Koaxialkabel mit der C-tan δ-Brücke im Messraum verbunden. Der Prüfling ist dann ebenfalls über ein Koaxialkabel gleicher Länge und gleichen Kabeltyps anzuschließen, sodass die Kabelkapazitäten in beiden Brückenzweigen annähernd gleich sind. Die Kabelkapazitäten liegen parallel zu den Brückenpunkten A und B, die sich auf einem Potential in der Größenordnung von mehreren 10 V befinden. Dadurch fließen Ableitströme zur Erde und der Brückenabgleich wird verfälscht. Auch die Streukapazitäten der Brückenelemente gegen Erde, induktiven Komponenten und Widerstände der Zuleitungen und Dekadenschalter der Messbrücke sowie elektromagnetisch in den Nullindikator eingekoppelte Störspannungen beeinflussen den Brückenabgleich. Teilweise lassen sich die Einflussgrößen rechnerisch durch Korrekturglieder im Brückenabgleich berücksichtigen [1.6]. Treten im Prüfling Teilentladungen auf, werden diese als Nadelimpulse, die sich der Lissajous-Figur auf dem Bildschirm des oszillografischen Nullindikators überlagern, wiedergegeben.

11.3.2 Schering-Messbrücke mit Wagnerschem Hilfszweig

Bei der abgeglichenen Schering-Messbrücke in Abb. 11.4 liegen die Brückenpunkte A und B auf gleichem, aber von null verschiedenem Potential. Über die Kapazitäten der beiden Kabel von der Messbrücke zum Prüfling und zum Normalkondensator, aber auch über die Streukapazitäten der Brückenimpedanzen Z_3 und Z_4 fließen daher Wechselströme zur Erde, die den Brückenabgleich verfälschen. Dieser unerwünschte Effekt lässt sich mit dem *Wagnerschen Hilfszweig* vermeiden [11.11, 1.4, 1.6]. Der Hilfszweig besteht aus der Impedanz Z_{W1}, in der Regel ein Hochspannungskondensator, und der einstellbaren Impedanz Z_{W2} im unteren Brückenzweig (Abb. 11.5). Der Verbindungspunkt E zwischen den Impedanzen Z_{W1} und Z_{W2} ist geerdet, d. h. die Prüfspannungsquelle darf nicht geerdet sein und der untere Brückenpunkt ist über eine Schutzfunkenstrecke abzusichern. Die nicht eingezeichnete Schirmung der Schering-Messbrücke, des Nullinstruments und der Koaxialkabel sind ebenfalls mit Punkt E verbunden und damit geerdet.

Mit dem Schalter S wird das Nullinstrument NI abwechselnd mit dem Brückenpunkt A der Schering-Brücke und dem geerdeten Punkt E des Wagnerschen Hilfszweiges verbunden und ein Abgleich der beiden Brücken nach Betrag und Phase vorgenommen. In der Regel ist mehrmals umzuschalten und erneut abzugleichen. Nach erfolgtem Abgleich liegen beide Brückenpunkte A und B auf *virtuellem Nullpotential,* d. h. sie sind nicht galvanisch mit Erde verbunden. Zwischen den Leitern und Abschirmungen der beiden Koaxialkabel gibt es dann keine treibende Spannung, sodass über die Kabelkapazitäten keine Ableitströme zur Erde fließen können. Das gleiche gilt auch für die Brückenpunkte.

Der manuelle Doppelabgleich der Schering-Messbrücke und des Wagnerschen Hilfszweiges kann mühselig und zeitraubend sein. Abhilfe bringt eine elektronische Schaltung, die den Wagnerschen Hilfszweig ersetzt und einen teilautomatisierten Brückenabgleich ermöglicht. Hierbei ist die Schering-Messbrücke (s. Abb. 11.4) geerdet, während der Schirmkasten und die Abschirmungen der beiden Koaxialkabel zum Prüfling und Normal mit dem Ausgang eines Operationsverstärkers verbunden sind. Der Verstärker ist als Impedanzwandler mit der Verstärkung Eins geschaltet und liegt mit seinem

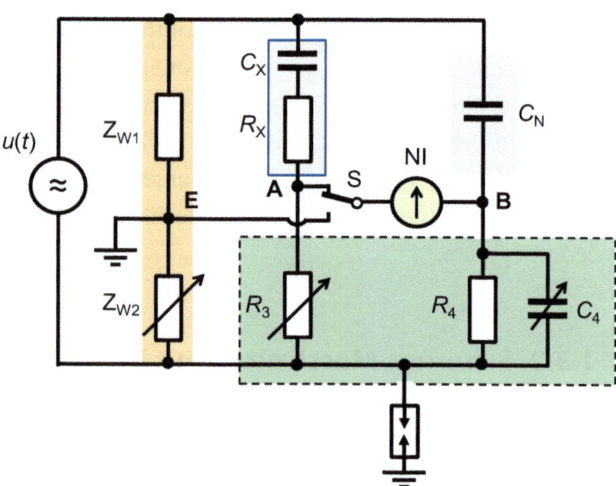

Abb. 11.5 Schering-Messbrücke mit Wagnerschem Hilfszweig Z_{W1} und Z_{W2} (Schaltungsprinzip)

Eingang am Brückenpunkt B. Beim manuellen Abgleich der Schering-Messbrücke wird Punkt B – und damit auch Punkt A – auf ein bestimmtes Potenzial angehoben, das über den Operationsverstärker auch auf die Schirmung übertragen wird. Die Innenleiter und Abschirmungen der langen Koaxialkabel liegen dadurch auf gleichem Potenzial, sodass keine Kabelableitströme fließen können und die Messbrücke optimal abgeglichen ist. Eine weitere Verbesserung entsteht bei Verwendung doppelt geschirmter Kabel, wobei der äußere Schirm geerdet ist [1.6].

11.3.3 Messbrücke mit Stromkomparator

Die Entwicklung sehr präziser *Stromkomparatoren* mit hochpermeablem Kern und elektromagnetischer Schirmung führte zu einer neuen Bauart von Hochspannungsbrücken für C-$\tan\delta$-Messungen. Das Prinzip der *Messbrücke mit Stromkomparator,* auch *transformatorische Messbrücke* genannt, besteht darin, dass die Ströme des Prüflings und des Normals in entgegengesetzter Richtung durch zwei Wicklungen eines Stromkomparators fließen und bei Brückenabgleich den magnetischen Fluss im Kern zu null machen. Der Abgleich nach Betrag und Phase wird hierbei durch ein Nullinstrument angezeigt, das über eine dritte Wicklung auf demselben Magnetkern angeschlossen ist (Abb. 11.6a). Die ersten Messbrücken dieser Art wurden noch manuell durch entsprechende Einstellung des Brückenwiderstandes R und der Windungszahlen N_1 und N_2

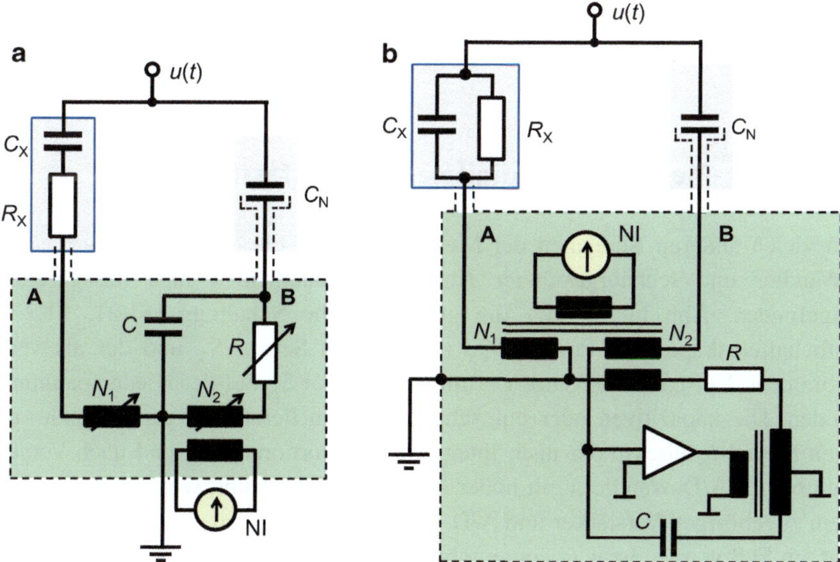

Abb. 11.6 Prinzipschaltung der C-tanδ-Messbrücke mit Stromkomparator **a** Brücke mit manuellem Nullabgleich **b** automatisch abgleichende Brücke

abgeglichen [11.12]. Die weitere Entwicklung führte zu transformatorischen Messbrücken mit zusätzlichen Wicklungen, über die ein elektronisch erzeugter Kompensationsstrom für den Abgleich in die Brückenschaltung eingespeist wird (Abb. 11.6b) [11.13]. Teilautomatische und durch Einsatz eines Mikroprozessors letztlich auch vollautomatische C-tanδ-Messungen sind möglich [11.14–11.18]. Damit ist ein kontinuierliches Monitoring der Isolierung von Betriebsmitteln für Langzeituntersuchungen durchführbar.

Außer der automatischen Abgleichmöglichkeit hat die Brückenschaltung mit Stromkomparator weitere Vorteile gegenüber der Schering-Messbrücke. Zum einen kann die Abgleichempfindlichkeit des Nullinstrumentes durch Wahl einer entsprechend großen Windungszahl erhöht werden, zum andern liegen wegen der niederohmigen Komparatorwicklungen die Brückenpunkte A und B auf niedrigerem Potential, wodurch die Kabelkapazitäten des Prüflings und Normals kaum Einfluss auf den Abgleich haben. Das niedrige Brückenpotential erleichtert weiterhin eine genaue, automatisierte Kalibrierung der Brücke, indem wohldefinierte Ströme in die Brückenpunkte A und B eingespeist werden (s. Abschn. 11.4.1).

Zur Messung sehr großer Kapazitäten mit entsprechend hohen Ladeströmen wird der Prüfling C_X über einen Stromwandler, der als elektronisch *fehlerkompensierter Stromkomparator* geschaltet ist, an die transformatorische Messbrücke angeschlossen [11.19]. In einer anderen Untersuchung erfolgt der Anschluss des Normalkondensators C_N an die Messbrücke über einen genau eingemessenen Spannungswandler [11.20]. Dadurch liegt C_N an einer weit kleineren Spannung als der Prüfling C_X. Eine möglicherweise vorhandene Spannungsabhängigkeit von C_N tritt bei dieser reduzierten Spannung praktisch noch nicht in Erscheinung. Alternativ kann als C_N ein Niederspannungs-Normalkondensator verwendet werden. Die Messspannung ist allerdings auf etwa 300 kV begrenzt, da induktive Messwandler in der Regel nicht für höhere Spannungen gebaut werden.

11.3.4 C-tanδ-Messgerät mit digitaler Datenerfassung

Wie in vielen anderen Bereichen der Messtechnik, hat die digitale Datenerfassung mit A/D-Wandler und rechnergestützter Auswertung auch in C-tanδ-Messgeräten Eingang gefunden. Abb. 11.7a zeigt die grundsätzliche Schaltung [11.21, 11.22]. Der verlustbehaftete kapazitive Prüfling C_X ist mit dem Sensor S_X und der als verlustlos angenommene Normalkondensator C_N mit dem Sensor S_N auf der Niederspannungsseite verbunden. Die kapazitiven oder ohmschen Sensoren liefern Ausgangssignale, die den Strömen I_X und I_N direkt oder nach Integration proportional sind und nach Verstärkung von den beiden A/D-Wandlern mit hoher Auflösung digitalisiert werden. Jeder Sensor ist mit dem zugehörigen Verstärker und A/D-Wandler entweder zu einer batteriebetriebenen Einheit am Fuß von C_X bzw. C_N untergebracht oder wird potentialfrei über Lichtwellenleiter mit der elektronischen Schaltung auf Erdpotential verbunden. Nach Durchlaufen

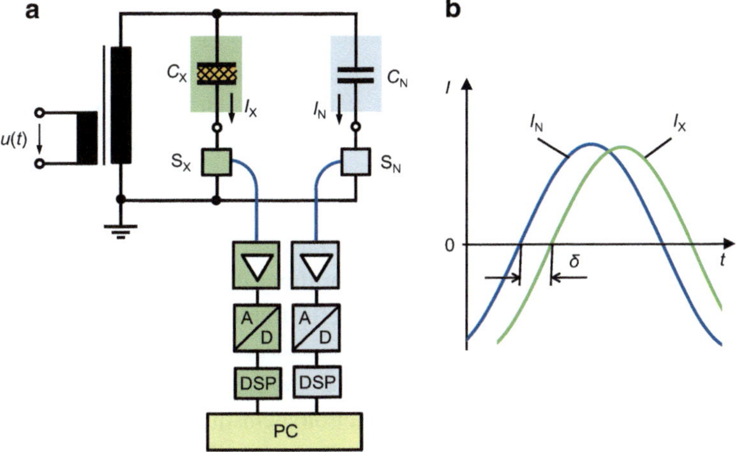

Abb. 11.7 C-tanδ-Messeinrichtung mit digitaler Datenerfassung **a** Schaltungsprinzip **b** Verlustfaktorwinkel δ des Prüflings C_X

der digitalen Signalprozessoren DSP werden die Daten der gespeicherten Abtastwerte mit Software auf dem PC verarbeitet. Die Signalauswertung erfolgt mit Hilfe der DFT und liefert die Grundschwingungen der durch C_X und C_N fließenden Wechselströme. Aus dem Amplitudenverhältnis werden die Kapazität C_X und aus der Phasenverschiebung der Verlustwinkel δ bestimmt (Abb. 11.7b). Die Messeinrichtung eignet sich ebenfalls sehr gut zum Monitoring.

Anmerkung: Die Messeinrichtung in Abb. 11.7 wird häufig auch als „Messbrücke" bezeichnet, was sie aber im eigentlichen Sinne nicht ist. Die unabhängigen Messkanäle werden vektoriell ausgewertet, ein Brückenabgleich findet nicht statt.

11.4   Kalibrierung und Rückführung

Der Verlustfaktor ist eine wichtige Eigenschaft, die Auskunft über den Zustand einer Hochspannungsisolierung nach elektrischer, thermischer und mechanischer Beanspruchung im langjährigen Einsatz geben kann. Voraussetzung für eine richtige Diagnose ist die zuverlässige Messung des Verlustfaktors, die durch eine Kalibrierung der Messeinrichtung nachzuweisen ist. Dieser Abschnitt behandelt Verfahren, mit denen C-tanδ-Messgeräte, Normalkondensatoren und Verlustfaktornormale kalibriert werden können. Wie bei allen anderen Messgrößen stellt sich auch hier die Frage der *Rückführung* der Verlustfaktormessung auf die nationalen und internationalen Maßeinheiten. Die internationale Vergleichbarkeit und Anerkennung von Messergebnissen wird durch Vergleichsmessungen an Transfernormalen nachgewiesen.

11.4.1 Kalibrierung von C-tanδ-Messgeräten

Die erreichbare Messunsicherheit für Kapazitäts- und Verlustfaktormessungen ist abhängig von der Bauart, Messempfindlichkeit und Schirmung der Messeinrichtung, den Abweichungen der Brückenabgleichelemente von den Sollwerten, dem Normalkondensator und der Bauart und Kapazität des Prüflings selbst. Die früher gelegentlich durchgeführte manuelle Kalibrierung von Schering-Messbrücken durch Ausmessen der Dekadenwiderstände und -kapazitäten im eingebauten Zustand ist umfangreich und zeitraubend. Daher wird eher eine nur punktuelle Überprüfung der zum Abgleich eingestellten Brückenelemente bevorzugt, wobei bekannte Verlustfaktornormale als Prüfling eingesetzt werden.

In einem europäischen Ringvergleich wurde ein 100-kV-Druckgaskondensator als *Transfernormal* für C-tanδ-Messungen zu mehreren Metrologieinstituten und Kalibrierlaboratorien geschickt. Der Verlustfaktor ließ sich durch geschirmte Zusatzwiderstände in Reihenschaltung am Kondensatorausgang künstlich erhöhen. Ziel der Vergleichsmessungen war, Informationen über die Messmöglichkeiten und erreichbaren Messunsicherheiten der teilnehmenden Laboratoren zu erhalten. Bei den Messungen wurden laboreigene Messeinrichtungen wie Schering-Brücken und Messbrücken mit Stromkomparator eingesetzt. Die Ergebnisse zeigten keinen signifikanten Unterschied in den Messwerten für C und tanδ des Transfernormals auf, vorausgesetzt, die Messspannung betrug mehr als 30 kV.

Bei dem in [11.23] beschriebenen Kalibrierverfahren werden in die beiden Zweige der zu prüfenden Messbrücke die Ströme I_X und I_N eingespeist, die mit Hilfe von Wandlern und induktiven Teilern aus dem Niederspannungsnetz erzeugt und nach Betrag und Phase genau vorgegeben werden. Sie bilden somit die Ströme des kapazitiven Prüflings C_X und Normalkondensators C_N nach. Die Funktionsweise eines derartigen Kalibriergerätes ist vergleichbar mit der eines rechnergesteuerten Messplatzes, der zur Richtigkeitsprüfung von Messeinrichtungen für Stromwandler Einsatz findet. Mit den eingespeisten Kalibrierströmen lassen sich die Messabweichungen und Fehlwinkel der Messbrücke im abgeglichenen Zustand erfassen, die dann in der Messpraxis als Korrektionen bei genauen C-tanδ-Messungen berücksichtigt werden können. Das Kalibrierverfahren eignet sich besonders für elektronische Brückenschaltungen mit Stromkomparator (s. Abschn. 11.3.3), aber auch für Messgeräte mit vektorieller Auswertung (s. Abschn. 11.3.4). Die Kalibrierung kann dann vollautomatisiert einschließlich der Protokollerstellung ablaufen. Da die Komparatorwicklungen und Sensoren, in die die Kalibrierströme eingespeist werden, niederohmig sind und sich daher auf niedrigem Potential befinden, bleiben Erdkapazitäten praktisch wirkungslos.

Eine weitere Verbesserung des o. a. Kalibrierverfahrens wird in [11.24] vorgestellt. Die in die Messbrücke *I* eingespeisten Kalibrierströme I_N und I_X (Abb. 11.8):

$$\boxed{I_N = \frac{U_1}{R_1}} \quad \text{und} \quad \boxed{I_X = \frac{U_2}{R_2}} \tag{11.14}$$

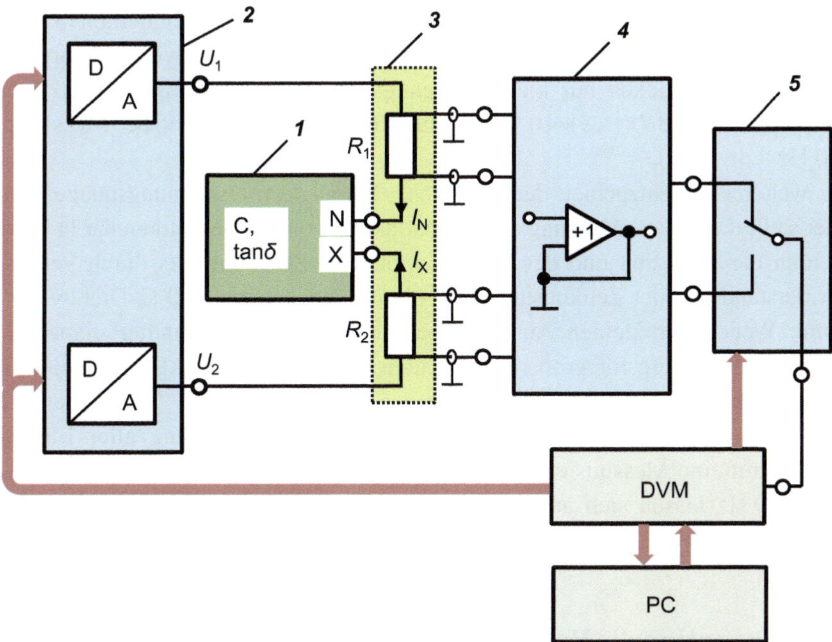

Abb. 11.8 Kalibrierung von C-tanδ-Messgeräten mit digitaler Doppelspannungsquelle *1* C-tanδ-Messgerät als Prüfling *2* Doppelspannungsquelle mit D/A-Wandlern *3* Präzisionswiderstände R_1 und R_2 *4* Buffer-Verstärker (vierfach) *5* Kanalumschalter

werden von zwei hochauflösenden D/A-Wandlern *2* mit nachgeschalteten Präzisionswiderständen *3* erzeugt. Die Spannungen U_1 und U_2 an den Widerständen R_1 und R_2, die den Kalibrierströmen I_N und I_X proportional sind, werden leistungslos und potentialfrei über *Buffer-Verstärker 4* zum Kanalumschalter *5* geleitet. Jeweils *m* Perioden der Wechselspannung werden abwechselnd auf das Digitalvoltmeter DVM durchgeschaltet, das im Abtastmodus arbeitet und die Wechselspannungen digitalisiert. Die unmittelbar vor und nach den Umschaltpunkten liegenden Perioden bleiben bei der Abtastung unberücksichtigt. Das DVM steuert den Umschalter und übernimmt auch die Triggerung und Steuerung der beiden D/A-Wandler, die dadurch im exakten Synchronbetrieb getaktet sind. Die in der Kalibrierschaltung auftretenden Ströme, Spannungen und Impedanzen lassen sich als komplexe Größen in Bestimmungsgleichungen ausdrücken, mit denen die Kapazität und der Verlustfaktor des Prüflings berechnet werden können. Die Auswertung der Messdaten und Steuerung des DVM erfolgt mit Software am PC.

Die von der geprüften Messbrücke angezeigten C-tanδ-Werte unterscheiden sich im Allgemeinen von den vom Kalibriergerät mit digitaler Wechselspannungsquelle vorgegebenen Werten. Ihre Differenz ist der Brückenfehler, der als Korrektion beim Einsatz der Messbrücke genutzt werden kann. Durch die Verwendung hochauflösender D/A-Wandler, eines sehr präzisen Digitalvoltmeters und weiterer genauer Schaltungselemente in der Kalibriereinrichtung sind äußerst geringe Messunsicherheiten erreichbar. Sie betragen bei der Kalibrierung von C-$\tan\delta$-Messgeräten, die wie transformatorische und digitale Messbrücken nur kleine Eingangsspannungen benötigen, $1 \cdot 10^{-6}$ (relativ) für die Kapazität und $(1 \ldots 3) \cdot 10^{-6}$ (absolut) für den Verlustfaktor bei Messfrequenzen bis 100 Hz.

Ein weiteres Einsatzgebiet der digitalen Doppelwechselspannungsquelle mit D/A-Wandler stellt die genaue Messung des Verlustfaktors von Kondensatoren dar [11.25]. Hierbei werden die Kapazität und der Verlustfaktor eines Kondensators durch Vergleich mit dem Widerstand und der Zeitkonstante eines bifilar gewickelten 200-Ω-Drahtwiderstandes bestimmt. Wegen der kleinen Ausgangsspannungen der D/A-Wandler eignet sich das Verfahren insbesondere für große Kapazitäten und Frequenzen. Als Beispiel wurde der Verlustfaktor eines 1-μF-Glimmerkondensator zu $\tan\delta = 62{,}1 \cdot 10^{-6}$ bei einer Frequenz von 2π kHz $= 6{,}283$ kHz bestimmt. Die ausführliche Betrachtung aller Einflussparameter führt auf eine Messunsicherheit von $2 \cdot 10^{-6}$ ($k = 1$). Bei reduzierter Messfrequenz von z. B. 50 Hz lassen sich auch noch größere Kapazitäten mit vergleichbar geringer Unsicherheit messen.

11.4.2 Konventionelle Verlustfaktornormale

Die Genauigkeit von C-$\tan\delta$-Messungen wird außer von der Messbrücke auch von der Qualität des verwendeten Normalkondensators C_N bestimmt. Die besten Normalkondensatoren im Niederspannungsbereich mit 10 pF und 100 pF haben eine Isolierung aus Quarz oder Stickstoff und weisen Verlustfaktoren im Bereich von $(2 \ldots 4) \cdot 10^{-6}$ auf. Die bei Hochspannung bis 1,5 MV als C_N eingesetzten Druckgaskondensatoren in der Bauart nach Schering und Vieweg (s. Abschn. 11.5) weisen einen Verlustfaktor von rund $5 \cdot 10^{-6}$ auf. Bei hohen Genauigkeitsanforderungen, insbesondere bei der Messung anderer Normalkondensatoren, ist dieser Wert dem gemessenen $\tan\delta$-Wert des Prüflings zu addieren.

Zur punktuellen Überprüfung des Abgleichs einer Messbrücke für verschiedene Werte des Verlustfaktors eignen sich Druckgaskondensatoren mit in Serie geschalteten, unterschiedlich großen Widerständen. Der Verlustfaktor der geschirmten Serienschaltung ist allerdings nicht einfach nach Gl. (11.7), sondern nur an Hand eines entsprechenden Ersatzschaltbildes unter Berücksichtigung der Streukapazitäten berechenbar. Abb. 11.9 zeigt das Ersatzschaltbild eines geschirmten *Verlustfaktornormals* mit der Hauptkapazität C eines Normalkondensators in Serie mit einem Widerstand R [11.26]. Wegen der geschirmten Bauweise entstehen definierte Streukapazitäten gegen das auf Erde liegende Gehäuse. Sie sind mit C_{14}, C_{34} und C_{24} bezeichnet, wobei C_{24} sich aus der Parallelschaltung von C_{24}' und C_{24}'' ergibt. Das aus C, R und C_{24} sowie den anderen Streukapazitäten C_{14} und C_{34} bestehende T-Netzwerk wird in ein entsprechendes π-Glied zur Bestimmung des Verlustfaktors umgeformt. Aus den komplexen Admittanzen zwischen den Punkten *1* und *3* ergibt sich die wirksame Kapazität des Verlustfaktornormals zu:

$$C_{13} = \frac{C}{1 + \tan^2\delta} \tag{11.15}$$

und der Verlustfaktor zu:

$$\tan\delta = \omega\,(C + C_{24})\,R. \tag{11.16}$$

Die wirksame Kapazität C_{13} ist nach Gl. (11.15) gegenüber der tatsächlich im Verlustfaktornormal eingebauten Kapazität C reduziert, was sich aber für $\tan\delta < 10^{-3}$ wegen der Quadratbildung praktisch nicht auswirkt. Nach Gl. (11.16) ist bei der $\tan\delta$-Berechnung eine um die Streukapazität C_{24} größere Kapazität anzusetzen, verglichen mit Gl. (11.7) für das einfachen Reihenersatzschaltbild (s. Abb. 11.2b). Die anderen Streukapazitäten C_{14} und C_{34} haben keinen Einfluss auf die wirksame Kapazität und den Verlustfaktor.

Zur experimentellen Überprüfung des Ersatzschaltbildes in Abb. 11.9 wurde ein gasgefüllter Normalkondensator $C = 1000\ \text{pF}$ mit $\tan\delta = 5 \cdot 10^{-6}$ in Serie mit neun aufsteckbaren Widerständen R eingesetzt. Die nach Gl. (11.16) für 60 Hz berechneten Verlustfaktoren lagen im Bereich von $2 \cdot 10^{-5}$ bis $1 \cdot 10^{-2}$. Für die Messungen wurde die in [11.27] angegebene transformatorische Hochspannungsmessbrücke eingesetzt. Die Messung der Streukapazität ergab einen Wert $C_{24} = 40\ \text{pF}$, der für die Berechnung von $\tan\delta$ in Gl. (11.16) eingesetzt wurde. Als Ergebnis der Untersuchungen ist festzuhalten, dass die $\tan\delta$-Messwerte (Mittel aus jeweils zehn Einzelmessungen) geringfügig kleiner waren als die entsprechenden Rechenwerte, dass aber wegen der nur geringen Unterschiede das Modell des Verlustfaktornormals in Abb. 11.9 vollauf bestätigt wird.

Bei Hochspannungsmessungen werden als C-$\tan\delta$-Normal überwiegend Druckgaskondensatoren nach Schering und Vieweg eingesetzt, die eine Kapazität von 10 pF bis maximal 200 pF aufweisen. Im Rahmen eines europäischen Ringvergleichs mit vier

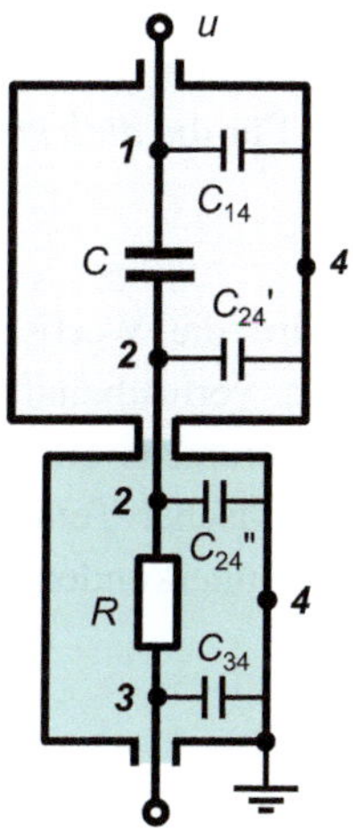

Abb. 11.9 Einfaches Ersatzschaltbild eines geschirmten Verlustfaktornormals zur Kalibrierung von C-$\tan\delta$-Messgeräten C Normalkondensator R Serienwiderstand C_{14}, $C_{24}{}'$, $C_{24}{}''$, C_{34} Streukapazitäten zur Erde

Metrologieinstituten und drei Prüflaboratorien wurden Kapazitäts- und Verlustfaktormessungen bis 100 kV durchgeführt [11.28]. Als Transfernormal diente ein mit SF_6 isolierter 100-pF-Druckgaskondensator mit einer Bemessungsspannung von 120 kV, dem auf der Niederspannungsseite ein geschirmter Widerstand von 250 Ω oder 20 kΩ zur Erhöhung des Verlustfaktors zugeschaltet wurde. Die Streukapazität wurde im Pilotlabor mit einer Niederspannungsbrücke zu $C_{24} \approx 145$ pF gemessen, die damit größer als die Hauptkapazität $C = 100$ pF war. Die Messwerte der Teilnehmer wurden auf einheitliche Versuchsparameter wie Temperatur, Gasdruck usw., bezogen und jeweils zu einem gemeinsamen Mittelwert aller Teilnehmer für die Kapazität bzw. den Verlustfaktor zusammengefasst. Der Verlustfaktor des Druckgaskondensators ohne Widerstand wurde vom Pilotlabor mit einer Niederspannungsbrücke zu $\tan\delta = 6,2 \cdot 10^{-6}$ bestimmt. Für den Kondensator mit den zusätzlichen Serienwiderständen ergaben sich deutliche Abweichungen zwischen den mit Gl. (11.16) berechneten und den gemessenen $\tan\delta$-Werten von bis zu 20 %, deren Ursache sich nicht ermitteln ließ.

11.4.3 Kryo-Verlustfaktornormal

Grundlage einer jeden Messung ist der Nachweis, dass die Messgröße auf die im SI-System definierten Einheiten direkt oder indirekt mit hoher Genauigkeit rückführbar ist. Das folgende Beispiel zeigt ein Verfahren zur Rückführung des Verlustfaktors auf kalorimetrische Größen. Bei den Untersuchungen diente ein Glimmerkondensator mit einer Dicke von nur 45 µm als *Kryo-Verlustfaktornormal*, dessen Verlustfaktor mit einem aufwendigen kalorimetrischen Verfahren bei 4,7 K im He-Kryostaten bestimmt wurde [11.29]. Die aufgedampften Bleielektroden und die mit Blei beschichteten Zuleitungen aus Nylonfäden sind bei Tieftemperatur supraleitend und daher verlustfrei. Der Vorteil der tiefen Temperatur ist weiterhin, dass Glimmer eine sehr kleine spezifische *Wärmekapazität* hat und bei Anlegen einer Wechselspannung eine deutliche Erwärmung aufweist. Das Messprinzip besteht darin, dass die Temperaturerhöhung mit der verglichen wird, die durch eine dem Kondensator zugeführte elektrische Heizleistung bei Gleichstrom entsteht.

Für die *dielektrische Verlustleistung* P_w des Glimmerkondensators gilt mit Gl. (11.2):

$$P_w = P_b \tan\delta = U^2 \omega\, C \tan\delta. \tag{11.17}$$

Wird die Wechselspannung für die Dauer Δt_1 angelegt, erhöht sich die Temperatur des verlustbehafteten Glimmerkondensators um ΔT_1. Führt man dem Kondensator andererseits eine Heizleistung I^2R für die Dauer Δt_2 zu, erwärmt er sich um ΔT_2. Bei identischer Temperaturzunahme $\Delta T = \Delta T_1 = \Delta T_2$ berechnet sich der Verlustfaktor des Glimmerkondensators zu:

$$\tan\delta = \frac{I^2 R}{U^2 \omega\, C}\frac{\Delta t_2}{\Delta t_1}. \tag{11.18}$$

Der Verlustfaktor des Glimmerkondensators im He-Kryostat wurde bei 4,7 K, 30 V und $\omega = 1 \cdot 10^4\,\mathrm{s}^{-1}$ zu $\tan\delta = 2{,}23 \cdot 10^{-6}$ mit geringer Messunsicherheit bestimmt. Anschließend wurden mit diesem Kryo-Verlustfaktornormal und einer hochgenauen Messbrücke mehrere Normalkondensatoren mit 10 und 100 pF bei Raumtemperatur und Frequenzen zwischen 53 und 10 kHz eingemessen.

Der Verlustfaktor dieser Kondensatoren, die im Folgenden als Referenznormale bei Raumtemperatur dienen, ist damit auf die SI-Einheiten rückgeführt. Die erreichten Messunsicherheiten, z. B. $4{,}3 \cdot 10^{-6}$ (absolut, 1σ-Wert) im 50-Hz-Bereich, waren jedoch nicht zufriedenstellend, u. a. wegen der nicht genau bestimmbaren Verluste der Zuleitungen aus dem Kryostaten zu der auf Raumtemperatur befindlichen Messbrücke [11.30, 11.31].

11.5 Druckgaskondensatoren

Druckgaskondensatoren in der Bauart nach Schering und Vieweg mit Kapazitäten von meist nicht mehr als 100 pF und Bemessungsspannungen von bis zu 1,5 MV finden in mehreren Bereichen der Hochspannungsmesstechnik Einsatz. Im Gegensatz zu anderen Hochspannungskondensatoren sind Druckgaskondensatoren durch die koaxiale Anordnung ihrer Zylinderelektroden weitgehend gegen elektromagnetische Störungen geschützt. Wegen ihrer sonstigen guten Eigenschaften wie z. B. niedriger Verlustfaktor werden sie vor allem für genaue Messungen von Wechselspannungen und als Normalkondensatoren in Brückenschaltungen für Kapazitäts- und Verlustfaktormessungen eingesetzt. Als Isoliergas wird heute überwiegend SF_6 verwendet, früher auch N_2 oder CO_2.

Eine andere Bauart von gasisolierten Kondensatoren hat geschichtete Plattenelektroden, die in einem Metallbehälter untergebracht sind. Sie weisen größere Kapazitäten von bis zu einigen Nanofarad und ebenfalls sehr kleine Verlustfaktoren auf. Die Bemessungsspannungen liegen allerdings nur im Bereich von $(1 \ldots 30)$ kV. Gasisolierte Kondensatoren mit Plattenelektroden werden hier nicht weiter behandelt.

Anmerkung: Druckgaskondensatoren werden auch als Pressgaskondensatoren bezeichnet.

11.5.1 Konstruktionen

Druckgaskondensatoren in der Bauart nach Schering und Vieweg besitzen zwei oder mehrere konzentrische Elektroden, die in einem mit Gas gefüllten Isolierzylinder untergebracht sind [11.32–11.34]. In der üblichen Anordnung mit zwei Zylinderelektroden für Spannungen bis maximal 1500 kV umgibt die Hochspannungselektrode *1* die Messelektrode *2*, die isoliert auf dem geerdeten Metallrohr *3* befestigt ist (Abb. 11.10a). Die Hochspannungselektrode *1* wird von dem stabilen Isolierzylinder *4* gehalten, der am oberen und unteren Ende mit Metallflanschen gasdicht verbunden ist. Der Isolierzylinder kann aus Hartpapier, glasfaserverstärktem Epoxidharz oder Polymethylmethacrylat

(„Plexiglas") bestehen. Die Oberflächen der meist aus Messing bestehenden Elektroden sind glatt poliert und häufig mit einer Chrom- oder Nickelschicht versehen. Dadurch lassen sich Beschädigungen der Elektrodenoberfläche durch Teilentladungen vermeiden, die gelegentlich beim *Konditionieren* des Kondensators nach Auffüllen von nicht ganz reinem Isoliergas auftreten können. Die Verbindungsleitung von der Messelektrode *2* zur Ausgangsbuchse *5* verläuft geschirmt im Metallrohr *3.* Am Fuß des Kondensators ist in der Regel ein Manometer zur Druckkontrolle des Isoliergases angebracht.

In einer anderen Ausführung ist die Messelektrode *2* in zwei oder mehrere Abschnitte unterteilt. Während der größere Abschnitt für Kapazitäts- und Verlustfaktormessungen verwendet wird, stehen die anderen Abschnitte für Spannungsmessungen zur Verfügung oder dienen als Schutzringelektroden, um Randeffekte und den Einfluss von Fremdfeldern zu vermeiden. Abb. 11.10b zeigt einen Druckgaskondensator mit zwei Hochspannungselektroden *1,* zwischen denen sich die Messelektrode *2* befindet. Der Vorteil dieser Bauart liegt in der größeren Kapazität im Vergleich zu einem gleich hohen Kondensator in der Bauart nach Abb. 11.10a.

In beiden Anordnungen von Abb. 11.10 ist die Niederspannungselektrode *2* auf einem langen Metallrohr *3* montiert. Es erfordert daher einen gewissen Aufwand, um die innere Zylinderelektrode konzentrisch zu positionieren. Bei exzentrischer Elektrodenanordnung ist die Kapazität spannungsabhängig, da die elektrostatischen Anziehungskräfte die *Exzentrizität* und damit die Kapazität vergrößern (s. Abschn. 11.5.5). Außerdem stellt diese Anordnung ein schwingungsfähiges Pendel dar, das im Resonanzfall zu Änderungen der Kapazität und des Verlustfaktors führt (s. Abschn. 11.5.6.2).

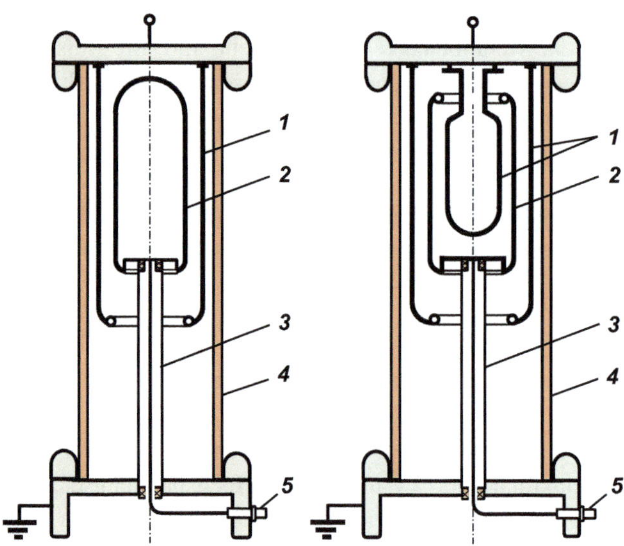

Abb. 11.10 Aufbau von Druckgaskondensatoren in der Bauart nach Schering und Vieweg **a** 2-Elektrodenanordnung **b** 3-Elektrodenanordnung *1* Hochspannungselektrode *2* Niederspannungselektrode *3* Metallrohr *4* Isolierzylinder *5* Messausgang

Bei einer anderen Bauart befinden sich die Nieder- und Hochspannungselektroden in einem gasgefüllten Metallkessel mit Durchführung für die Hochspannungselektrode. Wegen des deutlich kürzeren Tragrohres für die Niederspannungselektrode ergibt sich eine verbesserte Stabilität und geringere Spannungsabhängigkeit [11.35].

11.5.2 Einfluss des Gasdrucks

Druckgaskondensatoren werden wegen der höheren Spannungsfestigkeit und TE-Einsatzspannung überwiegend mit SF_6 bei einem Druck von $(2\ldots 5)$ bar befüllt. Früher verwendete Isoliergase waren CO_2, N_2 oder trockene Luft bei einem deutlich höheren Druck von bis zu 15 bar. Die relative Dielektrizitätszahl der Isoliergase ist nur geringfügig verschieden von eins. Bei 1 bar und 20 °C betragen die Werte $\varepsilon_r = 1{,}00205$ für SF_6, $\varepsilon_r = 1{,}00095$ für CO_2 und $\varepsilon_r = 1{,}00053$ für N_2 [11.36]. Die Dielektrizitätszahl ist von der *Gasdichte,* also vom Gasdruck p und von der Temperatur T, abhängig [1.4]:

$$\varepsilon_r = 1 + \alpha \frac{273}{100} \frac{p}{T} \qquad (11.19)$$

mit p in kPa und T in K. Der Zahlenwert α für das betreffende Gas ergibt sich aus Gl. (11.19) und der o. a. relativen Dielektrizitätszahl.

Bei einer Druckänderung berechnet sich die Kapazität zu:

$$C(p) = C_0(1 + \alpha \cdot \Delta p) \,, \qquad (11.20)$$

wobei C_0 die für den Betriebsdruck p_0 angegebene Kapazität und Δp die von p_0 abweichende Druckdifferenz ist. Durch Messung der Kapazität bei unterschiedlichen Gasdrücken lässt sich α für die verwendeten Isoliergase experimentell ermitteln. Die experimentellen α-Werte können von den mit Gl. (11.19) berechneten Werten abweichen [11.34, 11.37]. Die um 10 % bis 20 % höheren experimentellen Werte erlauben die Vermutung, dass die eingebrachten Gase verunreinigt sind, z. B. durch Feuchtigkeit mit $\varepsilon_r \approx 80$.

Der Gasdruck wird meist von einem kleinen mechanischen Manometer mit Zeigerinstrument angezeigt, das aber für Präzisionsmessungen keine ausreichend genaue Druckablesung erlaubt. In [11.28] wird über den Einsatz eines kalibrierten elektronischen *Drucksensors* mit ausreichend hoher Empfindlichkeit von 0,1 kPa berichtet. Der verwendete Drucksensor wies allerdings eine positive Drift auf, sodass ein annähernd gleichgroßer Druckverlust im Kondensator infolge eines Lecks nicht rechtzeitig erkannt werden konnte.

Druckänderungen, die allein durch Temperaturänderungen verursacht werden, beeinflussen nicht die Kapazität. Der Grund hierfür ist, dass die Anzahl der im Druckgasbehälter vorhandenen Gasmoleküle bzw. die *Gasdichte* bei einer Temperaturänderung konstant bleibt. Zwar wird sich bei einer temperaturbedingten Druckerhöhung der Druckgasbehälter geringfügig in seinen Abmessungen vergrößern, die dadurch ebenfalls nur wenig veränderte Gasdichte hat aber nur einen sehr begrenzten Einfluss von wenigen ppm auf die Kapazität [11.33]. Der Einfluss der Temperatur auf die Kapazität wird hauptsächlich durch die Längenänderung der Elektroden und des Isolierzylinders bestimmt (s. Abschn. 11.5.3).

11.5.3 Temperaturabhängigkeit

In Prüfhallen muss mit *Temperaturgradienten* von meist mehr als 0,2 K/m und zeitlichen Temperaturänderungen von ± 1 K während eines Arbeitstages gerechnet werden. Die erforderliche Bauhöhe von Druckgaskondensatoren richtet sich nach der Bemessungsspannung und beträgt bis zu mehrere Meter. Der Temperaturkoeffizient für die Kapazität von Druckgaskondensatoren nach Abb. 11.10 liegt typischerweise im Bereich von $(2 \ldots 3) \cdot 10^{-5}$ K^{-1}. Für genaue Messungen ist es empfehlenswert, eine Messstelle am Kondensator für Temperaturmessungen festzulegen und für verschiedene Temperaturen die Kapazität zu messen. Hierbei wird wegen des geringeren Aufwands zweckmäßigerweise eine Niederspannungsmessbrücke eingesetzt. An Hand der Messungen wird der *Temperaturkoeffizient* der Kapazität bestimmt, der beim weiteren Einsatz des Kondensators als Korrektion für die Kapazitätsmessung angewendet werden kann. Ob der Temperaturfühler am Fuß oder Kopf des Druckgaskondensators oder an beiden Stellen angebracht werden soll, ist durch orientierende Messungen zu ermitteln. Weiterhin ist zu berücksichtigen, dass der stationäre Zustand nach einer vorangegangenen Änderung der Lufttemperatur erst in mehr als 10 h erreicht wird. Anstelle einer Korrektion der Kapazität entsprechend der gemessenen Temperatur kann es daher besser sein, die Kapazität vor und nach einer Messperiode mit einer Niederspannungsmessbrücke direkt zu bestimmen. Damit wird auch eine mögliche Kapazitätsänderung durch ein Gasleck erfasst.

Die Temperaturabhängigkeit wird nur in geringem Umfang vom Isoliergas verursacht, und zwar indirekt durch die Ausdehnung des Isolierzylinders mit steigender Temperatur und die damit verbundene Abnahme der Dichte der Gasmoleküle. Hauptursache für den Temperatureinfluss ist die unterschiedliche Wärmeausdehnung der Metallelektroden und des äußeren Isolierzylinders. Hierbei lassen sich mehrere Anteile unterscheiden [11.33, 11.34, 11.38]. Den Hauptanteil stellt die Längenausdehnung der Niederspannungselektrode dar, die eine Kapazitätszunahme verursacht. Der zweite Anteil ist auf die unterschiedliche Längenausdehnung des Metallrohres *3* und des Isolierzylinders *5* zurückzuführen. Je nachdem, welche Ausdehnung überwiegt, wird der Abstand zwischen dem halbkugel- oder kalottenförmigen Kopf der Niederspannungselektrode *2* und der darüber befindlichen Platte größer oder kleiner und die Teilkapazität ändert sich dementsprechend. Mit steigender Temperatur dehnt sich der Kopf der Niederspannungselektrode *2* aus, wodurch die Teilkapazität zur oberen Platte zunimmt.

Durch Auswahl von Materialien mit entsprechenden Temperaturkoeffizienten lässt sich der Temperatureinfluss teilweise kompensieren und die Kapazitätsänderung begrenzen.

Eine andere Situation tritt bei einer schnellen, zeitlich begrenzten Temperaturänderung ein, z. B. beim Eindringen kalter oder warmer Luft in die Hochspannungsprüfhalle durch ein geöffnetes Hallentor. Wenn der Luftzug von einer Seite auf den Druckgaskondensator trifft, „verbiegt" sich der Isolierzylinder *4* (s. Abb. 11.10). Als Folge verändert sich die Stellung der Hoch- und Niederspannungselektroden zueinander und eine transiente Kapazitätsänderung ist die Folge. Der stationäre Zustand wird erst nach mehreren Stunden wieder erreicht. Zur Vermeidung oder zumindest Verringerung dieses Effektes kann man den Kondensator mit wärmedämmenden Isolierschaumplatten umgeben.

11.5.4 Exzentrizität und Kapazität

Die Kapazität C einer konzentrischen Elektrodenanordnung (ebenso wie die eines geschirmten Kabels) mit der Länge l, dem Innenradius r_1 des Außenzylinders und dem Außenradius r_2 des Innenzylinders beträgt [9.2, 11.35]:

$$C = \frac{2\pi\varepsilon l}{\ln(r_1/r_2)}.$$

(11.21)

Voraussetzung hierfür ist, dass keine Randeffekte an den Enden des idealen Zylinderkondensators auftreten, was durch eine doppelte Schutzringanordnung weitgehend vermieden werden kann. Die *konzentrische Elektrodenanordnung* ist dadurch ausgezeichnet, dass im Vergleich zu einer *exzentrischen Anordnung* die Kapazität ein Minimum aufweist und nicht spannungsabhängig ist.

Die Kapazität von Zylinderelektroden, deren Achsen um die *Exzentrizität e* nach Abb. 11.11 versetzt sind, ist gegeben durch [11.35]:

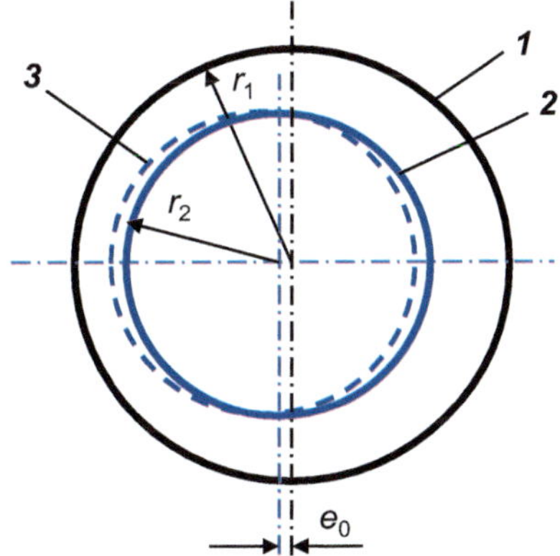

Abb. 11.11 Querschnitt durch einen zylindrischen Druckgaskondensator mit exzentrischer Niederspannungselektrode *1* Hochspannungselektrode mit Innenradius r_1 *2* Niederspannungselektrode mit Außenradius r_2 *3* ausgelenkte Niederspannungselektrode

$$C = \frac{2\pi\,\varepsilon\,l}{\ln\left(y + \sqrt{y^2 - 1}\right)} \qquad\qquad (11.22)$$

mit:

$$y = \frac{r_1^2 + r_2^2 - e^2}{2r_1 r_2}, \qquad y > 1. \qquad\qquad (11.23)$$

Eingehende Untersuchungen an älteren Druckgaskondensatoren mit Bemessungsspannungen zwischen 100 und 800 kV zeigen, dass die Exzentrizität der Elektroden bis zu 5 mm betragen kann.

Mit einem einfachen Messverfahren gewinnt man einen orientierenden Eindruck über die Exzentrizität der Niederspannungselektrode, Steifigkeit des Tragrohres und Spannungsabhängigkeit der Kapazität [11.28]. Der Druckgaskondensator wird hierzu horizontal auf den Boden gelegt, sodass sich die auf dem Tragrohr befestigte Niederspannungselektrode infolge der Schwerkraft nach unten neigt. Der Druckgaskondensator wird dann um seine Achse gedreht und die Kapazität in Abhängigkeit vom Drehwinkel β mit einer Niederspannungsbrücke gemessen. Abb. 11.12 zeigt die relative Kapazitätsänderung mit dem Drehwinkel β für zwei liegende Druckgaskondensatoren gleicher Bauart (100 pF, 120 kV) nach Abb. 11.10b, und zwar Kurve *1* für eine geringe und Kurve *2* für eine große Exzentrizität der Niederspannungselektrode. Kurve *3* in Abb. 11.12 ist die Mittellinie der beiden sinusförmigen Kurven *1* und *2*. Die Kapazitätsänderung $\Delta C(\beta)$ ist auf die Kapazität C_0 des Kondensators bei normaler senkrechter Aufstellung bezogen. Im Idealfall einer exakt konzentrischen Elektrodenanordnung

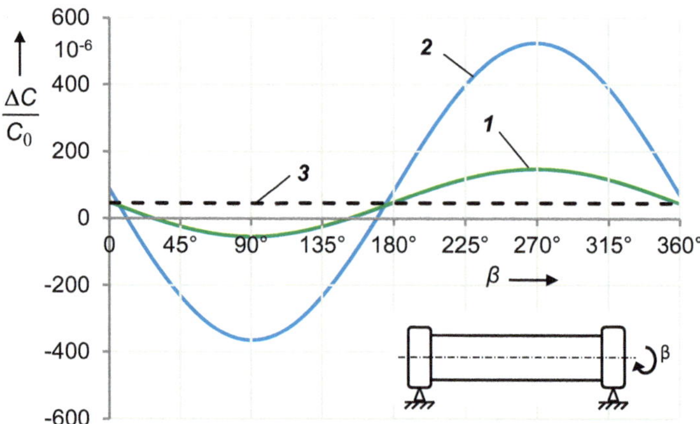

Abb. 11.12 Relative Änderung der Kapazität von liegenden Druckgaskondensatoren in Abhängigkeit vom Drehwinkel β C_0: Kapazität des Kondensators in senkrechter Aufstellung *1* geringe Exzentrizität *2* große Exzentrizität *3* Mittellinie von *1* und *2*

wäre die Neigung der Niederspannungselektrode infolge der Schwerkraft für jeden Drehwinkel gleich und die Kapazität unabhängig vom Drehwinkel, vergleichbar mit dem Verlauf von Kurve *3*.

Ähnliche Verläufe der Kapazitätsänderung wie die in Abb. 11.12 gezeigten Sinuskurven erhält man, wenn der Druckgaskondensator in der üblichen senkrechten Position um seine Achse gedreht wird und eine Kraft seitlich auf den Kondensatorkopf einwirkt. Dadurch verbiegt sich der Isolierzylinder und die daran befestigte Hochspannungselektrode verändert seine Lage. Wenn die Kraft genau in Richtung der Exzentrizität einwirkt, sodass diese sich verkleinert, wird die Kapazität minimal. Die Kapazitätsmessung erfolgt wiederum bei Niederspannung. Die Kenntnis der Richtung der Exzentrizität wird im Hochspannungseinsatz genutzt, um durch entsprechendes Kippen des Kondensators und Einwirkung der Schwerkraft auf die Niederspannungselektrode die Exzentrizität – und damit auch die Spannungsabhängigkeit – zu verringern [11.33, 11.37].

11.5.5 Spannungsabhängigkeit der Kapazität

Die Kapazität eines Druckgaskondensators ist spannungsabhängig, wenn die zylindrischen Elektroden *1* und *2* in Abb. 11.10 nicht exakt konzentrisch angeordnet sind [11.39]. Bei angelegter Hochspannung wirken dann elektrostatische Kräfte auf die exzentrisch angeordneten Elektroden ein, wodurch die auf dem langen Tragrohr montierte Niederspannungselektrode so ausgelenkt wird, dass sich die *Exzentrizität* vergrößert. Mit steigender Spannung nehmen die elektrostatischen Anziehungskräfte und damit auch die Exzentrizität und Kapazität weiter zu. Relative Kapazitätsänderungen von bis zu $200 \cdot 10^{-6}$ wurden in der Literatur angegeben. Zusätzlich zur Exzentrizität gerät die Niederspannungselektrode in eine geringe Schräglage, deren Einfluss weiter unten betrachtet wird.

Anmerkung: Bei konzentrischer Anordnung der Hoch- und Niederspannungselektroden ist die Kapazität nicht gänzlich unabhängig von der angelegten Spannung. Eine geringe Spannungsabhängigkeit ist wegen der Anziehungskräfte zwischen den beiden Zylinderelektroden nicht auszuschließen, wodurch sich ihr Abstand minimal verringert und die Kapazität vergrößert. In der Elektrodenanordnung nach Abb. 11.10a tritt ebenfalls eine minimale Erhöhung der Teilkapazität zwischen dem oberen kalottenförmigen Teil der Niederspannungselektrode und der darüber angeordneten plattenförmigen Hochspannungselektrode auf.

Infolge der Krafteinwirkung auf die Zylinderelektroden vergrößert sich die Exzentrizität um Δe und damit die Kapazität um ΔC. In [11.35] wird die *elektrostatische Anziehungskraft* mit der mechanischen Kraft ΔF verglichen, die auf die Niederspannungselektrode in Richtung der Exzentrizität ausgeübt werden muss, um eine gleichgroße Vergrößerung um Δe und ΔC zu erzielen. Nach Zwischenrechnung ergibt sich aus Gl. (11.22) folgender Ausdruck für die Abhängigkeit der Exzentrizität von der angelegten Spannung U:

$$\Delta e = \frac{U^2}{2}\frac{\Delta C}{\Delta F}.$$

(11.24)

Die Exzentrizität e_0 und die Kapazitätserhöhung ΔC infolge der Einwirkung einer mechanischen Kraft ΔF werden am geöffneten Kondensator experimentell bestimmt. Hierbei gilt die Annahme, dass elektrostatische und mechanische Kräfte vergleichbare Auslenkungen der Niederspannungselektrode bewirken. Gemäß Gl. (11.24) vergrößert sich die Exzentrizität mit dem Quadrat der angelegten Spannung. Mit bekanntem Quotienten $\Delta C/\Delta F$ lässt sich Δe und mit $e = e_0 + \Delta e$ auch die entsprechende Kapazität C für eine beliebige Spannung U mit den Gl. (11.22) und (11.23) berechnen.

Bei den meisten Untersuchungen zur Spannungsabhängigkeit wird angenommen, dass die Niederspannungselektrode genau achsparallel zur Hochspannungselektrode angeordnet ist und sich unter Einwirkung elektrostatischer Kräfte auch nur achsparallel verschiebt. Tatsächlich ist jedoch leicht einzusehen, dass die auf dem Tragrohr befestigte Niederspannungselektrode unter Einwirkung der Anziehungskraft eine Schwenkbewegung ausführt. Die Berücksichtigung des Schwenkens liefert eine Bestimmungsgleichung für die relative Kapazitätsänderung, die neben dem bekannten Quadratglied der Spannung auch ein U^4-Glied enthält [11.40]. Ziel der Untersuchungen war auch, mit der Bestimmungsgleichung den bis zu einer bestimmten Spannung gemessenen Verlauf $\Delta C/C_0 = \mathrm{f}(U)$ zu höheren Spannungen extrapolieren zu können. Die auf verschiedene Druckgaskondensatoren angewendete Gleichung führte jedoch nicht immer zum Ziel. In Untersuchungen anderer Autoren findet sich ebenfalls kein Hinweis, dass die Spannungsabhängigkeit anders als quadratisch verläuft.

In der Mehrzahl der Untersuchungen zur Spannungsabhängigkeit von Druckgaskondensatoren erfolgen die Auslenkung der Niederspannungselektrode und die Messung der Kapazität bei derselben Wechselspannung mit Netzfrequenz. In [11.41] wird die Kapazität bei Niederspannung mit 190 Hz gemessen, während die Elektrodenauslenkung durch die 50-Hz-Hochspannung erfolgt. Das Hauptproblem besteht hierbei in der Realisierung eines Filters mit scharfen Flanken, um den Einfluss der 50-Hz-Komponente und deren Harmonische auf die Messung zu unterbinden. Ein anderer Weg wird in [11.42] beschritten, indem die Elektrode bei Gleichspannung ausgelenkt und die Kapazität bei 50 Hz gemessen wird. Hier liegt das Problem in der Trennung der hohen Gleichspannung vom Messkreis.

Als probates Mittel zur Reduzierung der Spannungsabhängigkeit von Druckgaskondensatoren hat sich die Überarbeitung und *Neujustierung* der Elektroden erwiesen. Abb. 11.13 zeigt als Beispiel die Spannungsabhängigkeit eines 120-kV-Druckgaskondensators mit der dreiteiligen Elektrodenanordnung nach Abb. 11.10b, dessen Verhalten beim horizontalen Drehtest durch Kurve *2* in Abb. 11.12 charakterisiert ist. Im Originalzustand des Kondensators beträgt die relative Kapazitätszunahme $\Delta C/C_0 = 63 \cdot 10^{-6}$ bei 100 kV (Kurve *1* in Abb. 11.13), wobei C_0 die bei Niederspannung gemessene Kapazität ist. Nach Öffnung des Kondensators und einer einfachen

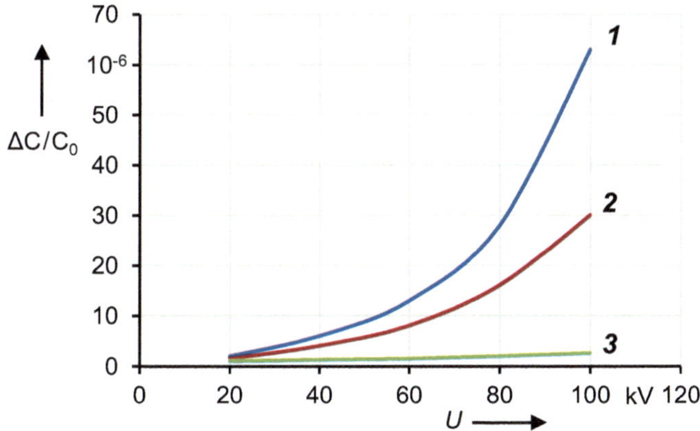

Abb. 11.13 Relative Kapazitätsänderung $\Delta C/C_0$ eines Druckgaskondensators (120 kV, 100 pF) in Abhängigkeit von der angelegten Spannung U *1* Originalzustand *2* nach Neujustierung der Elektroden *3* nach gründlicher Überarbeitung der Elektroden und Neujustierung

Neujustierung der Elektroden verringert sich der Anstieg der Kapazität auf weniger als die Hälfte (Kurve *2*). Schließlich führt eine umfangreiche Überarbeitung der Elektroden, Aufbringen einer Nickelschicht und sorgfältige Neujustierung auf einen Wert von nur noch $3 \cdot 10^{-6}$ (Kurve *3*) [11.28, 11.34].

Bei der üblichen konventionellen Linearitätsprüfung wird der Druckgaskondensator mit einem Normalkondensator, in der Regel ebenfalls ein Druckgaskondensator, in einer Brückenschaltung verglichen (s. Abschn. 11.3). Hierbei sollte der Normalkondensator für eine deutlich höhere Spannung ausgelegt sein, sodass dessen Kapazität im untersuchten Spannungsbereich als annähernd konstant angesehen werden kann.

11.5.6 Mechanische Eigenschwingung und Resonanzfrequenz

Von gasisolierten Normalkondensatoren mit übereinander geschichteten Plattenelektroden ist bekannt, dass die Platten zum Schwingen gebracht werden können [11.43]. Die mechanische Eigenfrequenz der untersuchten Plattenkondensatoren mit Bemessungsspannungen von bis zu 1,4 kV kann ein Mehrfaches der Netzfrequenz betragen. Resonanzartige Änderungen der Kapazität und des Verlustfaktors treten in der Nähe der halben Eigenfrequenz auf.

Die Niederspannungselektrode eines Druckgaskondensators und ihr Tragrohr stellen ebenfalls ein schwingungsfähiges System dar, das theoretisch und experimentell eingehend in [11.44] untersucht wird. Gibt man auf den Kondensatorkopf von außen einen mechanischen Stoß, überträgt sich dieser auf die Niederspannungselektrode, die dadurch zu einer gedämpften Schwingung mit der *mechanischen Eigenfrequenz* f_0 angeregt wird. Die Hochspannungselektrode bleibt wegen der wesentlich größeren Steifigkeit des äußeren Isolierzylinders nahezu unbewegt. Aus dem für jeden Kondensator typischen Schwingungsverlauf der Niederspannungselektrode lassen sich wichtige Daten wie die Eigenfrequenz, Exzentrizität der Elektrodenanordnung und Spannungsabhängigkeit der Kapazität ableiten.

Grundsätzlich nimmt die Eigenfrequenz eines Druckgaskondensators mit steigender Bemessungsspannung wegen der zunehmenden Länge des Tragrohres und größeren Masse der Niederspannungselektrode ab. Von der Eigenfrequenz zu unterscheiden ist die Frequenz einer Wechselspannung, bei der die Niederspannungselektrode infolge der elektrostatischen Krafteinwirkung in Resonanz gerät. In der Umgebung der *Resonanzfrequenz*, die gleich der halben Eigenfrequenz ist, tritt eine ausgeprägte Änderung der Kapazität und des Verlustfaktors auf.

11.5.6.1 Mechanische Eigenschwingung

Die Kapazität C von Zylinderelektroden mit der Exzentrizität e_0 beträg:

$$C = C_\mathrm{c}\left(1 + b\,e_0^2\right), \tag{11.25}$$

wobei C_c die Kapazität der konzentrischen Elektrodenanordnung nach Gl. (11.21) und b eine von den Radien r_1 und r_2 der zylindrischen Elektroden abhängende Konstante ist:

$$b = \frac{1}{(r_1^2 - r_2^2)\cdot\ln(r_1/r_2)}. \tag{11.26}$$

Ein mechanischer Stoß auf den Kopf eines Druckgaskondensators nach Abb. 11.10a bringt die Niederspannungselektrode zum Schwingen [11.44]. Die Eigenschwingung, die durch den mechanischen Stoß in Richtung der Exzentrizität ausgelöst wird, lässt sich als zeitabhängige Auslenkung $e(t)$ der Niederspannungselektrode mit dem Anfangswert e_0 und einer überlagerten Sinusschwingung mit der Amplitude $\hat{e}_\mathrm{m}$ und Kreisfrequenz $\omega_0 = 2\pi f_0$ darstellen:

$$e(t) = e_0 - \hat{e}_\mathrm{m}\sin\omega_0 t. \tag{11.27}$$

Der Einfachheit halber wird die Schwingung mit der Eigenfrequenz f_0 als ungedämpft angenommen. Die schwingende Niederspannungselektrode ruft gemäß Gl. (11.25), in der e_0 durch $e(t)$ nach Gl. (11.27) ersetzt wird, eine charakteristische Schwingung der Kapazität $C(t)$ hervor:

$$C(t) = C_\mathrm{c}\left[1 + b\left(e_0 - \hat{e}_\mathrm{m}\sin\omega_0 t\right)^2\right]. \tag{11.28}$$

Die Eigenschwingung der Niederspannungselektrode lässt sich einfach nachweisen und auswerten, indem eine Gleichspannung U von einigen Kilovolt an den Kondensator gelegt und der durch den Kondensator fließende Strom $i(t)$ von einem Recorder aufgezeichnet wird:

$$i(t) = U\frac{dC(t)}{dt} = UC_c\,e_0^2\,b\omega_0\left[\left(\frac{\hat{e}_m}{e_0}\right)^2\sin 2\omega_0 t - 2\left(\frac{\hat{e}_m}{e_0}\right)\cos\omega_0 t\right]. \quad (11.29)$$

Der zeitliche Verlauf von $i(t)$ nach Gl. (11.29) setzt sich im Allgemeinen aus zwei Schwingungsanteilen zusammen, die einfache und doppelte Eigenfrequenz aufweisen und deren Amplituden vom Verhältnis $\hat{e}_m/e_0$ abhängen. Hierbei können drei Fälle unterschieden werden. Im Idealfall konzentrischer Zylinderelektroden mit $e_0 = 0$ entfällt das zweite Glied in der eckigen Klammer von Gl. (11.29), d. h., die Kapazität und damit der Kondensatorstrom oszillieren mit $2f_0$, also der doppelten Eigenfrequenz. Für $e_0 >> e_m$ ist das erste Glied in der eckigen Klammer von Gl. (11.29) vernachlässigbar, und $C(t)$ wie auch $i(t)$ schwingen mit der einfachen Eigenfrequenz f_0. Für alle anderen Werte von $\hat{e}_m/e_0$ kommt es zu einer Überlagerung von Schwingungen mit einfacher und doppelter Eigenfrequenz.

Die theoretischen Ergebnisse werden durch Messungen an mehreren Druckgaskondensator bestätigt [11.45–11.47]. Typische Werte der mechanischen Eigenfrequenz liegen im Bereich von $f_0 = 52$ Hz für einen 120-kV-Kondensator mit 50 pF bis hinunter zu $f_0 = 8$ Hz für einen 800-kV-Kondensator mit 68 pF. In Abb. 11.14 sind Beispiele für den gemessenen Stromverlauf $i(t)$ von drei Druckgaskondensatoren nach Anregung durch einen mechanischen Stoß zusammengestellt. Im Oszillogramm in Abb 11.14a, das den Stromverlauf eines 500-kV-Kondensators zeigt, sind die beiden Frequenzanteile mit f_0 und $2f_0$ deutlich zu erkennen. Das Oszillogramm in Abb 11.14b zeigt den Stromverlauf eines 800-kV-Druckgaskondensators, bei dem der Anteil mit $2f_0$ nur sehr schwach vertreten ist. Im Oszillogramm eines weiteren 500-kV-Druckgaskondensators tritt praktisch nur der f_0-Anteil auf (Abb 11.14c).

Aus der für den jeweiligen Druckgaskondensator typischen Schwingung von $i(t)$ lässt sich mit den Werten des Stromes bei $\omega t = 0$ und $\omega t = \pi/4$ die Exzentrizität e_0 im Ruhezustand bestimmen. Zum Beispiel ergibt die Rechnung für den 500-kV-Kondensator mit $i(t)$ in Abb. 11.14a eine recht große Exzentrizität $e_0 = 4{,}34$ mm, während der andere 500-kV-Kondensator (Abb. 11.14c) eine deutlich kleinere Exzentrizität $e_0 = 0{,}23$ mm aufweist. Die Auswertung für den 800-kV-Druckgaskondensators liefert eine Exzentrizität von $e_0 = 0{,}64$ mm. In [11.46, 11.47] finden sich weitere Daten der untersuchten Kondensatoren, z. B. Frequenz und Amplitude der Eigenschwingungen nach Anregung durch einen Stoß.

11.5.6.2 Elektrische Resonanz

Die Auslenkung der exzentrisch angeordneten Niederspannungselektrode eines Druckgaskondensators infolge der elektrostatischen Kraftwirkung einer hohen Wechselspannung wird in [11.46, 11.47] eingehend untersucht. Für ein einfaches mechanisch-elektrisches Modell des Druckgaskondensators lässt sich unter Berücksichtigung der Elektrodenmasse, Dämpfung und Federkonstante eine zweidimensionale Differentialgleichung aufstellen, deren Lösung eine Bestimmungsgleichung für die Elektrodenauslenkung $e(t)$ infolge elektrisch angeregter Resonanz liefert. Davon lassen

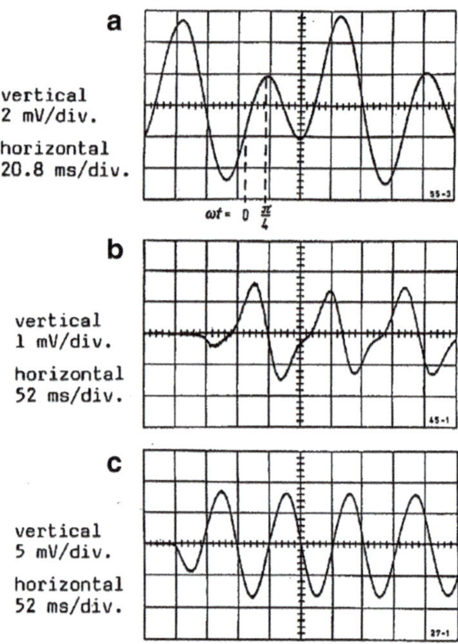

Abb. 11.14 Zeitlicher Verlauf des Kondensatorstromes $i(t)$ von drei Druckgaskondensatoren mit unterschiedlicher Exzentrizität e_0 nach Anregung durch einen mechanischen Stoß [11.45, Abb. 5] **a** $e_0 < \hat{e}_{\mathrm{m}}$ (50 pF, 500 kV) **b** $e_0 > \hat{e}_{\mathrm{m}}$ (68 pF, 800 kV) **c** $e_0 >> \hat{e}_{\mathrm{m}}$ (50 pF, 500 kV)

sich weitere Gleichungen ableiten, die die Spannungs- und Frequenzabhängigkeit der Kapazität und des Verlustfaktors beschreiben. Die Berechnungen werden durch umfangreiche experimentelle Untersuchungen ergänzt.

Als Beispiel zeigt Abb. 11.15 die Frequenzabhängigkeit der Kapazität C und des Verlustfaktors $\tan\delta$ eines 120-kV-Druckgaskondensators bei 100 kV. In der Umgebung der

Abb. 11.15 Resonanzverhalten eines Druckgaskondensators (100 pF, 120 kV) bei angelegter Wechselspannung von 100 kV [11.46, Fig. 7a] **a** rel. Änderung der Kapazität C **b** rel. Änderung des Verlustfaktors $\tan\delta$

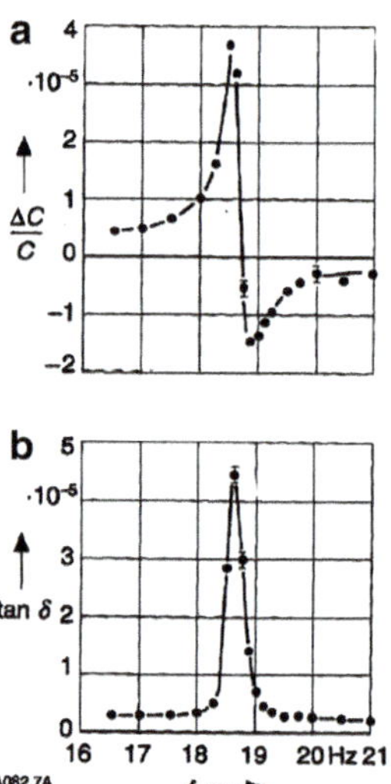

halben mechanischen Eigenfrequenz, also bei $f = f_0/2 = 18{,}7$ Hz, zeigen C und $\tan\delta$ ein ausgeprägtes Resonanzverhalten. Die starke Zunahme des Verlustfaktors in Abb. 11.15b entsteht dadurch, dass dem elektrischen Feld durch die schwingende Niederspannungselektrode Energie entnommen wird. Messungen an anderen Druckgaskondensatoren zeigen mitunter weitere kleinere Resonanzstellen in der Nähe der Hauptresonanz. Zusammenfassend lässt sich feststellen, dass die *elektrischen Resonanzfrequenzen* der untersuchten Druckgaskondensatoren deutlich unterhalb der üblichen Netzfrequenzen von 50 Hz und 60 Hz liegen. Ob ein Druckgaskondensator für Messungen bei niedrigeren Frequenzen, z. B. bei der Betriebsfrequenz von 16,7 Hz der Deutschen Bahn, eingesetzt werden kann, ist daher unbedingt zu überprüfen.

Literatur

11.1.   Wimmershoff, R., Wendt, C.: Dielectric diagnostic of cables and cables connected with ring main units. Proc. 10. ISH Montreal, Beitrag 3549 (1997)

11.2.   Hadid, S., Schmidt, U., Schufft, W., Rätzke, S.: Frequency dependence of the dissipation factor of PE/XLPE-insulated medium voltage cables. Proc. 18. ISH Seoul, Beitrag PD-37 (2013)

11.3.   IEC 62631-2-1: Dielectric and resistive properties of solid insulating materials – Part 2–1: Relative permittivity and dissipation factor – Technical Frequencies (0,1 Hz–10 MHz) - AC Methods (2018)

11.4.   Deutsche Fassung: DIN EN IEC 62631-2-1: Dielektrische und resistive Eigenschaften fester Elektroisolierstoffe – Teil 2– 1: Relative Permittivität und Verlustfaktor – Technische Frequenzen (0,1 Hz bis 10 MHz) -Wechselspannungsverfahren (2018)

11.5.   Liu, Y., Cao, X.L., Li, X.M.: Adjustable non-contact electrode and measurements on ε_r and $\tan\delta$ of insulating materials. Proc. 14. ISH Beijing, Beitrag H-47 (2005)

11.6.   Ohlen, M., Werelius, P., Cheng, J.: Dielectric response measurements in frequency, temperature and time domain. Proc. 18. ISH Seoul, Beitrag OD7-06 (2013)

11.7.   Homagk, C., Leibfried, T.: Insulation diagnosis using dissipation factor measurements. Proc. 14. ISH Beijing, Beitrag G-070 (2005)

11.8.   Reumann, A., Liebschner, M., Küchler, A., Langens, A., Titze, J.: On-line monitoring of capacitance and dissipation factor of HV bushings. Proc. 16. ISH Johannesburg, Beitrag A-43 (2009)

11.9.   Nikjoo, R., et al.: Insulation condition diagnostics of oil impregnated paper by utilizing power system transients. Proc. 18. ISH Seoul, Beitrag OD7-064 (2013)

11.10. Schering, H.: Brücke für Verlustmessungen. Z. Instrum. **40**, 24 (1920)

11.11. Braun, A., Schon, K.: Harald Schering, seine Arbeiten und die heutigen Aufgaben der PTB auf den Gebieten Messwandler und Hochspannung. PTB-Mitt. **107**, 227–236 (1997)

11.12. Wiessner, W.: Beseitigung von Störungen durch Streukapazitäten in Kapazitätsmessbrücken mit Wagnerscher Hilfsschaltung. Z. Instrum. **65**, 139–144 (1957)

11.13. Baker, W.B.: Recent developments in 50 c/s bridge networks with inductively coupled ratio arms for capacitance and loss-tangent measurements. Proc. IEE Pt. **109**, 243–247 (1962)

11.14. Kusters, N.L., Petersons, O.: A transformer-ratio-arm bridge for high-voltage capacitance measurements. IEEE Trans. CE **82**, 606–611 (1963)

11.15. Petersons, O.: A self-balancing high voltage capacitance bridge. IEEE IM **13**, 216–224 (1964)

11.16. Zinn, E., Braun, A., Köhler, H.J.: Kapazitäts- und Verlustfaktormesseinrichtung mit selbsttätiger Abgleichung. Techn. Mess. **2**, 924–925 (1977)

11.17. Seitz, P., Osvath, P.: Microcomputer controlled transformer ratio-arm bridge. Proc. 3. ISH Mailand, Beitrag 43.11 (1979)

11.18. Osvath, P., Widmer, S.: Automatische Kapazitäts- und Verlustfaktor tanδ-Messung im industriellen Umfeld. E-wirtschaft **85**, 911–913 (1986)

11.19. Gourney, P.: Capacitance and dissipation factor measurements under high voltage at BNM-LCIE. CPEM Digest, Beitrag WEP5– 5 (2000)

11.20. Tschirschwitz, T., Seitz, P.: Current transformers with electronic error compensation – An application for precision capacitance and dissipation factor measurements on large capacitive loads. Proc. 5. ISH Braunschweig, Beitrag 73.13 (1987)

11.21. Braun, A., Richter, H.: Determination of the voltage dependence of the capacitance of high-voltage standard capacitors. Proc. 5. ISH Braunschweig, Beitrag 73.10 (1987)

11.22. Kaul, G., Plath, R., Kalkner, W.: Development of a computerised loss factor measurement system for different frequencies, including 0.1 Hz and 50/60 Hz. Proc. 8. ISH Yokohama, Beitrag 56.04 (1993)

11.23. Kornhuber, S., Markalous, S., Muhr, M., Strehl, T., Sumereder, C.: Comparison of methods for the dissipation factor measurement at practical examples. Proc. 16. ISH Johannesburg, Beitrag C-43 (2009)

11.24. Ramm, G., Roeissle, G., Latzel, H.-G.: Rechnergesteuerte Kalibrierung von Messeinrichtungen für Strom- und Spannungswandler. PTB-Mitt. **108**, 188–200 (1998)

11.25. Ramm, G., Moser, H.: Calibration of electronic capacitance and dissipation factor bridges. IEEE Trans. IM **52**, 396–399 (2003)

11.26. Ramm, G., Moser, H.: From the calculable AC resistor to capacitor dissipation factor determination on the basis of time constants. IEEE Trans. IM **50**, 286–289 (2001)

11.27. Simmon, E.D., FitzPatrick, G.J., Petersons, O.: Calibration of dissipation factor standards. IEEE Trans. IM, 450–452 (1999)

11.28. Petersons, O.P., Anderson, W.E.: A wide-range high-voltage capacitance bridge with one ppm accuracy. IEEE Trans. IM, 336–344 (1975)

11.29. Latzel, H.-G., Schon, K.: Internationale Vergleichsmessungen von Kapazität und Verlustfaktor bei Hochspannung. PTB-Mitt. **99**, 227–234 (1989)

11.30. Thoma, P.: Absolute calorimetric determination of dielectric loss factors at $\omega = 10^4$ s^{-1} and 4.2 K and application to the measurement of loss factors of standard capacitors at room temperature. IEEE Trans. IM **29**, 328–330 (1980)

11.31. Hanke, R., Thoma, P.: Messung des Verlustfaktors von Normalkondensatoren. PTB-Jahresbericht, Beitrag 3.2.11 (1980)

11.32. Thoma, P., Thiemig, M.: Kalibrierung des Verlustfaktors zweier Normalkondensatoren mit Hilfe eines kryokalorimetrischen Verlustfaktornormals zwischen 50 Hz und 10 kHz. PTB-Jahresbericht, Beitrag 2.2.7 (1989)

11.33. Schering, H., Vieweg, R.: Ein Meßkondensator für Höchstspannungen. Z. Techn. Physik. **9**, 442–445 (1928)

11.34. Rungis, J., Brown, D.E.: Experimental study of factors affecting capacitance of high-voltage compressed-gas capacitors. IEE Proc **128**, Pt. A, 273–277 (1981)

11.35. Latzel, H.-G., Schon, K.: Precise capacitance measurements of high voltage compressed gas capacitors. IEEE Trans. IM **36**, 381–384 (1987)

11.36. Hillhouse, D.L., Peterson, A.E.: A 300-kV compressed gas standard capacitor with negligible voltage dependence. IEEE Trans. IM **22**, 408–416 (1973)

11.37. Ivers-Tiffée, E., von Münch, W.: Werkstoffe der Elektrotechnik. Teubner, Wiesbaden (2007)

11.38. Anderson, W.E., et al.: An international comparison of high voltage capacitor calibrations. IEEE Trans. PAS **97**, 1217–1223 (1978)

11.39. Latzel, H.-G.: Temperature-induced transient capacitance change in HV standard capacitors. Proc. 7. ISH Dresden, Beitrag 63.06 (1991)

11.40. Keller, A.: Konstanz der Kapazität von Preßgaskondenstoren. ETZ-A **80**, 757–761 (1959)

11.41. Zinkernagel, J.: Modellrechnungen zur Spannungsabhängigkeit der Kapazität von Preßgaskondensatoren. Arch. Elektrotech. **60**, 299–305 (1978)

11.42. Zinkernagel, J.: A double frequency method for the determination of the voltage dependent capacitance variation of compressed gas capacitors. IEEE Trans. PAS **98**, 306–309 (1979)

11.43. Leren, W., Latzel, H.-G.: Messung der Spannungsabhängigkeit der Kapazität von Druckgaskondensatoren mit dem Gleichspannungsverfahren. PTB-Mitt. **96**, 83–87 (1986)

11.44. Kusters, N.L., Petersons, O.: The voltage coefficients of precision capacitors. IEEE Trans. CE **60**, 612–621 (1963)

11.45. Latzel, H.-G., Kind, D.: Kinetic method for evaluating the voltage dependence of high-voltage compressed gas standard capacitors. Proc. 6. ISH New Orleans, Beitrag 47.06 (1989)

11.46. Latzel, H.-G.: Frequency dependence of capacitance and dissipation factor in high-voltage compressed gas capacitors due to mechanical resonance. etz-Archiv **12**, 313–319 (1990)

11.47. Latzel, H.-G.: Voltage-induced capacitance and variation in high-voltage compressed capacitors due to electrode flexibility. PTB-Bericht E-40 (1990)

Grundlagen der Teilentladungsmesstechnik

12

Mit *Teilentladung* bezeichnet man eine kleine, räumlich begrenzte elektrische Entladung. Sie entsteht, wenn an einer Stelle der Isolierung die elektrische Feldstärke den kritischen Wert zur Stoßionisation überschreitet und ein Anfangselektron vorhanden ist. Eine derartige lokale Entladung wird auch als unvollkommener Durchschlag bezeichnet, da die Festigkeit der Isolierung insgesamt noch nicht beeinträchtigt ist. Hierbei wird zwischen inneren und äußeren Teilentladungen sowie *Gleitentladungen* unterschieden. Die im Innern einer Isolieranordnung auftretenden Teilentladungen stellen eine besondere Gefährdung dar, weil sie häufig unerkannt bleiben und bei längerer Einwirkung zu einer Schädigung bis hin zur Zerstörung der Isolierung infolge eines vollständigen Durchschlags führen können. Äußere Teilentladungen, auch *Korona (-entladungen)* genannt, entstehen in der Umgebung von metallischen Leitern oder Elektroden mit kleinem Krümmungsradius, die von Luft oder anderen Gasen umgeben sind, z. B. Hochspannungsfreileitungen. Gleitentladungen finden bei tangentialem Feldverlauf längs der Oberfläche einer Feststoffisolierung in einer Leiter-Erde-Anordnung statt, z. B. bei Hochspannungskabeln, deren Schirmung am Kabelende entfernt ist.

Innere Teilentladungen und deren Messung haben seit 1950, als Kunststoffe mehr und mehr als Hochspannungsisolierung eingesetzt wurden, verstärkt Bedeutung erlangt. Die Prüfung von Hochspannungsgeräten und Betriebsmitteln der elektrischen Energieversorgung auf Teilentladungen ist eine der wichtigsten und schwierigsten Prüfungen in der Hochspannungsprüftechnik. In der Regel sind innere Teilentladungen nicht direkt der Messung zugänglich, sondern nur die als Folge an den Prüflingsklemmen auftretenden oder mit einer Messsonde empfangenen Impulse. Für die verschiedenen Betriebsmittel wurden und werden individuelle Messverfahren mit rechnergestützter Datenverarbeitung entwickelt und ständig erweitert. Stichworte hierzu sind *Vor-Ort-Messungen* von Teilentladungen nach Installation des Betriebsmittels, Lokalisierung einzelner oder mehrerer Fehlstellen in räumlich ausgedehnten Betriebsmitteln, permanente Überwachung der Teilentladungsstärke im *Online-Betrieb* und Verfahren zur Unterscheidung von Störeinflüssen. Teilentladungen sind

© Springer Fachmedien Wiesbaden GmbH, ein Teil von Springer Nature 2021
K. Schon, *Hochspannungsmesstechnik,* https://doi.org/10.1007/978-3-658-33793-3_12

mit elektromagnetischen, akustischen, optischen und chemischen Effekten verbunden, die ebenfalls zum Nachweis und zur Diagnose genutzt werden, insbesondere bei komplexen Betriebsmitteln wie Transformatoren und gasisolierte Schaltanlagen (GIS).

Dieses Kapitel befasst sich mit den Grundlagen der Messgeräte und Messverfahren für Teilentladungen bei Wechselspannung, insbesondere zur Bestimmung der sogenannten *scheinbaren Ladung*. Die stetig verbesserten elektromagnetischen, akustischen und optischen Diagnoseverfahren werden grundsätzlich behandelt; auf die Messtechniken bei Gleich- und Stoßspannungen wird kurz eingegangen. Ausführliche Darstellungen über das Entstehen von Teilentladungen, die verschiedenen Teilentladungsformen, Ersatzschaltbilder und weiterführende Messtechniken findet der interessierte Leser in [12.1–12.3, auch 1.1–1.6].

12.1 Innere Teilentladungen bei Wechselspannung

Das Auftreten von *Teilentladungen* (TE) im Innern einer Hochspannungsisolierung ist zunächst ein deutliches Anzeichen für eine fehlerhafte Ausführung der Isolierung. So können z. B. beim Herstellungsprozess von Isolierungen aus Tränkharz winzige gasgefüllte Hohlräume entstehen, in denen wegen der kleineren *Permittivität* des eingeschlossenen Gases die elektrische Feldstärke deutlich höher als im umgebenden Dielektrikum ist. Erreicht die Feldstärke im Hohlraum den zur Ionisation des Gasgemisches erforderlichen Wert und ist ein Anfangselektron vorhanden, erfolgt eine örtlich begrenzte Entladung, die als Teilentladung bezeichnet wird. Das den Hohlraum umgebende Dielektrikum bleibt zunächst noch spannungsfest. Nach jahrelanger Einwirkung der Teilentladungen steigt jedoch infolge vielfältiger Mechanismen die Wahrscheinlichkeit einer fortschreitenden Schädigung der Isolierung bis hin zum vollständigen Durchschlag. Weitere Beispiele für das Auftreten innerer Teilentladungen sind Gasblasen in ölisolierten Transformatoren und fehlerhafte Kabelgarnituren. Bei älteren VPE-Kabeln kommt es durch Einschluss von Fremdkörpern oder Unregelmäßigkeiten der Leiterglättung zu lokalen Feldstärkeerhöhungen und damit zu einer fortschreitenden Erosion in Form von bäumchenartigen Entladungsstrukturen, die zur Gegenelektrode vorwachsen und den vollständigen Durchschlag einleiten.

Abb. 12.1a zeigt das einfache Modell einer an Hochspannung liegenden Isolieranordnung mit einem gasgefüllten Hohlraum als innere Fehlstelle, die auch direkt in der Grenzschicht zwischen einer Elektrode und dem Dielektrikum liegen kann. In dem einfachen Ersatzschaltbild in Abb. 12.1b für Wechselspannung in Anlehnung an Gemant und Philippoff ist C_1 die Kapazität des Hohlraumes, C_2 die Kapazität der in Reihe zum Hohlraum liegenden Isolierung und C_3 die parallel liegende Kapazität der Gesamtanordnung [12.4]. Parallel zur Hohlraumkapazität C_1 liegt die Funkenstrecke F, die bei Erreichen der Ionisierungsbedingungen zündet. Der Entladestrom fließt über den zusätzlichen Widerstand R und wird dadurch in der Zeitdauer und Höhe begrenzt. Bei sehr niedrigen Frequenzen, z. B. bei Kabelprüfungen, sind ggf. noch die hochohmigen Isolationswiderstände parallel zu C_1 und C_2 zu berücksichtigen.

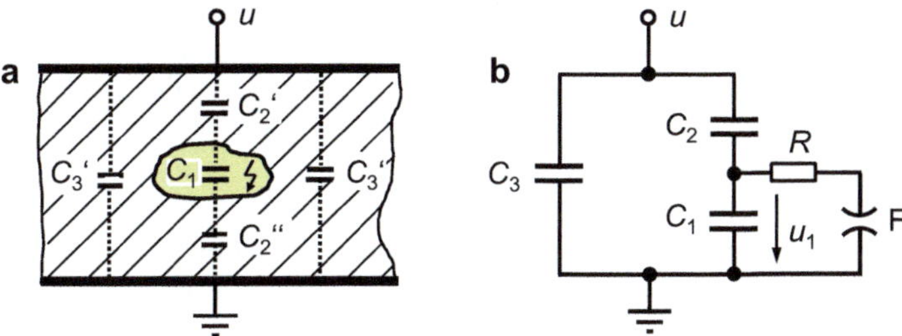

Abb. 12.1 Hochspannungsisolierung mit gasgefülltem Hohlraum **a** Anordnung mit Teilentladung im Hohlraum **b** Ersatzschaltbild mit Funkenstrecke F

An Hand des Ersatzschaltbildes lassen sich die Vorgänge vereinfacht beschreiben. Solange die Funkenstrecke F nicht zündet, verläuft $u_1(t)$ wie die Prüfwechselspannung $u(t)$ entsprechend dem kapazitiven Teilungsverhältnis:

$$u_1(t) = u_{10}(t) = \frac{C_2}{C_1 + C_2} u(t), \tag{12.1}$$

wobei $u_{10}(t)$ den (theoretischen) Spannungsverlauf an C_1 ohne Entladung bezeichnet. Wenn $u_1(t)$ die Zündspannung u_z der Funkenstrecke F erreicht, entlädt sich die Hohlraumkapazität C_1 und u_1 bricht bis auf eine kleine Restspannung, d. i. die Löschspannung der Teilentladung, zusammen (Abb. 12.2). Bei weiterem Anstieg der Prüfspannung $u(t)$ nimmt $u_1(t)$ wieder zu, bis bei erneutem Erreichen der Zündspannung der nächste Teildurchschlag im Hohlraum eintritt, usw. Eine Serie von Teilentladungen ist die Folge. In der negativen Spannungshälfte wiederholen sich die Auf- und Entladungsvorgänge gleichermaßen. Durch verschiedene Einflüsse, z. B. Fehlen von Anfangselektronen im Hohlraum, Bildung von Raumladungen und Ablagerung von Zersetzungsprodukten an den Hohlraumwänden, kann die Regelmäßigkeit der Teilentladungen gestört sein.

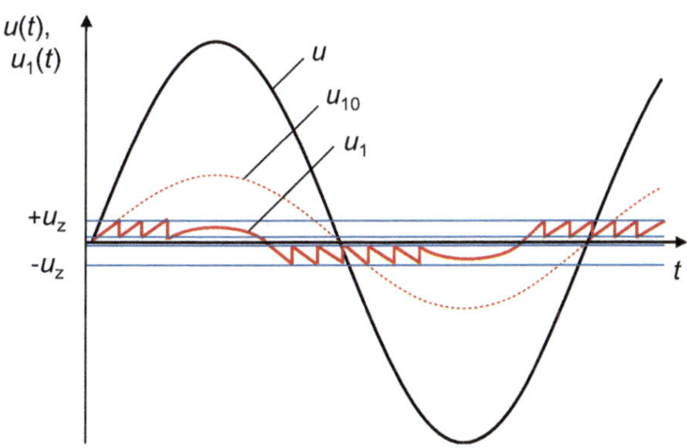

Abb. 12.2 Spannungsverläufe im Ersatzschaltbild nach Abb. 12.1 für innere Teilentladungen (Prinzip) u: Prüfwechselspannung u_{10}: Spannung an der Funkenstrecke F ohne Teilentladungen u_1: Spannung an der Funkenstrecke F mit Teilentladungen

Anmerkung Das einfache Modell mit dem Ersatzschaltbild in Abb. 12.1b wird von einigen Autoren als unbefriedigend erachtet, da es die Physik der Gasentladung nicht ausreichend berücksichtigt. Als Alternative wird in [1.5] ein Modell vorgestellt, bei dem die Teilentladung im Hohlraum der Isolierung durch einen Dipol repräsentiert wird.

Die in der Fehlstelle ablaufenden Vorgänge sind im Allgemeinen der Messung nicht zugänglich. Als Folge der inneren Teilentladungen und Nachladevorgänge kommt es zu sehr kleinen *transienten Strom- bzw. Spannungsänderungen* an den Prüflingsklemmen, die direkt oder mit Hilfe von Sensoren gemessen werden können. Diese messbaren TE-Impulse erlauben allerdings, abgesehen von Laboruntersuchungen an einfachen Probekörpern bekannter Geometrie, keine Rückschlüsse auf die inneren Teilentladungen und die untersuchten Messgrößen, z. B. die *Entladungsleistung*. Sie zeigen auch keinen direkten Zusammenhang mit der allmählichen Schädigung der Isolierung. Typisch für innere Teilentladungen ist, dass die TE-Impulse im Bereich der Nulldurchgänge der Prüfspannung auftreten. Andere Phasenlagen und Erscheinungsformen der TE-Impulse sind bei äußeren Teilentladungen und anderen Elektrodenanordnungen zu beobachten. Zusätzliche Fehlstellen im Dielektrikum verursachen weitere Teilentladungen bei anderen Spannungshöhen, wodurch das Erscheinungsbild der TE-Impulse kompliziert wird.

Bei der TE-Prüfung eines Hochspannungsgerätes wird die Prüfwechselspannung von einem niedrigen Anfangswert bis zu der Spannung unterhalb des zulässigen Grenzwertes gesteigert, bei der erstmals Teilentladungen gemessen werden. Bei dieser *TE-Einsetzspannung* tritt in der Regel je ein TE-Impuls in der positiven und negativen Spannungshälfte auf. Wird die Prüfspannung weiter bis zum zulässigen Grenzwert gesteigert, kann sich die Zahl der TE-Impulse und durch Zünden weiterer Fehlstellen auch die *TE-Stärke* erhöhen. Beim anschließenden Absenken der Prüfspannung setzen die Teilentladungen bei der *TE-Aussetzspannung* aus, die gewöhnlich unterhalb der TE-Einsetzspannung liegt. Eine wichtige Forderung ist, dass nicht nur die TE-Einsetzspannung, sondern auch die TE-Aussetzspannung größer als die Betriebsspannung ist. Dadurch wird sichergestellt, dass Teilentladungen, die infolge einer kurzzeitigen Überspannung gezündet werden, bei Wiedererreichen der Betriebsspannung nicht mehr auftreten [12.5, 12.6].

Anmerkung „TE-Stärke" ist nach [12.6] die richtige Bezeichnung, nicht „TE-Intensität". „Intensität" ist eine bezogene Größe, z. B. auf die Fläche. Vergleichbares gilt für „Stromstärke" und „Stromintensität".

12.2   Eigenschaften von TE-Impulsen

Teilentladungen im Innern von Isolieranordnungen sind sehr kurze elektrische Impulse, deren Anstiegszeit und Impulsdauer im Bereich von Nanosekunden liegen können [12.7, 12.8]. Extrem kurze Anstiegszeiten haben Teilentladungen in Gasisolierungen. Bei einer Spitze-Platte-Anordnung in einer mit SF_6 gefüllten Druckgaskammer wurden Anstiegszeiten von nur 35 ns bis hinunter zu 22,3 ps gemessen, wobei die Bandbreite des verwendeten Digitaloszilloskops 32 GHz betrug [12.9, 12.10]. Die Teilentladungen im Isolierstoffinnern eines Betriebsmittels sind, wie bereits erwähnt, nicht direkt messbar. Sie rufen aber an den äußeren Geräteklemmen Impulse hervor, die als TE-Impulse bezeichnet werden und der Messung zugänglich sind, aber sich im Allgemeinen deutlich von den im Dielektrikum auftretenden „wahren" Teilentladungen unterscheiden.

Ein TE-Impuls lässt sich formal durch Überlagerung zweier Exponentialfunktionen als Stromimpuls $i(t)$ darstellen [12.11]. Zur Kennzeichnung des Zeitverlaufs werden hier T_p als Zeit bis zum Maximum i_max und T_2 als Rückenhalbwertzeit, bei der $i(t)$ auf $0{,}5 i_\mathrm{max}$ abgefallen ist, bezeichnet (Abb. 12.3a). Das Spektrum dieser Impulse lässt sich mit dem Fourier-Integral oder der Laplace-Transformation berechnen (s. Kap. 8). Für drei verschiedene Wertepaare von T_p und T_2 zeigt Abb. 12.3b die Amplitudendichte $F(f)$, bezogen auf den jeweiligen Wert $F_0 = F(f = 0)$. Für die extrem kurzen TE-Impulse mit Anstiegszeiten von einigen 10 ps reicht das Spektrum bis in den GHz-Bereich.

> **Anmerkung** Der unendlich schmale Dirac-Impuls hat bekanntlich ein Spektrum, das bis zu unendlich hohen Frequenzen konstant bleibt.

> **Anmerkung** Teilentladungen sind nicht immer impulsförmig. Untersuchungen an Spitze-Platte-Anordnungen zeigen, dass unter bestimmten Versuchsbedingungen ein Übergang der impulsförmigen in impulslose Teilentladungen stattfindet [12.12].

Ziel jahrzehntelanger Untersuchungen war und ist es, diejenige TE-Messgröße zu finden, die eine fundierte Aussage über die Lebensdauerverringerung eines Betriebsmittels ermöglicht. Dieses Ziel konnte bisher nicht umfassend und zufriedenstellend für alle Hochspannungsisolierungen erreicht werden. Weder von den an den Prüflingsklemmen messbaren TE-Impulsen noch von den „wahren" Teilentladungen im Isolierstoffinnern selbst, die mit Ausnahme einfacher Probekörper nicht der Messung zugänglich sind, ließ sich eine aussagekräftige Messgröße ableiten. Als Kompromiss hat man sich international darauf verständigt, die *Ladung:*

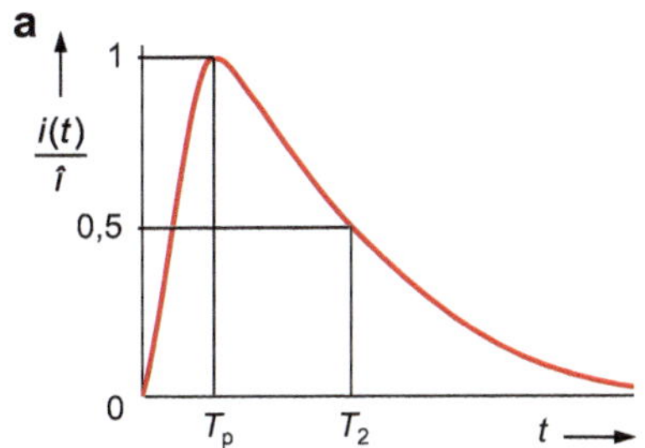
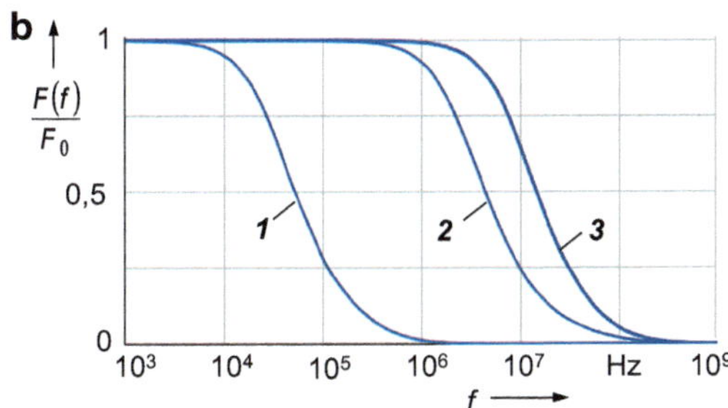

Abb. 12.3 Idealisierter Stromimpuls $i(t)$ im Zeit- und Frequenzbereich a) Zeitverlauf $i(t)/\hat{\imath}$ mit der Scheitelzeit T_p und Rückenhalbwertzeit T_2 b) Amplitudendichte $F(f)/F_0$ für verschiedene Werte von T_p und T_2 *1* $T_\mathrm{p} = 1\ \mu s$, $T_2 = 5\ \mu s$; *2* $T_\mathrm{p} = 5\ ns$, $T_2 = 50\ ns$; *3* $T_\mathrm{p} = 5\ ns$, $T_2 = 20\ ns$

$$q = \int\limits_{0}^{\infty} i(t)\,\mathrm{d}t \tag{12.2}$$

der TE-Impulse als entscheidende Messgröße bei TE-Prüfungen zu bestimmen. Diese *Impulsladung* hat den messtechnischen Vorteil, dass sie invariant ist, wenn der Impuls beim Durchlaufen der Prüf- und Messschaltung seine Impulsform verändert.

Als Beispiel für die *Invarianz der Impulsladung* zeigt Abb. 12.4 die berechneten Zeitverläufe eines Stromimpulses bei breitbandiger Messung (Kurve *1*) sowie nach Verformung durch einen Tiefpass mit Resonanzstelle (Kurve *2*) und ohne Resonanzstelle (Kurve *3*). Die Integration der Stromimpulse nach Gl. (12.2) liefert trotz der Beeinflussung des Zeitverlaufs durch den RC- oder RCL-Kreis — es können sogar wie bei Kurve *2* Schwingungen mit negativen Ladungsanteilen auftreten — stets die gleiche Impulsladung $q = q_1 = q_2 = q_3$. Diese Invarianz der Impulsladung ist die Grundvoraussetzung für die TE-Messung im räumlich ausgedehnten Hochspannungskreis, der zur Übertragung hoher Frequenzanteile im Allgemeinen nicht ausgelegt ist. Allerdings kann infolge von Streukapazitäten ein Teil der Impulsladung zur Erde abfließen. Dieser Ladungsanteil wird durch Kalibrierung des TE-Messgerätes im kompletten Prüf- und Messkreis erfasst (s. Abschn. 12.7.2).

Die Impulsladung q weist eine weitere besondere Eigenschaft auf. Durch Vergleich von Gl. 12.2 mit der allgemeinen Gleichung für das komplexe Spektrum $F(\mathrm{j}\omega)$ eines Stromimpulses $i(t)$ [12.13]:

$$F(\mathrm{j}\omega) = F\{i(t)\} = \int\limits_{-\infty}^{\infty} i(t)\mathrm{e}^{-\mathrm{j}\omega t}\,\mathrm{d}t \tag{12.3}$$

ergibt sich für den positiven Zeitbereich und $\omega = 2\pi f = 0$ die Identität:

Abb. 12.4 Beispiel für die Invarianz der Impulsladung *1* Originalimpuls *2* Verformung durch Schwingkreis *3* Verformung durch Tiefpass

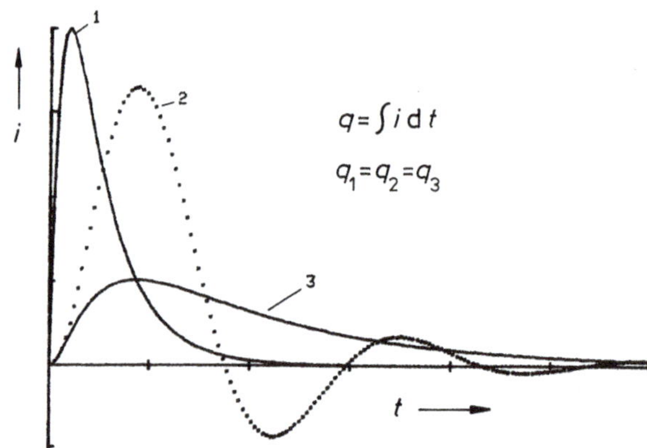

$$q = \int_{0}^{\infty} i(t)\,\mathrm{d}t = |F(\mathrm{j}\omega = 0)| = F(0)\,, \qquad (12.4)$$

d. h. die Impulsladung q entspricht dem Gleichanteil $F(0)$ der Amplitudendichte. Diese Identität zwischen q und $F(0)$ ist für die TE-Messpraxis allerdings nicht direkt nutzbar. Die TE-Impulse werden üblicherweise mit einem Hochspannungskondensator, dem sogenannten *Koppelkondensator,* aus dem Prüfkreis ausgekoppelt, wodurch der Gleichanteil des Impulsspektrums verloren geht. Wie Abb. 12.3b zeigt, bleibt jedoch die Amplitudendichte der TE-Impulse auch bei höheren Frequenzen noch annähernd konstant gleich $F(0)$. Für diesen Frequenzbereich, in dem $F(f) \approx F(0)$ gilt, folgt somit die wichtige Erkenntnis, dass die Ladung q ungefähr gleich der Amplitudendichte $F(f)$ ist:

$$\boxed{q = F(0) \approx F(f)}\,. \qquad (12.5)$$

Die Gl. 12.2 und 12.5 stellen die Grundlagen für die unterschiedlichen Arbeitsprinzipien konventioneller TE-Ladungsmessgeräte dar (s. Abschn. 12.5).

12.3 Scheinbare Ladung

Die Ladung eines TE-Impulses, der auf der Hochspannungsseite eines Prüflings ausgekoppelt wird, bezeichnet man als *scheinbare Ladung q.* Sie ist in den internationalen Prüfvorschriften definiert als die in die Prüflingsklemmen kurzzeitig eingespeiste Ladung, die dieselbe Anzeige auf dem TE-Messgerät hervorruft wie der TE-Impuls selbst [12.6]. Die scheinbare Ladung der TE-Impulse wird gewöhnlich in Picocoulomb (pC) angegeben. Je nach Betriebsmittel und Messschaltung sind Werte von unter 1 pC bis zu einigen 1000 pC typisch. Die tatsächlich in der Fehlstelle im Innern der Isolierung eines Betriebsmittels umgesetzte „wahre" Ladung kann jedoch von der scheinbaren Ladung nicht abgeleitet werden.

Trotz der Erkenntnis, dass weder die wahre noch die scheinbare Ladung eine fundierte Aussage über die Lebensdauerverringerung einer Isolieranordnung geben kann, stellt die Messung der scheinbaren Ladung dennoch ein wichtiges zerstörungsfreies Prüfverfahren zum Nachweis von Fehlstellen in der Isolierung dar. Aufgrund jahrzehntelanger Erfahrung ist in den Prüfvorschriften für jedes Betriebsmittel der elektrischen Energieversorgung ein Grenzwert der scheinbaren Ladung festgelegt, der bei Abnahmeprüfungen vor dem ersten Einsatz des Betriebsmittels nicht überschritten werden darf. Wird der Grenzwert eingehalten, wird ein Ausfall des Betriebsmittels infolge von Teilentladungen innerhalb der vorgesehenen Betriebsdauer als nicht sehr wahrscheinlich erachtet.

Die Festlegung auf die scheinbare Ladung als TE-Messgröße hat, wie bereits in Abschn. 12.2 gezeigt wurde, einen besonderen messtechnischen Vorteil. Die hochfrequenten

TE-Impulse werden zwar auf ihrem Weg vom Prüfling zum TE-Messgerät mehr oder weniger durch den Hochspannungsprüfkreis verformt, jedoch bleibt die scheinbare Ladung der TE-Impulse erhalten. Allerdings kann infolge von Streukapazitäten im Hochspannungskreis ein Teil der scheinbaren Ladung abfließen, der somit vom TE-Messgerät nicht angezeigt wird. Dieser Ladungsverlust wird mit *Kalibrierimpulsen,* die in den vollständigen Prüf- und Messkreis eingespeist werden, erfasst und dann als *Maßstabsfaktor k* bei der TE-Messung berücksichtigt (s. Abschn. 12.7.2).

12.4 Abgeleitete TE-Messgrößen

Mitunter werden in einigen Ländern weitere, von der Ladung q abgeleitete TE-Messgrößen verwendet. Sie sind nach IEC 270 generell für TE-Prüfungen erlaubt, und es obliegt dem nationalen Gerätekomitee für das jeweilige Betriebsmittel, diese Messgrößen zuzulassen. Neben der *Störspannung U_r,* die in Abschn. 12.5.1.3 gesondert behandelt wird, gehören hierzu folgende Messgrößen [12.6, 12.14]:

Mittlerer Entladungsstrom I:

$$I = \frac{1}{T}(|q_1| + |q_2| + \ldots |q_m|), \qquad (12.6)$$

Entladungsleistung P:

$$P = \frac{1}{T}(q_1 u_1 + q_2 u_2 + \ldots q_m u_m), \qquad (12.7)$$

Quadratische Ladungsgröße D:

$$D = \frac{1}{T}\left(q_1^2 + q_2^2 + \ldots q_m^2\right). \qquad (12.8)$$

In den Gleichungen für I, P und D bezeichnen $q_1 \ldots q_m$ die Einzelladungen in einem vorgegebenen Zeitintervall T, z. B. in einer Periode der Prüfwechselspannung. In Gl. (12.7) sind $u_1 \ldots u_m$ die Momentanwerte der Prüfspannung zu den Zeitpunkten der Einzelladungen $q_1 \ldots q_m$. Gelegentlich wird auch die *Summenladung* $Q_s = |q_1| + |q_2| + \ldots |q_m|$ innerhalb eines Zeitintervalls ermittelt.

12.5 TE-Messgeräte für die scheinbare Ladung

TE-Messgeräte für die scheinbare Ladung q lassen sich entsprechend ihrer Funktionsweise in zwei Hauptgruppen unterteilen. In der einen Gruppe erfolgt die Integration durch eine bandbegrenzte Verarbeitung der TE-Impulse gemäß Gl. (12.5), was auch als *Quasi-Integration* bezeichnet wird. Dieses Integrationsverfahren bildet die Grundlage für die vor allem in der Anfangszeit der TE-Messtechnik vorwiegend eingesetzten Messgeräte. Im Detail wird hierbei zwischen *Schmalbandgeräten* mit Bandbreiten von 4 kHz bis 10 kHz und *Breitbandgeräten* mit Bandbreiten von 100 kHz bis zu 1 MHz (vorher: 500 kHz) unterschieden.

Mit fortschreitender elektronischer Entwicklung wurde es möglich, die Ladung der TE-Impulse durch zwei „echte" Integrationsverfahren entsprechend Gl. (12.2) zu bestimmen. Die Integration erfolgt hierbei entweder analog mit einem Integrationsverstärker oder numerisch mit einem Rechenalgorithmus, der auf den von einem Digitalrecorder aufgezeichneten Impulsverlauf angewendet wird. Auch Kombinationen von Analog- und Digitalverarbeitungstechniken sind möglich. Die Kenntnis der Arbeitsweise des verwendeten Messgerätes ist hilfreich für das richtige Messen und Kalibrieren (s. Abschn. 12.8).

Die verschiedenen TE-Messgeräte weisen Vor- und Nachteile auf, sodass sie nicht für alle Messaufgaben gleich gut geeignet sind [12.15]. Digitale TE-Messgeräte mit rechnergestützter Auswertung haben den grundsätzlichen Vorteil, eine umfassende Darstellung und Diagnose der Messergebnisse per Software zu liefern. Bei der *Vor-Ort-Prüfung* nach der Installation des Betriebsmittels und der *Online-Überwachung* im praktischen Einsatz ist die Bestimmung der scheinbaren Ladung häufig nicht möglich oder impraktikabel, und es kommen andere Messverfahren zur Anwendung (s. Abschn. 12.9). Für TE-Prüfungen an Niederspannungsgeräten wie Trenntransformatoren und Optokoppler gelangen grundsätzlich die gleichen TE-Messgeräte wie im Hochspannungsbereich zum Einsatz [12.16].

12.5.1 Quasi-Integration durch Bandbegrenzung

Ein TE-Messgerät mit Quasi-Integration weist eine im Vergleich zum TE-Spektrum begrenzte Bandbreite auf, die voraussetzungsgemäß im Frequenzbereich der annähernd konstanten spektralen Amplitudendichte der TE-Impulse liegen muss (s. Abb. 12.3b). In diesem Frequenzbereich gilt $F(f) \approx F(0) = q$, d. h. die Ladung q ist gleich der Amplitudendichte $F(f)$ gemäß Gl. (12.5). Würde sich die Bandbreite des Messgerätes in den stärker abfallenden Bereich der Amplitudendichte erstrecken, wäre die Bedingung für die ladungsproportionale Anzeige nicht mehr erfüllt. Der daraus resultierende Fehler in der Ladungsmessung wird als *Integrationsfehler* bezeichnet [12.6, 12.17].

Zur Bestimmung der Amplitudendichte $F(f)$ und damit der Ladung q ist der Einsatz schmalbandiger Frequenzanalysatoren grundsätzlich möglich. Die konventionellen TE-Messgeräte wenden jedoch ein anderes Messprinzip an, das zu Beginn der TE-Messtechnik mit den damals vorhandenen technischen Möglichkeiten realisierbar war. Dadurch wird die Messung von $F(f)$ wieder auf eine Messgröße im Zeitbereich zurückgeführt. Zum Verständnis dieses Messprinzips wird ein Messsystem betrachtet, das innerhalb der Grenzfrequenzen f_1 und f_2 einen konstanten Übertragungsfaktor $A(f) = A_0$ aufweist. Die Mittenfrequenz f_0 und die Bandbreite Δf des idealen Bandfilters sind:

$$f_0 = \frac{f_1 + f_2}{2} \tag{12.9}$$

$$\Delta f = f_2 - f_1. \tag{12.10}$$

Wird auf den Eingang des Messsystems ein *Dirac-Nadelimpuls* gegeben, so entsteht am Ausgang die Impulsantwort mit dem Zeitverlauf [12.13]:

$$u(t) = 2A_0 F(f)\left\{f_2 \operatorname{si}\left[2\pi f_2(t - t_0)\right] - f_1 \operatorname{si}\left[2\pi f_1(t - t_0)\right]\right\}. \tag{12.11}$$

Hierbei sind $\operatorname{si}(x) = \sin(x)/x$ die Si-Funktion und t_0 die Impulslaufzeit im Messsystem. Die Impulsantwort nach Gl. (12.11) stellt eine transiente Schwingung dar, die weiter unten an Hand von zwei Beispielen eingehender betrachtet wird. Der Maximalwert der Impulsantwort ergibt sich hieraus zu:

$$\boxed{u_{\max} = 2A_0\, F(f)\, \Delta f}. \tag{12.12}$$

Da die Amplitudendichte $F(f)$ des Dirac-Impulses bis zu unendlich hohen Frequenzen konstant ist, ergibt sich für beliebige Mittenfrequenzen f_0 und bei konstanter Bandbreite Δf des Messsystems stets derselbe Maximalwert $u_{\max}$.

Das für den Dirac-Impuls abgeleitete Ergebnis lässt sich auf TE-Impulse mit endlicher Impulsbreite übertragen, sofern deren Amplitudendichte mindestens bis zur oberen Grenzfrequenz f_2 des Messsystems näherungsweise konstant bleibt. Wegen $F(f) \approx q$ nach Gl. (12.5) liefert Gl. (12.12) die wichtige Erkenntnis, dass der Maximalwert der Impulsantwort der TE-Impulsladung proportional ist:

$$\boxed{u_{\max} \sim q}. \tag{12.13}$$

Die Ergebnisse für ideale bandbegrenzte Systeme sind auf TE-Messgeräte übertragbar, wobei geringe Abweichungen durch die nichtideale Bandfiltercharakteristik (endlich steile Filterflanken usw.) auftreten können. Je nach Bandbreite des TE-Messgerätes lassen sich zwei charakteristische Zeitverläufe der Impulsantwort wie folgt unterscheiden.

12.5.1.1 Breitband-TE-Messgerät

Als erstes Beispiel für die Quasi-Integration wird ein ideales breitbandiges Messsystem mit idealer Bandfiltercharakteristik $A(f) = A_0$ innerhalb der Grenzfrequenzen $f_1 = 10\,\text{kHz}$ und $f_2 = 100\,\text{kHz}$ betrachtet (Abb. 12.5). Ein in den Eingang eingespeister TE-Impuls, der eine konstante Amplitudendichte $F \approx F(0)$ bis mindestens zur Grenzfrequenz f_2 aufweist, erzeugt am Ausgang die mit Gl. (12.11) berechnete Impulsantwort $u(t)$. Deren Maximalwert $u_{\max}$ wird z. B. von einem Spitzenwertdetektor erfasst und gemäß Gl. (12.13) als Ladung q vom TE-Messgerät angezeigt. Alternativ können die Ausgangsimpulse des Bandfilters mit einem Pulshöhenanalysator ausgewertet werden. Charakteristisch für die bandbegrenzte Impulsverarbeitung ist auch die Verbreiterung

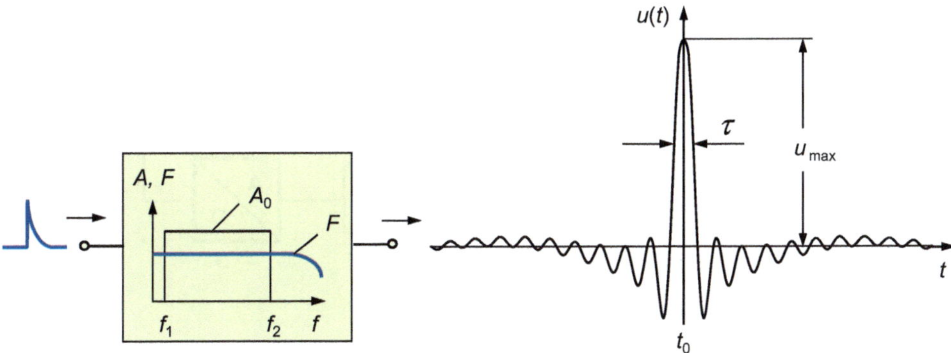

Abb. 12.5 Impulsantwort eines idealen Breitbandsystems mit konstantem Übertragungsfaktor A_0 innerhalb der Grenzfrequenzen $f_1 = 10$ kHz und $f_2 = 100$ kHz

der Impulsantwort gegenüber dem TE-Impuls am Eingang des TE-Messgerätes. Für den Grenzfall $f_1 = 0$ (ideales Tiefpassverhalten) berechnet sich die *Halbwertsbreite* der Impulsantwort aus der Bandbreite Δf zu [12.13]:

$$\tau = \frac{1}{2f_2} = \frac{1}{2\Delta f}. \tag{12.14}$$

Für die in Abb. 12.5 betrachtete Impulsantwort beträgt $\tau \approx 5\,\mu$s, was mindestens um den Faktor 100 größer als die TE-Impulsdauer ist. Um eine Überlagerung der Impulsantworten von zwei aufeinander folgenden TE-Impulsen zu vermeiden, muss deren Zeitabstand untereinander und zu reflektierten Impulsen, wie sie z. B. bei langen Kabeln auftreten können, größer als τ sein. Verwendet man ein TE-Messgerät mit größerer Bandbreite, lässt sich eine kleinere Impulsbreite der Impulsantwort und damit eine höhere Impulsauflösung erzielen.

Ältere Breitband-Messgeräte zeigen den Messwert mit einem Zeigerinstrument an, ggf. ergänzt durch eine oszillografische Darstellung der TE-Impulse über einer Ellipse, die den Spannungsverlauf nachbildet [12.3]. Dadurch sind die Phasenlage und Häufigkeit der TE-Impulse optisch erkennbar. Bei neueren TE-Messgeräten wird die Impulsantwort des Bandfilters nach Abb. 12.5 mit einem A/D-Wandler abgetastet. Abb. 12.6 zeigt das Prinzip der Messschaltung. Die aus dem Hochspannungskreis ausgekoppelten TE-Impulse durchlaufen im oberen Zweig zunächst wie beim rein analogen Breitband-Messgerät ein Bandfilter *1* mit einer Bandbreite von gewöhnlich nicht mehr als 1 MHz, sodass eine Quasi-Integration der TE-Impulse stattfindet. Die analogen Ausgangsimpulse werden in *2* verstärkt und anschließend mit einem A/D-Wandler *3* digitalisiert. Die Maximalwerte u_{max}, die nach Gl. (12.13) der Ladung proportional sind, werden für eine oder mehrere Perioden als Datensatz im PC gespeichert. Der zweite A/D-Wandler im unteren Zweig von Abb. 12.6 digitalisiert den Prüfspannungsverlauf. Mit dem PC

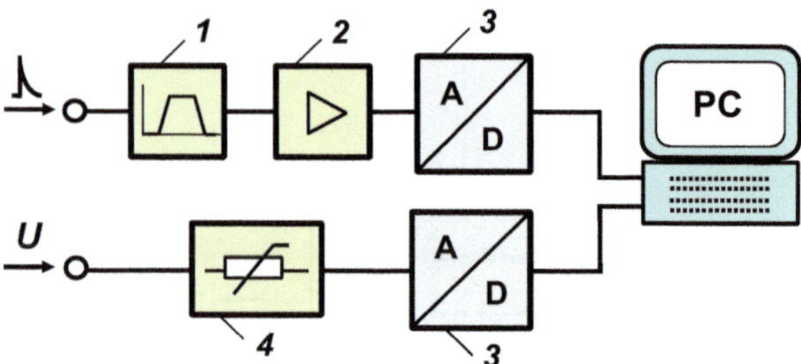

Abb. 12.6 Schaltungsprinzip eines Breitband-Messgerätes mit Quasi-Integration und digitaler Nachbearbeitung *1* Breitbandfilter ($\Delta f \leq 1$ MHz) *2* Verstärker *3* Analog-Digital-Wandler *4* Spannungsteiler

werden die Impulsladungen und der Phasenbezug zur Prüfspannung für eine vorwähl-bare Anzahl von Perioden berechnet und grafisch dargestellt.

Man bezeichnet diese Geräte häufig als „digitale" TE-Messgeräte, obwohl das ana-loge Messprinzip mit Bandfilter, das die Quasi-Integration bewirkt, angewendet wird. Da der Ladungswert eines jeden TE-Impulses gespeichert wird, ist dieses Messgerät mit digitaler Auswertung auch für TE-Messungen bei Gleichspannung einsetzbar.

12.5.1.2 Schmalbandiges TE-Messgerät

Als zweites Beispiel einer Quasi-Integration zeigt Abb. 12.7 die wiederum mit Gl. (12.11) berechnete Impulsantwort eines schmalbandigen Messsystems mit einer Bandbreite $\Delta f = 9$ kHz und Mittenfrequenz $f_0 = 100$ kHz. Der TE-Impuls am Eingang des Schmalbandsystems weist voraussetzungsgemäß eine konstante Amplitudendichte $F \approx F(0)$ bis mindestens zur Frequenz $f_0 + \Delta f/2$ auf, sodass die Mittenfrequenz f_0 im Frequenzbereich der annähernd konstanten Amplitudendichte des TE-Impulses liegt. Die mit der Mittenfrequenz schwingende Impulsantwort ist deutlich kleiner und breiter als die des breitbandigen TE-Messgerätes (s. Abb. 12.5). Die Ladung q des TE-Impulses ergibt sich wiederum aus dem Maximalwert u_{max} der Impulsantwort (Hüllkurve) nach Gl. (12.13). Positive und negative TE-Impulse erzeugen gleiche Impulsantworten, sodass eine Aussage über die Polarität nicht möglich ist.

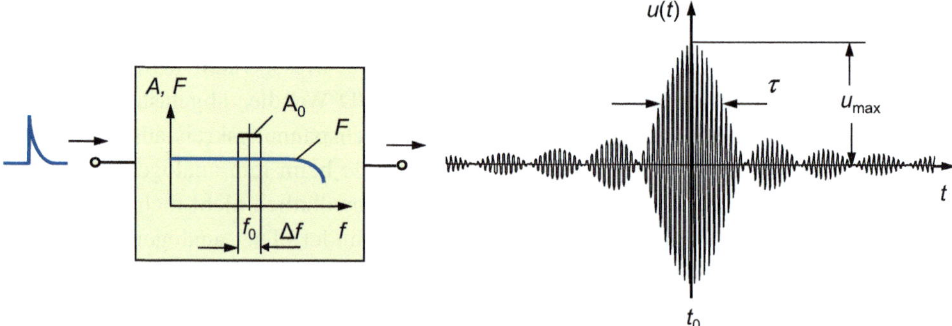

Abb. 12.7 Impulsantwort $u(t)$ eines idealen Schmalbandsystems mit konstantem Übertragungsfaktor A_0 innerhalb der Bandbreite $\Delta f = 10$ kHz (Mittenfrequenz $f_0 = 100$ kHz)

Die Halbwertsbreite τ der Impulsantwort ist wegen der geringen Bandbreite des TE-Messgerätes recht groß. Zur Vermeidung fehlerhafter Überlagerungen von Impulsantworten darf der Abstand zwischen zwei aufeinander folgenden TE-Impulsen einen entsprechenden Mindestwert nicht unterschreiten. Bei einigen TE-Messgeräten ist die Mittenfrequenz f_0 in einem weiten Frequenzbereich bis in den MHz-Bereich durchstimmbar. Dies hat den Vorteil, dass man Störeinflüssen durch Wahl einer optimalen Mittenfrequenz ausweichen kann. Ursache für derartige Störungen sind zum einen Rundfunksender, Thyristorschaltungen im Niederspannungskreis und Leuchtstofflampen, zum andern Resonanzstellen im Prüf- und Messkreis, die zu einer Überhöhung des Impulsspektrums führen.

12.5.1.3 Funkstörmessgerät

Eine Sonderform des Schmalband-Messgerätes mit Quasi-Integration stellt das *Funkstörmessgerät* dar. Es kam vor allem in den Anfängen der TE-Messtechnik weltweit zum Einsatz und wird auch heute noch in Nordamerika häufig für normgerechte TE-Messungen benutzt. Das Funkstörmessgerät hat eine durchstimmbare Mittenfrequenz, die je nach Messgerät bis weit in den MHz-Bereich wählbar ist. Die Mittenfrequenz muss wiederum die Voraussetzung erfüllen, dass sie im Bereich der konstanten Amplitudendichte des TE-Impulses liegt. Mit einer 6-dB-Bandbreite von 9 kHz entsprechen Funkstörmessgeräte in ihrer Wirkungsweise grundsätzlich schmalbandigen Ladungsmessgeräten. Die Anzeige hängt jedoch außer von der Ladung q auch von der Impulshäufigkeit N entsprechend einer nach CISPRE 16-1 [12.18] genormten Bewertungsfunktion f(N) ab (s. Abb. 12.10, Kurve 4). Die Anzeige für TE-Impulse erfolgt als *Störspannung* U_r in Mikrovolt:

$$U_r \sim q \cdot \text{f}(N) \cdot \Delta f \cdot R_m, \tag{12.15}$$

wobei Δf die Bandbreite des Funkstörmessgerätes und R_m den Messwiderstand am Geräteeingang bezeichnen. Eine Umrechnung der Störspannung U_r in eine entsprechende scheinbare Ladung q ist in Einzelfällen möglich. Treten z. B. bei der TE-Einsetzspannung je ein gleichgroßer TE-Impuls in der negativen und positiven Halbschwingung der 50-Hz-Prüfspannung auf, ist $N = 100\ \text{s}^{-1}$. Für diesen Fall gilt dann $1\ \mu\text{V} = 2{,}6\ \text{pC}$ bei einem Messwiderstand $R_m = 60\ \Omega$ [12.5, 12.19–12.21].

Anmerkung Die Impulsbewertung f(N) in Gl. (12.15), die ursprünglich das Lautstärkeempfinden des menschlichen Ohres bei Knackgeräuschen im Rundfunkempfänger kennzeichnet, scheint auch bei TE-Messungen durchaus akzeptabel zu sein. Eine größere Häufigkeit der TE-Impulse im Dielektrikum geht oft mit einer erhöhten Schädigung der Isolierung einher.

12.5.2 Integration der TE-Impulse im Zeitbereich

Bei diesem Messprinzip wird die scheinbare Ladung durch Integration des Zeitverlaufs der TE-Impulse bestimmt. Hierbei nutzen die TE-Messgeräte zwei Varianten.

In der einen Variante erfolgt die Integration mit einer elektronischen Analogschaltung, wobei dieses Prinzip aber nur für eine begrenzte Zeit bei TE-Messgeräten Einsatz fand. In der anderen, immer häufiger verwendeten Variante wird der TE-Impuls mit einem schnellen A/D-Wandler digitalisiert, und die Integration erfolgt per Software mit einem numerischen Algorithmus. Alternativ zur numerischen Integration ist auch eine digitale Filterung des Datensatzes möglich, die eine Quasi-Integration bewirkt.

12.5.2.1 Elektronische Integrierschaltung

TE-Messgeräte mit elektronischer Integrierschaltung wurden nur für eine begrenzte Zeit kommerziell hergestellt. Das Messprinzip wird allerdings noch zur Kalibrierung von TE-Kalibratoren eingesetzt. Die Integration von $i(t)$ erfolgt im einfachsten Fall mit einem RC-Glied als Tiefpass oder besser mit einem Operationsverstärker mit kapazitiver Rückkopplung [12.22]. Ein Stromimpuls am Eingang dieses Integrationsverstärkers erzeugt am Ausgang die Impulsspannung:

$$u(t) \sim \frac{1}{RC} \int_0^\infty i(t) \, \mathrm{d}t, \qquad (12.16)$$

die theoretisch nach unendlich langer Zeit ihren Endwert u_∞ erreicht. Der Vergleich von Gl. (12.16) mit (12.2) ergibt, dass der Endwert der Impulsantwort, genau genommen bei $t = \infty$, der Ladung proportional ist:

$$\boxed{u(t = \infty) = u_\infty \sim q}. \qquad (12.17)$$

Als Beispiel zeigt Abb. 12.8a auf der linken Seite den idealisierten Stromimpuls $i(t)$ am Eingang eines integrierenden Operationsverstärkers und auf der rechten Seite dessen Ausgangsspannung $u(t)$. Der sich asymptotisch einstellende Endwert u_∞ ist nach Gl. (12.17) der Ladung q des Impulses proportional. Bei einem idealen Integrationsverstärker bleibt u_∞ konstant und kann z. B. mit einem Spitzenwertdetektor, Oszilloskop oder A/D-Wandler als Ladung bestimmt werden. In der Schaltungspraxis wird die Impulsantwort $u(t)$ nach wenigen Mikrosekunden auf null abgesenkt, sodass das TE-Messgerät anschließend wieder zur Messung des nächsten TE-Einzelimpulses bereit ist. Wird andererseits der Integrationsverstärker nicht auf null gesetzt, führt jeder weitere TE-Impuls zu einer entsprechenden Erhöhung der Ausgangsspannung. Es ergibt sich eine ansteigende Treppenkurve, deren Endwert die Summenladung innerhalb der gewählten Öffnungszeit, z. B. eine Periode der Prüfwechselspannung, darstellt. Das Messprinzip mit Integrationsverstärker ist daher auch für TE-Messungen bei Gleichspannungsprüfungen innerhalb einer festgelegten Messzeit geeignet.

Es wurde bereits darauf hingewiesen, dass die TE-Impulse durch den Hochspannungsprüf- und -messkreis häufig verformt werden und dadurch auch Schwingungen aufweisen können. Auch Kalibrierimpulse sind aufgrund von Induktivitäten in der Schaltung der Kalibratoren nicht immer schwingungsfrei. Als Beispiel zeigt Abb. 12.8b

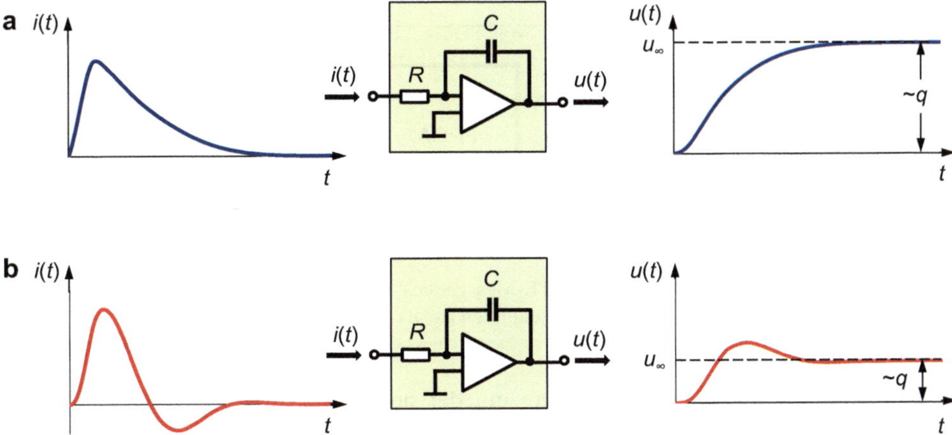

Abb. 12.8 Prinzip der Ladungsmessung mit Integrationsverstärker am Beispiel von zwei Stromimpulsen $i(t)$ mit und ohne Durchschwingen unter null. Für die Ladung gilt $q \sim u_\infty$. **a** Impuls ohne Durchschwingen **b** Impuls mit Durchschwingen

auf der linken Seite einen Stromimpuls $i(t)$, der in den negativen Bereich durchschwingt und dadurch einen negativen Ladungsanteil aufweist. Nach Integration dieses Impulses durch den Operationsverstärker zeigt die Ausgangsspannung $u(t)$ zunächst ein Überschwingen, bevor der Endwert u_∞ erreicht wird. Die Ladung q ergibt sich wiederum aus dem Endwert u_∞, nicht aus dem Maximum von $u(t)$.

12.5.2.2 Digitale Messdatenerfassung, numerische Integration

Fortschritte in der Hardware schneller A/D-Wandler, Datenspeicher und Rechner ermöglichen inzwischen den Einsatz digitaler TE-Messgeräte, die die einzelnen TE-Impulse breitbandig mit hoher Abtastfrequenz direkt digitalisieren, als digitalen Datensatz speichern und per Software verarbeiten. Die ersten Messgeräte dieser Art waren Digitaloszilloskope mit PC und einer vom Anwender selbst entwickelten Software, wobei die Bestimmung der Impulsladung nicht unbedingt im Vordergrund stand [12.23–12.26]. Das Prinzip eines sehr komplexen TE-Messgerätes mit digitaler Erfassung der TE-Impulse und umfassender Datenverarbeitung zeigt Abb. 12.9 [12.27]. Im oberen Eingangskanal „TE" durchlaufen die TE-Impulse zunächst ein *Anti-Aliasing-Filter* mit einer Bandbreite von 20 MHz und werden dann nach Verstärkung von einem A/D-Wandler (14 Bit, 64 MS/s) digitalisiert. Im unteren Zweig „U" wird das verkleinerte Abbild der Prüfspannung mit einem zweiten A/D-Wandler (24 Bit, 100 kS/s) digitalisiert. Beide Datensätze werden dem FPGA (Field Programmable Gate Array) zugeführt und in Echtzeit mit hoher Geschwindigkeit im Online-Modus verarbeitet, und zwar mit bis zu $1{,}4 \cdot 10^6$ TE-Impulsen pro Sekunde. Die Messdaten und Steuerbefehle gelangen über Optokoppler *2* und Glasfaserleitungen zum PC *3*.

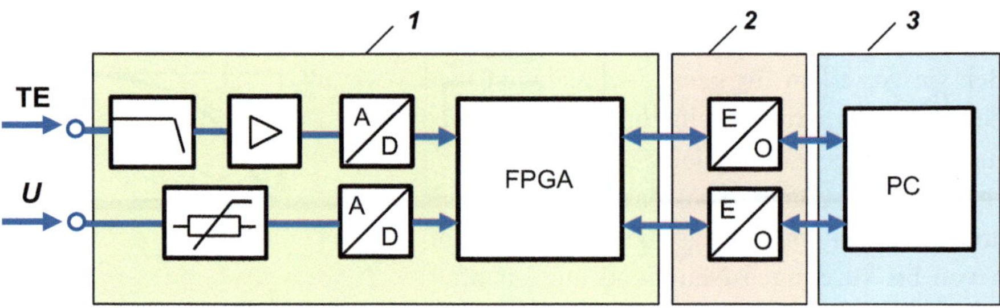

Abb. 12.9 Blockschaltbild eines digitalen TE-Messgerätes *1*, das über Optokoppler *2* und Glasfaserverbindungen potenzialfrei an den PC *3* angeschlossen ist

Die große Bandbreite in Verbindung mit der hohen Abtastrate des digitalen Messgerätes in Abb 12.9 ermöglicht in vielen Fällen eine weitgehend originalgetreue Aufzeichnung des kompletten Zeitverlaufs von TE-Impulsen. Auch schnell aufeinander folgende Impulse werden zeitlich sicher aufgelöst. Dank der großen Bandbreite ist eine wirksame Störunterdrückung möglich. Mithilfe der FFT lässt sich der im Zeitbereich aufgezeichnete TE-Impuls im Frequenzbereich mit seinem Spektrum darstellen. Die schnelle Auswertung von TE-Messungen ist bei der Erkennung von Änderungen der Impulsform bei der kontinuierlichen Online-Überwachung von Betriebsmitteln von Vorteil, sodass ggf. die Abschaltung rechtzeitig erfolgen kann. Der gleichzeitige Einsatz mehrerer dieser batteriebetriebenen TE-Messgeräte ermöglicht die Unterscheidung und Ortung von TE-Quellen, die an verschiedenen Stellen eines komplexen Prüflings, z. B. eines Transformators oder Kabels, auftreten können (*synchrone Mehrkanalmessung,* s. Abschn. 12.8.2). Mit diesen Messgeräten ist eine umfassende Auswertung von TE-Impulsen auch bei Gleich- oder Stoßspannungsbeanspruchung möglich.

Zur Bestimmung der Ladung der TE-Impulse gibt es zwei Möglichkeiten. Im ersten Verfahren wird die Impulsladung durch numerische Integration des digital gespeicherten Zeitverlaufs gemäß Gl. (12.2) berechnet. Im zweiten, schnelleren Verfahren durchlaufen die Daten ein digitales Filter und die Ladung ergibt sich wie bei der analogen Quasi-Integration (s. Abschn. 12.5.1) aus dem Maximalwert des gefilterten Impulses. Die Mittenfrequenz und Bandbreite des Digitalfilters lassen sich hierbei mit dem PC in weiten Grenzen frei wählen.

TE-Messgeräte mit digitaler Datenerfassung und Datenauswertung werden inzwischen auch in IEC 60270 [12.6] berücksichtigt. Das digitale Messprinzip mit numerischer Integration wird schon seit längerem bei der Richtigkeitsprüfung von *Impulskalibratoren* mit kalibrierter Ladung angewendet, mit denen TE-Messgeräte und Prüfkreise kalibriert werden [12.11]. Hierbei wird der vom Kalibrator erzeugte Kalibrierimpuls mit einem Digitalrecorder aufgezeichnet und seine Ladung numerisch bestimmt (s. Abschn. 12.7.1). Als Vorgänger des breitbandigen TE-Messgerätes mit numerischer Integration kann das früher in Forschung und Entwicklung für TE-Messungen eingesetzte Analogoszilloskop mit manueller Auswertung der Fläche unter dem Impulsverlauf angesehen werden [12.7, 12.14].

12.5.3 Festlegung der Anzeige als Funktion f(*N*)

TE-Impulse sind einer gewissen Streuung unterworfen und können von verschiedenen Fehlstellen herrühren. Bei Prüfungen müssen TE-Messgeräte die größte regelmäßig wiederkehrende Impulsladung anzeigen [12.5]. Gelegentlich auftretende Störimpulse und kleinere Impulsladungen von anderen Fehlstellen sollen daher nicht zur Anzeige beitragen. Ältere analoge TE-Messgeräte besitzen mechanische Zeigermesswerke mit annähernd gleicher Trägheit, die diese Forderung für Impulsraten oberhalb von $100\,\mathrm{s}^{-1}$ erfüllen. Bei niedrigeren Impulsraten ergibt sich infolge der Trägheit eine pulsierende Anzeige, die im Mittel zu einem niedrigeren Wert der angezeigten Ladung führt.

Anmerkung Digitale TE-Messgeräte der ersten Generation zeigen ein anderes Verhalten. Die Anzeige bleibt auch für Impulsraten weit unter $100\,\mathrm{s}^{-1}$ konstant. Die scheinbare Ladung von TE-Impulsen wird dadurch größer als von einem Analoggerät mit Zeigermesswerk angezeigt [12.28].

Für alle Bauarten von analogen und digitalen Messgeräten ist inzwischen die Anzeige in Abhängigkeit von der Impulsrate N normiert [12.5]. Abb. 12.10 zeigt das grau eingezeichnete *Toleranzband 1,* in dem die Anzeige liegen soll. Hierbei bedeutet $N = 100\,\mathrm{s}^{-1}$, dass in den positiven und negativen Halbschwingungen der 50-Hz-Prüfspannung je ein TE-Impuls auftritt. Das Toleranzband *1* ist so festgelegt, dass eine Vielzahl älterer analoger TE-Messgeräte mit Zeigerinstrument diese Anforderung erfüllt, wie das Beispiel der Kurve *2* in Abb. 12.10 zeigt. Kurve *3* gilt für das digitale TE-Messgerät nach Abb. 12.9 mit numerischer Datenverarbeitung, das die IEC-Spezifikation ebenfalls einhält [12.27]. Zum Vergleich zeigt Kurve *4* den für Funkstörmessgeräte festgelegten Verlauf nach CISPRE 16-1 [12.18], der außerhalb des erlaubten Toleranzbandes *1* liegt.

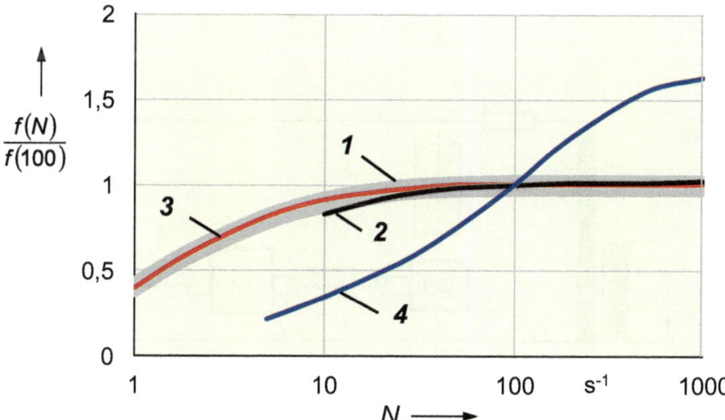

Abb. 12.10 Anzeige f(*N*) von TE-Messgeräten in Abhängigkeit von der Impulshäufigkeit *N 1* Toleranzband nach [12.5] *2* älteres begrenzt breitbandiges Messgerät mit Zeigerinstrument *3* breitbandiges digitales Messsystem mit numerischer Datenverarbeitung [12.27] *4* Funkstörmessgerät mit Verlauf nach CISPRE 16-1 [12.18]

12.6   TE-Prüfschaltungen nach IEC 60270

Die kleinen TE-Impulse an den Klemmen eines Betriebsmittels sind der netzfrequenten Hochspannung überlagert und müssen zur Messung aus dem Prüfkreis ausgekoppelt werden. Abb. 12.11 zeigt drei Grundschaltungen für TE-Messungen nach IEC 60270 [12.5, 29]. Der Prüfling ist jeweils vereinfacht als verlustbehafteter Kondensator C_a dargestellt. In Abb. 12.11a gelangen die TE-Impulse über den *Koppelkondensator* C_k auf die *Koppeleinheit* CD, die über ein mehr oder weniger langes Koaxialkabel mit dem TE-Messgerät M außerhalb des Hochspannungsbereichs verbunden ist.

Der Koppelkondensator C_k soll zum einen die hochfrequenten TE-Impulse aus dem Hochspannungskreis auskoppeln und zum andern die hohe Prüfspannung einschließlich der Harmonischen vom TE-Messkreis fernhalten. Er muss spannungsfest, induktionsarm

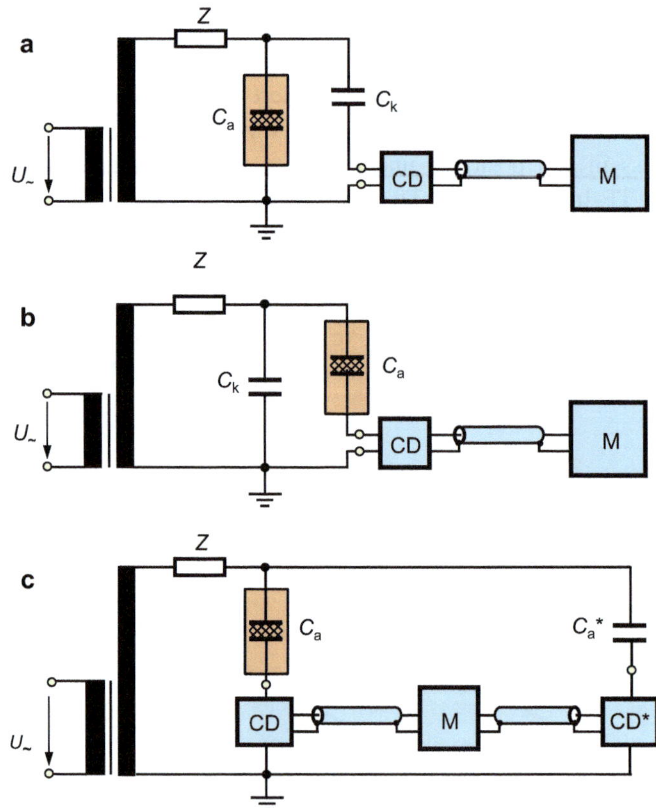

Abb. 12.11 Grundschaltungen für TE-Prüf- und Messkreise nach IEC 60270 [12.5] **a** Koppeleinheit CD in Reihe mit Koppelkondensator C_k **b** Koppeleinheit CD in der Erdverbindung von Prüfling C_a **c** Brückenschaltung mit Parallelzweig C_a^* und CD*

und frei von eigenen Teilentladungen sein. Seine Kapazität soll groß im Vergleich zur Streukapazität des Prüfkreises sein, um eine hohe Messempfindlichkeit und einen ausreichenden Störabstand zu erzielen [12.8]. Da C_k als Hochpass wirkt, werden bevorzugt die höheren Frequenzanteile des TE-Spektrums durchgelassen. Daher ist beim Einsatz schmalbandiger TE-Messgeräte nach Abschn. 12.5.1 eine hohe Mittenfrequenz f_0 vorteilhaft. Andererseits muss f_0 noch im Frequenzbereich der annähernd konstanten Amplitudendichte des zu messenden TE-Impulses liegen. Für Breitband-TE-Messgeräte wird eine obere Grenzfrequenz von nicht mehr als 1 MHz empfohlen.

Die Koppeleinheit CD, das Koaxialkabel und das TE-Messgerät M sind hinsichtlich des Übertragungsverhaltens als Einheit zu betrachten. Die in der Regel geschirmte Koppeleinheit stellt in Verbindung mit der Eingangsschaltung von M eine Messimpedanz Z_m dar. Vielfach ist $Z_m = R_m$ ein Widerstand gleich dem Wellenwiderstand des Koaxialkabels zum TE-Messgerät, um Reflexionen zu vermeiden. Parallel zu R_m liegen in der Regel eine Induktivität zur Ableitung des restlichen netzfrequenten Wechselstromes einschließlich seiner Oberschwingungen und ein Überspannungsableiter. Die Koppeleinheit kann mit einem Vorverstärker ausgestattet sein. In Verbindung mit schmalbandigen TE-Messgeräten wird als Koppeleinheit auch ein Schwingkreis eingesetzt, dessen Resonanzfrequenz an die Mittenfrequenz des TE-Messgerätes angepasst ist. Die Koppeleinheit kann alternativ am Kopf des Koppelkondensators auf Hochspannungspotenzial angebracht sein. Die TE-Impulse werden dann potenzialfrei über eine LWL-Verbindung zum TE-Messgerät übertragen.

Abb. 12.11b zeigt eine Messanordnung, in dem die Koppeleinheit CD direkt im Erdkreis des Prüflings C_a liegt. Dies setzt voraus, dass der Prüfling entweder ohne direkte Erdung betrieben werden kann oder dass die Koppeleinheit potenzialfrei angeschlossen ist, z. B. über eine Rogowski-Spule, die die Erdleitung des Prüflings umschließt. Besondere Bauformen der Rogowski-Spule lassen sich öffnen und bequem um den Erdleiter legen. Der elektrische Rückschluss der TE-Impulse erfolgt wiederum über den Koppelkondensator C_k. Dieser kann entfallen, wenn die Streukapazitäten des Prüfkreises gegen Erde groß gegenüber der Prüflingskapazität C_a sind und damit die Aufgabe von C_k übernehmen.

TE-Prüfungen finden üblicherweise in einer geschirmten Hochspannungshalle statt. Äußere elektromagnetische Störungen, z. B. hervorgerufen durch Rundfunksender, können sich dann nicht den TE-Impulsen überlagern und die Messung verfälschen. Bei sorgfältiger Ausführung der Schirmung, insbesondere im Bereich der Hallentore, Türen und Fenster, ist ein Störpegel entsprechend einer TE-Stärke von weniger als 1 pC erreichbar. Ist eine geschirmte Halle nicht verfügbar oder sind interne Störquellen aktiv, z. B. Leuchtstofflampen, Thyristor-Schaltungen oder potenzialfrei angeordnete Metallteile mit Koronaentladungen, lässt sich der Störeinfluss auf die TE-Messung mit der Brückenschaltung nach Abb. 12.11c reduzieren. Der Parallelzweig mit C_a* und CD* soll zum Brückenabgleich möglichst gleich dem Hauptzweig mit dem Prüfling C_a sein und darf natürlich selber keine Teilentladungen aufweisen. Beim Abgleich sind ggf. auch die Streukapazitäten und Längsinduktivitäten zu berücksichtigen, wodurch der Brückenabgleich frequenzabhängig wird. Das TE-Messgerät M ist potenzialfrei zwischen CD und CD* geschaltet und zeigt bei idealem Brückenabgleich die scheinbare Ladung von C_a ohne Störungen an. Die differenzielle Messung mit der Brückenschaltung ist ebenso für TE-Messungen bei Gleichspannung einsetzbar (s. Abschn. 12.10).

Das als Tiefpass geschaltete Filter Z in den drei Schaltungen von Abb. 12.11 hat zwei Aufgaben. Es blockt einerseits hochfrequente Störungen ab, die von der Hochspannungsversorgung herrühren können, und verhindert andererseits ein Abfließen der TE-Impulse über die Parallelkapazitäten des Prüftransformators. Dadurch erzielt man eine größere Messempfindlichkeit. In der Schaltung nach Abb. 12.11b, in der C_k parallel zum Prüftransformator liegt, ist es jedoch zur Erzielung einer großen Messempfindlichkeit günstiger, das Filter Z wegzulassen. Die Erdkapazitäten des Hochspannungstransformators sind dann voll wirksam und vergrößern C_k.

Für Transformatoren mit kapazitiv gesteuerter Hochspannungsdurchführung zeigt Abb. 12.12 eine Variante der Schaltung in Abb. 12.11a, die insbesondere bei Vor-Ort-Prüfungen bevorzugt wird. Hierbei wird die Kapazität des äußeren Steuerbelags der Durchführung zur Auskopplung der TE-Impulse genutzt, sodass ein gesonderter Koppelkondensator entfällt.

Eine andere Messschaltung für Teilentladungen in Prüftransformatoren mit kapazitiv gesteuerter Durchführung ist in [12.30] beschrieben. Hierbei wird ein Metallstreifen außen um den Fuß der Durchführung gebogen und über eine kurze Verbindung mit der Koppeleinheit CD verbunden, die auf dem Transformator montiert ist. Der einfach anzubringende Metallstreifen dient hierbei als Koppelkondensator für Teilentladungen. Die ausgekoppelten TE-Impulse gelangen nach breitbandiger Verstärkung im Frequenzbereich 10 kHz bis 10 MHz über einen Lichtwellenleiter zum Digitaloszilloskop. Der digitale Datensatz wird dann mit dem PC ausgewertet, u. a. um die TE-Impulse von externen Störungen zu separieren.

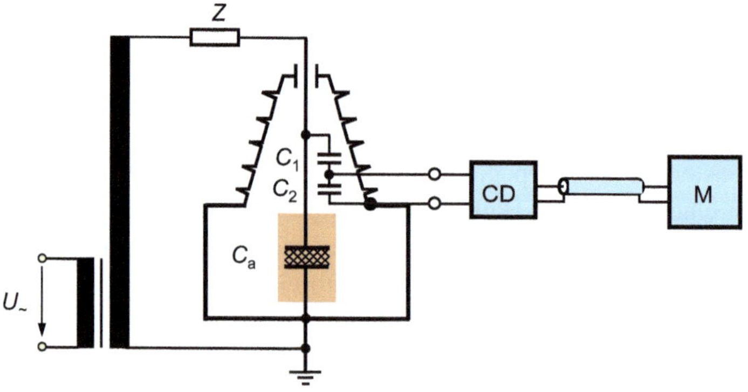

Abb. 12.12 TE-Prüfkreis für Transformator mit der Durchführungskapazität C_1 als Koppelkondensator

12.7 Kalibrieren der Prüf- und Messkreise nach IEC 60270

Eine verlässliche TE-Messung erfordert eine umfangreiche *Kalibrierung* der Mess- und Prüfeinrichtungen. Zum einen wird das TE-Messgerät einschließlich der Koppeleinheit CD kalibriert, um die grundsätzlichen Eigenschaften und die Richtigkeit der angezeigten Ladung in allen Messbereichen zu ermitteln. Zum anderen wird der *Maßstabsfaktor k* des vollständigen Hochspannungsprüf- und Messkreises bestimmt, mit dem der Anzeigewert des TE-Messgerätes zu multiplizieren ist. Mit dieser Kalibrierung wird der Teil des TE-Impulses erfasst, der über die Streukapazitäten der Prüfschaltung abfließt und dessen Ladung daher nicht zur Anzeige kommt. Die Kalibrierung erfolgt in beiden Fällen durch Einspeisung von Impulsen bekannter Ladung und Folgefrequenz in das Prüfobjekt. Die Bandfiltercharakteristik des TE-Messgerätes einschließlich der Koppeleinheit CD wird mit Sinusströmen überprüft und als *Transferimpedanz Z(f)* angegeben. In einem europäischen Ringvergleich mit 13 Laboratorien wurden verschiedene Kalibrierverfahren und die erreichbaren Messunsicherheiten untersucht.

12.7.1 Kalibrierimpulse

Die *Kalibrierimpulse* lassen sich im Allgemeinen mit einem Generator, der Sprungspannungen mit der Leerlauf-Ausgangsspannung U_0 erzeugt, und einem in Reihe geschalteten Kondensator mit kleiner Kapazität C_0 von 1 pF bis 100 pF realisieren (Abb. 12.13). Die Ladung q_0 der erzeugten Kalibrierimpulse ist, wenn der *Kalibrator* im Kurzschluss betrieben wird, formal gegeben durch:

$$\boxed{q_0 = U_0 C_0}. \tag{12.18}$$

Die Sprungspannung lässt sich schaltungstechnisch nur näherungsweise erzeugen. Sie soll nach IEC 60270 [12.5] eine Anstiegszeit $t_r \leq 60$ ns aufweisen, damit der in Verbindung mit C_0 erzeugte Kalibrierimpuls ausreichend steil und dessen Amplitudendichte bis zu hohen Frequenzen annähernd konstant ist. Zur Kalibrierung breitbandiger TE-Messgeräte nach Abschn. 12.5.1.1 mit einer oberen Grenzfrequenz $f_2 > 500$ kHz ist eine noch kürzere Anstiegszeit $t_r < 0{,}03/f_2$ erforderlich. Entsprechend weiterer Anforderungen soll die unipolare Sprungspannung eine Dauer von mindestens 5 µs aufweisen und

Abb. 12.13 Prinzip eines Kalibrators, der positive Impulse mit der Ladung q_0 erzeugt (Ausgang kurzgeschlossen)

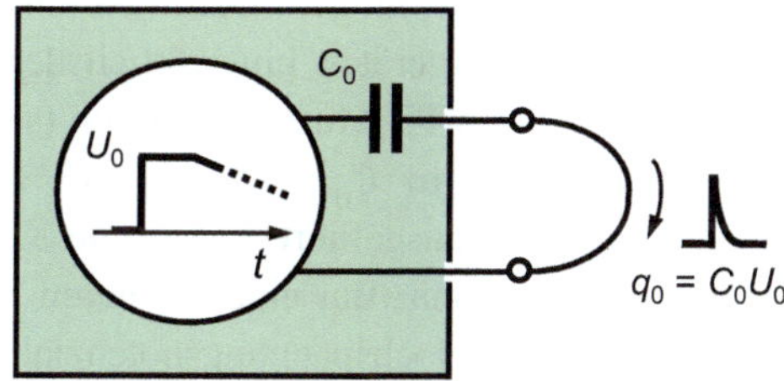

anschließend langsam innerhalb von nicht weniger als 500 µs auf $0,1\,U_0$ absinken. Damit ist gewährleistet, dass in Verbindung mit C_0 kein negativer Impuls mit nennenswerter Amplitude erzeugt wird. Nach der Beruhigungszeit t_s, die nicht mehr als 200 ns betragen soll, dürfen der Sprungspannung keine Schwingung mit einer Amplitude von mehr als 3 % von U_0 überlagert sein.

Anmerkung Die Anforderungen in IEC 60270 beziehen sich auf die Sprungspannung, von dem der eigentliche Kalibrierimpuls abgeleitet wird. Die Vorgaben berücksichtigen vor allem die frequenzabhängigen Eigenschaften der TE-Messgeräte mit Quasi-Integration (s. Abschn. 12.5.1).

Gl. (12.18) gilt auch bei Einspeisung der Kalibrierimpulse in einen Widerstand R_m, da die Impulsladung q_0 theoretisch unabhängig von R_m und dem Innenwiderstand des Kalibrators ist. Allerdings kann bei sehr großen Widerständen ein Teil der Ladung durch Parallel- und Streukapazitäten verloren gehen. Bei Einspeisung der Kalibrierimpulse in eine Kapazität C wird nur die Impulsladung:

$$\boxed{q_0^* = q_0 \frac{C}{C_0 + C}} \tag{12.19}$$

übertragen. Ein großes Kapazitätsverhältnis $C/C_0 \gg 1$ ist vorteilhaft, sodass möglichst die ganze Kalibrierladung in den Prüfling C eingespeist wird und näherungsweise $q_0^* \approx q_0$ gilt.

In der Messpraxis sind handliche, batteriebetriebene Kalibratoren im Einsatz, die unipolare Kalibrierimpulse mit einer Impulshäufigkeit von $N = 100\ \mathrm{s}^{-1}$ und mehrstufig einstellbarer Impulsladung erzeugen. Sie werden zur schnellen Überprüfung der Anzeige von TE-Messgeräten und zur Bestimmung des *Maßstabsfaktors k* des vollständigen Prüf- und Messkreises eingesetzt. Zur umfassenden Untersuchung und Kalibrierung von TE-Messgeräten ist ein multifunktionaler Kalibrator erforderlich, der Impulse mit unterschiedlichen Zeitverläufen, kontinuierlich einstellbaren Ladungen und Wiederholraten erzeugt [12.31–12.33]. Anstelle des einfachen Sprungspannungsgenerators in Abb. 12.13 werden auch schnelle D/A-Wandler mit Amplitudenauflösungen von (12 … 16) Bit und maximalen Abtastraten von (50 … 200) MHz verwendet. Mit den programmierbaren Generatoren lassen sich in Verbindung mit dem Kondensator C_0 beliebige Kalibrierimpulse und Impulsraten erzeugen, darunter schwingende Impulse, Impulse mit stochastisch verteilten Ladungen und Doppelimpulse zur Überprüfung von TE-Messgeräten für Kabelprüfungen. Damit ist eine umfassende Untersuchung von analogen und digitalen TE-Messgeräten hinsichtlich der Linearität, des dynamischen Verhaltens und phasenaufgelösten TE-Musters möglich (s. Abschn. 12.8.1).

Gelegentlich wird C_0 in Abb. 12.13 als Hochspannungskondensator außerhalb des Sprunggenerators ausgeführt, sodass die Kalibrierung bei angelegter Prüfspannung durchgeführt werden kann. Bei einer weiteren Schaltungsvariante befindet sich die Kalibriereinrichtung auf Hochspannungspotenzial [12.34]. Die Elektronik mit D/A-Wandler (zur Erzeugung von U_0) und A/D-Wandler (zur Datenerfassung) ist zwischen zwei voneinander isolierten metallischen Hohlkugelhälften untergebracht. Die untere Kugelhälfte wird über einen kurzen Metallstab direkt auf die Hochspannungselektrode des Prüflings gesteckt. Die obere Kugelhälfte ist über ihre Streukapazität, die die Kapazität C_0 darstellt, mit Erdpotenzial verbunden. Eine LWL-Übertragungsstrecke verbindet die Elektronik mit einem PC auf Erdpotenzial zur Übertragung von Messdaten und Steuersignalen. Kalibrierungen im Online-Betrieb unter Hochspannung sind somit jederzeit möglich.

Der Impulskalibrator ist für die Genauigkeit des eingesetzten TE-Messgerätes entscheidend. Er muss daher selbst regelmäßig überprüft werden, und die Ergebnisse sind in der Identifikationsakte des Kalibrators einzutragen. Für die Richtigkeitsprüfung der erzeugten Kalibrierladung gibt es mehrere Verfahren [12.5, 12.35–12.37]. Sofern es die Bauweise des Kalibrators ermöglicht, werden die Sprungspannung U_0 mit einem Digitaloszilloskop und die Kapazität C_0 mit einer Messbrücke gemessen. Die Kalibrierladung ergibt sich dann gemäß Gl. (12.18) zu $q_0 = U_0 C_0$. Bei zwei weiteren Verfahren wird der Kalibrierimpuls in einen Messwiderstand R_m (Abb. 12.14a) oder Messkondensator C_m (Abb. 12.14b) eingespeist und die Spannung an R_m bzw. C_m mit einem kalibrierten Digitalrecorder aufgezeichnet. In beiden Messschaltungen kann die Impulsladung des Kalibrators auch durch Substitution mit einem *Referenzkalibrator* überprüft werden. Der Recorder, der beide Impulse abwechselnd aufzeichnet, wird hierbei jeweils im selben Eingangsbereich betrieben und braucht dann selber nicht kalibriert zu sein.

In der Messschaltung gemäß Abb. 12.14a wird ein Abbild des Kalibrierimpulses aufgezeichnet, dessen Fläche A numerisch berechnet wird und gemäß Gl. (12.2) der Ladung proportional ist. Der am Recordereingang liegende Messwiderstand R_m beträgt üblicherweise 50 Ω bis 200 Ω, wobei die größeren Werte bei sehr kleinen Ladungen oder zur

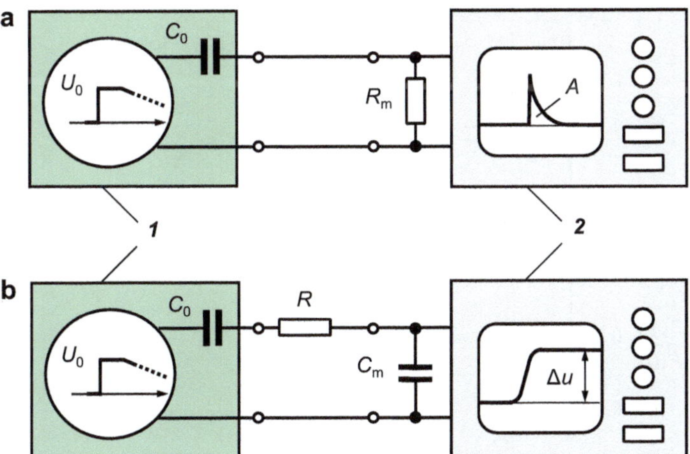

Abb. 12.14 Zwei Messschaltungen zur Überprüfung der Ladung eines Impulskalibrators *1* mit einem Digitalrecorder *2* **a** Einspeisung des Kalibrierimpulses in einen Messwiderstand R_m **b** Einspeisung des Kalibrierimpulses in einen Messkondensator C_m

Dämpfung überlagerter Oszillationen bevorzugt werden. Beim zweiten Messverfahren nach Abb. 12.14b bildet die Kapazität C_0 des Impulskalibrators mit der Messkapazität $C_m \gg C_0$ einen Spannungsteiler. Die vom Recorder aufgezeichnete Spannung ist dann ein Abbild der Sprungspannung des Kalibrators. Der Widerstand R am Kalibratorausgang in der Größenordnung von 100 Ω dämpft wiederum mögliche Oszillationen und bewirkt einen verlangsamten Spannungsanstieg. Nach Abklingen möglicher Anfangsoszillationen ist gemäß Gl. (12.18) die Spannung Δu der Kalibrierladung q proportional. Bei der Messung kleiner Ladungen von weniger als 50 pC wird Δu recht klein. Es ist dann vorteilhaft, C_m durch einen kapazitiv rückgekoppelten Operationsverstärker zu ersetzen.

Als Beispiel zeigt Abb. 12.15a den in der Schaltung nach Abb. 12.14a gemessenen Zeitverlauf eines Kalibrierimpulses nach Einspeisung in einen Messwiderstand $R_m = 50$ Ω. Die numerische Integration des aufgezeichneten Impulses ergibt die Impulsladung $q_0 = 48$ pC. Die mit FFT berechnete Amplitudendichte des Kalibrierimpulses ist bis 1 MHz annähernd konstant (Abb. 12.15b). Die Oszillation des Kalibrierimpulses

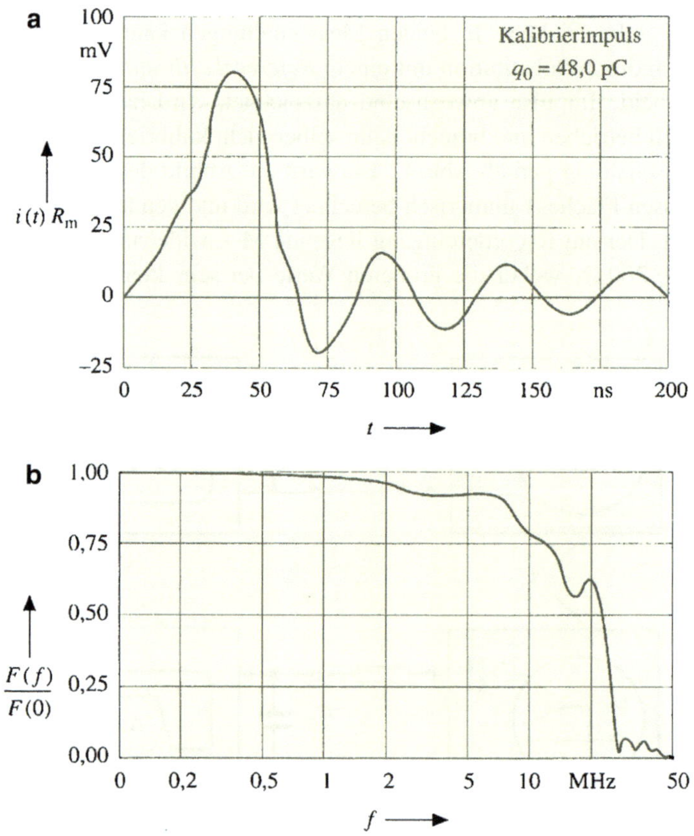

Abb. 12.15 Mit einem Digitalrecorder aufgezeichneter TE-Kalibrierimpuls **a** Zeitverlauf $i(t)R_m$ ($R_m = 50$ Ω) **b** normierte Amplitudendichte $F(f)/F(0)$

ist durch die mit einer Induktivität behafteten Schaltung des Kalibrators bedingt. Sie verschwindet bei Einspeisung der Kalibrierimpulse in einen größeren Widerstand $R_m = 200\ \Omega$. Die Ladung bleibt hierbei entsprechend dem Prinzip der Invarianz erhalten (s. Abschn. 12.2). Allerdings ändert sich das Spektrum dahingehend, dass der Bereich der annähernd konstanten Amplitudendichte verkürzt ist.

12.7.2 Kalibrieren des vollständigen Prüf- und Messkreises

Auf dem Weg vom Prüfling zum TE-Messgerät verlieren die TE-Impulse einen Teil ihrer scheinbaren Ladung q über die Streukapazitäten des räumlich ausgedehnten Prüf- und Messkreises. Infolge der Ladungsverluste gelangt nur der Anteil q/k zur Anzeige, wobei k der *Maßstabsfaktor* ist. In der Regel wird k durch eine Kalibrierung im Prüf- und Messkreis bei angeschlossenem, aber nicht erregtem Spannungserzeuger bestimmt (Abb. 12.16). Hierbei werden Kalibrierimpulse mit der Ladung q_0 in die Klemmen des Prüflings C_a eingespeist, die dann auf ihrem Weg zum Messgerät M einen vergleichbaren Ladungsverlust wie die TE-Impulse erfahren und schließlich eine Anzeige $q_M \leq q_0$ hervorrufen. Der TE-Maßstabsfaktor k des Prüfkreises mit dem Prüfling C_a ist definiert als:

$$k = \frac{q_0}{q_M}.$$

(12.20)

Der Impulskalibrator ist möglichst nahe der Hochspannungselektrode des Prüflings anzubringen, um Ladungsverluste durch die Streukapazität der Zuleitung zu vermeiden. Die tatsächlich eingespeiste Ladung hängt weiterhin von der Prüflingskapazität C_a und der Koppelkapazität C_k ab. Ist die Bedingung $C_0 < 0{,}1(C_a + C_k)$ erfüllt, darf die in den Prüfling eingespeiste Ladung gleich der Kalibrierladung q_0 angesetzt werden [12.5, 12.6]. Andernfalls ist die tatsächlich eingespeiste Ladung $q_0{}^*$ aus Gl. (12.19) mit $C = C_a + C_k$ zu bestimmen. An dieser Stelle sei auf den bereits in Abschn. 12.7.1 vorgestellten Hochspannungskalibrator verwiesen, der auch bei eingeschalteter Prüfspannung verwendet werden kann [12.34].

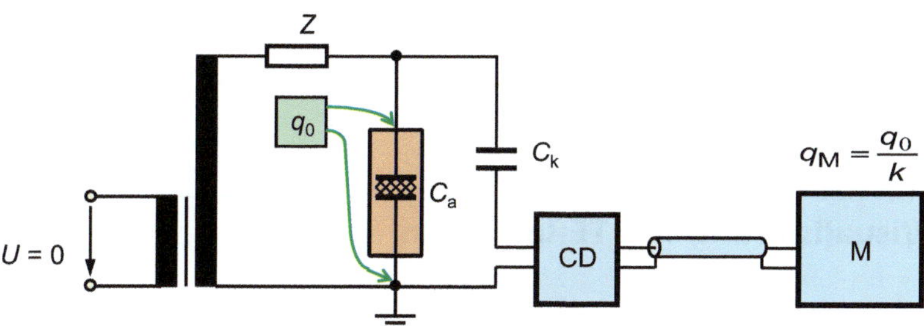

Abb. 12.16 Grundschaltung zum Kalibrieren des vollständigen TE-Prüfkreises durch Einspeisen der Kalibrierladung q_0 in den Prüfling, wobei das TE-Messgerät M die Ladung $q_M = q_0/k$ anzeigt

Bei der anschließenden TE-Prüfung ist die Anzeige des TE-Messgerätes mit dem Maßstabsfaktor k zu multiplizieren, um den korrekten Wert der scheinbaren Ladung q zu erhalten. Zur Erzielung einer hohen Messempfindlichkeit sollte k nicht sehr viel größer als 1 sein, d. h. die Ladungsverluste im Prüf- und Messkreis müssen klein gehalten werden. Dies erzielt man mit einer im Vergleich zur Streukapazität sehr viel größeren Koppelkapazität C_k. Der Maßstabsfaktor gilt nur für die Anordnung des Prüf- und Messkreises, die auch bei der Kalibrierung vorliegt. Jede Änderung des Prüflings oder des Prüf- und Messkreises erfordert eine neue Bestimmung des Maßstabsfaktors.

12.7.3 Genauigkeitsanforderungen

In IEC 60270 [12.5] sind Anforderungen an die Genauigkeit von TE-Messgeräten und Impulskalibratoren zahlenmäßig festgelegt. Für ein normgerecht kalibrierte TE-Ladungsmessgerät ist davon auszugehen, dass es eine Messunsicherheit von 10 % bzw. 1 pC einhält, je nachdem, welcher Wert größer ist. Der Impulskalibrator, der die Basis für die Genauigkeit der TE-Messgeräte darstellt, darf eine Unsicherheit von 5 % der eingestellten Ladung (bzw. 1 pC bei kleiner Ladung) nicht überschreiten. Er muss weiterhin auf das nationale Normal für die Ladungseinheit rückgeführt sein [10.9, 10.10]. Die bei Hochspannung durchgeführten TE-Messungen können jedoch in vielfältiger Weise gestört sein, z. B. durch elektromagnetische Störungen und Hintergrundrauschen. Eine realistische Abschätzung der Messunsicherheit ist dann nur begrenzt möglich.

Ein mit 13 teilnehmenden Laboratorien (europäische Metrologieinstitute, Kalibrier- und Prüflaboratorien) durchgeführter Ringvergleich mit unterschiedlichen Kalibrierimpulsen zeigt, dass die Impulsladung von der Mehrzahl der Teilnehmer innerhalb von (2…3) % richtig gemessen wurde. Hierbei setzten die Teilnehmer ganz unterschiedliche Messverfahren ein, so z. B. auch die beiden in Abb. 12.14 gezeigten Schaltungen. Der Ringvergleich beinhaltete weiterhin eine Überprüfung der bei den Teilnehmern vorhandenen TE-Messgeräte mit unterschiedlichen Kalibrierimpulsen. Für einige Impulsformen zeigten die TE-Messgeräte teilweise unzulässig große Abweichungen der gemessenen Ladungswerte an [12.38]. Bei einer zwei Dekaden später von vier Metrologieinstituten durchgeführten Vergleichsmessung an einem konventionellen Kalibrator stimmen die Messwerte deutlich besser überein, insbesondere für Ladungen unter 1 pC. Durch Einsatz eines Ladungsverstärkers ergibt sich für 0,1 pC eine Messunsicherheit von nur 2 % [12.39].

12.8 Visualisierung von TE-Impulsen

Zu Beginn der TE-Messtechnik war mit analogen Messgeräten nur eine begrenzte Auswertung der gemessenen TE-Werte möglich. Die Messgeräte zeigten aufgrund der Trägheit ihrer Drehspulmesswerke nur die größte regelmäßig wiederkehrende Impulsladung an. Ein wesentlicher Fortschritt in der TE-Messtechnik war die zeitliche Zuordnung der einzelnen TE-Impulse zur Prüfwechselspannung und Wiedergabe auf dem Bildschirm eines analogen Zweistrahl-Oszilloskops, wobei der Spannungsverlauf als Sinus oder Ellipse dargestellt wurde. Die phasenabhängige Darstellung der TE-Impulse über der Sinusspannung ist später von den digitalen Messgeräten übernommen und verfeinert worden. Für jede Isolieranordnung gibt es inzwischen charakteristische Verteilungsmuster der TE-Impulse über der Phase der Wechselspannung, die in umfassenden Datenbanken zusammengestellt sind. In einfachen Fällen, z. B. bei Existenz einer einzigen Fehlstelle, ermöglicht der Vergleich mit der Datenbank eine Aussage über die Art der Teilentladungen und den Gefährdungsgrad der Isolierung. Mit analogen Messgeräten wurde auch bereits ein weiteres Grundprinzip der heutigen digitalen TE-Messtechnik angewendet: die synchrone *Mehrstellen-* bzw. *Mehrfrequenzmessung.*

12.8.1 Phasenabhängiges TE-Muster

Seit einigen Jahrzehnten werden digitale TE-Messgeräte eingesetzt, die dank rechnergestützter Datenverarbeitung eine schnelle Auswertung und umfassende Visualisierung der Messergebnisse ermöglichen. Bei digitalen TE-Messgeräten der ersten Generation ist der A/D-Wandler dem analogen Bandfilter nachgeschaltet, d. h., nicht der eigentliche TE-Impuls, sondern der wesentlich breitere Ausgangsimpuls des Bandfilters wird digitalisiert (s. Abb. 12.5). Dessen Scheitelwert ist entsprechend den Ausführungen zur Quasi-Integration der Ladung des TE-Impulses proportional. Die für mehrere Perioden digital gespeicherten Ladungswerte lassen sich in unterschiedlicher Weise darstellen [12.40–12.44]. So zeigt eine einfache Grafik die mit einem Pulshöhendiskriminator ermittelte Häufigkeitsverteilung $H(q)$ der Ladung q. Die zusätzliche Berücksichtigung der Phase φ der Prüfspannung ergibt die erweiterte, dreidimensionale φ,q,n-*Grafik* mit den Achsen für die Phase φ der Wechselspannung, Ladung q und Anzahl n der TE-Impulse.

In einer anderen, recht anschaulichen Darstellung werden die Impulsladungen als *phasenabhängiges TE-Muster* über der Prüfwechselspannung angegeben *(PRPD pattern: Phase Resolved Partial Discharge pattern)*. Die Anzahl n der TE-Impulse wird hierbei durch unterschiedliche Graustufen oder Farben gekennzeichnet. Als Beispiel zeigt Abb. 12.17a das φ,q,n-*Muster* eines Hochspannungsmotors im Betrieb, der mehrere Defekte mit einem kritischen mittleren Ladungswert von mehr als 10 nC aufweist. Das φ,q,n-Muster in Abb. 12.17b gibt den Zustand einer Polymerisolierung unmittelbar nach der Produktion mit mindestens sechs unterschiedlich großen Gasblasen wieder [12.45].

Bei Verwendung ultra-breitbandiger Messgeräte, die den Zeitverlauf der TE-Impulse mit hoher Abtastrate direkt erfassen, wird in der Regel der Maximalwert u der TE-Impulse dargestellt (φ,u,n-*Grafik)*, der jedoch in diesem Fall nicht der Ladung entspricht. Die Kenntnis der Ladung ist für die Diagnose bei Vor-Ort-Prüfungen und Online-Messungen häufig nicht erforderlich.

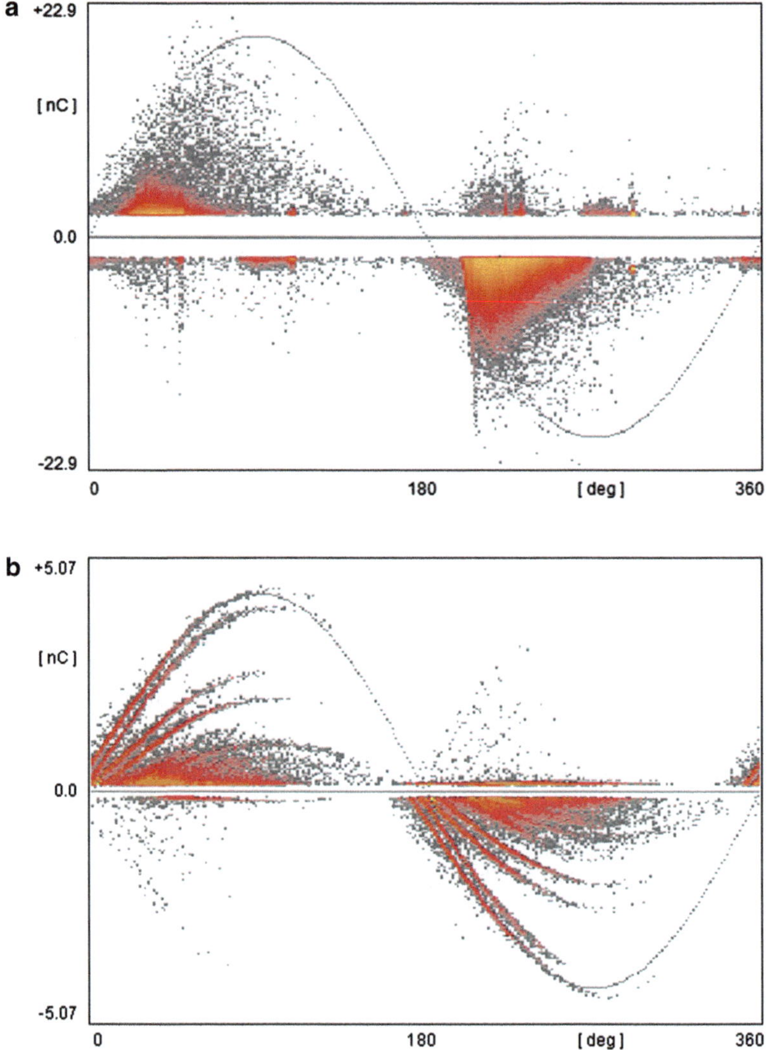

Abb. 12.17 Beispiele für phasenbezogene TE-Muster von Fehlstellen **a** φ,q,n-Muster eines Hochspannungsmotors im Betrieb mit mehreren Defekten [12.45, Abb. 4] **b** φ,q,n-Muster einer Polymerisolierung mit mehr als 6 Fehlstellen (Power Diagnostix Systems)

Der digitale Datensatz bietet in Verbindung mit der entsprechenden Software vielfältige Möglichkeiten, um TE-Impulse von Störungen zu unterscheiden [12.46–12.50]. Das für jeden Prüfling und jede TE-Form typische Muster der phasenbezogenen TE-Impulse liefert Hinweise auf die Art der Teilentladungen. Ein Vergleich mit den gespeicherten TE-Mustern einer umfangreichen Referenzdatenbank ist möglich [12.51, 12.52]. Hierbei ist jedoch zu berücksichtigen, dass sich das TE-Muster durch verschiedene Einflüsse, u. a. Temperatur, Oberschwingungsgehalt und Frequenz der Prüfspannung, verändern kann [12.53, 12.54].

TE-Messungen mit digitaler Auswertung werden nicht nur bei Abnahmeprüfungen in der Hochspannungshalle oder bei Vor-Ort-Prüfungen, sondern wegen der schnellen und automatisierten Datenauswertung zunehmend im kontinuierlichen Online-Betrieb zur Überwachung von Betriebsmitteln durchgeführt. Dadurch können aktuelle phasenbezogene TE-Muster jederzeit mit früher aufgezeichneten Daten verglichen werden. Änderungen des TE-Verhaltens, die auf den Alterungszustand der Isolierung hinweisen, sind damit leicht erkennbar. Ein wichtiges Ziel ist die Ausarbeitung kritischer TE-Grenzwerte, deren Überschreitung die automatische Abschaltung des gefährdeten Betriebsmittels herbeiführt.

12.8.2 Synchrone Mehrkanalmessung

In komplexen Prüflingen mit großen Abmessungen, z. B. in dreiphasigen Leistungstransformatoren, können mehrere Fehlstellen vorhanden sein. Teilentladungen in der Nähe einer Phase können auch in abgeschwächter Form in die beiden anderen Phasen eingekoppelt werden und sind dort als Störimpulse zu betrachten. Eine Separierung der Impulse und Lokalisierung der Fehlstellen durch Messung an nur einer Stelle wird dadurch erschwert oder sogar unmöglich. Bereits frühzeitig hat man daher bei Leistungstransformatoren versucht, an den drei Durchführungen möglichst gleichzeitig TE-Messungen durchzuführen. Zunächst wurde hierfür häufig nur ein TE-Messgerät – zuerst analog, später digital – eingesetzt, das über einen schnellen Umschalter (Multiplexer) abwechselnd mit den drei Durchführungen und ggf. noch mit der Erdverbindung verbunden wurde [12.55–12.58]. Der Zeitverzug bei der Umschaltung und die durch Quasi-Integration vergrößerten Impulsbreiten führten jedoch dazu, dass die Separierung und Lokalisierung von Fehlstellen nicht sehr genau war. Neben der *Mehrstellenmessung* wird in [12.55] auch bereits die *Mehrfrequenzmessung* mit einem Störmessgerät genannt.

Die direkte Digitalisierung von TE-Impulsen mit sehr schnellen, breitbandigen A/D-Wandlern und die Datenverarbeitung per Software stellen einen besonderen Fortschritt in der TE-Messtechnik dar. Die Kombination mehrerer dieser TE-Messgeräte mit den entsprechenden Koppeleinheiten bzw. Messsonden ermöglicht die *synchrone Mehrkanalmessung* von TE-Impulsen in komplexen Betriebsmitteln. Hierbei unterscheidet man zwei Varianten. Die Impulse, die von einer TE-Quelle ausgehen, werden gleichzeitig entweder breitbandig an drei verschiedenen Messstellen *(synchrone Mehrstellenmessung)* oder schmalbandig an einer Messstelle mit drei unterschiedlichen Mittenfrequenzen *(synchrone Mehrfrequenzmessung)* erfasst. Die TE-Impulse einer Fehlstelle erfahren auf ihrem Weg zur Messstelle eine charakteristische Beeinflussung durch den Prüfling, was, mathematisch ausgedrückt, einer Faltung des Impulsverlaufs durch die Transferfunktion dieses speziellen Ausbreitungsweges entspricht. Mit beiden Messvarianten lassen sich auch TE-Impulse aus verschiedenen Fehlstellen detektieren und von außerhalb eingekoppelten Störimpulsen separieren. Eine Kombination beider Messverfahren ist ebenfalls möglich.

Das Prinzip der synchronen TE-Mehrstellenmessung mit Visualisierung der Ergebnisse wird an einem einfachen Beispiel erklärt. Bei einem dreiphasigen Prüfling mit einer innen liegenden TE-Quelle treten an den Messstellen der drei Phasen L1, L2 und L3 unterschiedlich große Signale des TE-Impulses auf. Wenn die TE-Quelle der Phase L1 am nächsten liegt, weist der bei L1 gemessene TE-Impuls die größte Amplitude auf (Abb. 12.18a). Wegen der gedämpften Signalausbreitung werden an den weiter weg liegenden Messstellen bei L2 eine kleinere und bei L3 eine noch kleinere Impulsamplitude gemessen. Die Signalamplituden werden in das dreiachsige *Mehrstellen-Sterndiagramm* in zweidimensionaler Darstellung übertragen und vektoriell addiert (Abb. 12.18b). Der Endpunkt kennzeichnet im Sterndiagramm die Lage dieser TE-Quelle.

Bei längerer Aufzeichnungsdauer ergibt sich eine Vielzahl von TE-Impulsen, deren Amplituden auf gleiche Weise in das Sterndiagramm transformiert werden. Wegen der bekannten Streuung der Teilentladungen und je nach Betriebszustand des Prüflings (z. B. Spannungsschwankungen, Öltemperatur und Magnetostriktion bei einem Transformator) überdecken die sich ergebenden Punkte einen mehr oder weniger großen Bereich im Sterndiagramm (Abb. 12.18c). Es entsteht dadurch ein charakteristisches Muster der Teilentladungen aus dieser TE-Quelle *(3-Phase Amplitude Relation Diagram, 3PARD)*. Die unterschiedliche Häufigkeit der TE-Impulse mit annähernd gleicher Amplitude wird durch unterschiedliche Farben (bzw. Graustufen) gekennzeichnet [12.59–12.61].

TE-Impulse aus weiteren TE-Quellen im Prüfling erzeugen ebenfalls charakteristische Muster an anderen Stellen des Sterndiagramms. Der Vorteil dieser Darstellung liegt auch darin, dass jedes einzelne TE-Muster im Sterndiagramm sich in eine entsprechende

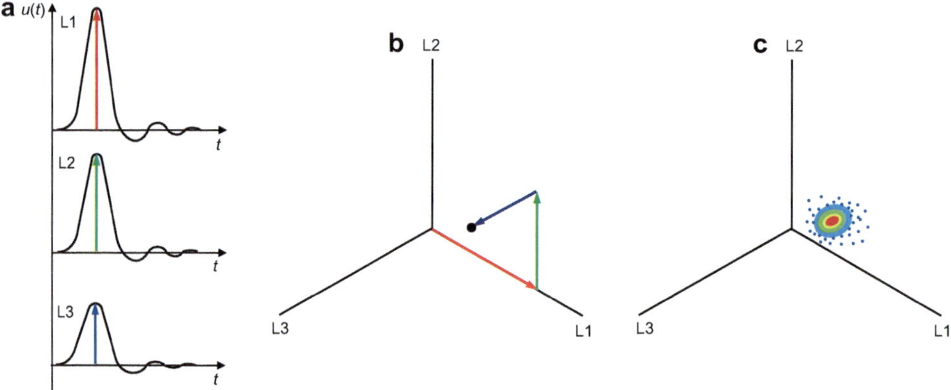

Abb. 12.18 Erläuterung des zweidimensionalen Mehrstellen-Sterndiagramms (3PARD) **a** gemessene Signale einer einzelnen Teilentladung an den drei Phasen L1, L2 und L3 **b** vektorielle Addition der Amplituden der drei gemessenen TE-Signale im Sterndiagramm **c** Visualisierung der über einen längeren Zeitraum insgesamt gemessenen TE-Signale

φ,q,n-Grafik umwandeln lässt (s. Abschn. 12.8.1). Damit ist eine übersichtliche Phasen-zuordnung der TE-Impulse aus den einzelnen TE-Quellen zur Prüfspannung erkennbar und eine auf Erfahrung beruhende Interpretation möglich. (Eine vollständige φ,q,n-Grafik mit den überlagerten TE-Impulsen aus allen vorhandenen TE-Quellen ist dagegen sehr komplex und wäre kaum auswertbar). Störsignale, die außerhalb des Prüflings auftreten, wirken in der Regel auf alle Messstellen gleich stark ein und werden daher im Bereich um den Ursprung der Diagrammachsen abgebildet.

Bei einer Variante des Mehrstellen-Sterndiagramms werden jeweils die Zeit-differenzen zwischen dem Auftreten der in den drei Phasen gemessenen TE-Impulse dargestellt *(3-Phase Time Relation Diagram, 3PTRD)* [12.60, 12.62]. Alternativ oder ergänzend zur synchronen Mehrstellenmessung wird die synchrone Mehrfrequenz-messung eingesetzt, die den Vorteil hat, dass nur an einer einzigen Stelle des Prüflings gemessen wird. Bei einem dreiphasigen Prüfling werden an einer Messstelle drei TE-Messgeräte mit begrenzter Bandbreite angeschlossen, deren Mittenfrequenzen unter-schiedlich eingestellt sind. Infolge der Bandbegrenzung findet eine Quasi-Integration der TE-Impulse statt, sodass die ausgewerteten Impulsamplituden der Ladung proportional sind. Die Messergebnisse werden im *Mehrfrequenz-Sterndiagramm* dargestellt *(3-Center Frequency Relation Diagram, 3CFRD)* [12.63].

Ein weiterer Fortschritt der synchronen Mehrstellen- und Mehrfrequenz-Messver-fahren ist, dass sie auch bei TE-Prüfungen mit Gleichspannung einsetzbar sind und eine Unterscheidung verschiedener TE-Quellen ermöglichen (s. Abschn. 12.10).

12.9 Besondere Mess- und Nachweisverfahren

Die konventionelle TE-Messtechnik nach IEC 60270 zur Bestimmung der scheinbaren Ladung erfordert in der Regel einen Koppelkondensator, um die TE-Impulse aus dem Prüfkreis auszukoppeln. Mit steigender Betriebsspannung werden Koppelkondensatoren immer größer und kostspieliger. Dreiphasige Betriebsmittel mit großen Abmessungen wie Leistungstransformatoren und GIS erfordern mehrere Koppelkondensatoren, um aussagekräftige Messergebnisse zu erzielen. Andererseits ermöglichen die mit Teil-entladungen einhergehenden elektromagnetischen und akustischen Vorgänge in Ver-bindung mit entsprechender Hard- und Software ganz andere TE-Messverfahren, die insbesondere bei Vor-Ort- und Online-Messungen vorteilhaft eingesetzt werden können. Eine Kalibrierung mit Ladungsimpulsen zur Bestimmung der scheinbaren Ladung ist dabei häufig nicht möglich und auch nicht erforderlich. Die TE-Impulse werden mit kleinen elektrischen oder akustischen Sensoren, die innerhalb oder außerhalb des Prüf-lings positioniert sind, detektiert und mit ultra-schnellen Digitaloszilloskopen im Zeitbereich oder mit Frequenzanalysatoren im Frequenzbereich gemessen. Eine IEC-Publikation über elektromagnetische und akustische TE-Messungen ist als *Technical Specification* zur Information verfügbar [12.64]. Eine besondere Rolle bei diesen Ver-fahren spielt die Software, mit der Teilentladungen aus verschiedenen TE-Quellen ermittelt und von Störeinflüssen, z. B. auch äußere Koronaentladungen, unterschieden werden können. Weiterhin ist das Auftreten von Teilentladungen mit optischen und chemischen Vorgängen verbunden, die ebenfalls zur Diagnose genutzt werden.

12.9.1 VHF- und UHF-Messverfahren

Teilentladungen in Gasen haben Spektralanteile von mehr als 20 GHz und Anstiegszeiten von weniger als 50 ps [12.9, 12.10]. Die sehr schnellen Gasentladungen erzeugen elektromagnetische Wellen, deren Ausbreitung im homogenen Medium durch die Maxwellschen Gleichungen beschrieben wird. Geschwindigkeit und Dämpfung der Wellenausbreitung hängen von den Eigenschaften des Isolierstoffes und der Bauart des Prüflings ab. Charakteristisch für das *VHF-* und *UHF-Messverfahren* ist, dass das von den Teilentladungen erzeugte elektromagnetische Feld in einem Frequenzbereich von einigen 100 MHz (VHF-Bereich) bis zu mehreren Gigahertz (UHF-Bereich) gemessen und ausgewertet wird. Dieser Frequenzbereich ist damit wesentlich größer als der, den die konventionelle TE-Messtechnik nach IEC 60270 umfasst ($f_2 \leq 1$ MHz). Für die VHF- oder UHF-Messungen werden unterschiedliche Sensoren innerhalb oder außerhalb des Prüflings eingesetzt. Insbesondere das UHF-Messverfahren hat sich dank leistungsfähiger Sensoren und Messgeräte zu einem sehr aussagekräftigen Diagnoseverfahren für Teilentladungen in GIS, GIL, Transformatoren und Kabeln entwickelt. Damit wird z. B. bei Vor-Ort-Prüfungen die einwandfreie Montage der einzelnen Komponenten überprüft. Weiterhin lassen sich bei der zunehmend eingesetzten Online-Überwachung Änderungen des TE-Verhaltens als Gefährdungskriterium erkennen, die zur rechtzeitigen Abschaltung der Hochspannung führen.

12.9.1.1 UHF-Messverfahren für Teilentladungen in GIS

Die Ursachen für das Auftreten von Teilentladungen in GIS sind vielfältig. Bei der Fertigung und Montage können kleine Metallpartikel zurückbleiben, die sich im starken 50-Hz-Feld aufladen, Hüpfbewegungen ausführen und bei Annäherung an die Metallwandung kleine elektrische Entladungen verursachen [12.65, 12.66]. Entladungen treten auch an Mikrospitzen auf dem Stromleiter auf. In beiden Fällen besteht beim Auftreten von Überspannungen die Gefahr eines Überschlags. Weiterhin verursachen die Entladungen eine Zersetzung des Isoliergases (SF_6), dessen Spaltprodukte ebenfalls zum Nachweis von Teilentladungen dienen (s. Abschn. 12.9.5). Teilentladungen können auch in Fehlstellen von Gießharzstützern auftreten.

In einem idealen gasgefüllten Rohrleiter breiten sich TEM-Wellen und bei entsprechenden Abmessungen auch höhere TE- und TM-Moden mit nahezu Lichtgeschwindigkeit aus [12.67]. Die Wellenausbreitung in GIS wird durch Dämpfungs- und Reflexionserscheinungen beeinflusst, was Gegenstand zahlreicher theoretischer und experimenteller Untersuchungen ist [12.68–12.73]. Als typische mittlere Dämpfung der Wellenausbreitung gilt ein Wert von 2 dB/m. Ein Vorteil der UHF-Messtechnik in GIS liegt in dem geringen Einfluss elektromagnetischer Störungen auf die TE-Messung. Äußere Störquellen sind weitgehend abgeschirmt und interne Störungen haben im UHF-Bereich nur noch einen geringen Anteil. Zur Störunterdrückung reicht häufig eine Mittelung der aufgezeichneten TE-Impulse über wenige Minuten aus. Mit dem UHF-Messverfahren wird bei Vor-Ort-Prüfungen die einwandfreie Montage der GIS-Komponenten überprüft. Es findet weiterhin zunehmend Einsatz bei Online-Messungen, da Änderungen im TE-Verhalten unmittelbar erkennbar sind. Fernziel des *Monitoring* ist eine automatische Gefahrenmeldung bis hin zur Abschaltung der Betriebsspannung bei Überschreiten einer vorgegebenen TE-Stärke.

Die Eignung verschiedener sehr breitbandiger Sensoren für TE-Messungen in GIS wird in [12.74–12.76] untersucht. Grundsätzlich unterscheidet man zwischen internen und externen TE-Sensoren. Interne Sensoren sind z. B. scheiben- oder kegelförmig ausgebildet. Sie werden isoliert in eine oder mehrere Montageöffnungen des geerdeten Außenleiters so eingebaut, dass der symmetrische Aufbau der GIS möglichst ungestört bleibt (Abb. 12.19). Das TE-Signal wird vom Sensor kapazitiv aufgefangen und dem Messgerät zugeführt. Eine weitere Messmöglichkeit bieten Sensoren in Antennen- oder Ringform, die in vorgefertigten Gießharzstützern eingegossen sind [12.77]. Externe Sensoren werden auf Sichtfenster *(dielektrische Fenster)* im Außenleiter aufgebracht und erfassen das durch das Fenster nach außen dringende Feld. Alternativ wird an den Stellen, an denen Stützisolatoren eingebaut sind, das dort austretende hochfrequente Streufeld der TE-Impulse mit Horn- oder anderen Antennen erfasst [12.78, 12.79].

Mit den im Innern von GIS eingebauten Sensoren ist im Allgemeinen eine höhere Messempfindlichkeit als mit externen Sensoren bzw. Antennen erreichbar. Letztere sind zudem empfänglich für äußere Störungen und müssen daher geschirmt sein. Die Empfindlichkeit interner Sensoren entspricht einer scheinbaren Ladung von weniger als 1 pC. Maßgebliche Kenngröße eines Sensors oder einer Antenne ist die *effektive Länge* (oder *Höhe*), die als Quotient der Ausgangsspannung und des umgebenden elektrischen bzw. magnetischen Feldes ausgedrückt wird. Der Kehrwert wird als *Antennenfaktor* bezeichnet. Die grundsätzlichen Eigenschaften und Kennwerte von Sensoren lassen sich im Feld einer GTEM-Zelle oder einer konisch ausgeführten Antenne, die auf einer Metallplatte steht, bestimmen [12.80–12.82].

Für die weitere Auswertung der vom Sensor aufgefangenen TE-Impulse gibt es zwei Möglichkeiten. Die TE-Impulse werden entweder breitbandig (>1 GHz) im Zeitbereich

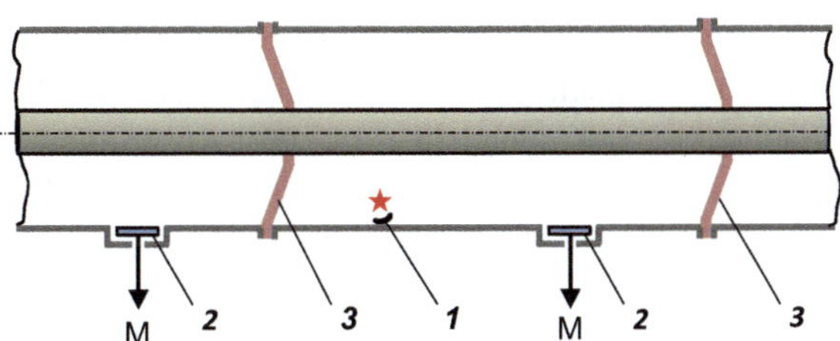

Abb. 12.19 TE-Diagnose in GIS mit UHF-Sensoren (Beispiel) *1* Metallspan als TE-Quelle *2* UHF-Sensor mit Messgerät M *3* Stützisolator

mit einem schnellen Digitaloszilloskop (>1 GS/s) oder schmalbandig im Frequenzbereich mit einem *Spektrumanalysator* bei Mittenfrequenzen von bis zu einigen Gigahertz gemessen. Die zeitliche Darstellung der TE-Impulse in Abhängigkeit von der Phase der Wechselspannung liefert wiederum charakteristische Verteilungen (PRPD, s. Abschn. 12.8.1), die Hinweise auf die Art und Ursache der Teilentladungen geben [12.70, 12.79]. Da die Ausbreitung der TE-Welle in GIS gedämpft ist, werden mehrere Sensoren in bestimmten Abständen angebracht. Durch Messung der Laufzeiten der TE-Impulse zwischen zwei oder mehreren Sensoren ist eine Ortung der TE-Quelle möglich.

Das UHF-Messverfahren hat einerseits den Vorteil, dass Störungen im GHz-Bereich weitgehend abgeklungen sind. Andererseits besteht ein Nachteil darin, dass die scheinbare Ladung der TE-Impulse nicht direkt bestimmt werden kann. Zur Kalibrierung der UHF-Messeinrichtung mit eingebautem Sensor gibt es verschiedene Vorschläge. Messgröße beim UHF-Verfahren ist der vom Digitaloszilloskop im Zeitbereich jeweils aufgezeichnete Maximalwert des TE-Impulses, gewöhnlich angegeben in Millivolt. Durch eine *Sensitivitätsmessung* versucht man, eine Relation zwischen der Anzeige in mV und der TE-Ladung in pC herzustellen. Hierzu werden zwei Verfahren angewendet. In dem einen Verfahren werden Teilentladungen durch eine künstliche Fehlstelle im Innern der GIS selbst erzeugt und gleichzeitig mit dem UHF-Verfahren und dem konventionellen IEC-Verfahren (s. Abschn. 12.6) mit getrennten Sensoren gemessen. Mit dem anderen Verfahren werden elektrische Impulse mit Anstiegszeiten <1 ns und bekannter Ladung über einen internen Sensor in die GIS eingespeist, die dann von einem zweiten Sensor empfangen und mit dem UHF-Messgerät ausgewertet werden [12.83–12.85].

Teilentladungen in GIS senden nicht nur elektromagnetische Wellen, sondern auch Schallwellen aus. Die akustischen Messverfahren werden in Abschn. 12.9.3 am Beispiel von TE-Messungen an Transformatoren eingehender behandelt. Sie werden teilweise in Kombination mit der elektrischen UHF-Messtechnik eingesetzt. Akustische Sensoren umfassen einen Frequenzbereich, der von 50 kHz bis 200 kHz reicht. Für die TE-Messung werden sie einzeln oder mehrfach außen auf dem GIS-Rohr mit Paste oder Kleber befestigt. Die Messung der Ausgangssignale erfolgt mit einem Digitaloszilloskop oder einem vergleichbaren digitalen Messsystem. Die Untersuchungsergebnisse zeigen, dass nicht nur hüpfende Metallteilchen, sondern auch Teilentladungen an Spitzen der Innen- und Außenleiter von den akustischen Sensoren erfasst werden [12.86, 12.87].

12.9.1.2 UHF-Messverfahren für Transformatoren

Teilentladungen in ölisolierten Transformatoren haben ihren Ursprung häufig in Gasbläschen, die sich im Isolieröl oder in der Wicklungsisolierung befinden. Die Anstiegszeiten und Spektren von Teilentladungen in Öltransformatoren sind daher durchaus vergleichbar mit denen in GIS. Die Ausbreitung der elektromagnetischen Wellen im Isolieröl beträgt allerdings nur rund 200 m/µs, also zwei Drittel der Lichtgeschwindigkeit. Die höheren Spektralanteile werden stärker gedämpft als in GIS, sodass die Auswertung der TE-Messungen meist nicht über 1 GHz hinausgeht. Die für GIS erprobte UHF-Messtechnik und ihre Anwendung auf TE-Messungen in Leistungstransformatoren ist Ziel intensiver Untersuchungen. Externe Störungen wie z. B. Koronaentladungen, die über die Durchführungen in den Transformatorkessel eindringen, machen sich häufig nur im Frequenzbereich unterhalb von 300 MHz oder sogar nur 200 MHz bemerkbar. Sie sind daher gut von den hochfrequenten inneren Teilentladungen zu unterscheiden.

Zwei Ausführungen von kapazitive Sensoren haben sich vor allem bei Vor-Ort-Messungen mit dem UHF-Messverfahren bewährt [1.5, 12.1, 12.88, 12.90]. Interne UHF-Sensoren lassen sich mit standardisierten *Flachkeilschiebern*, die zur Ölbefüllung des Transformators benutzt werden, direkt in den Ölraum einbringen (Abb. 12.20a). Der gleiche UHF-Sensor kann auch als externer Sensor auf einem *dielektrischen Fenster*, das in unterschiedlicher Form mit einem Flansch in der Kesselwand eingearbeitet ist, angebracht werden (Abb. 12.20b). Häufig befindet sich direkt neben dem UHF-Sensor eine Monopolantenne, über die ein elektrischer Kalibrierimpuls in den Ölraum abgestrahlt wird. Damit ist ein direkter Funktions- und Sensitivitätstest des UHF-Sensors vor der TE-Messung möglich. Die Eignung weiterer Sensoren für UHF-Messungen in Modellanordnungen wird in [12.91–12.93] behandelt.

In der Regel wird ein überwachter Leistungstransformator an mehreren Stellen mit UHF-Sensoren versehen (Abb. 12.21). Aus den Unterschieden der gemessenen Laufzeiten und Amplituden kann die Lage der TE-Quelle im Transformator in begrenztem Umfang bestimmt werden. Eine genaue TE-Ortung ist jedoch wegen der vielfachen Reflexions- und Dämpfungserscheinungen nur in Sonderfällen möglich. Eine bessere TE-Ortung im Transformator scheint durch Kombination des UHF-Verfahrens mit akustischen

Abb. 12.20 UHF-Sensoren für TE-Messungen in Leistungstransformatoren [1.5, Abb. 10.35] **a** interner UHF-Sensor auf Ölschieber **b** externer UHF-Sensor für dielektrisches Fenster

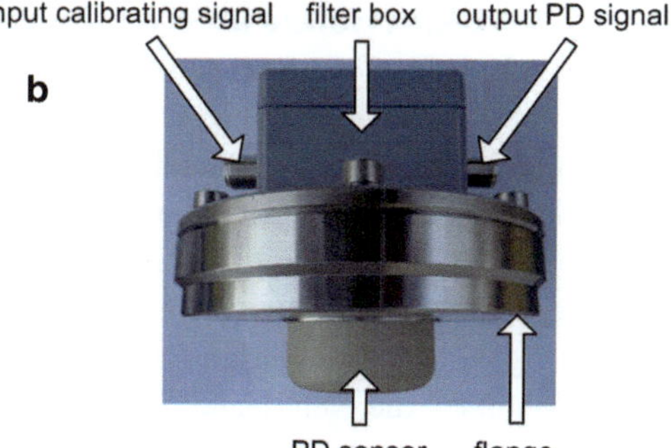

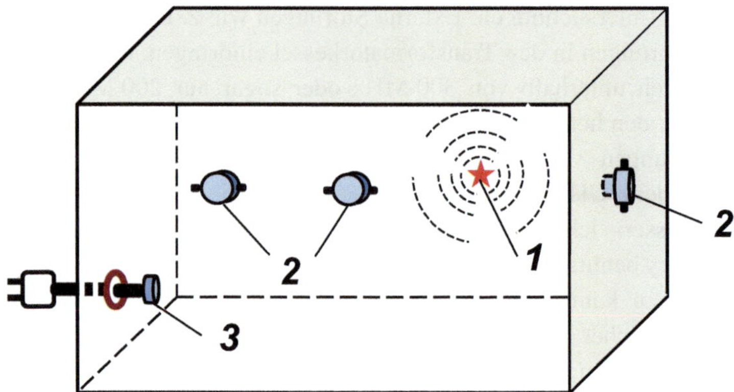

Abb. 12.21 Mögliche Positionen von UHF-Sensoren zur TE-Messung im Ölkessel (schematisch) *1* TE-Quelle mit elektromagnetischer Abstrahlung *2* UHF-Sensoren für dielektrisches Fenster *3* UHF-Sensor auf Ölschieber

Messverfahren erreichbar zu sein (s. Abschn. 12.9.3). Für die UHF-Messungen an Transformatoren im Zeit- und Frequenzbereich sind vergleichbare Oszilloskope bzw. Frequenzanalysatoren wie bei TE-Messungen in GIS im Einsatz.

UHF-Messungen an Transformatoren haben wie bei GIS den Nachteil, dass die scheinbare Ladung der TE-Impulse nicht direkt bestimmt werden kann. In [12.94] wird ausführlich über Sensitivitätsmessungen berichtet, bei denen definierte Impulse über eine Monopolantenne in eine ölgefüllte Prüfkammer eingespeist und von dem zu prüfenden UHF-Sensor gemessen werden. Die Impulse mit einer Halbwertsbreite von weniger als 0,5 ns werden elektronisch mit einem bipolaren Rechteckgenerator und einer schnellen Speicherschaltdiode erzeugt. Der eingespeiste Impuls und das vom Sensor empfangene UHF-Signal werden von zwei Kanälen eines Digitaloszilloskops aufgezeichnet und mit dem PC ausgewertet. Weitere Untersuchungen werden als erforderlich erachtet, um eine quantitative Aussage über die eingespeiste Impulsladung q und den angezeigten Wert des Sensors in mV zu gewinnen. In einer theoretischen Studie wird die Dimensionierung einer mit Öl gefüllten GTEM-Zelle vorgestellt, die zur grundlegenden Kalibrierung von UHF-Sensoren geeignet ist [12.95].

12.9.1.3 TE-Messsonde für schnelle Vor-Ort-Messung

Das hochfrequente elektromagnetische Feld, das von Teilentladungen in GIS, Transformatoren, Kabelverbindungen usw. erzeugt wird, kann grundsätzlich aus kleinen Spalten und Ritzen im Metallgehäuse austreten, sodass es außerhalb mit empfindlichen Messsonden nachweisbar ist. Abb. 12.22 zeigt die Ansicht einer batteriebetriebenen *TE-Messsonde,* die eine schnelle potenzialfreie Vor-Ort-Messung ermöglicht. Die Messsonde ist auf der Vorderseite mit zwei kapazitiven Sensoren ausgestattet, die zur Erzielung eines großen Signal-Störabstandes in Brückenschaltung verbunden sind. Die hochempfindliche TE-Messsonde, die von Hand im Abstand von einigen Zentimetern am Prüfobjekt entlang geführt wird, fängt berührungslos das hochfrequente Feld der Teilentladungen

Abb. 12.22 Tragbare TE-Messsonde mit zwei in Brückenschaltung betriebenen kapazitiven Sensoren für schnelle Vor-Ort-Messungen [1.5, Abb. 4.60c]

im Frequenzbereich von 300 MHz bis 800 MHz ein. Nach Umformung des gemessenen TE-Signals wird der Maximalwert auf der dem Bedienpersonal zugewandten Seite angezeigt. Über eine LWL-Verbindung kann ein Digitaloszilloskop oder PC zur visuellen Darstellung und weiteren Datenverarbeitung angeschlossen werden. Anstelle der beiden kapazitiven Sensoren können auch induktive Sensoren eingesetzt werden [1.5, 12.96].

Anmerkung: Der Vorläufer der sogenannten Lemke-Sonde arbeitete noch nach dem in Abschn. 12.5.2.1 angegebenen Integrationsprinzip. Der kapazitiv eingefangene TE-Impuls gelangte über einen Eingangsverstärker mit einer Bandbreite von 10 MHz auf einen Integrationsverstärker, der die Ladung des TE-Impulses anzeigte.

12.9.1.4 TE-Ortung im Freifeld mit UHF-Sensoren

Auch die Betriebsmittel in einem Umspannwerk oder Freiluftprüffeld können Teilentladungen aufweisen, deren Lokalisierung nur mit beträchtlichem Aufwand möglich ist. Bei den meisten bisher durchgeführten TE-Ortungsverfahren wird das von den Teilentladungen ausgehende elektromagnetische Signal von mehreren, meist vier UHF-Sonden nach unterschiedlicher Laufzeit aufgefangen. Die UHF-Sonden werden im Abstand von jeweils 0,3 m bis 1 m als Array außerhalb des Umspannwerks angeordnet und leitungsgebunden an einen PC angeschlossen. Die recht kleinen Zeit- bzw. Phaseninformationen der einzelnen UHF-Empfänger werden mit Hilfe unterschiedlicher Auswerteverfahren genau berücksichtigt [12.97, 12.98]. Eine neuere Variante der Verfahren zur TE-Ortung, das die Nachteile der bisherigen Verfahren vermeidet, wird in [12.99] vorgeschlagen und in einem Modellbeispiel untersucht. Bei diesem Ortungsverfahren werden um das Umspannwerk herum vier UHF-Empfänger platziert, die beim Auftreten von Teilentladungen die hochfrequenten TE-Signale mit unterschiedlicher Intensität empfangen und drahtlos an einen Router senden. Die Weiterleitung der Daten erfolgt ebenfalls drahtlos über den Router an die Rechnerstation. An Hand der TE-Intensitäten der einzelnen UHF-Empfänger werden die Daten mit Hilfe eines speziell entwickelten Algorithmus ausgewertet.

Die Durchführung des Ortungsverfahrens wird am Beispiel eines quadratischen Testfeldes mit den Seitenlängen 24 m × 24 m beschrieben, an dessen vier Eckpunkten je ein drahtloser UHF-Empfänger aufgestellt ist. Im ersten Schritt *(Offline-Betrieb)* erzeugt eine TE-Quelle an einer Vielzahl festgelegter Testpunkte reproduzierbare TE-Impulse, die von den vier UHV-Empfängern entsprechend ihrem Abstand mit jeweils unterschiedlicher Intensität empfangen werden. Dadurch entsteht eine Matrix der TE-Intensitäten, die die Grundlage zur Lokalisierung einer fremden TE-Quelle darstellt. Der Algorithmus zur Auswertung korrigiert Störeinflüsse bei nicht konstanter TE-Stärke und durch Interferenz.

Die Überprüfung des Ortungsverfahrens mit Intensitäts-Matrix erfolgt im *Online-Betrieb* mit einer TE-Quelle, die nacheinander an allen Testpunkten im Feld aufgestellt wird. Das jeweils ausgesandte TE-Signal wird von den vier UHV-Empfängern mit unterschiedlicher Intensität aufgefangen und über den Router zur Auswertung weitergeleitet. Als Resultat bei der Lokalisierung der TE-Quelle ergibt sich eine mittlere Fehlortung von 1,86 m bzw. 62,1 % der Fehler liegen unter 2 m. In der Betriebspraxis eines Umspannwerkes mit entsprechend großem Abstand der Betriebsmittel untereinander wird dieser Fehler als akzeptabel angesehen.

12.9.2 TE-Messverfahren für Kabel und Muffen

Die Isolierung neuer Hochspannungskabel besteht überwiegend aus vernetztem Polyethylen (VPE). Ältere Ölkabel und Papiermassekabel sind aber noch für Jahrzehnte im Einsatz. Teilentladungen können durch Gasbläschen oder Verunreinigungen in der Kabelisolierung und durch Verletzung der halbleitenden Schichten am Innen- oder Außenleiter von VPE-Kabeln entstehen. Bei älteren Kunststoffkabeln besteht die Gefahr, dass die Lebensdauer durch Bildung von *Wasserbäumchen* beeinträchtigt wird. Neuere Kabel mit Fertigungslängen von bis zu einigen 1000 m werden einer konventionellen TE-Prüfung im Prüffeld unterzogen. Treten im Kabel Teilentladungen auf, laufen die TE-Impulse mit einer Geschwindigkeit von 140 m/µs bis 200 m/µs in beide Richtungen von der Fehlstelle weg (Abb. 12.23). Da bei der Prüfung das Kabelende B meistens offen ist, werden die dort ankommenden TE-Impulse reflektiert und erreichen mehr oder weniger abgeschwächt den Kabelanfang A, wo sie über den Koppelkondensator C_k und Messwiderstand R_m zum Oszilloskop gelangen [12.100–12.102].

Zwischen dem direkten und dem reflektierten, durch die Kabeldämpfung verkleinerten TE-Impuls besteht die Zeitdifferenz:

$$\Delta t = \frac{2(L - x)}{v}, \tag{12.21}$$

aus der sich der Abstand x der TE-Quelle vom Kabelanfang A berechnen lässt. In der Regel wird die Messung wiederholt, wobei das Messsystem dann am Kabelende B ange-

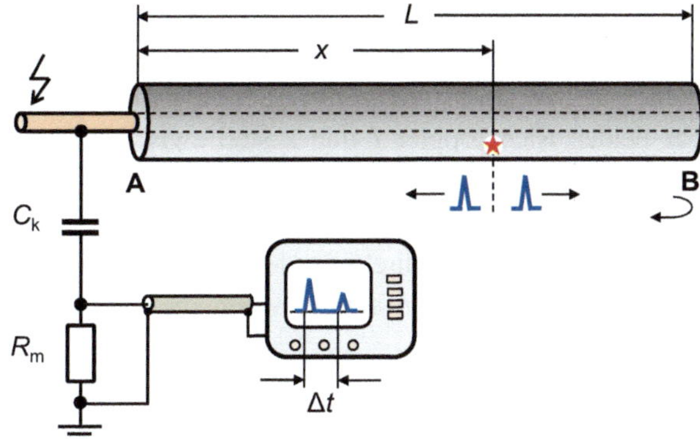

Abb. 12.23 Prinzip der Ortung von Teilentladungen im Hochspannungskabel (Hochspannungseinspeisung und Kabelgarnitur sind nicht eingezeichnet)

schlossen ist. Das Mittel aus den Abstandswerten x_A und x_B liefert dann einen genaueren Wert x für den Ort der TE-Quelle. Die Ausbreitungsgeschwindigkeit v im Kabel der Länge L wird durch Messung der Laufzeit von Kalibrierimpulsen, die am Kabelende eingespeist werden, bestimmt.

Dieses im Prinzip einfache Ortungsverfahren versagt gewöhnlich, wenn sich die TE-Quelle in der Nähe der Kabelenden A oder B befindet oder wenn im Kabel mehrere TE-Quellen existieren. Bei einem sehr langen Kabel kann der reflektierte Impuls sehr klein und daher nicht mehr messbar sein. In diesen Fällen lassen sich ggf. die beiden u. a. Verfahren erfolgreich einsetzen, insbesondere bei Vor-Ort-Messungen. Wegen der großen kapazitiven Last des geschirmten Kabels erfolgt die Prüfung häufig mit Sinusspannung mit deutlich verringerter Frequenz von 0,1 Hz oder mit abklingender Sinusschwingung, die durch plötzliche Entladung des vorher mit Gleichspannung aufgeladenen Kabels entsteht [12.103, 12.104].

Ein verbessertes TE-Ortungsverfahren für ein 5,6 km langes Dreileiterkabel wird mit der synchronen Mehrstellenmesstechnik erzielt (s. Abschn. 12.8.2). Bei der Prüfung liegt jeweils nur ein Leiter an Spannung, an dessen beiden Enden je ein ultrabreitbandiges digitales TE-Messgerät der Bauart nach Abb. 12.9 angeschlossen ist [12.105]. Die von einer TE-Quelle direkt auf beide Messgeräte zulaufenden Impulse werden in Echtzeit aufgezeichnet und mit dem PC ausgewertet. Die Triggerung der beiden TE-Messgeräte erfolgt mit einem Synchronisierungssignal, das in einen der leerlaufenden Leiter eingespeist wird und an beiden Leiterenden die Erzeugung sehr steiler Triggerimpulse einleitet. Unter Berücksichtigung der Signallaufzeit bis zum anderen Leiterende lassen sich so beide TE-Messgeräte gleichzeitig für die Aufzeichnung starten, d. h. sie sind synchronisiert. Die Auswertesoftware ermöglicht die Ortung verschiedener TE-Quellen und Unterscheidung von externen Störern. Die Unsicherheit der Ortung wird mit 0,2 % der Kabellänge angegeben.

Fehlstellen im neuen Kabel werden gewöhnlich durch TE-Prüfungen im Kabelwerk direkt erkannt. Probleme mit Teilentladungen entstehen daher vorwiegend bei der Vor-Ort-Montage, wenn die einzelnen Fertigungslängen eines Kabels über *Kabelmuffen* zur Gesamtlänge verbunden werden. Gerade im Bereich der Kabelmuffen (oder Endverschlüsse) kann es aus verschiedenen Gründen zu inneren Teilentladungen kommen. Zum Nachweis bzw. Ausschluss eines Montagefehlers – oder einer bisher unerkannten Fehlstelle im Kabel – dienen *Richtkoppler* auf beiden Seiten der Kabelmuffe [12.106, 12.107]. Die Sensoren der beiden Richtkoppler *1* und *2* sind zwischen der äußeren Leitschicht *3* und der Kabelschirmung *4* angeordnet (Abb. 12.24). Jeder Richtkoppler hat zwei Ausgänge, die mit A-B und C-D bezeichnet und isoliert zum Messgerät herausgeführt sind. Die Sensoren können auch von vornherein direkt in der Muffe *5* eingebaut sein. Optimale Richtwirkung und Empfindlichkeit werden erzielt, wenn die Sensoren unmittelbar auf der Kabelschirmung *4* aufgebracht sind.

Bei Vorhandensein einer TE-Quelle im Kabelsystem läuft auf beide Richtkoppler eine TEM-Welle zu und erzeugt infolge kapazitiver und induktiver Wechselwirkungen Spannungsimpulse an den Sensorausgängen A bis D. Je nachdem, aus welcher Richtung die TEM-Welle auf den Sensor trifft, findet eine Addition oder Subtraktion, im Idealfall sogar eine vollständige Auslöschung dieser Impulse statt. Befindet sich z. B. die TE-Quelle *6* in der Kabelmuffe, entstehen an den Ausgängen B und C deutlich größere Impulsspannungen als an den Ausgängen A und D. Treten andererseits im linken Kabel Teilentladungen auf, sind die Impulsspannungen an den Ausgängen A und C höher als an den Ausgängen B und D. Mit der Richtkopplertechnik lassen sich mehrere TE-Quellen im Kabelsystem unterscheiden und von externen Störern abgrenzen.

TE-Impulse können auch aus der Erdleitung am Kabelende mit einem HF-Stromwandler ausgekoppelt werden. Grundsätzliche Untersuchungen an spannungslosen Dreileiterkabeln zeigen, dass sich Kalibrierimpulse, die am Anfang eines Leiters eingespeist werden, aus allen drei Erdleitungen am anderen, kurzgeschlossenen Kabelende induktiv auskoppeln und detektieren lassen [12.108]. Diese Messtechnik erweist sich jedoch bei TE-Prüfungen vor Ort wegen des großen Störpegels als nicht zuverlässig.

Das Signal-Stör-Verhältnis verbessert sich signifikant durch eine besondere Anordnung der Erdleitungen in den HF-Wandlern [12.109]. Hierbei werden die drei Leiter des Kabels an der Messstelle kurzgeschlossen und geerdet, was eine leistungsstarke Prüfspannungsquelle erfordert. Die Erdleitungen von jeweils zwei Leitern werden in entgegengesetzter Stromrichtung durch den Ferritkern eines HF-Stromwandlers

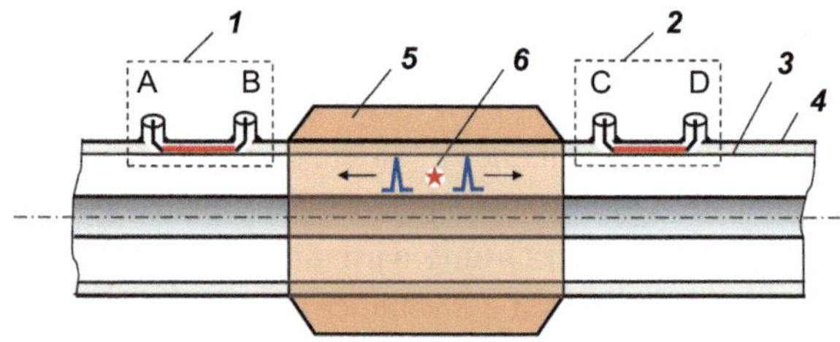

Abb. 12.24 Richtkopplertechnik zur Ortung von TE-Impulsen in Muffenverbindungen (Prinzip) *1, 2* Richtkoppler *3* äußere Leitschicht *4* Kabelschirmung *5* Kabelmuffe *6* TE-Quelle in der Kabelmuffe

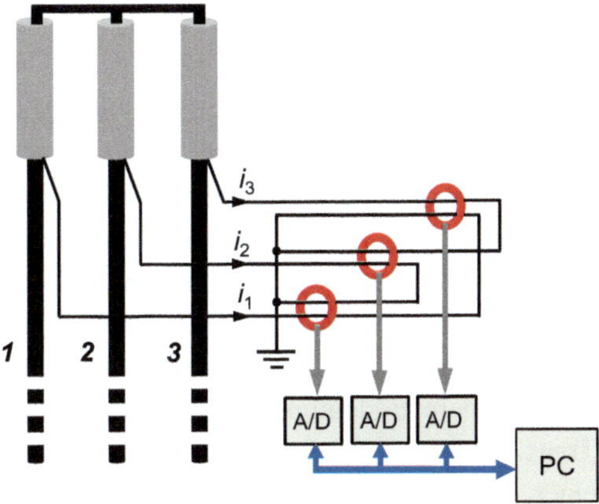

Abb. 12.25 Induktive Auskopplung von TE-Impulsen aus den Erdleitungen eines kurzgeschlossenen Dreileiterkabels in Verbindung mit der synchronen Mehrstellenmesstechnik

geführt, (Abb. 12.25). Zum Beispiel fließen durch den linken unteren Ferritkern die Erdströme $+i_1$ und $-i_2$ der Leiter *1* und *2*. Die in diesen beiden Leitern auftretenden TE-Signale können dadurch detektiert werden, wobei das Vorzeichen der Ströme zu beachten ist. Die entgegengesetzte Stromrichtung hat den Vorteil, dass sich externe Störungen gegenseitig weitgehend auslöschen. Am Beispiel von Kalibrierimpulsen wird gezeigt, wie sich die Ausgangssignale der drei HF-Stromwandler von einem dreikanaligen ultrabreitbandigen TE-Messsystem mit A/D-Wandlern nach Abb. 12.9 potenzialfrei aufzeichnen lassen. Die Auswertung erfolgt mit Hilfe der synchronen TE-Mehrstellenmesstechnik und das Ergebnis wird z. B. als Sterndiagramm 3PARD angezeigt (s. Abschn. 12.8.2). Das Messprinzip lässt sich auch so anwenden, dass anstelle der Erdverbindungen die Leiter durch die HF-Stromwandler gesteckt werden.

Die Ausbreitung der durch Teilentladungen erzeugten elektromagnetischen Felder in Kabeln und Muffen ist Gegenstand vielfältiger theoretischer und experimenteller Untersuchungen. Wegen der hohen Spektralanteile der TE-Impulse im GHz-Bereich ist die Schirmung von Kabeln und Muffen nicht vollkommen, sodass die Felder in abgeschwächter Form nach außen dringen können. Dies zeigen Feldberechnungen für dreidimensionale Modellanordnungen mit verschiedenen Softwarelösungen der Maxwellschen Feldgleichungen. Die in diesem Zusammenhang durchgeführten experimentellen Untersuchungen bestätigen die theoretischen Ergebnisse weitgehend. So lassen sich bei einem kurzen Kabelstück mit künstlicher Fehlstelle die Zeitverläufe der TE-Signale noch in einem Abstand von 1 m mit kleinen Luftspulen messen [12.110]. Eine andere Untersuchung befasst sich mit kleinen planaren Breitbandantennen, die sich zur Messung der aus einem Kabelendverschluss austretenden hochfrequenten Felder von TE-Impulsen eignen [12.111]. Zur Simulation der Teilentladungen wurden hierbei ultrakurze Impulse mit einem UHF-Pulsgenerator in das Kabel eingespeist. In diesem Zusammenhang wird auch auf die TE-Messsonde in Abschn. 12.9.1.3 verwiesen, die ebenfalls zur Messung der aus geschirmten Prüflingen austretenden TE-Felder verwendet wird.

12.9.3 Akustische TE-Ortung

Teilentladungen verursachen neben elektromagnetischen Wellen auch Ultraschallwellen, die sich in Gasen, Flüssigkeiten und Feststoffen mit unterschiedlicher Geschwindigkeit ausbreiten. Äußere Teilentladungen in Luft, z. B. auf Hochspannungsleitungen, Armaturen usw., lassen sich ohne besonderen Aufwand mit Ultraschall-Richtmikrofonen in Verbindung mit einem Laserpointer lokalisieren, wobei sich die TE-Quelle in direkter Blickrichtung befinden muss. Durch Reflexion der Schallwelle an Wänden oder größeren Gegenständen in der Umgebung ist eine fehlerhafte Ortung nicht ausgeschlossen.

Besondere Bedeutung hat die akustische Messung von Teilentladungen in ölgefüllten Transformatoren erlangt. Die ungestörte Ausbreitung von Schallwellen in Öl erfolgt mit einer Geschwindigkeit von etwa 1340 m/s. Durch Dämpfung, Überlagerung reflektierter Wellenanteile und Schallweiterleitung im Transformatorkessel werden jedoch Form und Ausbreitung der Schallimpulse beeinflusst. Wenn die von Teilentladungen erzeugten Ultraschallwellen auf die Kesselwand treffen, werden sie reflektiert oder längs der Kesselwand weitergeleitet. Sie lassen sich mit außen auf dem Metallkessel angebrachten *piezoelektrischen Sensoren* detektiere. Die in elektrische Signale umgewandelten Schallwellen werden von einem Digitaloszilloskop oder digitalen TE-Messsystem aufgezeichnet und mit spezieller Software auf dem PC ausgewertet [12.15, 12.112–12.115]. Die Schwingungen weisen ein Spektrum auf, dessen Hauptanteil zwischen 50 und 200 kHz liegt.

Das akustische TE-Messverfahren hat den Vorteil, dass elektrische Störungen, z. B. hervorgerufen durch Korona, keinen Einfluss haben – vorausgesetzt, der elektrische Teil der Sensoreinheit, die Zuleitung und das Messgerät sind elektrisch und magnetisch ausreichend geschirmt. Mechanische Vibrationen des Transformators, z. B. verursacht durch Magnetostriktion, treten weit unterhalb des o. a. Frequenzbereichs auf. Durch Mittelung der mehrfach aufgezeichneten Schallsignale werden Rauschanteile und Störungen weitgehend reduziert. Die akustische TE-Messung wird häufig in Verbindung mit Verfahren zum Nachweis von Zersetzungsprodukten kombiniert (s. Abschn. 12.9.5).

Mit mehreren außen am Transformatorkessel angebrachten Ultraschallsensoren ist die Ortung einer TE-Quelle *1* aus den Laufzeitunterschieden der detektierten Schallimpulse möglich (Abb. 12.26a). Die Sensoren *2* empfangen jedoch nicht nur die direkt auf sie zulaufende Schallwelle, sondern auch reflektierte und längs der Kesselwand zum Sensor laufende Anteile. Infolge der Überlagerungen ist der Anfang der Impulsschwingung und damit der Ort der TE-Quelle nicht exakt bestimmbar. Durch veränderte Positionierung der einzelnen Sensoren lassen sich gegebenenfalls günstigere Messbedingungen erzielen. Ultraschallsensoren in besonderer Ausführung lassen sich auch innerhalb des entsprechend vorbereiteten Ölkessels für TE-Messungen einsetzen. In dieser Position haben die allgemein als *Hydrophone* bezeichneten Sensoren den Vorteil einer höheren Empfindlichkeit, sind aber nur in Bereichen geringer Feldstärke einsetzbar.

Die Genauigkeit der akustischen Ortung von Teilentladungen in großen Leistungstransformatoren kann durch Kombination mit dem elektrischen UHF-Verfahren deutlich verbessert werden [12.116]. Das sich im Isolieröl schnell ausbreitende hochfrequente

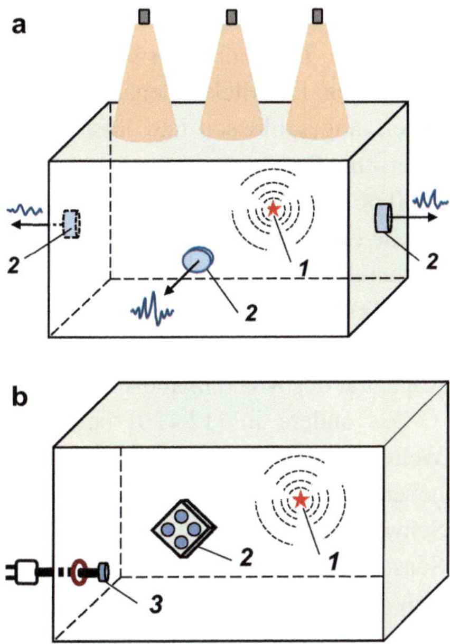

Abb. 12.26 Akustische Ortung von Teilentladungen im ölisolierten Transformator (Prinzip) **a** Ortung einer TE-Quelle *1* im Transformator mit drei Ultraschallsensoren *2* **b** Ortung einer TE-Quelle *1* im Ölkessel mit akustischem Sensorarray *2* und UHF-Sensor *3*

TE-Signal wird hierbei von einem UHF-Sensor, der z. B. mit einem Flachkeilschieber in den Ölkessel eingebracht ist, empfangen und dient als Triggersignal für die Aufzeichnung der Schallimpulse mit mehreren akustischen Sensoren (Abb. 12.26b). Es stellt somit den genauen Nullzeitpunkt für die Auswertung der akustischen Laufzeitmessungen dar.

An Stelle einzelner Schallsensoren wird in [12.117] die Eignung eines akustischen *Sensorarrays 2* für TE-Messungen untersucht. Das Messsystem besteht aus zwei rechtwinklig zueinander angeordneten Sensorpaaren, das auf der Kesselaußenwand angebracht wird. Der Vorteil ist, dass sich die optimale Position des Sensorarrays leichter als die von vier einzelnen akustischen Sensoren erzielen lässt. Die Untersuchungsergebnisse zeigen, dass sich in Verbindung mit dem UHF-Sensor *3* sogar mehrere TE-Quellen gleichzeitig sehr genau orten lassen.

Der Prototyp eines kombinierten Sensors für akustische und UHF-Messungen von Teilentladungen sowie für Transformatorschwingungen infolge Magnetostriktion wird in [12.118] vorgestellt. Der Sensor lässt sich leicht mit einem Flachkeilschieber in den Ölkessel einbringen. Das Triggersignal, mit dem der Referenzzeitpunkt festgelegt wird, kann alternativ oder zusätzlich zur UHF-Messung von dem elektrischen TE-Signal abgeleitet werden, das mit einem Koppelkondensator oder HF-Wandler ausgekoppelt wird. Hierbei sind die unterschiedlichen Laufzeiten der elektrischen und akustischen Signale von der TE-Quelle im Transformator zum Messgerät sowie weitere Einflussparameter zu berücksichtigen [12.119].

Bei Ultraschallmessungen gibt es ebenso wie bei UHF-Messungen keinen direkten Zusammenhang der Messgröße mit der scheinbaren Ladung der TE-Impulse. Zu dieser Problematik werden in [12.120] zwei Verfahren zur Erzeugung definierter Schallwellen untersucht. In dem einen Verfahren wird eine Spitze-Platte-Elektrodenanordnung als künstliche TE-Quelle verwendet, um Ultraschallsensoren im eingebauten Zustand zu kalibrieren. Die Elektrodenanordnung ist in Miniaturausführung am Ende eines Koaxialkabels angeschlossen und lässt sich von oben in den ölisolierten Transformatorkessel unterschiedlich tief eintauchen. An ihrer Spitze werden Teilentladungen mit 10 pC bis 2000 pC entsprechend der angelegten Spannung erzeugt. Die mit der künstlichen TE-Quelle erzeugten Schallimpulse weisen ein Spektrum auf, das vergleichbar mit dem von Teilentladungen in Öl ist, d. h., der Hauptanteil liegt im Frequenzbereich zwischen 50 und 200 kHz. Die Ladung der so erzeugten TE-Impulse wurde gemäß IEC 60270 über einen gesonderten Koppelkondensator mit Koppeleinheit oder unter Ausnutzung der Kapazität des Koaxialkabels zur Spitze-Platte-Anordnung messen.

Das andere in [12.120] beschriebene Verfahren befasst sich mit der akustischen Wellenausbreitung entlang der Kesselwand. Ein elektronisch gesteuerter Impulsgeber, der außen auf dem Transformatorkessel angebracht ist, regt die Kesselwand zu Schwingungen an, die von einem in einiger Entfernung an der Kesselwand angebrachten Sensor empfangen werden. Aus der angeregten und der empfangenen Schwingung ergibt sich die ortsabhängige *akustische Transferfunktion* der Kesselwand zwischen Einspeise- und Messpunkt, die für theoretische Untersuchungen nützlich ist.

Die akustische TE-Messtechnik ist Gegenstand grundlegender Untersuchungen an Modellanordnungen von Transformatoren und Durchführungen mit Epoxidharzisolierung, über die in [12.121, 12.122] berichtet wird. Der Hauptanteil des akustisch gemessenen TE-Spektrums liegt im Frequenzbereich von 100 kHz bis maximal 1 MHz. Die Abschwächung des akustischen TE-Signals in der Epoxidharzisolierung beträgt je nach Ausbreitungsrichtung und Beschaffenheit des Prüflings 62 dB/m bis zu 140 dB/m. Daher lassen sich mit außen angebrachten Ultraschallsensoren nur sehr starke Teilentladungen in einer Entfernung von weniger als 0,5 m detektieren. Akustische Störungen, z. B. durch Korona, werden durch Mittelung der mehrfach aufgezeichneten Signale recht gut eliminiert.

Andere Untersuchungen befassen sich mit dem Einfluss von Teilentladungen auf einen polarisierten Lichtstrahl, der von einem He-Ne-Laser über einen Polarisator in eine Glasfaser eingekoppelt wird. Die Druckwelle der Teilentladungen verursacht eine zeitliche Änderung des *Brechungsindexes* der Glasfaser und damit eine *Phasenmodulation* des Lichtstrahls, die anschließend in ein elektrisches Signal umgewandelt und ausgewertet wird. In [12.123] wird ein Modell mit einer Spitze-Platte-Anordnung in einem mit SF_6 gefüllten Glasbehälter untersucht, um den eine nur 5 µm dicke Glasfaser in mehreren Windungen gewickelt ist. Die sich von der TE-Quelle ausbreitenden Druckwelle bewirkt die o. a. Phasenmodulation des Lichtstrahls in der Glasfaser. Die Empfindlichkeit der Versuchsanordnung, die Teil einer GIS nachbilden soll, entspricht einer TE-Stärke von 20 pC. Der *akustisch-optische Sensor* hat den Vorteil, dass er immun gegenüber elektromagnetischen Störungen ist und auch im Bereich hoher Feldstärken eingesetzt werden kann.

Bei einem anderen akustisch-optischen Sensor ist die Glasfaser mit einem Durchmesser von 50 µm zu einer kleinen Spule vergossen, die an einen würfelförmigen

Probekörper aus Silikon angebracht wird [12.124]. Eine darin eingegossene Spitze-Platte-Anordnung erzeugt Teilentladungen, deren Druckwelle wiederum die Phase des Lichtstrahls in der Glasfaser moduliert. Das Sensorsystem, das zum Einsatz in Kabelgarnituren vorgeschlagen wird, spricht bei einer Ladung von 6 pC an. Die Untersuchungsergebnisse zeigen, dass die Sensorempfindlichkeit bei Wechselspannung 6 pC und bei Gleichspannung besser als 1 pC beträgt. Bei den durchgeführten Messungen ergibt sich jedoch teilweise, insbesondere bei positiver Gleichspannung, eine anomale Anzeige des akustisch-optischen Sensorsystems. Über den Einsatz eines vergleichbaren akustisch-optischen Messsystems im Vergleich zu einem piezoelektrischen Wandler und weiteren Messsystemen unter Berücksichtigung der Signallaufzeiten wird in [12.25] berichtet.

12.9.4 Optische TE-Messverfahren

Teilentladungen lassen sich außer mit elektrischen und akustischen auch mit optischen Messverfahren nachweisen. Das Spektrum der Leuchterscheinung, die von Teilentladungen infolge der Ionisation ausgeht, hängt vom umgebenden Medium ab und reicht vom Infrarot- bis in den Ultraviolettbereich mit einem Maximum bei etwa 500 nm. Äußere Teilentladungen (Korona) auf Hochspannungsleitungen, Armaturen usw., sind bei Dunkelheit ohne weiteres mit bloßem Auge oder Restlichtverstärkern lokalisierbar. Bei Tageslicht werden spezielle UV-Kamerasysteme mit Photomultiplier erfolgreich eingesetzt, die ein Bild oder eine Bildfolge der äußeren Entladungen zusammen mit dem Hochspannungskreis aufzeichnen. Durch Verwendung optischer Bandpassfilter für den Wellenlängenbereich $\lambda = 240\ldots280$ nm wird das umgebende Tageslicht ausreichend gut unterdrückt [12.125, 12.126]. Nachteil dieser UV-Kamerasysteme ist ihre feste Brennweite, sodass sich die Koronaquelle nicht heranzoomen lässt. Dadurch sind z. B. Kontrollflüge mit Hubschraubern längs der Hochspannungsfreileitungen wenig effektiv. Außerdem sind weitere Nachteile bekannt, z. B. kommt es durch das Rauschen der Multiplier bei hoher Verstärkung häufig zu einer Fehlanzeige. Diese Nachteile vermeiden Kameras mit hochauflösendem CCD-Sensor, die sich in orientierenden Untersuchungen zur Erfassung von Korona sehr gut bewährt haben [12.127].

Die Erfassung der Lichtemission von inneren Teilentladungen ist Ziel einer Reihe grundsätzlicher Untersuchungen. Mehrere Arbeiten befassen sich vor allem mit zwei optischen Messverfahren. Der Einsatz beider Verfahren setzt naturgemäß voraus, dass die TE-Quelle von einer mehr oder weniger lichtdurchlässigen Isolierung, z. B. Isoliergas, Transformatorenöl, Silikon usw., umgeben ist und dass kein Fremdlicht von außen die Messungen stört. Vorteile dieser Verfahren sind, dass die optischen Sensoren das elektrische Feld am Einsatzort so gut wie nicht stören, nur begrenzt zusätzliche Teilentladungen verursachen und gegen elektromagnetische Störungen immun sind.

Bei orientierenden Untersuchungen wird eine übliche Glasfaser als optischer Sensor für die Entladungen einer Spitze-Platte-Elektrodenanordnung *1* in einem mit

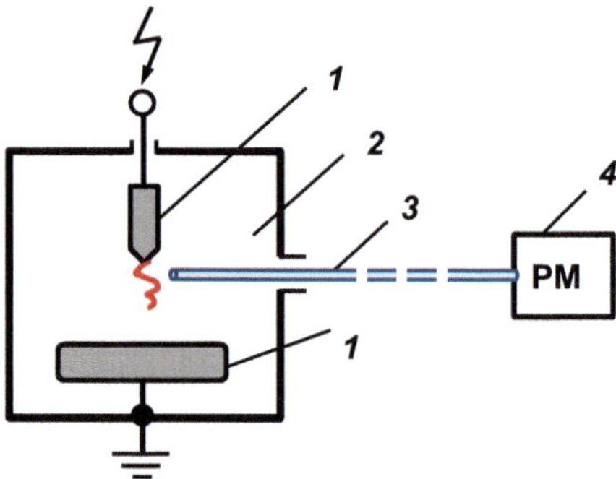

Abb. 12.27 Versuchseinrichtung zur optischen TE-Messung mit einer Glasfaser *1* Spitze-Platte-Elektrodenanordnung *2* Versuchsgefäß, gefüllt mit Luft oder Öl *3* Glasfaser *4* Photomultiplier PM

Luft oder Öl gefüllten Versuchsbehälter *2* eingesetzt (Abb. 12.27). Zur Erzielung einer größtmöglichen Empfindlichkeit ist das eine Ende der Glasfaser *3* in einem Abstand von weniger als 1 cm direkt auf die Spitzenelektrode gerichtet. Ein größerer Abstand von bis zu 5 cm ist möglich, wenn eine Linse vor die Glasfaser gesetzt und damit der Lichteinfallwinkel vergrößert wird. Das andere Ende der Glasfaser ist mit einem Photomultiplier *4* verbunden, der in Verbindung mit einem Strom-Spannungswandler das optische in ein elektrisches Signal zur weiteren Auswertung umwandelt. Das optische TE-Messsystem mit vorgeschalteter Linse in Abb. 12.27 weist eine Empfindlichkeit von 35 pF auf. Vergleichsmessungen mit einem konventionellen TE-Messsystem zeigen, dass im untersuchten Bereich zwischen 100 pC und 2000 pC die Impulshöhe der scheinbaren Ladung proportional ist [12.128].

Im zweiten Messverfahren werden Glasfasern mit fluoreszierendem Additiv zur Messung der Leuchterscheinung von Teilentladungen eingesetzt. Die *fluoreszierende Glasfaser 1 (FOF)* hat die Eigenschaft, die von einer TE-Quelle *2* ausgehenden Lichtstrahlen *3* zu absorbieren und Photonen *4* zu emittieren (Abb. 12.28a). Durch Mehrfachreflexion an der Grenzschicht zwischen dem Kern und Mantel der Glasfaser breiten sich die Photonen längs der fluoreszierenden Glasfaser aus. Am Ende der Glasfaser ist ein üblicher LWL mit Photomultiplier angeschlossen, der das optische in ein elektrisches Signal umwandelt. Der Einfallwinkel, unter dem die Anregungsstrahlen der Teilentladung auf die fluoreszierende Glasfaser treffen, hat nur einen geringen Einfluss auf den emittierten Fotostrom.

Bei der Versuchsanordnung in Abb. 12.28b befindet sich die fluoreszierende Glasfaser *1* mit einem Durchmesser von 1 mm in der durchgehenden Nut einer zweiteiligen Isolierstoffprobe *2* aus Transformerboard, die zwischen zwei Plattenelektroden *3* in einem ölgefüllten, abgedunkelten Versuchsbehälter *4* untergebracht ist [12.129]. In der Nut treten Teilentladungen auf, die mit ihrer Anregungsstrahlung die optischen Vorgänge in der fluoreszierenden Glasfaser aktivieren. Die optischen Vorgänge einschließlich der Umwandlung in elektrische Impulse mit einem Photomultiplier laufen sehr schnell ab,

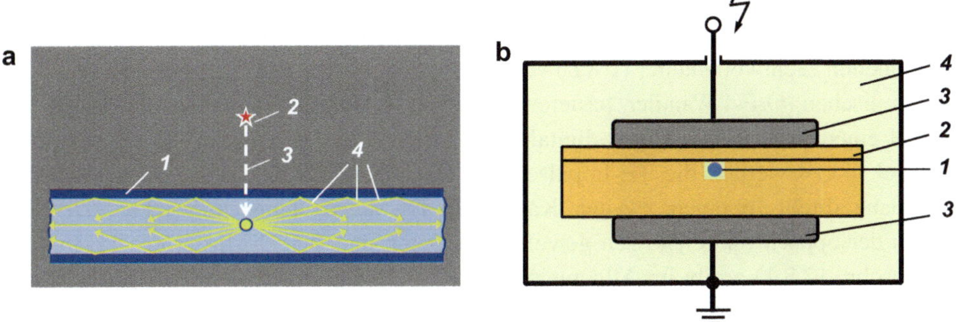

Abb. 12.28 Fluoreszierende optische Faser (FOF) zur Erfassung von Teilentladungen **a** Einstrahlung einer TE-Lichtwelle in eine fluoreszierende Glasfaser (Prinzip) *1* fluoreszierende Glasfaser *2* TE-Quelle *3* TE-Anregungsstrahlung *4* emittierte Strahlung **b** Versuchsanordnung zur Einwirkung von Teilentladungen auf eine fluoreszierende Faser *1* fluoreszierende optische Faser *2* Isolierstoffprobe mit Nut *3* Plattenelektrode *4* Versuchsgefäß mit Ölfüllung

sodass Impulse mit Anstiegszeiten im Bereich weniger Nanosekunden messbar sind. Die Nachweisgrenze für TE-Messungen in der Versuchsanordnung liegt bei 1 pC. Die Anwesenheit der fluoreszierenden Glasfaser führt zu einer geringfügig erhöhten Anzahl von TE-Impulsen. Aufgrund der positiven Versuchsergebnisse wird der zukünftige Einsatz des optischen Messsystems für TE-Messungen an kritischen Stellen im Transformator empfohlen.

Bei der Versuchsanordnung in Abb. 12.29 ist eine fluoreszierende Glasfaser (FOF) in mehreren Windungen um einen abgedunkelten zylindrischen Probekörper aus transparentem Silikon gewickelt. Im Innern erzeugt eine Spitze-Platte-Elektrodenanordnung

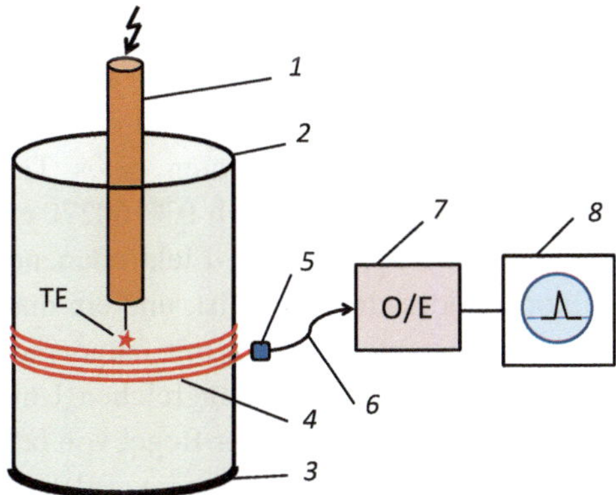

Abb. 12.29 Versuchsanordnung zur optischen Erfassung von Teilentladungen in transparentem Silikon *1* HS-Elektrode mit Spitze *2* Prüfling aus transparentem Silikon *3* Erdelektrode *4* fluoreszierende optische Faser (FOF) *5* optisches Koppelglied *6* Lichtwellenleiter (LWL) *7* optoelektronischer Wandler *8* digitales TE-Messsystem

bei Wechselspannung Teilentladungen, deren. Lichtemission von der FOF aufgefangen und weitergeleitet wird. Das FOF-Ende ist über ein optisches Koppelglied mit einem konventionellen Lichtwellenleiter (LWL) verbunden, der das optische Signal über einen optoelektronischen (O/E-) Wandler, basierend auf einer Avalanche-Fotodiode, als elektrisches Signal einem ultrabreitbandigen digitalen TE-Messsystem (s. Abschn. 12.5.2.2) zuführt. Parallel hierzu werden die TE-Impulse über einen Koppelkondensator und eine Messimpedanz direkt in einen zweiten Kanal des TE-Messsystems eingegeben. Der Vergleich der optisch und elektrisch gewonnenen Daten und PRPD-Muster der TE-Impulse (s. Abschn. 12.8.1) ergibt im Allgemeinen eine gute Übereinstimmung, wenngleich auch kleine Differenzen erkennbar sind. Aufgrund der insgesamt positiven Ergebnisse, insbesondere auch die von elektromagnetischen Störungen unbeeinflusste TE-Messung, wird der zukünftige Einsatz von fluoreszierenden optischen Fasern für das TE-Monitoring in Kabelendverschlüssen als aussichtsreich angesehen [12.130, 12.131].

Weitere Untersuchungen befassen sich mit verschiedenen Einflussgrößen auf die fluoreszierende Glasfaser, die in unterschiedlicher Länge und Lage innerhalb eines transparenten Silikonprüflings mit Spitze-Platte-Elektroden eingebettet ist [12.132]. Bei der Einsatzspannung zum *Treeing* werden die ersten Entladungen von dem optoelektronischen Messsystem ebenso wie von einem konventionellen Messsystem angezeigt. Bei weiterer Spannungssteigerung zeigt zwar das konventionelle Messsystem eine entsprechend größere TE-Impulsladung an, die Anzeige des FOF-Systems bleibt allerdings unverändert. Weitere Untersuchungen müssen diesen Widerspruch klären.

Die Eignung fluoreszierender optischer Fasern zur TE-Messung in Kabelgarnituren aus transparentem Silikon wird auch in [12.133] untersucht, wobei eigens entwickelte Hard- und Software für die Datenerfassung und Auswertung zum Einsatz kommen. Der als O/E-Wandler eingesetzte preiswerte Silizium-Photomultiplier (SiPM) erzeugt, anders als die Photomultiplier-Röhre (PMT), bereits bei Dunkelheit viele Störungen, die fehlerhaft als TE-Impulse interpretiert werden können. Die Ausgangsimpulse des SiPM werden deshalb erst oberhalb eines Schwellenwertes verarbeitet, wodurch allerdings auch die Empfindlichkeit für kleine TE-Signale reduziert ist. Weiterhin wird die FOF an beiden Enden mit je einem O/E-Wandler versehen, und nur bei Koinzidenz der beiderseits eintreffenden Impulse wird dies als Auftreten eines TE-Signals gewertet. Die TE-Impulse werden gleichzeitig konventionell nach IEC 60270 erfasst. Die beiden untersuchten Prüfanordnungen sind: eine Spitze-Platte-Elektrodenanordnung, die zusammen mit der FOF in einem Silikonzylinder eingebettet ist, und ein maßgeschneidertes Modell einer Kabelverbindung aus transparenten Silikon mit eingearbeiteter FOF und Fehlerquelle. Als vielversprechendes Ergebnis der umfangreichen Untersuchungen ist festzuhalten, dass das Auftreten von TE-Impulsen in der Regel von beiden optoelektronischen Messsystemen erkannt wird und sich vergleichbare PRPD-Muster ergeben. Über den kombinierten Einsatz einer fluoreszierenden optischen Faser mit einer verteilten akustischen Sensorik zur TE-Messung in Kabeln wird in [12.134] berichtet.

12.9.5 Chemische Nachweisverfahren

Teilentladungen verursachen aufgrund vielfältiger Einflüsse eine allmähliche Zersetzung des umgebenden Isolierstoffes. Hierbei ist zwischen der direkten Einwirkung auf den Isolierstoff und sekundären Effekten zu unterscheiden. UV-Strahlung und Temperaturerhöhung wirken direkt auf den Isolierstoff ein. Indirekte Einwirkung von Teilentladungen entsteht durch die dabei erzeugten Zersetzungsprodukte wie Ozon, Wasserstoff, Stickoxide und – bei Anwesenheit von Feuchtigkeit – Salpetersäure, die dann den umgebenden Isolierstoff schädigen. So ist die *Gas-in-Öl-Analyse (dissolved gas analysis, DGA)* seit langem eine bewährte und zuverlässige Methode, um den Zustand von Leistungstransformatoren zu überwachen, insbesondere nach längerer Einwirkung von Temperatur und Teilentladungen auf das Isolieröl. Hierzu werden Ölproben in regelmäßigen Zeitabständen entnommen und mit einem *Gaschromatographen* hinsichtlich der einzelnen Gasanteile untersucht.

Aufgrund jahrzehntelanger Erfahrung lassen sich für Öl-Papier-Isolierungen nach TE-Einwirkung typische Zersetzungsgase nachweisen. Gemäß IEC 60599 gewinnt man aus den Verhältniswerten von Konzentrationen bestimmter Gase, z. B. CH_4/H_2 und C_2H_4/C_2H_6, eindeutige Hinweise darauf, dass Teilentladungen in dem ölisolierten Betriebsmittel aufgetreten sind [12.135]. Immer häufiger erfolgt eine Online-Überwachung mit Gassensoren, die direkt am Transformator angebracht sind. Hierbei wird der Gesamtdruck einiger typischer im Öl gelösten Gase kontinuierlich erfasst und angezeigt. Durch gleichzeitige Messung der im Transformator auftretenden Teilentladungen und des Gasdrucks wird der Zusammenhang von mehreren Autoren eindeutig nachgewiesen [12.136–12.138].

Teilentladungen in GIS oder GIL führen ebenfalls zu einer Zersetzung des überwiegend eingesetzten Isoliergases SF_6. In [12.139] wird über den Einsatz eines neuartigen Gassensors auf der Basis des *einschaligen Kohlenstoff-Nanoröhrchens (single-walled carbon nanotube, SWNT)* berichtet. Damit lassen sich die Zersetzungsprodukte von SF_6 mit geringem Zusatz von O_2 und H_2O unter Einwirkung von Teilentladungen nachweisen. Die Teilentladungen werden mit einer Spitze-Platte-Anordnung in einem mit dem Gasgemisch gefüllten Versuchsgefäß erzeugt. Im Abstand von 20 cm von der Elektrodenanordnung befindet sich der SWNT-Sensor, der mit einem digitalen Messgerät außerhalb des Versuchsgefäßes im Online-Betrieb verbunden ist. Entsprechend der Wirkungsweise des SWNT-Sensors lagern sich die Gasmoleküle der Zersetzungsprodukte am Sensor an und verursachen eine integrale Erhöhung der elektrischen Leitfähigkeit. Je nach TE-Stärke zeigt sich ein deutlicher Anstieg der Leitfähigkeit bereits wenige 10 s nach Einsetzen der Teilentladungen. Gleichzeitige Messungen mit einem UHF-Messsystem und einem konventionellen TE-Messgerät bei TE-Stärken von 10 pC und 20 pC korrelieren mit dem SWNT-Sensor. Der neuartige Sensor wird im Vergleich zu anderen TE-Messverfahren als sehr klein, schnell und empfindlich beurteilt, wobei auch die einfache Auswertung und geringe Datenmenge vorteilhaft sind.

12.10 Teilentladungsmessung bei Gleichspannung

Das Auftreten von Teilentladungen bei Gleichspannung in HGÜ-Anlagen, Röntgengeräten, Kathodenstrahlröhren, Beschleunigeranlagen und Radarsystemen ist bereits seit langem ein bekanntes Problem. Die zunehmende Verbreitung von Anlagen zur Energieübertragung bei sehr hohen Gleichspannungen bedingt ein steigendes Interesse am TE-Verhalten von Isolierungen unter Gleichspannungsbeanspruchung. Teilentladungen bei Gleichspannung entstehen wie bei Wechselspannung im Innern oder an der Oberfläche einer Isolierung infolge örtlich überhöhter Feldstärke. Besondere Bedeutung haben wiederum Teilentladungen, die in Fehlstellen im Innern fester, flüssiger oder gasförmiger Isolierungen auftreten und dadurch die Lebensdauer eines Betriebsmittels verkürzen [12.140–12.142].

Abb. 12.30 zeigt ein einfaches Ersatzschaltbild für innere Teilentladungen bei Gleichspannungsbeanspruchung. Die Fehlstelle in der Isolierung ist durch R_1, C_1 und die Funkenstrecke F charakterisiert. Nach Zünden der Funkenstrecke F und Zusammenbruch der Spannung u_1 erfolgt der Nachladevorgang in der Fehlstelle über den hochohmigen Widerstand R_2 der Isolierung nur sehr langsam. Im Vergleich zur Wechselspannungsbeanspruchung vergeht daher sehr viel mehr Zeit, bis ein neuer TE-Impuls an derselben Fehlstelle auftreten kann. Weiterhin sind durch besondere Einflüsse, z. B. Raumladungsbildung in der Isolierung oder Schwankung der angelegten Spannung, die Amplituden und vor allem die Zeitintervalle zwischen aufeinander folgenden TE-Impulsen einer größeren Streuung unterworfen. Diese Streuung macht sich auch bei der Messung der Ein- und Aussetzspannungen der Teilentladungen bemerkbar.

Charakteristische Messgröße der TE-Impulse bei Gleichspannung ist wiederum die scheinbare Ladung. Weitere Parameter sind die Impulsform und das Spektrum, der Impulsabstand sowie die Häufigkeit der TE-Impulse in einer festgelegten Zeiteinheit. Die Diagnose ist insofern nicht leicht, da ein Bezug der TE-Impulse zur Gleichspannung, wie es die Phasenlage bei Wechselspannung bietet, nicht existiert. Wegen des unregelmäßigen Auftretens der TE-Impulse ist eine Unterscheidung zwischen Teilentladungen und Störimpulsen erschwert. Infolge der Welligkeit einer gleichgerichteten Prüfspannung kann es zu einer phasenabhängigen Korrelation mit den TE-Impulsen

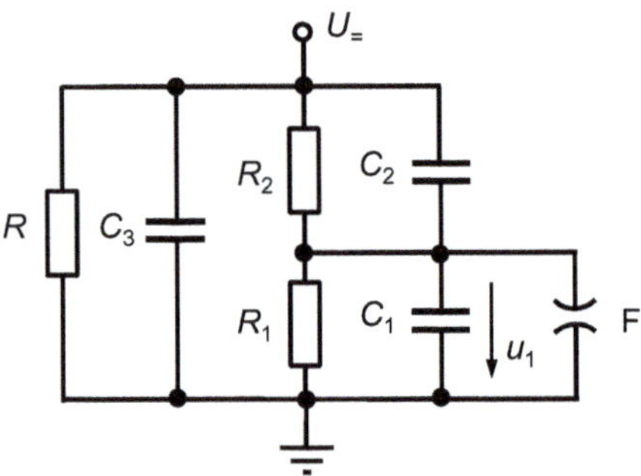

Abb. 12.30 Einfaches Ersatzschaltbild einer Isolieranordnung mit inneren Teilentladungen bei Gleichspannungsbeanspruchung

kommen. Vorschläge zur Normung von TE-Messungen bei Gleichspannung finden sich in IEC 60270 [12.6]. Neben der Erfassung der Einzelladung ist die *akkumulierte Summenladung* der Impulse von besonderem Interesse. Sie stellt die Summe der Einzelladungen oberhalb einer festgelegten Größe in einem vorgegebenen Zeitintervall dar (Abb. 12.31). Kriterium für das Bestehen der TE-Prüfung eines Gerätes bei Gleichspannung kann z. B. die Anzahl der TE-Impulse mit einer Ladung oberhalb eines festgelegten Wertes in einem festgelegten Zeitintervall sein.

Grundsätzlich sind die bei Wechselspannung eingesetzten digitalen TE-Messgeräte, sofern sie einzelne TE-Impulse und die Summenladung anzeigen können, auch bei Gleichspannungsprüfungen einetzbar. Das gleiche gilt für die unterschiedlichen Mess- und Auswerteverfahren, also z. B. das konventionelle Prüfverfahren mit Koppelkondensator nach IEC 60270, das UHF-Verfahren oder die akustische und optische Diagnose. Vorteilhaft einzusetzen sind vor allem breitbandige digitale TE-Messgeräte, die die TE-Impulse möglichst originalgetreu erfassen und eine umfassende rechnergestützte Auswertung ermöglichen. Mit den beiden synchronen TE-Mehrkanalmessverfahren 3PARD und 3CFRD (s. Abschn. 12.8.2) lassen sich Teilentladungen in verschiedenen Fehlstellen auch bei Gleichspannungsprüfungen erkennen und separieren [12.143]. Besonders vorteilhaft ist hierbei die Möglichkeit, TE-Impulse im Prüflingsinnern von äußeren Störern zu unterscheiden. Diese können z. B. Koronaentladungen von der Gleichspannungsversorgung (z. B. Greinacher Kaskade) oder Entladungen von Metallteilen sein, die sich durch Influenz aufladen. Eine ausreichend lange Aufzeichnungsdauer von einer oder mehreren Stunden ist hierbei Bedingung, um eine ausreichende Anzahl von Teilentladungen auszuwerten.

Das Problem, Teilentladungen im Prüfling von äußeren Störimpulsen zu unterscheiden, ist auch mit Hilfe einer Brückenschaltung mit differentieller Signalauswertung lösbar [10.146]. Das vorgestellte rechnergesteuerte TE-Messverfahren ist bei Wechselspannung und Gleichspannung gleichermaßen einsetzbar. Die grundsätzliche Messanordnung entspricht im Prinzip der konventionellen analogen Brückenschaltung in Abb. 12.11c, wobei aber ein Brückenabgleich nicht durchgeführt wird. Stattdessen werden das Differenzsignal und die Einzelsignale der beiden Brückenzweige digital erfasst und mit Maßstabfaktoren multipliziert, um rein rechnerisch einen *virtuellen*

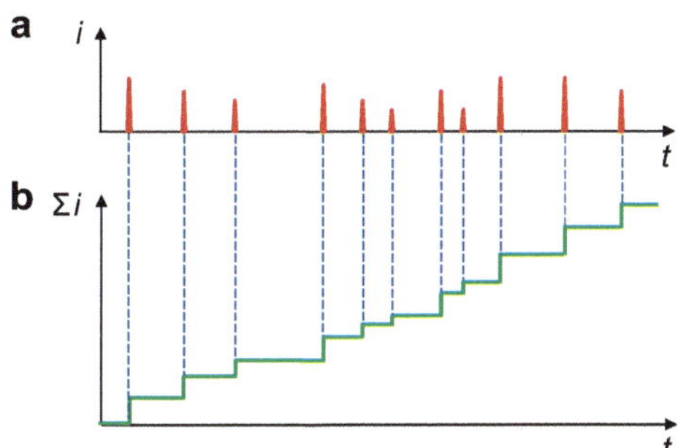

Abb. 12.31 Teilentladungen bei Gleichspannungsbeanspruchung (Prinzip) **a** unregelmäßige TE-Impulse über der Zeit **b** akkumulierte Summe der Einzelladungen

Brückenabgleich zu erzielen. Die Maßstabsfaktoren für die Brückenzweige ergeben sich aus der Kalibrierung mit bekannten Impulsladungen. Die Messung und Ladungsbestimmung der TE-Impulse erfolgt wahlweise breitbandig im Zeitbereich oder schmalbandig im Frequenzbereich. Die Gleichtaktunterdrückung für äußere Störer wird mit 25 dB angegeben. Ein Anwendungsbeispiel für die rechnergesteuerte Messbrücke mit differentieller Signalauswertung zeigt, dass sich die Teilentladungen in einem Prüfling bei 400 kV Gleichspannung klar von den Koronaentladungen der Gleichspannungskaskade unterscheiden lassen.

Die Ergebnisse von Ringvergleichen zeigen große Unterschiede der in drei Universitätsinstituten bei DC gemessenen TE-Einsetzspannungen von Probekörpern mit Gießharzisolierung und mit einer Nadel-Plattenanordnung in Luft. Dagegen sind vergleichbare Messungen bei AC an denselben Probekörpern weitgehend übereinstimmend. Die von den Teilnehmern eingesetzten TE-Messeinrichtungen nach IEC 60270 waren annähernd vergleichbar [12.144]. Der Beitrag zeigt die Notwendigkeit weiterer Untersuchungen und Festlegungen, um die TE-Messtechnik bei DC zu verbessern und in die Normung einzubringen.

12.11 Teilentladungsmessung bei Stoßspannung

Teilentladungen bei impulsförmiger Beanspruchung der Isolierung ist ein Thema, das auf zunehmendes Interesse stößt. Hierbei kann man zwei Bereiche unterscheiden. Zum einen lassen sich Impulsspannungen für bestimmte Aufgaben vorteilhaft als Prüfspannung anstelle von Wechselspannungen verwenden, zum andern sind Geräte bereits im normalen Einsatzbetrieb permanenten Impulsbelastungen ausgesetzt. TE-Prüfungen an Kabeln bei Wechselspannung erfordern wegen der großen Kabelkapazität eine leistungsstarke Erzeugeranlage, was vor allem bei Vor-Ort-Prüfungen ein Transportproblem beinhaltet. In der Diskussion sind daher eine verringerte Frequenz der Prüfwechselspannung bis hinunter zu 0,1 Hz oder der Einsatz eines Stoßspannungsgenerators, der in Einzelteilen zur Einsatzstelle transportiert und vor Ort für die TE-Prüfung aufgebaut werden kann [1.5, 12.1].

Die Schaltstoßspannung 250/2500 weist eine Anstiegszeit auf, die etwa um den Faktor 20 kleiner ist als die maximale Spannungsänderung einer gleich großen 50-Hz-Wechselspannung im Nulldurchgang. Die 3-dB-Grenzfrequenz der Schaltstoßspannung liegt dabei in gleicher Größenordnung wie die 50-Hz-Netzfrequenz (s. Abschn. 8.1.4). Vergleichende TE-Prüfungen bei Schaltstoß- und Wechselspannungen liefern einen Faktor von etwa 2, um den die Schaltstoßspannung größer sein muss als die Wechselspannung, bei der erstmals Teilentladungen einsetzen. Zu beachten ist hierbei auch, dass Teilentladungen erst im Rücken, also bei einer kleineren Spannung als im Scheitel, auftreten können. Diese Verzugszeit resultiert aus den statistischen Streu- und Aufbauzeiten bei der Bildung der Elektronenlawine, die für den Teildurchschlag erforderlich ist.

Zu den Geräten, die im normalen Einsatzbetrieb einer permanenten oder gelegentlichen Impulsbelastung und damit der Gefahr von Teilentladungen ausgesetzt sind, gehören rotierende Maschinen und deren Umrichter, Transformatoren, Kabel usw., sowie Geräte in der Leistungselektronik, insbesondere Konverter für Windkraft- und Photovoltaikanlagen.

Hinweise zur elektrischen TE-Messung bei impulsförmigen Spannungen findet man in der Publikation IEC TS 61934, die nicht als Prüfvorschrift, sondern als Leitfaden existiert [12.145]. Bei der TE-Prüfung mit Impulsspannungen besteht ein messtechnisches Problem darin, dass das Spektrum der Prüfimpulse an das Spektrum der mit einem Kondensator ausgekoppelten TE-Impulse reichen kann. Ein einfacher Hochpass, wie bei Wechselspannungsprüfungen üblich, ist daher zur Trennung der kleinen TE-Signalanteile von den Frequenzanteilen der Prüfspannung nicht ausreichend. Hierzu ist ein aktives Hochpassfilter höherer Ordnung zur Separierung der Frequenzanteile erforderlich. Ist der Prüfgenerator als Stoßspannungsgenerator mit offenen Zündfunkenstrecken aufgebaut, werden außerdem starke elektromagnetische Störungen mit Spektralanteilen im oberen Frequenzbereich erzeugt. Der nutzbare Frequenzbereich für die TE-Messung liegt dann oberhalb von 100 MHz. Zum Einsatz kommen vorzugsweise extrem breitbandige TE-Messgeräte mit direkter digitaler Datenerfassung (s. Abschn. 12.5.2.2).

Orientierende Untersuchungen befassen sich mit einem akustischen Messverfahren für Teilentladungen, die von einer negativen Stoßspannung 1,2/50 erzeugt werden [12.146]. Die Versuchseinrichtung besteht aus einer Spitze-Platte-Elektrodenanordnung *3* in einem mit Öl gefüllten Versuchsgefäß *2,* wobei die untere Plattenelektrode mit einer Pressspanisolierung *4* bedeckt ist (Abb. 12.32). Der von der Stoßspannung *1* erzeugte TE-Impuls verursacht eine Schallwelle, die sich im Öl mit einer Geschwindigkeit von

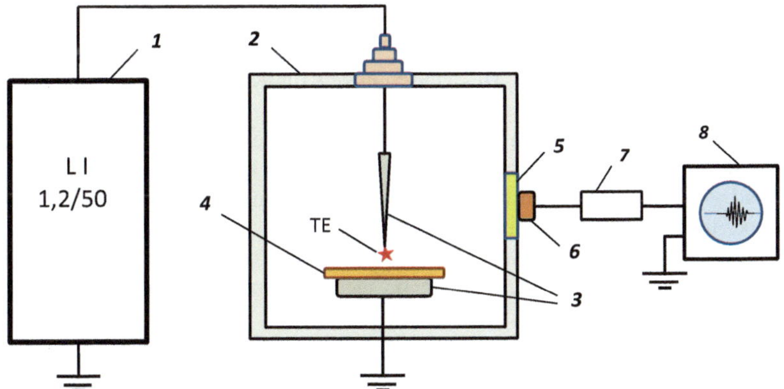

Abb. 12.32 Teilentladungsmessung mit akustischem Sensor bei Stoßspannungsbeanspruchung (Versuchseinrichtung) *1* Stoßspannungsgenerator *2* Versuchsgefäß mit Öl *3* Spitze-Platte-Elektrodenanordnung *4* Pressspanplatte *5* Acrylglasfenster *6* akustischer Sensor *7* Tiefpass *8* Digitaloszilloskop

rund 1400 m/s ausbreitet. Der akustische Sensor *6* (s. Abschn. 12.9.3) ist außen auf einem Fenster aus Acrylglas *5* in der Gefäßwand angebracht und über den Tiefpass *7* mit einem schnellen Digitaloszilloskop *8* verbunden. Nach einer von der Entfernung zur TE-Quelle bestimmten Zeit erreicht die Schallwelle den akustischen Sensor und wird als oszillierender Impuls vom Digitaloszilloskop angezeigt. Das Zünden der Funkenstrecken des Stoßgenerators wird ebenfalls vom akustischen Messsystem als starke elektromagnetische Störung angezeigt, die aber in der Regel bereits längst vor Eintreffen des akustischen Signals abgeklungen ist. Das Spektrum des gemessenen Schallsignals erstreckt sich bis 200 kHz und liegt damit weit unterhalb des Spektrums der elektromagnetischen Störung, d. h. die Störung lässt sich mit dem Tiefpass *7* weitgehend unterdrücken. Das akustische Messsystem ist dadurch auch bei nur kurzer Laufzeit des akustischen Signals im Öl einsetzbar, d. h. wenn sich die TE-Quelle in der Nähe des akustischen Sensors befindet. Das akustische TE-Messverfahren wird von den Autoren als geeignet für TE-Prüfungen an Transformatoren bei Stoßspannungsbeanspruchung vorgeschlagen.

Literatur

12.1. Temmen, K., Plath, R. (Hrsg.): Teilentladungen in hochbeanspruchten Isolierungen. VDE (in Vorbereitung)

12.2. König, D., Rao, Y.N. (Hrsg.): Teilentladungen in Betriebsmitteln der Elektrotechnik. vde, Berlin (1993)

12.3. Kreuger, F.H.: Discharge detection in high voltage equipment. Heywood, London (1964)

12.4. Gemant, A., Philippoff, W.: Die Funkenstrecke mit Vorkondensator. Z. für techn. Phys. **13**, 425–430 (1932)

12.5. IEC 60270:2000+A1: High-voltage test techniques – Partial discharge measurements (2015)

12.6. DIN EN 60270, VDE 0434: Hochspannungs-Prüftechnik, Teilentladungsmessungen (2016)

12.7. Kind, D.: Grundlagen der Messeinrichtungen für Korona-Isolationsprüfungen. ETZ-A **84**, 781–787 (1963)

12.8. Beyer, M.: Möglichkeiten und Grenzen der Teilentladungsmessungen und -ortung, Grundlagen und Messeinrichtungen. etz-a **99**, 96–99 und 128–131 (1978)

12.9. Reid, A.J., Judd, M.D.: High bandwidth measurement of partial discharge pulses in SF_6. Proc. 14. ISH Beijing, Beitrag G-012 (2005)

12.10. Ohtsuka, S., Fukuda, K., Sogabe, A.: Measurement of PD current waveform in SF_6 gas with a super high frequency wide band measurement system. Proc. 17. ISH Hannover, Beitrag D-074 (2011)

12.11. Schon, K.: Konzept der Impulsladungsmessung bei Teilentladungsprüfungen. etzArchiv **8**, 319–324 (1986)

12.12. Schwab, A., Zentner, R.: Der Übergang von der impulsförmigen in die impulslose Koronaentladung. ETZ-A **89**, 402–407 (1968)

12.13. Küpfmüller, K.: Die Systemtheorie der elektrischen Nachrichtenübertragung. S. Hirzel, Stuttgart (1974)

12.14. König, D.: Erfassung von Teilentladungen in Hohlräumen von Epoxydharzplatten zur Beurteilung des Alterungsverhaltens bei Wechselspannung. Diss. TU Braunschweig (1967)

12.15. Kachler, A.J., Nieschwietz, H.: Broad and narrow band pd measurements on power transformers. Proc. 5. ISH Braunschweig, Beitrag 41.09 (1987)

12.16. Facklam, Th., Pfeiffer, W.: Teilentladungsprüfung an Bauelementen der Niederspannungstechnik. etz **109**, 440–447 (1988)

12.17. Zaengl, W.S., Osvath, P.; Weber, H.J.: Correlation between the bandwidth of PD detectors and its inherent integration errors. IEEE Int. Symp. Electrical Insulation, Washington D.C. (1986)

12.18. CISPRE 16-1: Specifications for radio disturbance and immunity measuring apparatus and methods – Part 1: Radio disturbance and immunity measuring apparatus (1993)

12.19. Debinski, E.M., Douglas, J.L.: Calibration and comparison of partial-discharge and radio-interference measuring circuits. IEE Proc. **115**, 1332–1340 (1968)

12.20. Harrold, R.T., Dakin, T.W.: The relationship between the Picocoulomb and Microvolt for corona measurements on HV transformers and other apparatus. IEEE Trans. PAS **91**, 187–198 (1972)

12.21. Vaillancourt, G.H., Dechamplain, A., Malewski, R.A.: Simultaneous measurement of partial discharge and radio-interference voltage. IEEE Trans. IM **31**, 49–52 (1982)

12.22. Lemke, E.: Ein neues Verfahren zur breitbandigen Messung von Teilentladungen. ELEKTRIE **23**, 468–469 (1969)

12.23. Hartje, M.: Primary results with a partial discharge (pd) computer aided measuring system on power transformers. Proc 5. ISH Braunschweig, Beitrag 41.10 (1987)

12.24. Borsi, H., Hartje, M.: A new system for computer aided automation of different commercially available partial discharge (PD) detectors. Proc. 6. ISH New Orleans, Beitrag 22.18 (1989)

12.25. Kurrat, M.; Peier, D.: Wideband measurement of partial discharges for fundamental diagnostics. Proc. 7. ISH Dresden, Beitrag 72.02 (1991)

12.26. Buchalla, H., Koch, H., Pfeiffer, W., Stietzel, U.: A new adaptive partial discharge measuring system using digital signal processing. Proc. 8. ISH Yokohama, Beitrag 62.09 (1993)

12.27. Holle, R., Plath, R., Schon, K., Lucas, W.: Typprüfung eines digitalen TE-Messsystems nach IEC 60270. VDE-ETG-Fachveranstaltung, Kassel (2006)

12.28. Zondervan, J.P., Gulski, E., Brooks, R.: Digital reading procedure for apparent partial discharge magnitudes. Proc. 10. ISH Montreal, Beitrag 3440 (1997)

12.29. CIGRE D1.33: Guide for Electrical Partial Discharge Measurements in compliance with IEC 60270. ELECTRA Technical Brochure 366, vol. **60**, 241 (2008)

12.30. Werle, P., Akbari, A., Gockenbach, E., Borsi, H.: An enhanced system for partial discharge diagnostic on power transformers. Proc. 13. ISH Delft, Beitrag 430 (2003)

12.31. Schon, K., Valentini, H.-D.: Programmable impulse charge generator for calibrating PD instruments. Proc. 10. ISH Montreal, 33–36 (1997)

12.32. Brzostek, E., Schon, K.: Rechnergesteuerter Impulsladungsgenerator zur Kalibrierung von Teilentladungsmessgeräten. Bericht PTB-E-79, Braunschweig, Wirtschaftsverlag NW (2002)

12.33. Hu, Y., Chiampi, M., Crotti, G., Sardi, A.: Development of a set-up for the evaluation of advanced partial discharge measuring instruments. Proc. 16. ISH Johannesburg, Beitrag D-13 (2009)

12.34. Seifert, S., Kessler, O., Plath, R., Emanuel, H., Boschert, V.: Influences of parasitic effects on online calibration of partial discharge measurements. Proc. 16. ISH Johannesburg, Beitrag D-5 (2009)

12.35. Crotti, G., D'Emilio, S., Giorgi, P.A., Saracco, O.: Systems for the calibration of partial discharge calibrators. Proc. 9. ISH Graz, 4511-1 – 4511-3 (1995)

12.36. Lucas, W., Schon, K., Lemke, E., Elze, H.: Comparison of two techniques for calibrating PD calibrators. Proc. 10. ISH Montreal, 67–70 (1997)

12.37. Cherbaucich, C., Rizzi, G., Gobbo, R., Pesavento, G., Scroccaro, A.: Evaluation of the characteristics of calibrators and PD measuring systems according to IEC 60270. Proc. 12. ISH Bangalore, Beitrag 6–71 (2001)

12.38. Schon, K., Lucas, W., et al.: Intercomparison on PD calibrators and PD instruments. Proc. 11. ISH London, Bd. 1, 1.5.S1–1.6.S1 (1999)

12.39. Hällström, J., et al.: Comparison of PD calibration capabilities in four national metrology institutes down to 0.1 pC. Proc. 21. ISH Budapest, Beitrag 789 (2019)

12.40. Vaillancourt, G., Malewski, R.: Digital acquisition and processing of partial discharges during acceptance test of HV transformers. IEEE/PES Winter Meeting, New York, Beitrag 88WM 049-9 (1988)

12.41. Fruth, B., Niemeyer, L., Hässig, M., Fuhr, J., Dunz, T.: Phase resolved partial discharge measurements and computer aided partial discharge analysis performed on different high voltage apparatus. Proc. 6. ISH New Orleans, Beitrag 15.03 (1989)

12.42. Ward, B.H.: Digital techniques for partial discharge measurements. 91 SM 355–8 PWRD, mit ausführlicher Referenzliste (1991)

12.43. Gulski, E.: Digital analysis of partial discharges. IEEE Trans. DEI **2**, 822–837 (1995)

12.44. Florkowska, B., Zydron, P.: Interpretation of partial discharge patterns for insulation diagnostic aims. Proc. 10. ISH Montreal, Beitrag 3436 (1997)

12.45. Gross, D.W., Söller, M.: Partial discharge diagnosis of large rotating machines. Proc. 14. ISH Beijing, Beitrag G-044 (2005)

12.46. Wang, Y., Li, Y. M., Qiu, Y.: Application of Wavelet analysis to the detection of transformer winding deformation. Proc. 10. ISH Montreal, Beitrag 3271 (1997)

12.47. Zhou, C., Ma, X., Kemp, I.J.: Optimal algorithm for Wavelet-based denoising in PD measurement. Proc. 13. ISH Delft, Beitrag 168 (2003)

12.48. Quak, B., Gulski, E., Smit, J.J., Seitz, P.P.: Numeric data processing to enable PD site location by time-domain reflectometry in distribution power cable system. Proc. 14. ISH Beijing, Beitrag G-08 (2005)

12.49. Kubota, H., Furihata, H., Inui, A., Kawaguchi, Y.: High sensitive distinction of partial discharge signal from noisy signal by Wavelet Transform. Proc. 14. ISH, Beijing, Beitrag G-097 (2005)

12.50. Zhang, H., Blackburn, T.R., Phung, B.T., Shuying Kang, S., Naderi, M.S., Nam, H.O.: Comparison of Wavelet Transform de-noising methods for partial discharge detection in power cables. Proc. 14. ISH Beijing, Beitrag G-103 (2005)

12.51. Lapp, A., Kranz, H.-G.: The influence of the quality of the reference data base on PD pattern recognition results. Proc. 10. ISH Montreal, Beitrag 3065 (1997)

12.52. Hücker, T.: UHF partial discharge expert system diagnosis. Proc. 10. ISH Montreal, Beitrag 3186 (1997)

12.53. Florkowska, B., Florkowski, M., Zydron, P.: Influence of testing voltage frequency on partial discharge phase-resolved images. Proc. 13. ISH Delft, Beitrag 309 (2003)

12.54. Florkowski, M.: Distortion of partial discharge images caused by high voltage harmonics. Proc. 10. ISH Montreal, Beitrag 3080 (1997)

12.55. Nieschwitz, H., Stein, W.: Teilentladungsmessungen an Hochspannungstransformatoren als Mittel der Qualitätskontrolle. etz-a **97**, 657–663 (1976)

12.56. Burger, H.P., Gulski, E., Smit, J.J., Brooks, R.: Digital tools for PD analysis in three-phase transformers. Proc. 10. ISH Montreal, Beitrag 3510 (1997)

12.57.   Lortie, R., Aubin, J., Vaillancourt, G.H., Su, Q.: Partial discharge detection on power transformers using a multi-terminal measurement method. Proc. 10. ISH Montreal, Beitrag 3210 (1997)

12.58.   Werle, P., Wasserberg, V., Borsi, H., Gockenbach, E.: A sensor system for partial discharge detection and localisation on dry type transformers. Proc. 12. ISH Bangalore, Beitrag 6–14 (2001)

12.59.   Plath, K.-D., Plath, R., Emanuel, H., Kalkner, W.: Synchrone dreiphasige Teilentladungsmessung an Leistungstransformatoren vor Ort und im Labor. ETG-Fachtagung „Diagnostik elektrischer Betriebsmittel", Berlin, Beitrag O-11 (2002)

12.60.   Obralic, A., Kalkner, W., Plath, R.: Separation and individual evaluation of PD sources in stator winding of rotating machines by synchronous multi-channel measurement. Proc. 15. ISH Ljubljana, Beitrag T10–512 (2007)

12.61.   Johnson Hio Nam, O., Blackburn, T.R., Phung, B.T.: PD characteristics and defect patterns in three phase power cables. Proc. 16. ISH Johannesburg, Beitrag D-17 (2009)

12.62.   Schaper, S., Obralic, A., Kalkner, W., Plath, R.: Synchronous multi-terminal on-site PD measurements on power transformers with an enhanced time differential evaluation method. Proc. 15. ISH Ljubljana, Beitrag T7–535 (2007)

12.63.   Balkon, C., Kalkner, W., Obralic, A., Plath, R., Rethmeier, K.: Potential of multispectral PD measurement for differentiation of interfering impulses and multiple PD sources. Proc. 16. ISH Johannesburg, Beitrag D-30 (2009)

12.64.   IEC TS 62478: High voltage test techniques – Measurement of partial discharges by electromagnetic and acoustic methods (2016)

12.65.   Wanninger, G.: Discharge currents of free mowing particles in GIS. Proc. 10. ISH Montreal, Beitrag 3147 (1997)

12.66.   Park, K., et al.: Chaotic behaviour of a free moving particle in the 362 kV gas-insulated system. Proc. 13. ISH Delft, Beitrag 396 (2003)

12.67.   Judd, M.D., Farish, O.: FDTD simulation of UHF signals in GIS. Proc. 10. ISH Montreal, Beitrag 3129 (1997)

12.68.   Hampton, B.F., Meats, R.J.: Diagnostic measurements at UHF in gas insulated substations. IEE Proc. **135** Pt. C, 137–144 (1988)

12.69.   Kurrer, R., Feser, K.: The application of ultra-high frequency partial discharge measurements to gas-insulated substations. IEEE Trans. PD **13**, 103–106 (1998)

12.70.   Meijer, S., Gulski, E., Rutgers, W.R.: Evaluation of partial discharge measurements in SF_6 gas insulated systems. Proc. 10. ISH Montreal, Beitrag 3507 (1997)

12.71.   Zoetmulder, R.G.A., Meijer, S., Smit, J.J.: Condition based maintenance based on on-line partial discharge measurements of HV switchgear systems. Proc. 13. ISH Delft, Beitrag 794 (2003)

12.72.   Hoeck, S.M., Koch, M., Heindl, M.: Distribution and propagation mechanisms of PD pulses for UHF and traditional electrical measurements. Proc. 17. ISH Hannover, Beitrag D-075 (2011)

12.73.   Suzuki, K., Yoshida, M., Kojima, H., Hayakawa, N., Hanai, M., Okubo, H.: Correlation between UHF electromagnetic waveforms and partial discharge current waveforms in GIS. Proc. 17. ISH Hannover, Beitrag F-045 (2011)

12.74.   Hoshino, T., Nojima, K., Matsumoto, S.: Investigation into frequency characteristics of UHF sensor. Proc. 12. ISH Bangalore, Beitrag 7–20 (2001)

12.75.   Neuhold, S., et al.: Experiences with UHF PD detection in GIS using external capacitive sensors on windows and disk-insulators. Proc. 15. ISH Ljubljana, Beitrag T7–480 (2007)

12.76.   Hoshino, T., et al.: Sensitivity of UHF coupler and loop electrode using UHF method and comparison for detecting a partial discharge in GIS (2). Proc. 16. ISH Johannesburg, Beitrag C-37 (2009)

12.77.   Kim, Y.-H., et al.: A study of UHF sensors embedded into GIS spacer for PD detection. Proc. 15. ISH Ljubljana, Beitrag T10–630 (2007)

12.78.   Liu, W., Huang, Y., Wang, J., Qian, J.: UHF sensing and locating of partial discharges in GIS. Proc. 10. ISH Montreal, Beitrag 3202 (1997)

12.79.   Miyashita, M., et al.: Novel microwave techniques for PD diagnosis in existing gas insulated equipment. Proc. 16. ISH Johannesburg, Beitrag D-48 (2009)

12.80.   Judd, M. D., Farish, O., Coventry, P.F.: UHF couplers for GIS – Sensitivity and specification. Proc. 10. ISH Montreal, Beitrag 3130 (1997)

12.81.   Fan, C-L., Liang, W., Chung, M., Judd, M.: Comparison of UHF partial discharge sensor calibration system. Proc. 17. ISH Hannover, Beitrag D-028 (2011)

12.82.   Gautschi, D., Bertholet, P.: Design and testing of a novel calibration system for UHF sensors for GIS. Proc. 17. ISH Hannover, Beitrag D-045 (2011)

12.83.   Hoshino, T., Koyama, H., Maruyama, S., Hanai, M.: Comparison of sensitivity between UHF method and IEC 60270 standard for on-site calibration in various GIS. Proc. 15. ISH Ljubljana, Beitrag T7–264 (2007)

12.84.   Okabe, S., et al.: A new verification method of the UHF PD detection technique. Proc. 16. ISH Johannesburg, Beitrag D-41 (2009)

12.85.   Troeger, A., Riechert, U.: Influence of different parameters on sensitivity verification for UHF PD measurement. Proc. 16. ISH Johannesburg, Beitrag B-33 (2009)

12.86.   Schichler, U., Reuter, M., Gorablenkow, J.: Partial discharge diagnostics on GIS using UHF and acoustic method. Proc. 16. ISH Johannesburg, Beitrag D-9 (2009)

12.87.   Twittmann, J., et al.: Measuring techniques and setup for synchronous acoustic and electric multi-site PD analysis. Proc. 16. ISH Johannesburg, Beitrag D-57 (2009)

12.88.   Siegel, M., Kornhuber, S., Beltle, M., Müller, A., Tenbohlen, S.: Monitoring von Teilentladungen in Leistungstransformatoren. Hochspannungssymposium Stuttgart (2012)

12.89.   Judd, M.D., Cleary, G.P., Meijer, S.: Testing UHF partial discharge detection on a laboratory based power transformer. Proc. 13. ISH Delft, Beitrag 229 (2003)

12.90.   Meijer, S., Agoris, P.D., Smit, J.J.: UHF PD sensitivity check on power transformers. Proc. 14. ISH Beijing, Beitrag F-08 (2005)

12.91.   Rutgers, W.R., Fu, Y.H.: UHF PD detection in a power transformer. Proc. 10. ISH Montreal, Beitrag 3120 (1997)

12.92.   Sinaga, H.H., Phung, B.T., Ao, A.P., Blackburn, T.R.: UHF sensors sensitivity in partial discharge sources in a transformer. Proc. 17. ISH Hannover, Beitrag D-069 (2011)

12.93.   Mirzaei, H.R., et al.: New antenna design for UHF monitoring of power transformers. Proc. 18. ISH Seoul, Beitrag PF-36 (2013)

12.94.   Judd, M.D., Gray, D., Reid, A.J.: Using a step recovery diode to generate repeatable pulses for partial discharge simulation. Proc. 14. ISH Beijing, Beitrag J-39 (2005)

12.95.   Tenbohlen, S., Siegel, M., Beltle, M., Reuter, M.: Suitability of ultra-high frequency partial discharge measurement for quality assurance and testing of power transformers. CIGRE SC A2&C4 Joint Colloquium, Zurich (2013)

12.96.   Lemke, E., Elze, H., Weissenberg, W.: Experience in PD diagnosis tests of HV cable terminations in service using the ultra-wide band PD probing. Proc. 8. ISH Delft, Beitrag 404 (2003)

12.97.   Mirzai, H.R., et al.: Advancing new techniques for UHF PD detection and localization in the power transformers in the factory tests. IEEE Trans. DEI **22**, 448–455 (2015)

12.98. Liu, Q., et al.: A direction finding method for partial discharge in air-insulated substation based on UHF array. Proc. 20. ISH Buenos Aires, Beitrag 615 (2017)

12.99. Li, Z., et al.: Partial discharge localization system based on wireless UHF sensors. Proc. 20. ISH Buenos Aires, Beitrag 605 (2017)

12.100. Mole, G.: Measurement of the magnitude of internal corona in cables. IEEE Trans. PAS **89**, 204–212 (1970)

12.101. Lukaschewitch, A., Puff, E.: Messung von Teilentladungen (TE) an langen Kabeln. Z. prakt. Energietechnik **28**, 32–39 (1976)

12.102. FGH: Zustandsdiagnose von Papiermasse-Kabelanlagen in Verteilungsnetzen. Technischer Bericht 300 (2006)

12.103. Muhr, M., Sumereder, C., Woschitz, R.: The use of the 0,1 Hz cable testing method as substitution to 50 Hz measurement and the application for PD measuring and cable fault location. Proc. 12. ISH Bangalore, Beitrag 6–38 (2001)

12.104. Boltze, M., Lemke, E., Strehl, T.: Comparative PD measurements under damped and continuous AC energising voltages with respect to preventive on-line PD diagnosis tests of medium voltage power cables. Proc. 13. ISH Delft, Beitrag 406 (2003)

12.105. Kumm, T., Rethmeier, K., Kalkner, W., Zinburg, E.: A new approach of synchronous PD measurement at both ends of a H.V. gas pressure cable system. Proc. 14. ISH Beijing, Beitrag F-11 (2005)

12.106. Pommerenke, D., Strehl, T., Kalkner, W.: Directional coupler sensor for partial discharge recognition on high voltage cable systems. Proc. 10. ISH Montreal, Beitrag 3447 (1997)

12.107. Heinrich, R., Kalkner, W., Plath, R., Obst, D.: On-site application of directional coupler sensors for sensitive PD measurement and location on a 380 kV cable line. Proc. 12. ISH Bangalore, Beitrag 6–34 (2001)

12.108. Gulski, E., van Vliet, M.G.A., Smit, J.J., de Vries, F.: Practical experiences on on-line PD detection on distribution power cables. Proc. 14. ISH Beijing, Beitrag F-24 (2005)

12.109. Plath, R., Vaterrodt, K., Habel, M.: Symmetric 3-channel inductive PD detection with optimized SNR for extruded power cables. Proc. 17. ISH Hannover, Beitrag D-016 (2011)

12.110. Ghani, A.B.A., Chacrabarty, C.K.: Investigation of the transient magnetic field components propagation characteristics due to partial discharge in XLPE cable. Proc. 16. ISH Johannesburg, Beitrag B-18 (2009)

12.111. Denissov, D., Köhler, W., Tenbohlen, S., Grund, R., Klein, T.: Optimization of UHF sensor geometry for on-line partial discharge detection in cable terminations. Proc. 16. ISH Johannesburg, Beitrag D-24 (2009)

12.112. Howells, E., Norton, E.: Detection of partial discharges in transformers using acoustic emission techniques. IEEE Trans. PAS **97**, 1538–1549 (1978)

12.113. Bengtsson, T., Kols, H., Jönsson, B.: Transformer PD diagnosis using acoustic emission techniques. Proc. 10. ISH Montreal, Beitrag 3057 (1997)

12.114. Phung, B.T., Liu, Z., Blackburn, T.R., James, R.E.: Signal characteristics of partial discharge acoustic emissions. Proc. 12. ISH Bangalore, Beitrag 6–59 (2001)

12.115. Markalous, S.M., Grossmann, E., Feser, K.: Online acoustic PD-measurements of oil/paper-insulated transformers – methods and results. Proc. 13. ISH Delft, Beitrag 164 (2003)

12.116. Markalous, S. M., Tenbohlen, S., Feser, K.: Improvement of acoustic detection and localization accuracy by sensitive electromagnetic PD measurements under oil in the UHF range. Proc. 14. ISH Beijing, Beitrag G-039 (2005)

12.117. Siegel, M., Tenbohlen, S., Kornhuber, S.: Neue Methoden zur Ortung mehrerer TE-Quellen mittels akustischem Sensorarray. VDE ETG Fachtagung Fulda (2012)

12.118. Beltle, M., Siegel, M., Tenbohlen, S.: Investigations of in-oil methods for PD detection and vibration measurement. Proc. 18. ISH Seoul, Beitrag OD5-04 (2013)

12.119. Broniecki, U., et al.: Localization of partial discharges in power transformers by combined acoustic and electric measurements. Proc. 17. ISH Hannover, Beitrag D-059 (2011)

12.120. Grossmann, E., Feser, K.: New calibrators for acoustic PD-measurements. Proc. 12. ISH Bangalore, Beitrag 6–61 (2001)

12.121. Beyer, M., Borsi, H., Cachay, O.: Some aspects about basic investigations of acoustic partial discharge (PD) detection and location in cast epoxy resin coils. Proc. 6. ISH, New Orleans, Beitrag 22.20 (1989)

12.122. Hartje, M., Krump, R., Lange, H., Schulenberg, J.: Acoustic emission qualities of partial discharges (PD) in bushing materials. Proc. 15. ISH Ljubljana, Beitrag TC-638 (2007)

12.123. Zargari, A., Blackburn, T.R.: Partial discharge detection in SF_6 GIS using optical fibre techniques. Proc. 10. ISH Montreal, Beitrag 3518 (1997)

12.124. Rohwetter, P., Habel, W.R., Heidmann, G., Pepper, D.: Fibre-optic acoustic detection of damage processes in elastomeric insulation under AC and DC stress. Proc. 18. ISH Seoul, Beitrag OD1-03 (2013)

12.125. Borneburg, D.: Über den praktischen Einsatz einer UV-Kamera zur Detektion, Lokalisierung und Echtzeitdarstellung von Korona-Entladungen an elektrischen Betriebsmitteln. In: ETG Fachbericht Nr. 104, Diagnostik elektrischer Betriebsmittel, Köln, 45–50 (2006)

12.126. Cardoso, J.A.A., Oliveira Filho, O., de Mello, D.R.: Use of UV cameras for corona tests in high voltage. Proc. 16. ISH Johannesburg, Beitrag A-17 (2009)

12.127. Raulf, T., Claudi, A., Zander, R., Fuchs, C.: Evaluation of a charged coupled device camera fort he detection of ultraviolet emissions by corona discharges. Proc. 21. ISH Budapest, Beitrag 918 (2019)

12.128. Schwarz, R., Muhr, M., Pack, S.: Partial discharge detection and localisation for application in transformers. Proc. 13. ISH Rotterdam, Beitrag 183 (2003)

12.129. Muhr, M., Schwarz, R.: Partial discharge behaviour of oil board arrangements by the installation of fibre-optic technology for monitoring. Proc. 15. ISH Ljubljana, Beitrag T10–325 (2007)

12.130. Behrend, S., Kalkner, W., Heidmann, G., Emanuel, H., Plath, R.: Synchronous optical and electrical PD measurements. Proc. 17. ISH Hannover, Beitrag D-048 (2011)

12.131. Pepper, D., et al.: Sensitive optical detection of partial discharges with fluorescent fibers. Proc. 19. ISH Pilsen, Beitrag 598 (2015)

12.132. Kübler, I., Pepper, D.: Optical partial discharge measurement with integrated optical fibers as sensing element. Proc. 21. ISH Budapest, Beitrag 1047 (2019)

12.133. Kölling, M., et al.: Optical partial discharge detection on cable accessories using photomultiplier modules and silicon photomultipliers. VDE Hochspannungstechnik online, Beitrag p430 (2020)

12.134. Gräf, T., Menge, M.: Anwendung von faseroptischen Systemen für die akustische und optische Überwachung von Energieübertragungssystemen und Schaltanlagen. VDE Hochspannungstechnik online, Beitrag p118 (2020)

12.135. IEC 60599: Mineral oil-filled electrical equipment in service – Guidance on the interpretation of dissolved and free gases analysis (2015) Deutsche Fassung: DIN EN 60599, VDE 0370-7: In Betrieb befindliche, mit Mineralöl befüllte elektrische Geräte – Leitfaden zur Interpretation der Analyse gelöster und freier Gase (2016)

12.136. Werle, P., et al.: Comparison of different DGA (Dissolved Gas Analysis) methods for the conditioning assessment of power transformers. Proc. 12. ISH Bangalore, Beitrag F-58 (2001)

12.137. Tenbohlen, S., et al.: Investigation on sampling, measurement and interpretation of gas-in-oil analysis for power transformers. CIGRE Colloquium, Paris, Beitrag D1-204 (2008)

12.138. Müller, A., Beltle, M., Coenen, S., Tenbohlen, S.: Correlation of DGA, UHF PD measurement and vibration data for power transformer monitoring. Proc. 17. ISH Hannover, Beitrag F-071 (2011)

12.139. Chang, Y., et al.: Partial discharge detection of GIS using SWNT-UHF fusion sensor. Proc. 16. ISH Johannesburg, Beitrag C-25 (2009)

12.140. Fromm, U.: Interpretation of partial discharges at dc voltages. IEEE Trans. DEI 2 (1995)

12.141. Morshuis, P.H.M., Smit, J.J.: Partial discharges at dc voltage: Their mechanism, detection and analysis. IEEE Trans. DEI 12, 328–340 (2005)

12.142. Schichler, U., Kuschel, M., Gorablenkow, J.: Partial discharge measurement on gas-insulated HVDC equipment. Proc. 18. ISH Seoul, Beitrag OH1-01 (2013)

12.143. Rethmeier, K., Küchler, A., Liebschner, M., Krause, C., Kraetge, A., Krüger, M.: Enhanced partial discharge evaluation methods for DC PD measurements using fully digital PD analysing systems. Proc. 16. ISH Cape Town, Beitrag A-13 (2009)

12.144. Hartje, M., et al.: Comparison and analysis of PD measurements under DC voltage in different laboratories. Proc. 21. ISH Budapest, Beitrag 1039 (2019)

12.145. IEC TS 61934 (2011): Electrical insulating materials and systems – Electrical measurement of partial discharges (PD) under short rise time and repetitive voltage impulses

12.146. Umemoto, T., Kainaga, S., Ishikura, T., Yoshimura, M., Tsurimoto, T.: Partial discharge detection under impulse voltage application by acoustic emission sensors in oil/ pressboard composite insulation system. Proc. 19. ISH Pilsen, Beitrag 206 (2015)

12.147. Szaloky, G.: Schmal- und breitbandige Teilentladungsmessungen. Bull. ASE/UCS 76, 1144–1148 (1985)

12.148. Malik, Y.-H., Kölling, M., Gräf, T., Menge, M.: Monitoring of partial discharges through fiberoptic sensors in medium voltage switchgear. Proc. 20. ISH Buenos Aires, Beitrag 432 (2017)

12.149. Kästner, B., Hoek, S.M., Plath, R., Rethmeier, K.: A modern approach to differential partial discharge diagnosis. Proc. 19. ISH Pilsen, Beitrag 573 (2015)

Bestimmung von Messunsicherheiten 13

Jede Messung ist unvollkommen und kann daher nicht den „wahren" Wert der gesuchten Messgröße, sondern nur einen mehr oder weniger genauen Näherungswert liefern, der als *Schätzwert* bezeichnet wird. Selbst wenn die Messung an einem Prüfling unter scheinbar gleichen Messbedingungen wiederholt wird, zeigt das Messgerät bei ausreichend hoher Auflösung in der Regel voneinander abweichende Messwerte an. Die Unvollkommenheit oder, positiv betrachtet, Qualität einer Messung wird quantitativ durch einen Zahlenwert, die *Messunsicherheit*, ausgedrückt. Sie ist entsprechend der Definition im *Internationalen Wörterbuch der Metrologie* (VIM) ein „Kennwert, der zusammen mit dem Messergebnis angegeben wird, d. h. dem Messergebnis durch die Messung beigeordnet wird, und den Bereich der Werte charakterisiert, die der Messgröße vernünftigerweise zugeschrieben werden können" [13.1].

Die Kenntnis der Messunsicherheit und ihre Ermittlung nach einheitlichen Vorgaben hat große wirtschaftliche Bedeutung im internationalen Warenverkehr. Das Ergebnis einer Messung ist umso verlässlicher, je kleiner die Messunsicherheit ist. Will man ein aus mehreren Komponenten bestehendes Messsystem verbessern, ist es sinnvoll, die Komponente mit der größten Unsicherheit zuerst zu ersetzen. Die Vergleichbarkeit von Messungen an verschiedenen Orten oder zu verschiedenen Zeiten ist nur unter Angabe der Messunsicherheit sinnvoll. Dies gilt ebenso für die *Rückführung* einer Messgröße auf nationale oder internationale Messnormale (s. Abschn. 10.1). Werden bei Prüfungen und Kalibrierungen die festgelegten Grenzwerte der Messunsicherheit nicht eingehalten, führt dies zur Verweigerung der Abnahme des betreffenden Gerätes.

© Springer Fachmedien Wiesbaden GmbH, ein Teil von Springer Nature 2021
K. Schon, *Hochspannungsmesstechnik*, https://doi.org/10.1007/978-3-658-33793-3_13

13.1 Der GUM

Der Gedanke, neben dem Messwert eine Aussage über die Genauigkeit der Messung zu geben, ist schon sehr alt. In diesem Zusammenhang wird auf die klassische *Gaußsche Fehlerrechnung* verwiesen, die jedoch nur Messabweichungen auf Grund statistischer Einflüsse berücksichtigt. Abweichungen durch nicht statistische Einflüsse wurden, soweit sie nicht genau bekannt waren, in der Vergangenheit bei Unsicherheitsberechnungen in der Regel nicht erfasst. Die zunehmende Globalisierung der Weltwirtschaft und die steigenden Genauigkeitsansprüche an Produkte und Dienstleistungen erfordern international einheitliche Regeln zur Bestimmung von *Messunsicherheiten* unter Berücksichtigung statistischer und nicht statistischer Einflussgrößen. Als Ergebnis einer anderthalb Jahrzehnte dauernden Zusammenarbeit der wichtigsten Gremien und Organisationen auf diesem Gebiet unter der Leitung des *Bureau International des Poids et Mesures* (*BIPM*) entstand ein Leitfaden, der 1995 in redaktionell überarbeiteter Fassung als ISO-Guide veröffentlicht und in 2008 ergänzt wurde [13.2]. Dieser Leitfaden mit mehr als 100 Seiten Umfang, kurz *GUM* oder *Guide* genannt, ist eine ausführliche Anleitung zur Bestimmung von Messunsicherheiten. Neben einem allgemein gehaltenen Hauptteil enthält der GUM mehrere Anhänge mit praktischen Hinweisen und Empfehlungen für viele Messaufgaben.

Der GUM ist verbindlich für die *nationalen Metrologieinstitute* (*NMI*) sowie für die *akkreditierten Prüf- und Kalibrierlaboratorien* der ganzen Welt. Für die europäischen Laboratorien gilt eine verkürzte Fassung des GUM [13.3, 4]. Der GUM ist auch Grundlage für die Festlegung von Messunsicherheiten in Prüfvorschriften für die verschiedensten Bereiche, so auch in der Hochspannungs- und Hochstromprüftechnik. Mit dem GUM werden alle früheren Verfahren zur Ermittlung von Messunsicherheiten einschließlich der alten Terminologie abgelöst. Das Grundkonzept des GUM wird hier in einfacher Form vorgestellt und durch Beispiele aus den Bereichen Kalibrierung und Prüfung veranschaulicht [13.5–13.7].

13.1.1 Grundkonzept des GUM

Eingangs wurde bereits auf die Unvollkommenheit einer jeden Messung hingewiesen. Bei Wiederholung der Messung wird man daher trotz größter Sorgfalt mehr oder weniger voneinander abweichende Messwerte erhalten. Mögliche Ursachen für die Abweichungen sind die Inkonstanz der verwendeten Messgeräte, die Unbeständigkeit des Prüflings selbst und die nicht exakt reproduzierbaren Mess- und Umgebungsbedingungen. Eine zentrale Bedeutung im GUM hat die *Standardmessunsicherheit*, die sowohl für statistische Messgrößen als auch nicht statistische Messgrößen definiert ist. Mit ihr wird der Wertebereich gekennzeichnet, innerhalb dessen der unbekannte „wahre" Wert einer Messgröße vermutet werden kann. Dieser Bereich und die Häufigkeitsverteilung der Werte einer Eingangsgröße ergeben sich entweder aus den

Messungen selbst oder müssen auf der Grundlage verlässlicher Informationen geschätzt werden. Häufig kann eine *Normal-* oder *Rechteckverteilung* der möglichen Werte angenommen werden.

Die einzelnen Schritte zur Bestimmung der Messgröße und deren Messunsicherheit sind in Abb. 13.1 schematisch dargestellt und werden in den folgenden Abschnitten noch ausführlicher beschrieben. Die aufgeführten Gleichungen und Beispiele gelten für *unkorrelierte Eingangsgrößen*, wie es in der Hochspannungs- und Hochstromprüftechnik die Regel ist. Im ersten Schritt wird die *Modellfunktion* der Messung aufgestellt, die die funktionale Abhängigkeit der gesuchten Messgröße Y von allen denkbaren Eingangsgrößen X_i beschreibt. Jede der N Eingangsgrößen X_i ist mit einer Standardmessunsicherheit $u(x_i)$ behaftet, die sich entweder direkt aus einer Messung nach der *Methode vom Typ A* oder durch eine Abschätzung aus verlässlichen Daten nach der *Methode vom Typ B* ergibt. Aus den einzelnen Beiträgen $u(x_i)$ werden mithilfe der Modellfunktion die entsprechenden Standardmessunsicherheiten $u_i(y)$ der Messgröße Y berechnet und als *beigeordnete Standardmessunsicherheit* $u_c(y)$ zusammengefasst. Nach Multiplikation mit dem *Erweiterungsfaktor k* wird im industriellen Messwesen die *erweiterte Messunsicherheit* $U = k u_c(y)$ angegeben, die den Bereich der möglichen Werte von Y mit einer Überdeckungswahrscheinlichkeit von mindestens 95 % kennzeichnet.

Die Abschätzung der Standardmessunsicherheiten $u(x_i)$ der nicht durch Messung festgelegten Eingangsgrößen erfordert großen Sachverstand und verlangt im Allgemeinen den größten Aufwand bei der Unsicherheitsbestimmung. Eine gewisse Subjektivität in der Beurteilung einer Messung durch verschiedene Fachexperten ist hierbei nicht auszuschließen, sodass sich für dieselbe Messung etwas abweichende Ansätze und Werte ergeben können. Die weiteren Schritte der Unsicherheitsbestimmung bis hin zur Angabe der erweiterten Messunsicherheit U sind eher formal durchzuführen unter Verwendung der vorgegebenen Formeln.

Abb. 13.1 Konzept der Unsicherheitsbestimmung nach dem GUM (schematisch)

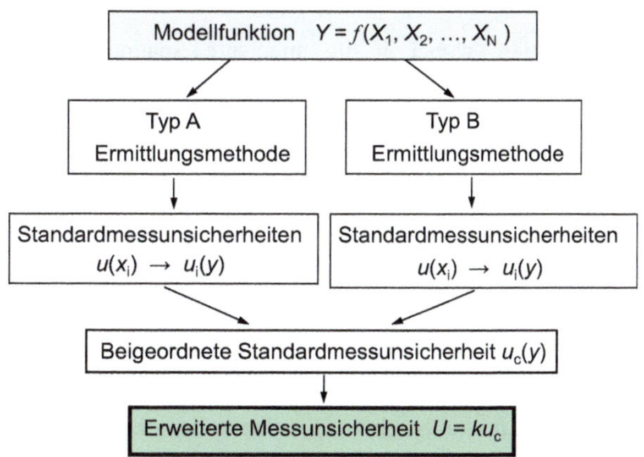

13.1.2 Modellfunktion einer Messung

In der Regel ergibt sich eine *Messgröße Y* (auch *Ergebnis-* oder *Ausgangsgröße* genannt) aus der Kombination von *N* verschiedenen *Eingangsgrößen* X_i. Die Abhängigkeit der Ausgangsgröße von den Eingangsgrößen lässt sich allgemein durch die funktionale Beziehung *f*, auch *Modellfunktion der Messung* genannt, angeben:

$$Y = f(X_1, X_2, \ldots, X_i, \ldots, X_N). \tag{13.1}$$

Hierbei können die Eingangsgrößen X_i selbst Messgrößen sein, die von anderen Größen wie Umgebungstemperatur, Luftdruck usw. abhängen oder mit Korrektionen für systematische Abweichungen beaufschlagt sind. Jede Eingangsgröße X_i in der Modellfunktion weist nicht nur einen Wert x_i, sondern auch eine Standardmessunsicherheit $u(x_i)$ auf. Mit der Modellfunktion nach Gl. (13.1) wird dann nicht nur der Ergebniswert *y*, sondern auch die beigeordnete Standardmessunsicherheit $u_c(y)$ unter Beachtung der Regeln des GUM berechnet.

Bei einer komplizierten Messaufgabe mit einer Vielzahl von Eingangsgrößen kann die Modellfunktion sehr komplex sein. Außer als ein- oder mehrfacher analytischer Ausdruck kann sie auch als numerischer Rechenalgorithmus oder in Form einer experimentell ermittelten Datentabelle vorliegen. Auf jeden Fall soll die Modellfunktion jede Eingangsgröße X_i einschließlich aller Korrektionen und Korrekturfaktoren erfassen, die einen signifikanten Beitrag zum Ergebniswert und dessen Messunsicherheit beisteuert.

Als einfaches Beispiel einer Modellfunktion wird die Messung eines temperaturabhängigen Widerstandes *R* betrachtet. Hierfür lässt sich die Modellfunktion:

$$R = f(V, I, T_k, \Theta) = \frac{V}{I}\left[1 + T_K(\Theta - 20°C)\right]$$

aufstellen, wobei *V* die angelegte Spannung, *I* die Stromstärke, T_K der Temperaturkoeffizient und θ die Umgebungstemperatur bedeuten. In der Regel werden *V*, *I* und θ gemessen, während T_K einem Datenblatt entnommen wird. Die zugehörigen Standardmessunsicherheiten ergeben sich entweder direkt aus den Messungen oder aus den Datenblättern der Messgeräte. Mit der Modellfunktion werden dann sowohl der Widerstand *R* als auch dessen erweiterte Messunsicherheit berechnet.

Bei Messungen mit kleinster Unsicherheit wird es unerlässlich sein, den Einfluss jeder Eingangsgröße experimentell sehr genau zu bestimmen. Der GUM bietet jedoch grundsätzlich die Möglichkeit, den Unsicherheitsbeitrag einer Eingangsgröße durch eine zuverlässige, durch Erfahrung und Wissen begründete Abschätzung zu ermitteln. Die Genauigkeit der Schätzung wird möglicherweise etwas geringer sein als das Ergebnis einer exakten Messung, was aber häufig im Resultat vernachlässigbar ist. Entsprechend dem GUM ist ein Unsicherheitsbeitrag, der durch eine *zuverlässige Schätzung* oder durch eine Messung bestimmt wird, als gleichberechtigt anzusehen. Die Schätzung hat gegenüber der genauen Messung den Vorteil, dass Zeit und Aufwand für diese Aufgabe eingespart und damit Kosten verringert werden.

13.1.3 Ermittlungsmethode vom Typ A

Die *Methode vom Typ A* zur Ermittlung von Standardmessunsicherheiten wird auf Messgrößen angewandt, die sich aus der statistischen Auswertung einer Serie von Einzelmessungen unter gleichen Versuchsbedingungen ergeben. Dies betrifft insbesondere die Vergleichsmessung zwischen dem zu kalibrierenden Messsystem und dem Referenzsystem zur Bestimmung des Maßstabsfaktors und der Messabweichungen der Zeitparameter. Bei unendlich großer Anzahl von Wiederholungsmessungen weisen die einzelnen Messwerte x eine Streuung gemäß der *Normalverteilung $p(x)$* nach Gauß auf:

$$p(x) = \frac{1}{\sigma \sqrt{2\pi}} \exp\left[\frac{-(x - \mu)^2}{2\sigma^2} \right],$$
(13.2)

wobei μ den *Erwartungswert* der Messgröße bei der größten Auftrittswahrscheinlichkeit und σ die *Standardabweichung* bezeichnen (Abb. 13.2). Entsprechend der glockenförmigen Verteilungskurve $p(x)$ ist die Wahrscheinlichkeit für das Auftreten eines bestimmten Messwertes umso geringer, je weiter er vom Erwartungswert abweicht. Die Verteilung bei $p = 68{,}3\,\%$ des Maximalwertes tritt bei den Werten $\mu + \sigma$ und $\mu - \sigma$ auf.

Bei begrenzter Anzahl n von Wiederholungsmessungen ist der beste Schätzwert für den Erwartungswert μ durch den *arithmetischen Mittelwert*:

$$\overline{x} = \frac{1}{n} \sum_{k=1}^{n} x_k$$
(13.3)

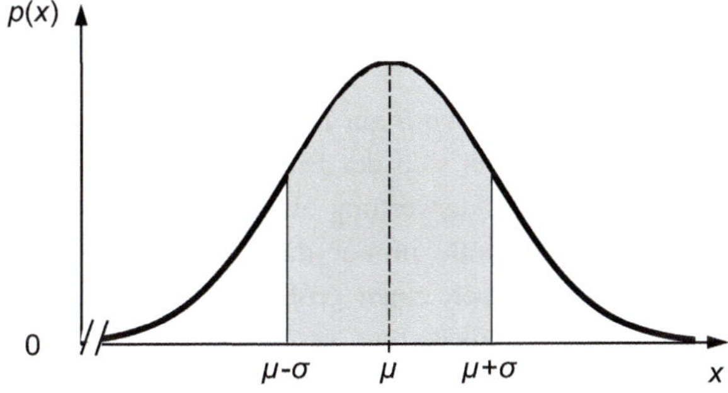

Abb. 13.2 Gaußsche Normalverteilung von Messwerten

und der beste Schätzwert für die Standardabweichung σ durch die *empirische Standardabweichung s* der Einzelmessungen:

$$s(x) = \sqrt{\frac{1}{n-1} \sum_{k=1}^{n} (x_k - \overline{x})^2} \qquad (13.4a)$$

gegeben. Der Quadratwert $s^2(x)$ wird *empirische Varianz* genannt. Die *empirische Standardabweichung des Mittelwertes* ist:

$$s(\overline{x}) = \frac{s(x)}{\sqrt{n}}. \qquad (13.4b)$$

Sie gibt an, wie gut $\overline{x}$ den Erwartungswert von X trifft. Überträgt man die Ergebnisse der statistischen Auswertung auf die Ermittlungsmethode vom Typ A, so ist der beste Schätzwert für die Eingangsgröße X_i dessen *arithmetischer Mittelwert:*

$$\mu = x_i = \overline{X}_i, \qquad (13.5)$$

und der beste Schätzwert für die Standardmessunsicherheit die empirische Standardabweichung des Mittelwertes:

$$u(x_i) = s\left(\overline{X}_i\right) = \frac{s(x_i)}{\sqrt{n}}. \qquad (13.6)$$

Die Anzahl der Messungen sollte $n \geq 10$ sein, anderenfalls ist die Verlässlichkeit der Abschätzung der Unsicherheit vom Typ A nach Gl. (13.6) an Hand der *effektiven Freiheitsgrade* zu überprüfen (s. Abschn. 13.1.7). Ist bereits aus früheren Messungen unter einwandfreien statistischen Bedingungen eine empirische Standardabweichung s_p der Einzelmessung bekannt, wird empfohlen, bei einer vergleichbaren Messreihe mit kleiner Anzahl n ($n = 1, 2, 3, \ldots$usw.) s_p an Stelle von $s(x_i)$ in Gl. (13.6) einzusetzen.

13.1.4 Ermittlungsmethode vom Typ B

Die *Methode vom Typ B* zur Ermittlung von Standardmessunsicherheiten ist immer dann anzuwenden, wenn sich der Einfluss einer Eingangsgröße auf die Messgröße nicht aus der statistischen Auswertung einer Messreihe ergibt. Grundsätzlich könnte der Einfluss einer Eingangsgröße immer durch statistische Auswertung einer Messreihe ermittelt werden, was jedoch einen großen experimentellen Aufwand bedeutet. Man kann sich die statistische Auswertung ersparen, insbesondere, wenn es sich um eine zweitrangige Eingangsgröße handelt, und bestimmt die Standardmessunsicherheit nach der Methode vom Typ B. Ihre Anwendung erscheint einfach, verlangt aber umfangreiche Erfahrung und Kenntnis der messtechnischen und physikalischen Zusammenhänge zwischen der gesuchten Messgröße Y und den Eingangsgrößen X_i. Bei fachkundiger Anwendung ist die Methode B ebenso verlässlich wie die Methode A.

Beiträge zur *Standardmessunsicherheit* vom Typ B werden verursacht durch:

- Nichtlinearitäten von Spannungsteilern und Messgeräten
- dynamisches Verhalten des Messsystems bei unterschiedlichen Impulsformen
- Auflösung digitaler Messgeräte, Ablesefehler bei analoger Anzeige
- Kurzzeitstabilität, Eigenerwärmung
- Langzeitstabilität, Drift
- Temperatur-, Feuchte- und Druckabhängigkeit
- Näheeffekt benachbarter Objekte
- elektromagnetisch eingekoppelte oder leitungsgebundene Störungen
- Methode der Datenauswertung, Software
- Unsicherheit bei der Kalibrierung des Messsystems und dessen Komponenten.

Informationen über die Werte und Unsicherheiten von Eingangsgrößen lassen sich aktuellen und früheren Messergebnissen, Kalibrierscheinen, Herstellerangaben oder Daten aus Handbüchern und Prüfvorschriften entnehmen oder beruhen auf Erfahrungswerten und allgemeinen Kenntnissen über Material- und Messgeräteeigenschaften. Hierbei unterscheidet man folgende Fälle:

a) Es liegt nur ein Einzelwert für die Eingangsgröße X_i vor, z. B. ein einzelner Messwert, ein Korrekturwert oder ein Referenzwert aus der Fachliteratur. Dieser wird dann als Eingangswert x_i mit der angegebenen Standardmessunsicherheit $u(x_i)$ verwendet. Ist $u(x_i)$ nicht bekannt, soll der Wert aus den vorliegenden verlässlichen Daten bestimmt oder empirisch abgeschätzt werden.

b) Die Eingangsgröße X_i wird mit einem Messgerät erfasst, dessen erweiterte Messunsicherheit $U = k u_c$ in einem Kalibrierschein oder Datenbuch des Herstellers angegeben ist (s. Abschn. 13.1.6). In der Regel kann eine Normalverteilung nach Gauß angenommen werden, sodass der Erweiterungsfaktor $k = 2$ ist. Die Standardmessunsicherheit ergibt sich dann zu:

$$\boxed{u(x_i) = \frac{U}{k}}. \tag{13.7}$$

c) Für die möglichen Werte der Eingangsgröße X_i liegt keine besondere Kenntnis über die Wahrscheinlichkeitsverteilung vor, nur Ober- und Untergrenzen a_+ und a_- können abgeschätzt werden. Es wird dann eine *Rechteckverteilung* angenommen, bei der alle möglichen Werte von X_i innerhalb der Intervallgrenzen gleich wahrscheinlich und außerhalb gleich null sind (Abb. 13.3). Bei Annahme einer Rechteckverteilung ist der beste Schätzwert der Eingangsgröße gegeben durch den Mittelwert:

$$x_i = \frac{a_+ + a_-}{2}$$

(13.8)

und dessen Standardmessunsicherheit durch:

$$\boxed{u(x_i) = \frac{a}{\sqrt{3}}}$$

(13.9)

mit a als der halben Intervallbreite:

$$a = \frac{a_+ - a_-}{2}.$$

(13.10)

Die Rechteckverteilung wird wegen ihrer Einfachheit häufig angenommen, sofern keine genauere Information über die Werteverteilung vorliegt. Allerdings ist die Unstetigkeit der Rechteckverteilung an den Grenzen physikalisch oft nicht gerechtfertigt und die Annahme einer anderen Verteilung wie Dreieck-, Trapez- oder Normalverteilung scheint angemessener zu sein. Die Standardmessunsicherheit beträgt $u(x_i) = a/\sqrt{6}$ für die Dreieckverteilung und $u(x_i) = \sigma$ für die Normalverteilung. Die Rechteckverteilung liefert demnach den größten Unsicherheitsbeitrag, sodass man damit auf der sicheren Seite der Abschätzung liegt.

Im GUM ist ausdrücklich vermerkt, dass ein Unsicherheitsbetrag, der bereits bei der Ermittlungsmethode A berücksichtigt ist, nicht noch einmal in voller Größe als Beitrag vom Typ B eingehen soll. Dies betrifft z. B. den Einsatz von Digitalrecordern bei der Kalibrierung des Maßstabsfaktors. Die bei der Mehrfachmessung beobachtete Streuung der n Messwerte, die einen Unsicherheitsbeitrag vom Typ A liefert, lässt sich auf das begrenzte Auflösungsvermögen und interne Rauschen des Digitalrecorders zurückführen (s. Kap. 7). Diese Streuung braucht dann nicht mehr oder nur zu einem kleinen Teil als Unsicherheitsbeitrag vom Typ B berücksichtigt zu werden. Wird der Digitalrecorder

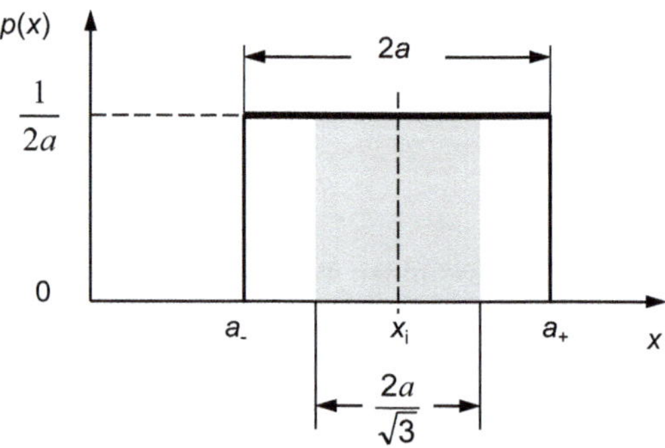

Abb. 13.3 Rechteckverteilung von Messwerten

jedoch für eine Einzelmessung verwendet, muss die begrenzte Auflösung entsprechend der angegebenen Anzahl von Bits und der Rauschüberlagerung bei der Unsicherheit des Einzelwertes in voller Größe eingesetzt werden.

Oft muss der Wert einer Eingangsgröße angepasst oder korrigiert werden, um den systematischen Einfluss einer anderen Größe, z. B. eine signifikante Temperatur- oder Spannungsabhängigkeit, zu eliminieren. Da eine derartige *Korrektion* nie absolut genau sein kann, ist ein restlicher Unsicherheitsbeitrag verlässlich abzuschätzen und im Unsicherheitsbudget zu berücksichtigen. Insgesamt soll die Unsicherheit realistisch und auf der Grundlage von Standardmessunsicherheiten bestimmt werden. Besondere Sicherheitsfaktoren zur Erzielung größerer als die nach dem GUM bestimmten Unsicherheiten sind mit Ausnahme des Erweiterungsfaktors k nicht zulässig.

13.1.5 Beigeordnete Standardmessunsicherheit

Die nach der Methode vom Typ A oder Typ B ermittelte Standardmessunsicherheit $u(x_i)$ einer Eingangsgröße X_i wirkt sich auf die Ausgangsgröße Y mit einem entsprechenden Unsicherheitsbeitrag $u_i(y)$ aus:

$$\boxed{u_i(y) = c_i\, u(x_i)}, \tag{13.11}$$

wobei c_i der *Sensitivitätskoeffizient* ist. Er beschreibt die Abhängigkeit der Ausgangsgröße Y von der Eingangsgröße X_i und lässt sich aus der partiellen Ableitung der Modellfunktion f nach X_i analytisch oder numerisch bestimmen:

$$\boxed{c_i = \frac{\partial f}{\partial X_i}\Big|_{X_i = x_i} = \frac{\partial f}{\partial x_i}}. \tag{13.12}$$

Beispiel für einen Sensitivitätskoeffizienten ist der Temperaturkoeffizient eines Widerstandes, der eine Dimension hat und positiv oder negativ sein kann. Das Vorzeichen des Sensitivitätskoeffizienten ist unter der Annahme von nicht korrelierten Eingangsgrößen ohne Einfluss, da nur das Quadrat der Standardmessunsicherheit bei der weiteren Rechnung verwendet wird. Ist die Modellfunktion f in Gl. (13.1) sehr komplex und eine Ableitung entsprechend Gl. (13.12) nicht möglich, wird der Sensitivitätskoeffizient c_i numerisch ermittelt. Hierzu wird die Modellfunktion für verschiedene Eingangswerte x_i berechnet und c_i als Differenzenquotient $\Delta f / \Delta x_i$ bestimmt. Dieser numerische Lösungsweg wird auch in Software zur programmierten Berechnung von Messunsicherheiten beschritten.

Die N Unsicherheitsbeiträge $u_i(y)$ aller Eingangsgrößen, die als unkorreliert angenommen werden, ergeben die der Ausgangsgröße *beigeordnete Standardmessunsicherheit* $u_c(y)$ entsprechend der Rechenvorschrift:

$$u_c(y) = \sqrt{u_1^2(y) + u_2^2(y) + \ldots u_N^2(y)} = \sqrt{\sum_{i=1}^{N} u_i^2(y)} = \sqrt{\sum_{i=1}^{N} \left[c_i\, u(x_i)\right]^2}. \quad (13.13)$$

Die Form der Gleichung erinnert an das quadratische Fehlerfortpflanzungsgesetz von Gauß. Die beigeordnete Standardmessunsicherheit $u_c(y)$ charakterisiert die Streuung der Werte, die „vernünftigerweise" der Ausgangsgröße Y zugewiesen werden kann. Diese Werte sind näherungsweise normal verteilt, wenn mindestens drei Unsicherheitsbeiträge vom Typ B mit etwa gleicher Größe und definierter Wahrscheinlichkeitsverteilung, z. B. Rechteck-, Dreieck- oder Normalverteilung, zur beigeordneten Standardmessunsicherheit $u_c(y)$ beitragen und die Standardmessunsicherheit vom Typ A sich aus mindestens $n = 10$ Wiederholungsmessungen ergibt. Die beigeordnete Standardmessunsicherheit nach Gl. (13.13) überdeckt dann 68,3 % der möglichen Werte der Ausgangsgröße Y.

Anmerkung: Die der Ausgangsgröße beigeordnete Standardmessunsicherheit $u_c(y)$ wird im GUM als „combined standard uncertainty" bezeichnet und ist deshalb mit dem Index „c" versehen. In der von der EA später herausgegebenen europäischen Kurzfassung des GUM für akkreditierte europäische Prüf- und Kalibrierlaboratorien wird der Index „c" nicht angegeben [13.3]. Aus didaktischen Gründen wird hier der Index beibehalten.

Sind zwei oder mehr Eingangsgrößen miteinander korreliert, finden sich auch lineare Glieder in Gl. (13.13) und das Vorzeichen der Sensitivitätskoeffizienten erhält seine Bedeutung. Eine Korrelation liegt z. B. vor, wenn dasselbe Messgerät zur Messung mehrerer Eingangsgrößen verwendet wird. Zur Vermeidung komplizierter Unsicherheitsberechnungen lässt sich die Korrelation umgehen, indem in der Modellfunktion zusätzliche Eingangsgrößen mit den Kalibrierwerten und Unsicherheiten des Messgerätes berücksichtigt werden. Bei Vorhandensein einer Korrelation kann die beigeordnete Messunsicherheit sogar kleiner sein als im Fall unkorrelierter Größen. Die Berücksichtigung von Korrelationen ist bei genauen Unsicherheitsanalysen mit sehr kleinen Unsicherheitsbeiträgen unumgänglich.

Ist die Ausgangsgröße ein Produkt oder Quotient der Eingangsgrößen:

$$Y = c\, X_1^{p_1}\, X_2^{p_2} \ldots X_N^{p_N} = c \prod_{i=1}^{N} X_i^{p_i}, \quad (13.14)$$

erhält man einen zu Gl. (13.13) vergleichbaren Ausdruck:

$$w_c(y) = \sqrt{\sum_{i=1}^{N} \left[p_i\, w(x_i)\right]^2}, \quad (13.15)$$

wobei $w(x_i)$ und $w_c(y)$ die relativen Standardmessunsicherheiten sind:

$$w(x_i) = \frac{u(x_i)}{|x_i|} \quad \text{und} \quad w_c(y) = \frac{u_c(y)}{|y|}$$

Für beide Arten der Angabe von Messunsicherheiten mit unkorrelierten Eingangsgrößen gilt demnach das quadratische Fehlerfortpflanzungsgesetz.

13.1.6 Erweiterte Messunsicherheit

In vielen Bereichen der industriellen Messpraxis wird eine Überdeckungswahrscheinlichkeit von $p = 68{,}3\,\%$ als zu gering empfunden. Man hat sich deshalb weltweit darauf geeinigt, eine *erweiterte Messunsicherheit U* anzugeben, die einen größeren Anteil der möglichen Werte von Y überdeckt. Dies gilt auch für die Hochspannungs- und Hochstromprüftechnik. Festgelegt ist eine Überdeckungswahrscheinlichkeit von annähernd $p = 95\,\%$. Die erweiterte Messunsicherheit U ergibt sich einfach durch Multiplikation der beigeordneten Standardmessunsicherheit $u_c(y)$ mit dem *Erweiterungsfaktor k* zu:

$$\boxed{U = k \cdot u_c(y)}. \tag{13.16}$$

Wenn den möglichen Werten der Ausgangsgröße eine Normalverteilung zugeordnet werden kann und die beigeordnete Standardmessunsicherheit $u_c(y)$ ausreichend zuverlässig ist, gilt $k = 2$. Die Zuverlässigkeit wird mithilfe der *effektiven Freiheitsgrade* beurteilt (s. Abschn. 13.1.7). Gegebenenfalls muss $k > 2$ gesetzt werden, um die geforderte Überdeckungswahrscheinlichkeit von $95\,\%$ zu erreichen.

Die erweiterte Messunsicherheit U ist, wie alle anderen Unsicherheitsangaben, positiv und wird ohne Vorzeichen angegeben. Wenn allerdings das zugehörige Unsicherheitsintervall in seinen Grenzen gemeint ist und mit dem Messwert y verbunden ist, erfolgt die Angabe als $y \pm U$.

In älteren Prüfvorschriften und anderen Quellen findet sich noch häufig der Begriff „Gesamtunsicherheit". In der Regel lässt sich diese Angabe als erweiterte Messunsicherheit U mit dem Erweiterungsfaktor $k = 2$ interpretieren.

13.1.7 Überprüfung der Normalverteilung

Voraussetzung für die Annahme $k = 2$ in Gl. (13.16) entsprechend einer Überdeckungswahrscheinlichkeit $p \geq 95\,\%$ ist, dass die möglichen Werte der Ausgangsgröße Y normal verteilt sind. Erscheint die Annahme einer Normalverteilung nicht gerechtfertigt, muss ein Wert $k > 2$ bestimmt werden, um eine Überdeckungswahrscheinlichkeit von annähernd $95\,\%$ zu erzielen. Die Richtigkeit der Annahme wird mit Hilfe der *effektiven Freiheitsgrade* v_{eff} nach der Welch-Satterthwaite-Formel:

$$v_{\mathrm{eff}} = \frac{u_{\mathrm{c}}^4(y)}{\displaystyle\sum_{i=1}^{N} \frac{u_i^4(y)}{v_i}} \tag{13.17}$$

überprüft, wobei $u_i(y)$ mit $i = 1, 2, 3, \ldots N$ die Unsicherheitsbeiträge nach Gl. (13.11) und v_i deren Freiheitsgrade sind.

Die Freiheitsgrade v_i sind ein Maß für die Zuverlässigkeit der Abschätzung der jeweiligen Standardmessunsicherheit. Allgemein akzeptierte Werte von v_i für die verschiedenen Unsicherheitsbeiträge sind:

- $v_i = n - 1$ für eine Standardmessunsicherheit vom Typ A bei n Beobachtungen,
- $v_i = \infty$ für einen Beitrag vom Typ B mit Rechteckverteilung,
- $v_i \geq 50$ für eine Unsicherheitsangabe aus einem Kalibrierschein mit einer Überdeckungswahrscheinlichkeit von annähernd 95 %.

Mit diesen Werten für v_i lässt sich die Anzahl der effektiven Freiheitsgrade v_{eff} nach Gl. (13.17) berechnen. Die Gleichung sieht auf den ersten Blick komplizierter aus, als sie tatsächlich ist. Sie vereinfacht sich, da in der Summe im Nenner von Gl. (13.17) die Standardmessunsicherheiten vom Typ B mit Rechteckverteilung wegen $v_i = \infty$ entfallen. Für den berechneten Wert von v_{eff} entnimmt man Tab. 13.1 den zugehörigen Erweiterungsfaktor k für eine Überdeckungswahrscheinlichkeit $p = 95{,}45$ %. Für $v_{\mathrm{eff}} < 50$ ist der Erweiterungsfaktor $k > 2$.

Der Erweiterungsfaktor k lässt sich alternativ mit der in IEC 60060–2 angegebenen Näherungsgleichung berechnen:

$$k = 1{,}96 + \frac{2{,}374}{v_{\mathrm{eff}}} + \frac{2{,}818}{v_{\mathrm{eff}}^2} + \frac{2{,}547}{v_{\mathrm{eff}}^3}. \tag{13.18}$$

13.1.8 Messunsicherheitsbudget

Im Messunsicherheitsbudget werden alle wesentlichen Daten der Messung und Auswertung entsprechend der Modellfunktion in Gl. (13.1) zusammengestellt. In der Regel

Tab. 13.1 Erweiterungsfaktor k in Abhängigkeit von der Anzahl der effektiven Freiheitsgrade v_{eff} für eine Überdeckungswahrscheinlichkeit von $p = 95{,}45$ % (t-Verteilung)

v_{eff}	1	2	3	4	5	6	7	8	10	20	50	∞
k	13,97	4,53	3,31	2,87	2,65	2,52	2,43	2,37	2,28	2,13	2,05	2,00

Tab. 13.2 Schema eines Messunsicherheitsbudgets

Größe X_i	Schätzwert x_i	Standardmess-unsicherheit $u(x_i)$	Freiheitsgrade v_i bzw. v_{eff}	Sensitivitäts-koeffizient c_i	Unsicherheits-beitrag $u_i(y)$
X_1	x_1	$u(x_1)$	v_1	c_1	$u_1(y)$
X_2	x_2	$u(x_2)$	v_2	c_2	$u_2(y)$
$\vdots$	$\vdots$	$\vdots$	$\vdots$	$\vdots$	$\vdots$
X_N	x_N	$u(x_N)$	v_N	c_N	$u_N(y)$
Y	y	$u_c(y)$	v_{eff}		

erfolgt dies in Form einer Tabelle, wie es z. B. Tab. 13.2 zeigt. Empfehlenswert ist, alle Eingangswerte und Standardmessunsicherheiten nicht relativ, sondern absolut mit ihren Maßeinheiten anzugeben. Bei Verwendung spezieller Software erfolgt die Unsicherheitsberechnung und Erstellung des Unsicherheitsbudgets automatisch nach Eingabe der Modellfunktion und sämtlicher Eingangsdatesn in den Rechner [13.7, 13.8]. Die letzte Zeile in Tab. 13.2 enthält den Ergebniswert y, der sich aus den Messwerten und ggf. Korrektionen ergibt, mit der beigeordneten Standardmessunsicherheit $u_c(y)$ und dem effektiven Freiheitsgrad v_{eff}.

13.1.9 Angabe des vollständigen Messergebnisses

In Kalibrier- und Prüfscheinen ist das Messergebnis in der Form „$y \pm U$" anzugeben, wobei y der Messwert einschließlich jeder Korrektion und U die erweiterte Messunsicherheit für eine Überdeckungswahrscheinlichkeit (oder: Vertrauensniveau) von annähernd 95 % sind. Dies bedeutet in anderen Worten, dass 95 % der möglichen Werte y im Intervall $(y - U) \leq Y \leq (y + U)$ liegen. Der numerische Wert von U soll auf nicht mehr als zwei signifikante Stellen gerundet werden. Nimmt der Zahlenwert der Messunsicherheit infolge der Rundung um mehr als 5 % ab, ist der aufgerundete Wert anzugeben. Der Messwert selbst ist entsprechend der letzten signifikanten Stelle der erweiterten Messunsicherheit zu runden. Beispiele für die empfohlene Angabe eines gemessenen Spannungswertes mit erweiterter Messunsicherheit sind:

$$(227{,}2 \pm 2{,}4)\ \text{kV},$$
$$227{,}2(1 \pm 0{,}011)\ \text{kV},$$
$$227{,}2\left(1 \pm 1{,}1 \cdot 10^{-2}\right)\ \text{kV}.$$

Die häufig gewählte Angabe „227,2 kV $\pm$ 1,1 %" ist demnach nicht akzeptabel. Weiterhin soll die Überdeckungswahrscheinlichkeit p und der Erweiterungsfaktor k angegeben werden (in der Regel $p \approx 95$ % und $k = 2$ bei Normalverteilung).

13.2 Abschließende Bemerkungen

Die Bestimmung von Messunsicherheiten ist ein wichtiges Instrument beim *Qualitätsmanagement* und gehört zu den Aufgaben der Mitarbeiter von Prüf- und Kalibrierlaboratorien, die die Anforderungen an ISO IEC 17025 erfüllen. Gelegentlich kommt die Frage auf, ob sich die Mitarbeiter in Prüflaboratorien überhaupt mit dem Thema „Messunsicherheit" befassen müssen, da sie doch bei Prüfungen die Messgeräte einsetzen, die von akkreditierten Kalibrierlaboratorien innerhalb der angegebenen Messunsicherheiten rückführbar kalibriert wurden. Diese Frage ist für Prüflaboratorien im Hochspannungsbereich zu bejahen, insbesondere dann, wenn die Kalibrierung nicht am Einsatzort, also im Prüflabor, sondern im Kalibrierlabor stattfindet. Beim Einsatz des Messsystems im Prüflabor sind dann wegen der abweichenden Mess- und Umgebungsbedingungen weitere Unsicherheitsbeiträge zu berücksichtigen. Dies gilt auch, wenn die Kalibrierung unvollständig ist und nicht alle Einflussgrößen bestimmt werden können, z. B. weil die Linearitätsprüfung nicht bis zur vollen Einsetzspannung des Messsystems durchführbar ist.

Erfolgt die Kalibrierung des Messsystems im Prüflabor, kann man davon ausgehen, dass die Einflüsse durch Temperatur, Näheeffekt, Erdungsverhältnisse, Kurvenform der Prüfspannung usw. vollständig und richtig erfasst werden und in das Unsicherheitsbudget eingehen. Die Messunsicherheit, die im Kalibrierschein für das Messsystem angegeben ist, kann dann in der Regel bei der Messung von Prüfspannungen oder -strömen einfach übernommen werden (s. Beispiele in Anhang B). Gegebenenfalls ist noch ein weiterer Unsicherheitsbeitrag für das Langzeitverhalten des Messsystems zu berücksichtigen.

Es liegt in der Verantwortung des Prüflabors, die Angaben im *Kalibrierschein* des Messsystems zu überprüfen und gegebenenfalls fehlende Unsicherheitsbeiträge zu ergänzen. Die nachträgliche Berücksichtigung von Unsicherheitsbeiträgen ist formal recht einfach. Im ersten Schritt wird aus der im Kalibrierschein angegebenen erweiterten Messunsicherheit U und dem Erweiterungsfaktor k die Standardmessunsicherheit U/k des Messsystems bestimmt (s. Abschn. 13.1.4, Absatz b). Diese wird dann mit den Standardmessunsicherheiten der zusätzlichen Eingangsgrößen entsprechend Gl. (13.13) kombiniert. In gleicher Weise wird das Unsicherheitsbudget durch Beiträge ergänzt, die bei der Spannungs- oder Strommessung im Verlauf einer Prüfung auftreten. Beispielsweise kann sich die Prüfspannung durch Anschluss des Prüflings signifikant ändern, z. B. durch Überlagerung von Schwingungen. Mit den zusätzlichen Unsicherheitsbeiträgen erhält man die der Prüfspannungs- oder Prüfstrommessung beigeordnete Standardmessunsicherheit $u_\mathrm{c}(y)$ und hieraus die erweiterte Messunsicherheit $U = k u_\mathrm{c}(y)$.

Literatur

13.1. ISO/IEC Guide 99: International vocabulary of metrology – basic and general concepts and associated terms (VIM) (2007, confirmed in 2015)

13.2. ISO/IEC Guide 98–3: Uncertainty of measurement – part 3: Guide to the expression of uncertainty in measurement (2008)

13.3. EA-4/02 M: Evaluation of the uncertainty of measurement in calibration (2013)

13.4. DIN 1319–3: Grundlagen der Messtechnik – Teil 3: Auswertung von Messungen einer einzelnen Messgröße, Messunsicherheit (1996)

13.5. PTB-Mitt 111 (Sonderdruck): Themenschwerpunkt Messunsicherheit. Wirtschaftsverlag NM, Bremerhaven (2001)

13.6. Schon, K.: What is new in the future IEC 60060–2: Uncertainty of measurement and convolution. HIGHVOLT Kolloquium '07, Dresden, Beitrag 1.2 (2007)

13.7. Li, Y., Schon, K., Mohaupt, P.: Determinations of measurement uncertainty of the atmospheric correction factor for high-voltage testing. Proc. 14. ISH Ljubljana, Beitrag T10–500 (2007)

13.8. Metrodata: GUM Workbench, Internetadresse: www.metrodata.de

Anhang A: Fourier- und Laplace-Transformation

Die *Fourier-Transformation* wie auch die *Laplace-Transformation* sind Integraltransformationen, die in Wissenschaft und Technik von großer praktischer Bedeutung sind. Sie werden sehr erfolgreich zur Lösung vieler Aufgabenstellungen eingesetzt. In den meisten Anwendungen wird damit eine reelle, kontinuierliche Funktion im Zeitbereich in eine komplexe Funktion im *Spektralbereich (Bildbereich, s-Bereich)* überführt. Die Laplace-Transformation gilt hierbei als Verallgemeinerung der Fourier-Transformation. Eine direkte Anwendung beider Transformationen liefert die komplexe Übertragungsfunktion eines linearen Systems im Frequenzbereich und hieraus dessen Amplituden- und Phasengang. Mit der Laplace-Transformation lassen sich komplizierte Rechenoperationen im Zeitbereich wie Differenziation und Integration durch einfache algebraische Operationen im Bildbereich ersetzen. Die Ergebnisfunktion im Bildbereich wird anschließend durch Rücktransformation in den Zeitbereich wieder als Zeitfunktion ausgedrückt. Für eine Reihe von Funktionen gibt es entsprechende Korrespondenzen in Tabellen. Die Laplace-Transformation lässt sich auch erfolgreich zur Lösung des Faltungssatzes einsetzen. Analogon zur Laplace-Transformation ist die hier nicht weiter behandelte Z-Transformation, mit der eine zeitdiskrete Funktion in eine komplexe diskrete Funktion im Frequenzbereich umgewandelt wird.

A.1 Fourier-Transformation

Ein Impuls ist ein einmaliger Zeitvorgang, der sich durch Überlagerung einer unendlich großen Anzahl sinusförmiger Teilschwingungen mit unterschiedlichen Amplituden und Phasenwinkeln darstellen lässt. Mathematisch wird die Zerlegung einer Zeitfunktion $f(t)$ in Teilschwingungen durch das komplexe *Fourier-Integral:*

$$F(\mathrm{j}\omega) = F(\omega)\, e^{\mathrm{j}\phi(\omega)} = \int_{-\infty}^{\infty} f(t)\, e^{-\mathrm{j}\omega t}\mathrm{d}t \,. \tag{A.1}$$

© Springer Fachmedien Wiesbaden GmbH, ein Teil von Springer Nature 2021
K. Schon, *Hochspannungsmesstechnik,* https://doi.org/10.1007/978-3-658-33793-3

mit der Kreisfrequenz $\omega = 2\pi f$ beschrieben. $F(j\omega)$ wird als *Spektralfunktion* oder *Fourier-Transformierte* der Zeitfunktion $f(t)$ bezeichnet. Im Unterschied zu einem periodischen Signal, das bekanntlich ein diskretes Spektrum hat und durch eine unendliche Fourier-Reihe dargestellt werden kann, weist ein Impuls ein kontinuierliches Spektrum auf. Die auf das infinitesimale Frequenzintervall $d\omega$ bezogene Amplitude einer Teilschwingung, d. i. die *Amplitudendichte* $F(\omega)$, ist gegeben durch den Betrag der komplexen Spektralfunktion, der sich aus der Wurzel der Quadratsumme von Real- und Imaginärteil von $F(j\omega)$ ergibt:

$$F(\omega) = |F(j\omega)| = \sqrt{\mathrm{Re}\{F(j\omega)\}^2 + \mathrm{Im}\{F(j\omega)\}^2}.$$ (A.2)

Die einzelnen Teilschwingungen des Signals mit der Amplitudendichte nach Gl. (A.2) haben eine Phasenverschiebung, die in ihrer Gesamtheit als *Phasengang* $\varphi(\omega)$ des Signals durch:

$$\phi(\omega) = \arctan \frac{\mathrm{Im}\,\{F(j\omega)\}}{\mathrm{Re}\,\{F(j\omega)\}}.$$ (A.3)

gekennzeichnet ist. Die Kenntnis von $\varphi(\omega)$ ist im Allgemeinen in der Impulsmesstechnik von untergeordneter Bedeutung.

Ist andererseits das Spektrum $F(j\omega)$ eines Signals bekannt, ergibt sich durch *Rücktransformation* in den Zeitbereich die zugehörige Zeitfunktion $f(t)$ zu:

$$f(t) = \frac{1}{2\pi} \int_{-\infty}^{\infty} F(j\omega)\, e^{j\omega t}\, d\omega.$$ (A.4)

Außer zur Ermittlung des Spektrums nach Gl. (A.1) hat die Umwandlung einer Zeitfunktion in die Spektralfunktion den Vorteil, dass sich bestimmte Rechenoperationen im Frequenzbereich besser bzw. einfacher als im Zeitbereich durchführen lassen. Die resultierende neue Spektralfunktion wird dann entsprechend Gl. (A.4) in den Zeitbereich zurück transformiert und ergibt die zugehörige Zeitfunktion. Diese Rechenoperation wird jedoch vorzugsweise mit der Laplace-Transformation durchgeführt (s. Anhang A.2).

Das komplexe Fourier-Integral nach Gl. (A.1) und die Rücktransformierte nach Gl. (A.4) sind nur für wenige analytisch definierte Signalverläufe und Spektren lösbar. In der Praxis kommt daher der reellen Darstellung des Zeitsignals und Fourier-Integrals größere Bedeutung zu. Die Zeitfunktion lässt sich in der reellen Form darstellen durch die Forier-Reihe:

$$f(t) = \int_{0}^{\infty} a(\omega)\, \sin\omega\, t\, d\omega + \int_{0}^{\infty} b(\omega)\, \cos\omega\, t\, d\omega$$ (A.5)

mit den beiden Spektralfunktionen:

$$a(\omega) = \frac{1}{\pi} \int\limits_{-\infty}^{\infty} f(t)\sin\omega\, t\, \mathrm{d}t \quad \text{und} \quad b(\omega) = \frac{1}{\pi} \int\limits_{-\infty}^{\infty} f(t)\cos\omega\, t\, \mathrm{d}t. \tag{A.6}$$

Die Amplitudendichte eines Signals bei der Kreisfrequenz ω ist gegeben durch:

$$\boxed{F(\omega) = \sqrt{a^2(\omega) + b^2(\omega)}}\,. \tag{A.7}$$

Die reelle Darstellung ist für numerische Berechnungen vorteilhaft, z. B. wenn $f(t)$ als Datensatz eines Digitalrecorders vorliegt. Die Integrale in den Gl. (A.5) und (A.6) gehen dann in Reihen über. Zur Reduzierung der Rechenzeit bei großer Datenmenge wird häufig an Stelle der diskreten Fourier-Transformation (DFT) nach den Gl. (A.5) und (A.6) die schnelle Fourier-Transformation (FFT) eingesetzt [9.1, 9.2]. Die Anzahl der Abtastwerte muss einer 2er-Potenz entsprechen. Der Vorteil der Schnelligkeit wird allerdings mit einer Rechenungenauigkeit erkauft, die aber für viele praktische Anwendungsfälle akzeptabel ist.

A.2 Laplace-Transformation

Eine andere Möglichkeit zur Signalanalyse bietet die *Laplace-Transformation* einer Zeitfunktion in den *Bildbereich* [9.1, 9.2]. Sie wurde ursprünglich zur Lösung linearer Differentialgleichungen entwickelt, die sich damit in algebraische Gleichungen umwandeln lassen. Die Laplace-Transformation gilt allgemein für beliebige Funktionen, wird aber häufig auf Zeitfunktionen angewendet. Neben der Signalanalyse liegt ein weiteres wichtiges Anwendungsgebiet der Laplace-Transformation in der einfachen Berechnung von Einschaltvorgängen bei elektrischen Schaltungen. Unter der Voraussetzung, dass die Zeitfunktion $f(t)$ für $t<0$ gleich Null ist, lautet die Laplace-Transformierte von $f(t)$:

$$\boxed{L\{f(t)\} = F(s) = \int\limits_{0}^{\infty} f(t)\, \mathrm{e}^{-st}\mathrm{d}t}\,, \tag{A.8}$$

wobei $s = \sigma + \mathrm{j}\omega$ eine komplexe Zahl ist. Zur Bestimmung des Spektrums einer Zeitfunktion wird $s = \mathrm{j}\omega$ gesetzt.

Die Amplitudendichte $F(\omega)$ eines Signals ist in Analogie zu Gl. (A.2) durch den Absolutbetrag der Laplace-Transformierten bestimmt:

$$\boxed{F(\omega) = |F(s)| = \sqrt{\mathrm{Re}\,\{F(s)\}^2 + \mathrm{Im}\,\{F(s)\}^2}}\,. \tag{A.9}$$

Außer zur Berechnung des Spektrums eines Zeitsignals liegt der praktische Nutzen der Laplace-Transformation darin, dass sich Rechenoperationen im Bildbereich deutlich einfacher als im Zeitbereich durchführen lassen. Die resultierende neue Bildfunktion $F(s)$ wird dann in den Zeitbereich zurück transformiert und ergibt die zugehörige Zeitfunktion. Die Rücktransformation einer Bildfunktion $F(s)$ in den Zeitbereich lautet formal:

$$f(t) = \frac{1}{2\pi j} \int_{\sigma - j\infty}^{\sigma + j\infty} F(s)\, e^{st}\, ds \quad . \tag{A.10}$$

Die Anwendung der Laplace-Transformation auf elektrische Stromkreise setzt voraus, dass sich zum Zeitpunkt $t = 0$ alle Energiespeicher im ungeladenen Zustand befinden. Ist diese Bedingung erfüllt, lässt sich die Laplace-Transformierte im Bildbereich direkt mit dem Operator s aus den Impedanzen des Stromkreises entwickeln. Für einen nicht energiefreien Stromkreis muss zunächst die Differentialgleichung für den Stromkreis aufgestellt und hieraus die Laplace-Transformierte gebildet werden.

Für die Laplace-Transformation und Rücktransformation existieren allgemeine Rechenregeln, die vorteilhaft angewendet werden können. So werden die Differenziation und Integration einer Funktion wie auch der Faltungs- und Entwicklungssatz im Zeitbereich durch einfache algebraische Operationen mit dem Operator s im komplexen Bildbereich ersetzt. Für eine Vielzahl von Funktionen der Laplace-Transformation sind die beiden Integrale in den Gl. (A.8) und (A.10) bereits ausgewertet und in der Literatur in Tabellenform verfügbar [9.1, 9.2, 9.4]. Eine kleine Auswahl der Rechenregeln und Korrespondenzen, die in Kap. 8 und 9 zur Anwendung kommen, ist in den Tab. A.1 und A.2 zusammengestellt.

Tab. A.1 Einige Rechenregeln der Laplace-Transformation

Regel Nr.	Spektralfunktion $F(s)$	Zeitfunktion $f(t \geq 0)$	Bemerkung
1	$\frac{1}{s}F(s)$	$\int_0^t f(t)\, dt$	Integration für $t \geq 0$
2	$\frac{dF(s)}{ds}$	$-tf(t)$	Multiplikation
3	$sF(s) - f(0)$	$\frac{df(t)}{dt}$	1. Ableitung
4	$e^{-as}F(s)$	$f(t+a)$	Zeitfunktion ist um $t = a$ verschoben
5	$F_1(s) \cdot F_2(s)$	$\int_0^t f_1(x) \cdot f_2(t-x)\, dx$	Faltung zweier Funktionen
6	$\frac{1}{a}F\left(\frac{s}{a}\right)$	$f(at)$	Ähnlichkeitssatz ($a > 0$)
7	$a_1 F_1(s) + a_2 F_2(s)$	$a_1 f_1(t) + a_2 f_2(t)$	Linearität

Tab. A.2 Einige Korrespondenzen der Laplace-Transformation

Beispiel Nr.	Spektralfunktion $F(s)$	Zeitfunktion $f(t \geq 0)$	Bemerkung
1	$\frac{1}{s}$	$u_\mathrm{s}(t) = 1$	Sprungfunktion, $u_\mathrm{s} = 0$ für $t < 0$
2	1	$\delta(t)$	Dirac-Stoß
3	$\frac{a}{s^2}$	$a\,t$	Rampenfunktion
4	$\frac{1}{s+a}$	e^{-at}	Exponentialfunktion
5	$\frac{1}{s\,(s+a)}$	$1 - e^{-at}$	Gespiegelte Exponentialfunktion
6	$\frac{1}{s^2(s+a)}$	$t - a\left(1 - e^{-at}\right)$	
7	$\frac{1}{(1+as)\,(1+bs)}$	$\frac{1}{a-b}\left(e^{-t/a} - e^{-t/b}\right)$	Doppelexponentialfunktion
8	$\frac{1}{s^2+a\,s+b}$	$\begin{cases} \frac{1}{\omega_0}\,\sin\omega_0 t \cdot e^{-a\,t/2} \\[2mm] \frac{1}{\omega_0^*}\,\sinh\omega_0^* t \cdot e^{-at/2} \end{cases}$	$\omega_0 = \sqrt{b - \frac{a^2}{4}}$ für $b > \frac{a^2}{4}$ $\omega_0^* = \sqrt{\frac{a^2}{4} - b}$ für $b < \frac{a^2}{4}$

Anhang B: Beispiele zur Bestimmung von Messunsicherheiten

An Hand von drei Beispielen wird die Vorgehensweise bei der Unsicherheitsbestimmung nach dem *GUM* für nicht korrelierte Eingangsgrößen gezeigt. Das erste Beispiel behandelt die Kalibrierung eines Stoßspannungsmesssystems durch Vergleichsmessung mit einem Referenzsystem. Nach Aufstellen der Modellgleichung für den Maßstabsfaktor des Messsystems werden die einzelnen Unsicherheitsbeiträge und hieraus die erweiterte Messsicherheit des Maßstabsfaktors bestimmt. Das zweite und dritte Beispiel behandeln den späteren Einsatz des kalibrierten Messsystems bei der Spannungsprüfung eines Betriebsmittels, wobei die Stoßspannung mit und ohne Scheitelschwingung gemessen wird. Die Unsicherheit der Spannungsmessung setzt sich zusammen aus der beigeordneten Messsicherheit des Maßstabsfaktors und zusätzlichen Unsicherheitsbeiträgen, die bei der Spannungsprüfung auftreten und bei der vorangegangenen Kalibrierung nicht berücksichtigt wurden. Ein weiteres Beispiel in [13.7] behandelt verschiedene Verfahren zur Berechnung der Unsicherheit des atmosphärischen Korrekturfaktors.

B.1 Maßstabsfaktor eines Stoßspannungsmesssystems

Der Maßstabsfaktor eines Stoßspannungsmesssystems X wird durch Vergleich mit einem Referenzsystem N in dem Messaufbau nach Abb. 10.2 bestimmt. Beide Messsysteme bestehen aus je einem 1-MV-Stoßspannungsteiler mit Digitalrecorder zur Aufzeichnung der Teilerausgangsspannung. Die Vergleichsmessung findet in der Hochspannungshalle, in der auch das Messsystem X für Prüfungen an Betriebsmitteln eingesetzt wird, bei einer Temperatur von 15 °C statt. Für das Referenzsystem N ist im Kalibrierschein ein Maßstabsfaktor $F_N = 1,015$ bei 20 °C mit einer erweiterten Messsicherheit $U = 0,8\,\%$ ($k = 2$) angegeben. Der Kalibrierschein, der 11 Monate zuvor ausgestellt wurde, enthält keinen Unsicherheitsbeitrag für die Langzeitstabilität.

© Springer Fachmedien Wiesbaden GmbH, ein Teil von Springer Nature 2021
K. Schon, *Hochspannungsmesstechnik*, https://doi.org/10.1007/978-3-658-33793-3

B.1.1 Aufstellen der Modellfunktion

Der erste Schritt besteht in der Analyse des Messvorgangs mit dem Ziel, die Modell-funktion entsprechend Gl. (13.1) aufzustellen. Im Idealfall liefern sowohl das Mess-system X als auch das Referenzsystem N bei der Vergleichsmessung den richtigen Scheitelwert $\hat{u}$ der angelegten Stoßspannung. Es gilt dann (s. Abb. 10.3):

$$\hat{u} = \hat{u}_X F_X = \hat{u}_N F_N,$$

wobei F_X und F_N die Maßstabsfaktoren und $\hat{u}_X$ und $\hat{u}_N$ die Messwerte für den Scheitel-wert auf der Niederspannungsseite des Messsystems X bzw. Referenzsystems N sind. Hieraus ergibt sich die Grundform der Modellfunktion für den Maßstabsfaktor des Mess-systems X zu:

$$\boxed{F_X = \frac{\hat{u}_N}{\hat{u}_X} F_N}. \tag{B.1}$$

Andere Grundformen der Modellfunktion sind durchaus denkbar, werden aber hier nicht weiter behandelt.

Die beiden Messsysteme X und N sind verschiedenen Einflüssen unterworfen, die durch Messung oder verlässliche Abschätzung quantitativ erfasst und in der Modell-funktion für den Maßstabsfaktor F_X berücksichtig werden. Beim Messsystem X sind dies die Messwerte für den Quotienten $\hat{u}_N/\hat{u}_X$ und die Standardabweichung, die Abhängig-keit von der Spannungshöhe $\hat{u}$ und der Stirnzeit T_1 der Prüfspannung, der Abstand L zu benachbarten Objekten und die Kurzzeitstabilität S_k. Der Maßstabsfaktor F_N des Referenzsystems wird durch die Langzeitstabilität S_L und Umgebungstemperatur Θ beeinflusst. Die vollständige Modellfunktion für den Maßstabsfaktor F_X hat dement-sprechend die allgemeine Form:

$$F_X = \mathrm{f}\left(\hat{u}_N/\hat{u}_X, F_N, S_L, \Theta, \hat{u}, T_1, L, S_k\right). \tag{B.2}$$

Die exakte funktionale Abhängigkeit zwischen der Ausgangsgröße F_X und den meisten Eingangsgrößen in Gl. (B.2) ist im Einzelnen nicht bekannt. Zur Vermeidung auf-wendiger Untersuchungen wird die Modellfunktion in vereinfachter Form angesetzt. Der Einfluss der Eingangsgrößen auf F_N und F_X wird hier direkt, d. h. implizit der Sensitivitätskoeffizienten c_i (s. Abschn. 13.1.5), durch die Abweichungen $\Delta F_{N,i}$ und $\Delta F_{X,k}$ ausgedrückt und größenmäßig verlässlich abgeschätzt. Jede dieser Abweichungen steht formal mit negativem Vorzeichen beim jeweiligen Maßstabsfaktor auf der ent-sprechenden Seite der Modellfunktion. Nach Einsetzen dieser Abweichungen in Gl. (B.1) und Auflösen nach dem Maßstabsfaktor F_X lautet die vollständige Modellfunktion:

$$\boxed{F_X = \frac{\hat{u}_N}{\hat{u}_X}\left(F_N - \sum_{i=1}^{2} \Delta F_{N,i}\right) + \sum_{k=1}^{4} \Delta F_{X,k}} \tag{B.3}$$

mit den durchnummerierten Abweichungen $\Delta F_{N,i}$ und $\Delta F_{X,k}$:

- $\Delta F_{N,1}$ Einfluss der Umgebungstemperatur Θ auf das Referenzsystem N
- $\Delta F_{N,2}$ Langzeitstabilität S_L des Referenzsystems N
- $\Delta F_{X,1}$ Spannungsabhängigkeit des Messsystems X
- $\Delta F_{X,2}$ Einfluss der Stirnzeit auf das Messsystem X
- $\Delta F_{X,3}$ Näheeffekt des Messsystems X infolge Wandabstand L
- $\Delta F_{X,4}$ Kurzzeitstabilität S_K des Messsystems X.

Jede der aufgeführten Abweichungen besteht grundsätzlich aus einem Zahlenwert für die Abweichung selbst und der zugehörigen Standardmessunsicherheit. Der Zahlenwert einer Abweichung kann auch null innerhalb der angegebenen Unsicherheit sein. Das Langzeitverhalten des Messsystems X wird hier nicht berücksichtigt. Ein entsprechender Unsicherheitsbeitrag ist daher vom Prüflabor selbst aus späteren Kontrollmessungen zu ermitteln.

B.1.2 Bestimmung der Standardmessunsicherheiten

Entsprechend Abb. 13.3 lassen sich Rechteckverteilungen mit symmetrischen Intervallgrenzen a_+ und a_- abschätzen, innerhalb derer die Werte der jeweiligen Abweichung $\Delta F_{N,i}$ und $\Delta F_{X,k}$ mit gleicher Auftrittswahrscheinlichkeit liegen. Aus der halben Intervallbreite a der Rechteckverteilung ergibt sich die Standardmessunsicherheit der Abweichung zu $a/\sqrt{3}$ gemäß Gl. (13.9). Da die Unsicherheitsbeiträge von ΔF_{X1} bis ΔF_{X4} in Gl. (13.3) direkt auf den Maßstabsfaktor F_X bezogen sind, weist die Modellfunktion eine verhältnismäßig einfache Form auf.

In den folgenden Schritten werden die Eingangsgrößen, Abweichungen, Korrektionen und Standardmessunsicherheiten aus Messungen und verlässlichen Datenquellen bestimmt. Zunächst wird der auf 20 °C bezogene Maßstabfaktor $F_N = 1{,}015$ des Referenzsystems für die Umgebungstemperatur von 15 °C bei der Vergleichsmessung berechnet. Gemäß den Herstellerangaben für den Temperaturkoeffizienten ist der Maßstabsfaktor um $-0{,}3\,\%$ zu korrigieren, sodass der aktuelle Wert bei 15 °C $F_N = 1{,}012$ beträgt. *Korrektionen* sind jedoch stets mit einer Unsicherheit behaftet. Daher wird die letzte Stelle von F_N als unsicher betrachtet und formal eine restliche Abweichung innerhalb von $\pm 0{,}001$ unter Annahme einer Rechteckverteilung nach Abb. 13.3 angesetzt. Die entsprechende Standardmessunsicherheit vom Typ B ergibt sich damit zu $u_1(F_N) = 0{,}001/\sqrt{3} = 0{,}000577$ (Absolutwert) gemäß Gl. (13.9). Die Langzeitstabilität des Referenzsystems innerhalb eines Jahres wird vom Hersteller mit $\pm 0{,}5\,\%$ angegeben. Daraus resultiert ein weiterer Unsicherheitsbeitrag $u_2(F_N) = 0{,}005 \cdot 1{,}012/\sqrt{3} = 0{,}00292$.

Die Vergleichsmessung zwischen dem Messsystem X mit der Bemessungsspannung $U_0 = 1$ MV und dem Referenzsystem N wird bei fünf Spannungswerten zwischen 20 und 100 % von U_0 durchgeführt. Der Stoßspannungsgenerator ist auf eine Stirnzeit $T_1 = 1{,}1\,\mu s$, die ungefähr in der Mitte der zulässigen Toleranzgrenzen liegt, und eine maximale Rückenhalbwertzeit $T_{2\max} = 60\,\mu s$ eingestellt. Die Stoßspannungen weisen

Tab. B.1 Messwerte für den Scheitelwert $\hat{u}_N$ des Referenzsystems N und $\hat{u}_X$ des Messsystems X und deren Quotienten $\hat{u}_N/\hat{u}_X$ bei etwa 20 % der Bemessungsspannung $U_0 = 1$ MV

Messung Nr.	Messwert $\hat{u}_N$ kV	Messwert $\hat{u}_X$ V	Quotient $\hat{u}_N/\hat{u}_X$
1	208,0	103,6	2007,7
2	208,2	103,6	2009,7
3	207,1	102,9	2012,6
4	205,9	102,3	2012,9
5	207,3	102,3	2026,4
6	207,7	103,1	2014,5
7	207,8	103,3	2011,6
8	207,7	103,3	2010,6
9	206,8	102,9	2009,7
10	207,8	103,5	2007,7
Mittelwert der Quotienten $\hat{u}_N/\hat{u}_X$:			2012,3
Standardabweichung $s(\hat{u}_N/\hat{u}_X)$:			5,4

einen glatten Zeitverlauf ohne Überschwingen im Scheitel auf. Für jeden der fünf Spannungswerte werden $n = 10$ Wertepaare der Scheitelwerte $\hat{u}_N$ und $\hat{u}_X$ gemessen. Als Beispiel zeigt Tab. B.1 die bei 20 % von U_0 gemessenen Werte $\hat{u}_N$ und $\hat{u}_X$. Gemäß der Modellfunktion Gl. (B.3) ist es vorteilhaft, nicht die einzelnen Scheitelwerte, sondern den Quotienten $\hat{u}_N/\hat{u}_X$ für die weitere Auswertung zu verwenden. Dadurch fällt die Instabilität des Stoßspannungsgenerators heraus. Die Streuung der Werte für den Quotienten ist somit kleiner als für die einzelnen Scheitelwerte und dementsprechend verringert sich die Standardmessunsicherheit vom Typ A.

In gleicher Weise werden die Scheitelwerte $\hat{u}_N$, $\hat{u}_X$ und die Quotienten $\hat{u}_N/\hat{u}_X$ bei etwa 40, 60, 80 und 100 % der Bemessungsspannung U_0 ermittelt. Das Ergebnis der Vergleichsmessung bei den fünf Spannungswerten zwischen 0,2 und 1 MV ist in Tab. B.2 zusammengefasst. Für jeden Spannungswert sind der Mittelwert der Quotienten $\hat{u}_N/\hat{u}_X$ und die Standardabweichung $s(\hat{u}_N/\hat{u}_X)$ angegeben. Mit zunehmender Stoßspannung ist ein Anstieg von $\hat{u}_N/\hat{u}_X$ erkennbar. Entsprechend der Modellfunktion steigt damit auch der Maßstabsfaktor F_X an. Zur Berechnung der Standardmessunsicherheit vom Typ A gemäß Gl. (13.6) mit $n = 10$ wird der Maximalwert s_{max} der Standardabweichungen herangezogen.

Für den späteren Einsatz des Messsystems X bei Prüfungen ist es praktisch, einen mittleren Maßstabsfaktor $F = F_{Xm}$ für den gesamten Spannungsbereich zu verwenden (s. Abb. 10.4). Daher wird in Gl. (B.3) der Mittelwert der Quotienten $\hat{u}_N/\hat{u}_X$ aus den fünf Messreihen eingesetzt. Die Spannungsabhängigkeit des Maßstabsfaktors wird durch einen Unsicherheitsbeitrag bei $\Delta F_{X,1}$ berücksichtigt. Dieser Beitrag berechnet sich aus der halben Intervallbreite a_1 einer Rechteckverteilung, wobei a_1 die maximale

Tab. B.2 Ergebnis der Vergleichsmessung bei fünf Stoßspannungswerten

Stoßspannung $\hat{u}$ MV	Quotient $\hat{u}_N/\hat{u}_X$	Standardabweichung $s(\hat{u}_N/\hat{u}_X)$
0,2	2012,3	5,4
0,4	2011,0	5,6
0,6	2015,2	6,2
0,8	2019,9	6,1
1	2025,7	6,9 $(= s_{max})$
Mittelwert der Quotienten:	2016,7	
Maximale Abweichung der Einzelwerte:	9	

Abweichung der einzelnen Quotienten $\hat{u}_N/\hat{u}_X$ vom Mittelwert, multipliziert mit F_N, bezeichnet (s. Tab. B.2).

In weiteren Vergleichsmessungen mit dem Referenzsystem N wird das dynamische Verhalten des Messsystems X untersucht. Hierbei wird die Stirnzeit T_1 der Blitzstoßspannung variiert und der Einfluss auf den Maßstabsfaktor ermittelt. Die Messungen ergeben, dass sich der Maßstabsfaktor F_X im zulässigen Toleranzbereich $T_1 = 1,2\ \mu s \pm 30\ \%$ innerhalb von $\pm a_2 = 0,5\ \%$ ändert. Der Näheeffekt bei der Aufstellung des Prüflings während der Vergleichsmessungen wird mit einem Anteil $a_3 = 0,2\ \%$ berücksichtigt. Die Überprüfung der Kurzzeitstabilität ergibt eine Änderung von F_X innerhalb von $\pm a_4 = 0,2\ \%$.

Aus den genannten Abweichungen a_1 bis a_4 lassen sich unter Annahme von Rechteckverteilungen die entsprechenden Standardmessunsicherheiten vom Typ B nach Gl. (13.9) berechnen. Beim Störtest treten im Anfangsverlauf der Stoßspannung Störungen von weniger als 1 % auf, die aber die Bestimmung der Impulsparameter nicht beeinträchtigen und daher beim Messunsicherheitsbudget nicht berücksichtigt werden.

B.1.3 Messunsicherheitsbudget und Ergebnis der Kalibrierung

Die Werte der Eingangsgrößen und Unsicherheitsbeiträge sind im Messunsicherheitsbudget zusammengestellt (Tab. B.3). Die zahlenmäßige Auswertung der Modellfunktion in Gl. (B.3) erfolgt zweckmäßigerweise mithilfe einer validierten Software [13.8]. Als Ergebnis der Berechnung sind in der letzten Zeile von Tab. B.3 der mittlere Maßstabsfaktor F_{Xm}, die beigeordnete Standardmessunsicherheit u_c und die effektiven Freiheitsgrade v_{eff} angegeben. Der relativ große Wert $v_{eff} = 370$ bedeutet, dass eine Normalverteilung vorliegt und der Erweiterungsfaktor $k = 2$ beträgt für eine Überdeckungswahrscheinlichkeit von mindestens 95 %.

Das vollständige Ergebnis der Kalibrierung lässt sich schließlich im Kalibrierschein für den Maßstabsfaktor F des Messsystems X in der Form:

$F = F_{Xm} = 2041 \pm 27$ mit einer Überdeckungswahrscheinlichkeit $p \geq 95\ \%$ ($k = 2$)

zusammenfassen. Die angegebene erweiterte Messunsicherheit des festgesetzten Maßstabsfaktors $F = F_{Xm}$ entspricht relativ 1,3 %.

Abschließend sei nochmals darauf hingewiesen, dass die Messunsicherheit für den festgesetzten Maßstabsfaktor als Ergebnis einer Kalibrierung nicht unbedingt identisch ist mit der Messunsicherheit, die sich beim Einsatz des Messsystems X zur Spannungsmessung bei einer Prüfung ergibt. Neben der Langzeitstabilität des Messsystems müssen gegebenenfalls zusätzliche Eingangsgrößen im Unsicherheitsbudget für die Spannungsmessung berücksichtigt werden. Dies wird in den folgenden zwei Beispielen für die Messung von Stoßspannungen mit und ohne überlagerter Scheitelschwingung behandelt.

B.2 Unsicherheit der Spannungsmessung bei einer Prüfung

Das in Anhang B.1 kalibrierte Messsystem X wird zur Messung des Prüfspannungswertes einer einzelnen Blitzstoßspannung bei der Prüfung eines Betriebsmittels eingesetzt. Im ersten Beispiel wird die Blitzstoßspannung ohne, im zweiten Beispiel mit überlagerter Scheitelschwingung gemessen. Der durch die Kalibrierung bei 15 °C festgesetzte Maßstabsfaktor $F_{Xm} = 2041$ mit der erweiterten Messunsicherheit $U(F_{Xm}) = 27$ ist unter Berücksichtigung zusätzlicher Eingangsgrößen und Unsicherheitsbeiträge den aktuellen Prüfbedingungen anzupassen. Die Spannungsprüfung findet bei einer Temperatur von 21 °C statt. Der auf 15 °C bezogene Maßstabsfaktor F_{Xm} erhöht sich dadurch entsprechend dem Temperaturkoeffizienten des Messsystems um $\Delta F_1 = 0{,}3\ \%$. Kontrollmessungen zeigen, dass sich der Maßstabsfaktor infolge einer Langzeitdrift um $\Delta F_2 = 0{,}4\ \%$ gegenüber F_{Xm} erhöht hat. Da die beiden Korrektionen ΔF_1 und ΔF_2 nur Näherungswerte darstellen, wird für die möglichen Werte des korrigierten Maßstabsfaktors eine Rechteckverteilung mit einer Intervallbreite von jeweils $\pm 0{,}1\ \%$, bezogen auf F_{Xm}, angenommen. Die zahlenmäßige Auswertung der Modellfunktion wird wiederum mit Software durchgeführt [13.8].

B.2.1 Stoßspannung ohne Scheitelschwingung

Die zu messende Stoßspannung weist in diesem Beispiel einen Zeitverlauf ohne Scheitelschwingung auf. Der Digitalrecorder zeigt einen Scheitelwert von $U_{rec} = 324{,}5\ \text{V}$ an. Da die Aussteuerung des 10-Bit-Recorders nur 80 % beträgt, wird für U_{rec} eine Abweichung von $\pm 0{,}2\ \%$ innerhalb einer Rechteckverteilung angesetzt, die auch den Beitrag durch das überlagerte interne Rauschen berücksichtigt. Für den gesuchten Wert U_t der Prüfspannung lässt sich folgende Modellgleichung aufstellen:

$$\boxed{U_t = U_{rec} \cdot F = U_{rec}(F_{Xm} + \Delta F_1 + \Delta F_2)} \tag{B.4}$$

Die angegebenen Werte und Unsicherheitsbeiträge sind im Messunsicherheitsbudget zusammengestellt (Tab. B.4). Als Anzahl der Freiheitsgrade von F_{Xm} ist der Wert $v = 50$ eingetragen (s. Abschn. 13.1.7), da der bei der Kalibrierung ermittelte und in Tab. B.3 angegebene Wert $v_{eff} = 370$ in der Regel nicht im Kalibrierschein aufgeführt wird und somit unbekannt ist. Die letzte Tabellenzeile gibt das Ergebnis für den Prüfspannungswert U_t an. Die Anzahl der effektiven Freiheitsgrade beträgt $v_{eff} = 57$, sodass eine Normalverteilung der Ergebniswerte vorliegt und der Erweiterungsfaktor $k = 2$ ist (Überdeckungswahrscheinlichkeit $p \geq 95\,\%$).

Das vollständige Ergebnis für den gemessenen Wert der Prüfspannung lautet:

$$U_t = 666,9\,\text{kV} \pm 9,1\,\text{kV}\,(p \geq 95\%, k = 2).$$

Die erweiterte Messunsicherheit des Prüfspannungswertes U_t beträgt relativ 1,6 %. Sie ist damit nur wenig größer als die im ersten Beispiel bei der Kalibrierung des Stoßspannungsmesssystems festgestellte Messunsicherheit von 1,3 % für den Maßstabsfaktor.

B.2.2 Blitzstoßspannung mit Scheitelschwingung

Bei der Spannungsprüfung weist die Blitzstoßspannung im Scheitelbereich ein Überschwingen auf. Der Prüfspannungswert U_t, der nach IEC 60060-2 für die Beanspruchung der Isolierung des Betriebsmittels maßgebend ist, muss daher mithilfe der Prüfspannungsfunktion $k(f)$ bestimmt werden (s. Abschn. 4.1.1.2). Die aufgezeichnete Stoßspannung mit überlagerter Scheitelschwingung weist den Extremwert $U_e = U_{rec} = 324,5\,\text{V}$ auf. Zur Bestimmung des Prüfspannungswertes wird das Alternativverfahren mit manueller Auswertung des aufgezeichneten Kurvenverlaufs angewandt. An die schwingende Blitzstoßspannung wird eine doppelexponentielle Basisspannung nach Gl. (8.8) angepasst, deren Scheitelwert sich zu $U_b = 299,3\,\text{V}$ ergibt. Für die Anpassung wird eine auf U_b bezogene Standardmessunsicherheit von 0,2 % unter Annahme einer Rechteckverteilung angesetzt. Aus der Differenz der schwingenden Prüfspannung und der Basisspannung erhält man die schwingende Residualkurve mit der Amplitude $\beta = U_{rec} - U_b$. Die Schwingungsfrequenz ergibt sich als Reziprokwert der zweifachen Dauer der Halbschwingung im Scheitelbereich zu $f = 0,3\,\text{MHz}$. Für diese Frequenz beträgt nach Gl. (4.4) der Wert der Prüfspannungsfunktion $k(f) = 0,835$. Die Amplitude β der Residualkurve wird mit $k(f)$ multipliziert und dem Scheitelwert der Basiskurve überlagert.

Mit den gleichen Vorgaben für den Maßstabsfaktor wie im vorangegangenen Beispiel lässt sich für den gesuchten Prüfspannungswert U_t folgende Modellgleichung aufstellen:

$$U_t = [U_b + k(f) \cdot \beta] \cdot F = \left[U_b + k(f) \cdot (U_{rec} - U_b)\right] \cdot (F_{Xm} + \Delta F_1 + \Delta F_2). \quad \text{(B.5)}$$

Tab. B.3 Messunsicherheitsbudget für den mittleren Maßstabsfaktor $F = F_{Xm}$

Größe X_i	Wert x_i	Standardmessunsicherheit $u(x_i)$	Freiheits- grade v_i	Sensitivitäts- koeffizient c_i	Unsicher- heitsbeitrag $u_i(F_{Xm})$
$\hat{u}_N/\hat{u}_X$	2016,7	2,18[1]	9	1,0	2,2
F_N	1,0150	0,00400[1]	50	2000	8,1
ΔF_{N1}	0,003036	0,000577	∞	-2000	$-1,2$
ΔF_{N2}	0,0	0,00292	∞	-2000	$-5,9$
ΔF_{X1}	0,0	5,25	∞	1,0	5,3
ΔF_{X2}	0,0	5,89	∞	1,0	5,9
ΔF_{X3}	0,0	2,36	∞	1,0	2,4
ΔF_{X4}	0,0	2,36	∞	1,0	2,4
F_{Xm}	2041	$u_c = 13,4$	$v_{\text{eff}} = 370$		

[1]Normalverteilung (alle anderen Eingangsgrößen: Rechteckverteilung)

Tab. B.4 Messunsicherheitsbudget für den Prüfspannungswert U_t einer Stoßspannung ohne Scheitelschwingung

Größe X_i	Wert x_i	Standard- messunsicherheit $u(x_i)$	Freiheitsgrade v_i	Sensiti- vitätskoeffizient c_i	Unsicherheitsbeitrag $u_i(U_t)$
F_{Xm}	2041	13,5[1]	50	320 V	4,4 kV
ΔF_1	6,12	2,04	∞	320 V	0,66 kV
ΔF_2	8,16	2,04	∞	320 V	0,66 kV
U_{rec}	324,5 V	0,375 V	∞	2100	0,77 kV
U_t	666,9·kV	4,55 kV	$v_{\text{eff}} = 57$		

[1]Normalverteilung (alle anderen Eingangsgrößen: Rechteckverteilung)

Für die Prüfspannungsfunktion $k(f)$ nach Gl. (4.4) ist in [2.1] keine Unsicherheit angegeben. Das Ergebnis der Untersuchungen in [4.2] zeigt jedoch, dass die experimentell ermittelten k-Werte von den nach Gl. (4.4) berechneten Funktionswerten $k(f)$ inner- halb einer typischen Streubreite von $\pm 0,2$ (absolut) abweichen können (s. Abb. 4.4). Für den Prüfspannungsfaktor $k(f)$ wird daher eine Typ-B-Standardmessunsicherheit $u(k) = 0,2/\sqrt{3} = 0,115$ angenommen, die auch die Unsicherheit der Frequenzbestimmung selbst einschließt.

Die Werte und Unsicherheiten sind im Messunsicherheitsbudget zusammengestellt (Tab. B.5). Die letzte Zeile in Tab. B.5 enthält das Ergebnis für den Prüfspannungswert U_t. Die große Anzahl der effektiven Freiheitsgrade von 440 zeigt, dass eine Normal-

Tab. B.5 Messunsicherheitsbudget für den Prüfspannungswert U_t einer Blitzstoßspannung mit Scheitelschwingung unter Berücksichtigung der Prüfspannungsfunktion $k(f)$ nach Gl. (4.4)

Größe X_i	Wert x_i	Standard-messunsicherheit $u(x_i)$	Freiheitsgrade v_i	Sensitivitäts-koeffizient c_i	Unsicher-heitsbeitrag $u_i(U_t)$
F_{Xm}	2041	$13{,}5^1$	50	320 V	4,3 kV
ΔF_1	6,12	2,04	∞	320 V	0,65 kV
ΔF_2	8,16	2,04	∞	320 V	0,65 kV
U_{rec}	324,5 V	0,375 V	∞	1700	0,64 kV
U_b	299,3 V	0,346 V	∞	340	0,12 kV
$k(f)$	0,835	0,115	∞	$52 \cdot 10^3$ V	6,0 kV
U_t	658,4 kV	7,5 kV	$v_{eff} = 440$		

[1]Normalverteilung (alle anderen Eingangsgrößen: Rechteckverteilung)

verteilung der Ergebniswerte vorliegt und der Erweiterungsfaktor $k = 2$ für eine Überdeckungswahrscheinlichkeit $p \geq 95\%$ beträgt.

Das Ergebnis der Spannungsmessung bei der Prüfung lässt sich schließlich in der Form angeben:

$$U_t = 658\,\mathrm{kV} \pm 15\,\mathrm{kV}\,(p \geq 95\%, k = 2).$$

Die erweiterte Messunsicherheit des Prüfspannungswertes U_t für die Blitzstoßspannung mit überlagerter Scheitelschwingung beträgt relativ 2,3 %. Sie ist damit größer als die für die Blitzstoßspannung ohne Scheitelschwingung festgestellte Messunsicherheit von 1,6 %, liegt aber noch unter dem zulässigen Grenzwert von 3 % für den Prüfspannungswert.

Stichwortverzeichnis

© Springer Fachmedien Wiesbaden GmbH, ein Teil von Springer Nature 2021　　　487
K. Schon, *Hochspannungsmesstechnik,* https://doi.org/10.1007/978-3-658-33793-3

Blitzstoßspannung, 88, 226
    Amplitudendichte, 278, 299
    analytische Darstellung, 271
    Anforderungen, 91
    Antwortfehler, 308
    äquivalente glatte, 93, 94
    erforderliche Messbandbreite, 323
    Spektrum, 278
    virtueller Nullpunkt, 90
    Zeitverlauf, 90
Blitzstoßspannung, abgeschnittene, 88
    Erzeugung, 112
Brechungsindex, 218, 436
Breitbandmessgerät, 401, 402
Breitbandsystem, 323
Brückenabgleich, 366
    virtueller, 444
Brückenfehler, 373
BTO-Kristall, 223, 224
Burch-Abschluss, 148, 160

C
Chip-Widerstand, 130, 190
CIGRE, 330
CMC (Calibration and Measurement
    Capability), 330
Crowbar-Funkenstrecke, 175
Crowbar-Technik, 179
C-tanδ-Messgerät, digitales, 370
C-tanδ-Normal, 375

D
D/A-Wandler, 240, 245, 264
DAKKS, 330
Dämpfungswiderstand, 116, 118, 119, 129,
    149, 153, 315
    interner, 145
DATech, 331
Datenspeicher, 243
D-dot sensor, 162
DFT (Diskrete Fourier-Transformation), 479
Dielektrikum, 359, 394
Dielektrizitätszahl, 364
    komplexe, 361
    Messung, 363
    relative, 359
Differenzierglied, 324

Digitalisierer s. Digitalrecorder
Digitalisierungsrauschen, 97
Digitaloszilloskop s. Digitalrecorder, 426
Digitalrecorder, 120, 209, 337
    A/D-Wandler, 240
    alternative Kalibrierung, 356
    Analogteil, 258
    Anstiegszeit, 268
    Auflösung, 247
    elektromagnetische Störeinwirkung, 260
    Kalibrierung, 354
    Nichtlinearität, 258
    Unsicherheitsbeitrag, 462
Dirac-Impuls, 280, 293
Dirac-Nadelimpuls, 397, 402
Diskrete Fourier-Transformation (DFT), 293
DKD (Deutscher Kalibrierdienst), 331
DKE (Deutsche Elektrotechnische
    Kommission), 330
Doppelbrechung
    induzierte, 217
    natürliche, 218
    zirkulare, 232
Doppelspannungsquelle, 34
Drahtwiderstand, 130, 190
Drehspulmessinstrument, 62
Drehwinkel, 382
Dreieckfunktion, 276
    Spektrum, 278
Dreieckverteilung, 462
Drift, 350
Druckgaskondensator, 25, 143, 374, 375, 377,
    388
Drucksensor, 379
Duhamel-Integral s. Faltungsintegral
Durchflutungsgesetz, 188, 192, 201
Durchgriff, 198
Durchschlagspannung, 77

E
$\dot{E}$- (E-dot-) Sensor, 161
Effekt
    elektrooptischer, 217
    inverser piezoelektrischer, 225, 226, 229
    magnetooptischer, 232
Effektive Bitzahl (EB), 254
Effektivwert, 9
    konventioneller, 13